世界常用农药
色谱-质谱图集

Chromatography–Mass Spectrometry Collection of World Commonly Used Pesticides

第二卷
Volume II

液相色谱-四极杆-飞行时间
质谱图集

Collection of Liquid Chromatography Coupled with Quadrupole Time-of-flight Mass Spectrometry (LC-Q-TOFMS)

庞国芳　等著

Editor -in-chief　Guo-Fang Pang

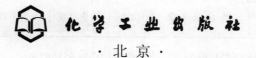
化学工业出版社
·北京·

《世界常用农药色谱 - 质谱图集》由 5 卷构成，书中所有技术内容均为作者及其研究团队原创性科研成果，技术参数和图谱参数与国际接轨，代表国际水平；图集涉及农药种类多，且为世界常用，参考价值高。

　　本分册为《世界常用农药色谱 - 质谱图集》第二卷，包括 510 种农药化学污染物中英文名称、CAS 登录号、理化参数（分子式、精确质量数、结构式）、色谱质谱参数（母离子、子离子、离子源及源极性、保留时间）、提取离子色谱图、四种碰撞能量下碎片离子质谱图。

　　本书可供科研单位、质检机构、高等院校等从事农药残留与食品安全检测的科研人员、专业技术人员参考使用。

图书在版编目（CIP）数据

世界常用农药色谱 - 质谱图集．　第二卷，液相色谱 - 四极杆 - 飞行时间质谱图集 / 庞国芳等著 . —北京：化学工业出版社，2013.11
　　ISBN 978-7-122-18406-1

　　Ⅰ．①世… Ⅱ．①庞… Ⅲ．①农药 - 质谱 - 化学分析 - 图集　Ⅳ．① TQ450.1-64

　　中国版本图书馆 CIP 数据核字（2013）第 219064 号

责任编辑：成荣霞　　　　　　　　　　　　　　　　装帧设计：王晓宇
责任校对：徐贞珍

出版发行：化学工业出版社（北京市东城区青年湖南街 13 号　邮政编码 100011）
印　　装：北京盛通印刷股份有限公司
880mm×1230mm　1/16　印张 51¾　字数 1638 千字　2014 年 1 月北京第 1 版第 1 次印刷

购书咨询：010-64518888（传真：010-64519686）　　售后服务：010-64518899
网　　址：http://www.cip.com.cn
凡购买本书，如有缺损质量问题，本社销售中心负责调换。

定　　价：158.00 元

《世界常用农药色谱－质谱图集》编写人员（研究者）名单

第一卷：液相色谱－串联质谱图集

庞国芳　常巧英　范春林　连玉晶　胡雪艳　曹新悦　赵淑军　王志斌

第二卷：液相色谱－四极杆－飞行时间质谱图集

庞国芳　范春林　康　健　彭　兴　赵志远　王　伟　常巧英　石志红

第三卷：线性离子阱－电场回旋共振轨道阱组合质谱图集

曹彦忠　庞国芳　李　响　常巧英　刘晓茂　张进杰　李学民　葛　娜

第四卷：气相色谱－串联质谱图集

庞国芳　曹彦忠　刘永明　常巧英　纪欣欣　姚翠翠　崔宗岩　陈　辉

第五卷：气相色谱－四极杆－飞行时间质谱及气相色谱－质谱图集

庞国芳　范春林　李　岩　李晓颖　常巧英　郑　锋　胡雪艳　王明林

Contributors/Researchers for *Chromatography–Mass Spectrometry Collection of World Commonly Used Pesticides*

Volume Ⅰ: *Collection of Liquid Chromatography -Tandem Mass Spectrometry (LC-MS/MS)*

Guo-Fang Pang, Qiao-Ying Chang, Chun-Lin Fan, Yu-Jing Lian, Xue-Yan Hu, Xin-Yue Cao, Shu-Jun Zhao, Zhi-Bin Wang

Volume Ⅱ: *Collection of Liquid Chromatography Coupled with Quadrupole Time-of-flight Mass Spectrometry (LC-Q-TOFMS)*

Guo-Fang Pang, Chun-Lin Fan, Jian Kang, Xing Peng, Zhi-Yuan Zhao, Wei Wang, Qiao-Ying Chang, Zhi-Hong Shi

Volume Ⅲ: *Collection of Linear Trap Quadropole(LTQ) Orbitrap Mass Spectrometry*

Yan-Zhong Cao, Guo-Fang Pang, Xiang Li, Qiao-Ying Chang, Xiao-Mao Liu, Jin-Jie Zhang, Xue-Min Li, Na Ge

Volume Ⅳ: *Collection of Gas Chromatography-Tandem Mass Spectrometry (GC-MS/MS)*

Guo-Fang Pang, Yan-Zhong Cao, Yong-Ming Liu, Qiao-Ying Chang, Xin-Xin Ji, Cui-Cui Yao, Zong-Yan Cui, Hui Chen

Volume Ⅴ: *Collection of Gas Chromatography Coupled with Quadrupole Time-of-flight Mass Spectrometry (GC-Q-TOFMS) and Gas Chromatography-Mass Spectrometry (GC-MS)*

Guo-Fang Pang, Chun-Lin Fan, Yan Li, Xiao-Ying Li, Qiao-Ying Chang, Feng Zheng, Xue-Yan Hu, Ming-Lin Wang

　　质谱分析技术的原理是化合物分子经高能电子流离子化，生成分子离子和碎片离子，然后利用电磁学原理使离子按不同质荷比分离并记录各种离子强度，得到一幅质谱图。每种化合物都具有像指纹一样的独特质谱图，将被测物的质谱图与已知物的质谱图对照，就可对被测物进行定性、定量。随着信息化技术的进步以及色谱 - 质谱仪器分辨率和灵敏度等性能的不断提高，只需要纳克级甚至皮克级样品，就可得到满意的质谱图。高分辨质谱测定的分子量精度可以达到百万分之五（m/z 可精确到小数点后第 4 位，即 0.0001），加之质谱能提供化合物的元素组成以及官能团等结构信息，其对化合物定性、定量的准确度和灵敏度无与伦比。

　　关于食用农产品中农药残留检测技术，庞国芳科研团队检索了近二十年（1991—2010）国际上有一定影响力的 15 种期刊 SCI 论文 3505 篇，涉及检测技术 200 多种。对论文总量排名前 20 位的技术，按前十年（1991—2000）和后十年（2001—2010）发展历程进行对比研究发现：前十年发表的色谱 - 质谱农药残留检测技术论文有 339 篇，而到后十年达到了 1018 篇，后十年约是前十年的 3 倍，二者之和 1357 篇，约占总量的 39%。过去二十年发展最耀眼的分析技术是 LC-MS/MS 和 GC-MS/MS，其中，发展最快的技术是 LC-MS/MS，它由前十年的第 9 位上升到后十年的第 1 位；GC-MS/MS 由前十年的第 19 位上升至后十年的第 8 位。这充分说明，在食用农产品农药残留检测技术方面，色谱 - 质谱检测技术已迎来了空前发展的新时期。我国这一领域科技工作者紧跟这一技术的前进步伐，使我国由前十年的第 14 位，跃升到后十年的第 2 位，为我国在这一领域国际地位的提升做出了突出贡献。

　　基于色谱 - 质谱联用分析技术的独特优势，庞国芳科研团队从 2000 年至今一直从事农药残留高通量色谱 - 质谱方法学研究，他们采用当前国际上农药残留分析领域普遍关注的先进技术，包括气相色谱 - 质谱、气相色谱 - 串联质谱、气相色谱 - 四极杆 - 飞行时间质谱、液相

色谱 - 串联质谱、液相色谱 - 四极杆 - 飞行时间质谱和线性离子阱 - 电场回旋共振轨道阱组合质谱共 6 类色谱 - 质谱联用技术，评价了世界常用 1300 多种农药化学污染物在不同条件下的质谱特征，采集了数万幅质谱图，形成了《世界常用农药色谱 - 质谱图集》，分五卷出版：第一卷为《液相色谱 - 串联质谱图集》，第二卷为《液相色谱 - 四极杆 - 飞行时间质谱图集》，第三卷为《线性离子阱 - 电场回旋共振轨道阱组合质谱图集》，第四卷为《气相色谱 - 串联质谱图集》，第五卷为《气相色谱 - 四极杆 - 飞行时间质谱及气相色谱 - 质谱图集》。这是一项色谱 - 质谱分析理论的基础研究，是庞国芳科研团队的原创性研究成果。他们站在了国际农药残留分析的前沿，解决了国家的需要，奠定了农药残留高通量检测的理论基础，在学术上具有创新性，在实践中具有很高的应用价值。

根据这些质谱图与建立的相关质谱数据库，庞国芳科研团队已经研究开发了水果、蔬菜、粮谷、茶叶、中草药、食用菌（蘑菇）、动物组织、水产品、原奶及奶粉、蜂蜜、果汁和果酒等一系列食用农产品农药残留高通量检测技术。同时，经过标准化研究，已建成 20 项国家标准，每项标准均可检测 400 ～ 500 种农药残留，其操作像单残留分析一样简单，却比单残留分析提高工效数百倍，在食品安全领域得到了广泛应用。其中，茶叶农药残留高通量检测技术 2010 年被国际 AOAC（国际公职分析化学家联合会）列为优先研究项目之一。经过 4 年准备，庞国芳科研团队 2013 年组织了有美洲、欧洲和亚洲 11 个国家和地区的 30 个实验室，共 56 个科研小组参加的国际 AOAC 协同研究。协同研究结果证明，各项指标均达到了 AOAC 技术标准，被推荐为 AOAC 官方方法，体现了这项研究的先进性和实用性。同时，也展示了我国学者在农药残留高通量检测技术领域的水平和能力，扩大了我国在这一领域的国际影响，为世界农药残留分析技术的进步做出了突出贡献。

魏复盛

中国工程院院士

2013 年 10 月 6 日

早在 1976 年，世界卫生组织（WHO）、联合国粮食及农业组织（FAO）和联合国环境规划署（UNEP）联合发起了全球环境监测规划 / 食品污染监测与评估项目（Global Environment Monitoring System，GEMS/Food），旨在掌握会员国食品污染状况，了解食品污染物摄入量，保护人体健康，促进国际贸易发展。现在，世界各国都把食品安全提升到国家安全的战略地位，农药残留限量是食品安全标准之一，也是国际贸易准入门槛。同时，对农药残留的要求呈现出品种越来越多、最大残留限量（MRLs）越来越低的发展趋势，也就是国际贸易设立的农药残留限量门槛越来越高。欧盟、美国、日本和我国规定的农药和 MRLs 数量分别为：465 种 162248 项（2013 年）、351 种 39147 项（2013 年）、579 种 51600 项（2006 年）和 322 种 2293 项（GB 2763—2012）。因此，食品安全和国际贸易都呼唤高通量检测技术。这无疑给广大农药残留分析工作者提出了挑战，也提供了研究开发的机遇。到目前为止，在众多农药残留分析技术中，色谱 - 质谱联用技术是实现高通量多残留分析的最佳选择。

笔者科研团队 2000 年开始用色谱 - 质谱联用技术，对世界常用 1300 多种农药化学污染物残留进行了高通量检测技术研究，历经五个研究阶段（2000—2002 年、2002—2004 年、2004—2006 年、2006—2008 年、2008—2013 年）研究建立了水果、蔬菜、粮谷、茶叶、中草药、食用菌（蘑菇）、动物组织、水产品、原奶及奶粉、蜂蜜、果汁和果酒等一系列食用农产品中农药残留高通量检测技术，并实现了标准化，研制了 20 项且每项都可检测 400 ～ 500 种农药残留的国家标准，并得到广泛应用。同时积累了用 6 类色谱 - 质谱联用技术在不同分析条件下所做的上万幅质谱图，以《世界常用农药色谱 - 质谱图集》分五卷出版：第一卷为《液相色谱 - 串联质谱图集》，第二卷为《液相色谱 - 四极杆 - 飞行时间质谱图集》，第三卷为《线性离子阱 - 电场回旋共振轨道阱组合质谱图集》，第四卷为《气相色谱 - 串联质谱图集》，第五卷为《气相色谱 - 四极杆 - 飞行时间质谱及气相色谱 - 质谱图集》。这是笔者科研团队十几年来开展农药残留色谱-质谱联用技术方法学研究的结晶。

同时，值得特别提出的是，近两年笔者科研团队根据 GC-Q-TOFMS 和 LC-Q-TOFMS 高分辨质谱测定的分子量精度可达到百万分之五（*m/z* 可精确到小数点后第4位，即0.0001）的独特技术优势，用上述两种技术评价了1300多种农药化学污染物各自的质谱特征，采集了碎片离子 *m/z* 精确到 0.0001 的质谱图，并建立了相应的数据库，从而研究开发了700多种目标农药化学污染物 GC-Q-TOFMS 高通量侦测方法和500多种农药化学污染物 LC-Q-TOFMS 高通量侦测方法，一次统一制备样品，两种方法合计可以同时侦测水果、蔬菜中1200多种农药化学污染物，达到了目前国际同类研究的高端水平。这两种新技术有三个突出特点：第一，无需标准品作参比，依据高分辨精确质量定性，其依托就是所建立的1200多种农药化学污染物高分辨精确质量数据库；第二，根据两种质谱库的信息，研制成检测方法程序软件，只要将软件安装在适用的仪器中，通过适当的调谐校准，就可按照软件程序，执行目标农药的筛查侦测任务，有广阔的推广应用前景；第三，全谱扫描、全谱采集，扫描速度快，可获信息量大，提高了质谱信息利用率，也提高了整个方法的效率，农药残留自动化侦测程度空前提高。

笔者科研团队认为，这种建立在色谱-质谱高分辨精确质量数据库基础上的1200多种农药高通量筛查侦测软件是一项有重大创新的技术，也是一项可广泛用于农药残留普查、监控、侦测的新技术，它将大大提升农药残留监控能力和食品安全监管水平。这项技术的研究成功，《世界常用农药色谱-质谱图集》功不可没。因此，借《世界常用农药色谱-质谱图集》出版之际，对参与本书编写的其他研究人员莫汉宏、方晓明、谢丽琪、杨方、刘亚风、梁萍、潘国卿、薄海波、季申、吴艳萍、靳保辉、沈金灿、郑书展、李金、黄韦、张艳梅、郑军红、王雯雯、曹静、赵雁冰、李楠、卜明楠、金春丽、陈曦等，表示衷心感谢！

中国工程院院士

2013 年 9 月 26 日

一、色谱条件

① 色谱柱：ZORBAX SB-C$_{18}$，100mm×2.1mm(i.d.)×3.5μm。

② 流动相：A 相为 0.1% 甲酸水含 0.38g/L 乙酸铵，B 相为乙腈。

③ 梯度洗脱程序：0～3min，1%～30% B；3～6min，30%～40% B；6～9min，40% B；9～15min，40%～60% B；15～19min；60%～90% B；19～23min，90% B；23～23.01min，90%～1% B，23.01～27min，1% B。

④ 流速：0.4mL/min。

⑤ 柱温：40℃。

⑥ 进样量：10μL。

二、质谱条件

① 离子源：ESI 源。

② 雾化气压力：40psi❶。

③ 扫描方式：正离子全扫描。

④ 质量（m/z）扫描范围：50～1600。

⑤ 毛细管电压：4000V。

⑥ 鞘气温度：325℃。

⑦ 鞘气流速：11.0L/min。

⑧ 干燥气流速：10.0L/min。

⑨ 干燥气温度：325℃。

⑩ 碎裂电压（fragmentor voltage）：140V。

---

❶ 1psi=6894.76Pa。

目录 | CONTENTS |

E page-250

F page-280

H

I

K

>>>> A

Acetamiprid（啶虫脒）

基本信息

CAS 登录号	135410-20-7	分子量	222.0672	源极性	正
分子式	$C_{10}H_{11}ClN_4$	离子源	电喷雾离子源（ESI）	保留时间	4.04min

提取离子流色谱图

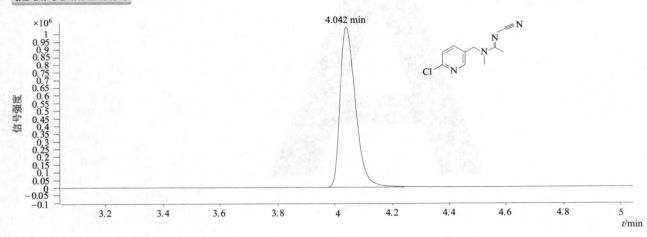

四个碰撞能量（CE）下子离子质谱图

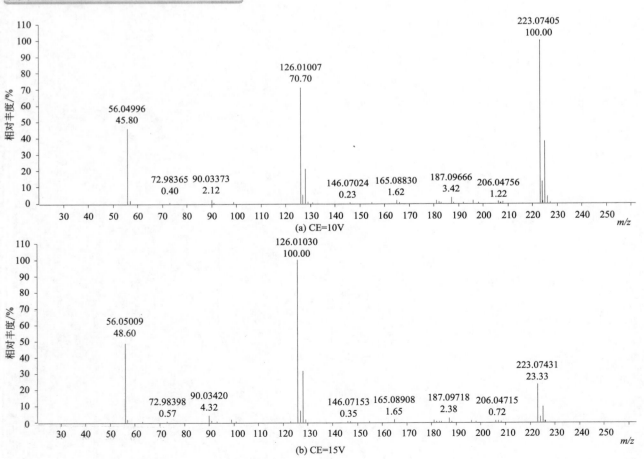

(a) CE=10V

(b) CE=15V

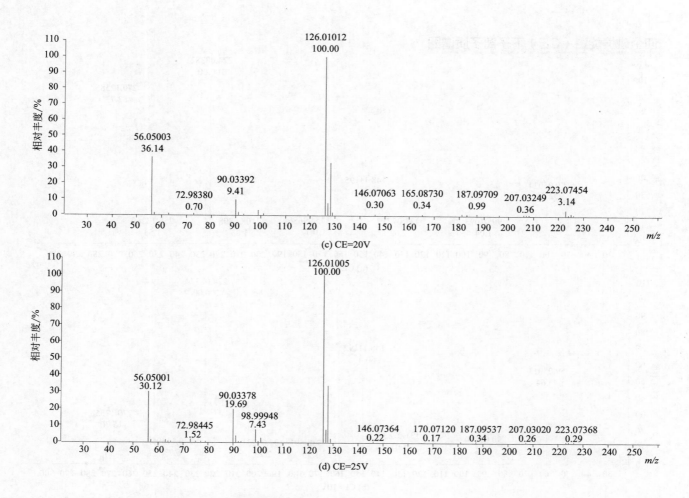

(c) CE=20V

(d) CE=25V

Acetochlor（乙草胺）

基本信息

CAS 登录号	34256-82-1	分子量	269.1183	源极性	正
分子式	$C_{14}H_{20}ClNO_2$	离子源	电喷雾离子源（ESI）	保留时间	12.73min

提取离子流色谱图

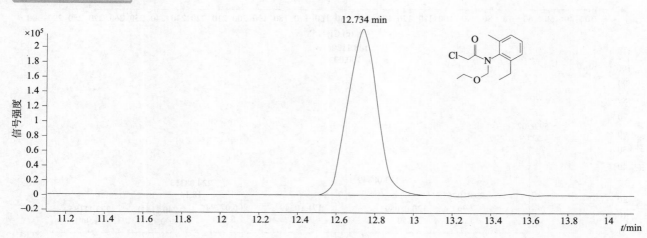

四个碰撞能量（CE）下子离子质谱图

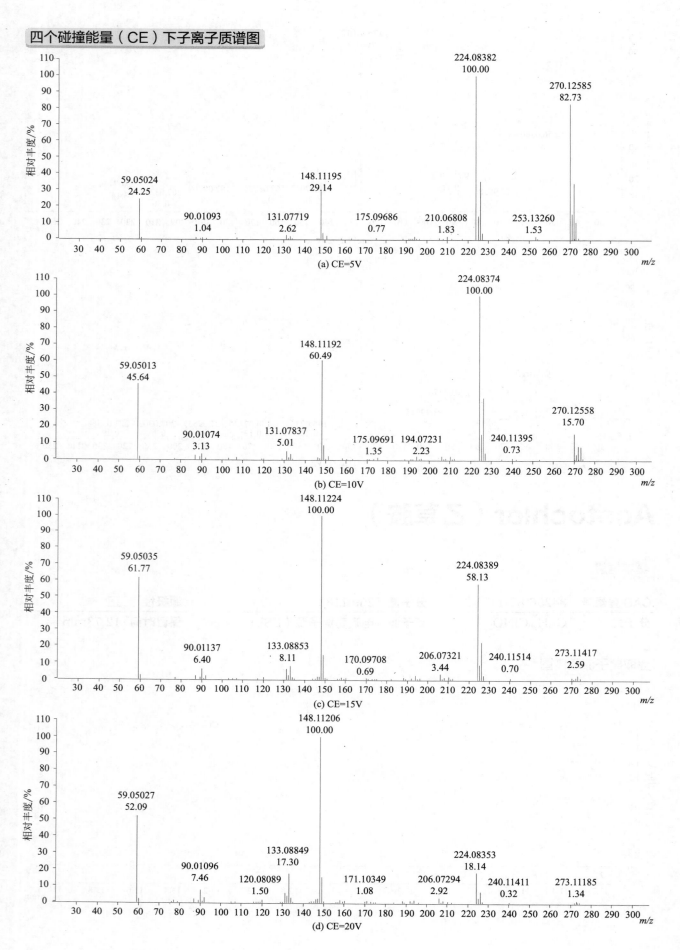

(a) CE=5V

(b) CE=10V

(c) CE=15V

(d) CE=20V

Aclonifen（苯草醚）

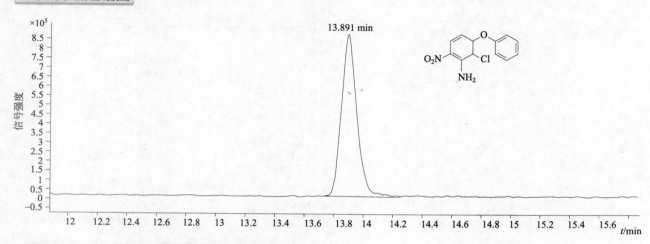

基本信息

CAS 登录号	74070-46-5	分子量	264.0302	源极性	正
分子式	$C_{12}H_9ClN_2O_3$	离子源	电喷雾离子源（ESI）	保留时间	13.89min

提取离子流色谱图

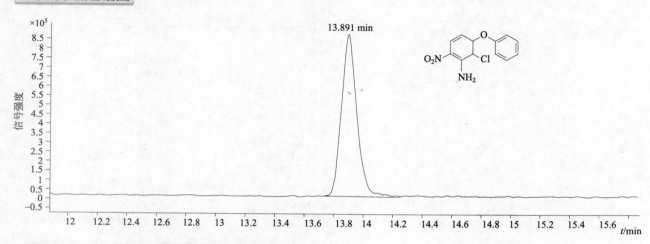

四个碰撞能量（CE）下子离子质谱图

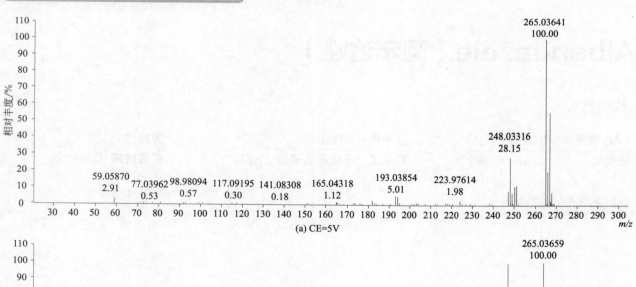

(a) CE=5V

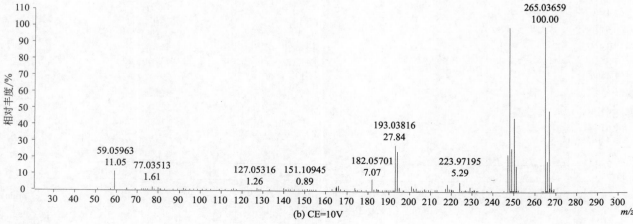

(b) CE=10V

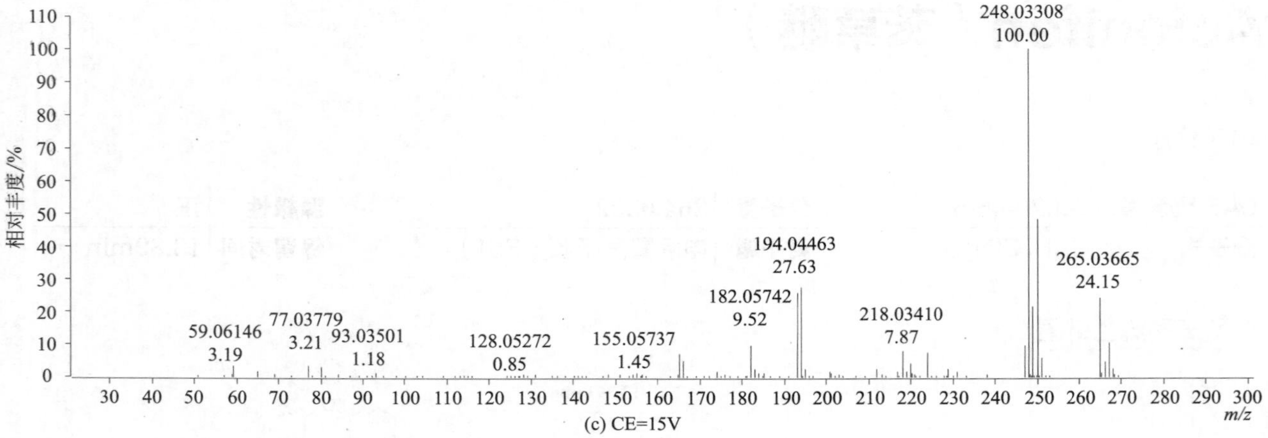

(c) CE=15V

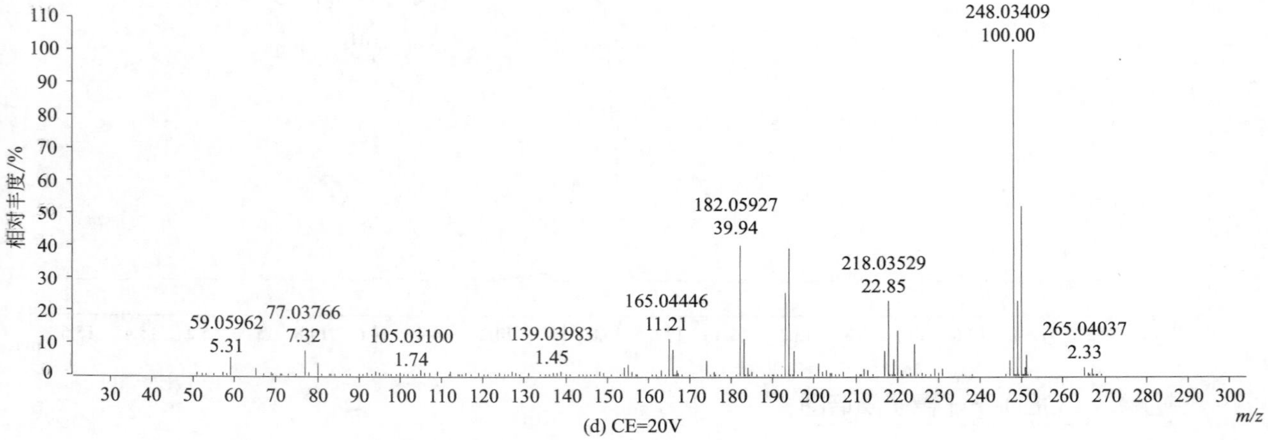

(d) CE=20V

Albendazole（阿苯达唑）

基本信息

CAS 登录号	54965-21-8	**分子量**	265.0885	**源极性**	正
分子式	$C_{12}H_{15}N_3O_2S$	**离子源**	电喷雾离子源（ESI）	**保留时间**	6.40min

提取离子流色谱图

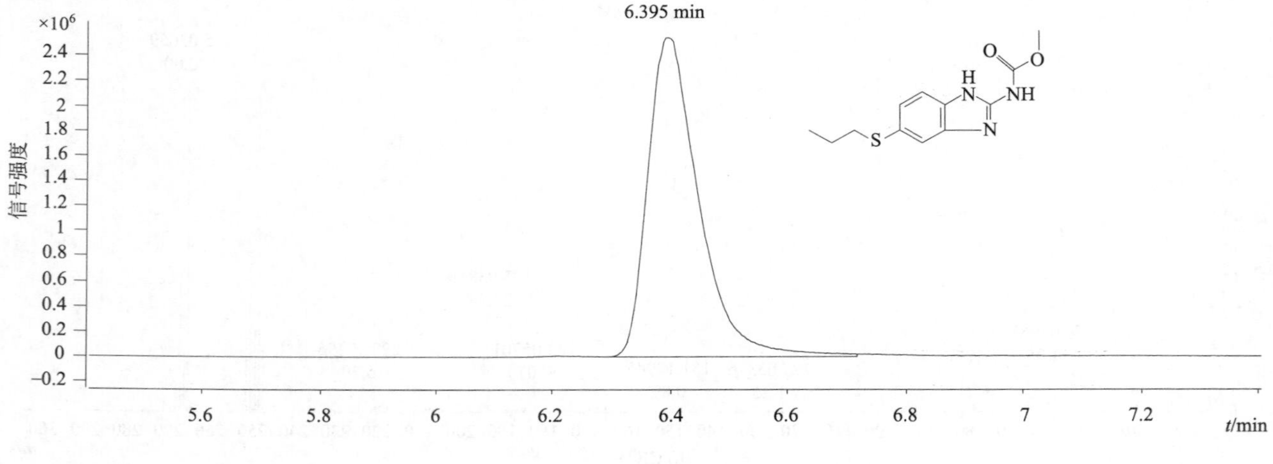

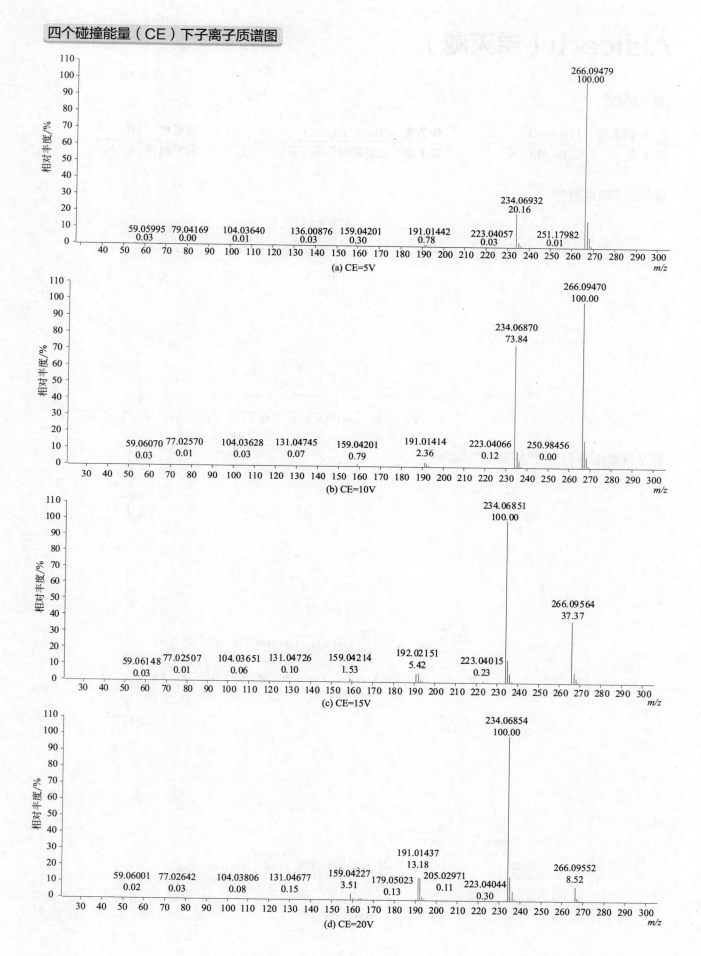

(a) CE=5V

(b) CE=10V

(c) CE=15V

(d) CE=20V

Aldicarb（涕灭威）

基本信息

CAS 登录号	116-06-3	分子量	190.0776	源极性	正
分子式	$C_7H_{14}N_2O_2S$	离子源	电喷雾离子源（ESI）	保留时间	4.74min

提取离子流色谱图

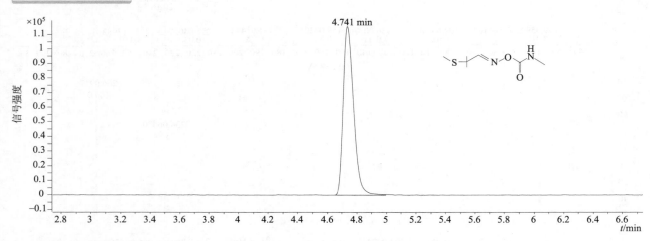

四个碰撞能量（CE）下子离子质谱图

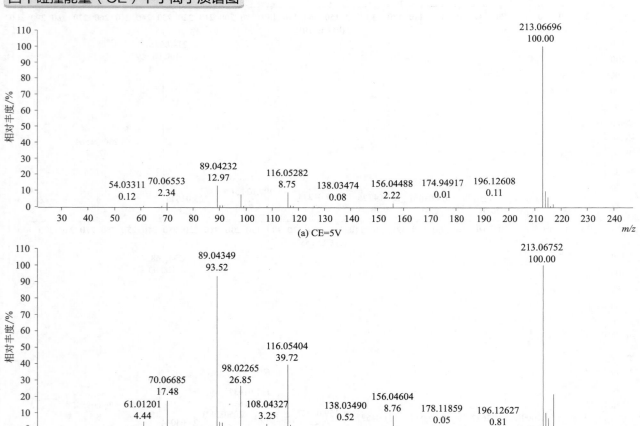

(a) CE=5V

(b) CE=10V

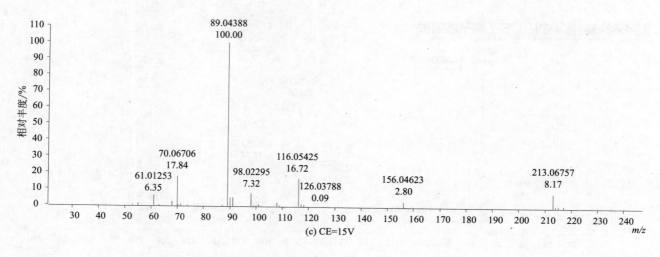

(c) CE=15V

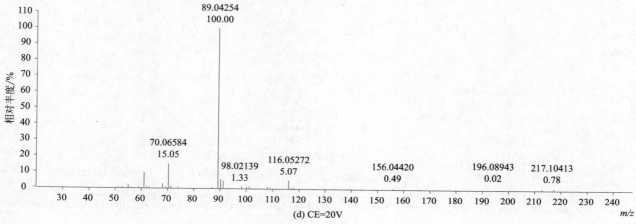

(d) CE=20V

Aldicarb sulfone（涕灭威砜）

基本信息

CAS 登录号	1646-88-4	分子量	222.0674	源极性	正
分子式	$C_7H_{14}N_2O_4S$	离子源	电喷雾离子源（ESI）	保留时间	2.74min

提取离子流色谱图

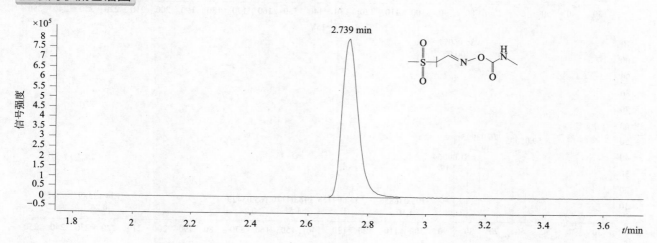

四个碰撞能量（CE）下子离子质谱图

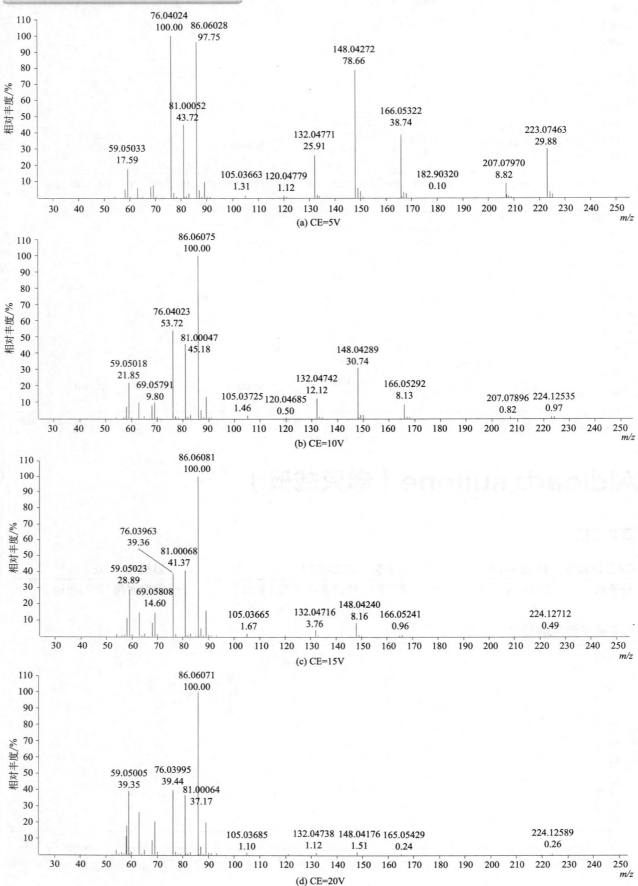

(a) CE=5V

(b) CE=10V

(c) CE=15V

(d) CE=20V

Aldimorph（4- 十二烷基 -2,6- 二甲基吗啉）

基本信息

CAS 登录号	1704-28-5	**分子量**	283.2875	**源极性**	正
分子式	$C_{18}H_{37}NO$	**离子源**	电喷雾离子源（ESI）	**保留时间**	14.87min

提取离子流色谱图

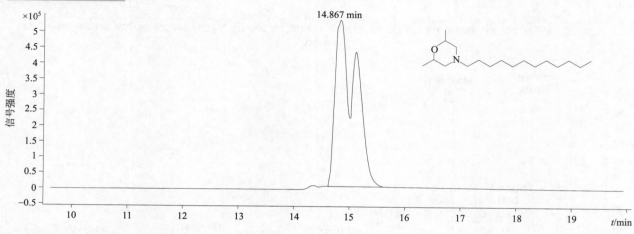

注：样品为同分异构混合物，故出双峰。

四个碰撞能量（CE）下子离子质谱图

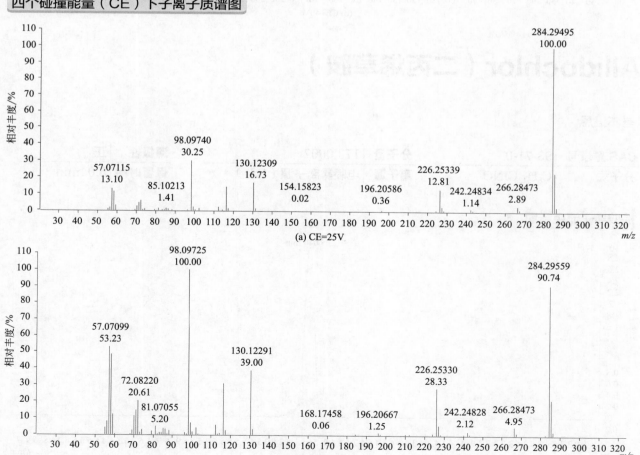

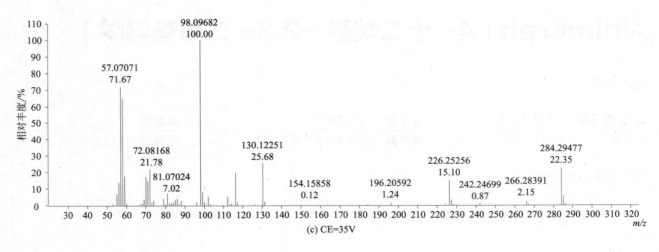

(c) CE=35V

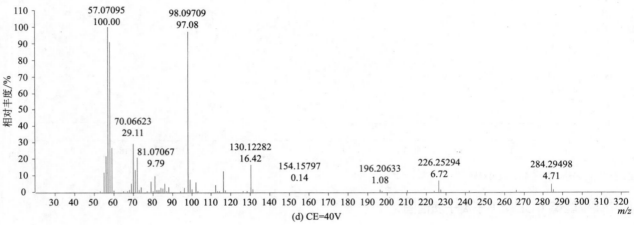

(d) CE=40V

Allidochlor（二丙烯草胺）

基本信息

CAS 登录号	93-71-0	分子量	173.0607	源极性	正
分子式	C$_8$H$_{12}$ClNO	离子源	电喷雾离子源（ESI）	保留时间	5.04min

提取离子流色谱图

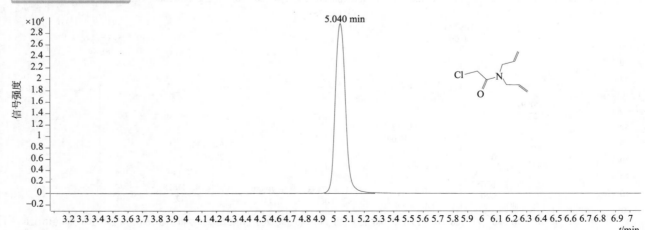

四个碰撞能量（CE）下子离子质谱图

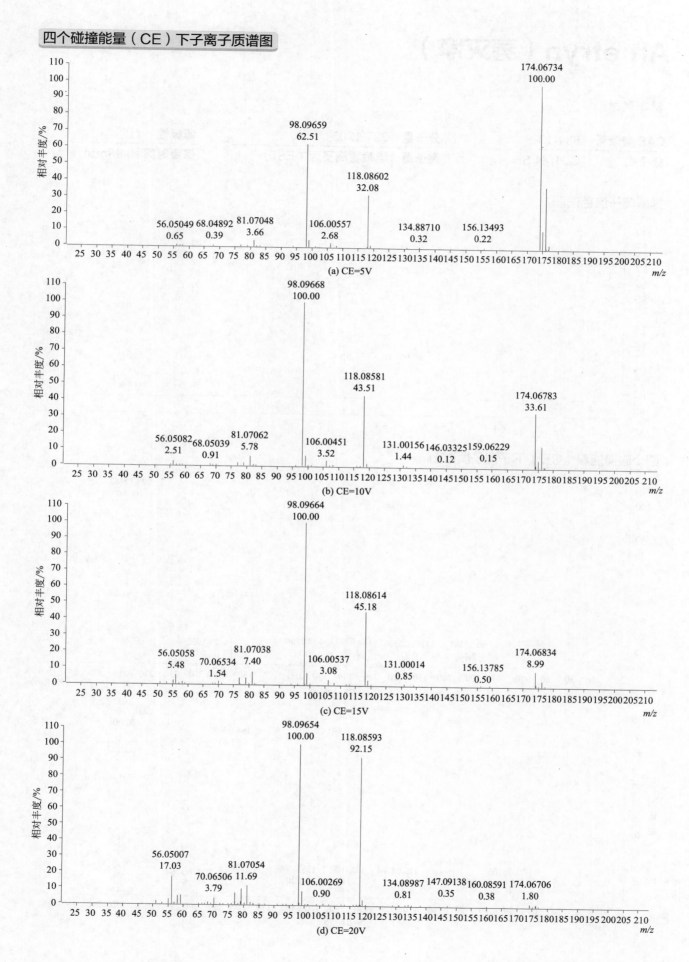

(a) CE=5V

(b) CE=10V

(c) CE=15V

(d) CE=20V

Ametryn（莠灭净）

基本信息

CAS 登录号	834-12-8	**分子量**	227.1205	**源极性**	正
分子式	$C_9H_{17}N_5S$	**离子源**	电喷雾离子源（ESI）	**保留时间**	6.98min

提取离子流色谱图

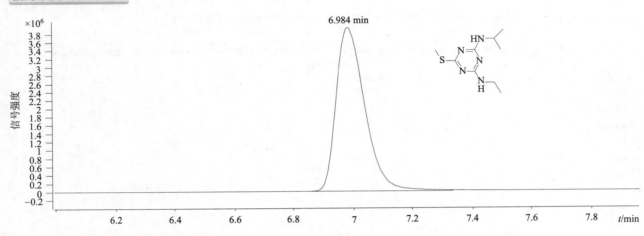

四个碰撞能量（CE）下子离子质谱图

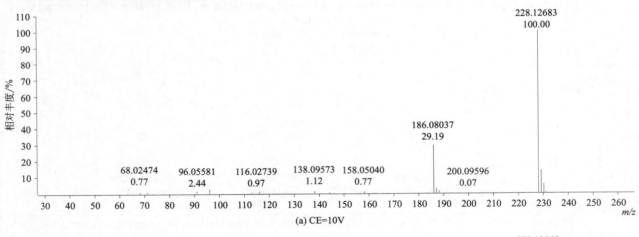

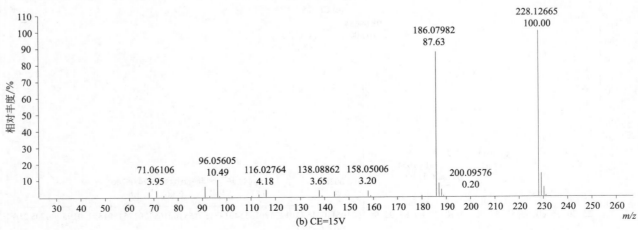

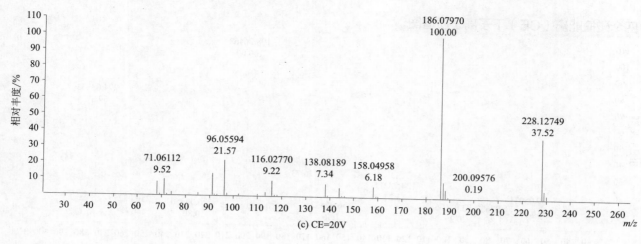

(c) CE=20V

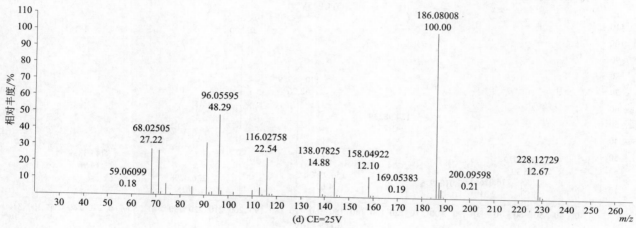

(d) CE=25V

Amidithion（赛硫磷）

基本信息

CAS 登录号	919-76-6	分子量	273.0258	源极性	正
分子式	C₇H₁₆NO₄PS₂	离子源	电喷雾离子源（ESI）	保留时间	4.41min

提取离子流色谱图

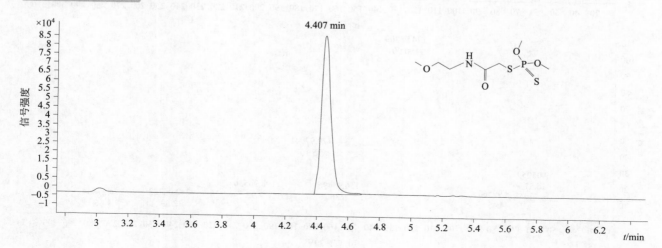

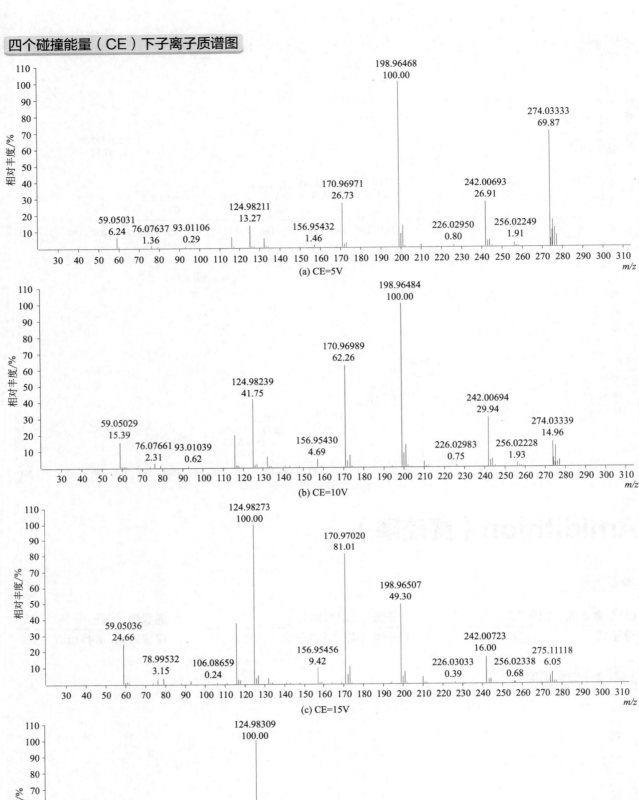

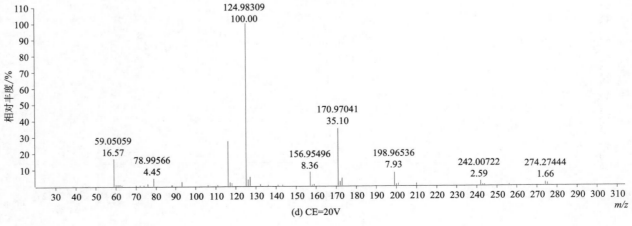

Amidosulfuron（酰嘧磺隆）

基本信息

CAS 登录号	120923-37-7	**分子量**	369.0413	**源极性**	正	
分子式	C₉H₁₅N₅O₇S₂	**离子源**	电喷雾离子源（ESI）	**保留时间**	6.14min	

CAS 登录号 120923-37-7　　**分子量** 369.0413　　**源极性** 正

分子式 $C_9H_{15}N_5O_7S_2$　　**离子源** 电喷雾离子源（ESI）　　**保留时间** 6.14min

提取离子流色谱图

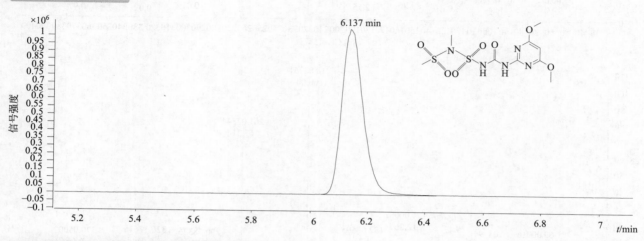

四个碰撞能量（CE）下子离子质谱图

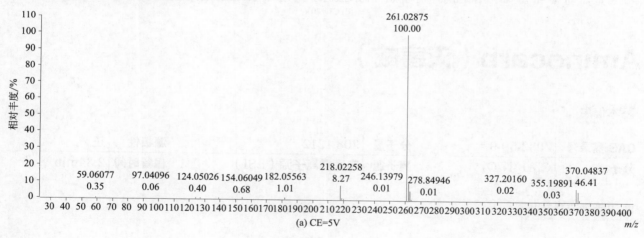

(a) CE=5V

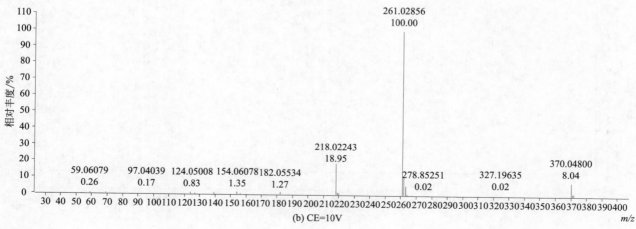

(b) CE=10V

17

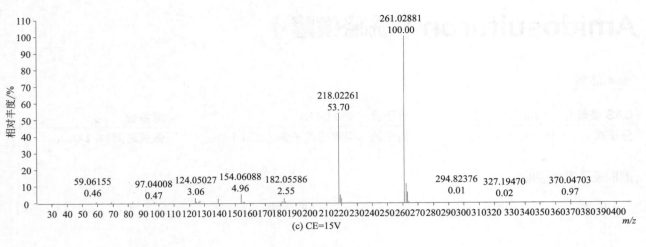

(c) CE=15V

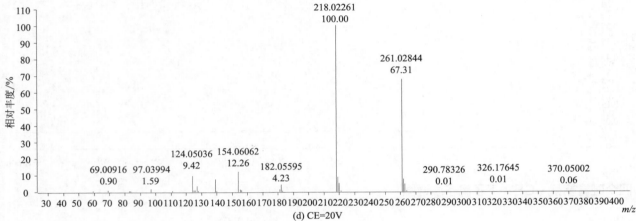

(d) CE=20V

Aminocarb（灭害威）

基本信息

CAS 登录号	2032-59-9	分子量	208.1212	源极性	正
分子式	C$_{11}$H$_{16}$N$_2$O$_2$	离子源	电喷雾离子源（ESI）	保留时间	2.34min

提取离子流色谱图

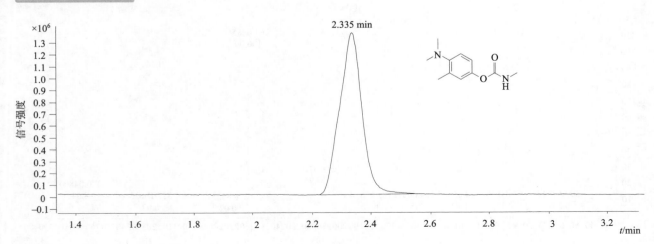

四个碰撞能量（CE）下子离子质谱图

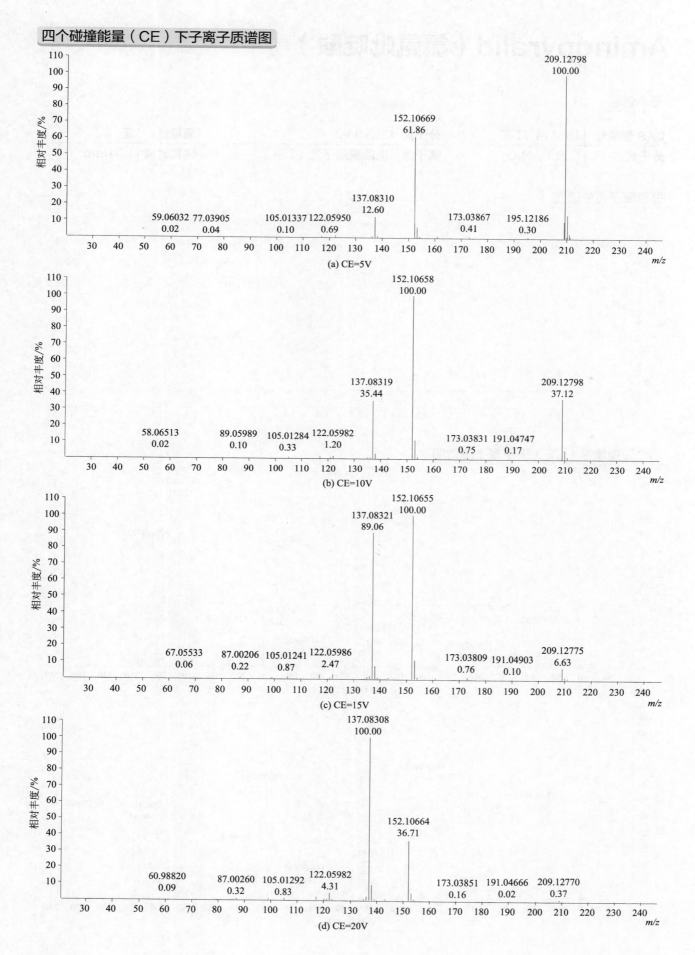

(a) CE=5V

(b) CE=10V

(c) CE=15V

(d) CE=20V

Aminopyralid（氯氨吡啶酸）

基本信息

CAS 登录号	150114-71-9	**分子量**	205.9645	**源极性**	正
分子式	$C_6H_4Cl_2N_2O_2$	**离子源**	电喷雾离子源（ESI）	**保留时间**	1.54min

提取离子流色谱图

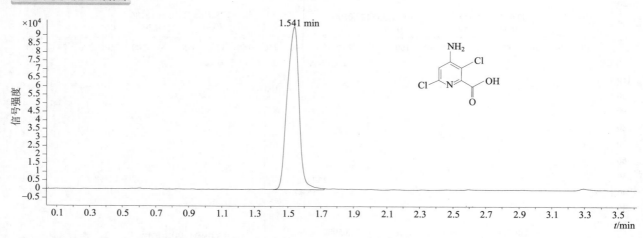

四个碰撞能量（CE）下子离子质谱图

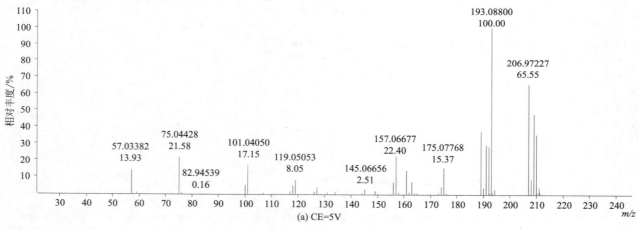

(a) CE=5V

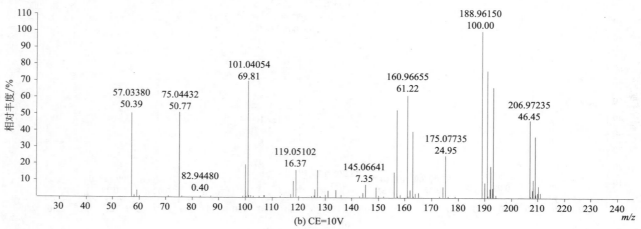

(b) CE=10V

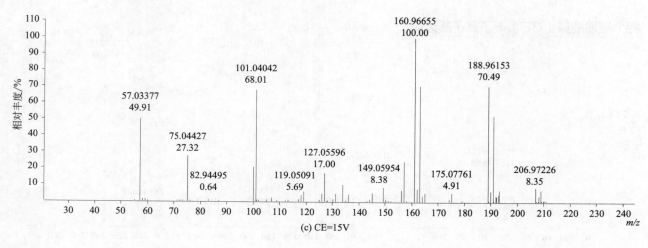

(c) CE=15V

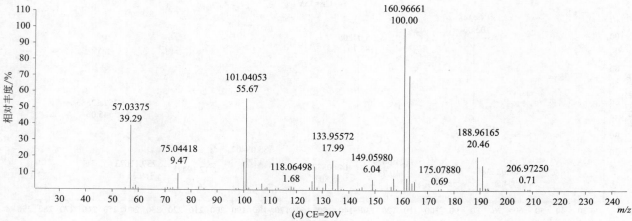

(d) CE=20V

Ancymidol（环丙嘧啶醇）

CAS 登录号	12771-68-5	分子量	256.1212	源极性	正
分子式	$C_{15}H_{16}N_2O_2$	离子源	电喷雾离子源（ESI）	保留时间	5.34min

提取离子流色谱图

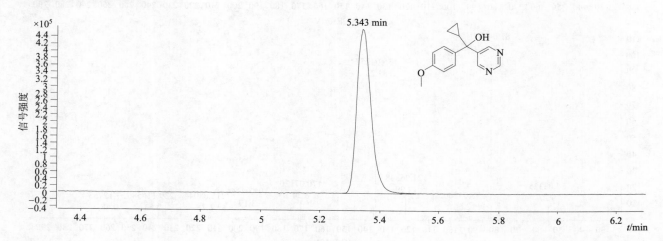

四个碰撞能量（CE）下子离子质谱图

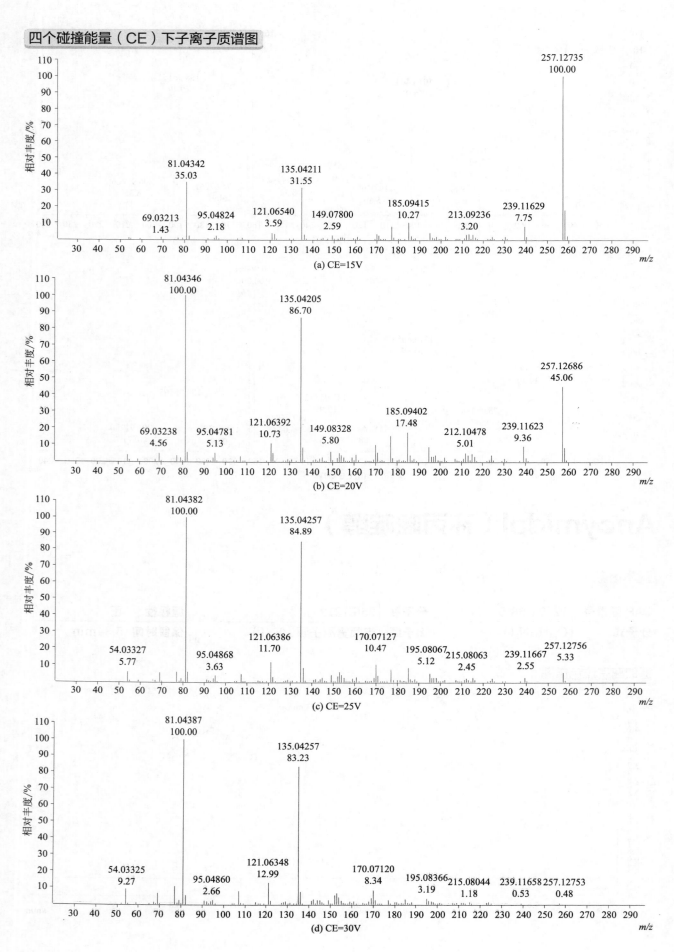

(a) CE=15V

(b) CE=20V

(c) CE=25V

(d) CE=30V

Anilofos（莎稗磷）

基本信息

CAS 登录号	64249-01-0	分子量	367.0233	源极性	正
分子式	C$_{13}$H$_{19}$ClNO$_3$PS$_2$	离子源	电喷雾离子源（ESI）	保留时间	14.91min

提取离子流色谱图

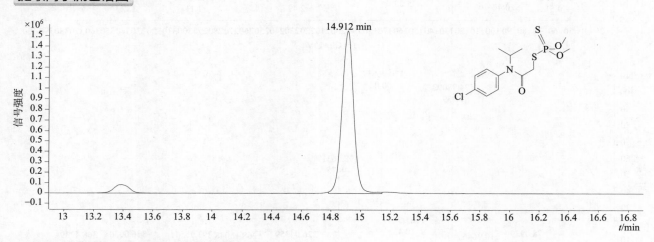

四个碰撞能量（CE）下子离子质谱图

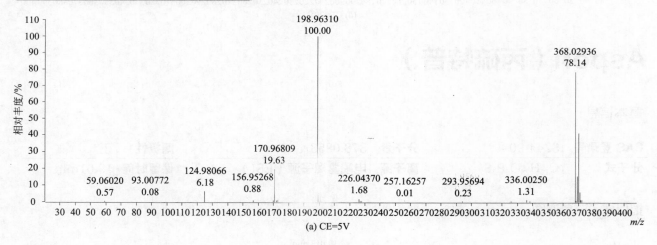

(a) CE=5V

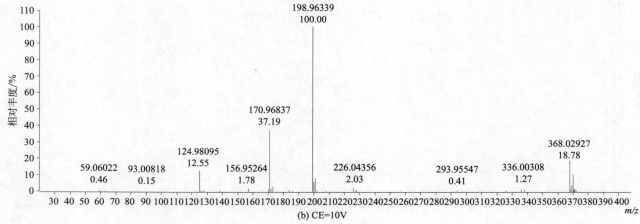

(b) CE=10V

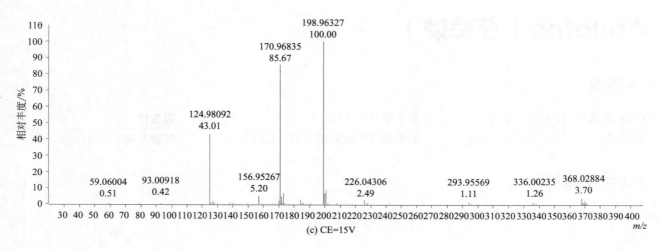

(c) CE=15V

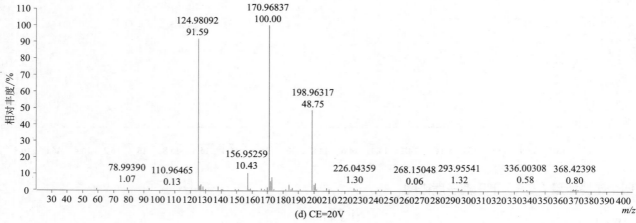

(d) CE=20V

Aspon（丙硫特普）

基本信息

CAS 登录号	3244-90-4	分子量	378.0853	源极性	正
分子式	$C_{12}H_{28}O_5P_2S_2$	离子源	电喷雾离子源（ESI）	保留时间	19.01min

提取离子流色谱图

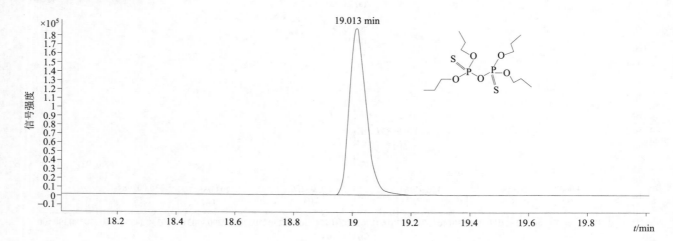

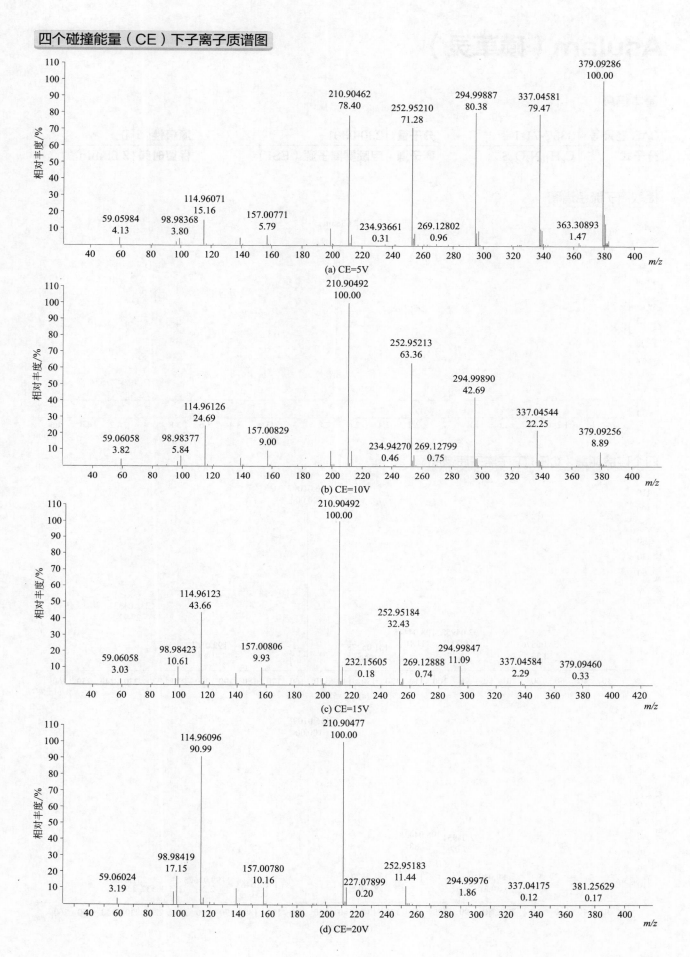

(a) CE=5V

(b) CE=10V

(c) CE=15V

(d) CE=20V

Asulam（磺草灵）

基本信息

CAS 登录号	3337-71-1	分子量	230.0361	源极性	正
分子式	$C_8H_{10}N_2O_4S$	离子源	电喷雾离子源（ESI）	保留时间	2.69min

提取离子流色谱图

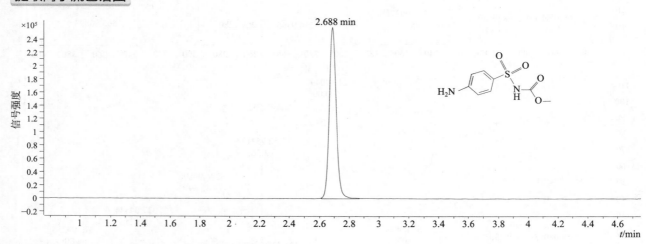

四个碰撞能量（CE）下子离子质谱图

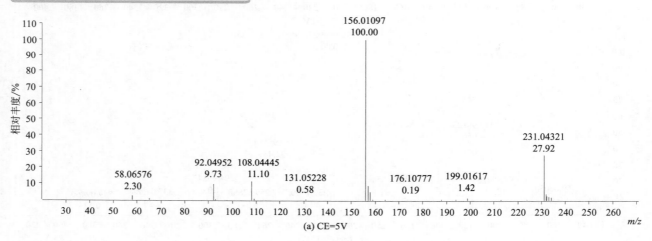

(a) CE=5V

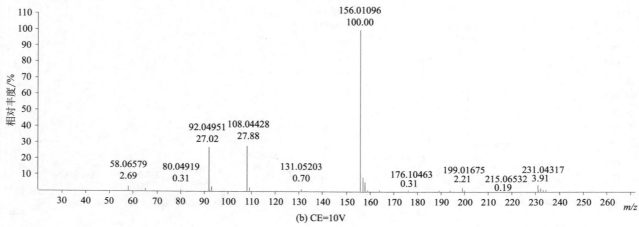

(b) CE=10V

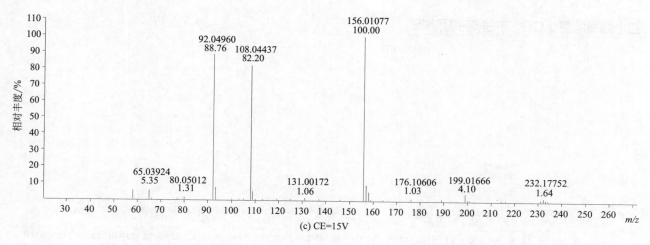

(c) CE=15V

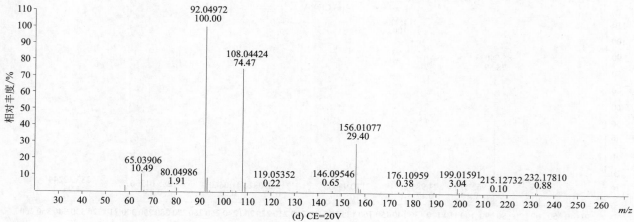

(d) CE=20V

Athidathion（乙基杀扑磷）

CAS 登录号	19691-80-6	分子量	329.9932	源极性	正
分子式	$C_8H_{15}N_2O_4PS_3$	离子源	电喷雾离子源（ESI）	保留时间	13.45min

提取离子流色谱图

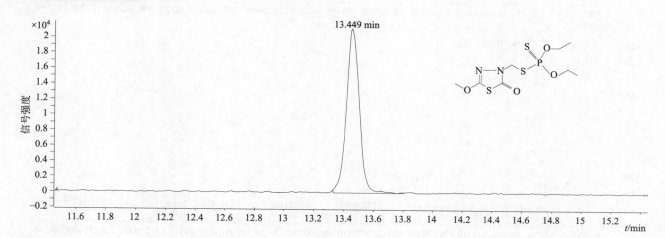

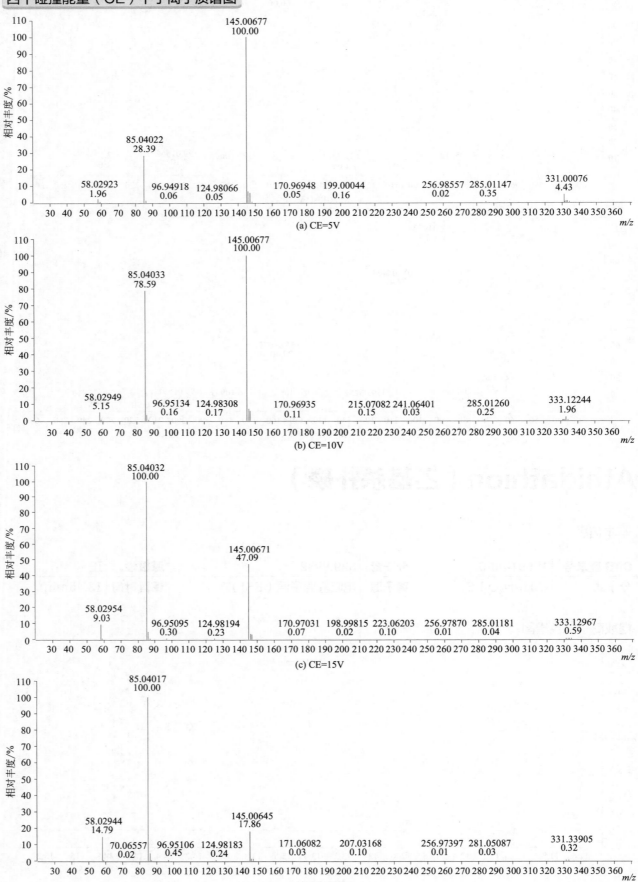

(a) CE=5V

(b) CE=10V

(c) CE=15V

(d) CE=20V

Atratone（阿特拉通）

CAS 登录号	1610-17-9	**分子量**	211.1433	**源极性**	正
分子式	$C_9H_{17}N_5O$	**离子源**	电喷雾离子源（ESI）	**保留时间**	4.51min

提取离子流色谱图

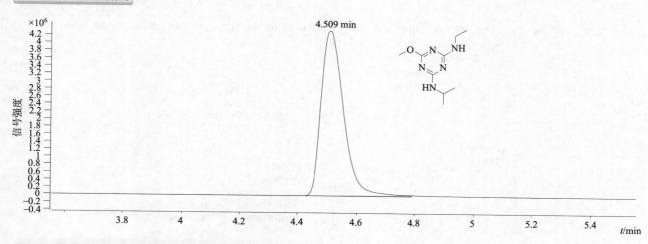

四个碰撞能量（CE）下子离子质谱图

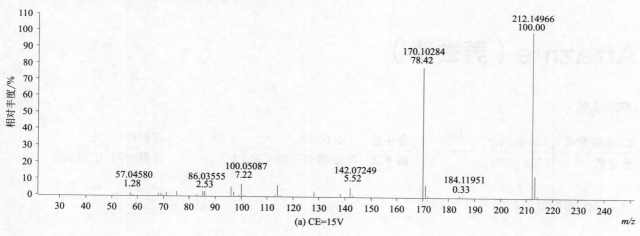

(a) CE=15V

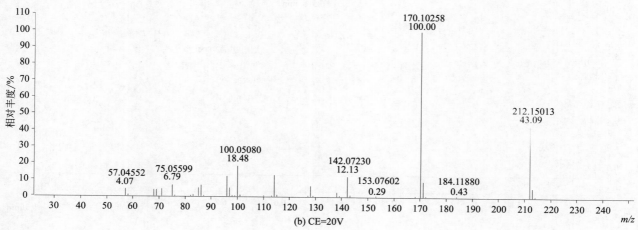

(b) CE=20V

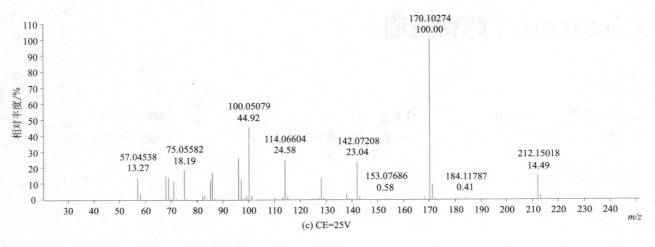

(c) CE=25V

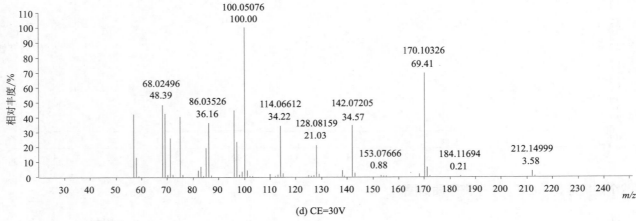

(d) CE=30V

Atrazine（莠去津）

基本信息

CAS 登录号	1912-24-9	分子量	215.0938	源极性	正
分子式	$C_8H_{14}ClN_5$	离子源	电喷雾离子源（ESI）	保留时间	6.52min

提取离子流色谱图

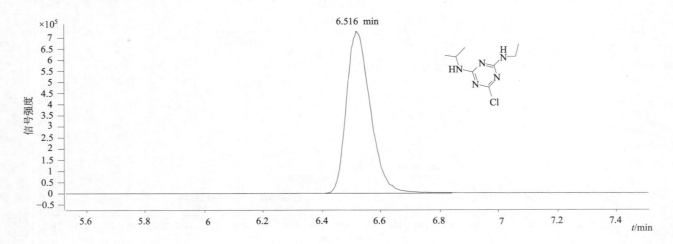

四个碰撞能量（CE）下子离子质谱图

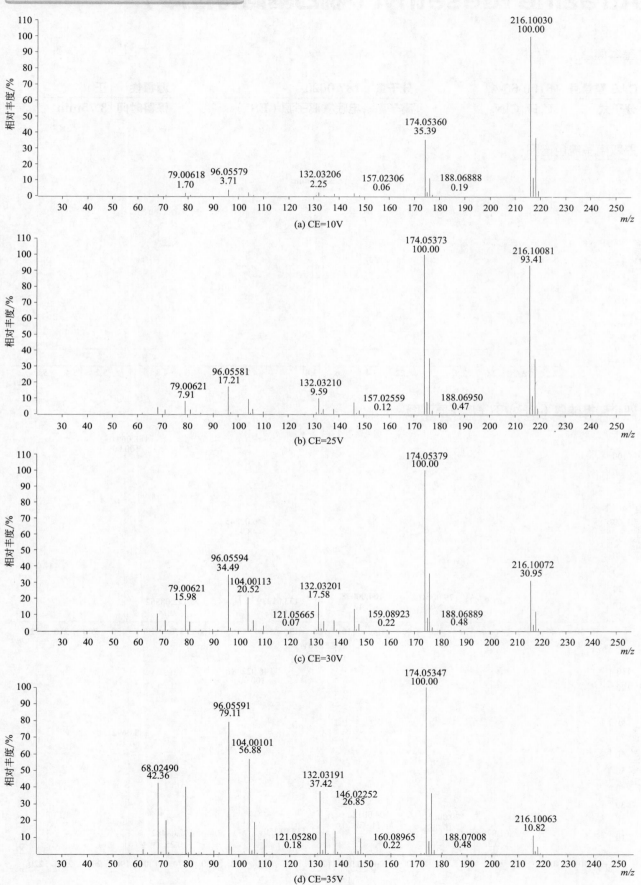

(a) CE=10V

(b) CE=25V

(c) CE=30V

(d) CE=35V

Atrazine-desethyl（脱乙基阿特拉津）

基本信息

CAS 登录号	6190-65-4	**分子量**	187.0625	**源极性**	正
分子式	$C_6H_{10}ClN_5$	**离子源**	电喷雾离子源（ESI）	**保留时间**	3.75min

提取离子流色谱图

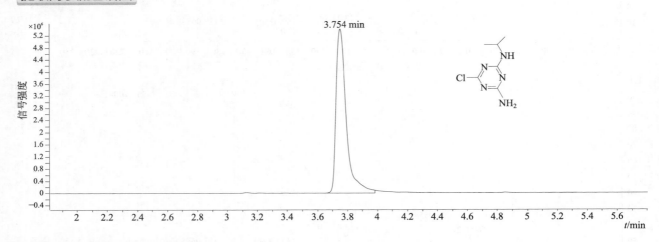

四个碰撞能量（CE）下子离子质谱图

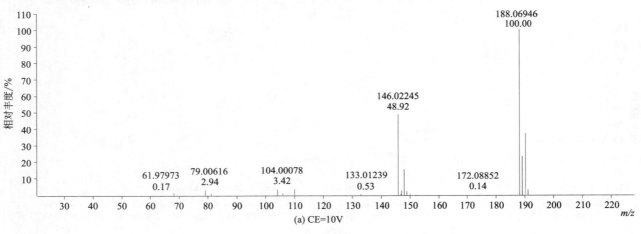

(a) CE=10V

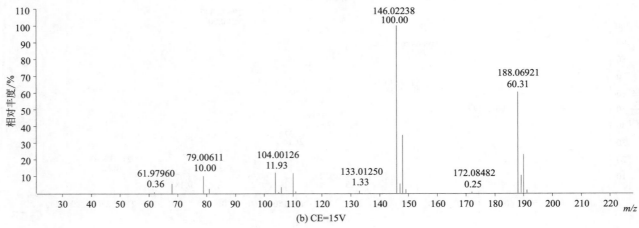

(b) CE=15V

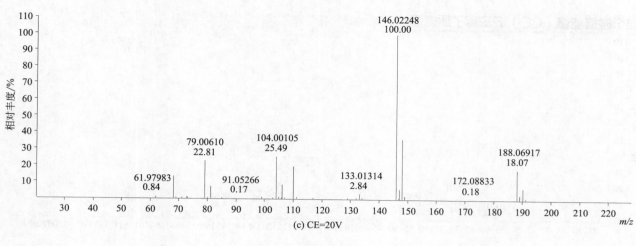

(c) CE=20V

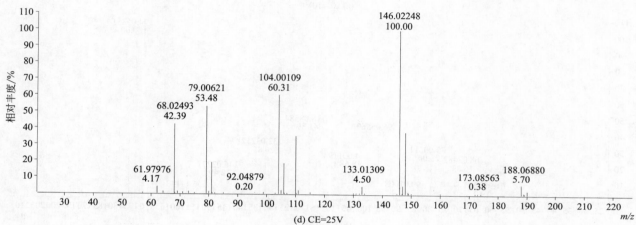

(d) CE=25V

Atrazine-desisopropyl（去异丙基莠去津）

基本信息

CAS 登录号	1007-28-9	分子量	173.0468	源极性	正
分子式	$C_5H_8ClN_5$	离子源	电喷雾离子源（ESI）	保留时间	2.99min

提取离子流色谱图

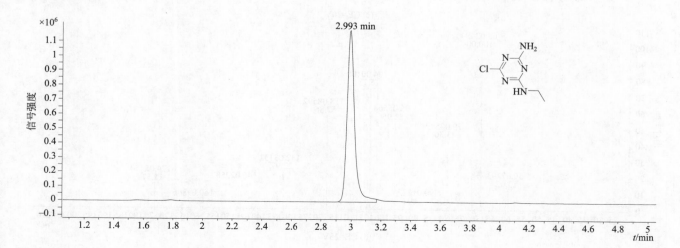

四个碰撞能量（CE）下子离子质谱图

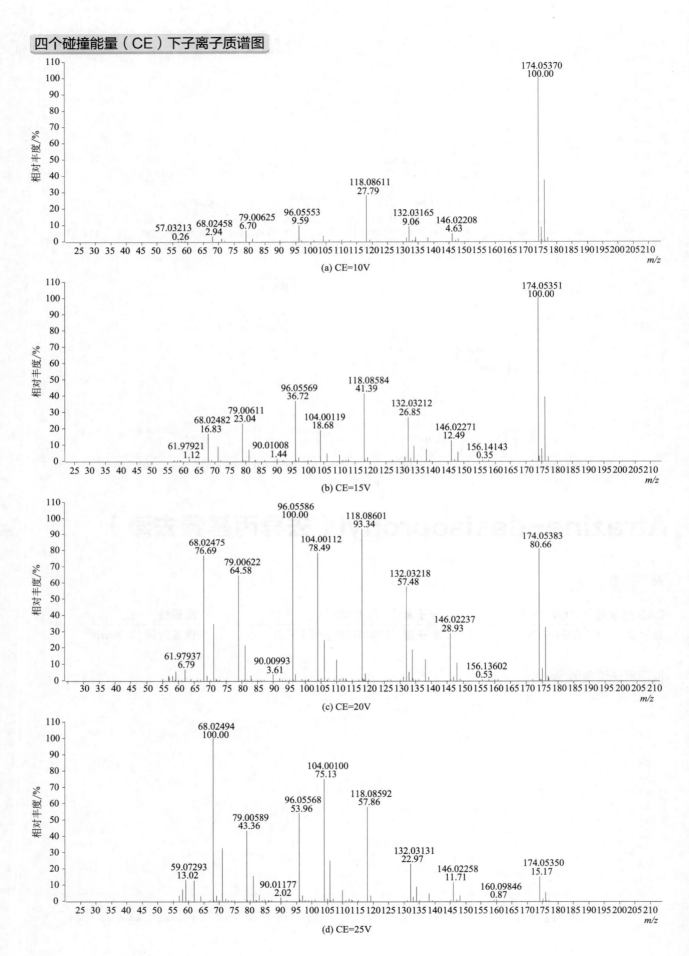

(a) CE=10V

(b) CE=15V

(c) CE=20V

(d) CE=25V

Azaconazole（戊环唑）

基本信息

CAS 登录号	60207-31-0	分子量	299.0228	源极性	正
分子式	$C_{12}H_{11}Cl_2N_3O_2$	离子源	电喷雾离子源（ESI）	保留时间	6.86min

提取离子流色谱图

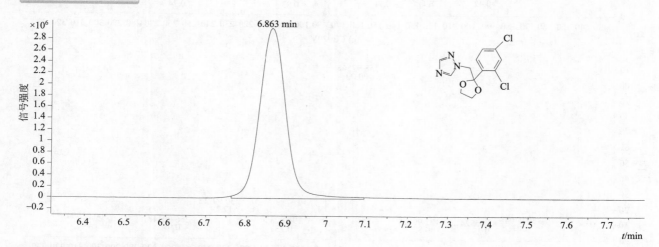

四个碰撞能量（CE）下子离子质谱图

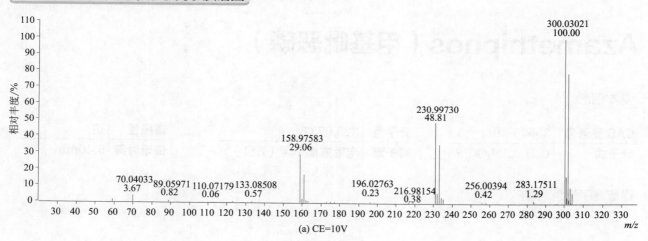

(a) CE=10V

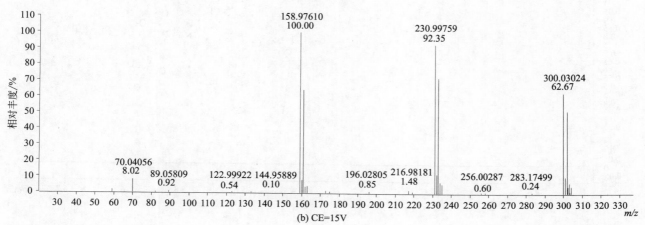

(b) CE=15V

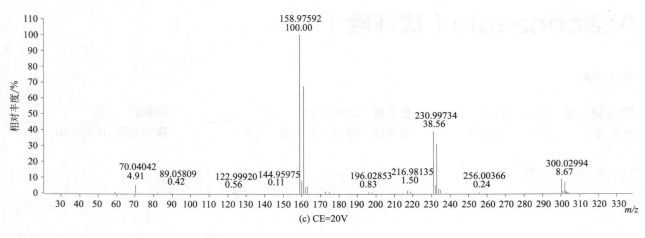

(c) CE=20V

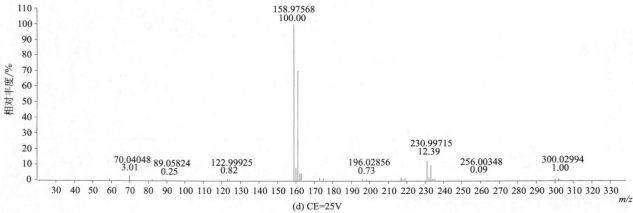

(d) CE=25V

Azamethiphos（甲基吡恶磷）

基本信息

CAS 登录号	35575-96-3	**分子量**	323.9737	**源极性**	正
分子式	$C_9H_{10}ClN_2O_5PS$	**离子源**	电喷雾离子源（ESI）	**保留时间**	5.40min

提取离子流色谱图

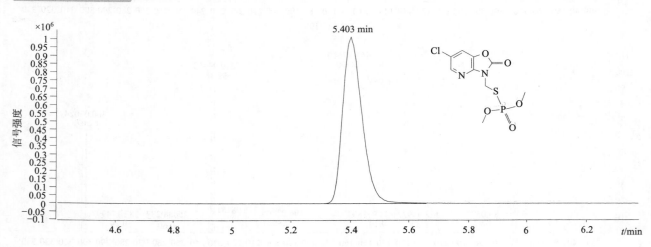

四个碰撞能量（CE）下子离子质谱图

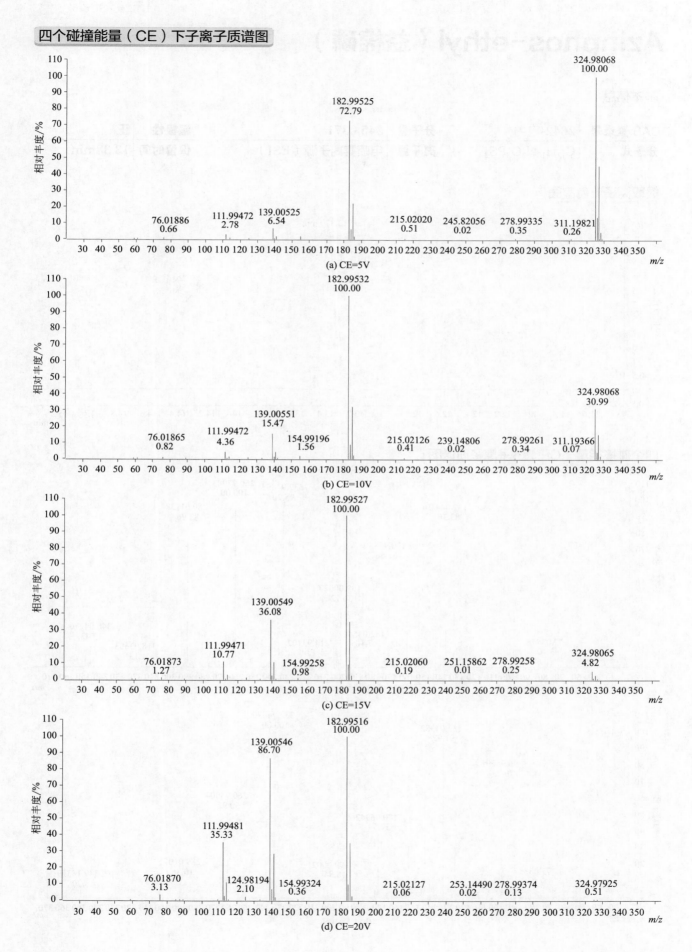

(a) CE=5V

(b) CE=10V

(c) CE=15V

(d) CE=20V

Azinphos-ethyl（益棉磷）

基本信息

CAS 登录号	2642-71-9	**分子量**	345.0371	**源极性**	正
分子式	C$_{12}$H$_{16}$N$_3$O$_3$PS$_2$	**离子源**	电喷雾离子源（ESI）	**保留时间**	13.38min

提取离子流色谱图

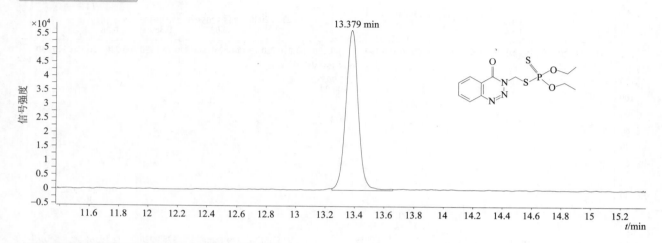

四个碰撞能量（CE）下子离子质谱图

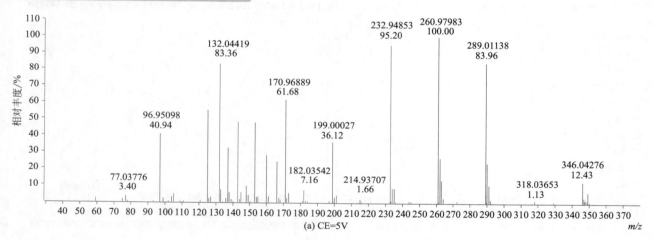

(a) CE=5V

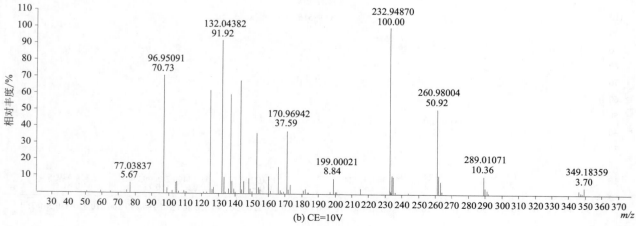

(b) CE=10V

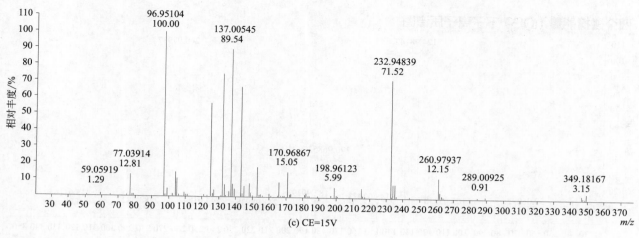

(c) CE=15V

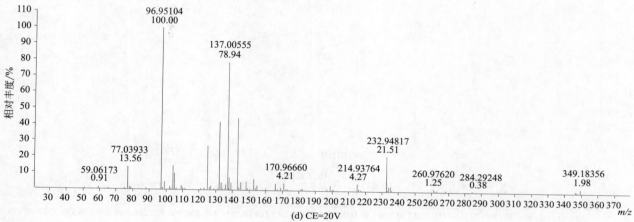

(d) CE=20V

Azinphos-methyl（保棉磷）

基本信息

CAS 登录号	86-50-0	分子量	317.0058	源极性	正
分子式	$C_{10}H_{12}N_3O_3PS_2$	离子源	电喷雾离子源（ESI）	保留时间	9.62min

提取离子流色谱图

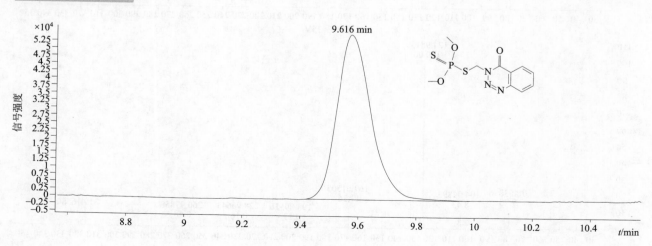

四个碰撞能量（CE）下子离子质谱图

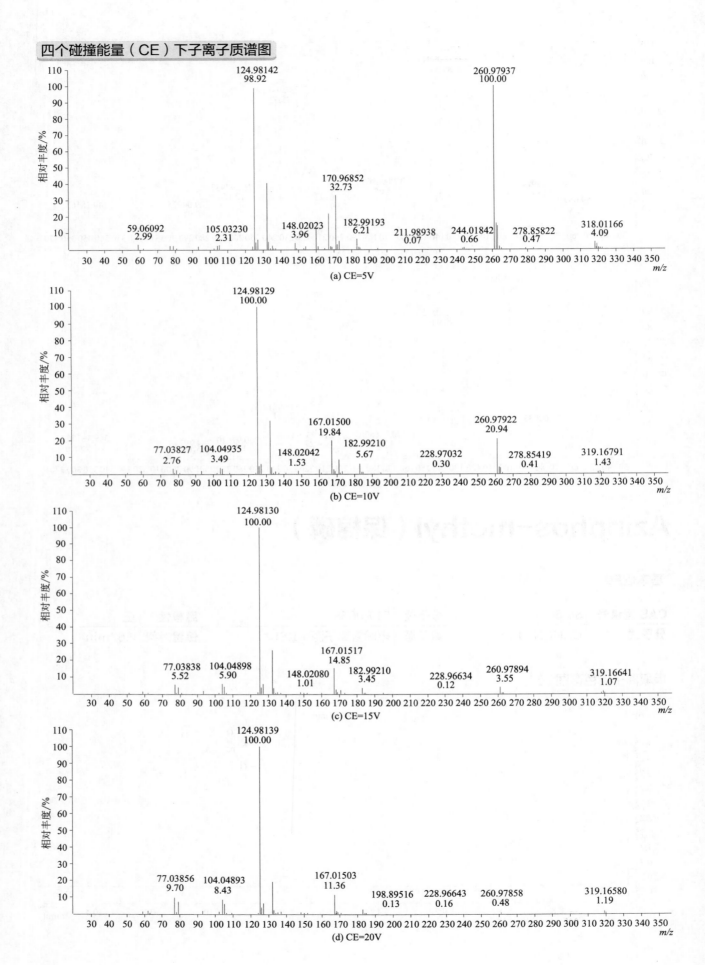

(a) CE=5V

(b) CE=10V

(c) CE=15V

(d) CE=20V

Aziprotryne（叠氮津）

CAS 登录号	4658-28-0	分子量	225.0797	源极性	正
分子式	$C_7H_{12}N_7S$	离子源	电喷雾离子源（ESI）	保留时间	9.76min

提取离子流色谱图

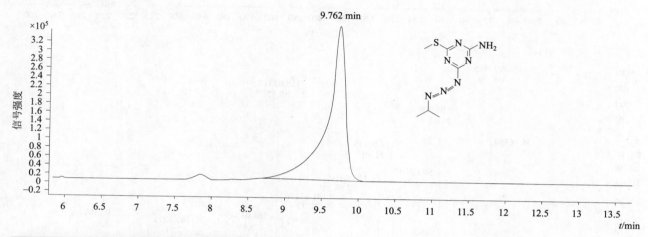

四个碰撞能量（CE）下子离子质谱图

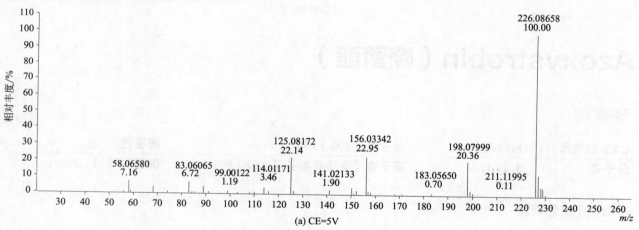

(a) CE=5V

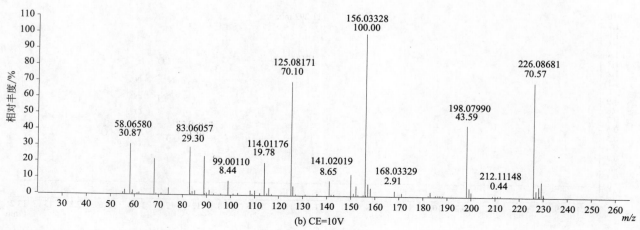

(b) CE=10V

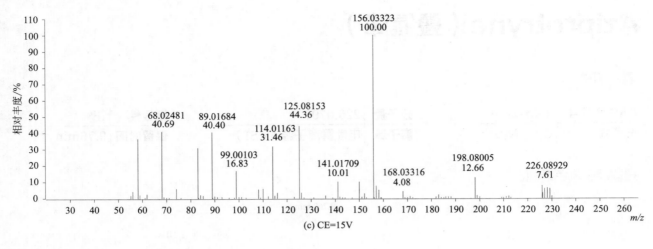

(c) CE=15V

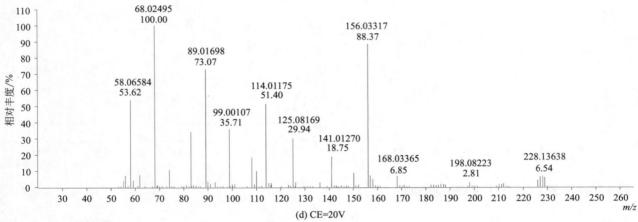

(d) CE=20V

Azoxystrobin（嘧菌酯）

基本信息

CAS 登录号	131860-33-8	分子量	403.1168	源极性	正
分子式	$C_{22}H_{17}N_3O_5$	离子源	电喷雾离子源（ESI）	保留时间	11.29min

提取离子流色谱图

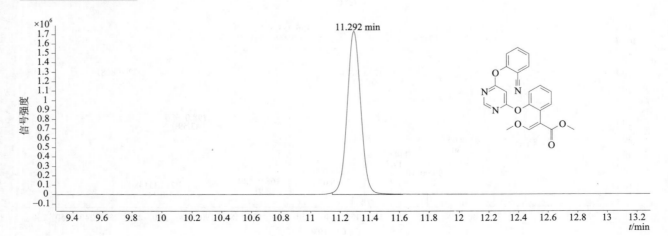

四个碰撞能量（CE）下子离子质谱图

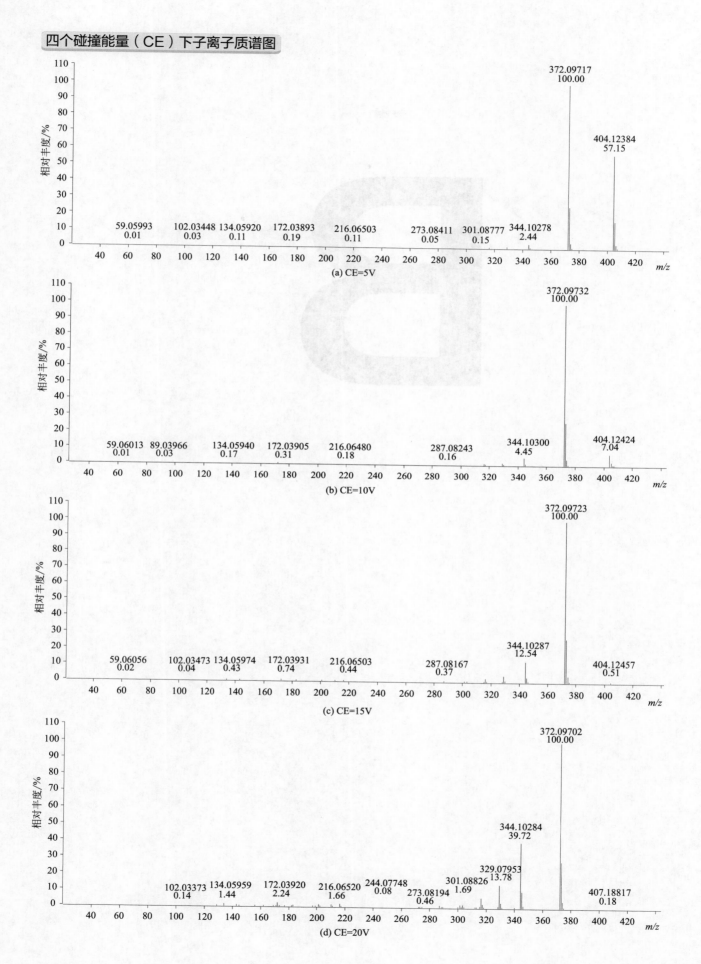

(a) CE=5V

(b) CE=10V

(c) CE=15V

(d) CE=20V

>>>> B

Benalaxyl（苯霜灵）

基本信息

CAS 登录号	71626-11-4	**分子量**	325.1678	**源极性**	正
分子式	$C_{20}H_{23}NO_3$	**离子源**	电喷雾离子源（ESI）	**保留时间**	14.23min

提取离子流色谱图

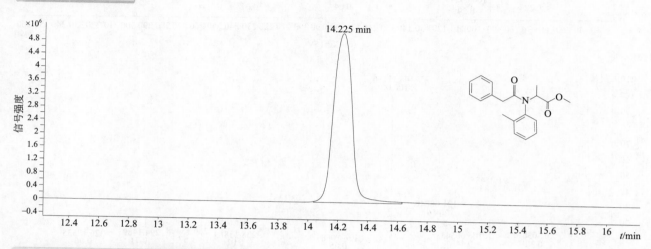

四个碰撞能量（CE）下子离子质谱图

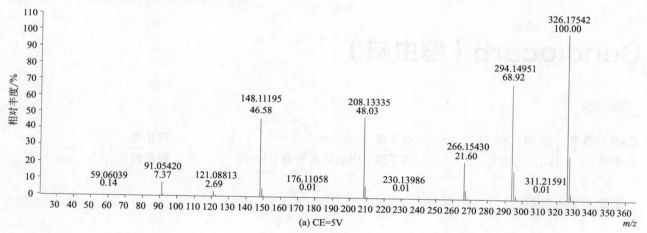

(a) CE=5V

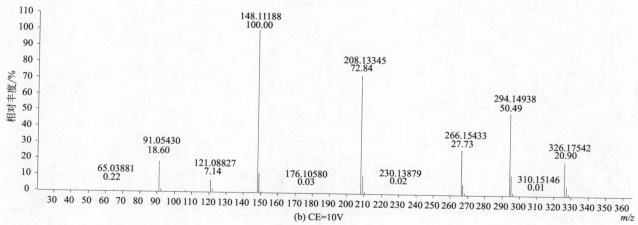

(b) CE=10V

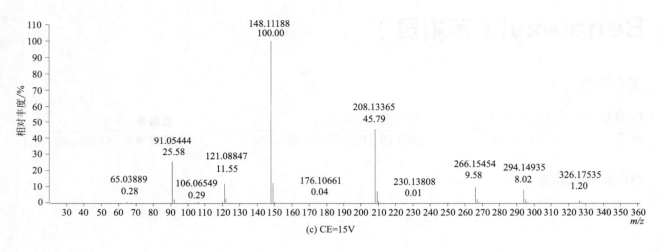

(c) CE=15V

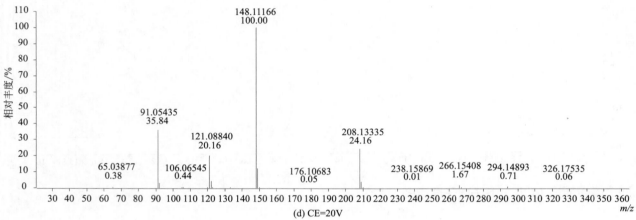

(d) CE=20V

Bendiocarb (恶虫威)

基本信息

CAS 登录号	22781-23-3	分子量	223.0845	源极性	正
分子式	$C_{11}H_{13}NO_4$	离子源	电喷雾离子源（ESI）	保留时间	5.92min

提取离子流色谱图

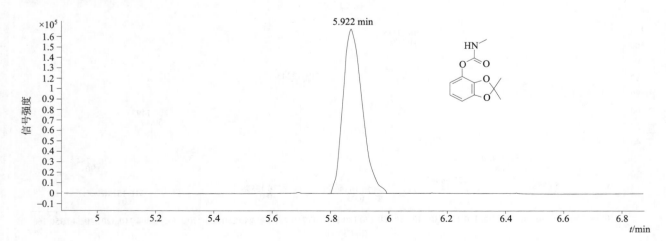

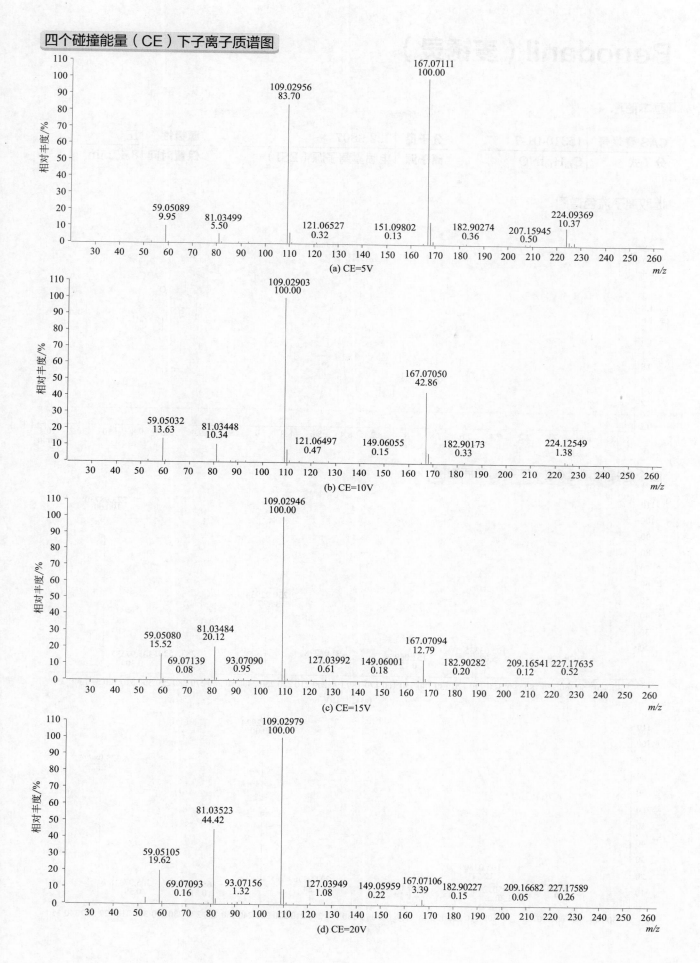

(a) CE=5V

(b) CE=10V

(c) CE=15V

(d) CE=20V

Benodanil（麦锈灵）

基本信息

CAS 登录号	15310-01-7	**分子量**	322.9807	**源极性**	正
分子式	$C_{13}H_{10}INO$	**离子源**	电喷雾离子源（ESI）	**保留时间**	8.47min

提取离子流色谱图

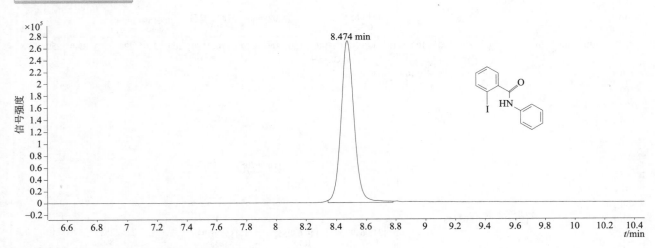

四个碰撞能量（CE）下子离子质谱图

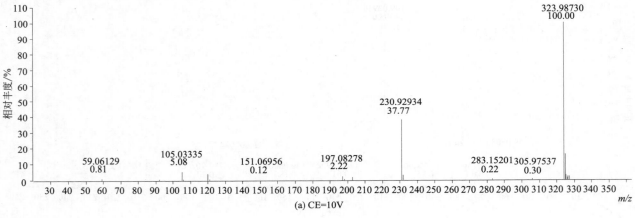

(a) CE=10V

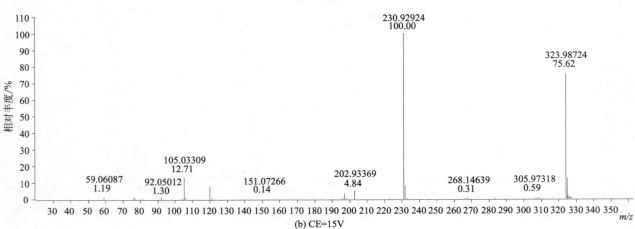

(b) CE=15V

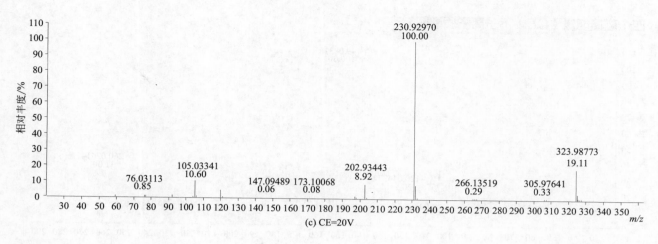

(c) CE=20V

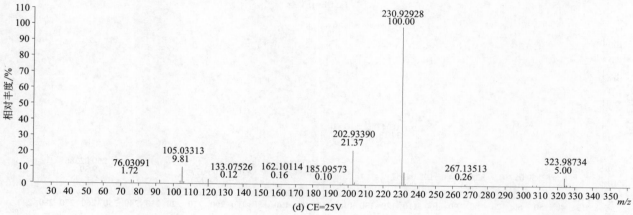

(d) CE=25V

Benoxacor（解草嗪）

基本信息

CAS 登录号	98730-04-2	分子量	259.0167	源极性	正
分子式	$C_{11}H_{11}Cl_2NO_2$	离子源	电喷雾离子源（ESI）	保留时间	9.94min

提取离子流色谱图

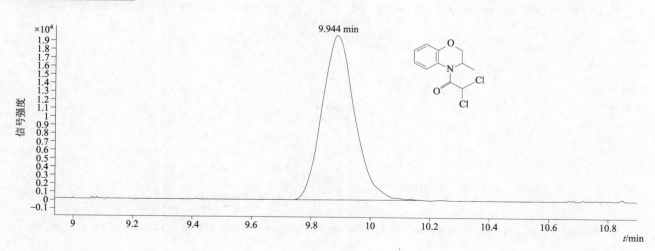

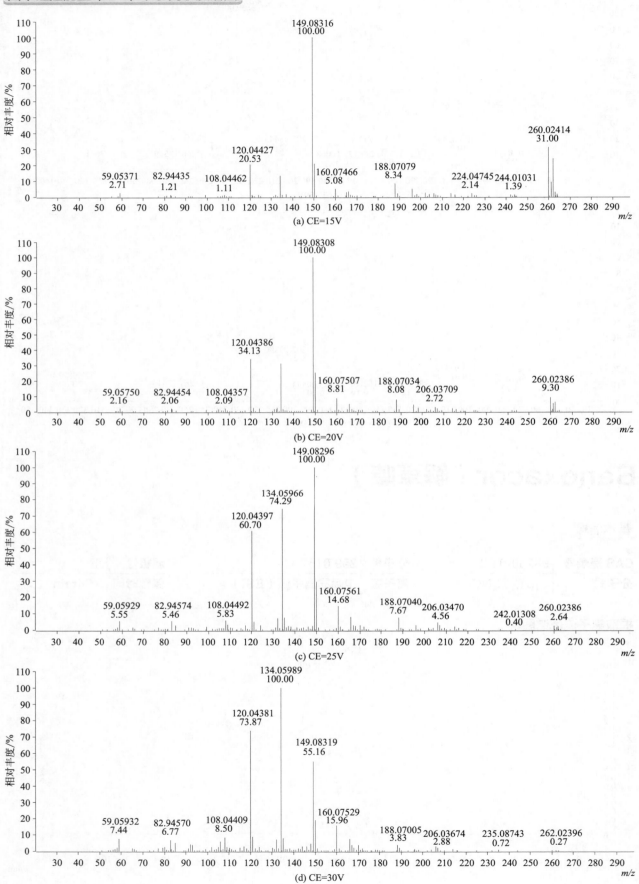

Bensulfuron-methyl（苄嘧磺隆）

基本信息

CAS 登录号	83055-99-6	**分子量**	410.0896	**源极性**	正
分子式	$C_{16}H_{18}N_4O_7S$	**离子源**	电喷雾离子源（ESI）	**保留时间**	7.94min

提取离子流色谱图

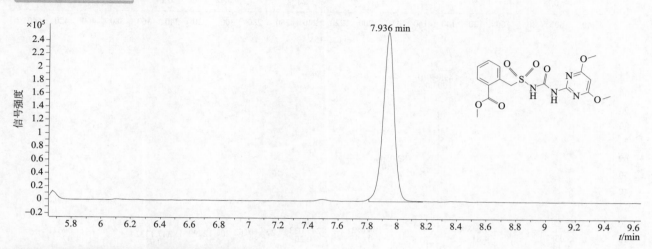

四个碰撞能量（CE）下子离子质谱图

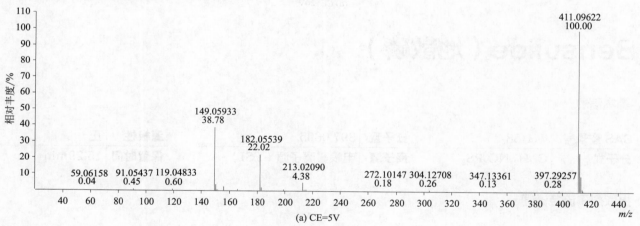

(a) CE=5V

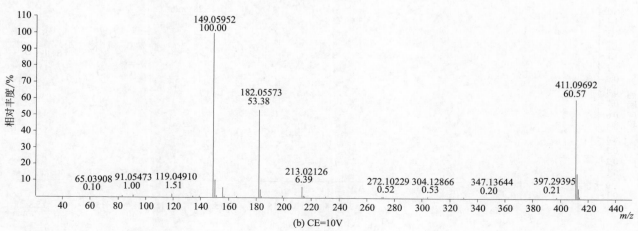

(b) CE=10V

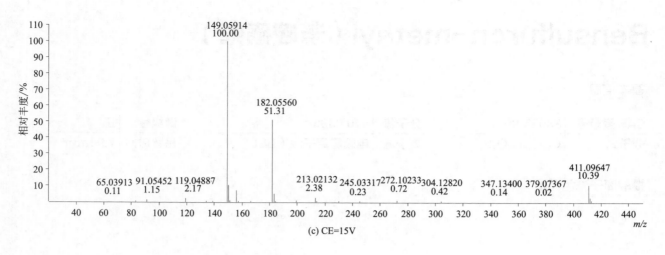

(c) CE=15V

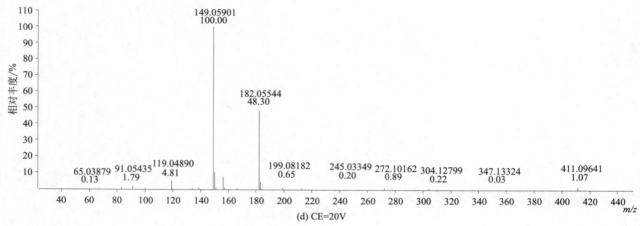

(d) CE=20V

Bensulide（地散磷）

基本信息

CAS 登录号	741-58-2	分子量	397.0605	源极性	正
分子式	$C_{14}H_{24}NO_4PS_3$	离子源	电喷雾离子源（ESI）	保留时间	15.29min

提取离子流色谱图

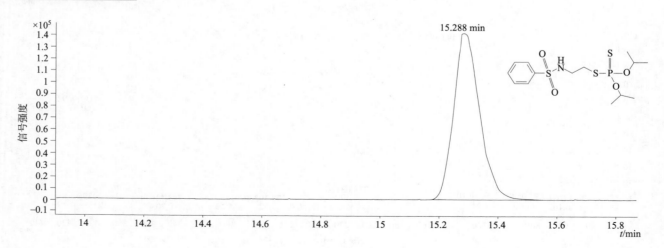

四个碰撞能量（CE）下子离子质谱图

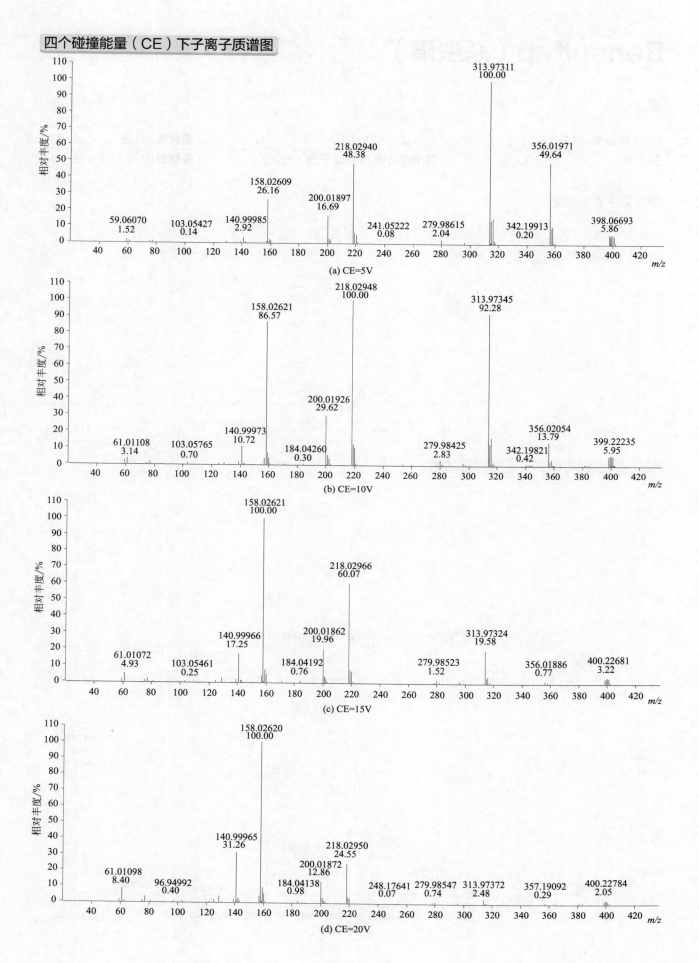

(a) CE=5V

(b) CE=10V

(c) CE=15V

(d) CE=20V

Bensultap（杀虫磺）

基本信息

CAS 登录号	17606-31-4	**分子量**	431.0353	**源极性**	正
分子式	C$_{17}$H$_{21}$NO$_4$S$_4$	**离子源**	电喷雾离子源（ESI）	**保留时间**	12.72min

提取离子流色谱图

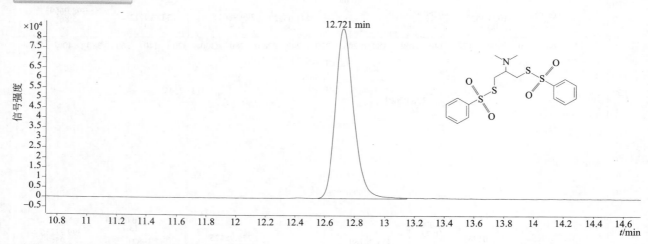

四个碰撞能量（CE）下子离子质谱图

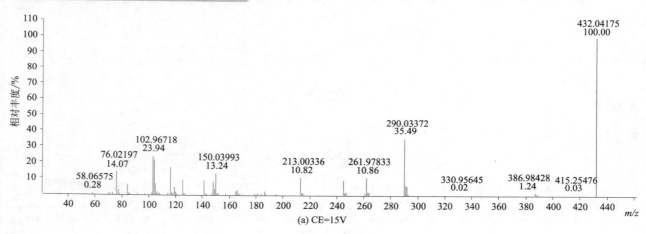

(a) CE=15V

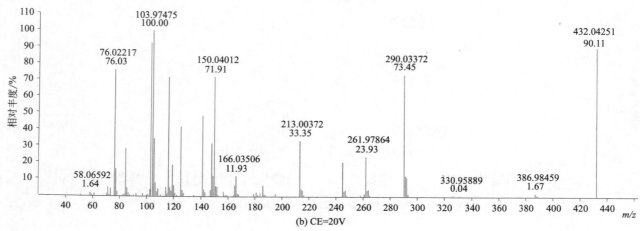

(b) CE=20V

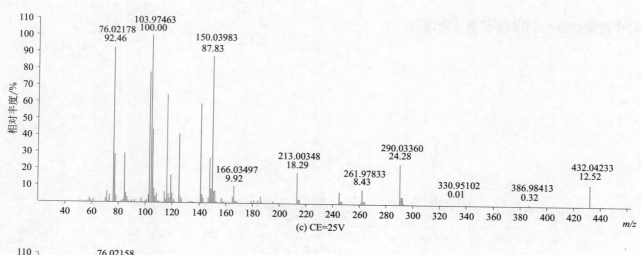

(c) CE=25V

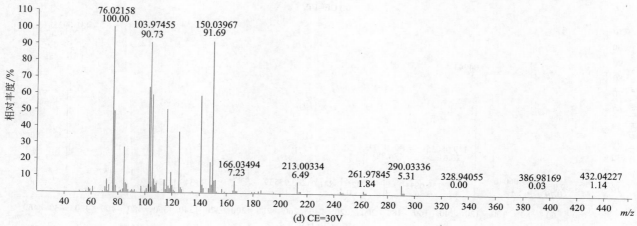

(d) CE=30V

Benzofenap（吡草酮）

基本信息

CAS 登录号	82692-44-2	分子量	430.0851	源极性	正
分子式	$C_{22}H_{20}Cl_2N_2O_3$	离子源	电喷雾离子源（ESI）	保留时间	16.33min

提取离子流色谱图

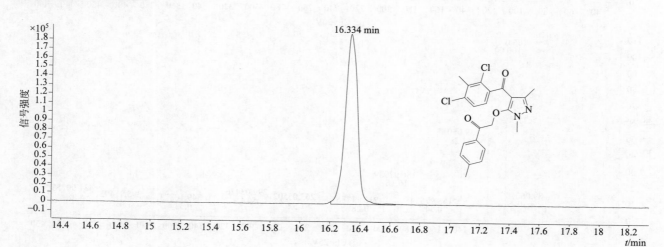

四个碰撞能量（CE）下子离子质谱图

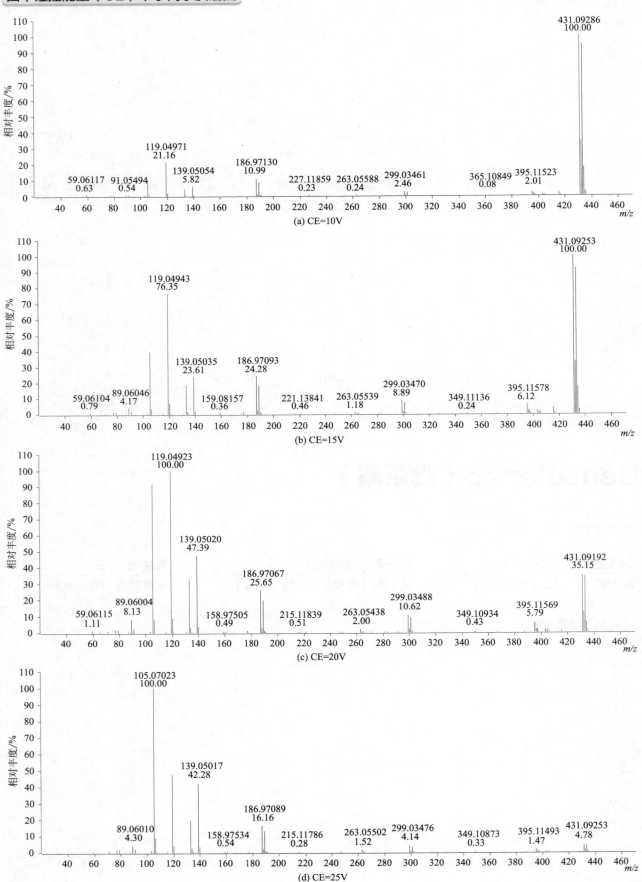

(a) CE=10V

(b) CE=15V

(c) CE=20V

(d) CE=25V

Benzoximate（苯螨特）

基本信息

CAS 登录号	29104-30-1	**分子量**	363.0874	**源极性**	正
分子式	$C_{18}H_{18}ClNO_5$	**离子源**	电喷雾离子源（ESI）	**保留时间**	16.47min

提取离子流色谱图

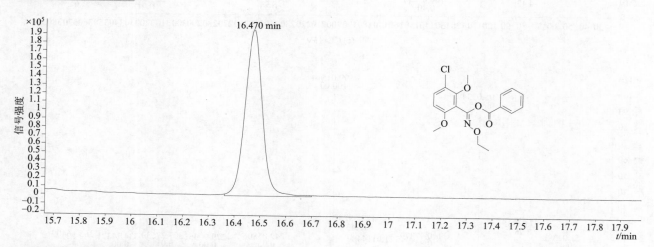

四个碰撞能量（CE）下子离子质谱图

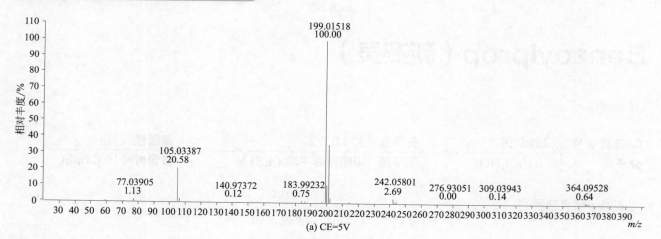

(a) CE=5V

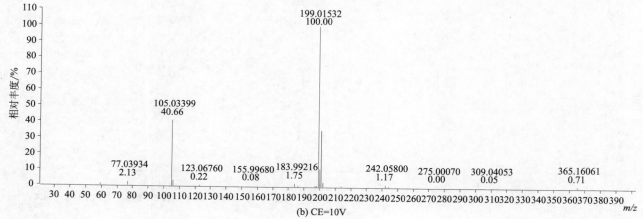

(b) CE=10V

57

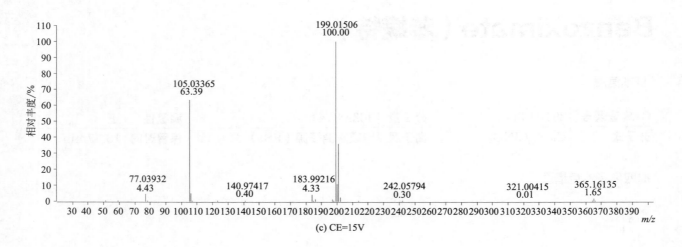

(c) CE=15V

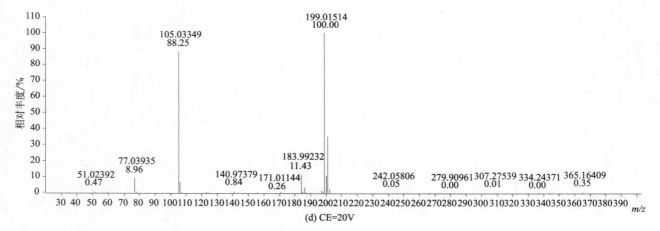

(d) CE=20V

Benzoylprop（新燕灵）

基本信息

CAS 登录号	22212-56-2	分子量	337.0272	源极性	正
分子式	$C_{16}H_{13}Cl_2NO_3$	离子源	电喷雾离子源（ESI）	保留时间	9.63min

提取离子流色谱图

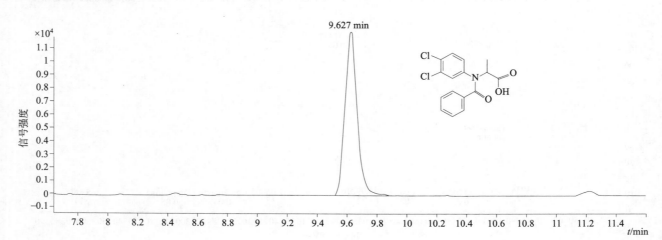

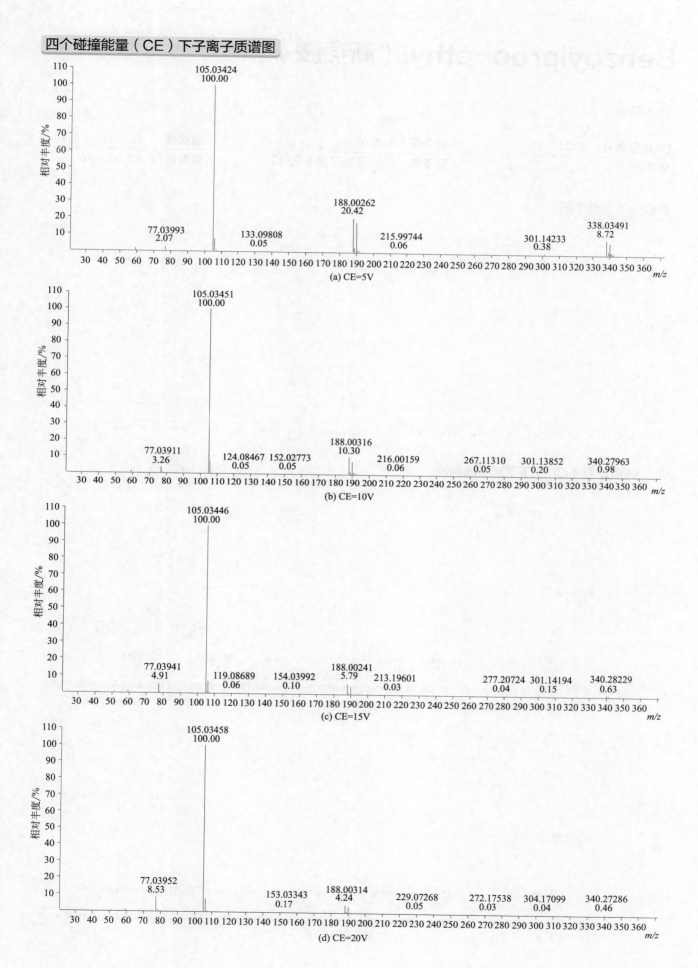

(a) CE=5V

(b) CE=10V

(c) CE=15V

(d) CE=20V

Benzoylprop-ethyl（新燕胺）

基本信息

CAS 登录号	22212-55-1	**分子量**	365.0586	**源极性**	正
分子式	$C_{18}H_{17}Cl_2NO_3$	**离子源**	电喷雾离子源（ESI）	**保留时间**	15.35min

提取离子流色谱图

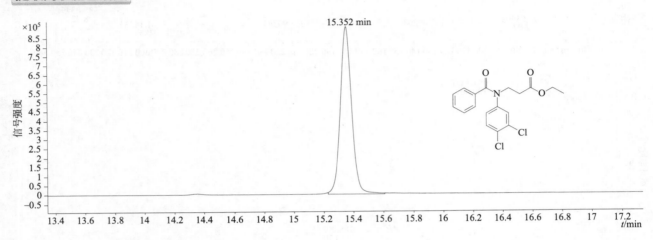

四个碰撞能量（CE）下子离子质谱图

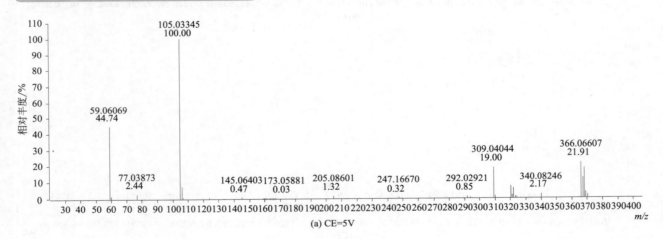

(a) CE=5V

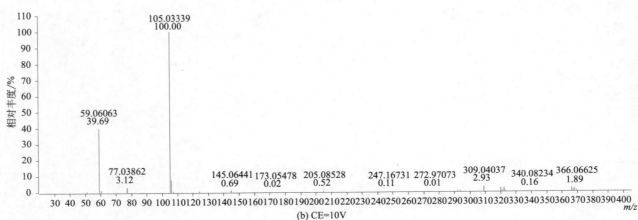

(b) CE=10V

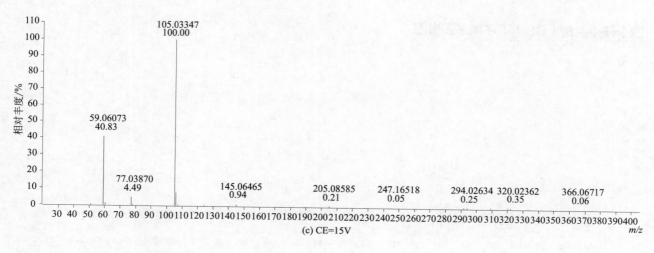

(c) CE=15V

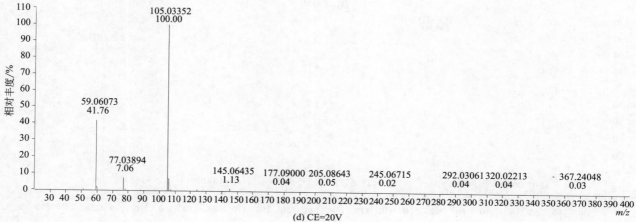

(d) CE=20V

Benzyladenine（苄基腺嘌呤）

CAS 登录号	1214-39-7	分子量	225.1015	源极性	正
分子式	$C_{12}H_{11}N_5$	离子源	电喷雾离子源（ESI）	保留时间	3.69min

提取离子流色谱图

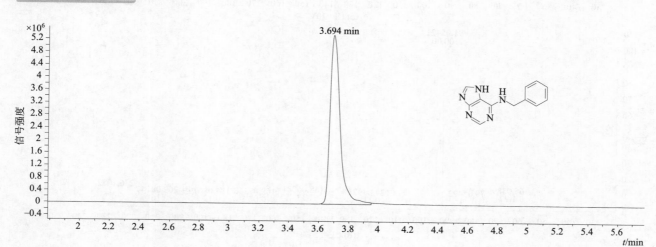

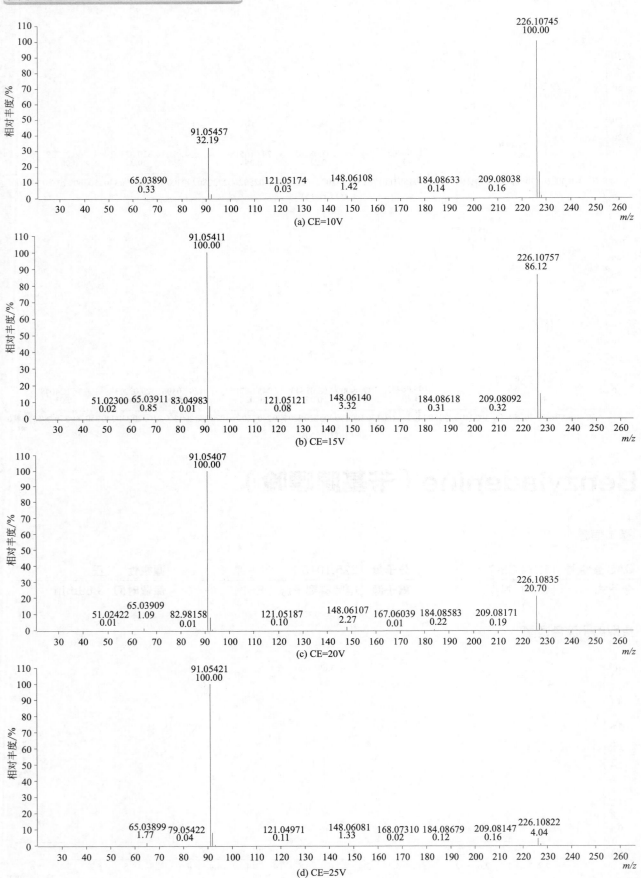

(a) CE=10V

(b) CE=15V

(c) CE=20V

(d) CE=25V

Bifenazate（联苯肼酯）

基本信息

CAS 登录号	149877-41-8	**分子量**	300.1474	**源极性**	正
分子式	C₁₇H₂₀N₂O₃	**离子源**	电喷雾离子源（ESI）	**保留时间**	12.38min

分子式 $C_{17}H_{20}N_2O_3$

提取离子流色谱图

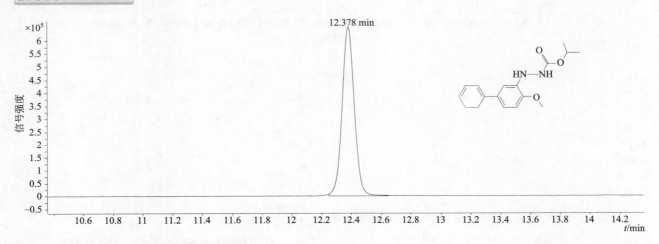

四个碰撞能量（CE）下子离子质谱图

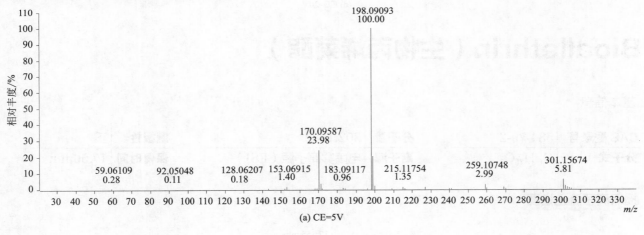

(a) CE=5V

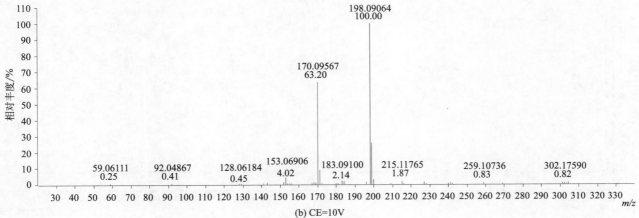

(b) CE=10V

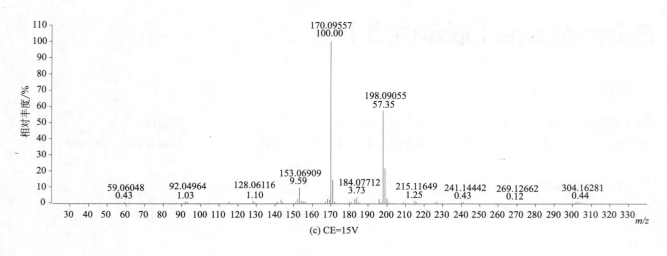

(c) CE=15V

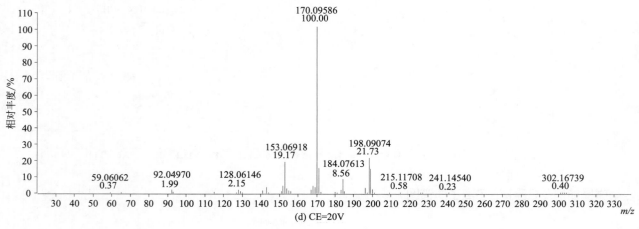

(d) CE=20V

Bioallethrin（生物丙烯菊酯）

基本信息

CAS 登录号	584-79-2	分子量	302.1882	源极性	正
分子式	$C_{19}H_{26}O_3$	离子源	电喷雾离子源（ESI）	保留时间	17.56min

提取离子流色谱图

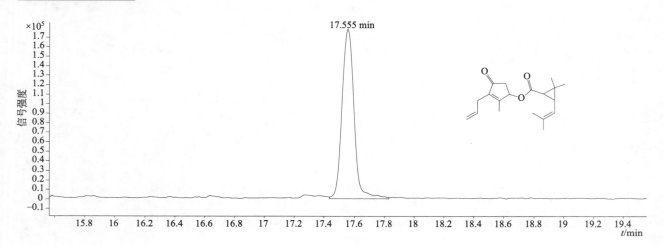

四个碰撞能量（CE）下子离子质谱图

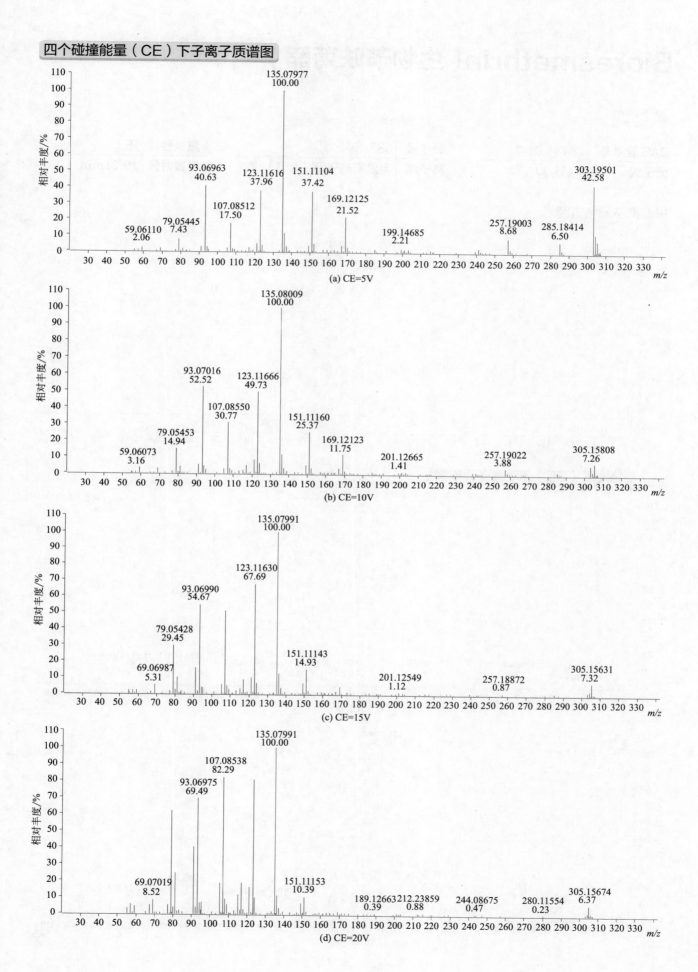

(a) CE=5V

(b) CE=10V

(c) CE=15V

(d) CE=20V

Bioresmethrin（生物苄呋菊酯）

基本信息

CAS 登录号	28434-01-7	分子量	338.1882	源极性	正
分子式	$C_{22}H_{26}O_3$	离子源	电喷雾离子源（ESI）	保留时间	19.21min

提取离子流色谱图

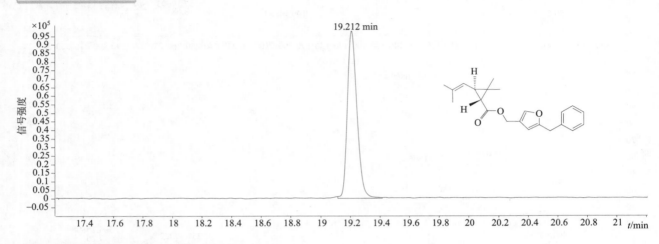

四个碰撞能量（CE）下子离子质谱图

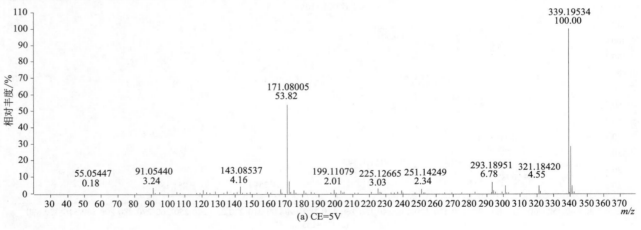

(a) CE=5V

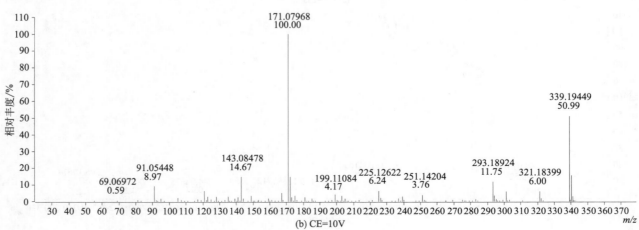

(b) CE=10V

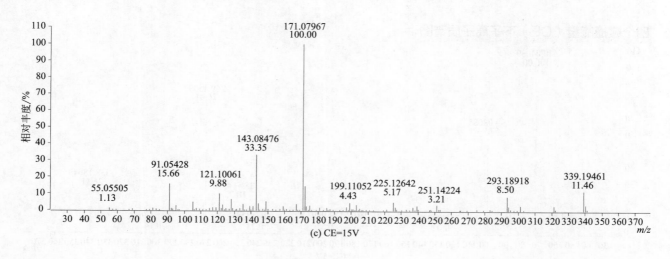

(c) CE=15V

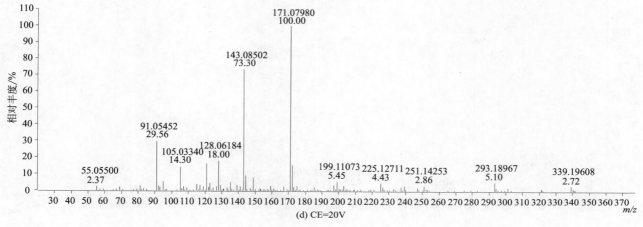

(d) CE=20V

Bitertanol（联苯三唑醇）

基本信息

CAS 登录号	55179-31-2	分子量	337.1790	源极性	正
分子式	$C_{20}H_{23}N_3O_2$	离子源	电喷雾离子源（ESI）	保留时间	12.87min

提取离子流色谱图

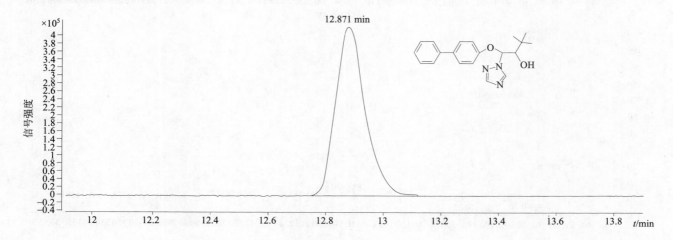

四个碰撞能量（CE）下子离子质谱图

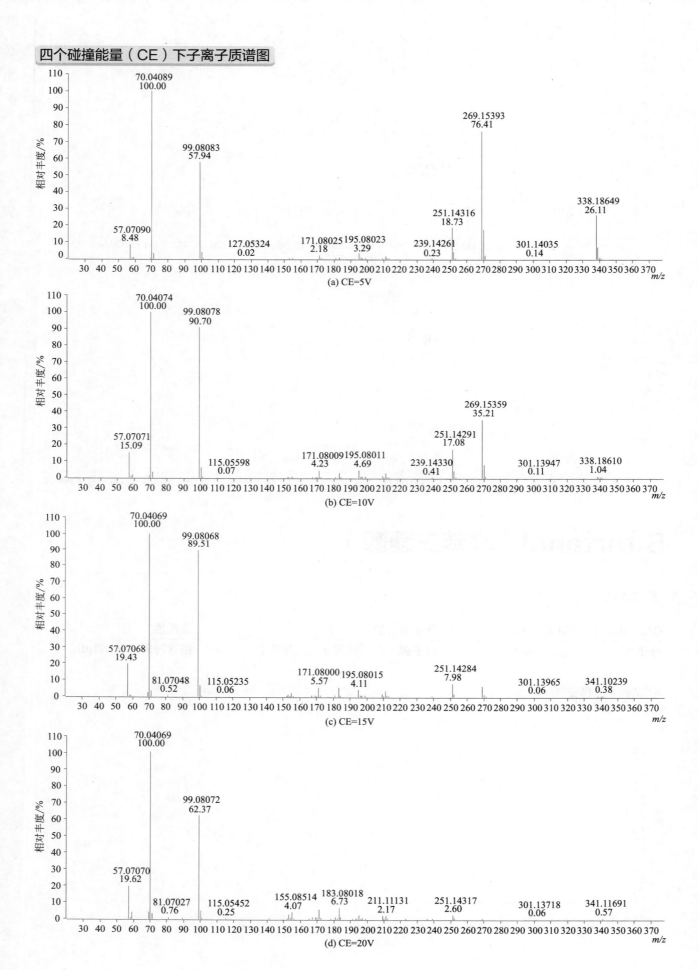

(a) CE=5V

(b) CE=10V

(c) CE=15V

(d) CE=20V

Bromacil（除草定）

基本信息

CAS 登录号	314-40-9	分子量	260.0160	源极性	正
分子式	C$_9$H$_{13}$BrN$_2$O$_2$	离子源	电喷雾离子源（ESI）	保留时间	4.89min

提取离子流色谱图

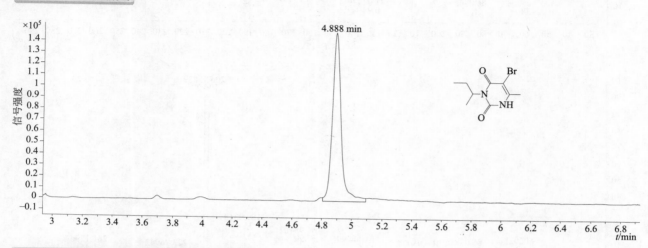

四个碰撞能量（CE）下子离子质谱图

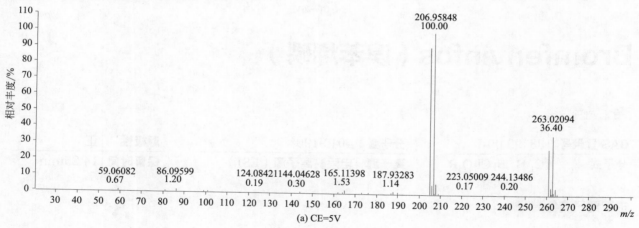

(a) CE=5V

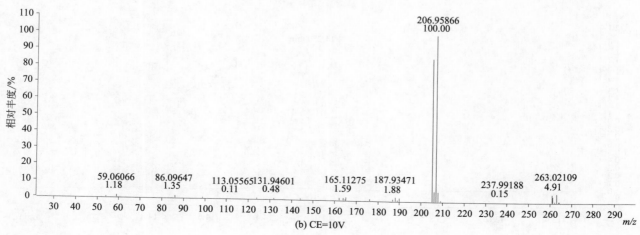

(b) CE=10V

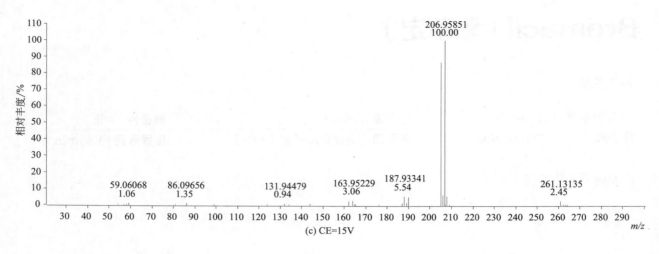

(c) CE=15V

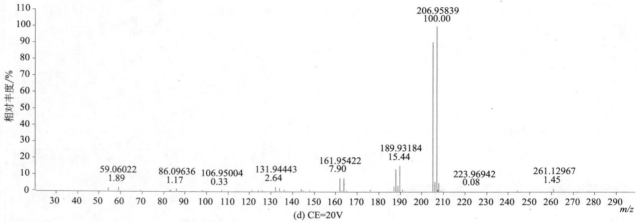

(d) CE=20V

Bromfenvinfos（溴苯烯磷）

基本信息

CAS 登录号	33399-00-7	分子量	401.9190	源极性	正
分子式	C₁₂H₁₄BrCl₂O₄P	离子源	电喷雾离子源（ESI）	保留时间	14.25min

分子式 $C_{12}H_{14}BrCl_2O_4P$

提取离子流色谱图

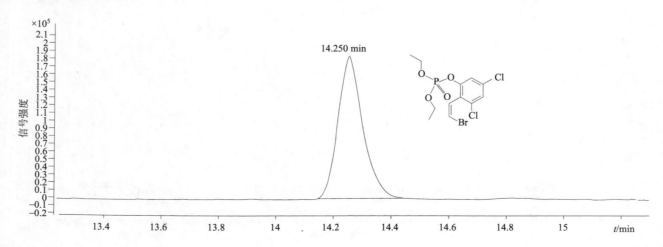

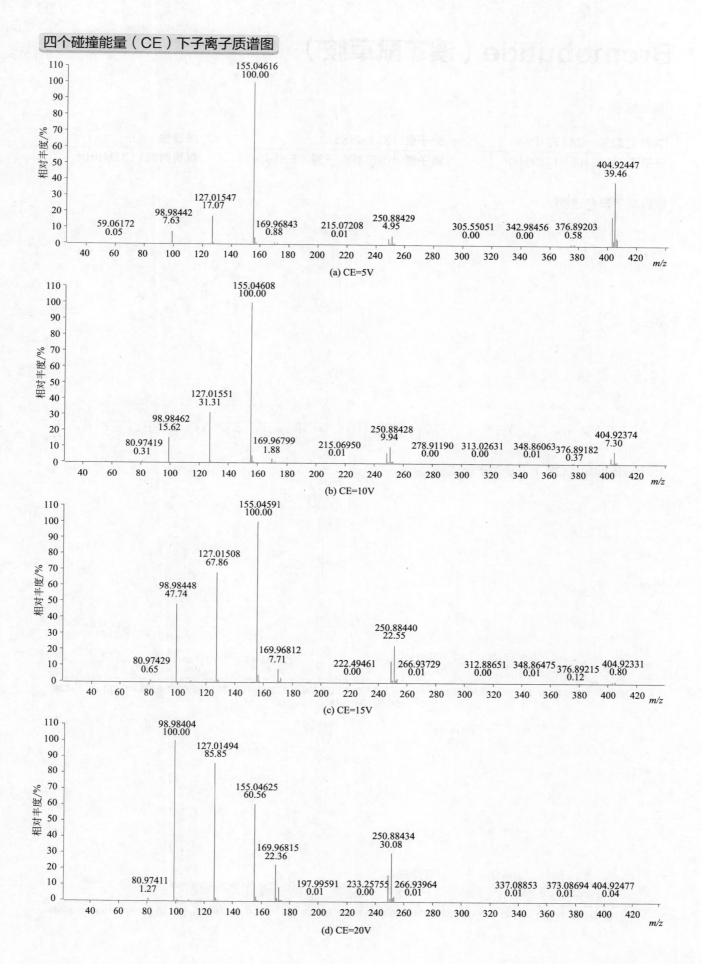

(a) CE=5V

(b) CE=10V

(c) CE=15V

(d) CE=20V

Bromobutide（溴丁酰草胺）

基本信息

CAS 登录号	74712-19-9	**分子量**	311.0885	**源极性**	正
分子式	C₁₅H₂₂BrNO	**离子源**	电喷雾离子源（ESI）	**保留时间**	13.94min

提取离子流色谱图

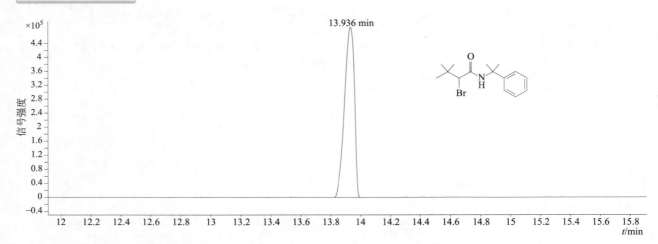

四个碰撞能量（CE）下子离子质谱图

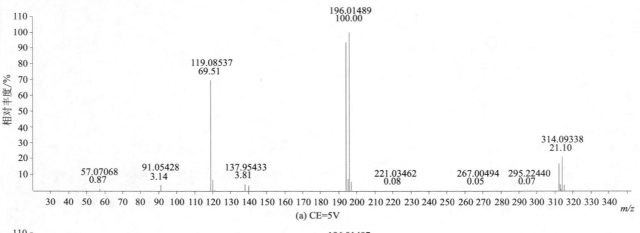

(a) CE=5V

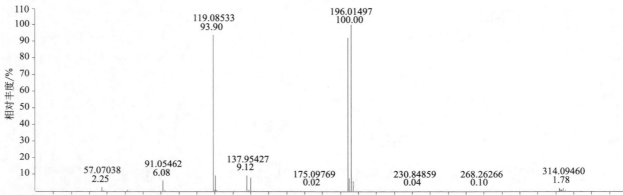

(b) CE=10V

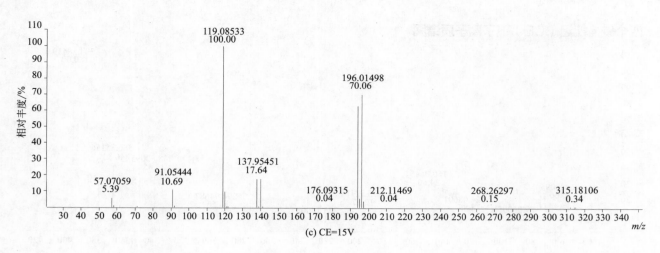

(c) CE=15V

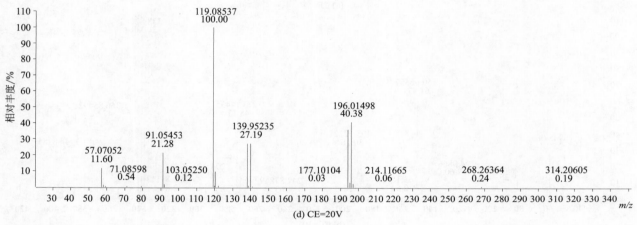

(d) CE=20V

Bromophos-ethyl（乙基溴硫磷）

基本信息

CAS 登录号	4824-78-6	分子量	391.8805	源极性	正
分子式	$C_{10}H_{12}BrCl_2O_3PS$	离子源	电喷雾离子源（ESI）	保留时间	18.88min

提取离子流色谱图

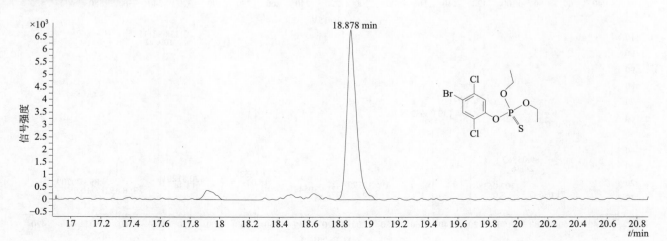

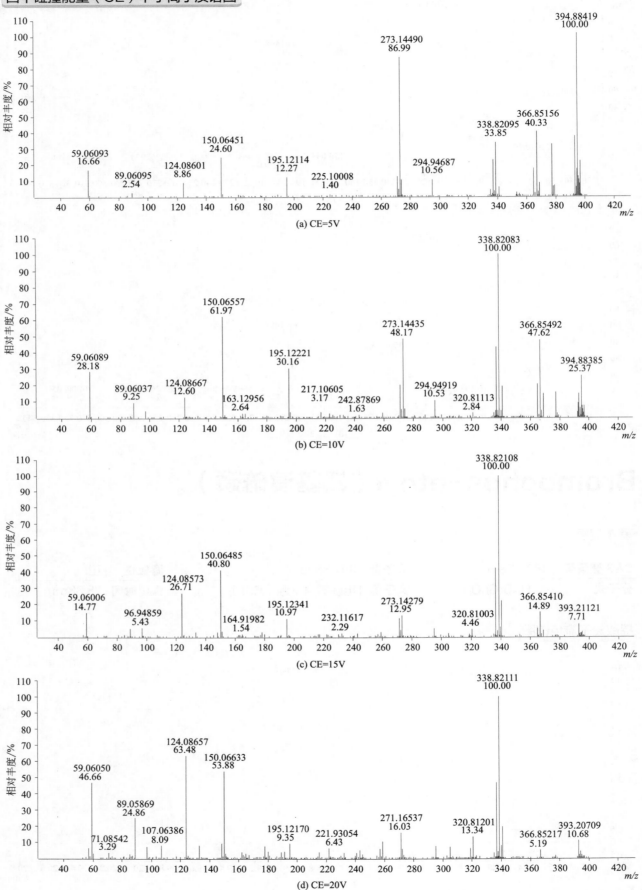

(a) CE=5V

(b) CE=10V

(c) CE=15V

(d) CE=20V

Brompyrazon（溴莠敏）

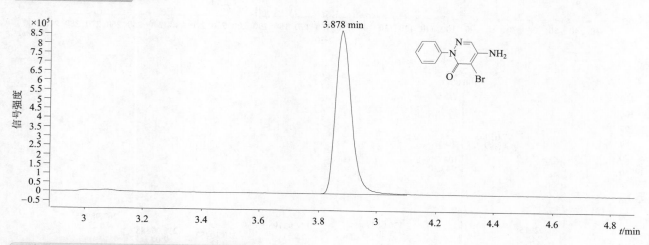

基本信息

CAS 登录号	3042-84-0	分子量	264.9851	源极性	正
分子式	$C_{10}H_8BrN_3O$	离子源	电喷雾离子源（ESI）	保留时间	3.88min

提取离子流色谱图

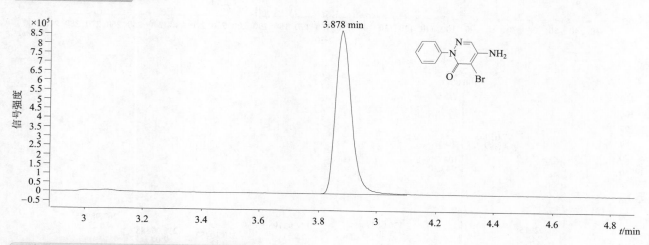

四个碰撞能量（CE）下子离子质谱图

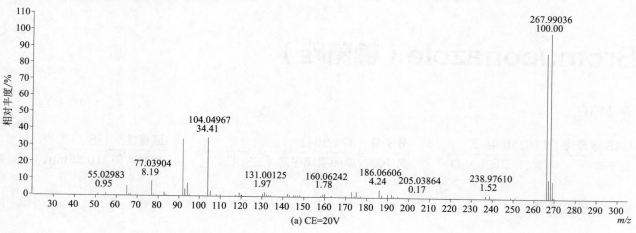

(a) CE=20V

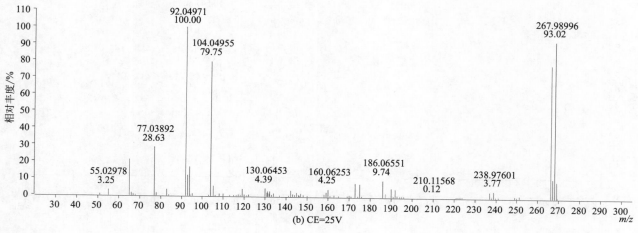

(b) CE=25V

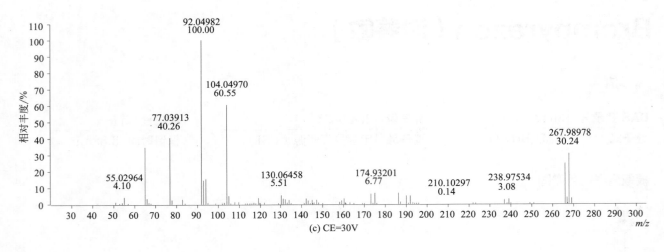

(c) CE=30V

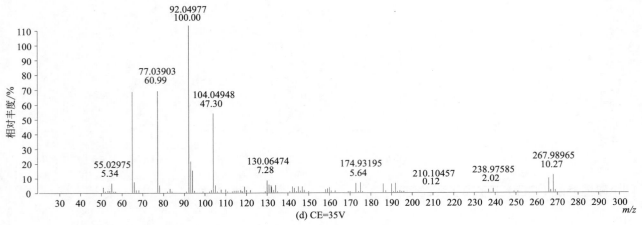

(d) CE=35V

Bromuconazole（糠菌唑）

基本信息

CAS 登录号	116255-48-2	分子量	374.9541	源极性	正
分子式	C₁₃H₁₂BrCl₂N₃O	离子源	电喷雾离子源（ESI）	保留时间	10.55min

分子式 $C_{13}H_{12}BrCl_2N_3O$

提取离子流色谱图

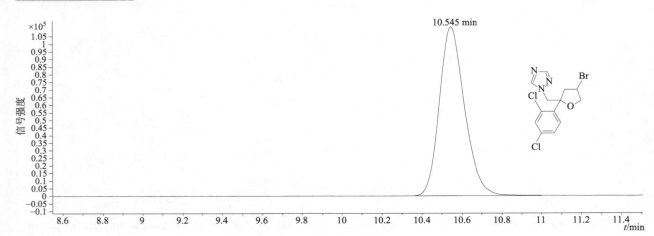

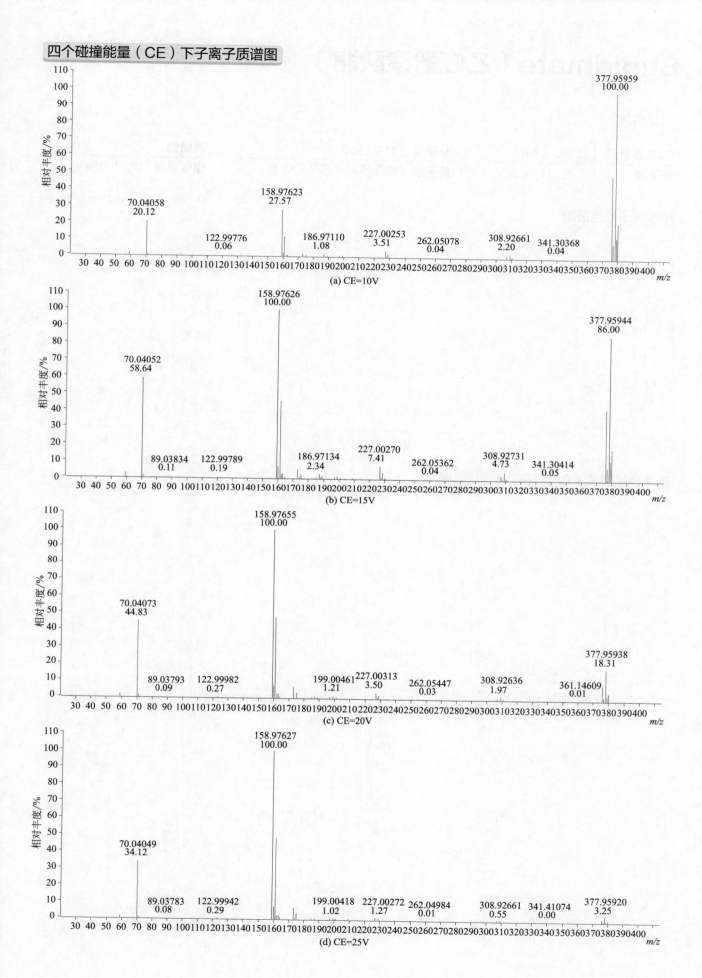

(a) CE=10V

(b) CE=15V

(c) CE=20V

(d) CE=25V

Bupirimate（乙嘧酚磺酸酯）

基本信息

CAS 登录号	41483-43-6	分子量	316.1569	源极性	正
分子式	$C_{13}H_{24}N_4O_3S$	离子源	电喷雾离子源（ESI）	保留时间	12.99min

提取离子流色谱图

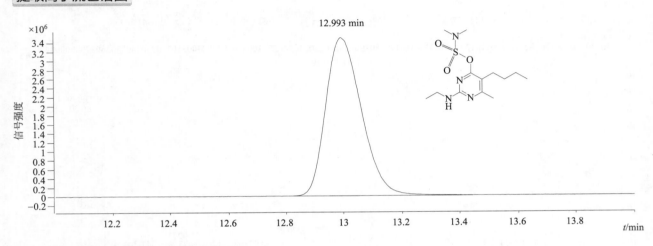

四个碰撞能量（CE）下子离子质谱图

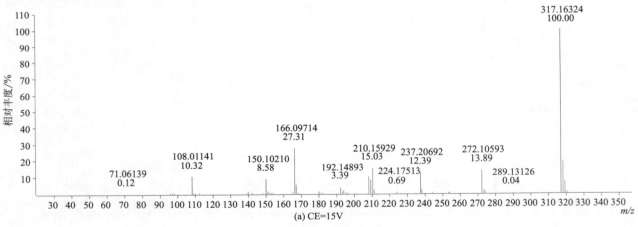

(a) CE=15V

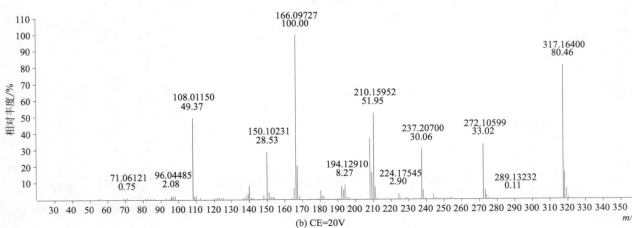

(b) CE=20V

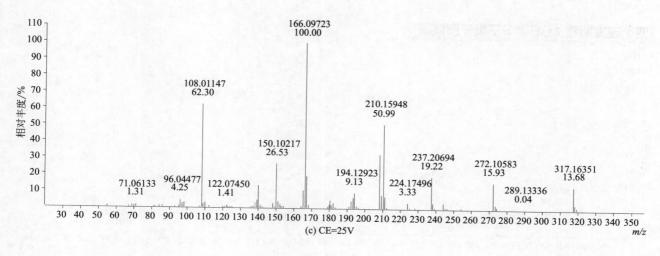

(c) CE=25V

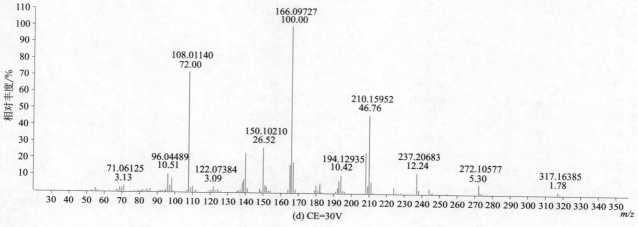

(d) CE=30V

Buprofezin（噻嗪酮）

基本信息

CAS 登录号	69327-76-0	分子量	305.1562	源极性	正
分子式	C₁₆H₂₃N₃OS	离子源	电喷雾离子源（ESI）	保留时间	17.58min

提取离子流色谱图

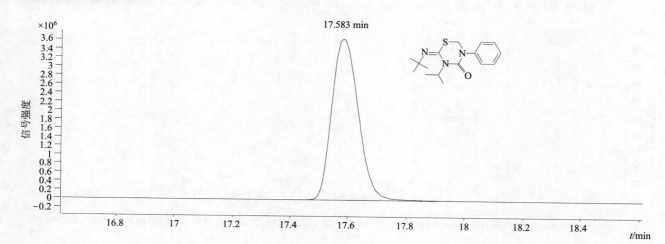

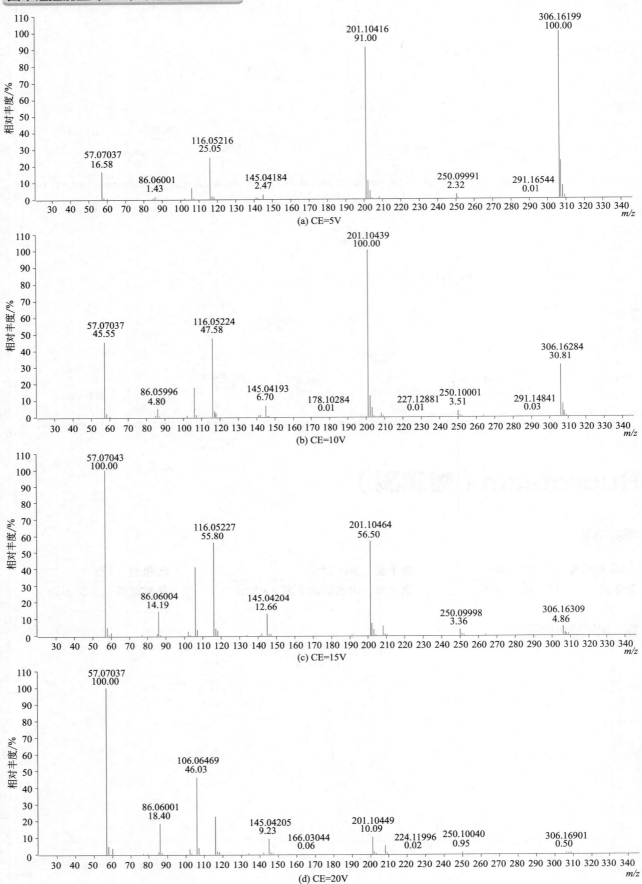

(a) CE=5V

(b) CE=10V

(c) CE=15V

(d) CE=20V

Butachlor (丁草胺)

基本信息

CAS 登录号	23184-66-9	**分子量**	311.1652	**源极性**	正
分子式	$C_{17}H_{26}ClNO_2$	**离子源**	电喷雾离子源（ESI）	**保留时间**	17.59min

提取离子流色谱图

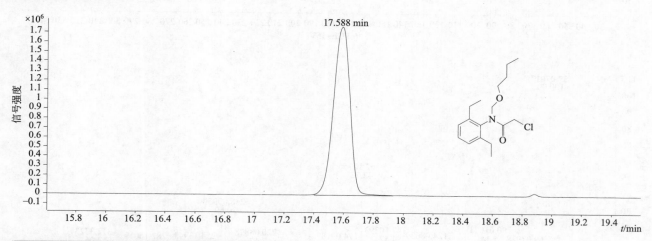

四个碰撞能量（CE）下子离子质谱图

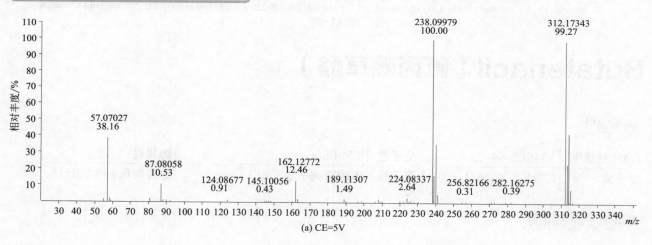

(a) CE=5V

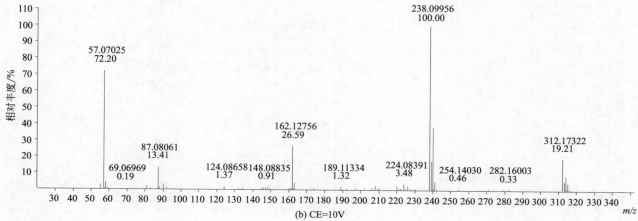

(b) CE=10V

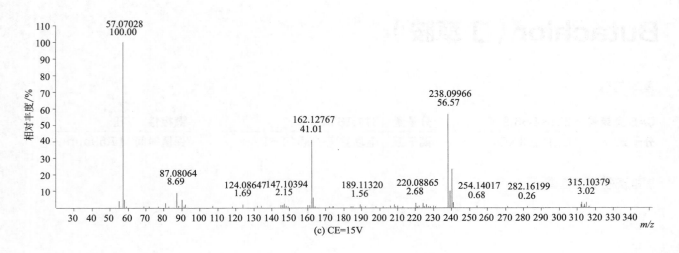

(c) CE=15V

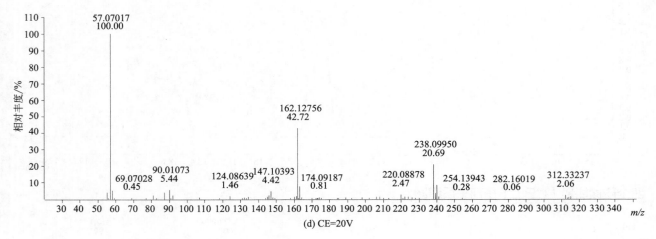

(d) CE=20V

Butafenacil（氟丙嘧草酯）

基本信息

CAS 登录号	134605-64-4	分子量	474.0806	源极性	正
分子式	C$_{20}$H$_{18}$ClF$_3$N$_2$O$_6$	离子源	电喷雾离子源（ESI）	保留时间	14.33min

提取离子流色谱图

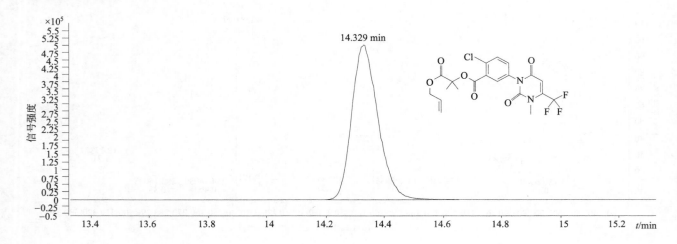

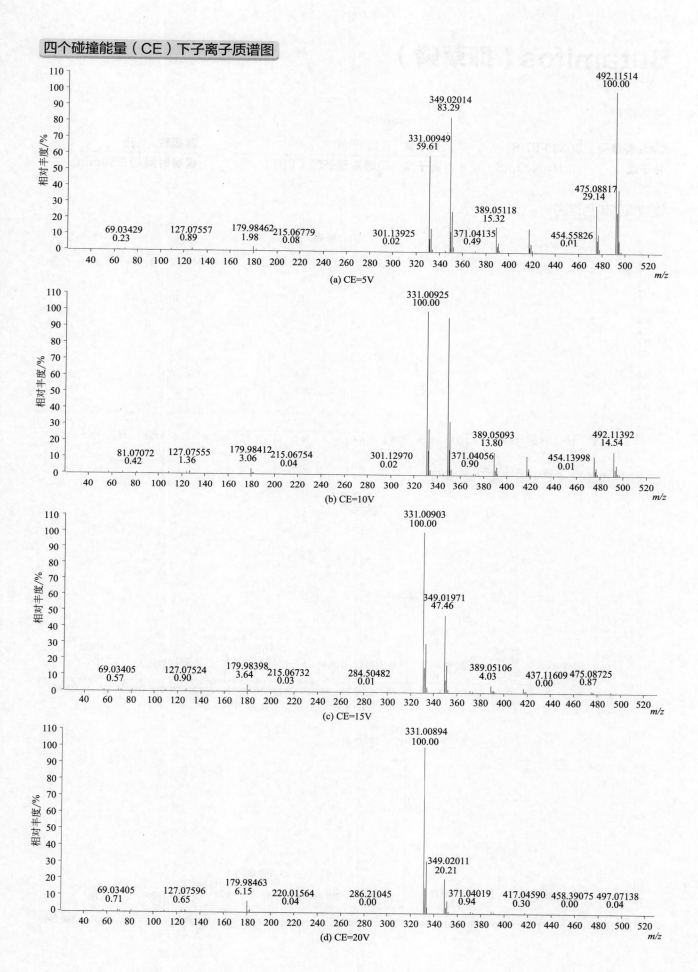

(a) CE=5V

(b) CE=10V

(c) CE=15V

(d) CE=20V

Butamifos（抑草磷）

基本信息

CAS 登录号	36335-67-8	**分子量**	332.0960	**源极性**	正
分子式	$C_{13}H_{21}N_2O_4PS$	**离子源**	电喷雾离子源（ESI）	**保留时间**	16.60min

提取离子流色谱图

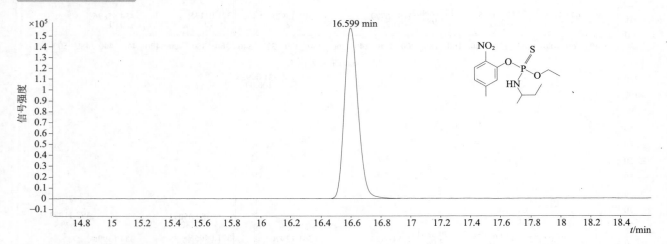

四个碰撞能量（CE）下子离子质谱图

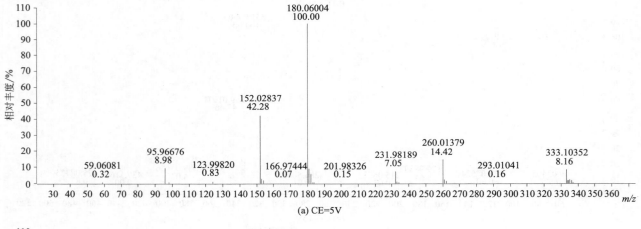

(a) CE=5V

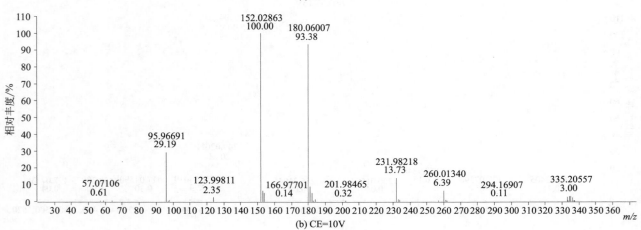

(b) CE=10V

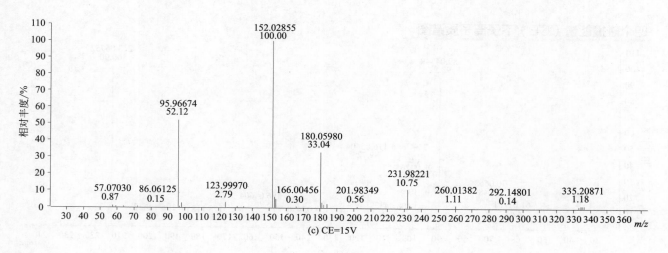

(c) CE=15V

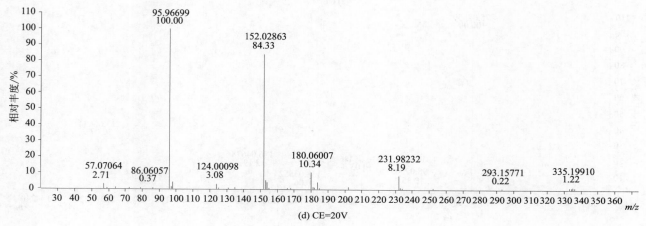

(d) CE=20V

Butocarboxim（丁酮威）

基本信息

CAS 登录号	34681-10-2	分子量	190.0776	源极性	正
分子式	C₇H₁₄N₂O₂S	离子源	电喷雾离子源（ESI）	保留时间	4.48min

提取离子流色谱图

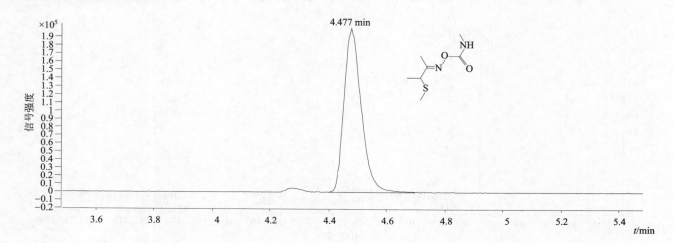

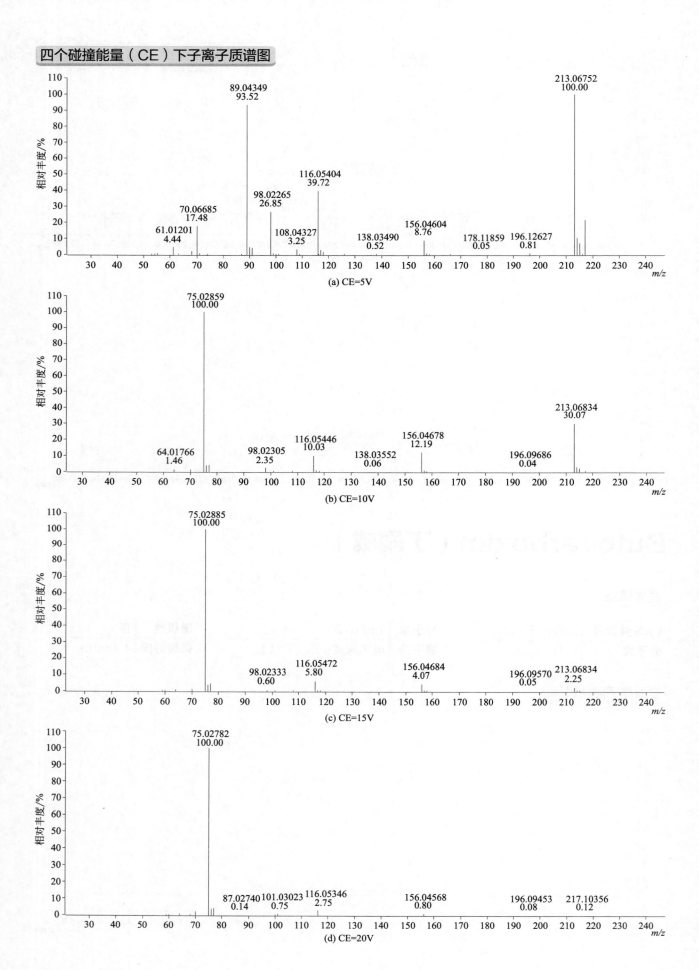

(a) CE=5V

(b) CE=10V

(c) CE=15V

(d) CE=20V

Butocarboxim sulfoxide（丁酮威亚砜）

基本信息

CAS 登录号	34681-24-8	**分子量**	206.0725	**源极性**	正
分子式	$C_7H_{14}N_2O_3S$	**离子源**	电喷雾离子源（ESI）	**保留时间**	2.15min

提取离子流色谱图

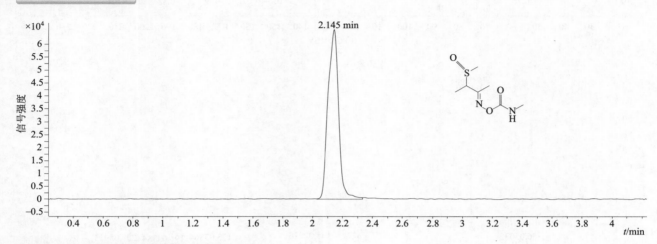

四个碰撞能量（CE）下子离子质谱图

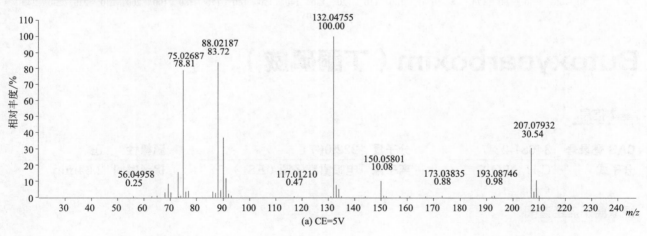

(a) CE=5V

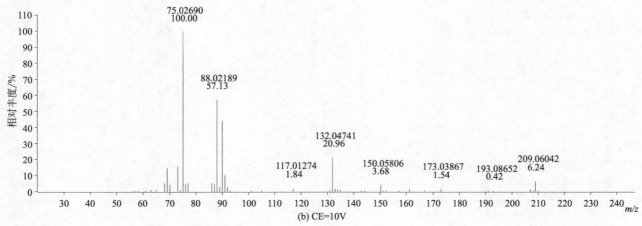

(b) CE=10V

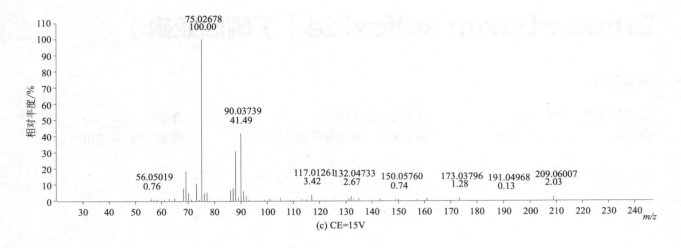

(c) CE=15V

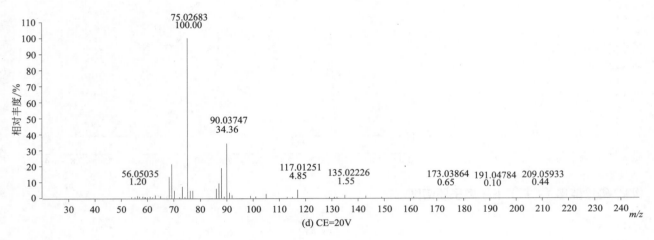

(d) CE=20V

Butoxycarboxim（丁酮砜威）

基本信息

CAS 登录号	34681-23-7	分子量	222.0674	源极性	正
分子式	C₇H₁₄N₂O₄S	离子源	电喷雾离子源（ESI）	保留时间	2.64min

提取离子流色谱图

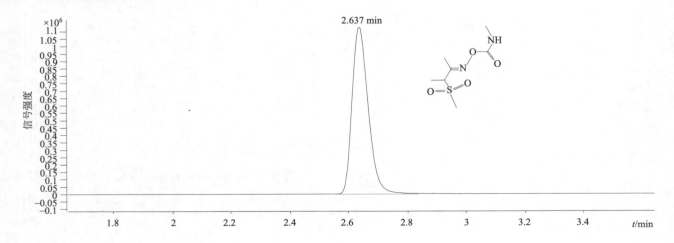

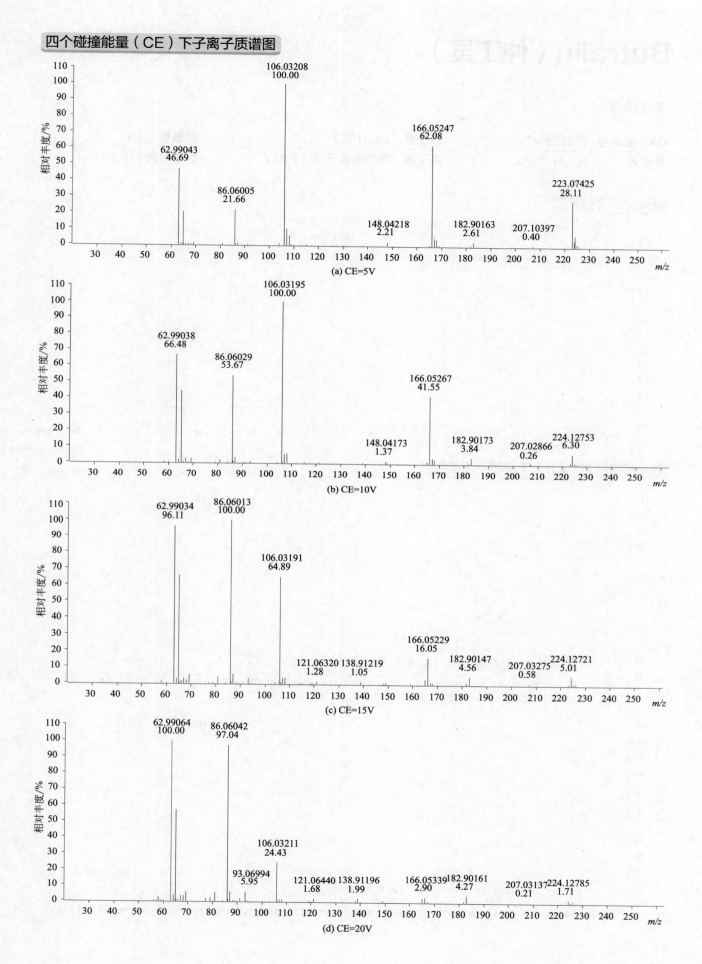

(a) CE=5V

(b) CE=10V

(c) CE=15V

(d) CE=20V

Butralin（仲丁灵）

基本信息

CAS 登录号	33629-47-9	分子量	295.1532	源极性	正
分子式	$C_{14}H_{21}N_3O_4$	离子源	电喷雾离子源（ESI）	保留时间	18.25min

提取离子流色谱图

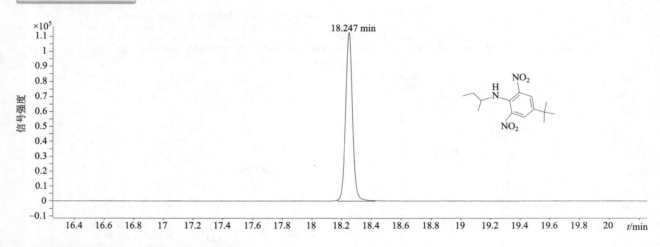

四个碰撞能量（CE）下子离子质谱图

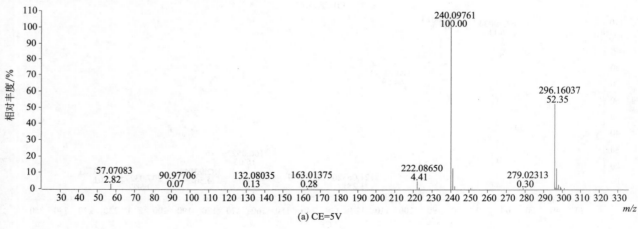

(a) CE=5V

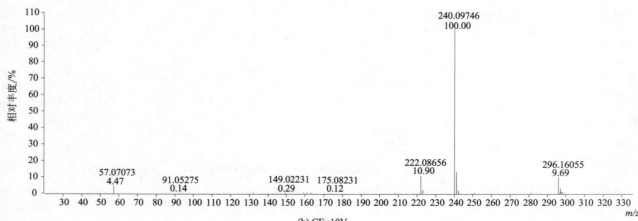

(b) CE=10V

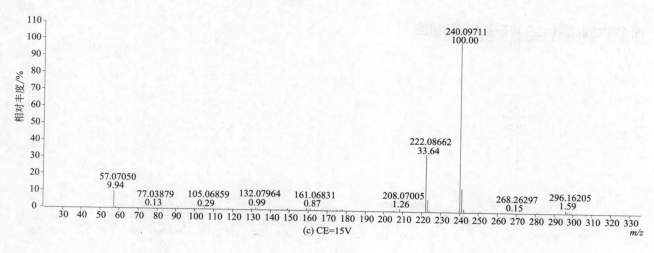

(c) CE=15V

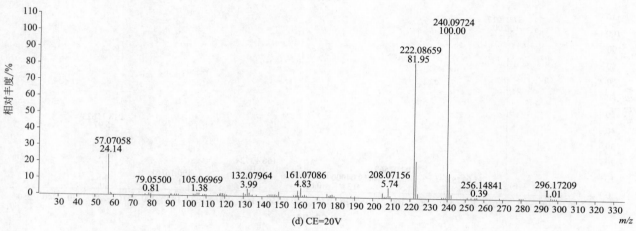

(d) CE=20V

Butylate（丁草敌）

基本信息

CAS 登录号	2008-41-5	分子量	217.1500	源极性	正
分子式	$C_{11}H_{23}NOS$	离子源	电喷雾离子源（ESI）	保留时间	16.76min

提取离子流色谱图

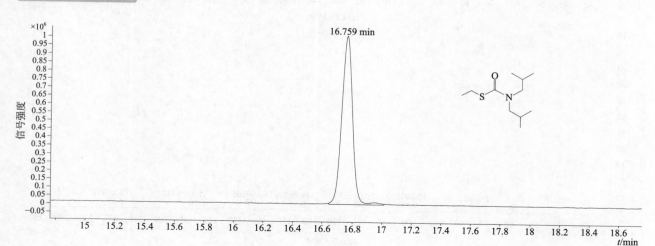

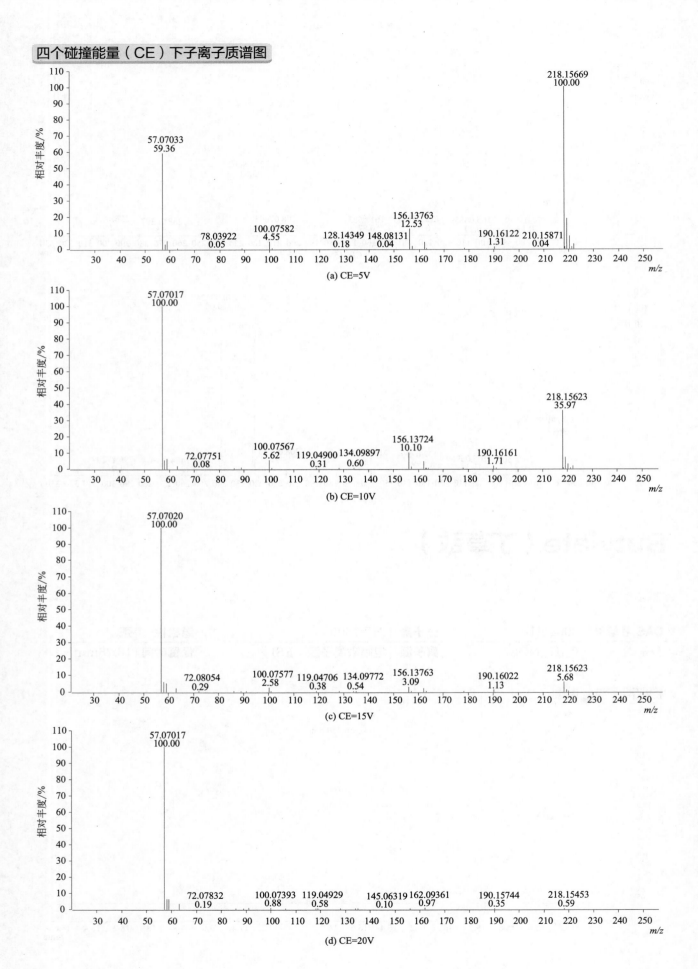

(a) CE=5V

(b) CE=10V

(c) CE=15V

(d) CE=20V

C

Cadusafos（硫线磷）

基本信息

CAS 登录号	95465-99-9	**分子量**	270.0877	**源极性**	正
分子式	$C_{10}H_{23}O_2PS_2$	**离子源**	电喷雾离子源（ESI）	**保留时间**	14.80min

提取离子流色谱图

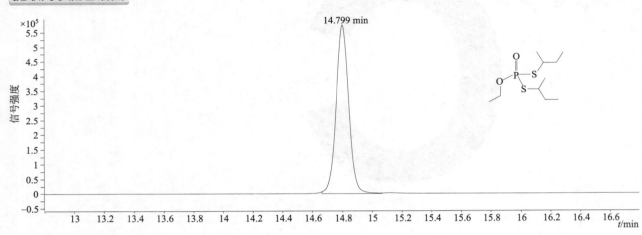

四个碰撞能量（CE）下子离子质谱图

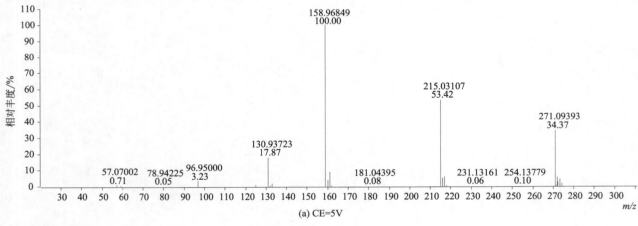

(a) CE=5V

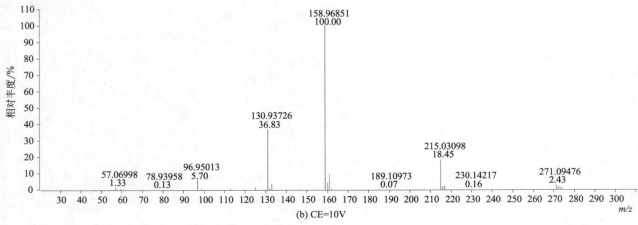

(b) CE=10V

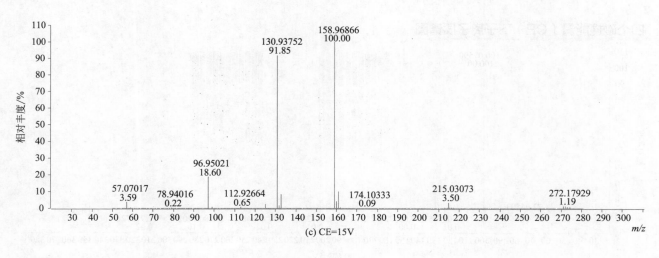

(c) CE=15V

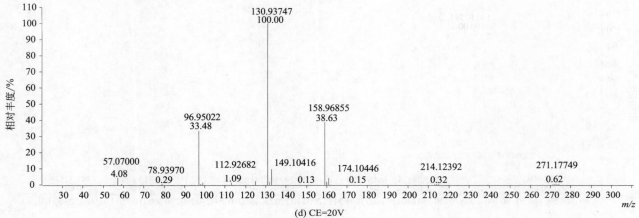

(d) CE=20V

Cafenstrole（苯酮唑）

基本信息

CAS 登录号	125306-83-4	分子量	350.1413	源极性	正
分子式	C$_{16}$H$_{22}$N$_4$O$_3$S	离子源	电喷雾离子源（ESI）	保留时间	12.94min

提取离子流色谱图

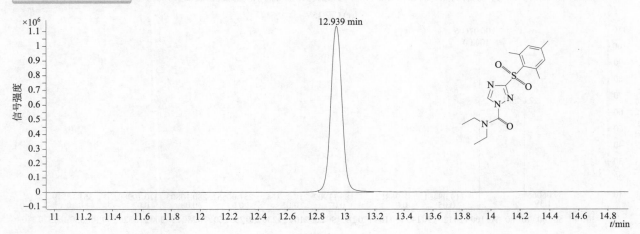

(a) CE=5V

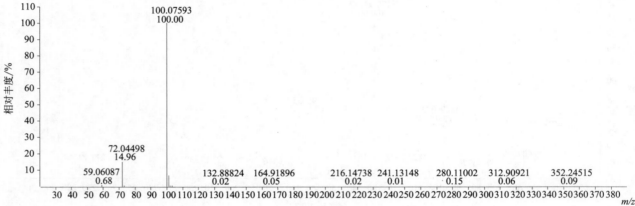

(b) CE=10V

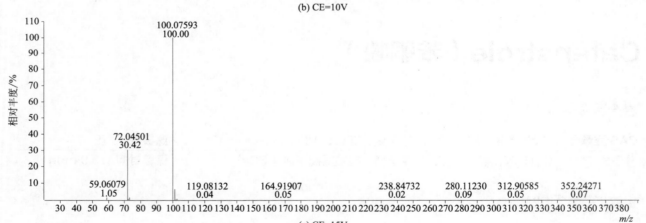

(c) CE=15V

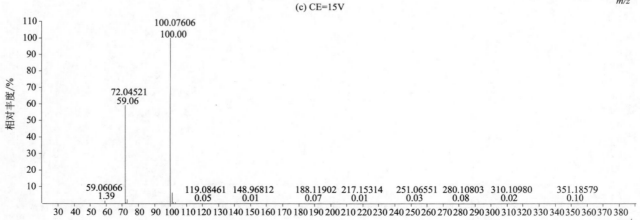

(d) CE=20V

Carbaryl（甲萘威）

基本信息

CAS 登录号	63-25-2	**分子量**	201.0790	**源极性**	正
分子式	$C_{12}H_{11}NO_2$	**离子源**	电喷雾离子源（ESI）	**保留时间**	6.36min

提取离子流色谱图

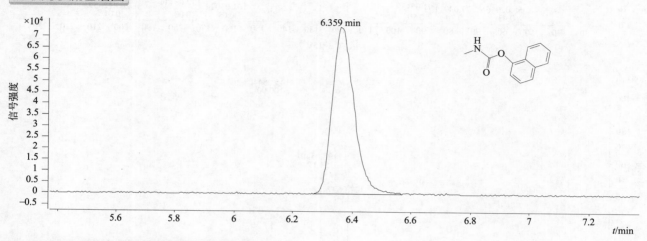

四个碰撞能量（CE）下子离子质谱图

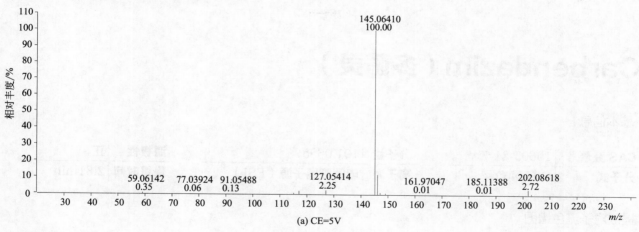

(a) CE=5V

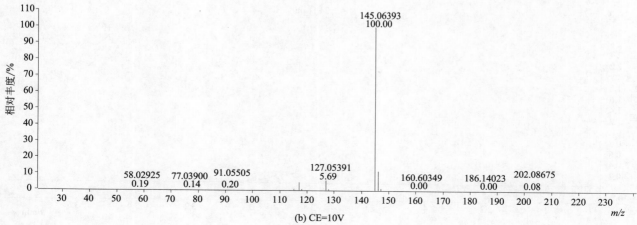

(b) CE=10V

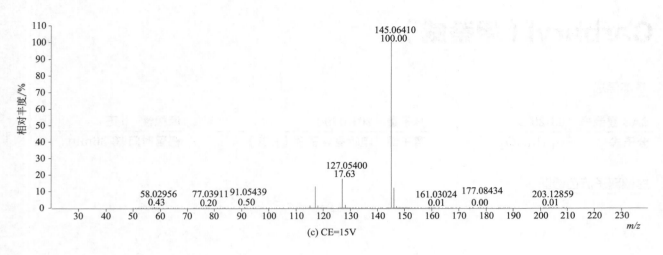

(c) CE=15V

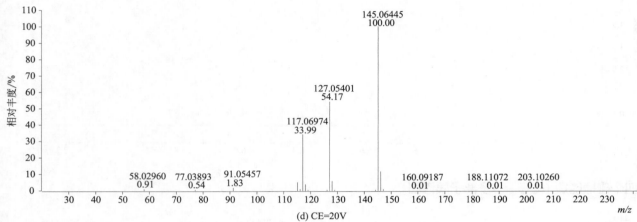

(d) CE=20V

Carbendazim（多菌灵）

基本信息

CAS 登录号	10605-21-7	分子量	191.0695	源极性	正
分子式	$C_9H_9N_3O_2$	离子源	电喷雾离子源（ESI）	保留时间	2.81min

提取离子流色谱图

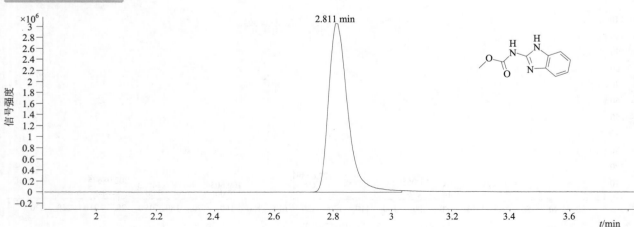

四个碰撞能量（CE）下子离子质谱图

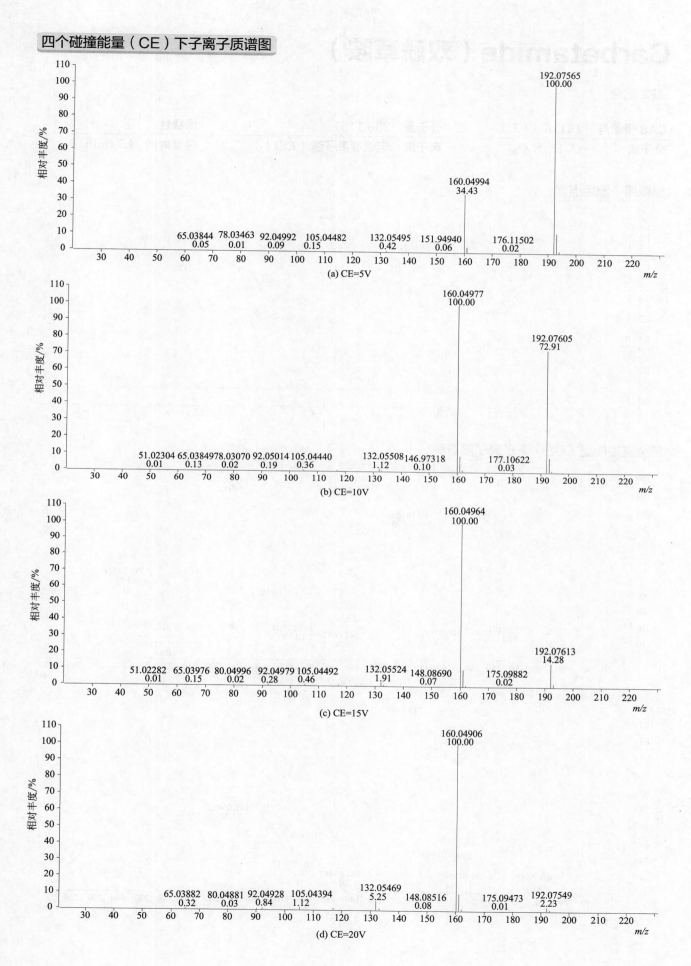

(a) CE=5V

(b) CE=10V

(c) CE=15V

(d) CE=20V

Carbetamide（双酰草胺）

基本信息

CAS 登录号	16118-49-3	分子量	236.1161	源极性	正
分子式	$C_{12}H_{16}N_2O_3$	离子源	电喷雾离子源（ESI）	保留时间	4.74min

提取离子流色谱图

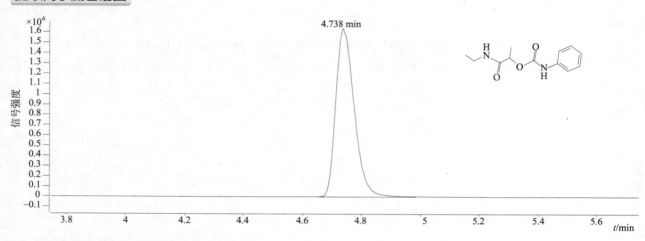

四个碰撞能量（CE）下子离子质谱图

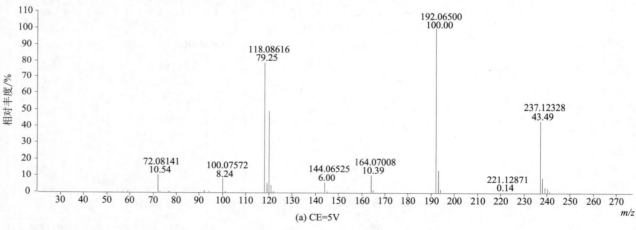

(a) CE=5V

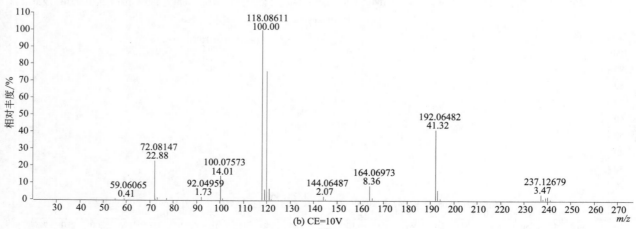

(b) CE=10V

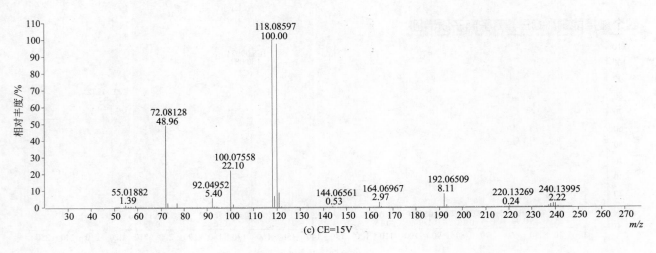

(c) CE=15V

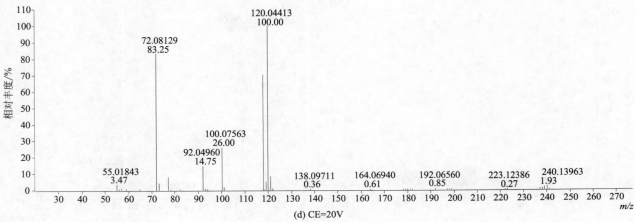

(d) CE=20V

Carbofuran（克百威）

基本信息

CAS 登录号	1563-66-2	分子量	221.1052	源极性	正
分子式	$C_{12}H_{15}NO_3$	离子源	电喷雾离子源（ESI）	保留时间	5.92min

提取离子流色谱图

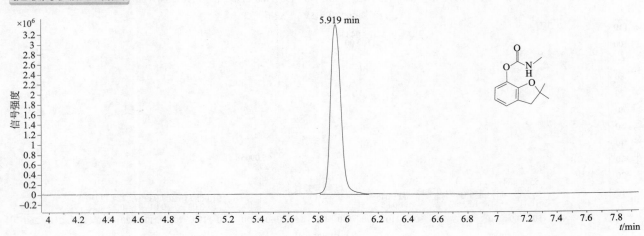

四个碰撞能量（CE）下子离子质谱图

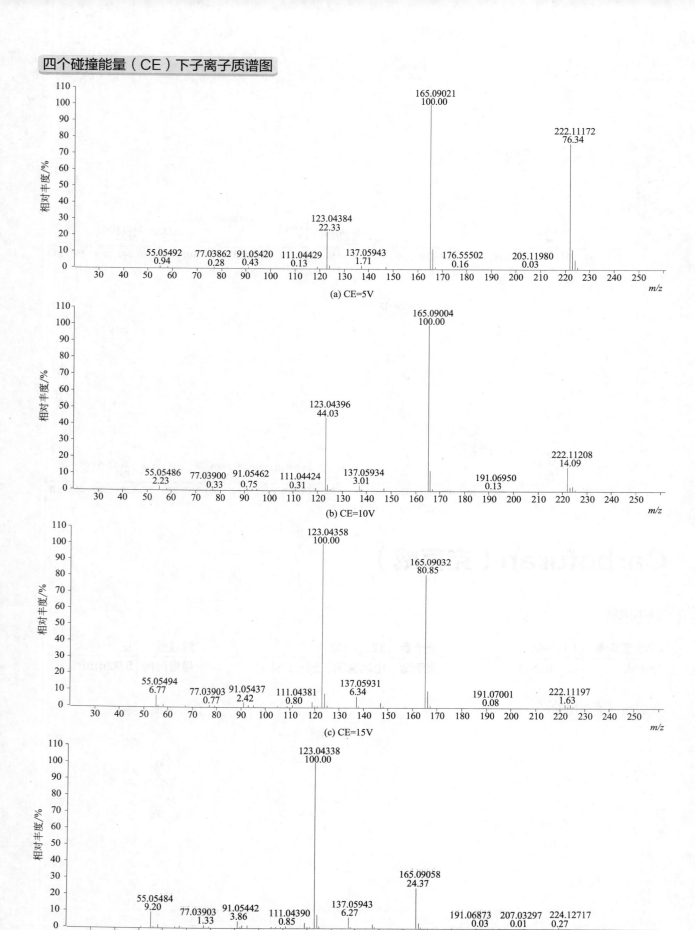

(a) CE=5V

(b) CE=10V

(c) CE=15V

(d) CE=20V

Carbofuran-3-hydroxy（3- 羟基呋喃丹）

基本信息

CAS 登录号	16655-82-6	分子量	237.1001	源极性	正
分子式	$C_{12}H_{15}NO_4$	离子源	电喷雾离子源（ESI）	保留时间	3.67min

提取离子流色谱图

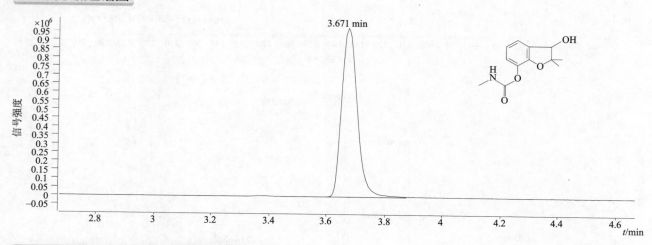

四个碰撞能量（CE）下子离子质谱图

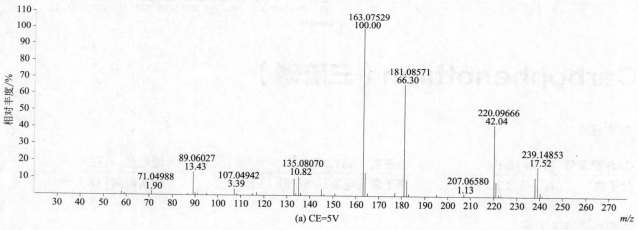

(a) CE=5V

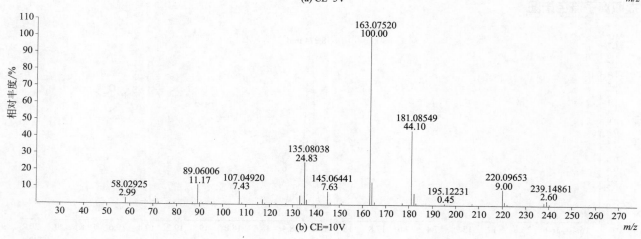

(b) CE=10V

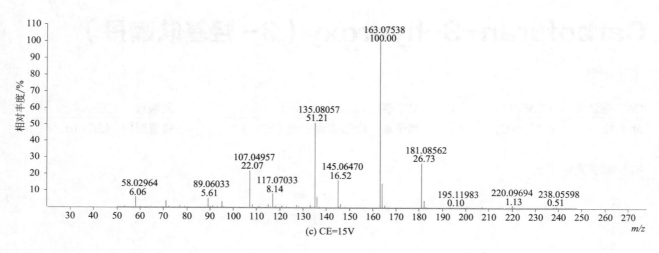

(c) CE=15V

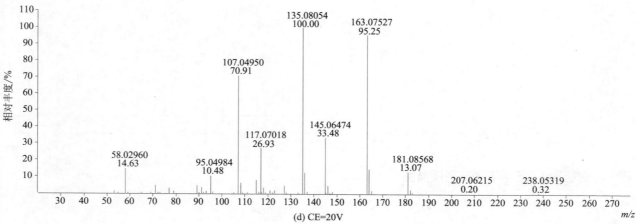

(d) CE=20V

Carbophenothion（三硫磷）

基本信息

CAS 登录号	786-19-6	分子量	341.9739	源极性	正
分子式	$C_{11}H_{16}ClO_2PS_3$	离子源	电喷雾离子源（ESI）	保留时间	18.28min

提取离子流色谱图

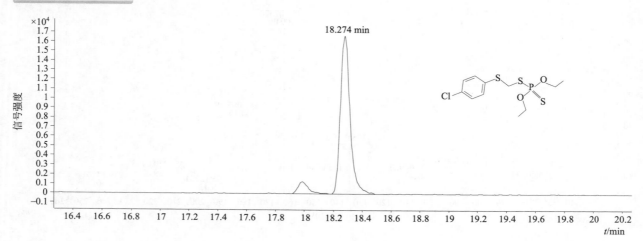

四个碰撞能量（CE）下子离子质谱图

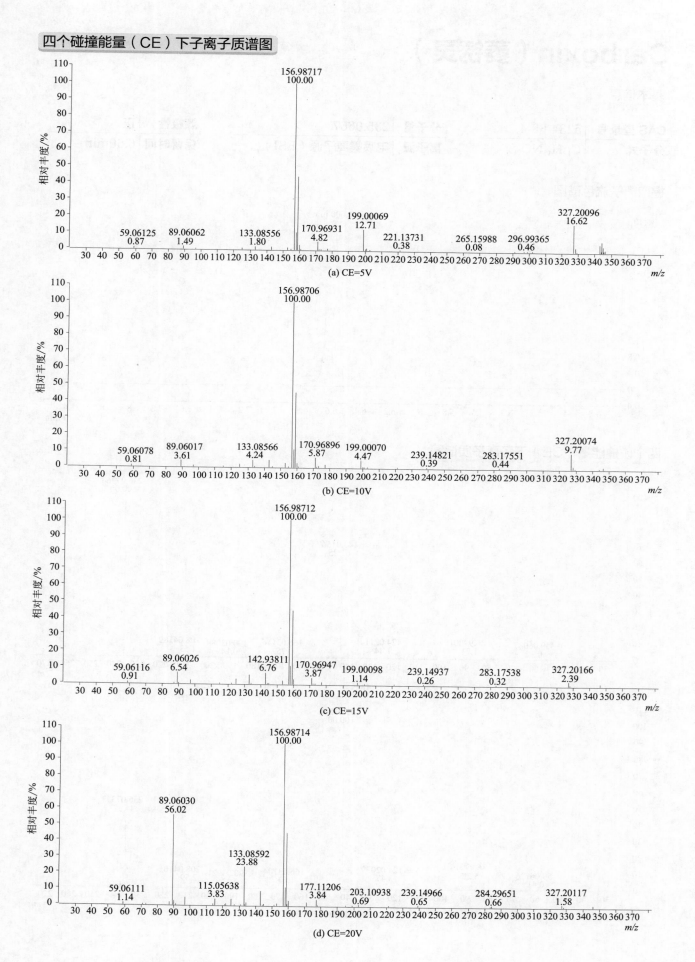

(a) CE=5V

(b) CE=10V

(c) CE=15V

(d) CE=20V

Carboxin（萎锈灵）

CAS 登录号	5234-68-4	**分子量**	235.0667	**源极性**	正
分子式	C$_{12}$H$_{13}$NO$_2$S	**离子源**	电喷雾离子源（ESI）	**保留时间**	6.60min

提取离子流色谱图

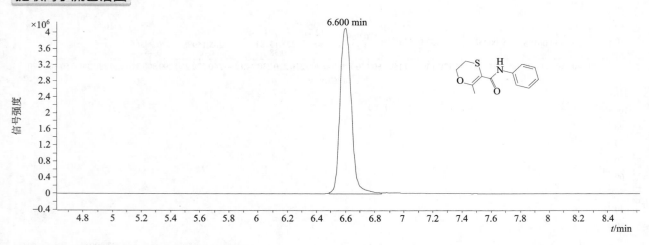

四个碰撞能量（CE）下子离子质谱图

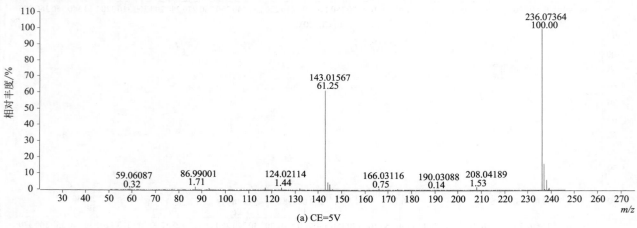

(a) CE=5V

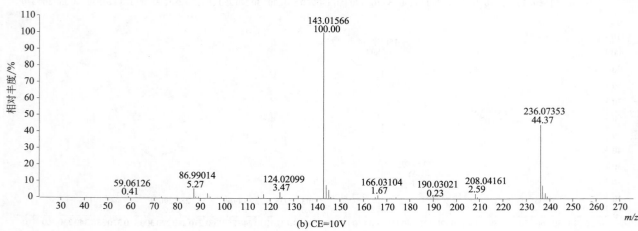

(b) CE=10V

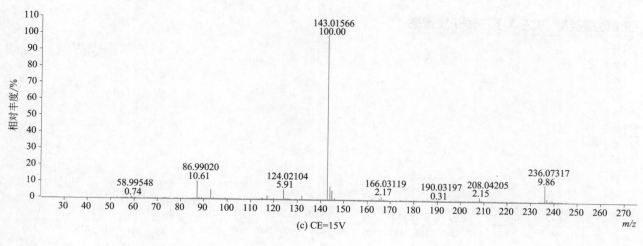

(c) CE=15V

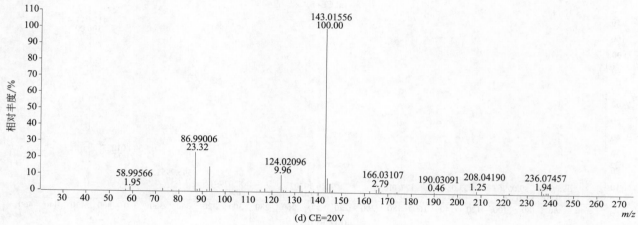

(d) CE=20V

Carfentrazone-ethyl（唑酮草酯）

基本信息

CAS 登录号	128639-02-1	分子量	411.0364	源极性	正
分子式	$C_{15}H_{14}Cl_2F_3N_3O_3$	离子源	电喷雾离子源（ESI）	保留时间	14.42min

提取离子流色谱图

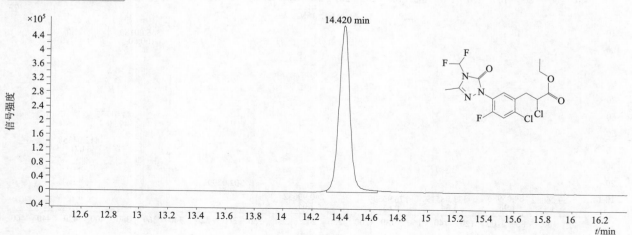

四个碰撞能量（CE）下子离子质谱图

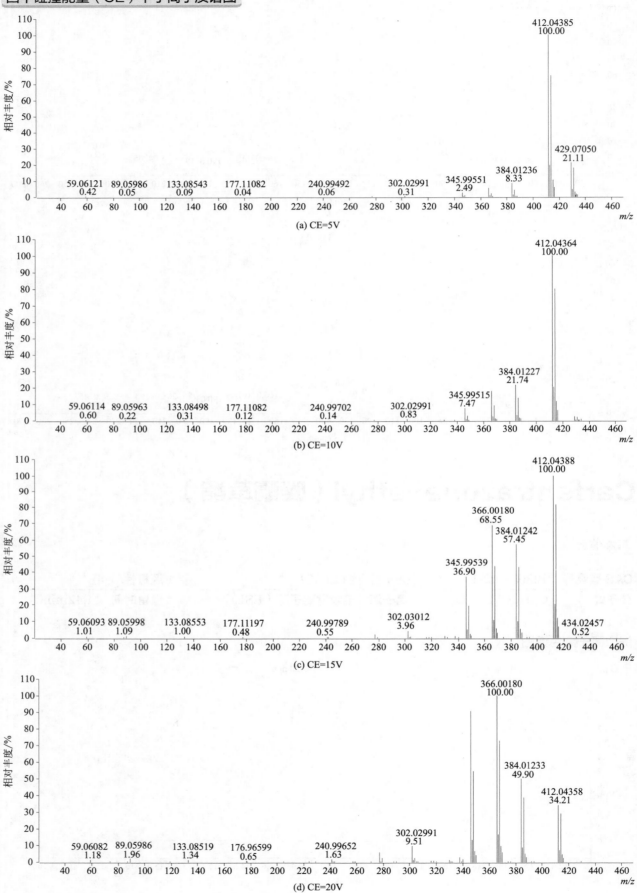

(a) CE=5V

(b) CE=10V

(c) CE=15V

(d) CE=20V

Carpropamid（环丙酰菌胺）

基本信息

CAS 登录号	104030-54-8	**分子量**	333.0454	**源极性**	正
分子式	$C_{15}H_{18}Cl_3NO$	**离子源**	电喷雾离子源（ESI）	**保留时间**	14.76min

提取离子流色谱图

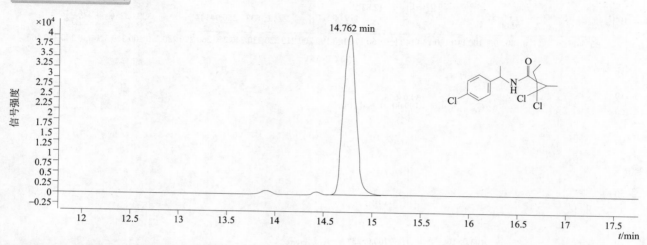

四个碰撞能量（CE）下子离子质谱图

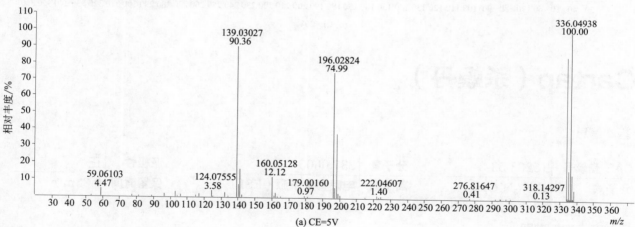

(a) CE=5V

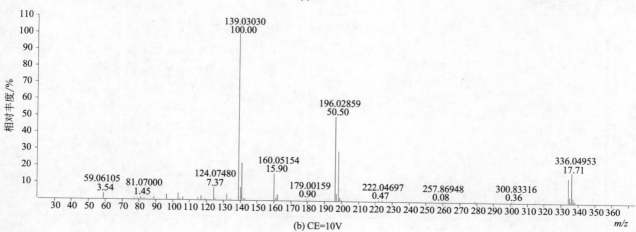

(b) CE=10V

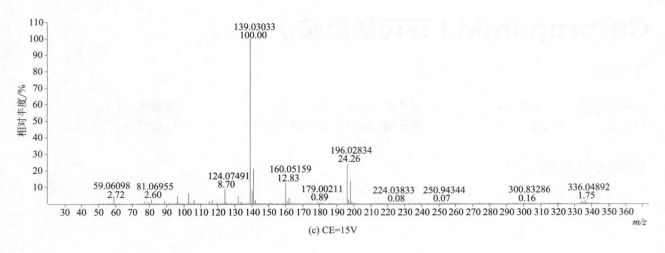

(c) CE=15V

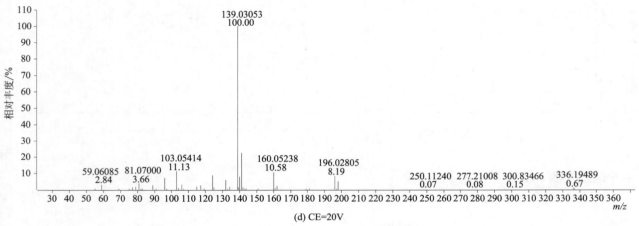

(d) CE=20V

Cartap（杀螟丹）

CAS 登录号	15263-53-3	分子量	237.0606	源极性	正
分子式	$C_7H_{15}N_3O_2S_2$	离子源	电喷雾离子源（ESI）	保留时间	0.83min

提取离子流色谱图

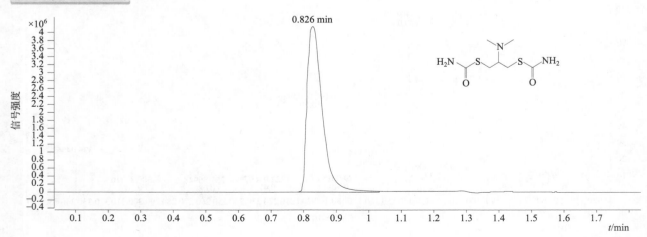

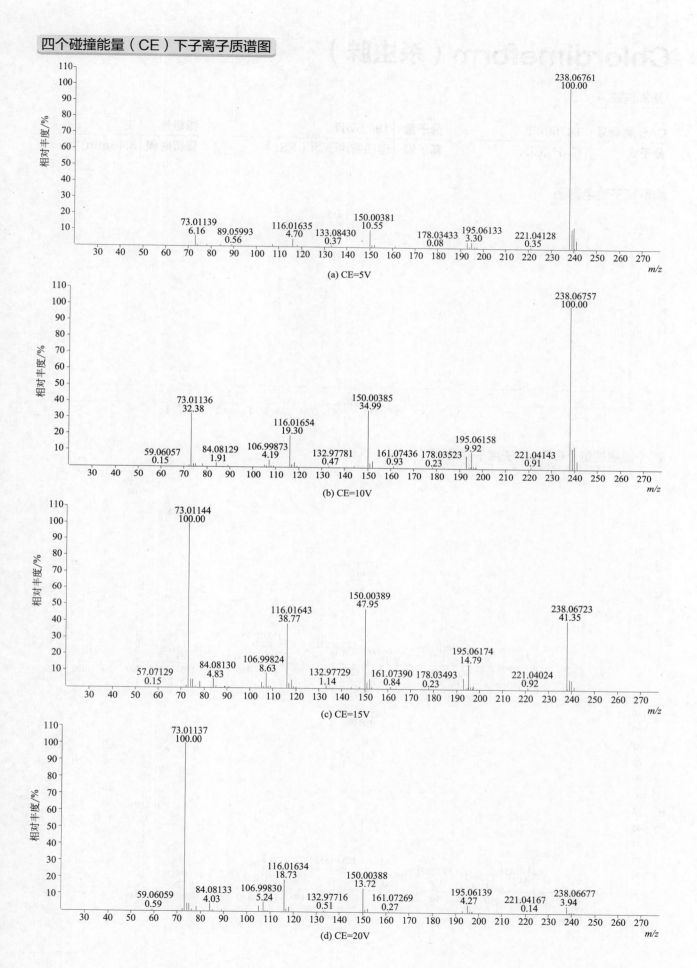

(a) CE=5V

(b) CE=10V

(c) CE=15V

(d) CE=20V

Chlordimeform（杀虫脒）

基本信息

CAS 登录号	19750-95-9	**分子量**	196.0767	**源极性**	正
分子式	C₁₀H₁₃ClN₂	**离子源**	电喷雾离子源（ESI）	**保留时间**	3.46min

提取离子流色谱图

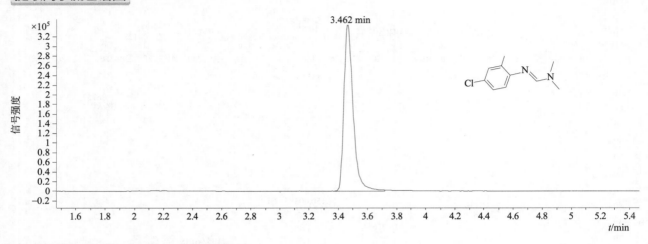

四个碰撞能量（CE）下子离子质谱图

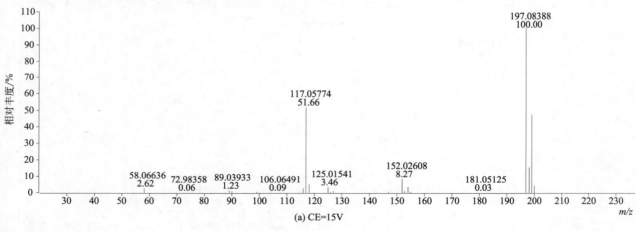

(a) CE=15V

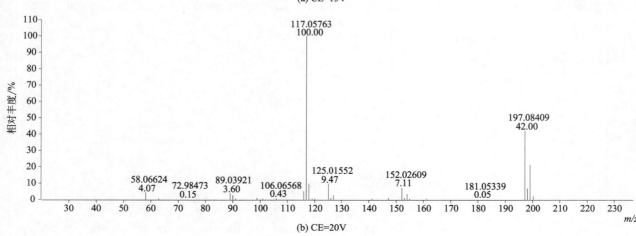

(b) CE=20V

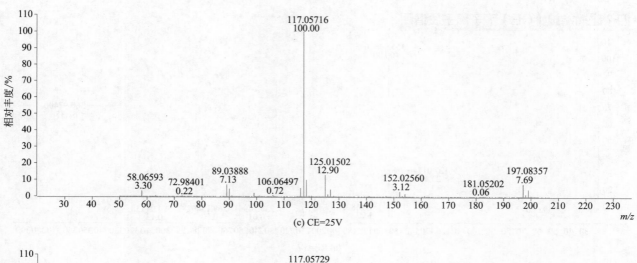

(c) CE=25V

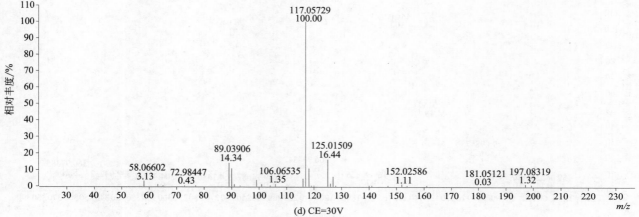

(d) CE=30V

Chlorfenvinphos（毒虫畏）

基本信息

CAS 登录号	470-90-6	分子量	357.9695	源极性	正
分子式	$C_{12}H_{14}Cl_3O_4P$	离子源	电喷雾离子源（ESI）	保留时间	13.89min

提取离子流色谱图

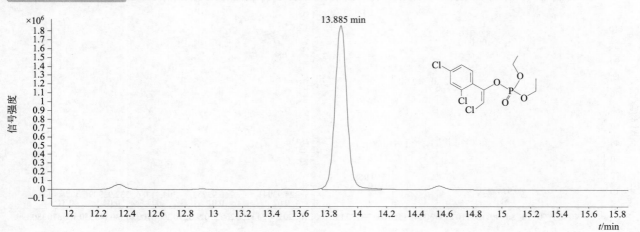

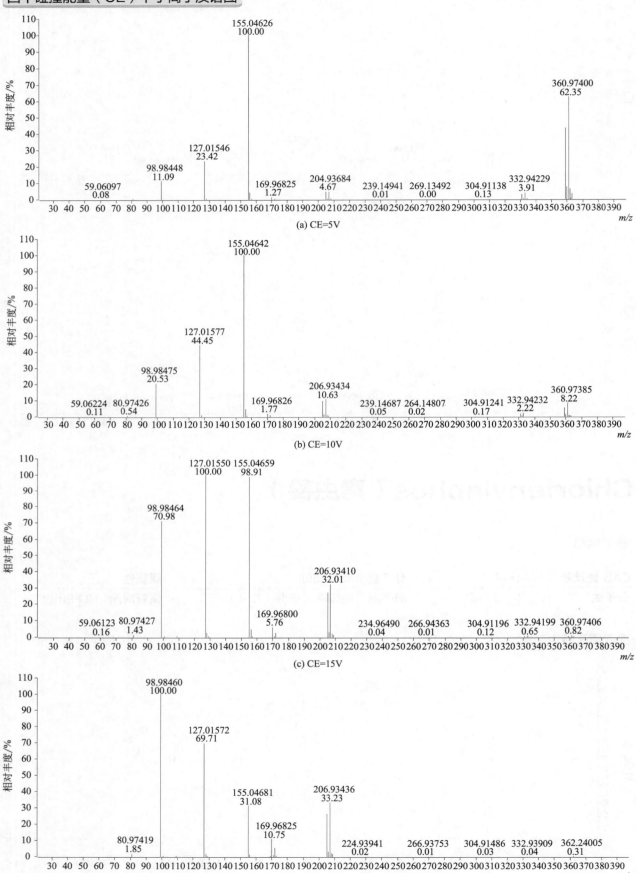

(a) CE=5V

(b) CE=10V

(c) CE=15V

(d) CE=20V

Chloridazon（氯草敏）

基本信息

CAS 登录号	1698-60-8	分子量	221.0356	源极性	正
分子式	$C_{10}H_8ClN_3O$	离子源	电喷雾离子源（ESI）	保留时间	3.73min

提取离子流色谱图

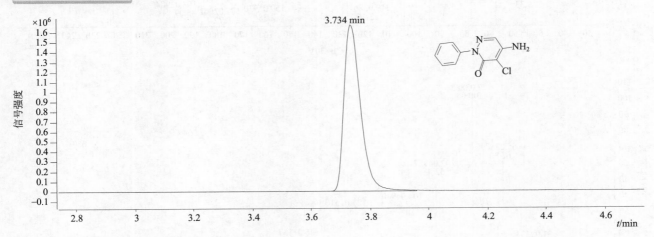

四个碰撞能量（CE）下子离子质谱图

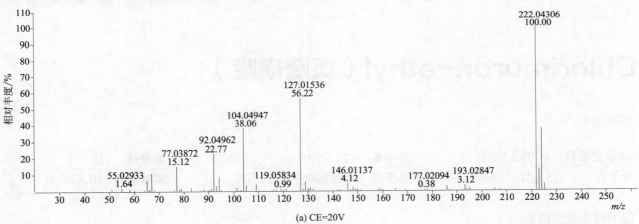

(a) CE=20V

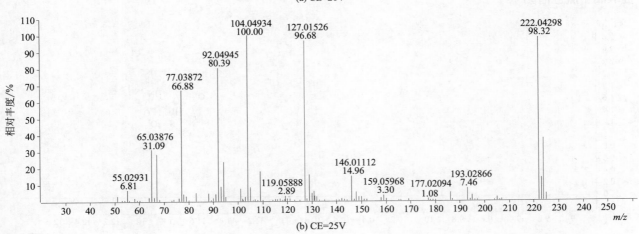

(b) CE=25V

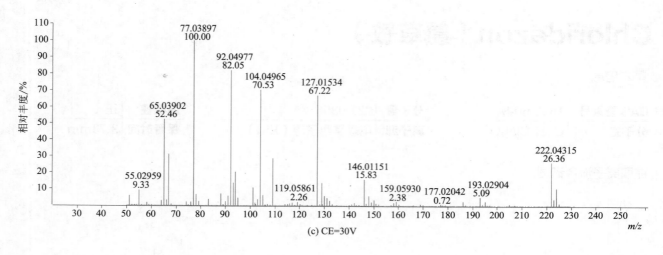

(c) CE=30V

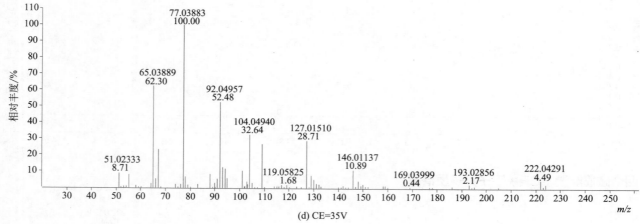

(d) CE=35V

Chlorimuron-ethyl（氯嘧磺隆）

基本信息

CAS 登录号	90982-32-4	分子量	414.0401	源极性	正
分子式	$C_{15}H_{15}ClN_4O_6S$	离子源	电喷雾离子源（ESI）	保留时间	10.83min

提取离子流色谱图

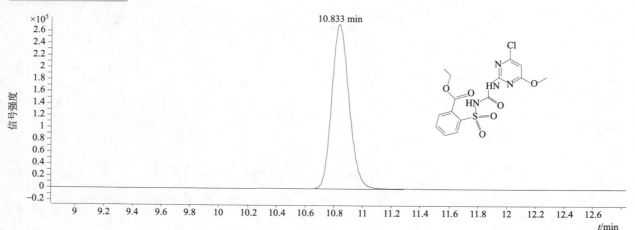

四个碰撞能量（CE）下子离子质谱图

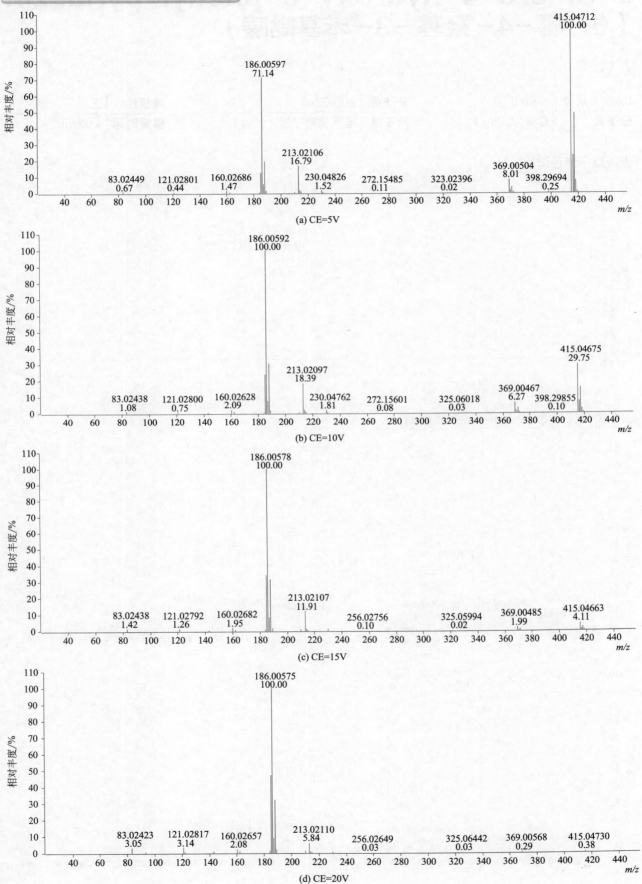

(a) CE=5V

(b) CE=10V

(c) CE=15V

(d) CE=20V

6-Chloro-4-hydroxy-3-phenyl-pyridazin
（6- 氯 -4- 羟基 -3- 苯基哒嗪 ）

基本信息

CAS 登录号	40020-01-7	分子量	206.0247	源极性	正
分子式	$C_{10}H_7ClN_2O$	离子源	电喷雾离子源（ESI）	保留时间	4.02min

提取离子流色谱图

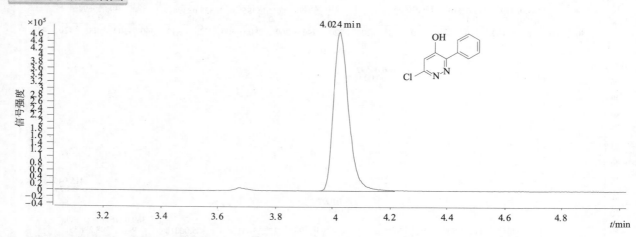

四个碰撞能量（CE）下子离子质谱图

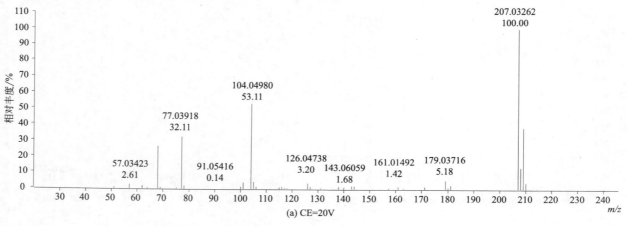

(a) CE=20V

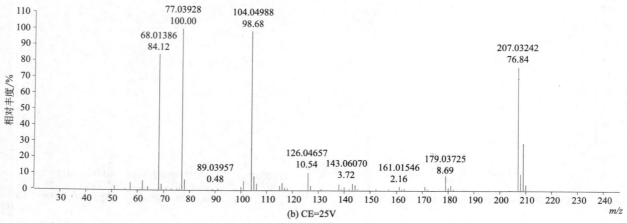

(b) CE=25V

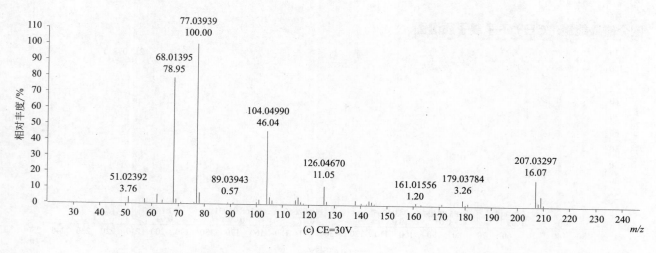

(c) CE=30V

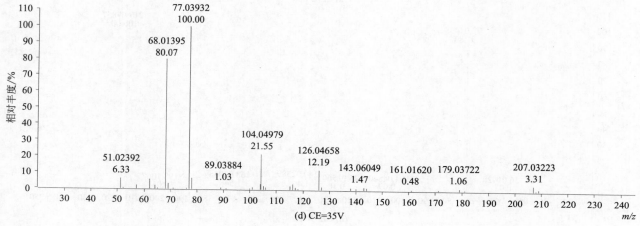

(d) CE=35V

Chlorotoluron（绿麦隆）

基本信息

CAS 登录号	15545-48-9	分子量	212.0716	源极性	正
分子式	$C_{10}H_{13}ClN_2O$	离子源	电喷雾离子源（ESI）	保留时间	6.19min

提取离子流色谱图

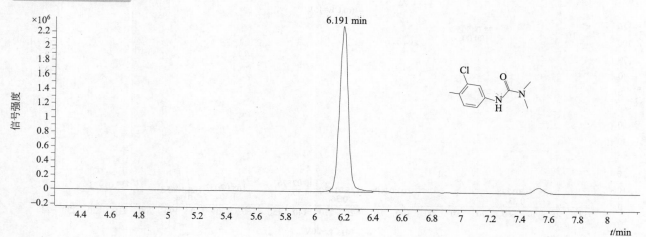

四个碰撞能量（CE）下子离子质谱图

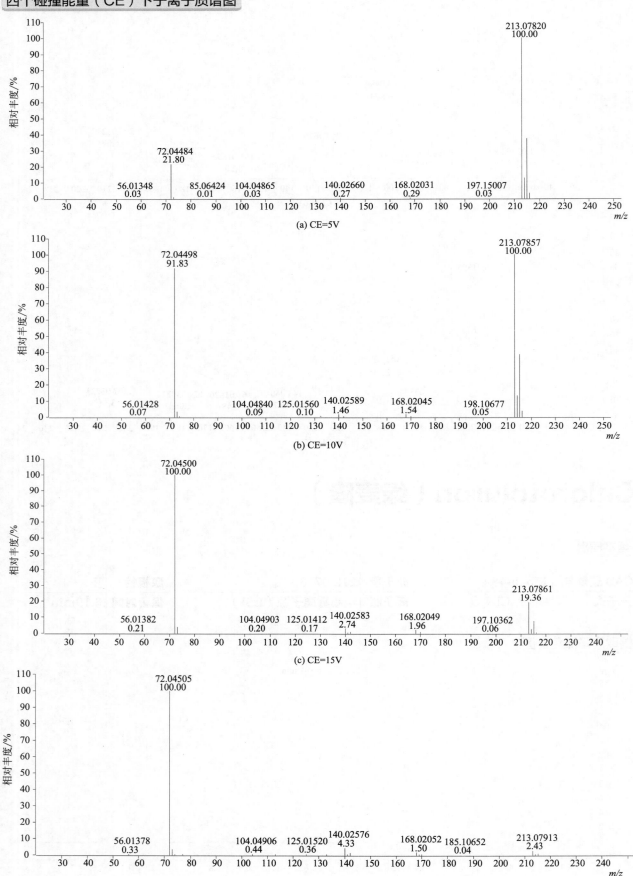

(a) CE=5V

(b) CE=10V

(c) CE=15V

(d) CE=20V

Chloroxuron（枯草隆）

基本信息

CAS 登录号	1982-47-4	**分子量**	290.0822	**源极性**	正
分子式	$C_{15}H_{15}ClN_2O_2$	**离子源**	电喷雾离子源（ESI）	**保留时间**	10.25min

提取离子流色谱图

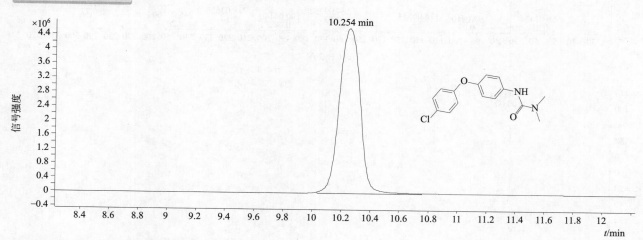

四个碰撞能量（CE）下子离子质谱图

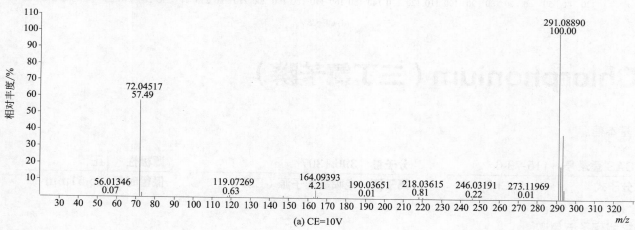

(a) CE=10V

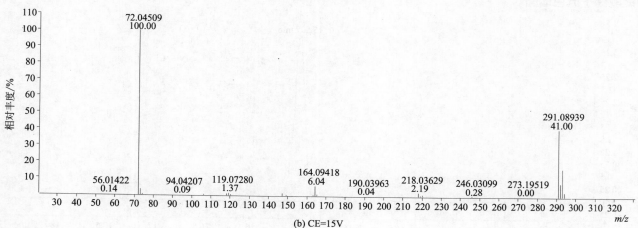

(b) CE=15V

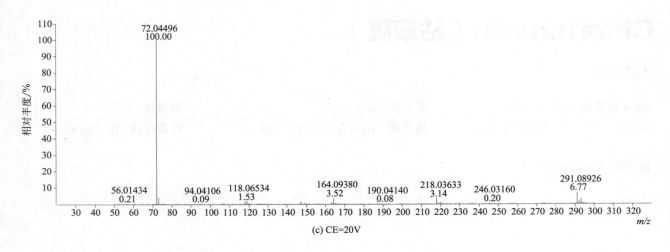

(c) CE=20V

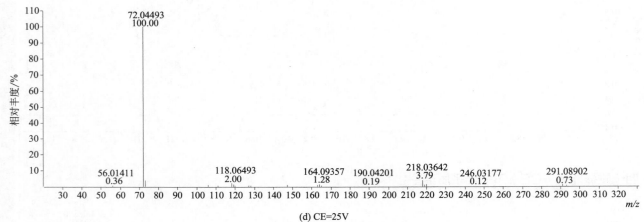

(d) CE=25V

Chlorphonium（三丁氯苄膦）

基本信息

CAS 登录号	115-78-6	**分子量**	396.1307	**源极性**	正
分子式	$C_{19}H_{32}Cl_3P$	**离子源**	电喷雾离子源（ESI）	**保留时间**	15.51min

提取离子流色谱图

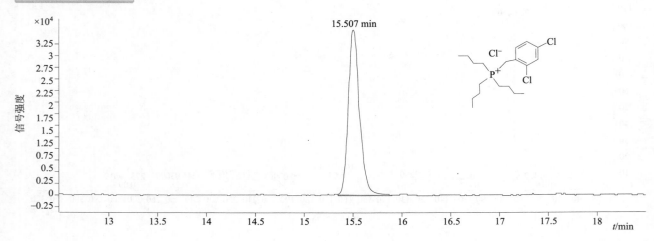

四个碰撞能量（CE）下子离子质谱图

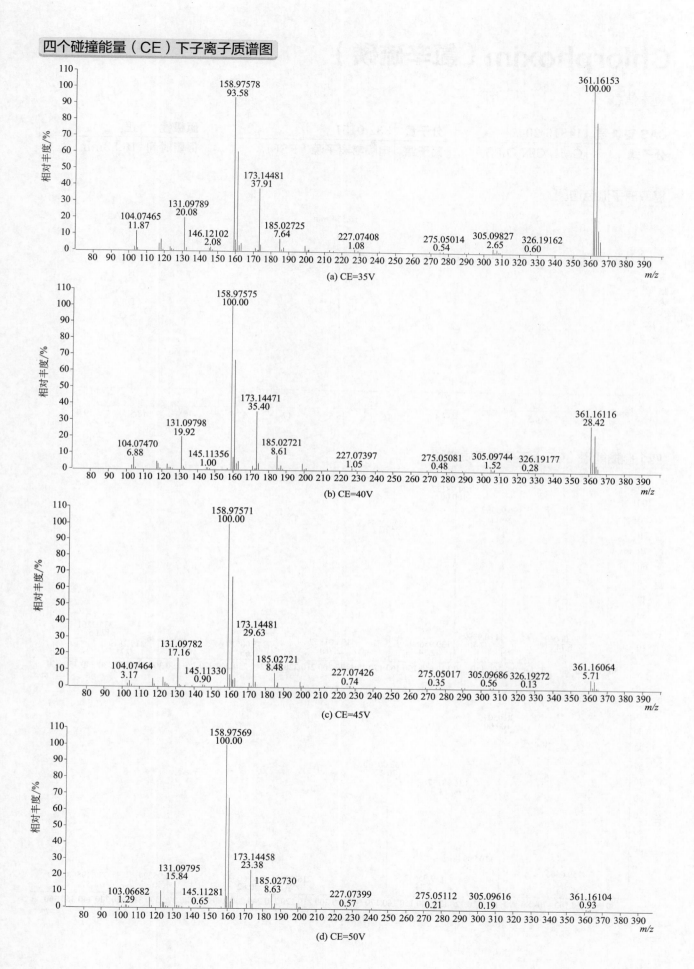

(a) CE=35V

(b) CE=40V

(c) CE=45V

(d) CE=50V

Chlorphoxim（氯辛硫磷）

基本信息

CAS 登录号	14816-20-7	**分子量**	332.0151	**源极性**	正
分子式	$C_{12}H_{14}ClN_2O_3PS$	**离子源**	电喷雾离子源（ESI）	**保留时间**	16.53min

提取离子流色谱图

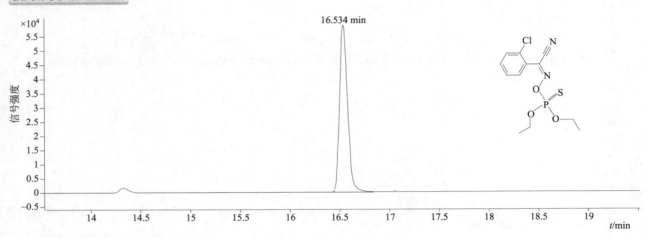

四个碰撞能量（CE）下子离子质谱图

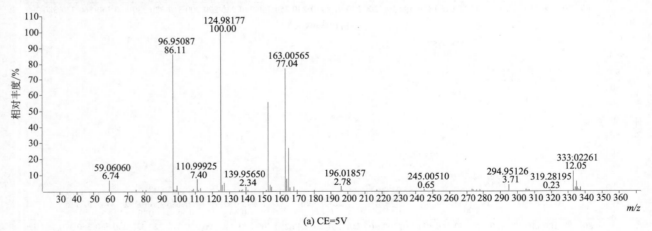

(a) CE=5V

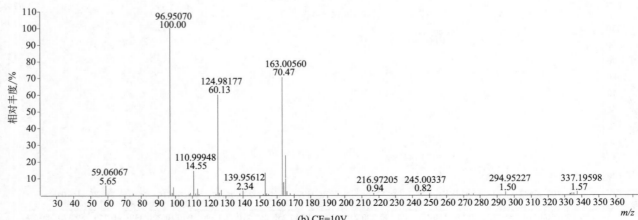

(b) CE=10V

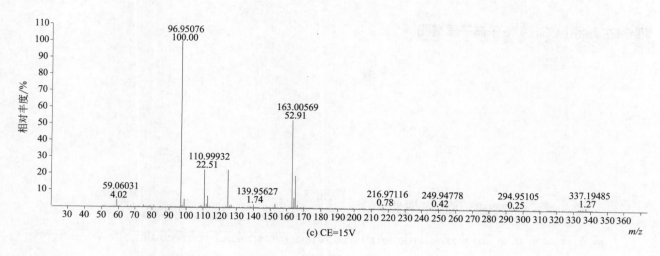

(c) CE=15V

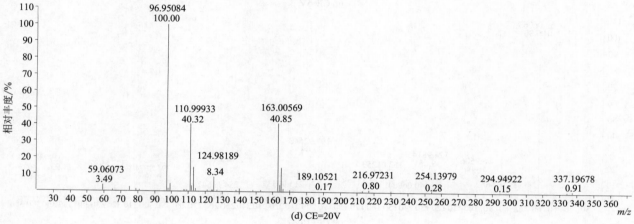

(d) CE=20V

Chlorpyrifos-ethyl（毒死蜱）

基本信息

CAS 登录号	2921-88-2	**分子量**	348.9263	**源极性**	正
分子式	C$_9$H$_{11}$Cl$_3$NO$_3$PS	**离子源**	电喷雾离子源（ESI）	**保留时间**	17.84min

提取离子流色谱图

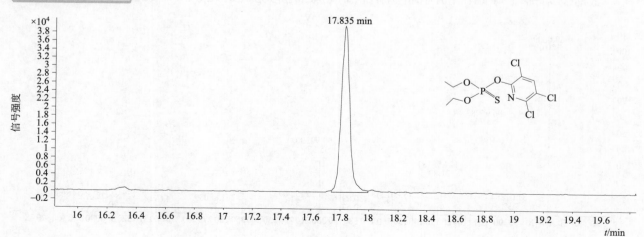

四个碰撞能量（CE）下子离子质谱图

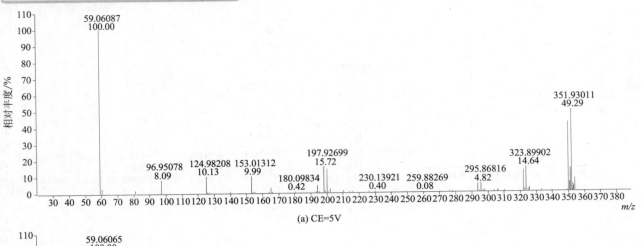

(a) CE=5V

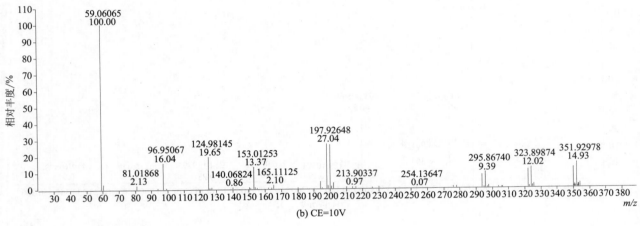

(b) CE=10V

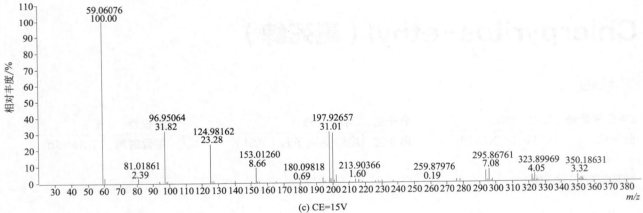

(c) CE=15V

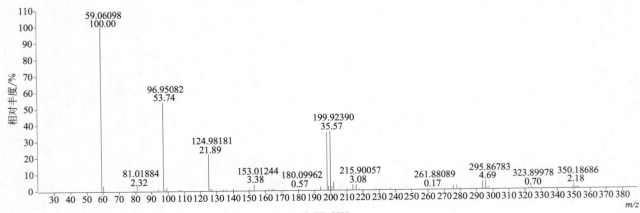

(d) CE=20V

Chlorpyrifos-methyl（甲基毒死蜱）

基本信息

CAS 登录号	5598-13-0	分子量	320.8950	源极性	正
分子式	$C_7H_7Cl_3NO_3PS$	离子源	电喷雾离子源（ESI）	保留时间	15.91min

提取离子流色谱图

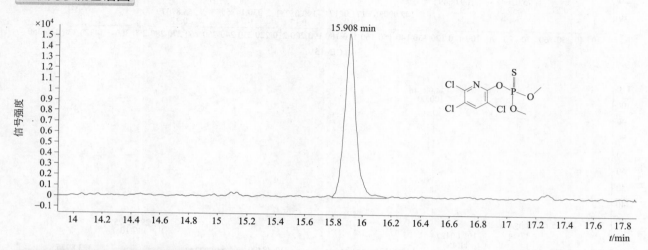

四个碰撞能量（CE）下子离子质谱图

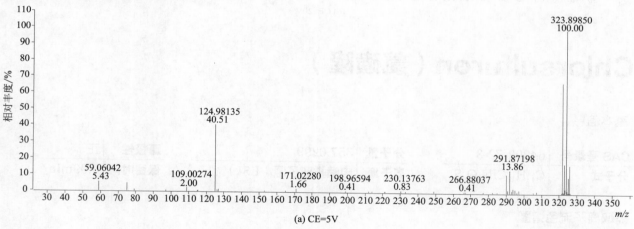

(a) CE=5V

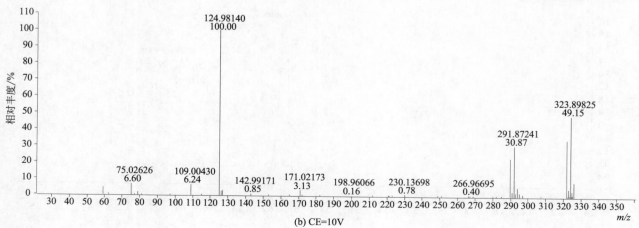

(b) CE=10V

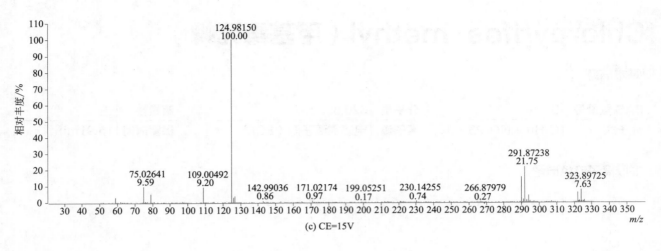

(c) CE=15V

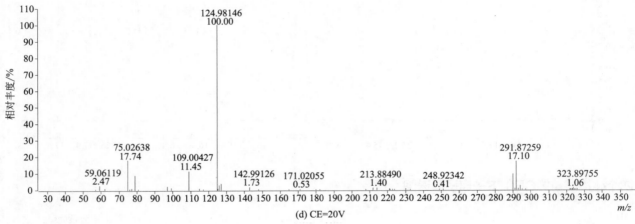

(d) CE=20V

Chlorsulfuron（氯磺隆）

基本信息

CAS 登录号	64902-72-3	分子量	357.0299	源极性	正
分子式	C₁₂H₁₂ClN₅O₄S	离子源	电喷雾离子源（ESI）	保留时间	6.09min

提取离子流色谱图

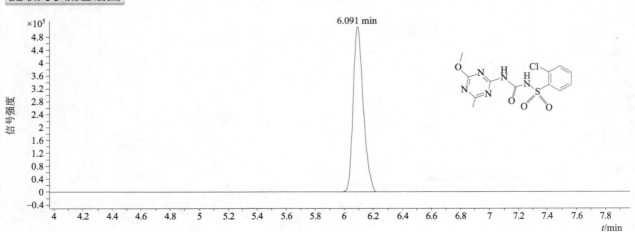

四个碰撞能量（CE）下子离子质谱图

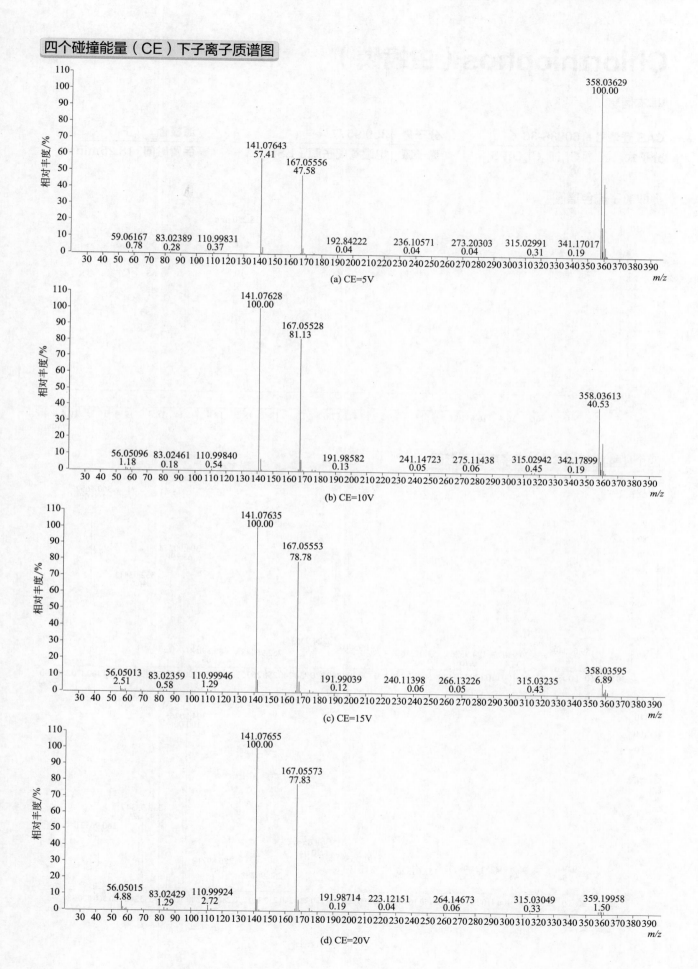

(a) CE=5V

(b) CE=10V

(c) CE=15V

(d) CE=20V

Chlorthiophos（虫螨磷）

基本信息

CAS 登录号	60238-56-4	分子量	359.9577	源极性	正
分子式	$C_{11}H_{15}Cl_2O_3PS_2$	离子源	电喷雾离子源（ESI）	保留时间	18.25min

提取离子流色谱图

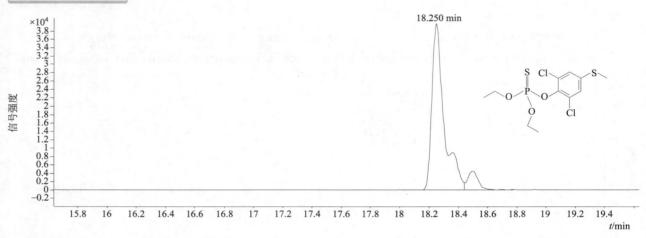

四个碰撞能量（CE）下子离子质谱图

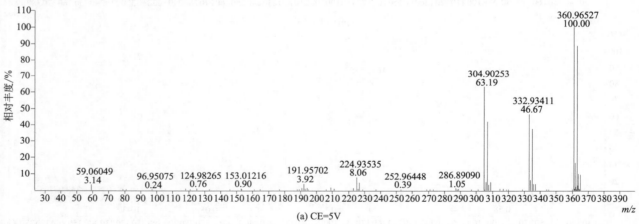

(a) CE=5V

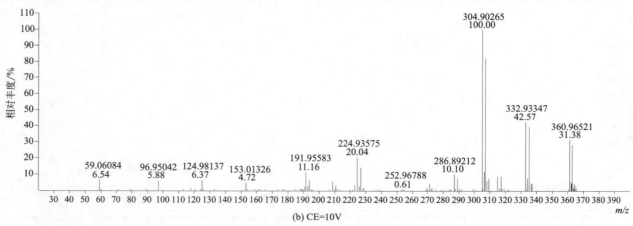

(b) CE=10V

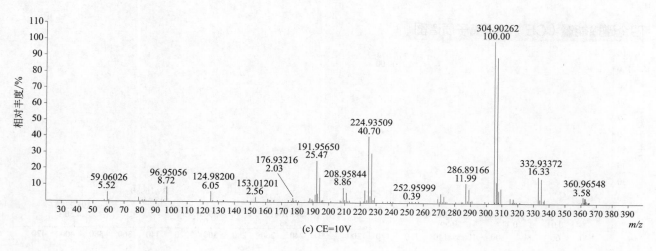

(c) CE=10V

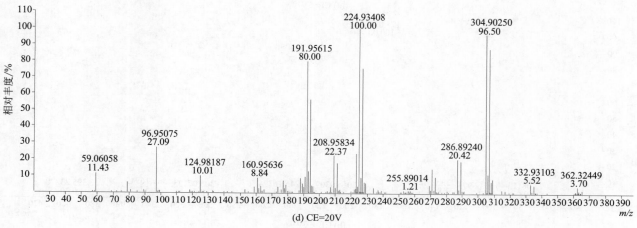

(d) CE=20V

Chromafenozide（环虫酰肼）

基本信息

CAS 登录号	143807-66-3	分子量	394.2256	源极性	正
分子式	$C_{24}H_{30}N_2O_3$	离子源	电喷雾离子源（ESI）	保留时间	13.22min

提取离子流色谱图

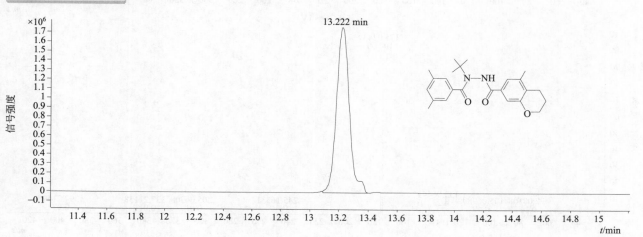

四个碰撞能量（CE）下子离子质谱图

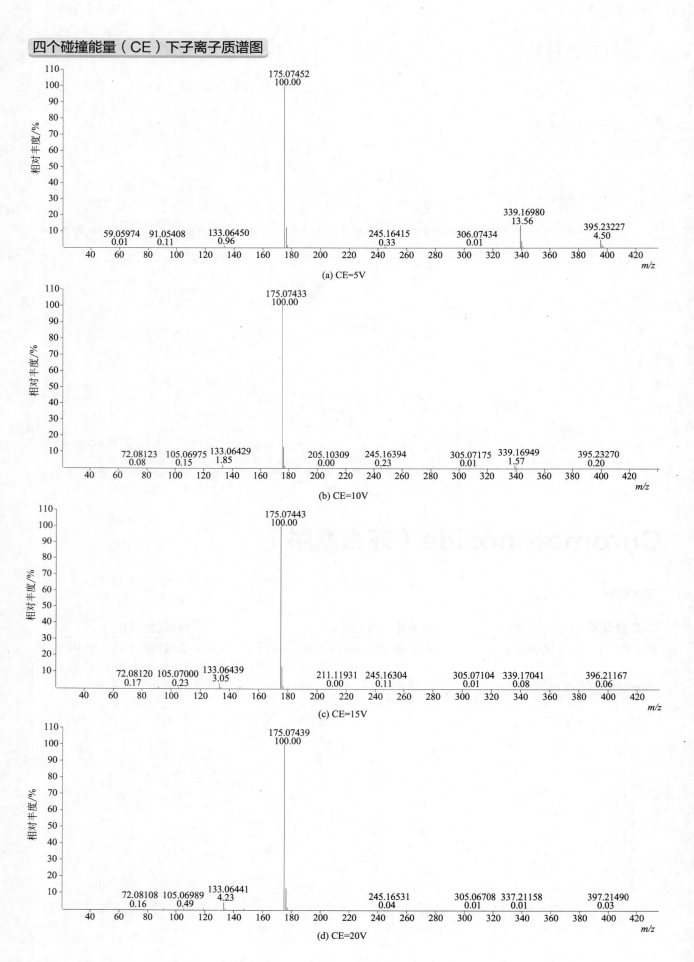

(a) CE=5V

(b) CE=10V

(c) CE=15V

(d) CE=20V

Cinmethylin（环庚草醚）

基本信息

CAS 登录号	87818-31-3	**分子量**	274.1933	**源极性**	正
分子式	$C_{18}H_{26}O_2$	**离子源**	电喷雾离子源（ESI）	**保留时间**	17.33min

提取离子流色谱图

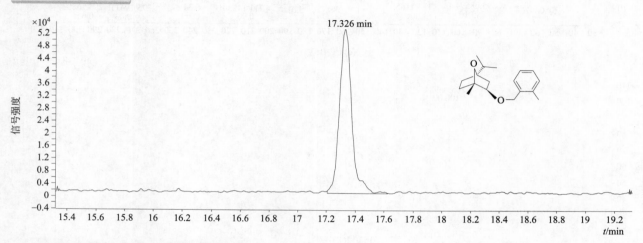

四个碰撞能量（CE）下子离子质谱图

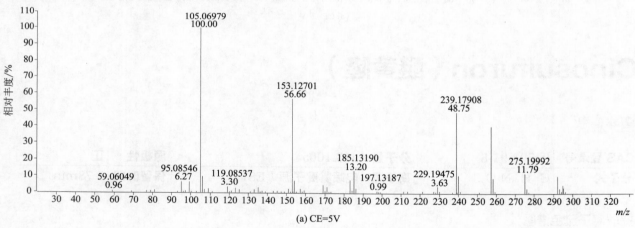

(a) CE=5V

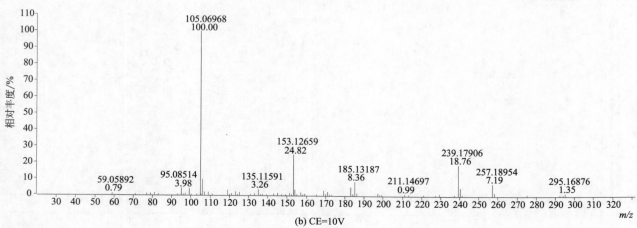

(b) CE=10V

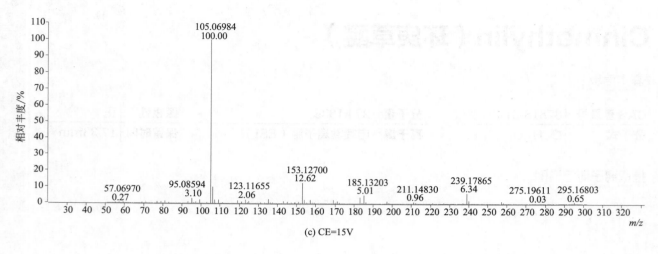

(c) CE=15V

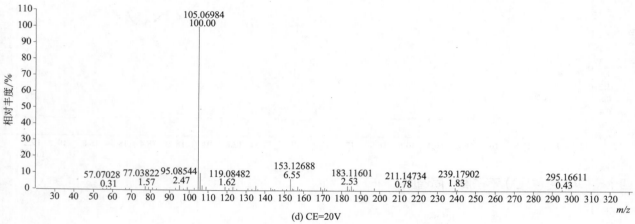

(d) CE=20V

Cinosulfuron（醚黄隆）

基本信息

CAS 登录号	94593-91-6	分子量	413.1005	源极性	正
分子式	$C_{15}H_{19}N_5O_7S$	离子源	电喷雾离子源（ESI）	保留时间	5.78min

提取离子流色谱图

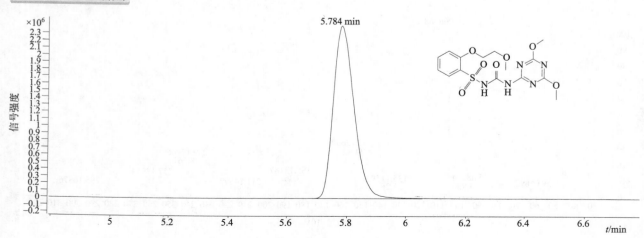

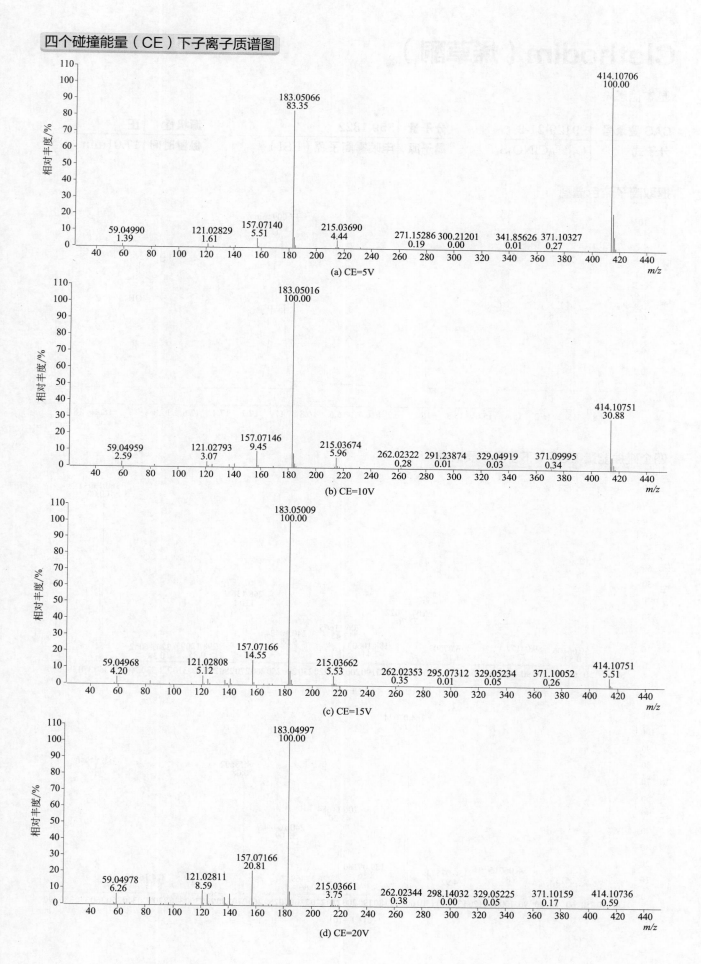

(a) CE=5V

(b) CE=10V

(c) CE=15V

(d) CE=20V

Clethodim（烯草酮）

基本信息

CAS 登录号	99129-21-2	分子量	359.1322	源极性	正
分子式	C₁₇H₂₆ClNO₃S	离子源	电喷雾离子源（ESI）	保留时间	17.01min

提取离子流色谱图

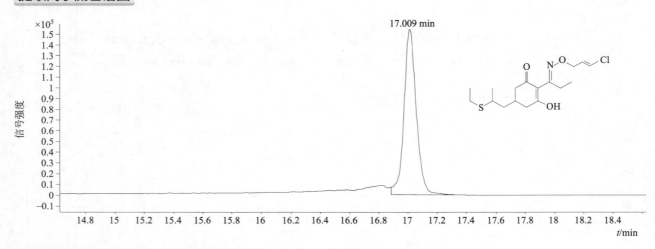

四个碰撞能量（CE）下子离子质谱图

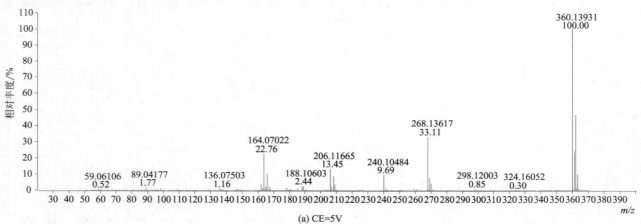

(a) CE=5V

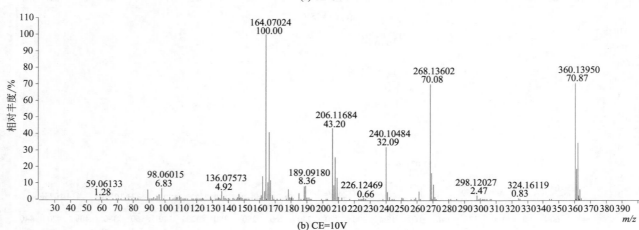

(b) CE=10V

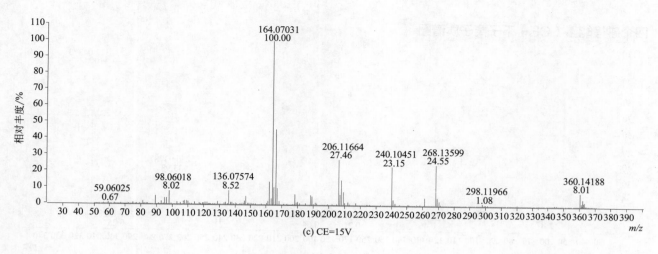

(c) CE=15V

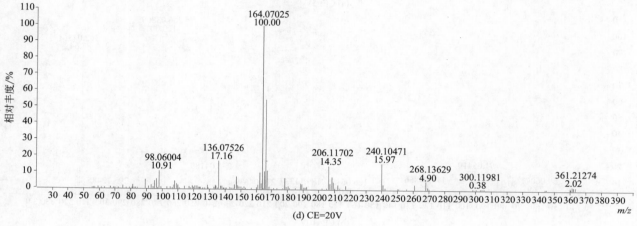

(d) CE=20V

Clodinafop free acid（炔草酸）

基本信息

CAS 登录号	114420-56-3	分子量	311.0361	源极性	正
分子式	$C_{14}H_{11}ClFNO_4$	离子源	电喷雾离子源（ESI）	保留时间	8.40min

提取离子流色谱图

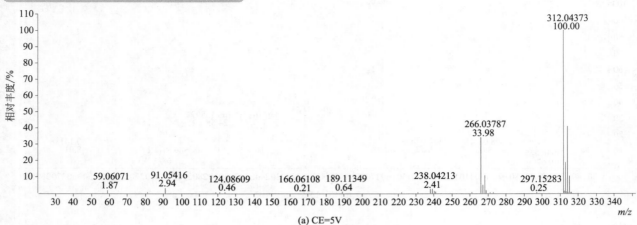

(a) CE=5V

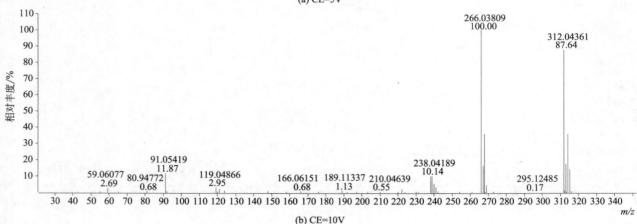

(b) CE=10V

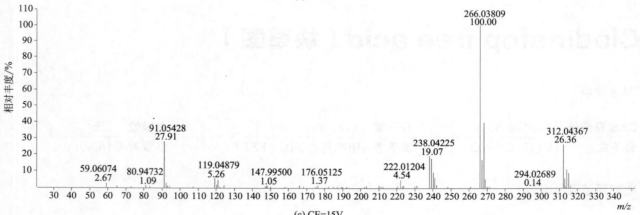

(c) CE=15V

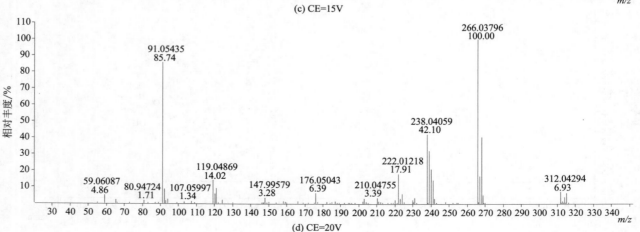

(d) CE=20V

Clodinafop-propargyl（炔草酯）

基本信息

| CAS 登录号 | 105512-06-9 | 分子量 | 349.0517 | 源极性 | 正 |
| 分子式 | $C_{17}H_{13}ClFNO_4$ | 离子源 | 电喷雾离子源（ESI） | 保留时间 | 15.23min |

提取离子流色谱图

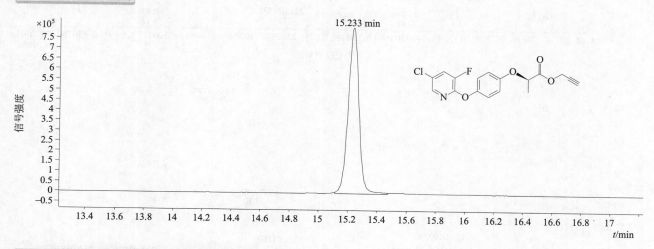

四个碰撞能量（CE）下子离子质谱图

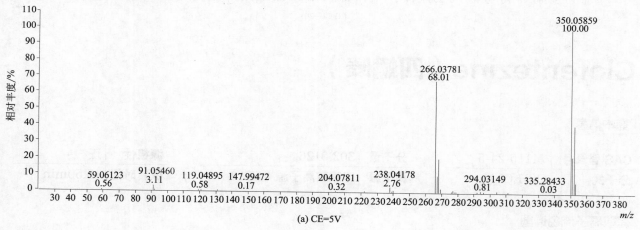

(a) CE=5V

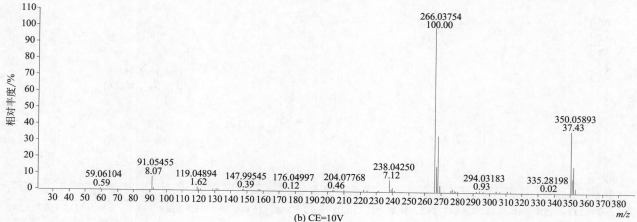

(b) CE=10V

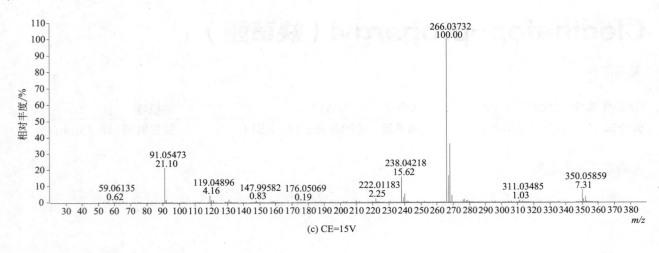

(c) CE=15V

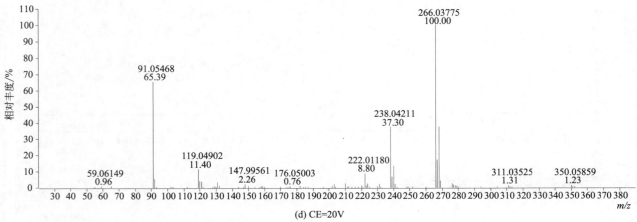

(d) CE=20V

Clofentezine（四螨嗪）

基本信息

CAS 登录号	74115-24-5	分子量	302.0126	源极性	正
分子式	$C_{14}H_8Cl_2N_4$	离子源	电喷雾离子源（ESI）	保留时间	15.50min

提取离子流色谱图

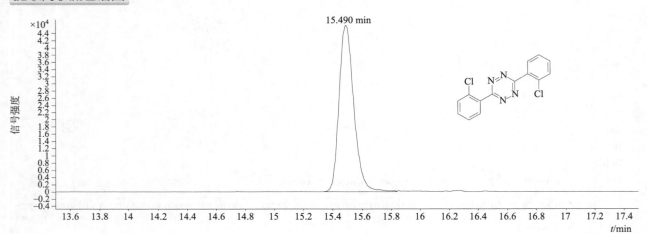

四个碰撞能量（CE）下子离子质谱图

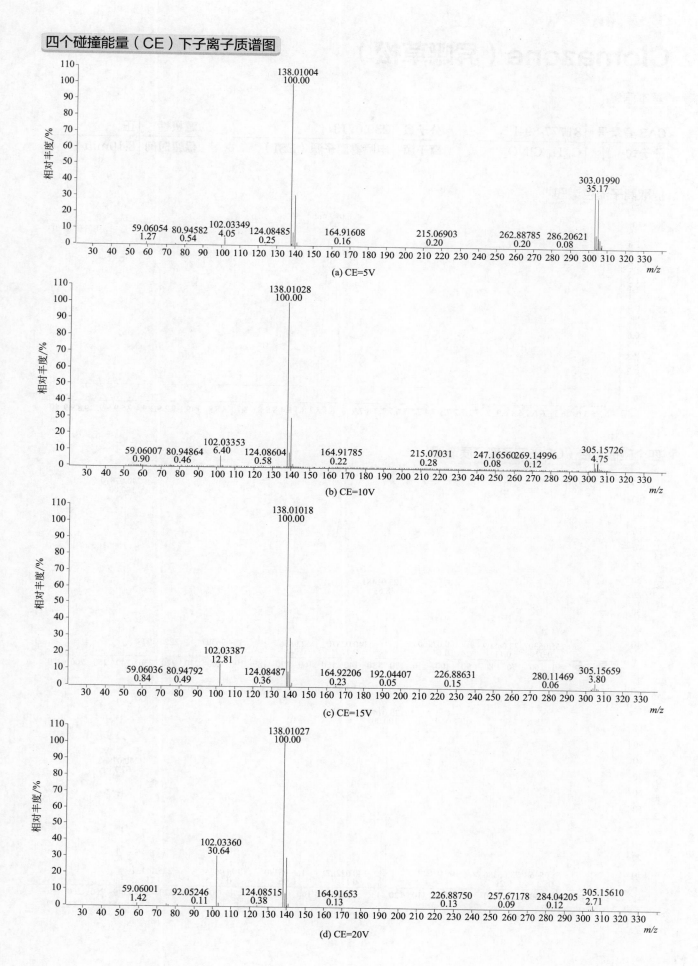

(a) CE=5V

(b) CE=10V

(c) CE=15V

(d) CE=20V

Clomazone（异噁草松）

基本信息

CAS 登录号	81777-89-1	**分子量**	239.0713	**源极性**	正
分子式	$C_{12}H_{14}ClNO_2$	**离子源**	电喷雾离子源（ESI）	**保留时间**	8.10min

提取离子流色谱图

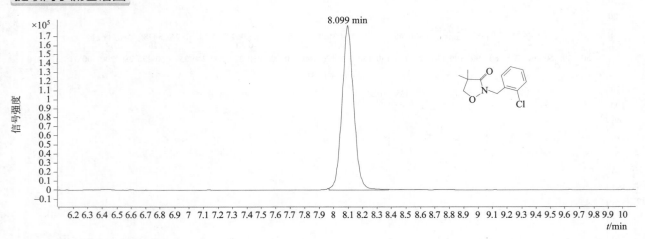

四个碰撞能量（CE）下子离子质谱图

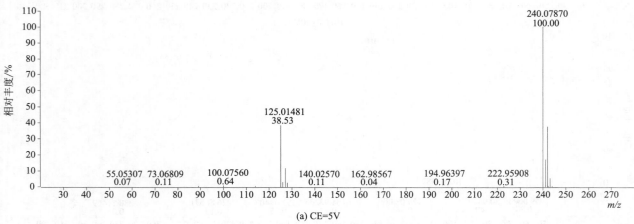

(a) CE=5V

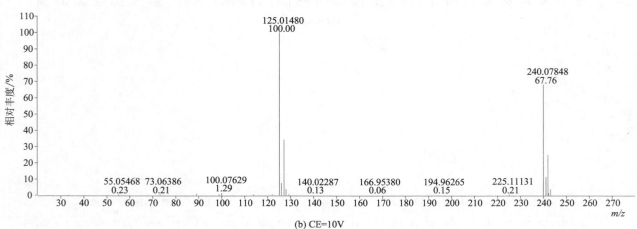

(b) CE=10V

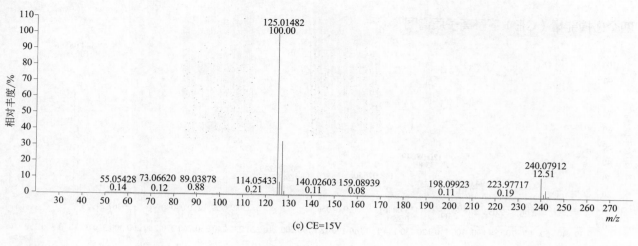

(c) CE=15V

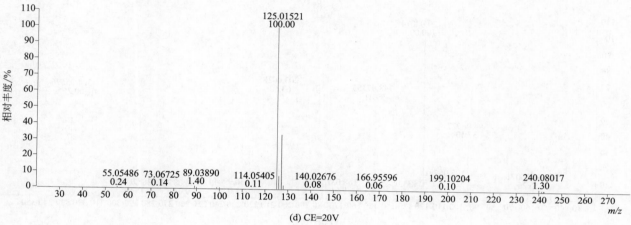

(d) CE=20V

Clomeprop（氯甲酰草胺）

基本信息

| CAS 登录号 | 84496-56-0 | 分子量 | 323.0480 | 源极性 | 正 |
| 分子式 | $C_{16}H_{15}Cl_2NO_2$ | 离子源 | 电喷雾离子源（ESI） | 保留时间 | 16.70min |

提取离子流色谱图

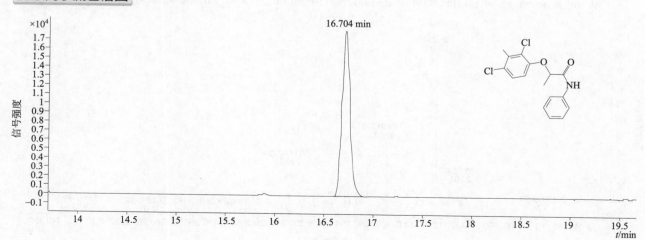

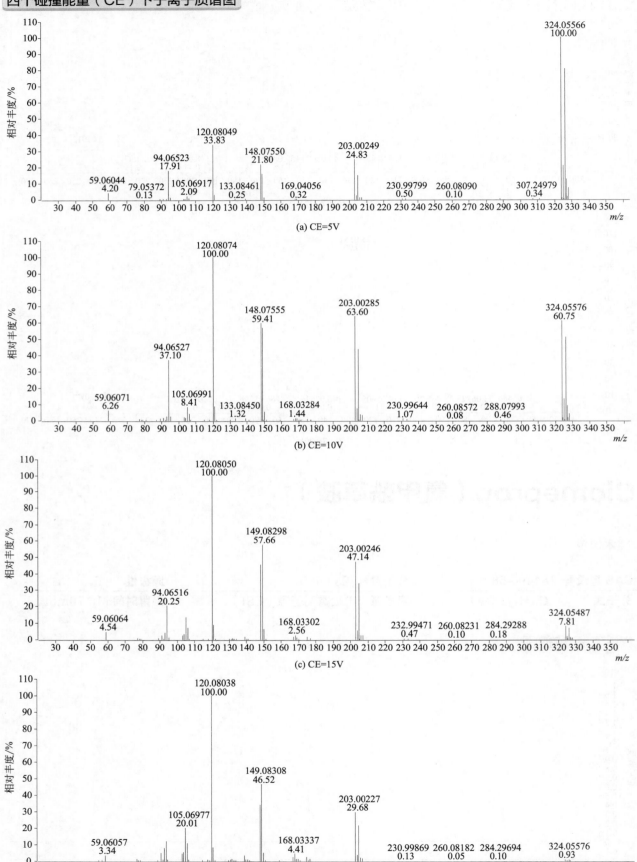

(a) CE=5V

(b) CE=10V

(c) CE=15V

(d) CE=20V

Cloquintocet-mexyl（解草酯）

基本信息

CAS 登录号	99607-70-2	**分子量**	335.1288	**源极性**	正
分子式	C$_{18}$H$_{22}$ClNO$_3$	**离子源**	电喷雾离子源（ESI）	**保留时间**	16.90min

提取离子流色谱图

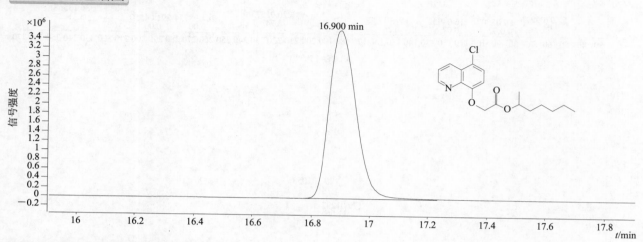

四个碰撞能量（CE）下子离子质谱图

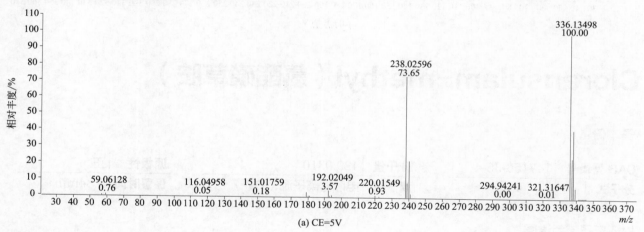

(a) CE=5V

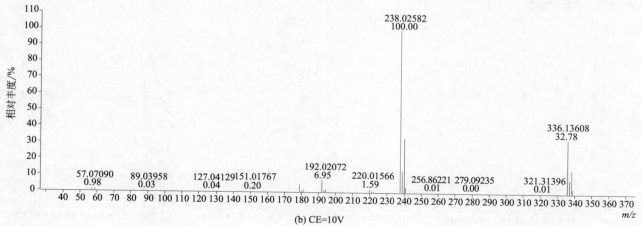

(b) CE=10V

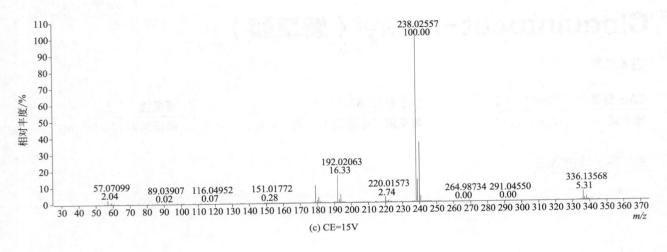

(c) CE=15V

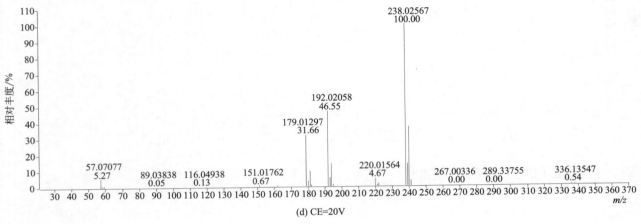

(d) CE=20V

Cloransulam-methyl（氯酯磺草胺）

基本信息

CAS 登录号	147150-35-4	分子量	429.0310	源极性	正
分子式		离子源	电喷雾离子源（ESI）	保留时间	7.84min

提取离子流色谱图

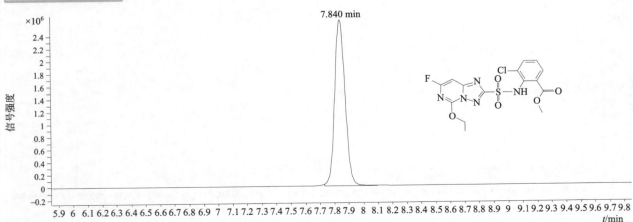

四个碰撞能量（CE）下子离子质谱图

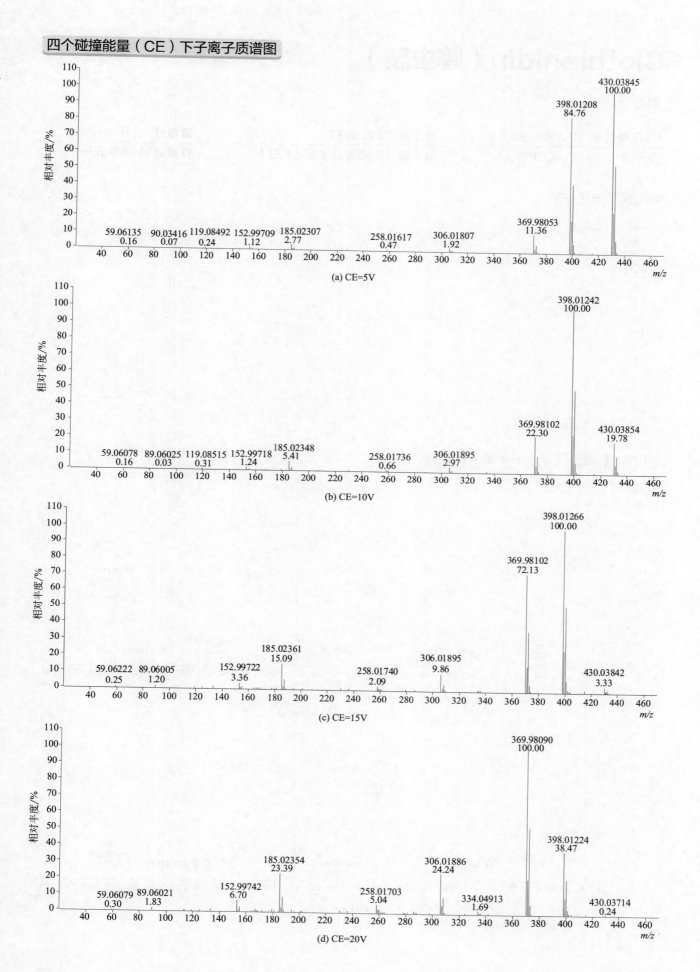

(a) CE=5V

(b) CE=10V

(c) CE=15V

(d) CE=20V

Clothianidin（噻虫胺）

基本信息

CAS 登录号	210880-92-5	**分子量**	249.0087	**源极性**	正
分子式	$C_6H_8ClN_5O_2S$	**离子源**	电喷雾离子源（ESI）	**保留时间**	3.60min

提取离子流色谱图

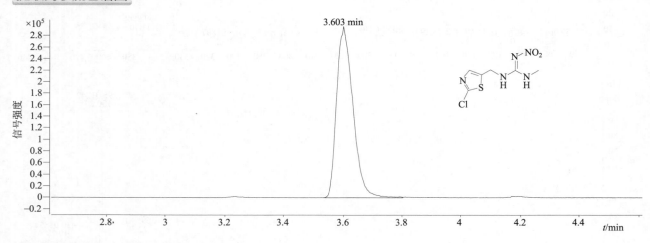

四个碰撞能量（CE）下子离子质谱图

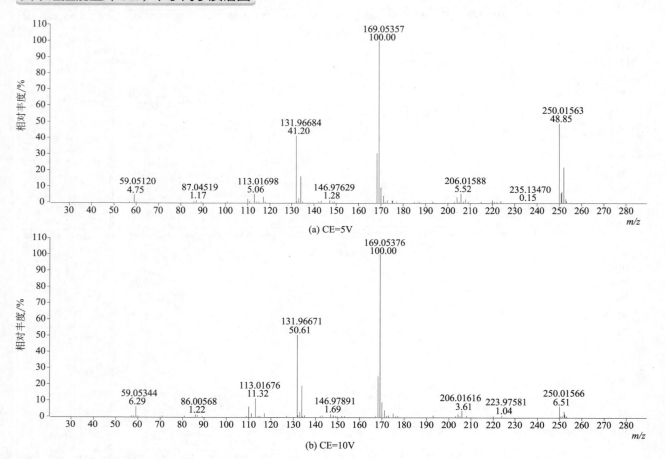

(a) CE=5V

(b) CE=10V

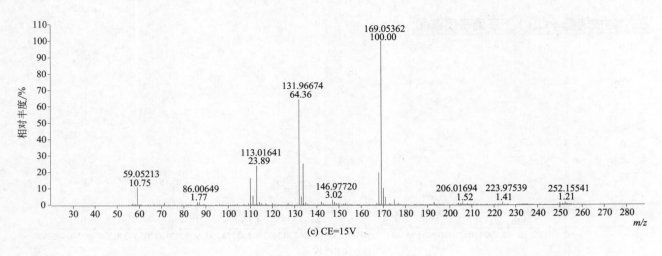

(c) CE=15V

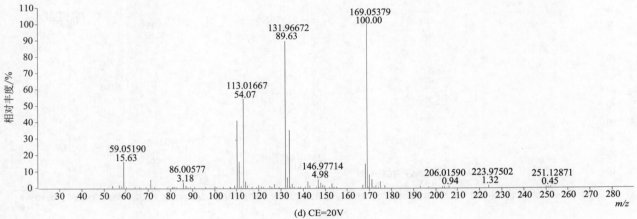

(d) CE=20V

Coumaphos（蝇毒磷）

基本信息

CAS 登录号	56-72-4	分子量	362.0145	源极性	正
分子式	$C_{14}H_{16}ClO_5PS$	离子源	电喷雾离子源（ESI）	保留时间	15.72min

提取离子流色谱图

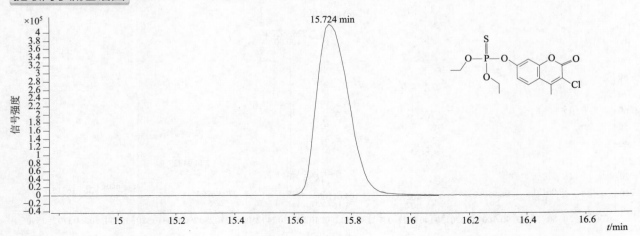

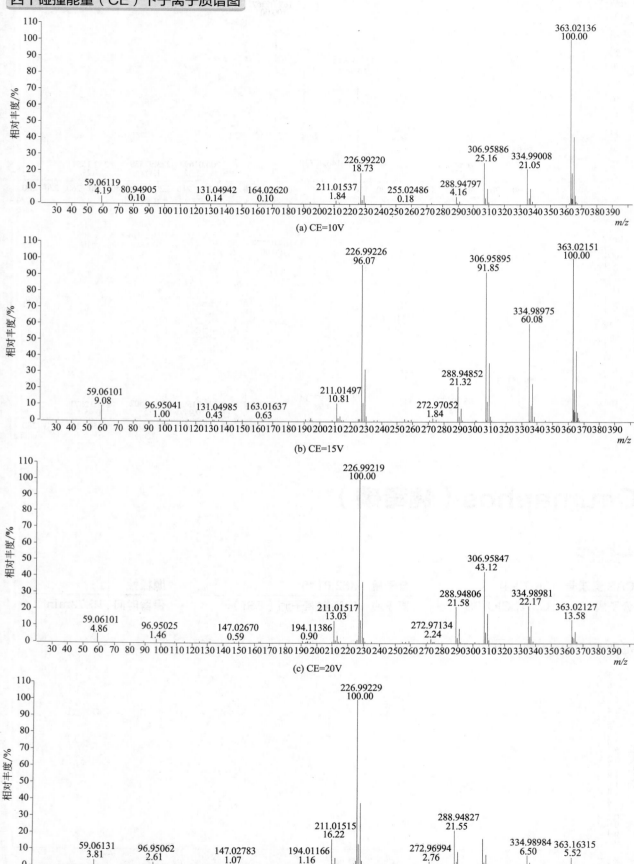

(a) CE=10V

(b) CE=15V

(c) CE=20V

(d) CE=25V

Crotoxyphos（巴毒磷）

基本信息

| CAS 登录号 | 7700-17-6 | 分子量 | 314.0919 | 源极性 | 正 |
| 分子式 | $C_{14}H_{19}O_6P$ | 离子源 | 电喷雾离子源（ESI） | 保留时间 | 9.81min |

提取离子流色谱图

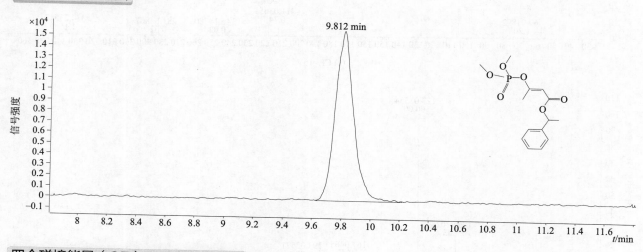

四个碰撞能量（CE）下子离子质谱图

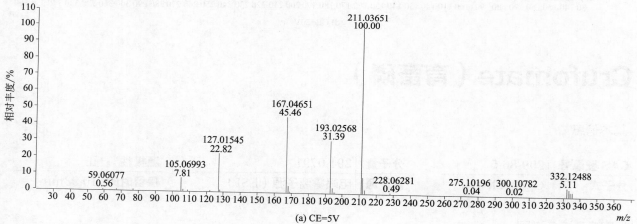

(a) CE=5V

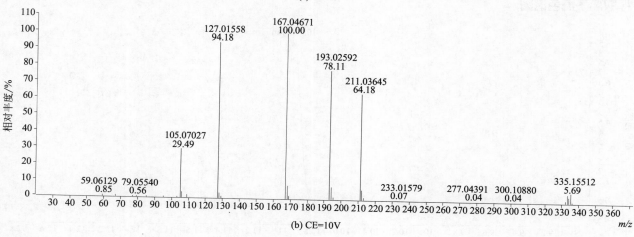

(b) CE=10V

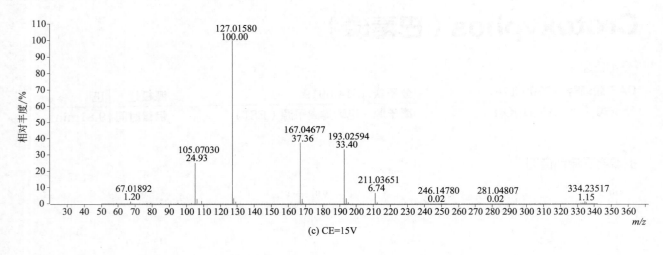

(c) CE=15V

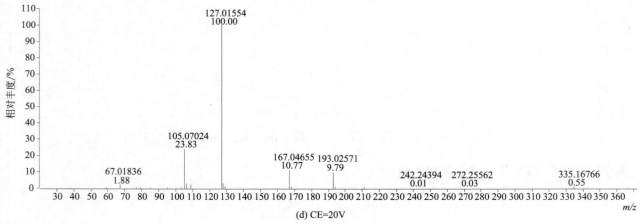

(d) CE=20V

Crufomate（育畜磷）

基本信息

CAS 登录号	299-86-5	分子量	291.0791	源极性	正
分子式	$C_{12}H_{19}ClNO_3P$	离子源	电喷雾离子源（ESI）	保留时间	10.93min

提取离子流色谱图

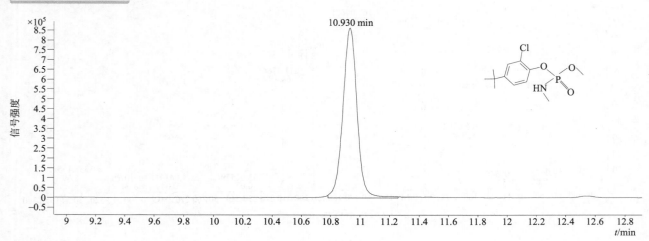

四个碰撞能量（CE）下子离子质谱图

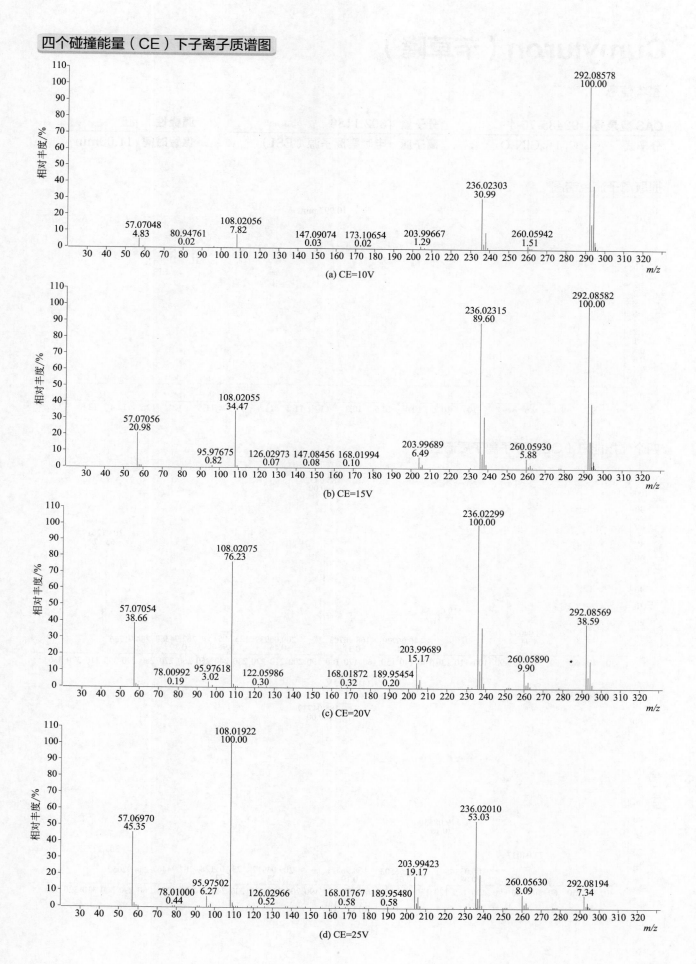

(a) CE=10V

(b) CE=15V

(c) CE=20V

(d) CE=25V

Cumyluron（苄草隆）

基本信息

CAS 登录号	99485-76-4	分子量	302.1186	源极性	正
分子式	$C_{17}H_{19}ClN_2O$	离子源	电喷雾离子源（ESI）	保留时间	11.00min

提取离子流色谱图

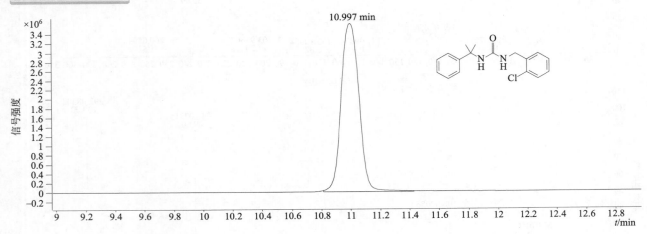

四个碰撞能量（CE）下子离子质谱图

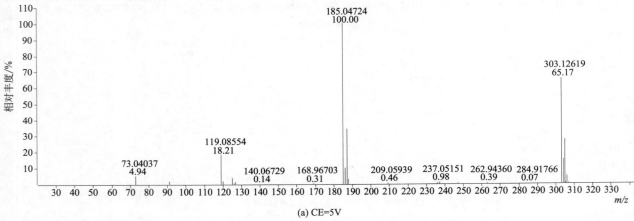

(a) CE=5V

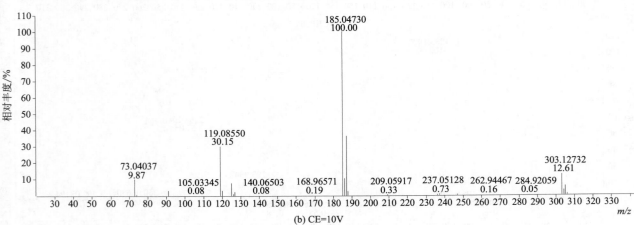

(b) CE=10V

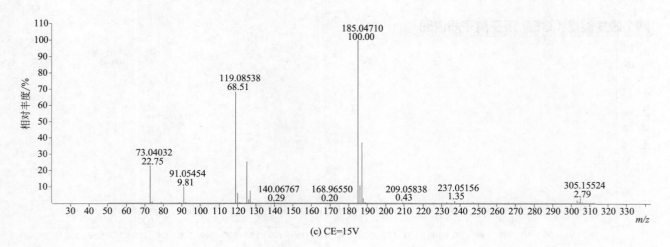

(c) CE=15V

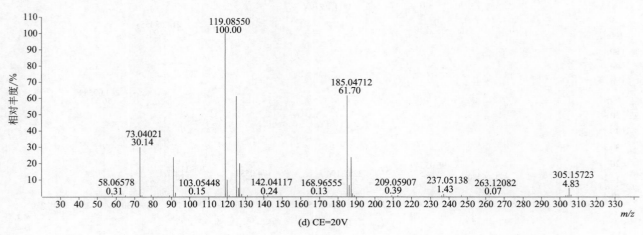

(d) CE=20V

Cyanazine（氰草津）

基本信息

CAS 登录号	21725-46-2	分子量	240.0890	源极性	正
分子式	$C_9H_{13}ClN_6$	离子源	电喷雾离子源（ESI）	保留时间	5.29min

提取离子流色谱图

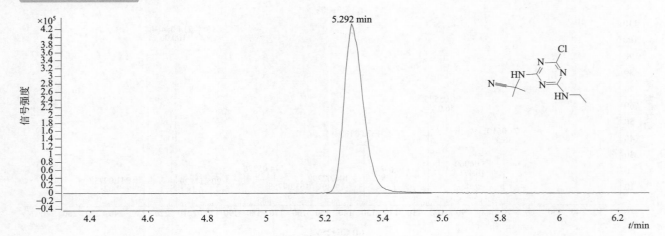

四个碰撞能量（CE）下子离子质谱图

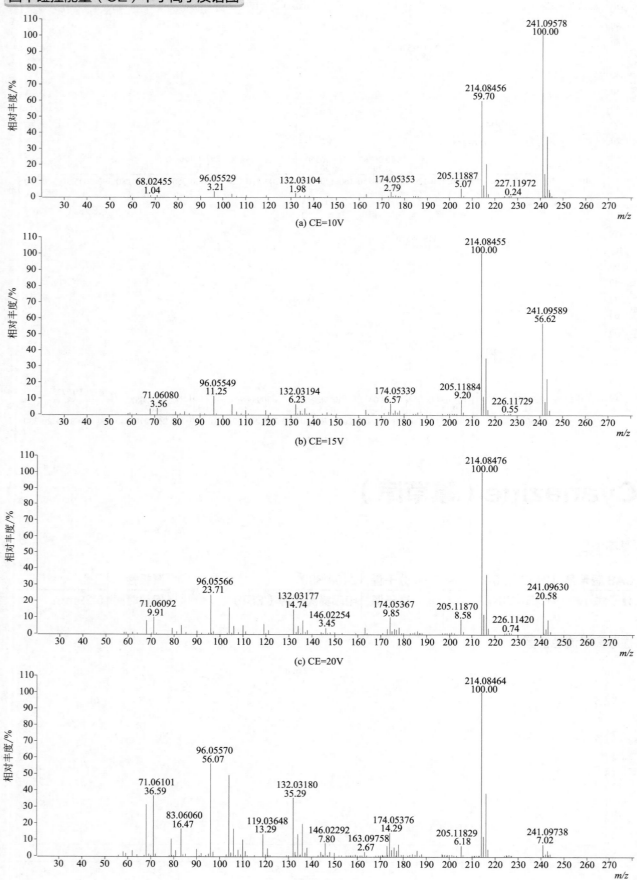

(a) CE=10V

(b) CE=15V

(c) CE=20V

(d) CE=25V

Cycloate（环草敌）

基本信息

CAS 登录号	1134-23-2	**分子量**	215.1344	**源极性**	正
分子式	C₁₁H₂₁NOS	**离子源**	电喷雾离子源（ESI）	**保留时间**	15.51min

分子式 $C_{11}H_{21}NOS$

提取离子流色谱图

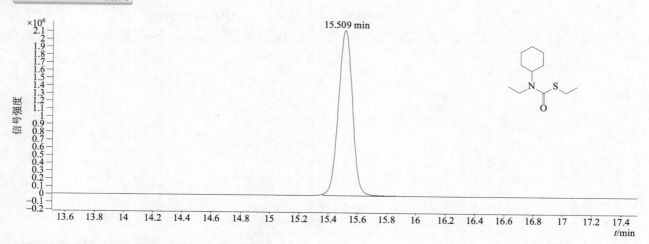

四个碰撞能量（CE）下子离子质谱图

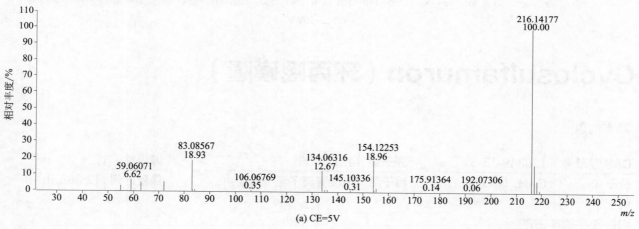

(a) CE=5V

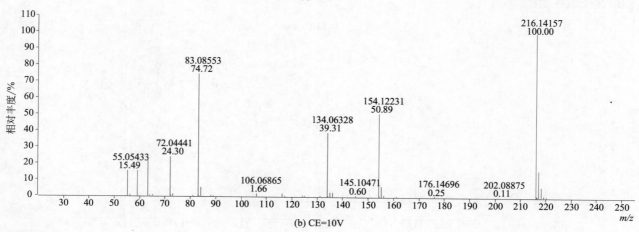

(b) CE=10V

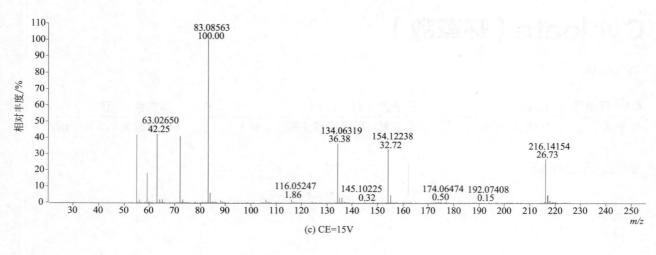

(c) CE=15V

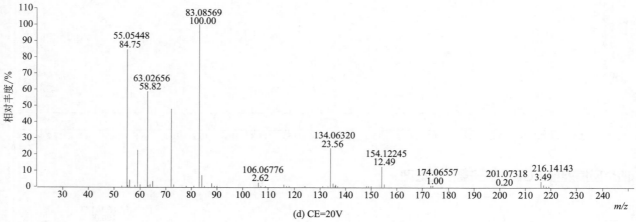

(d) CE=20V

Cyclosulfamuron（环丙嘧磺隆）

基本信息

CAS 登录号	136849-15-5	分子量	421.1056	源极性	正
分子式	$C_{17}H_{19}N_5O_6S$	离子源	电喷雾离子源（ESI）	保留时间	12.36min

提取离子流色谱图

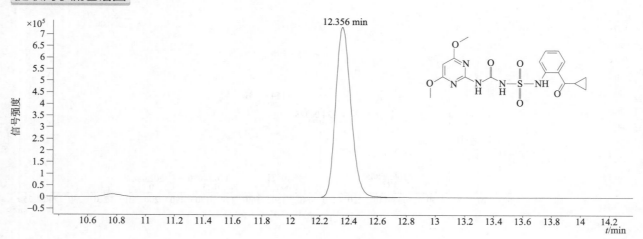

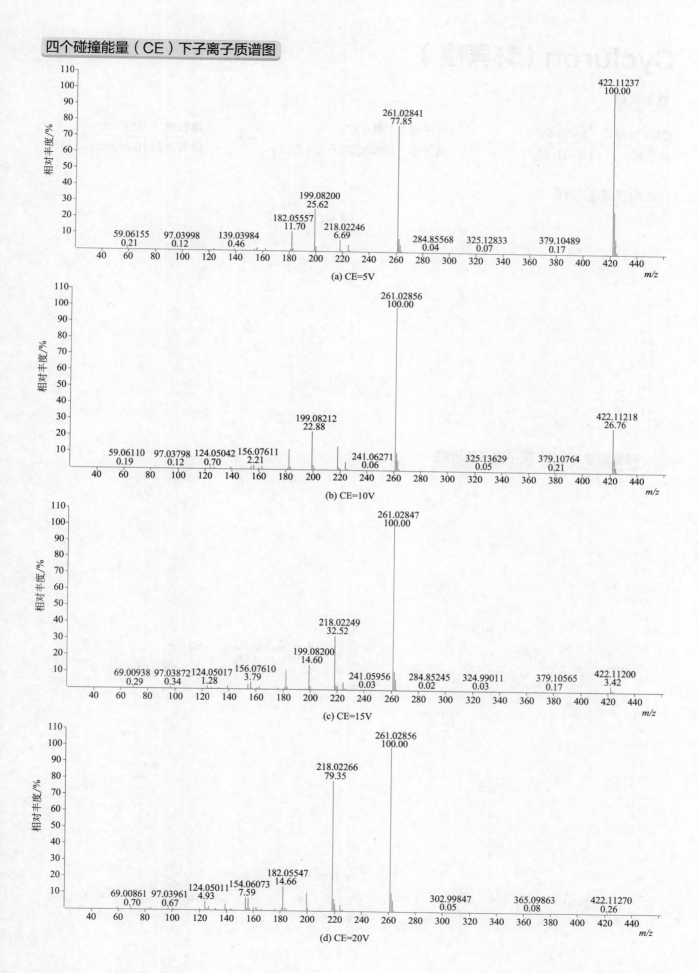

(a) CE=5V

(b) CE=10V

(c) CE=15V

(d) CE=20V

Cycluron（环莠隆）

基本信息

CAS 登录号	8015-55-2	分子量	198.1732	源极性	正
分子式	$C_{11}H_{22}N_2O$	离子源	电喷雾离子源（ESI）	保留时间	6.55min

提取离子流色谱图

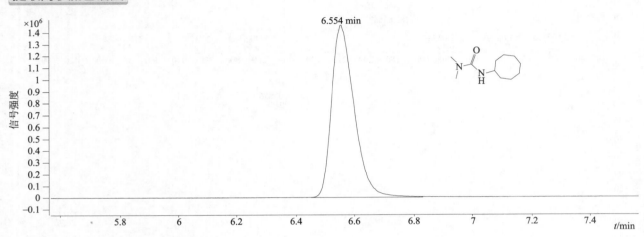

四个碰撞能量（CE）下子离子质谱图

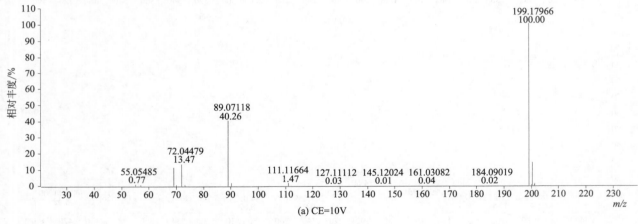

(a) CE=10V

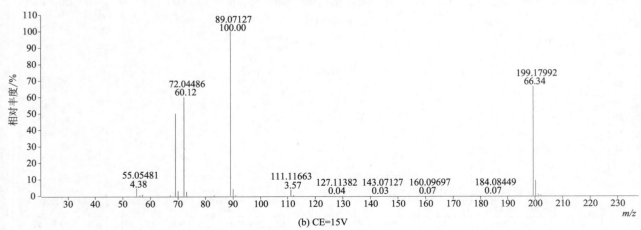

(b) CE=15V

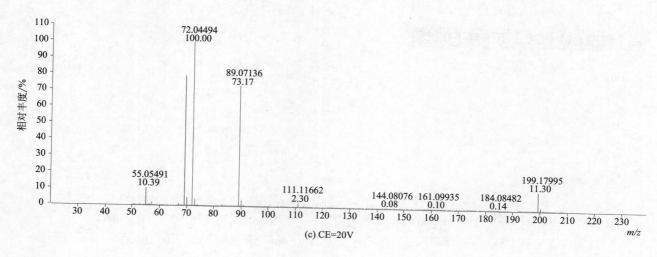

(c) CE=20V

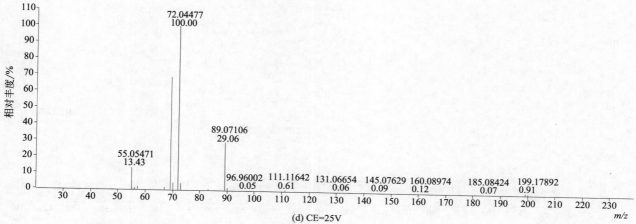

(d) CE=25V

Cyflufenamid（环氟菌胺）

CAS 登录号	180409-60-3	分子量	412.1210	源极性	正
分子式	$C_{20}H_{17}F_5N_2O_2$	离子源	电喷雾离子源（ESI）	保留时间	16.69min

提取离子流色谱图

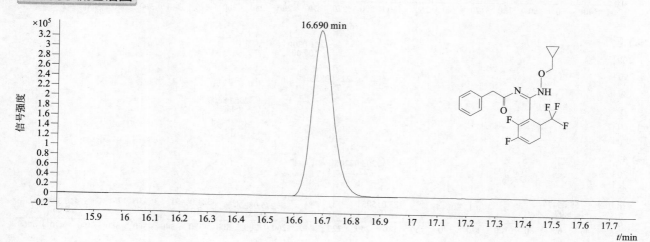

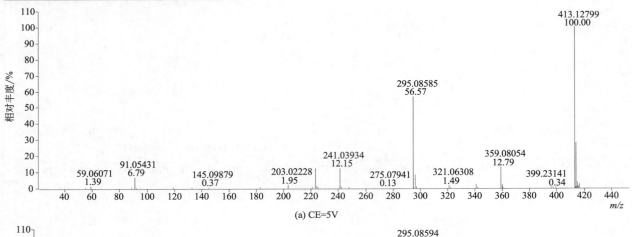

(a) CE=5V

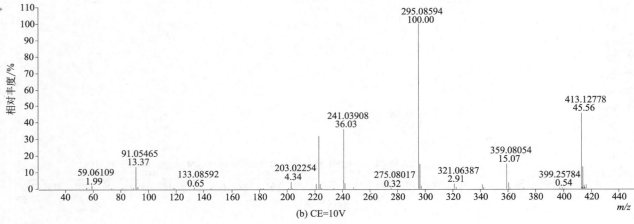

(b) CE=10V

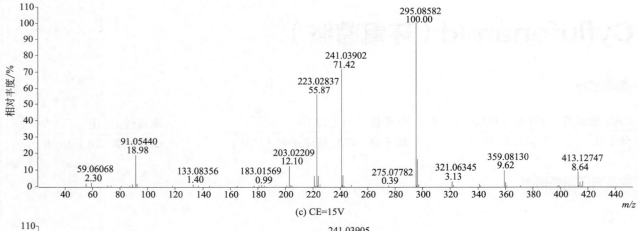

(c) CE=15V

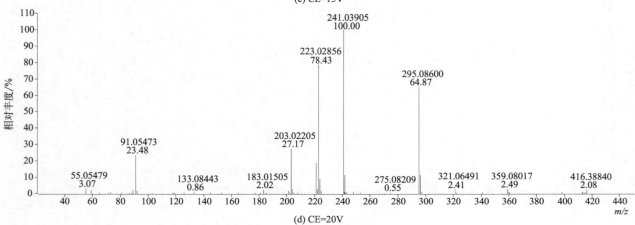

(d) CE=20V

Cyprazine（环丙津）

基本信息

CAS 登录号	22936-86-3	分子量	227.0938	源极性	正
分子式	C$_9$H$_{14}$ClN$_5$	离子源	电喷雾离子源（ESI）	保留时间	6.53min

提取离子流色谱图

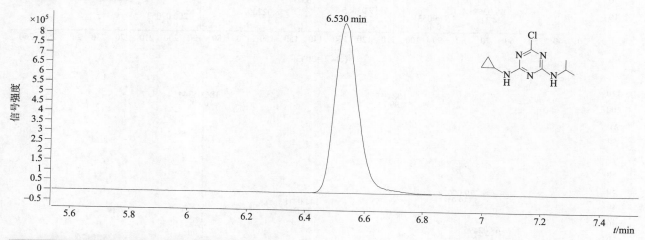

四个碰撞能量（CE）下子离子质谱图

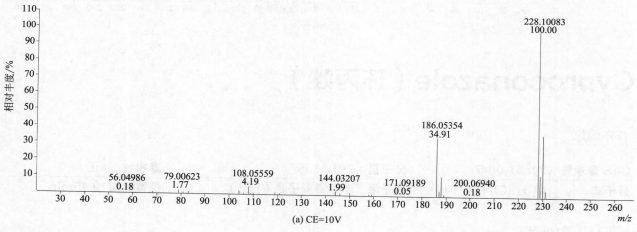

(a) CE=10V

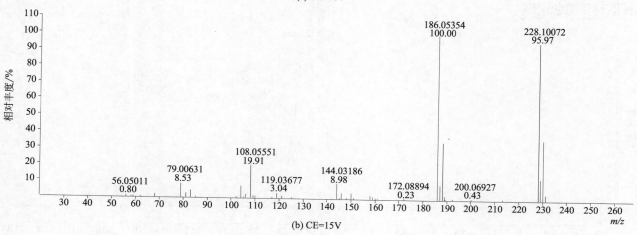

(b) CE=15V

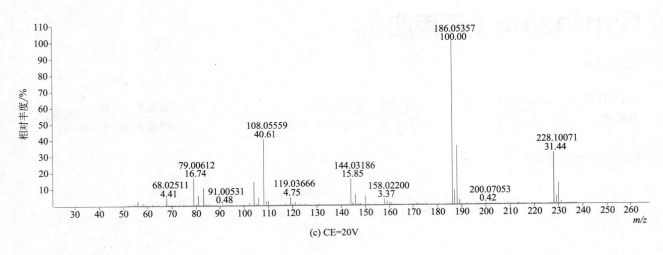

(c) CE=20V

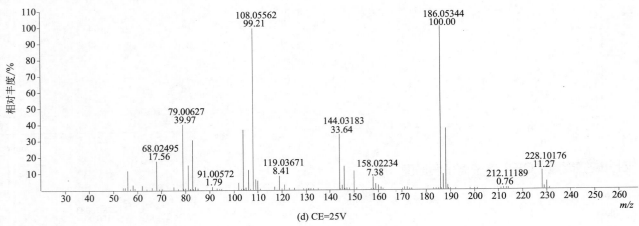

(d) CE=25V

Cyproconazole（环丙唑）

基本信息

CAS 登录号	94361-06-5	分子量	291.1138	源极性	正
分子式	$C_{15}H_{18}ClN_3O$	离子源	电喷雾离子源（ESI）	保留时间	9.45min

提取离子流色谱图

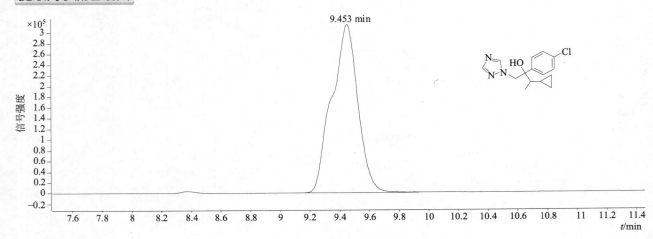

四个碰撞能量（CE）下子离子质谱图

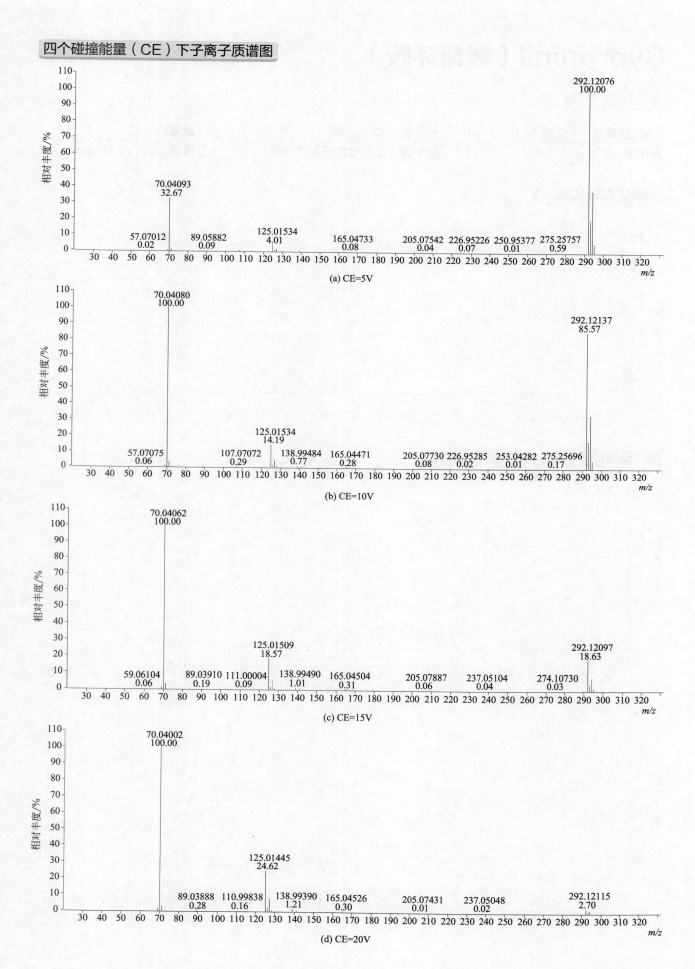

(a) CE=5V

(b) CE=10V

(c) CE=15V

(d) CE=20V

Cyprodinil（嘧菌环胺）

基本信息

CAS 登录号	121552-61-2	分子量	225.1266	源极性	正
分子式	C$_{14}$H$_{15}$N$_3$	离子源	电喷雾离子源（ESI）	保留时间	12.16min

提取离子流色谱图

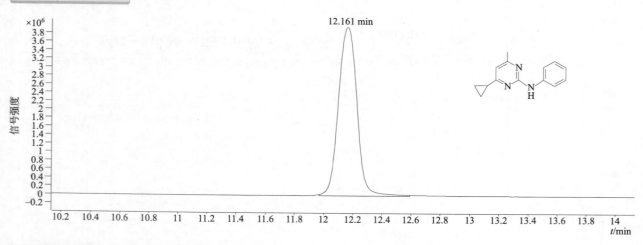

四个碰撞能量（CE）下子离子质谱图

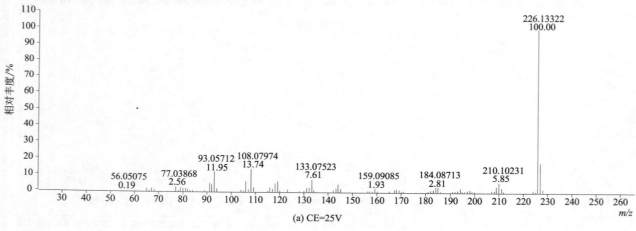

(a) CE=25V

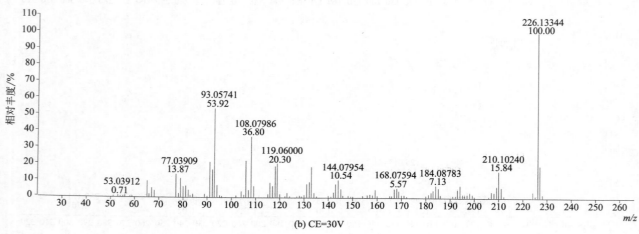

(b) CE=30V

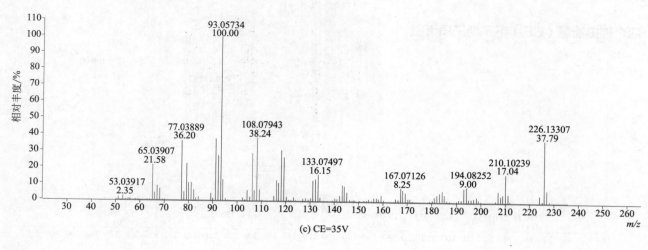

(c) CE=35V

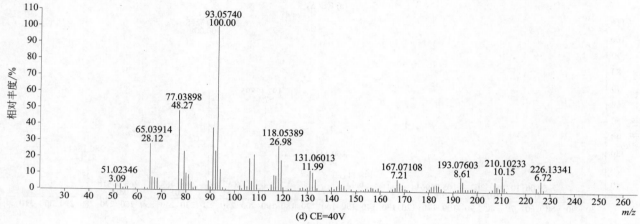

(d) CE=40V

Cyprofuram（酯菌胺）

基本信息

CAS 登录号	69581-33-5	分子量	279.0662	源极性	正
分子式	C₁₄H₁₄ClNO₃	离子源	电喷雾离子源（ESI）	保留时间	6.86min

提取离子流色谱图

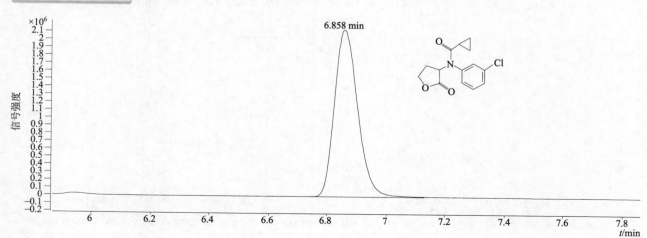

四个碰撞能量（CE）下子离子质谱图

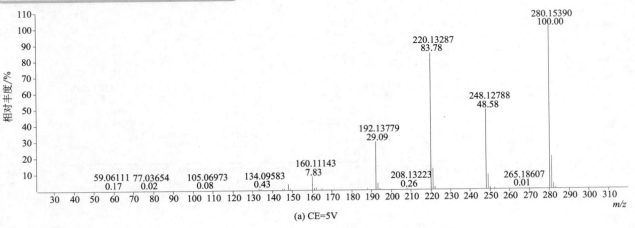

(a) CE=5V

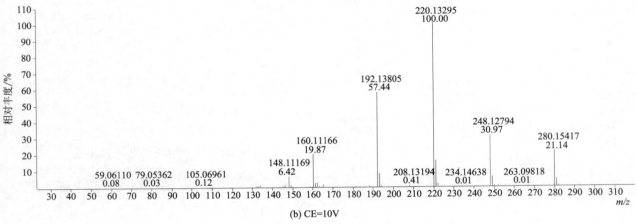

(b) CE=10V

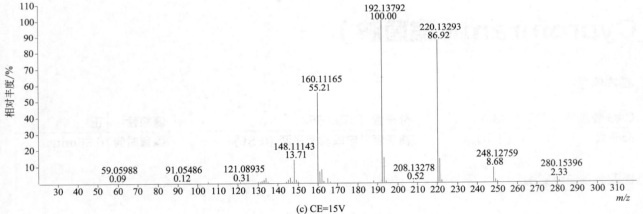

(c) CE=15V

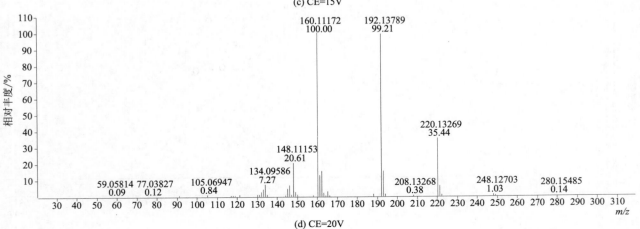

(d) CE=20V

Cyromazine（灭蝇胺）

CAS 登录号	66215-27-8	分子量	166.0967	源极性	正
分子式	$C_6H_{10}N_6$	离子源	电喷雾离子源（ESI）	保留时间	1.64min

提取离子流色谱图

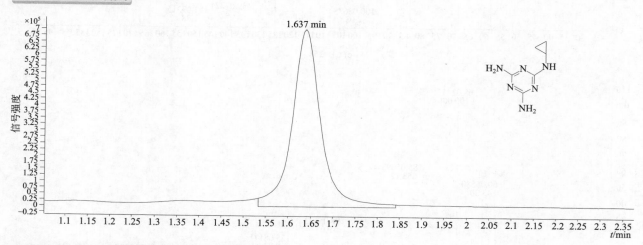

四个碰撞能量（CE）下子离子质谱图

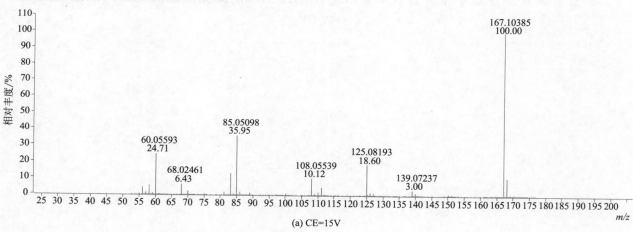

(a) CE=15V

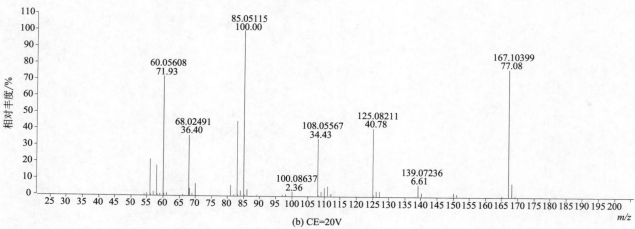

(b) CE=20V

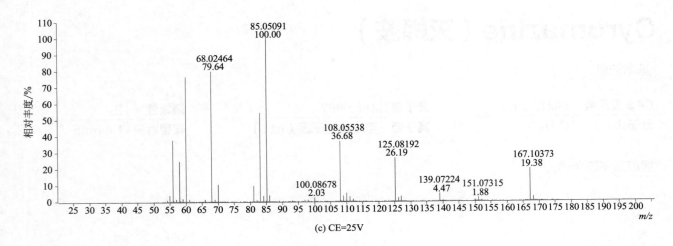

(c) CE=25V

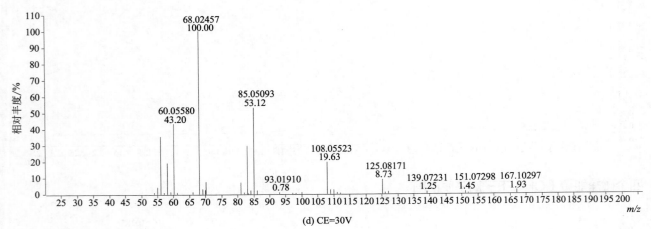

(d) CE=30V

D

2,4-D（2,4-滴）

基本信息

CAS 登录号	94-75-7	**分子量**	219.9694	**源极性**	负
分子式	$C_8H_6Cl_2O_3$	**离子源**	电喷雾离子源（ESI）	**保留时间**	3.26min

提取离子流色谱图

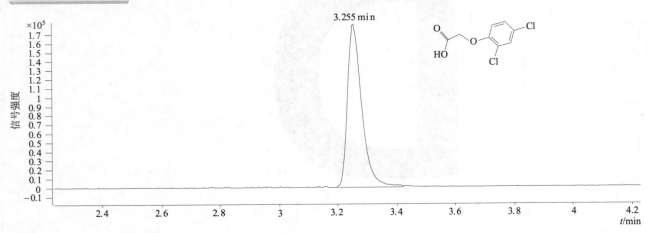

四个碰撞能量（CE）下子离子质谱图

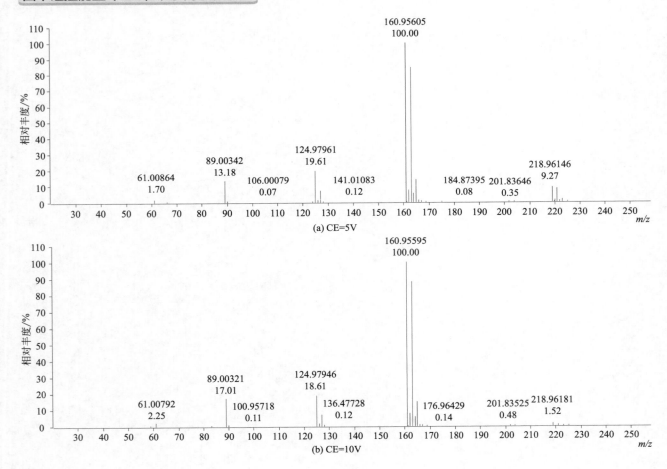

(a) CE=5V

(b) CE=10V

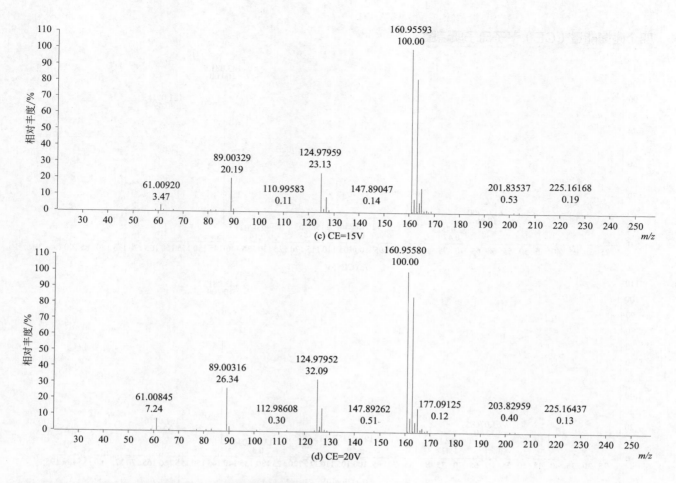

(c) CE=15V

(d) CE=20V

Daminozide（丁酰肼）

基本信息

CAS 登录号	1596-84-5	分子量	160.0848	源极性	正
分子式	$C_6H_{12}N_2O_3$	离子源	电喷雾离子源（ESI）	保留时间	0.82min

提取离子流色谱图

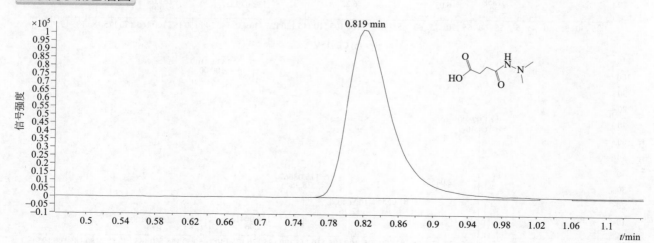

四个碰撞能量（CE）下子离子质谱图

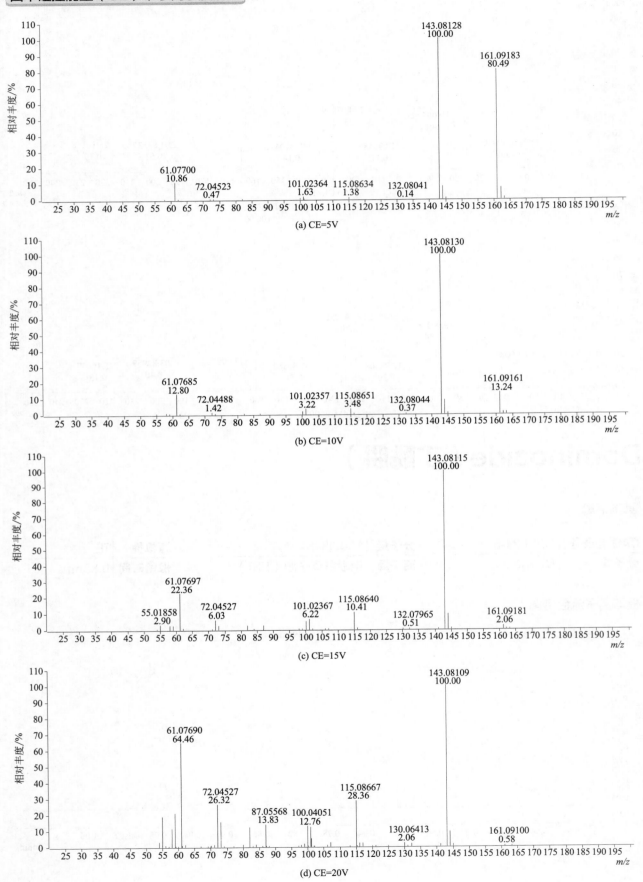

(a) CE=5V

(b) CE=10V

(c) CE=15V

(d) CE=20V

Dazomet（棉隆）

基本信息

CAS 登录号	533-74-4	分子量	162.0285	源极性	正
分子式	C₅H₁₀N₂S₂	离子源	电喷雾离子源（ESI）	保留时间	3.03min

提取离子流色谱图

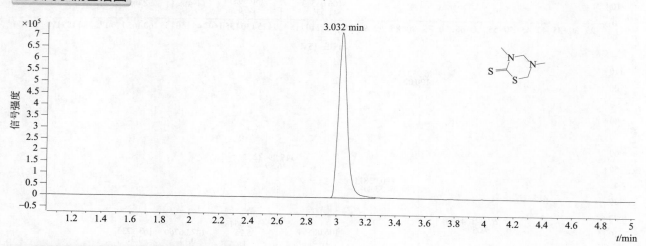

四个碰撞能量（CE）下子离子质谱图

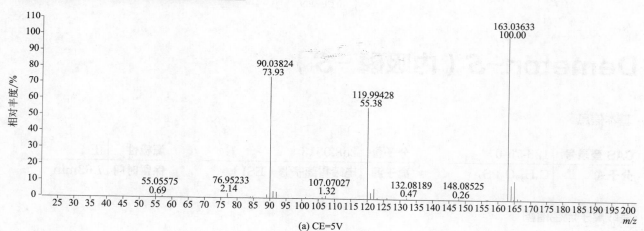

(a) CE=5V

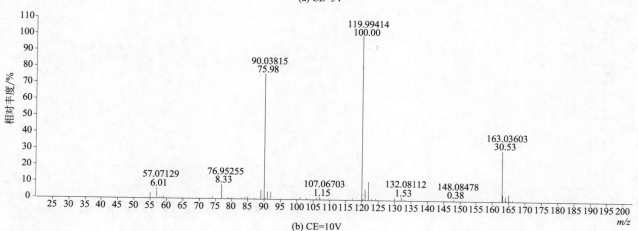

(b) CE=10V

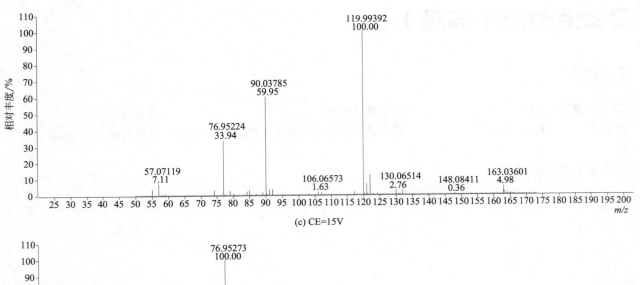

(c) CE=15V

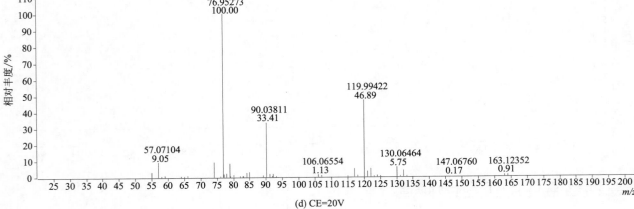

(d) CE=20V

Demeton-*S*（内吸磷-*S*）

基本信息

CAS 登录号	126-75-0	分子量	258.0513	源极性	正
分子式	$C_8H_{19}O_3PS_2$	离子源	电喷雾离子源（ESI）	保留时间	7.63min

提取离子流色谱图

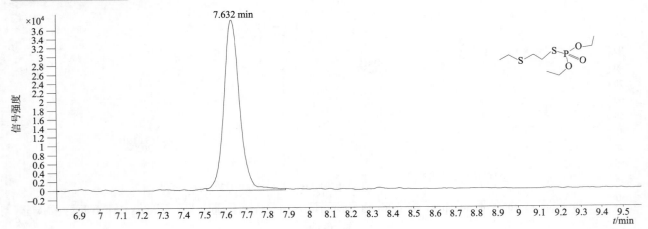

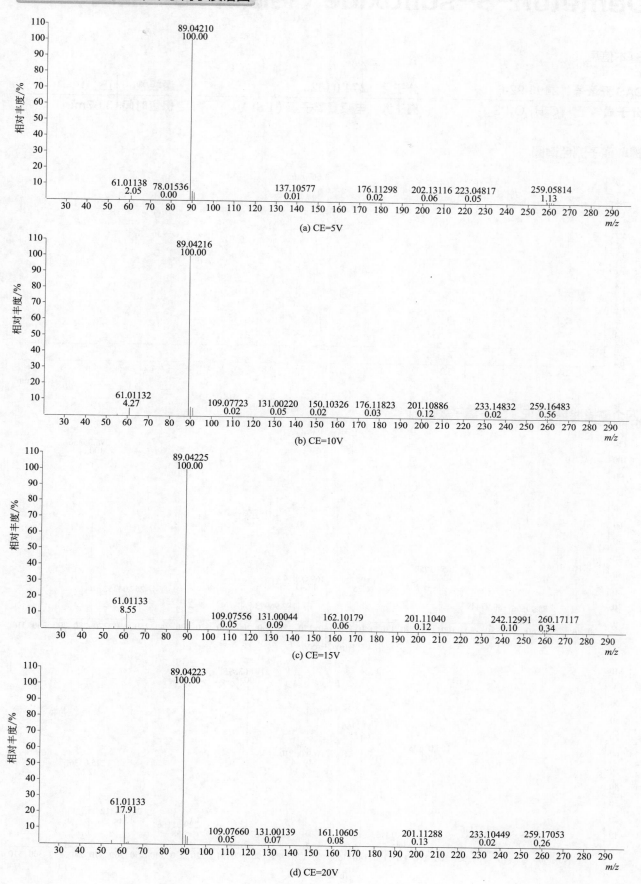

(a) CE=5V

(b) CE=10V

(c) CE=15V

(d) CE=20V

Demeton-*S*-sulfoxide（内吸磷 –*S*– 亚砜）

基本信息

CAS 登录号	2496-92-6	**分子量**	274.0462	**源极性**	正
分子式	C₈H₁₉O₄PS₂	**离子源**	电喷雾离子源（ESI）	**保留时间**	3.67min

分子式：$C_8H_{19}O_4PS_2$

提取离子流色谱图

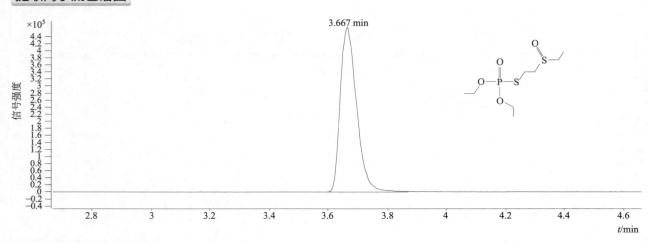

四个碰撞能量（CE）下子离子质谱图

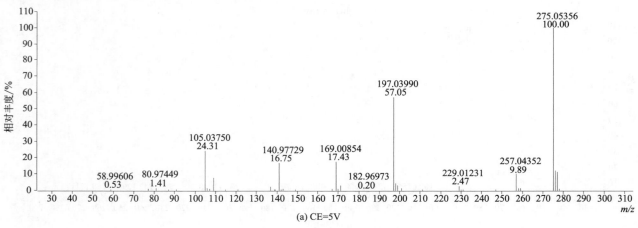

(a) CE=5V

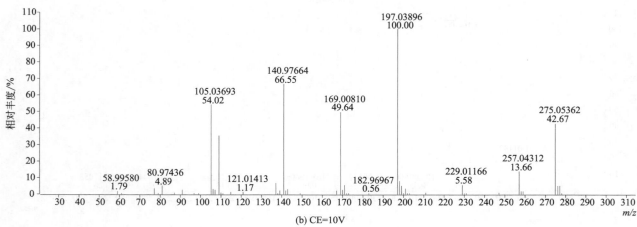

(b) CE=10V

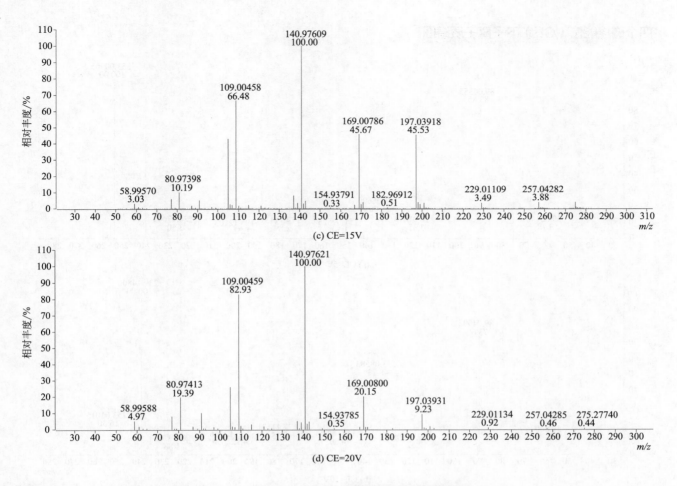

(c) CE=15V

(d) CE=20V

Demeton-*S*-methyl（甲基内吸磷）

基本信息

| **CAS 登录号** | 919-86-8 | **分子量** | 230.0200 | **源极性** | 正 |
| **分子式** | $C_6H_{15}O_3PS_2$ | **离子源** | 电喷雾离子源（ESI） | **保留时间** | 5.39min |

提取离子流色谱图

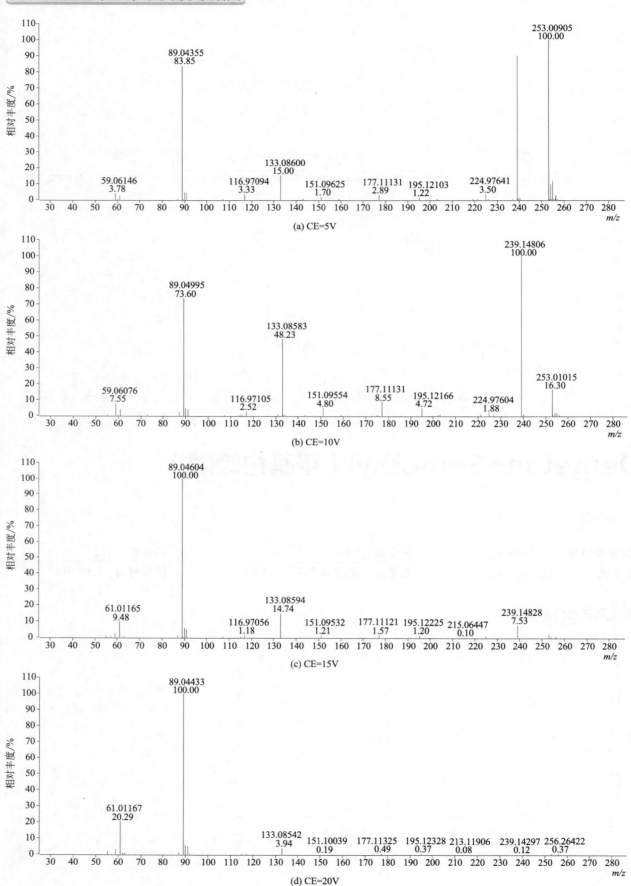

(a) CE=5V

(b) CE=10V

(c) CE=15V

(d) CE=20V

Demeton-*S*-methyl sulfone（甲基内吸磷砜）

基本信息

CAS 登录号	17040-19-6	分子量	262.0098	源极性	正
分子式	$C_6H_{15}O_5PS_2$	离子源	电喷雾离子源（ESI）	保留时间	3.16min

提取离子流色谱图

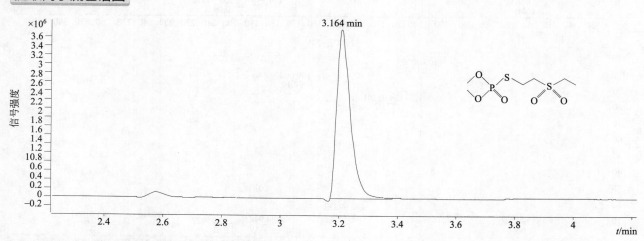

四个碰撞能量（CE）下子离子质谱图

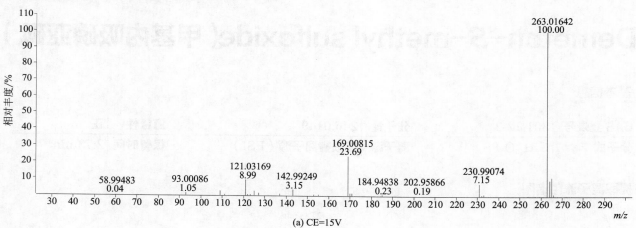

(a) CE=15V

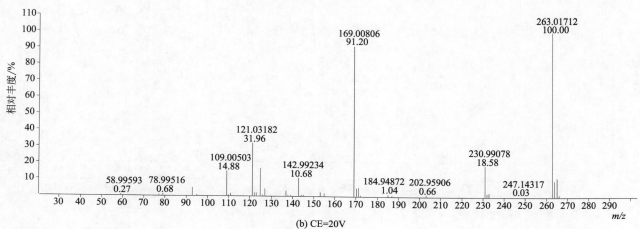

(b) CE=20V

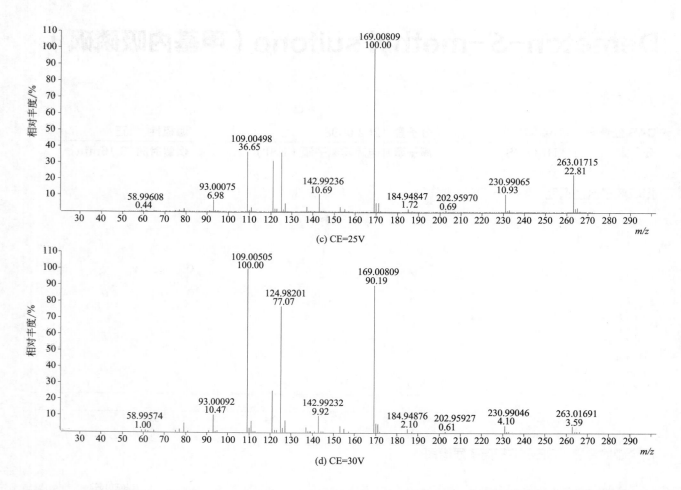

(c) CE=25V

(d) CE=30V

Demeton-*S*-methyl sulfoxide(甲基内吸磷亚砜)

基本信息

CAS 登录号	301-12-2	分子量	246.0149	源极性	正
分子式	$C_6H_{15}O_4PS_2$	离子源	电喷雾离子源（ESI）	保留时间	2.73min

提取离子流色谱图

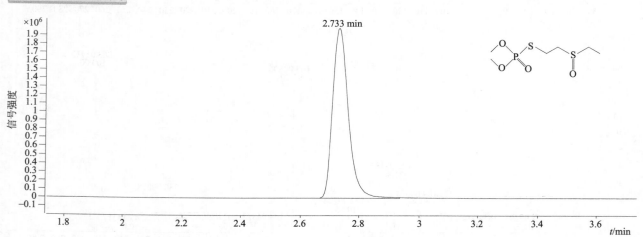

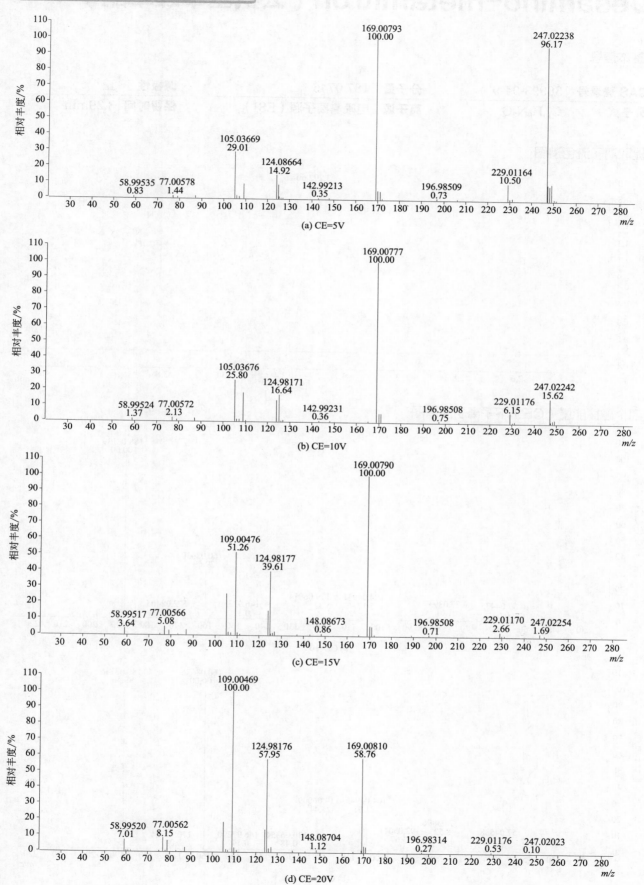

(a) CE=5V

(b) CE=10V

(c) CE=15V

(d) CE=20V

Desamino-metamitron（去氨基苯嗪草酮）

基本信息

CAS 登录号	36993-94-9	**分子量**	187.0746	**源极性**	正
分子式	$C_{10}H_9N_3O$	**离子源**	电喷雾离子源（ESI）	**保留时间**	3.29min

提取离子流色谱图

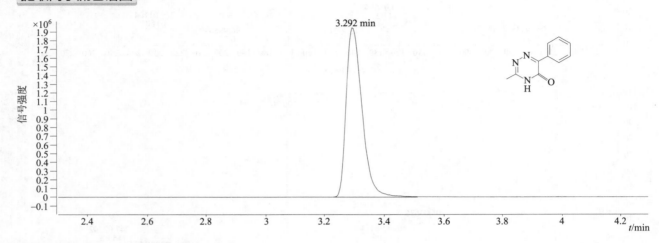

四个碰撞能量（CE）下子离子质谱图

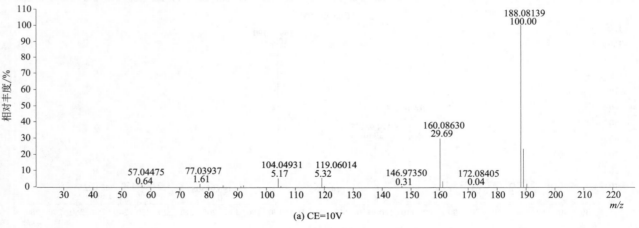

(a) CE=10V

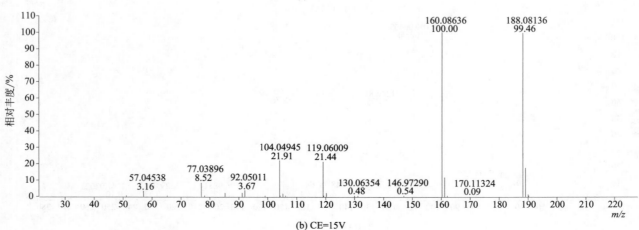

(b) CE=15V

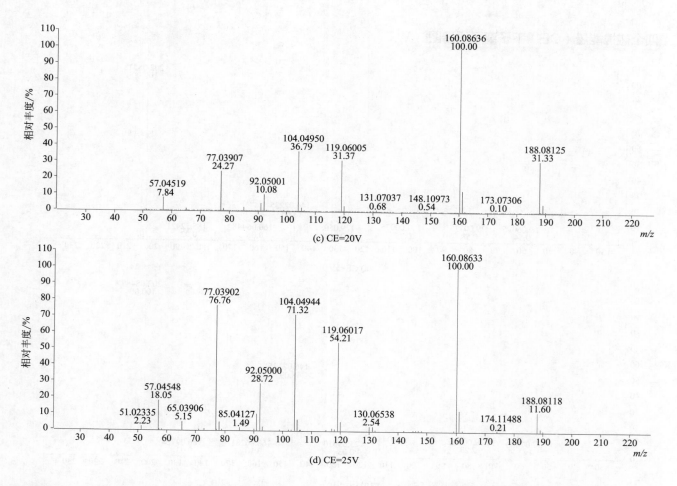

(c) CE=20V

(d) CE=25V

Desethyl-sebuthylazine（脱乙基另丁津）

CAS 登录号	37019-18-4	**分子量**	201.0781	**源极性**	正
分子式	C$_7$H$_{12}$ClN$_5$	**离子源**	电喷雾离子源（ESI）	**保留时间**	4.59min

提取离子流色谱图

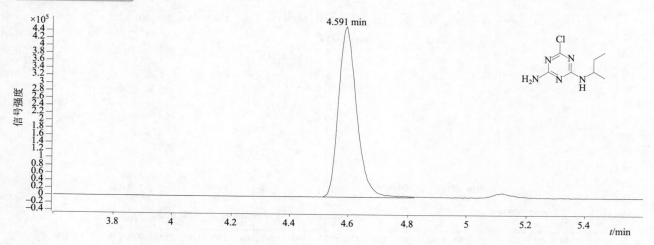

四个碰撞能量（CE）下子离子质谱图

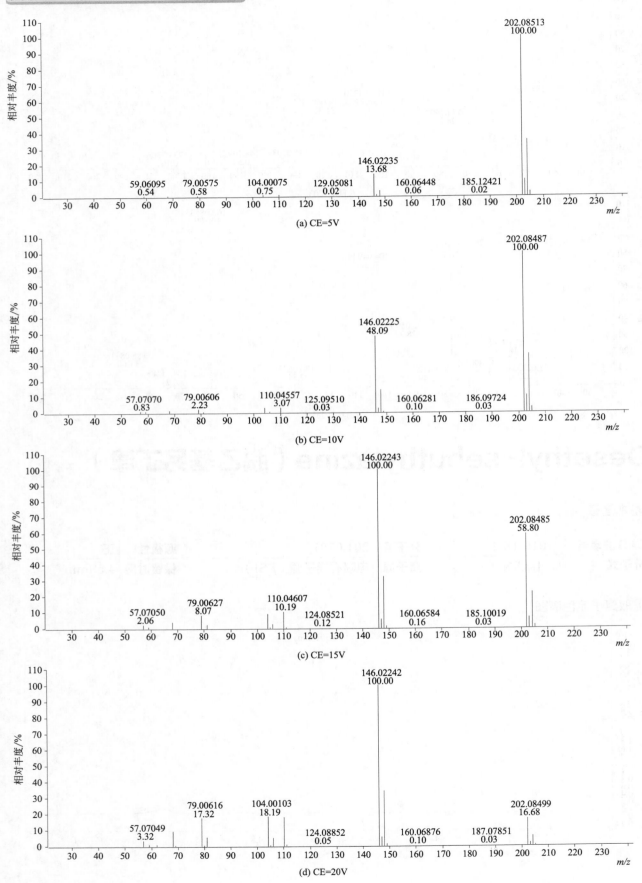

(a) CE=5V

(b) CE=10V

(c) CE=15V

(d) CE=20V

Desmedipham（甜菜胺）

基本信息

CAS 登录号	13684-56-5	分子量	300.1110	源极性	正
分子式	$C_{16}H_{16}N_2O_4$	离子源	电喷雾离子源（ESI）	保留时间	9.47min

提取离子流色谱图

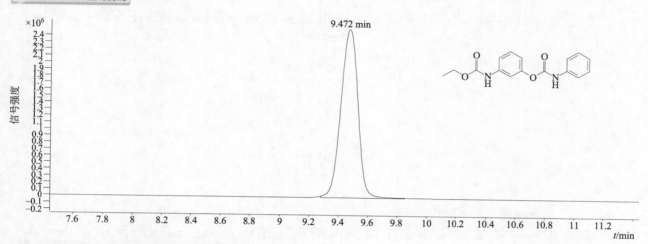

四个碰撞能量（CE）下子离子质谱图

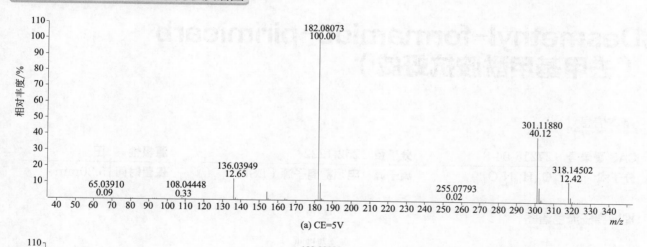

(a) CE=5V

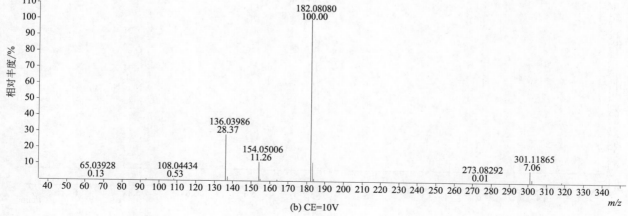

(b) CE=10V

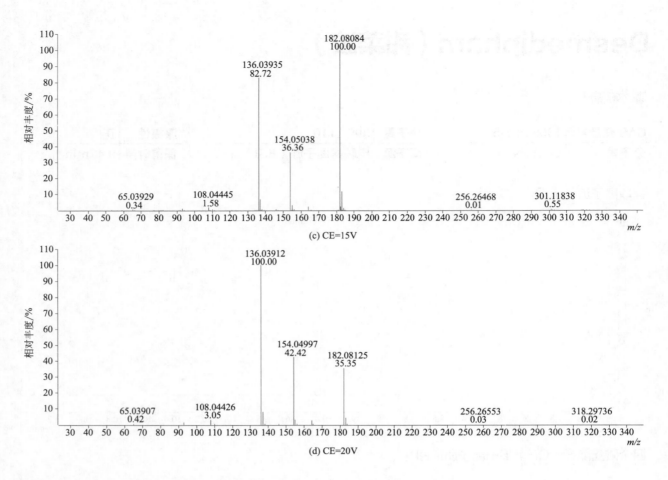

(c) CE=15V

(d) CE=20V

Desmethyl-formamido-pirimicarb
（去甲基甲酰胺抗蚜威）

基本信息

CAS 登录号	27218-04-8	分子量	252.1222	源极性	正
分子式	$C_{11}H_{16}N_4O_3$	离子源	电喷雾离子源（ESI）	保留时间	5.20min

提取离子流色谱图

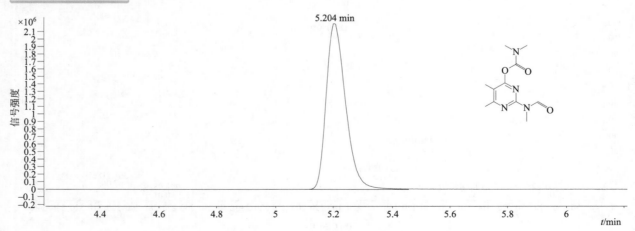

四个碰撞能量（CE）下子离子质谱图

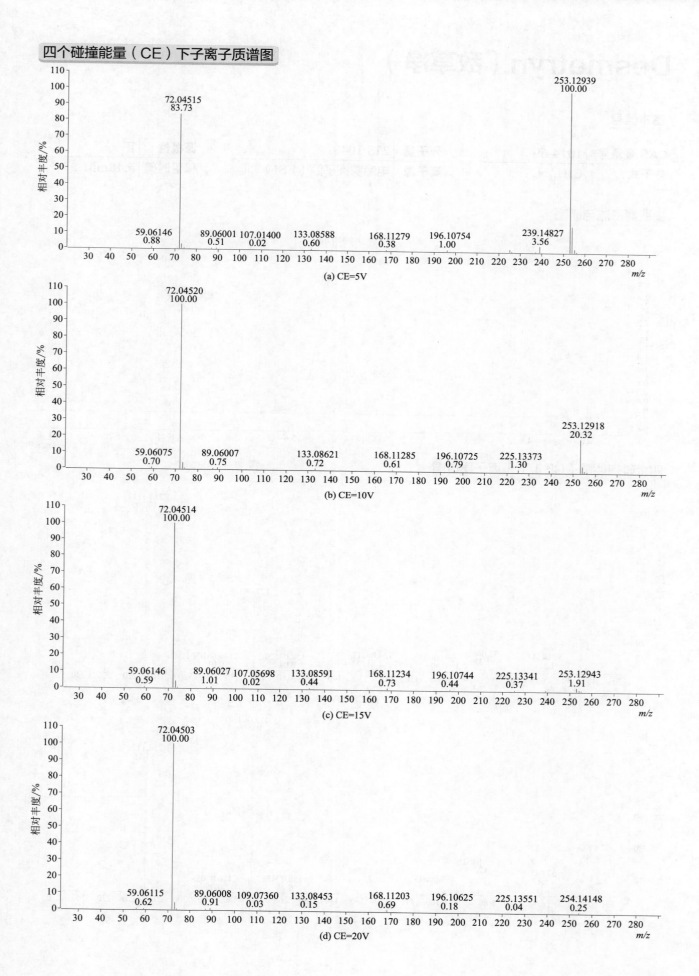

(a) CE=5V

(b) CE=10V

(c) CE=15V

(d) CE=20V

Desmetryn（敌草净）

基本信息

CAS 登录号	1014-69-3	**分子量**	213.1048	**源极性**	正
分子式	C₈H₁₅N₅S	**离子源**	电喷雾离子源（ESI）	**保留时间**	5.46min

提取离子流色谱图

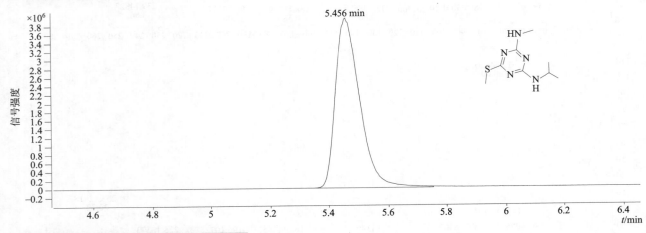

四个碰撞能量（CE）下子离子质谱图

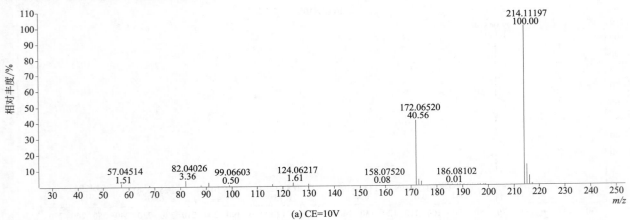

(a) CE=10V

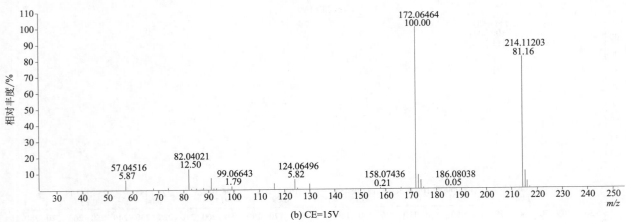

(b) CE=15V

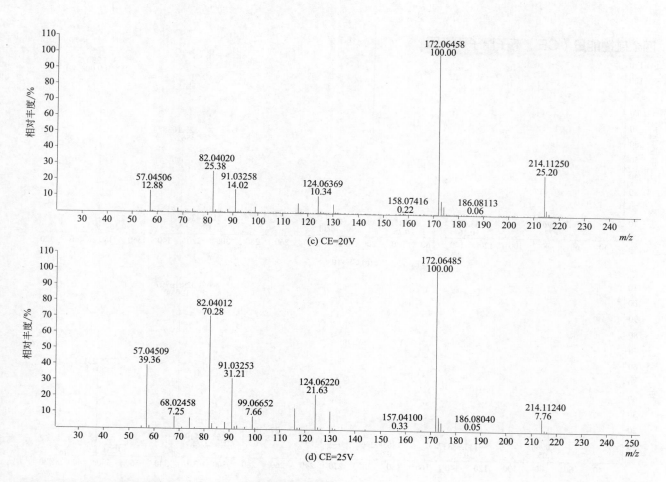

(c) CE=20V

(d) CE=25V

Diafenthiuron（丁醚脲）

基本信息

CAS 登录号	80060-09-9	分子量	384.2235	源极性	正
分子式	$C_{23}H_{32}N_2OS$	离子源	电喷雾离子源（ESI）	保留时间	18.63min

提取离子流色谱图

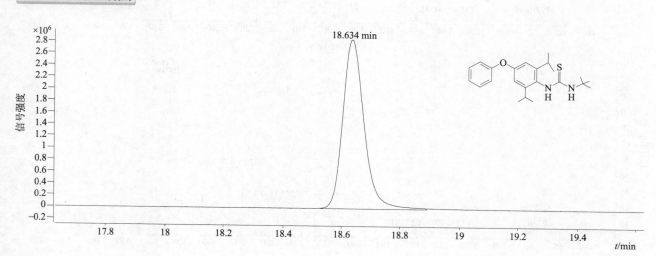

四个碰撞能量（CE）下子离子质谱图

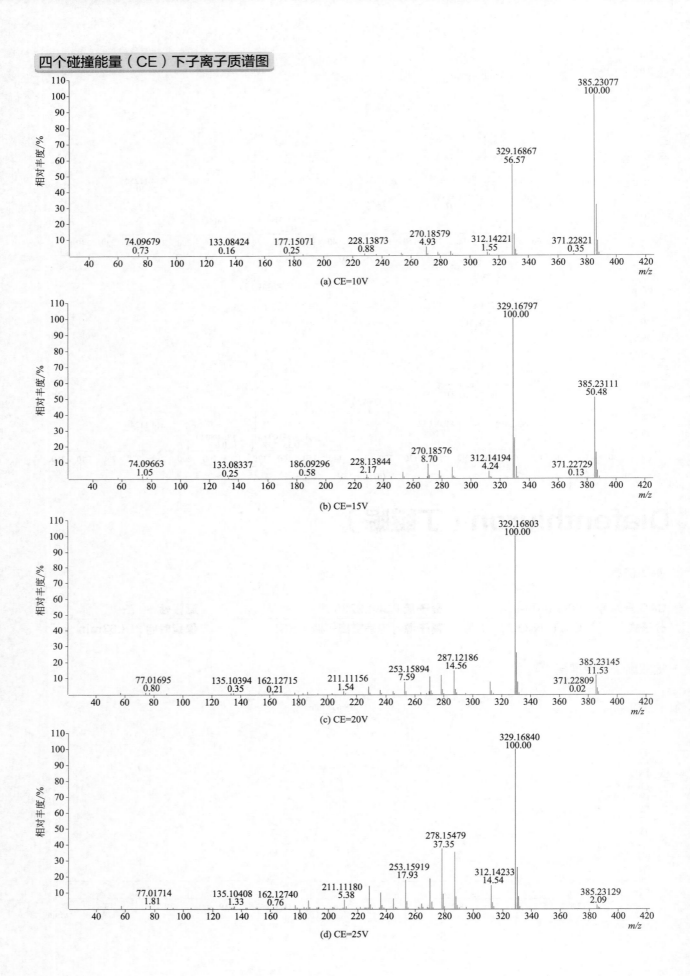

(a) CE=10V

(b) CE=15V

(c) CE=20V

(d) CE=25V

Dialifos（氯亚胺硫磷）

基本信息

CAS 登录号	10311-84-9	**分子量**	393.0025	**源极性**	正
分子式	$C_{14}H_{17}ClNO_4PS_2$	**离子源**	电喷雾离子源（ESI）	**保留时间**	16.59min

提取离子流色谱图

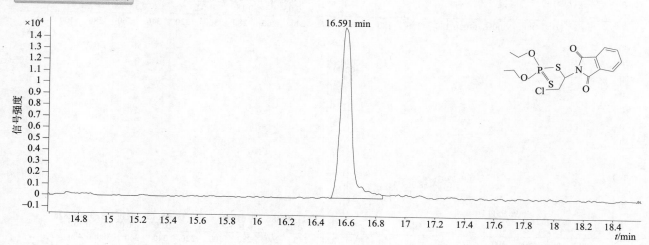

四个碰撞能量（CE）下子离子质谱图

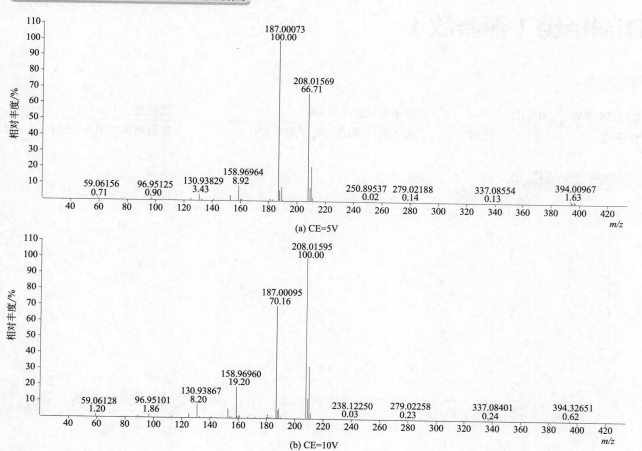

(a) CE=5V

(b) CE=10V

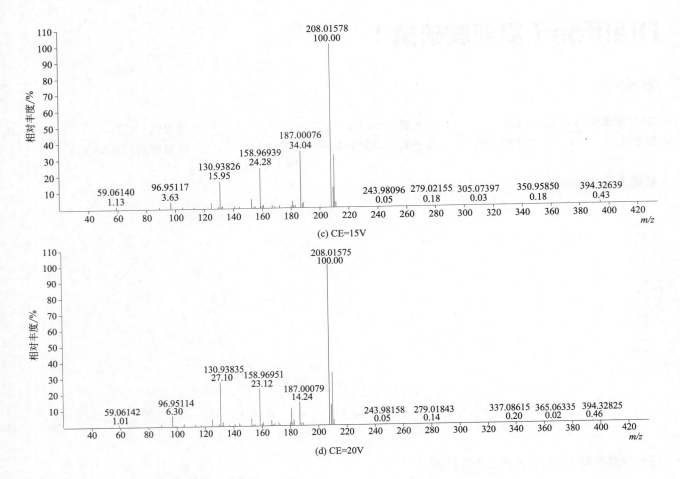

(c) CE=15V

(d) CE=20V

Diallate（燕麦敌）

基本信息

CAS 登录号	2303-16-4	**分子量**	269.0408	**源极性**	正
分子式	$C_{10}H_{17}Cl_2NOS$	**离子源**	电喷雾离子源（ESI）	**保留时间**	16.83min

提取离子流色谱图

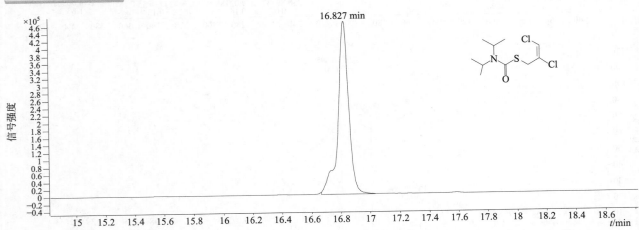

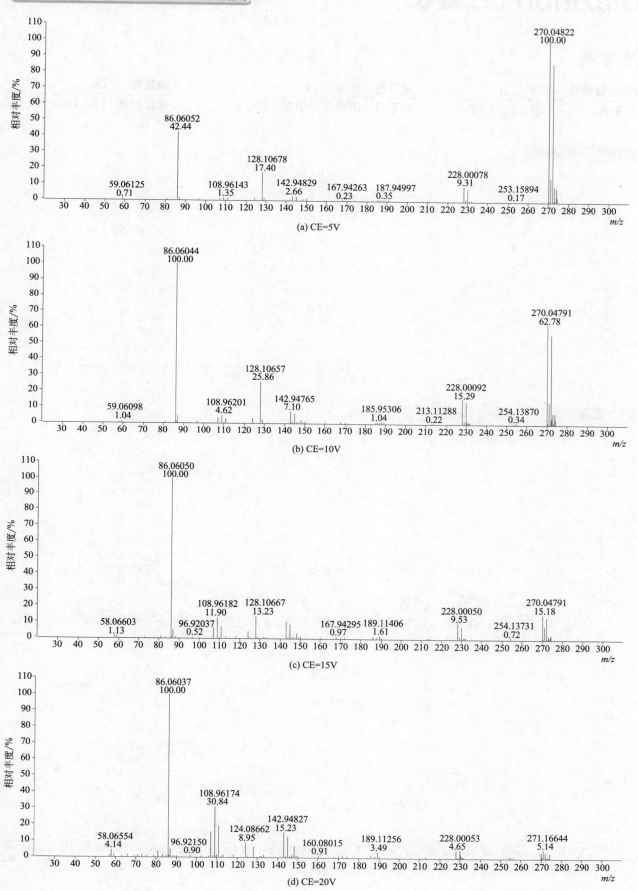

(a) CE=5V

(b) CE=10V

(c) CE=15V

(d) CE=20V

Diazinon（二嗪农）

基本信息

CAS 登录号	333-41-5	**分子量**	304.1011	**源极性**	正
分子式	$C_{12}H_{21}N_2O_3PS$	**离子源**	电喷雾离子源（ESI）	**保留时间**	15.14min

提取离子流色谱图

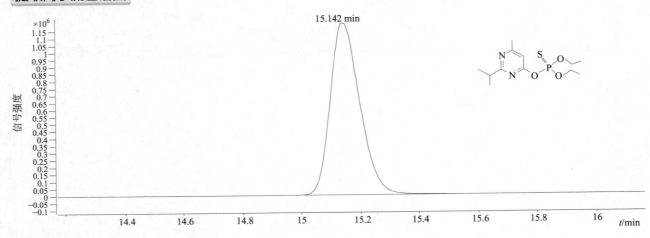

四个碰撞能量（CE）下子离子质谱图

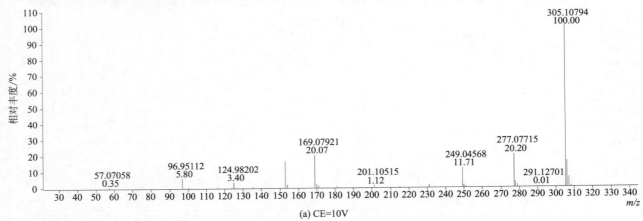

(a) CE=10V

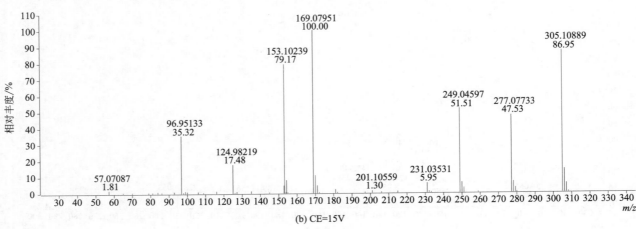

(b) CE=15V

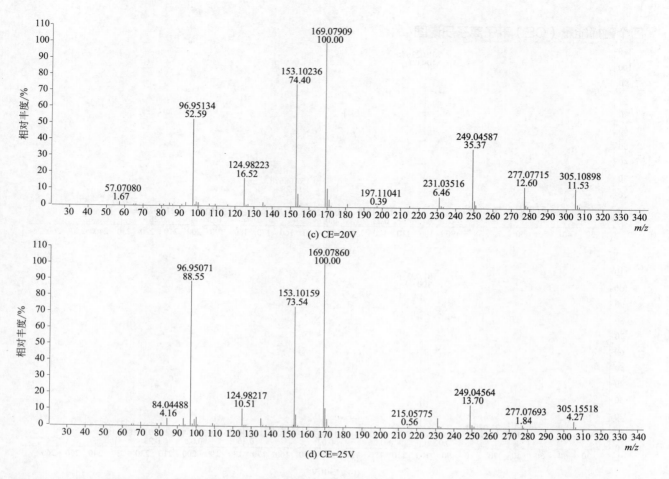

(c) CE=20V

(d) CE=25V

Dibutyl succinate（驱虫特）

CAS 登录号	141-03-7	分子量	230.1518	源极性	正
分子式	C₁₂H₂₂O₄	离子源	电喷雾离子源（ESI）	保留时间	14.36min

提取离子流色谱图

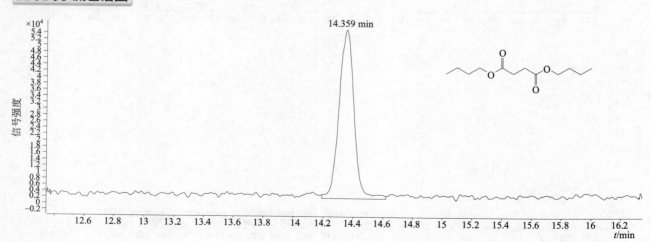

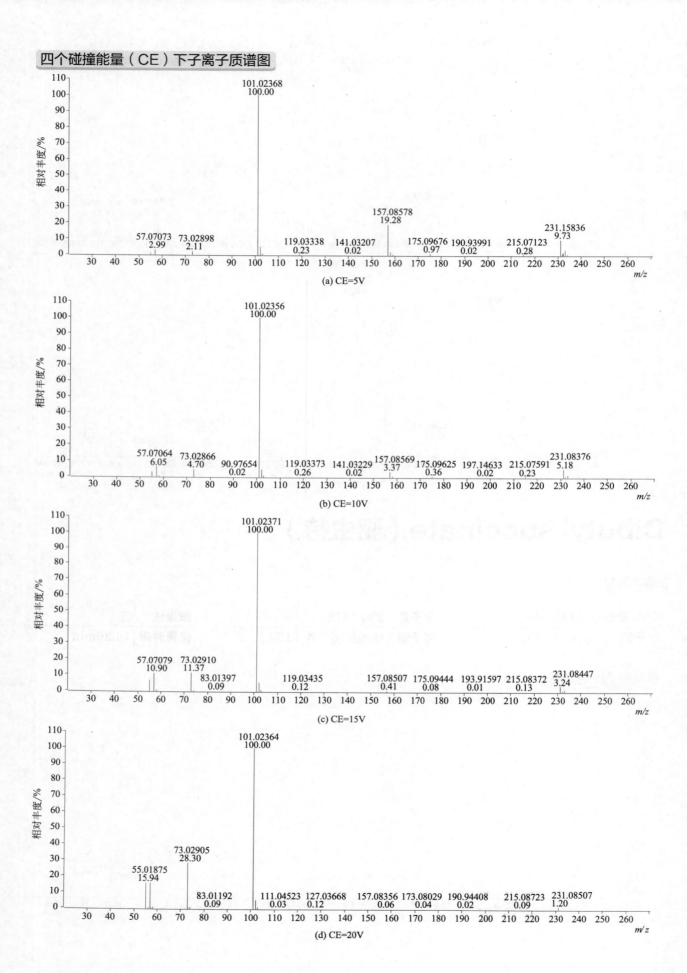

(a) CE=5V

(b) CE=10V

(c) CE=15V

(d) CE=20V

Dichlofenthion（除线磷）

基本信息

CAS 登录号	97-17-6	分子量	313.9700	源极性	正
分子式	C$_{10}$H$_{13}$Cl$_2$O$_3$PS	离子源	电喷雾离子源（ESI）	保留时间	17.74min

提取离子流色谱图

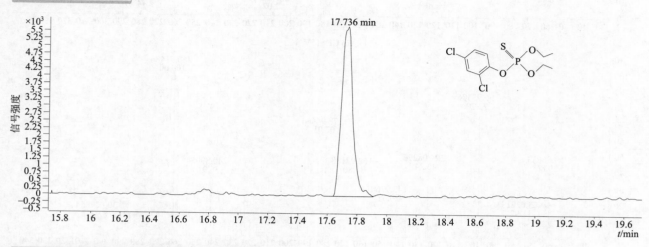

四个碰撞能量（CE）下子离子质谱图

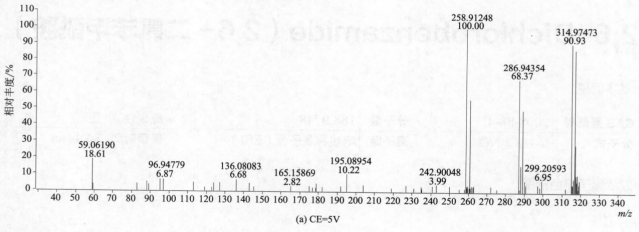

(a) CE=5V

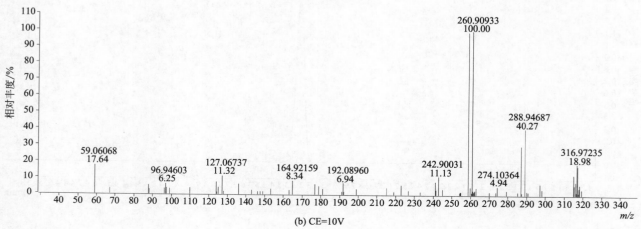

(b) CE=10V

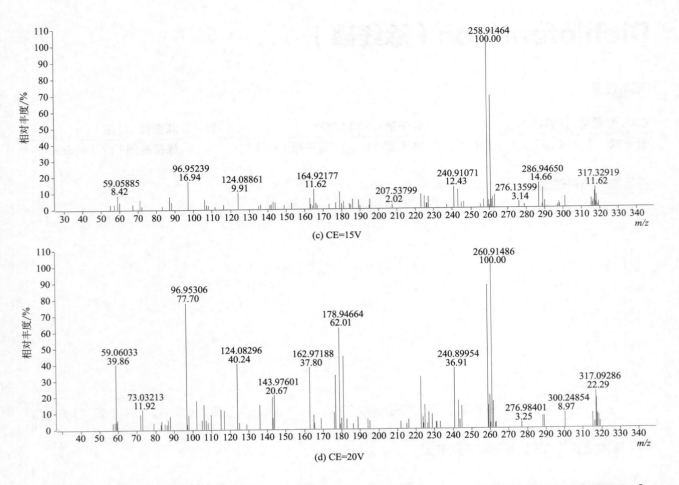

(c) CE=15V

(d) CE=20V

2,6-Dichlorobenzamide（2,6-二氯苯甲酰胺）

基本信息

CAS 登录号	2008-58-4	分子量	188.9748	源极性	正
分子式	C₇H₅Cl₂NO	离子源	电喷雾离子源（ESI）	保留时间	3.24min

提取离子流色谱图

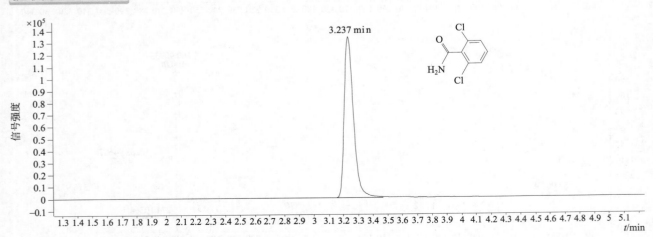

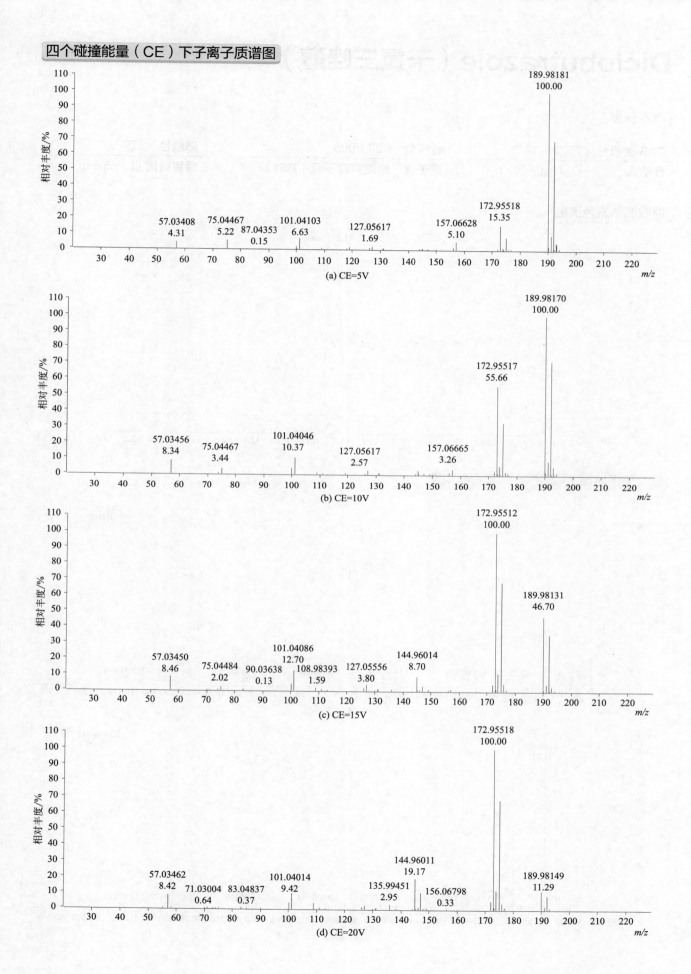

(a) CE=5V

(b) CE=10V

(c) CE=15V

(d) CE=20V

Diclobutrazole（苄氯三唑醇）

基本信息

CAS 登录号	75736-33-3	分子量	327.0905	源极性	正
分子式	$C_{15}H_{19}Cl_2N_3O$	离子源	电喷雾离子源（ESI）	保留时间	11.85min

提取离子流色谱图

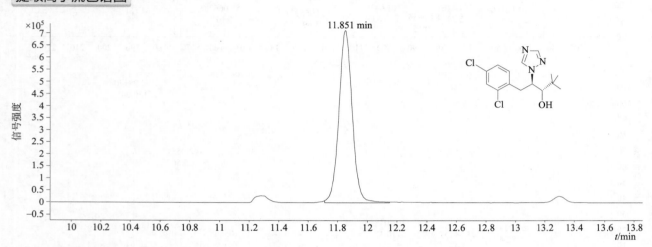

四个碰撞能量（CE）下子离子质谱图

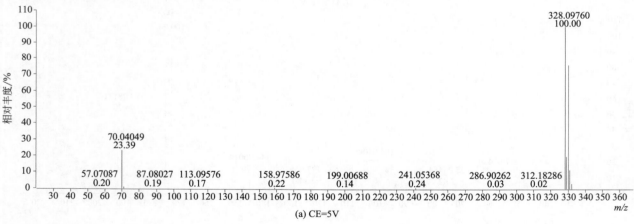

(a) CE=5V

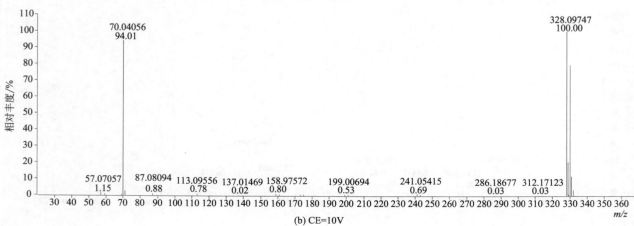

(b) CE=10V

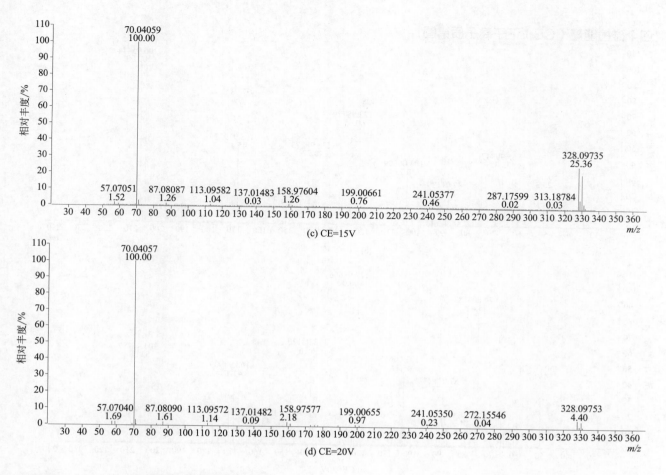

(c) CE=15V

(d) CE=20V

Dicloran（氯硝胺）

基本信息

CAS 登录号	99-30-9	分子量	205.9650	源极性	负
分子式	$C_6H_4Cl_2N_2O_2$	离子源	电喷雾离子源（ESI）	保留时间	7.87min

提取离子流色谱图

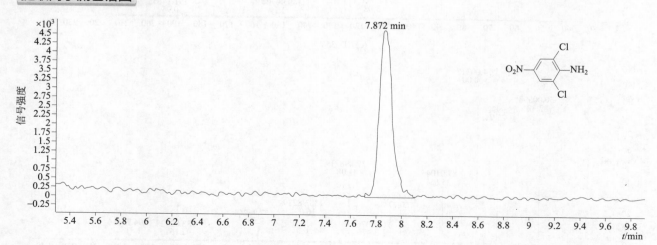

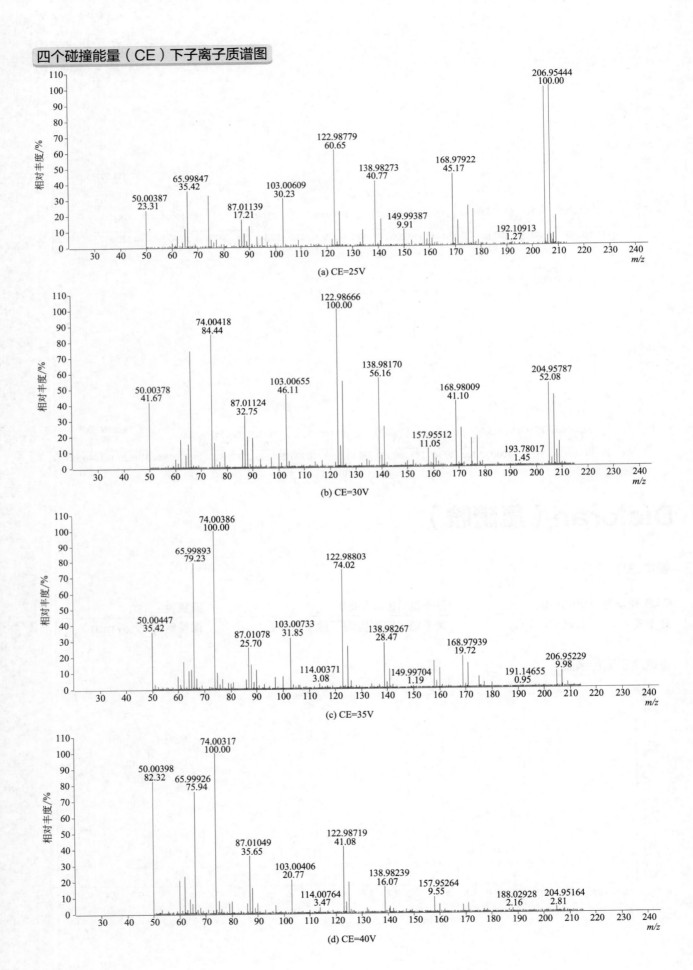

(a) CE=25V

(b) CE=30V

(c) CE=35V

(d) CE=40V

Diclosulam（双氯磺草胺）

基本信息

CAS 登录号	145701-21-9	分子量	404.9865	源极性	正
分子式	$C_{13}H_{10}Cl_2FN_5O_3S$	离子源	电喷雾离子源（ESI）	保留时间	8.30min

提取离子流色谱图

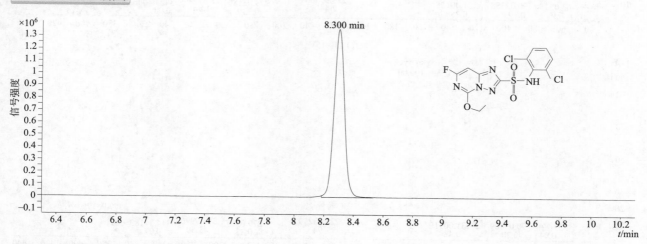

四个碰撞能量（CE）下子离子质谱图

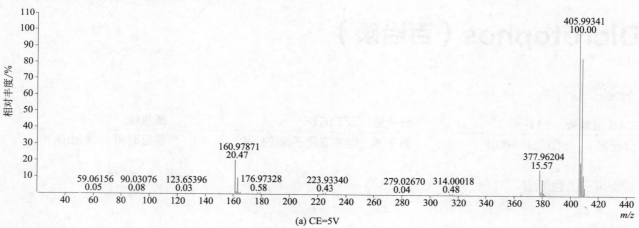

(a) CE=5V

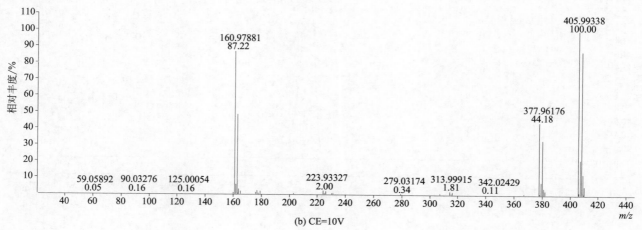

(b) CE=10V

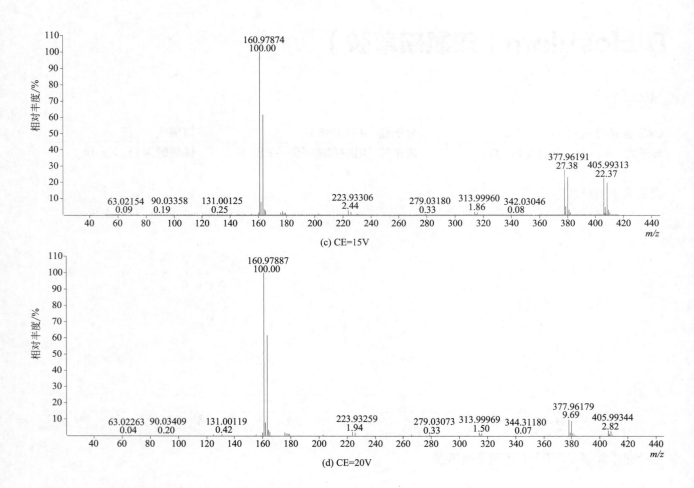

(c) CE=15V

(d) CE=20V

Dicrotophos（百治磷）

基本信息

CAS 登录号	141-66-2	**分子量**	237.0766	**源极性**	正
分子式	$C_8H_{16}NO_5P$	**离子源**	电喷雾离子源（ESI）	**保留时间**	3.15min

提取离子流色谱图

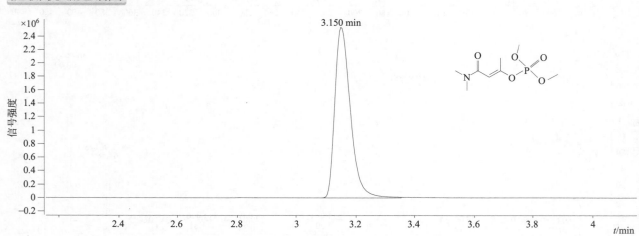

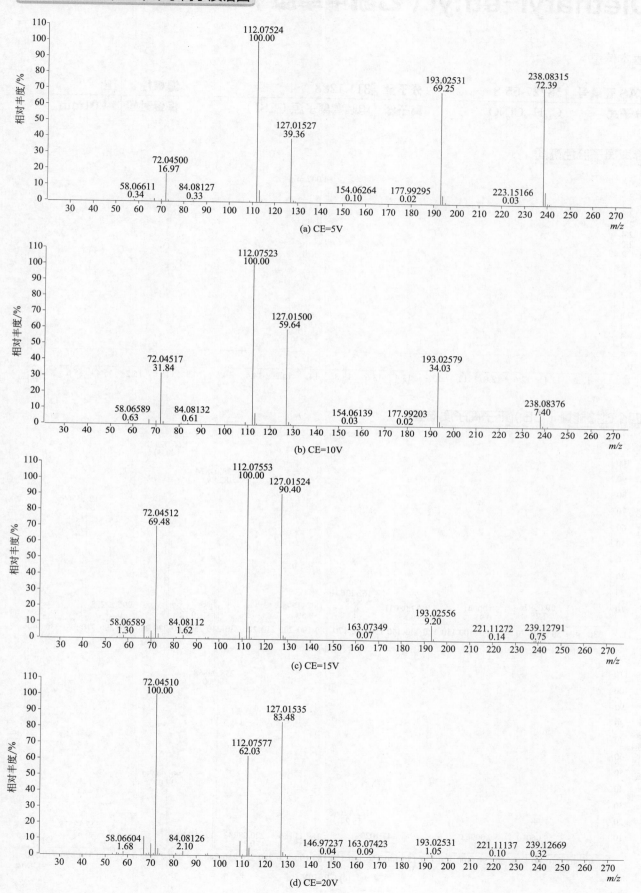

(a) CE=5V

(b) CE=10V

(c) CE=15V

(d) CE=20V

Diethatyl-ethyl（乙酰甲草胺）

基本信息

CAS 登录号	58727-55-8	**分子量**	311.1288	**源极性**	正
分子式	$C_{16}H_{22}ClNO_3$	**离子源**	电喷雾离子源（ESI）	**保留时间**	14.01min

提取离子流色谱图

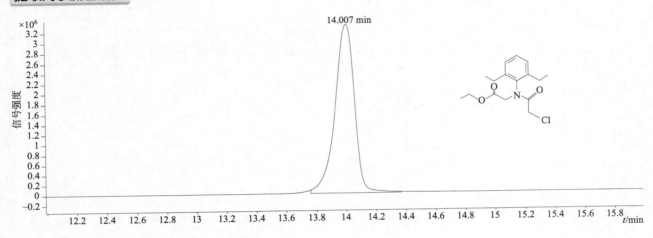

四个碰撞能量（CE）下子离子质谱图

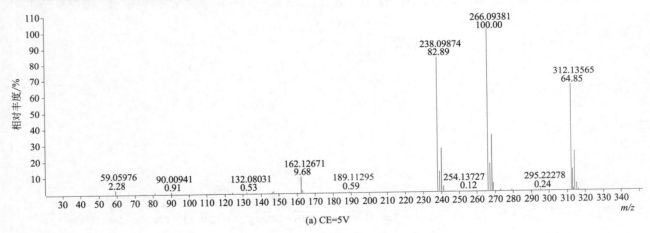

(a) CE=5V

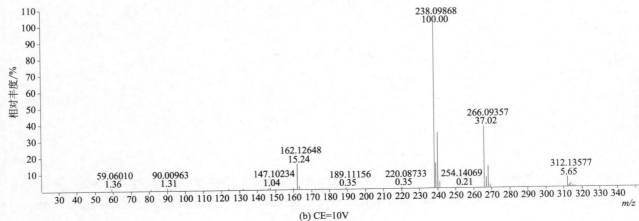

(b) CE=10V

208

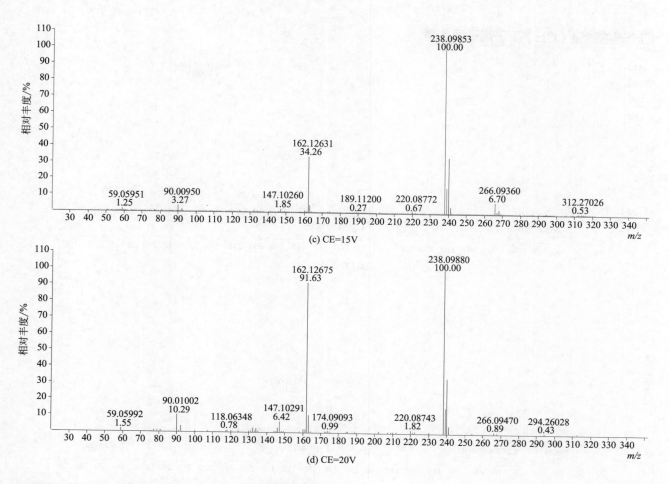

(c) CE=15V

(d) CE=20V

Diethofencarb（乙霉威）

CAS 登录号	87130-20-9	分子量	267.1471	源极性	正
分子式	$C_{14}H_{21}NO_4$	离子源	电喷雾离子源（ESI）	保留时间	9.76min

提取离子流色谱图

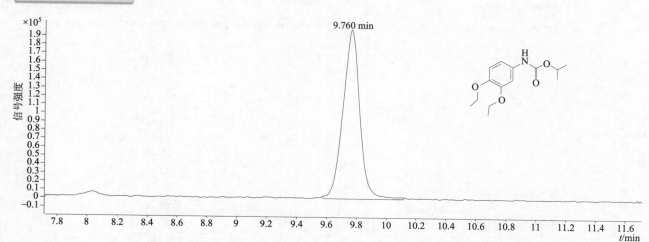

9.760 min

四个碰撞能量（CE）下子离子质谱图

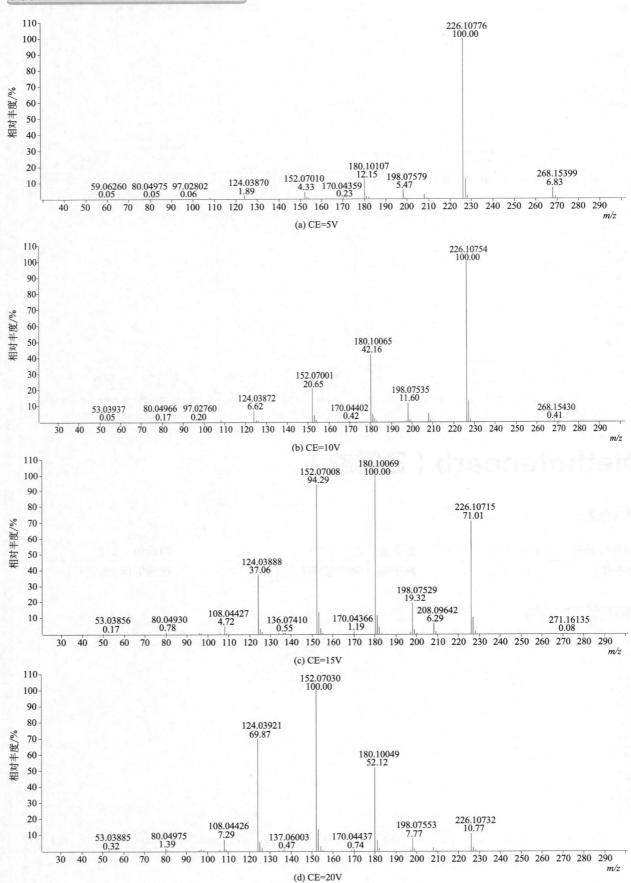

(a) CE=5V

(b) CE=10V

(c) CE=15V

(d) CE=20V

Diethyltoluamide（避蚊胺）

基本信息

CAS 登录号	134-62-3	**分子量**	191.1310	**源极性**	正
分子式	C₁₂H₁₇NO	**离子源**	电喷雾离子源（ESI）	**保留时间**	6.82min

提取离子流色谱图

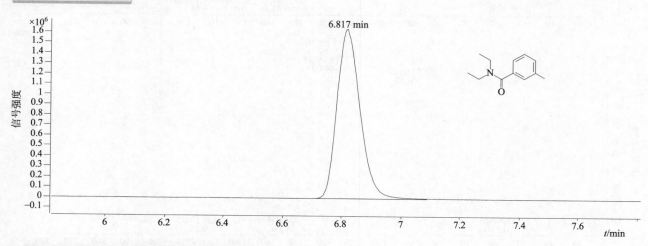

四个碰撞能量（CE）下子离子质谱图

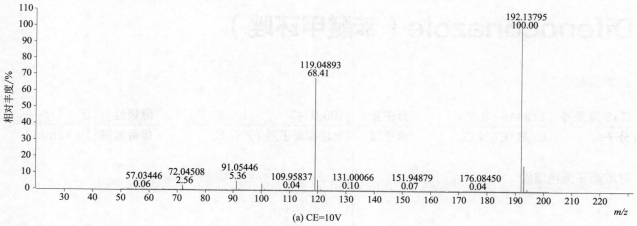

(a) CE=10V

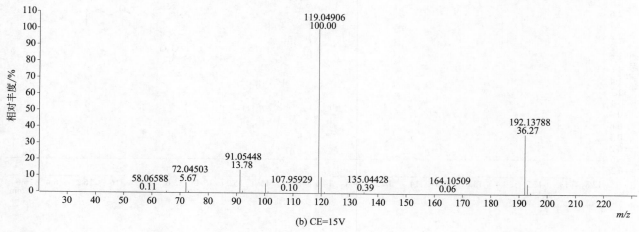

(b) CE=15V

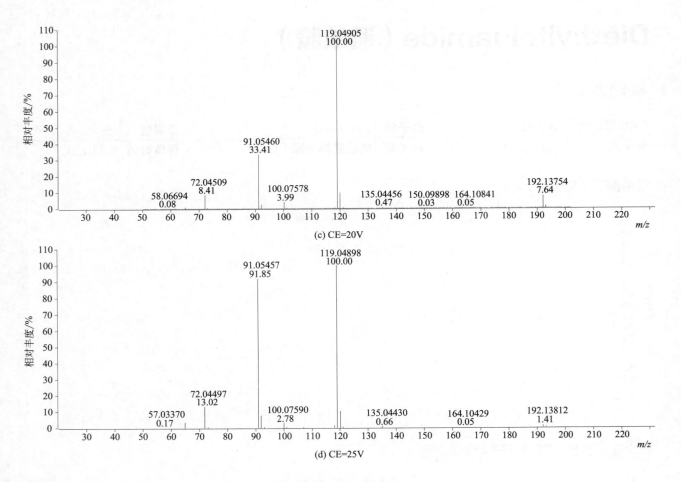

(c) CE=20V

(d) CE=25V

Difenoconazole（苯醚甲环唑）

基本信息

CAS 登录号	119446-68-3	分子量	405.0647	源极性	正
分子式	$C_{19}H_{17}Cl_2N_3O_3$	离子源	电喷雾离子源（ESI）	保留时间	14.73min

提取离子流色谱图

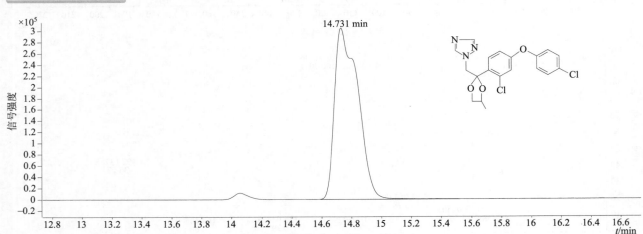

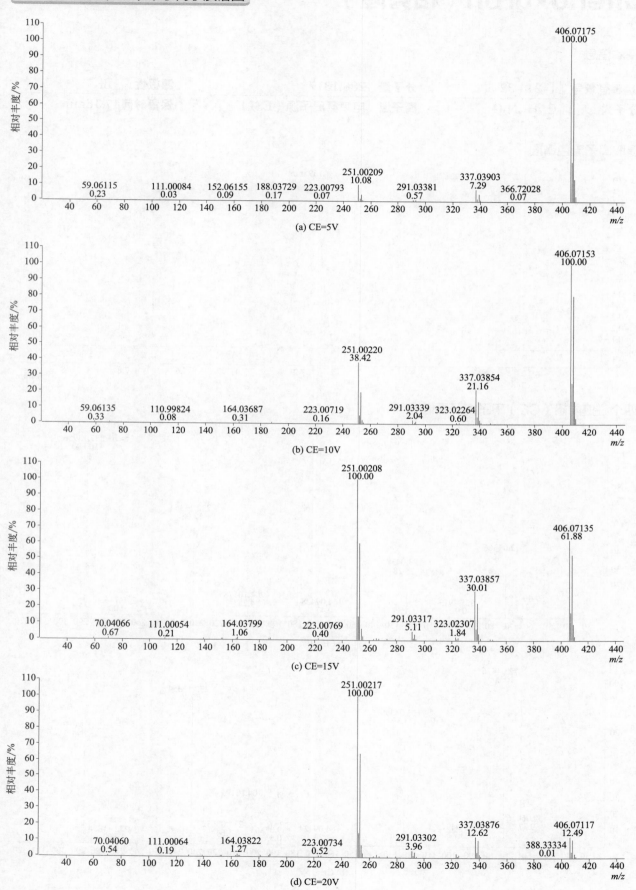

(a) CE=5V

(b) CE=10V

(c) CE=15V

(d) CE=20V

Difenoxuron（枯莠隆）

基本信息

CAS 登录号	14214-32-5	**分子量**	286.1317	**源极性**	正
分子式	$C_{16}H_{18}N_2O_3$	**离子源**	电喷雾离子源（ESI）	**保留时间**	7.16min

提取离子流色谱图

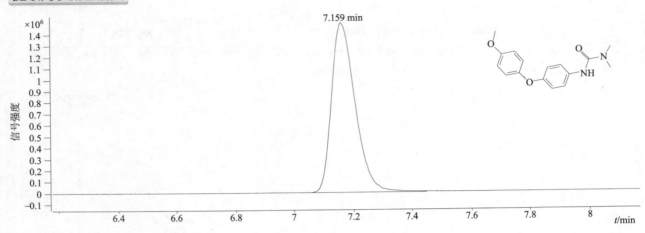

四个碰撞能量（CE）下子离子质谱图

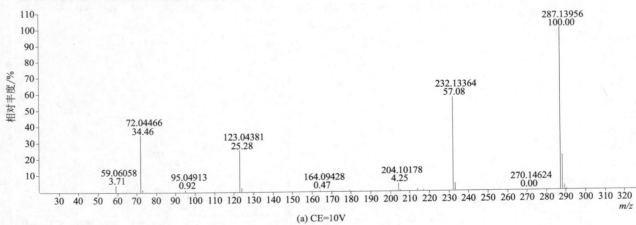

(a) CE=10V

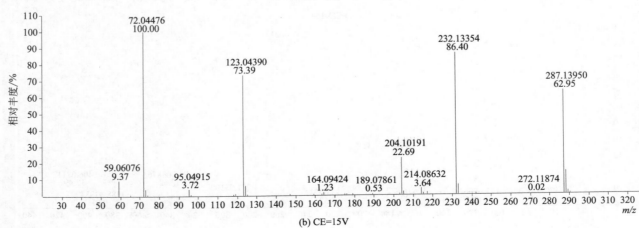

(b) CE=15V

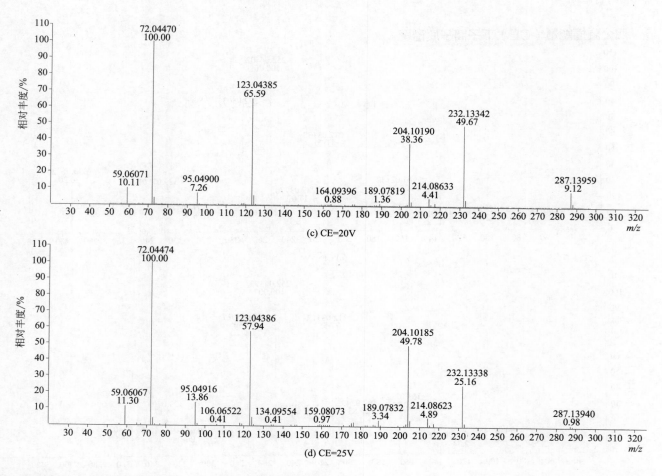

(c) CE=20V

(d) CE=25V

Diflufenican（吡氟酰草胺）

基本信息

CAS 登录号	83164-33-4	分子量	394.0741	源极性	负
分子式	$C_{19}H_{11}F_5N_2O_2$	离子源	电喷雾离子源（ESI）	保留时间	16.42min

提取离子流色谱图

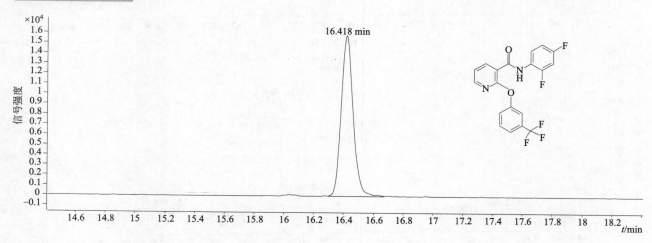

四个碰撞能量（CE）下子离子质谱图

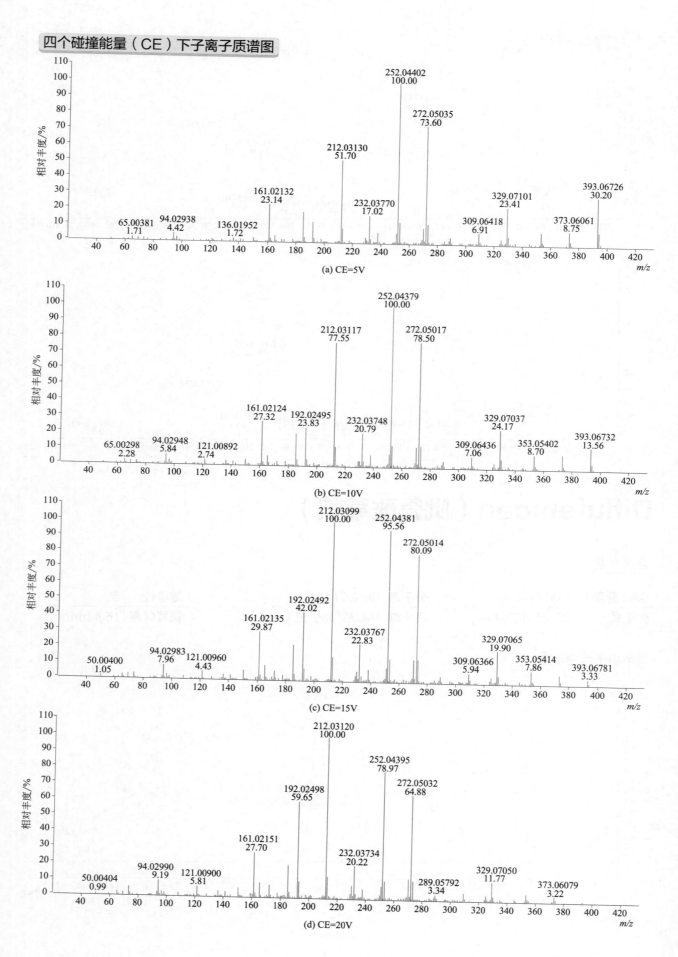

(a) CE=5V

(b) CE=10V

(c) CE=15V

(d) CE=20V

Dimefox（甲氟磷）

基本信息

CAS 登录号	115-26-4	分子量	154.0671	源极性	正
分子式	$C_4H_{12}FN_2OP$	离子源	电喷雾离子源（ESI）	保留时间	3.14min

提取离子流色谱图

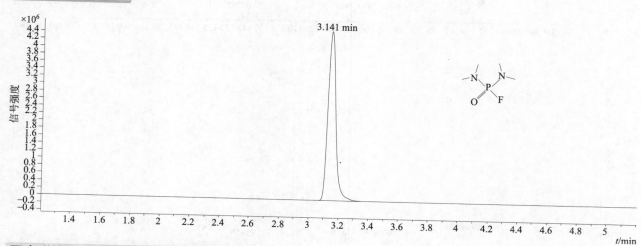

四个碰撞能量（CE）下子离子质谱图

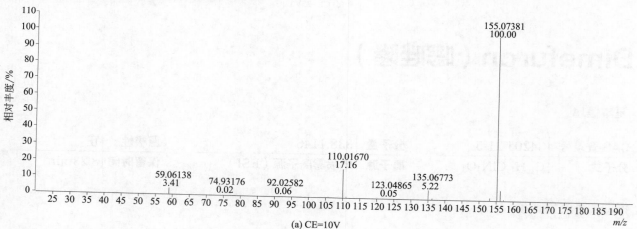

(a) CE=10V

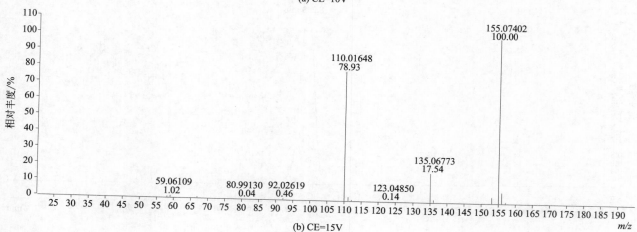

(b) CE=15V

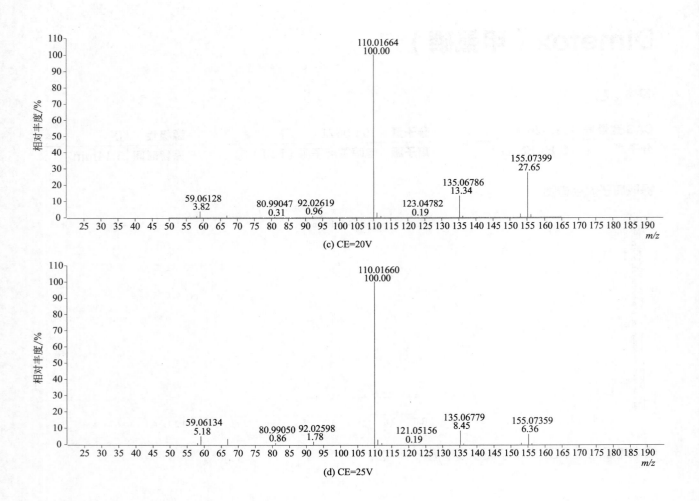

(c) CE=20V

(d) CE=25V

Dimefuron（噁唑隆）

基本信息

CAS 登录号	34205-21-5	分子量	338.1146	源极性	正
分子式	C$_{15}$H$_{19}$ClN$_4$O$_3$	离子源	电喷雾离子源（ESI）	保留时间	8.23min

提取离子流色谱图

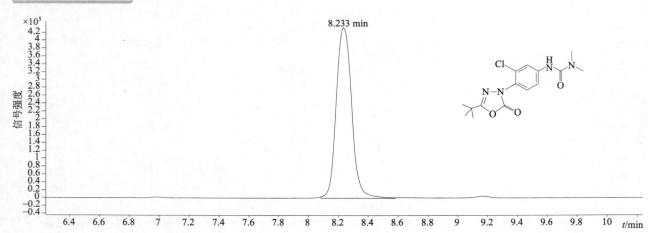

四个碰撞能量（CE）下子离子质谱图

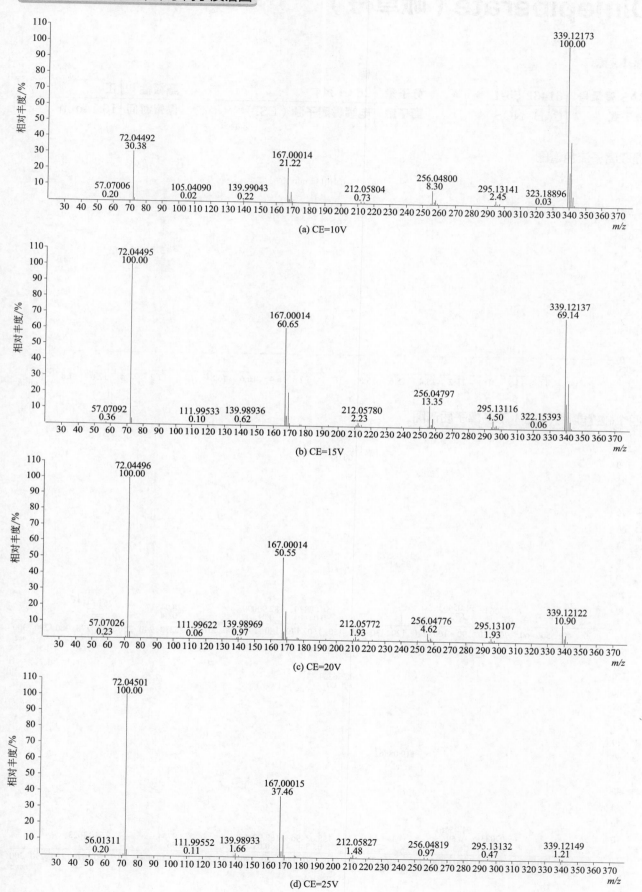

(a) CE=10V

(b) CE=15V

(c) CE=20V

(d) CE=25V

Dimepiperate（哌草丹）

基本信息

CAS 登录号	61432-55-1	**分子量**	263.1344	**源极性**	正
分子式	C₁₅H₂₁NOS	**离子源**	电喷雾离子源（ESI）	**保留时间**	16.14min

$\text{分子式} \quad C_{15}H_{21}NOS$

提取离子流色谱图

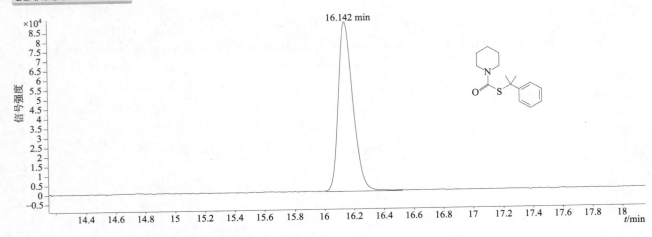

四个碰撞能量（CE）下子离子质谱图

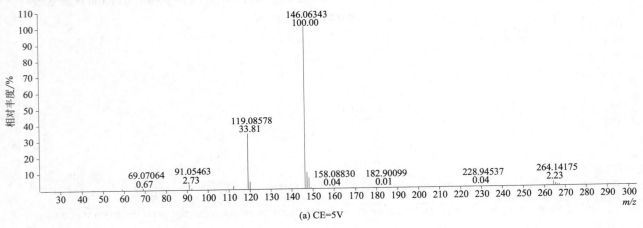

(a) CE=5V

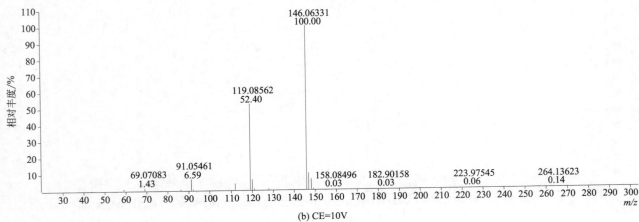

(b) CE=10V

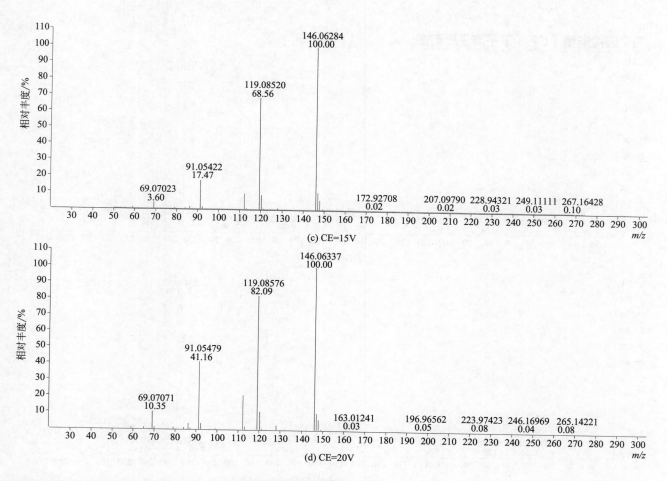

(c) CE=15V

(d) CE=20V

Dimethachlor (二甲草胺)

基本信息

CAS 登录号	50563-36-5	分子量	255.1026	源极性	正
分子式	$C_{13}H_{18}ClNO_2$	离子源	电喷雾离子源（ESI）	保留时间	7.81min

提取离子流色谱图

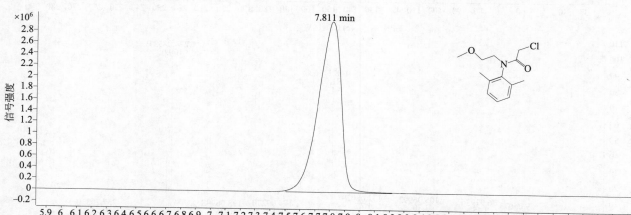

四个碰撞能量（CE）下子离子质谱图

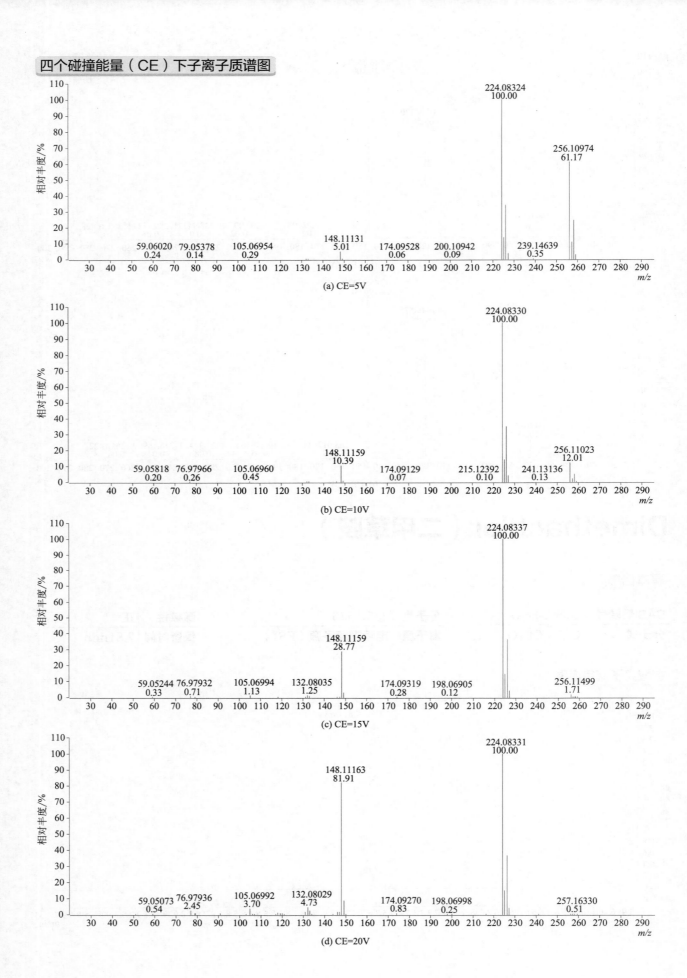

(a) CE=5V

(b) CE=10V

(c) CE=15V

(d) CE=20V

Dimethametryn（异戊乙净）

基本信息

CAS 登录号	22936-75-0	**分子量**	255.1518	**源极性**	正
分子式	$C_{11}H_{21}N_5S$	**离子源**	电喷雾离子源（ESI）	**保留时间**	11.25min

提取离子流色谱图

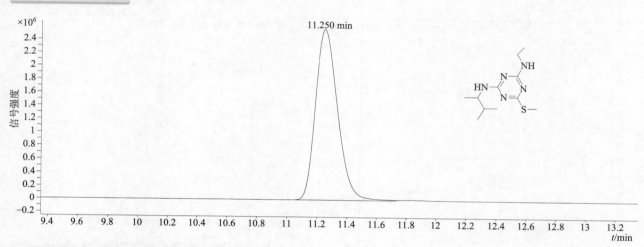

四个碰撞能量（CE）下子离子质谱图

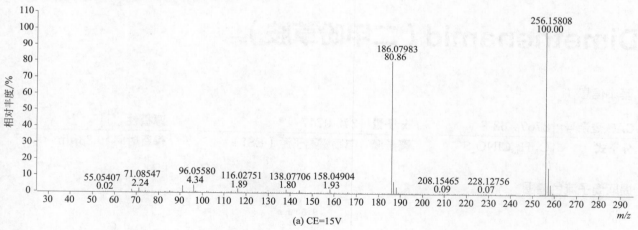

(a) CE=15V

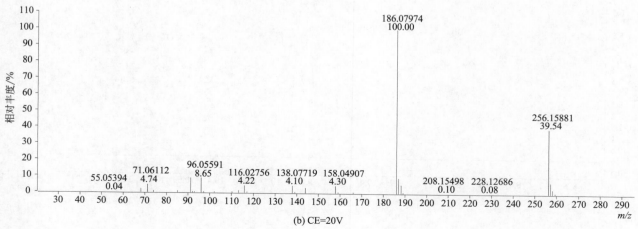

(b) CE=20V

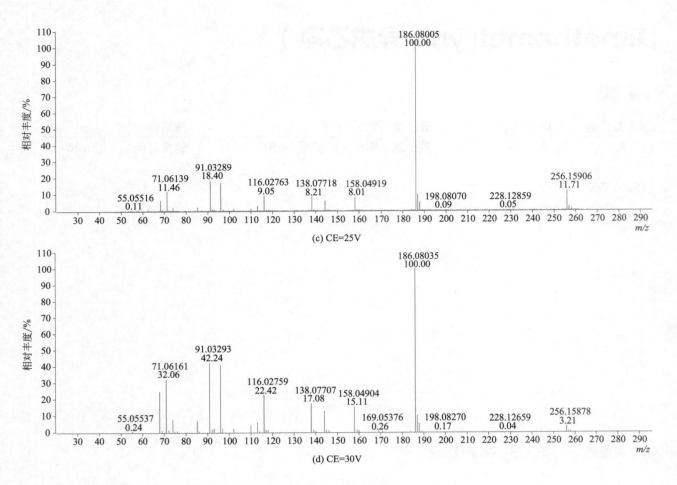

(c) CE=25V

(d) CE=30V

Dimethenamid（二甲吩草胺）

基本信息

CAS 登录号	87674-68-8	分子量	275.0747	源极性	正
分子式	$C_{12}H_{18}ClNO_2S$	离子源	电喷雾离子源（ESI）	保留时间	9.83min

提取离子流色谱图

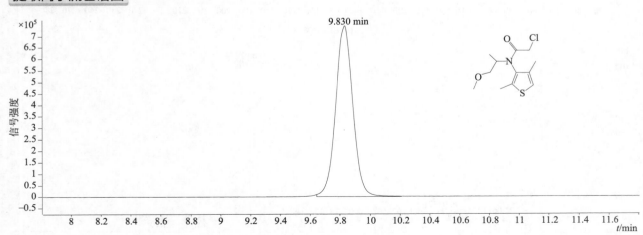

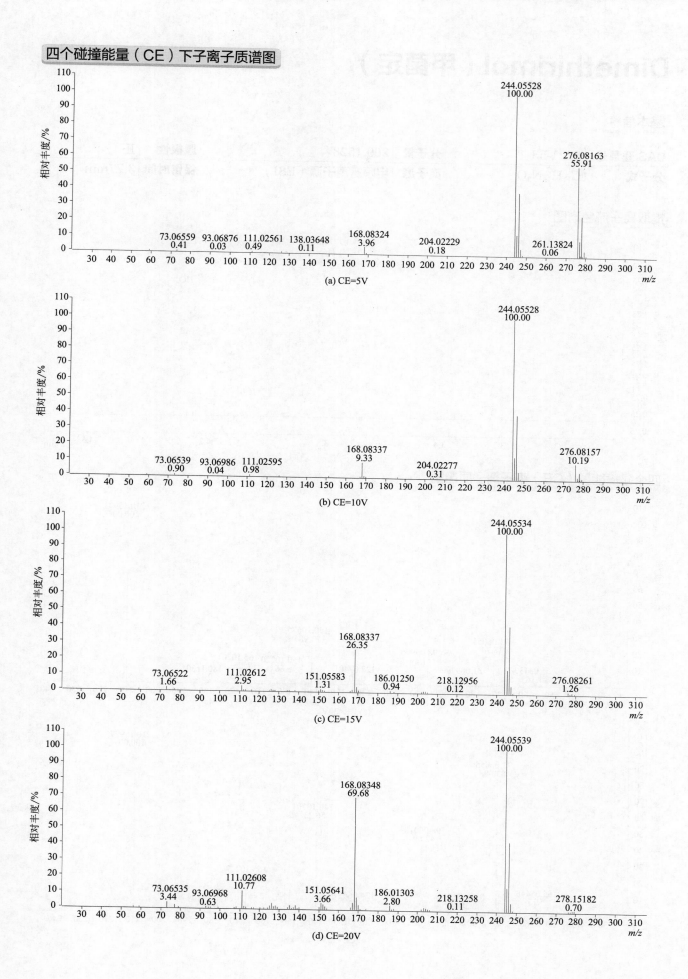

四个碰撞能量（CE）下子离子质谱图

(a) CE=5V

(b) CE=10V

(c) CE=15V

(d) CE=20V

Dimethirimol（甲菌定）

基本信息

CAS 登录号	5221-53-4	**分子量**	209.1528	**源极性**	正
分子式	$C_{11}H_{19}N_3O$	**离子源**	电喷雾离子源（ESI）	**保留时间**	3.77min

提取离子流色谱图

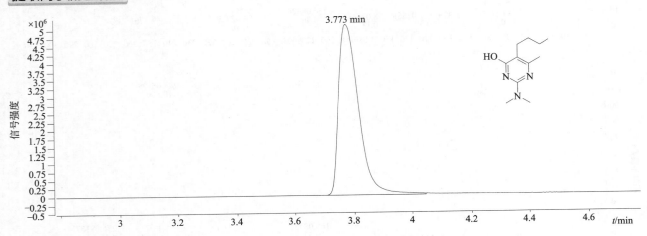

四个碰撞能量（CE）下子离子质谱图

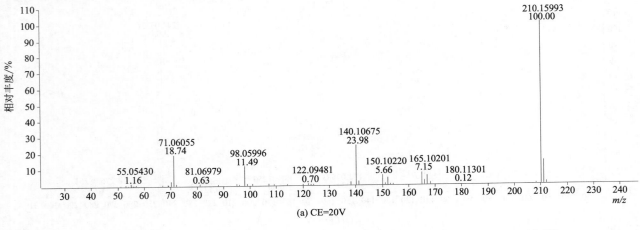

(a) CE=20V

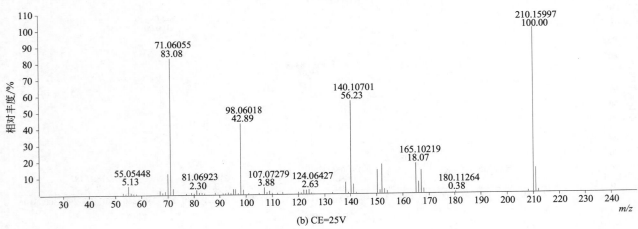

(b) CE=25V

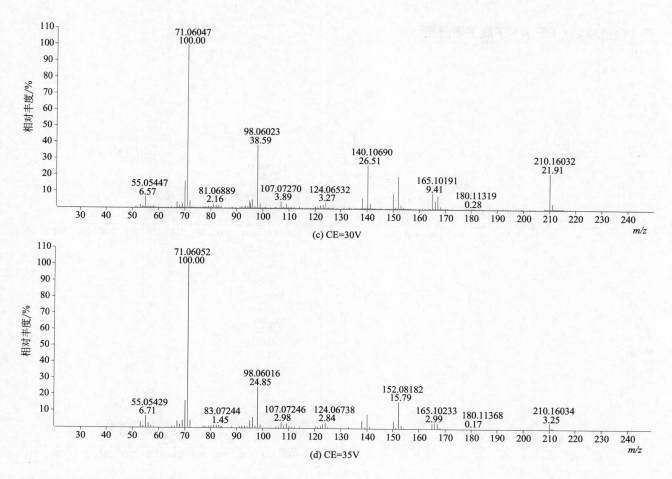

(c) CE=30V

(d) CE=35V

Dimethoate（乐果）

基本信息

CAS 登录号	60-51-5	分子量	228.9996	源极性	正
分子式	$C_5H_{12}NO_3PS_2$	离子源	电喷雾离子源（ESI）	保留时间	3.90min

提取离子流色谱图

227

四个碰撞能量（CE）下子离子质谱图

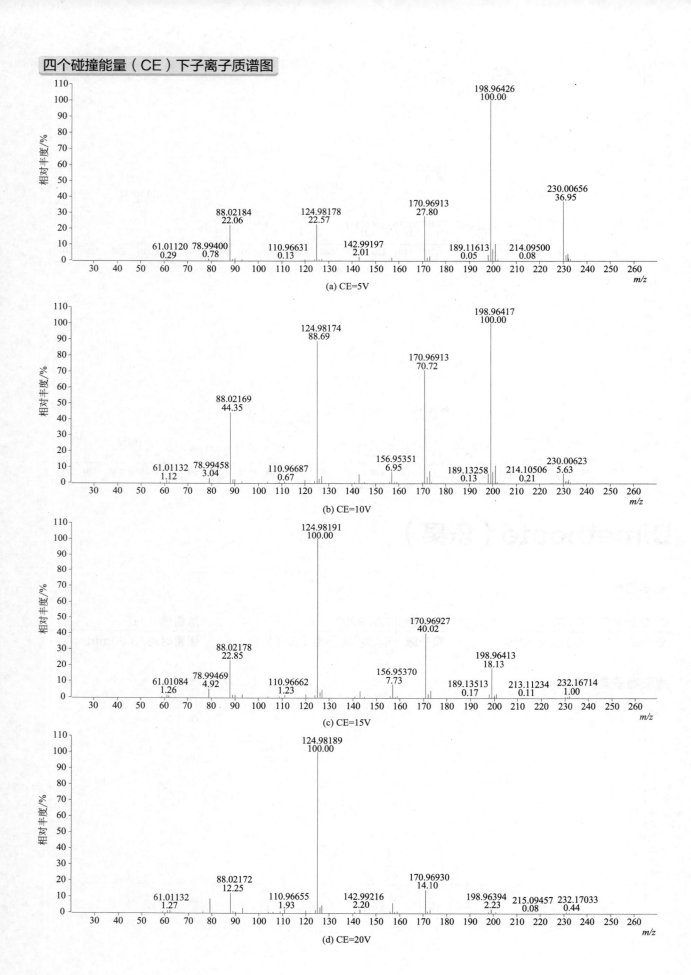

(a) CE=5V

(b) CE=10V

(c) CE=15V

(d) CE=20V

Dimethomorph（烯酰吗啉）

基本信息

CAS 登录号	110488-70-5	**分子量**	387.1237	**源极性**	正
分子式	$C_{21}H_{22}ClNO_4$	**离子源**	电喷雾离子源（ESI）	**保留时间**	8.98min

提取离子流色谱图

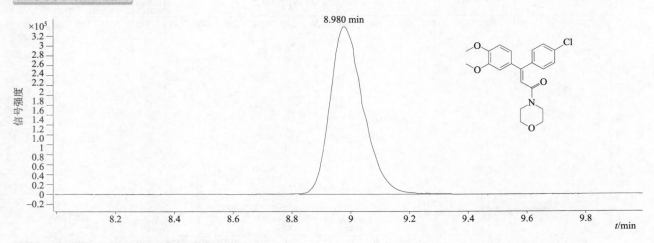

四个碰撞能量（CE）下子离子质谱图

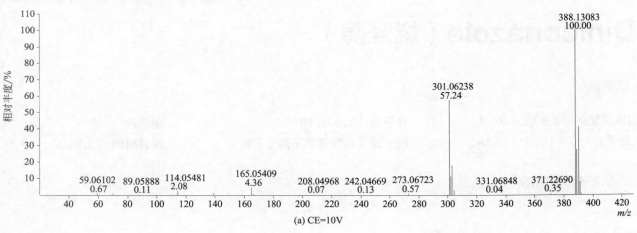

(a) CE=10V

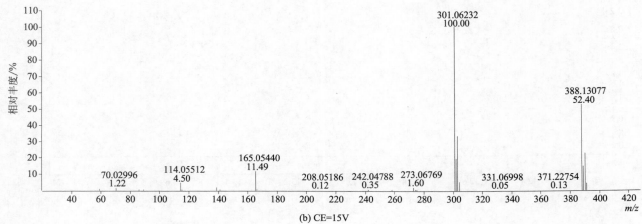

(b) CE=15V

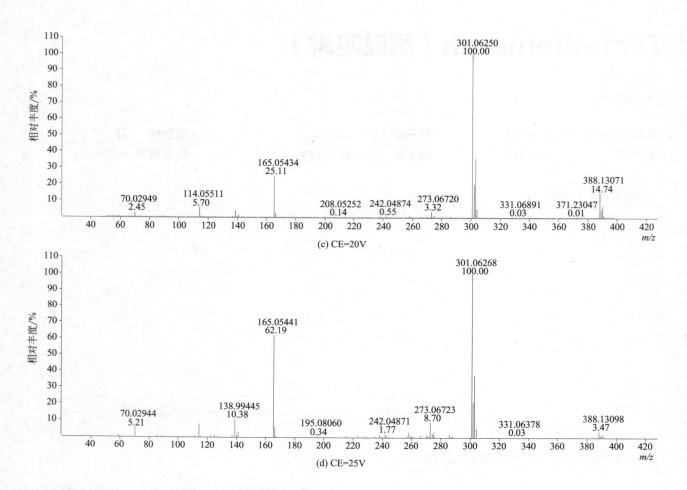

(c) CE=20V

(d) CE=25V

Diniconazole（烯唑醇）

基本信息

CAS 登录号	83657-24-3	分子量	325.0749	源极性	正
分子式	C₁₅H₁₇Cl₂N₃O	离子源	电喷雾离子源（ESI）	保留时间	13.14min

提取离子流色谱图

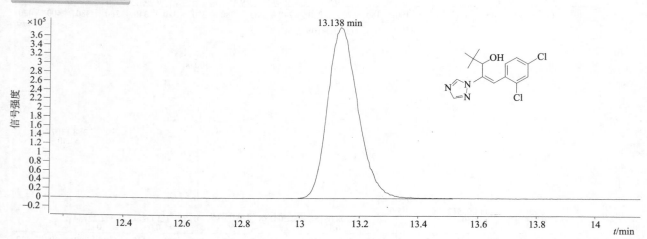

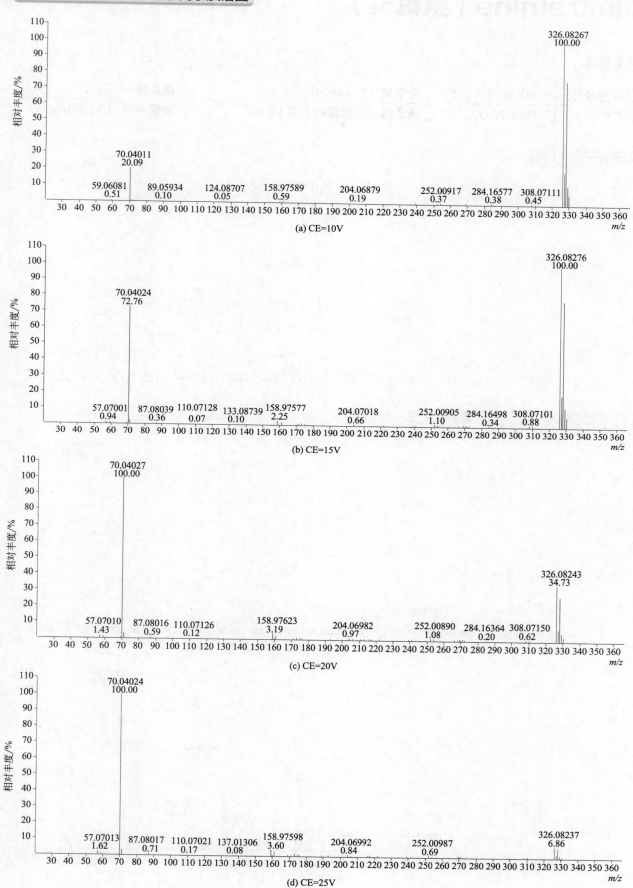

(a) CE=10V

(b) CE=15V

(c) CE=20V

(d) CE=25V

Dinitramine（氨氟灵）

基本信息

CAS 登录号	29091-05-2	**分子量**	322.0889	**源极性**	正
分子式	$C_{11}H_{13}F_3N_4O_4$	**离子源**	电喷雾离子源（ESI）	**保留时间**	15.12min

提取离子流色谱图

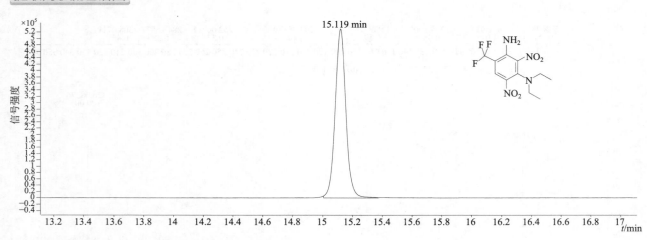

四个碰撞能量（CE）下子离子质谱图

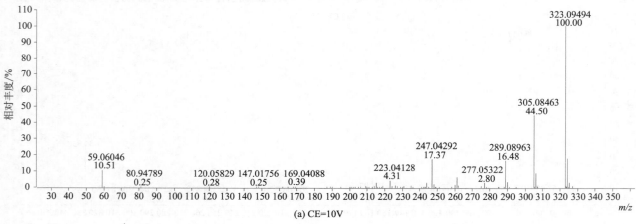

(a) CE=10V

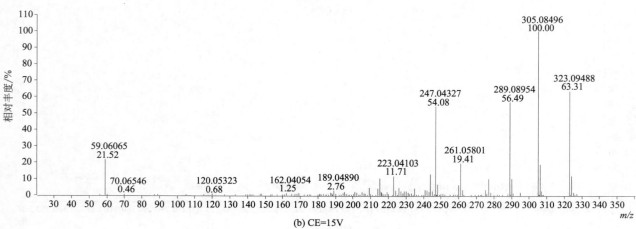

(b) CE=15V

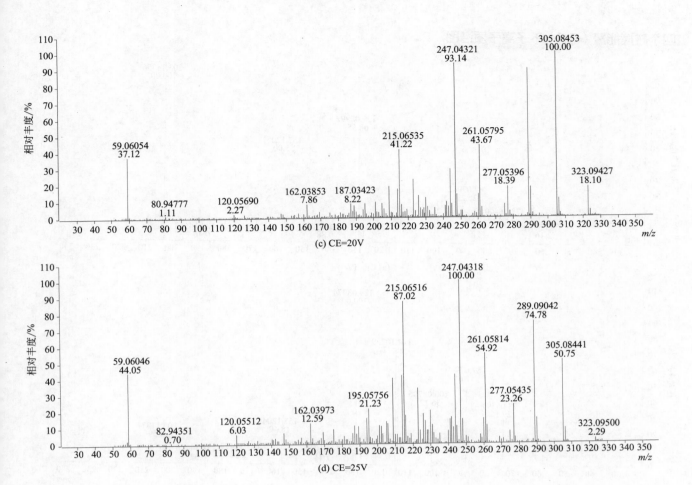

(c) CE=20V

(d) CE=25V

Dinotefuran（呋虫胺）

基本信息

CAS 登录号	165252-70-0	分子量	202.1066	源极性	正
分子式	$C_7H_{14}N_4O_3$	离子源	电喷雾离子源（ESI）	保留时间	2.32min

提取离子流色谱图

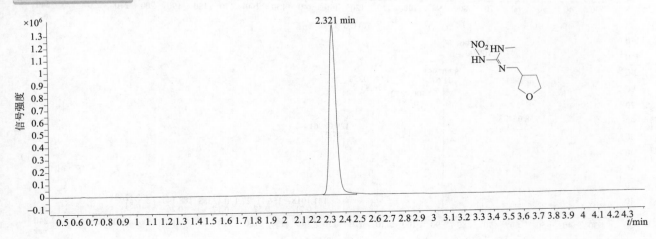

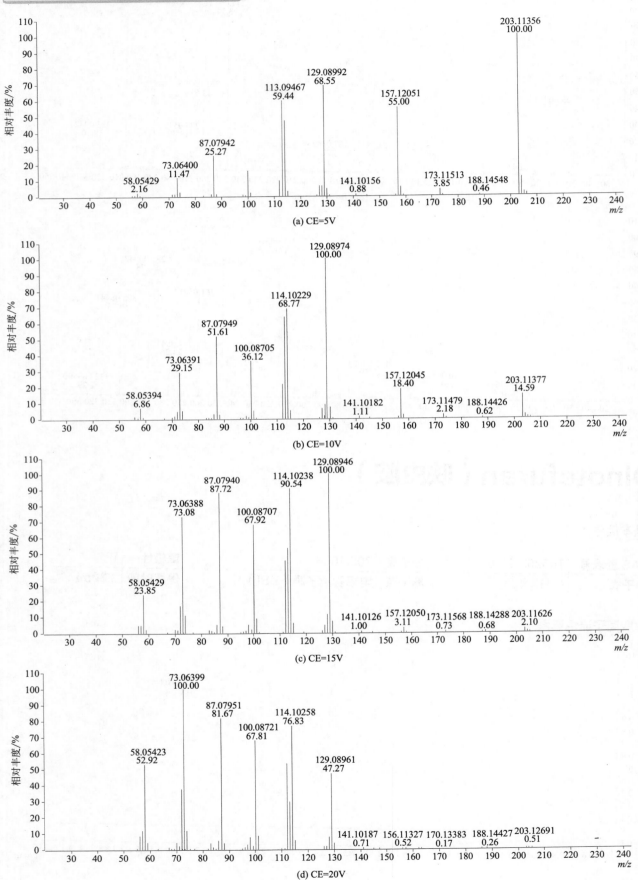

(a) CE=5V

(b) CE=10V

(c) CE=15V

(d) CE=20V

Diphenamid（双苯酰草胺）

基本信息

CAS 登录号	957-51-7	**分子量**	239.1310	**源极性**	正
分子式	C₁₆H₁₇NO	**离子源**	电喷雾离子源（ESI）	**保留时间**	8.06min

提取离子流色谱图

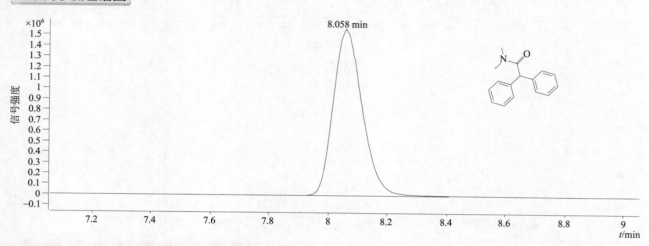

四个碰撞能量（CE）下子离子质谱图

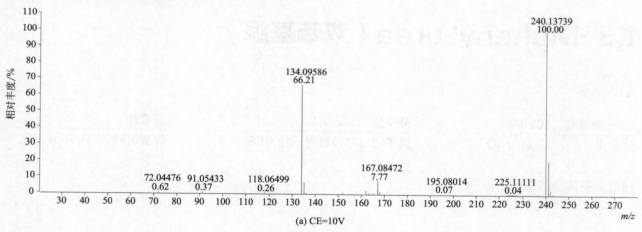

(a) CE=10V

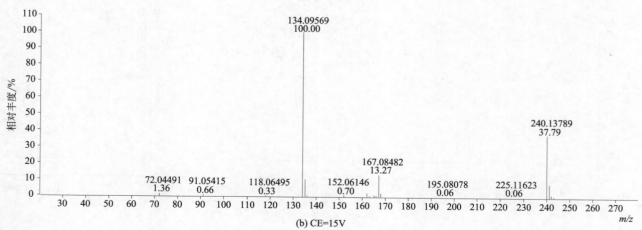

(b) CE=15V

235

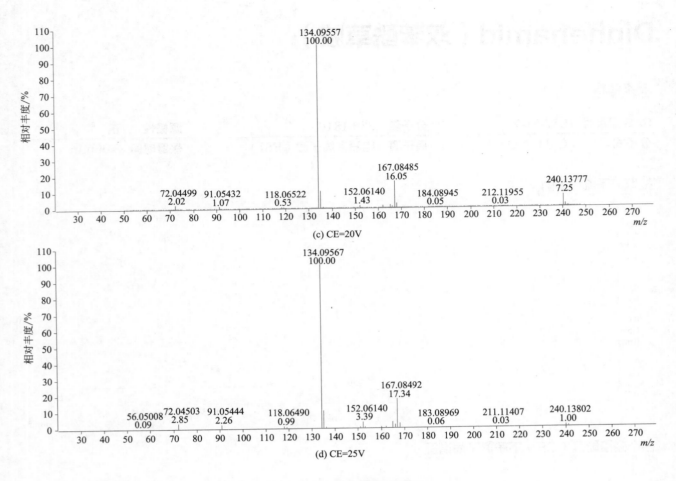

(c) CE=20V

(d) CE=25V

1,3-Diphenyl urea（双苯基脲）

基本信息

CAS 登录号	102-07-8	**分子量**	212.0950	**源极性**	正
分子式	$C_{13}H_{12}N_2O$	**离子源**	电喷雾离子源（ESI）	**保留时间**	7.18 min

提取离子流色谱图

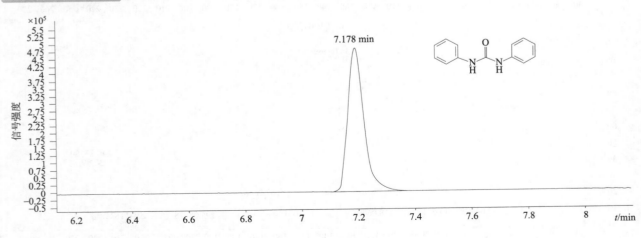

四个碰撞能量（CE）下子离子质谱图

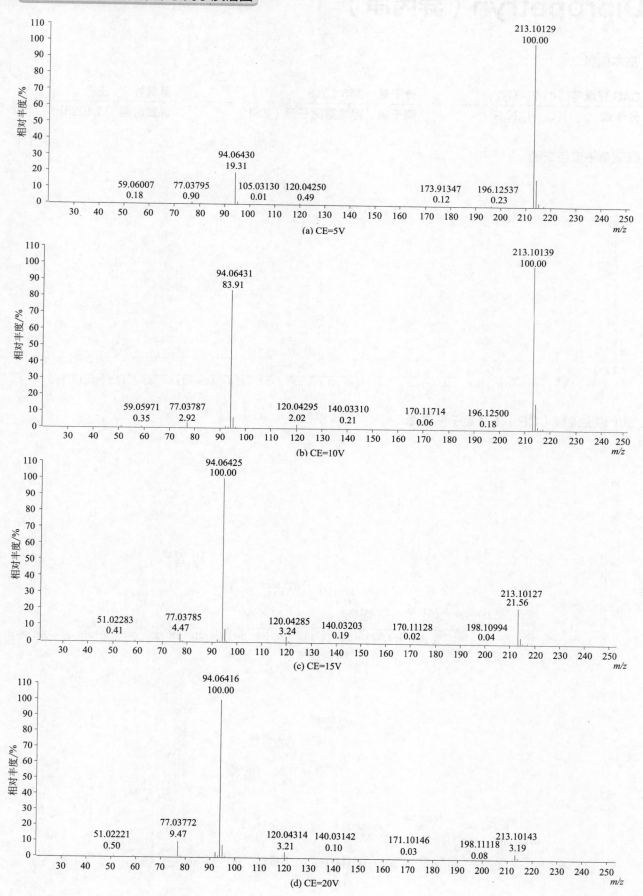

(a) CE=5V

(b) CE=10V

(c) CE=15V

(d) CE=20V

Dipropetryn（异丙净）

基本信息

CAS 登录号	4147-51-7	**分子量**	255.1518	**源极性**	正
分子式	$C_{11}H_{21}N_5S$	**离子源**	电喷雾离子源（ESI）	**保留时间**	11.92min

提取离子流色谱图

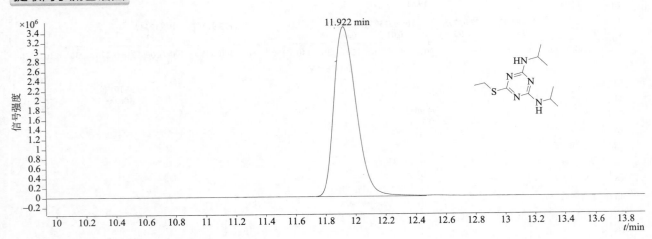

四个碰撞能量（CE）下子离子质谱图

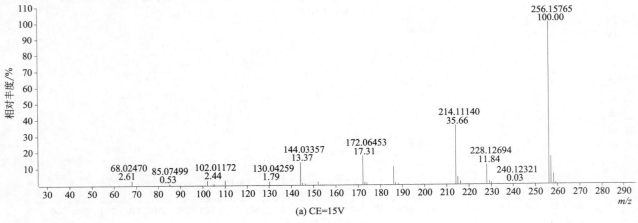

(a) CE=15V

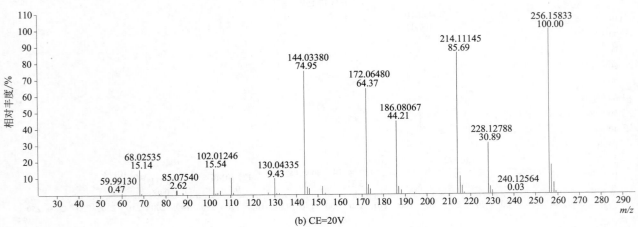

(b) CE=20V

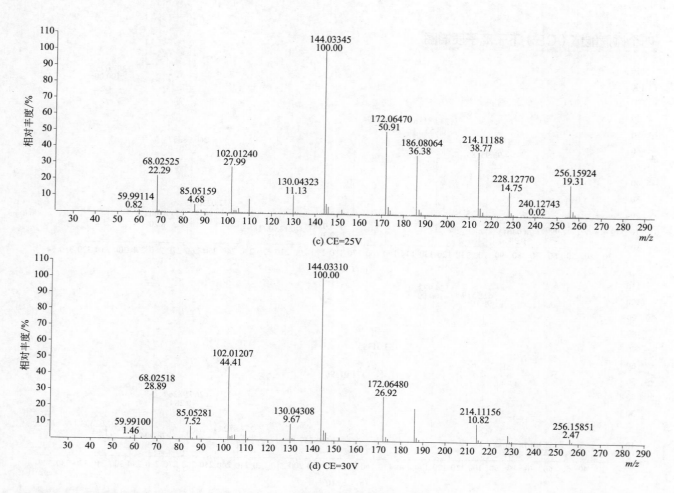

(c) CE=25V

(d) CE=30V

Disulfoton sulfone（乙拌磷砜）

基本信息

CAS 登录号	2497-06-5	分子量	306.0183	源极性	正
分子式	$C_8H_{19}O_4PS_3$	离子源	电喷雾离子源（ESI）	保留时间	8.65min

提取离子流色谱图

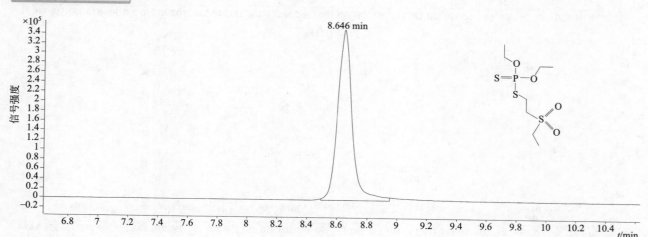

四个碰撞能量（CE）下子离子质谱图

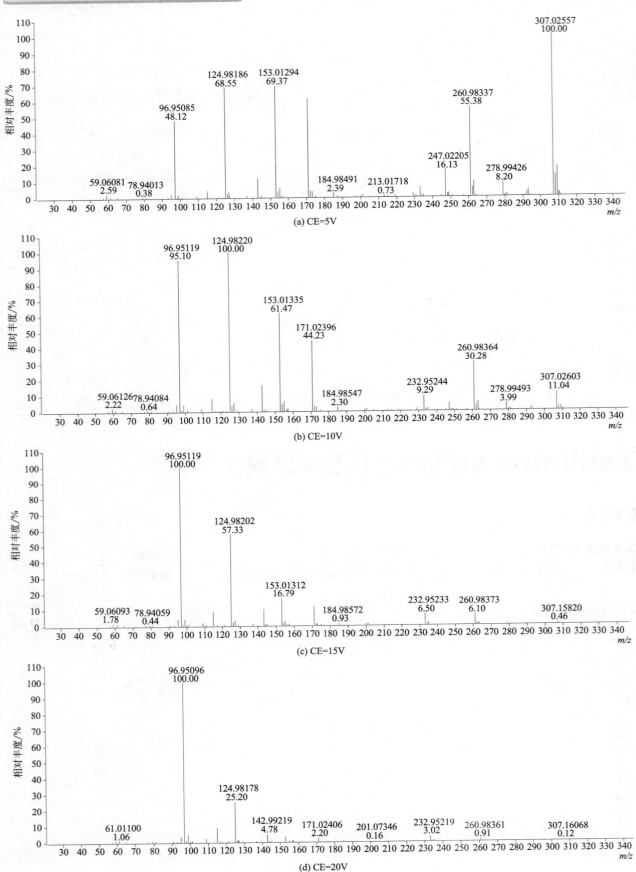

(a) CE=5V

(b) CE=10V

(c) CE=15V

(d) CE=20V

Disulfoton sulfoxide（砜拌磷）

基本信息

CAS 登录号	2497-07-6	**分子量**	290.0234	**源极性**	正
分子式	$C_8H_{19}O_3PS_3$	**离子源**	电喷雾离子源（ESI）	**保留时间**	6.47min

提取离子流色谱图

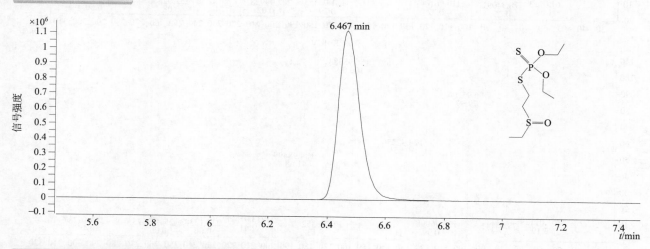

四个碰撞能量（CE）下子离子质谱图

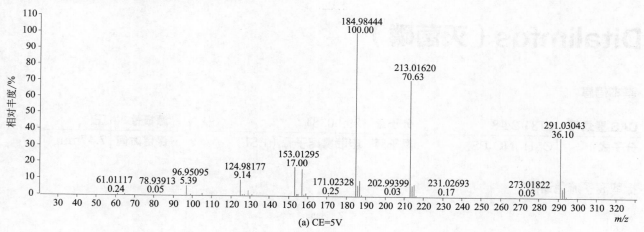

(a) CE=5V

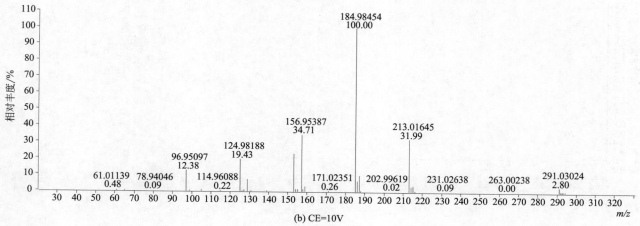

(b) CE=10V

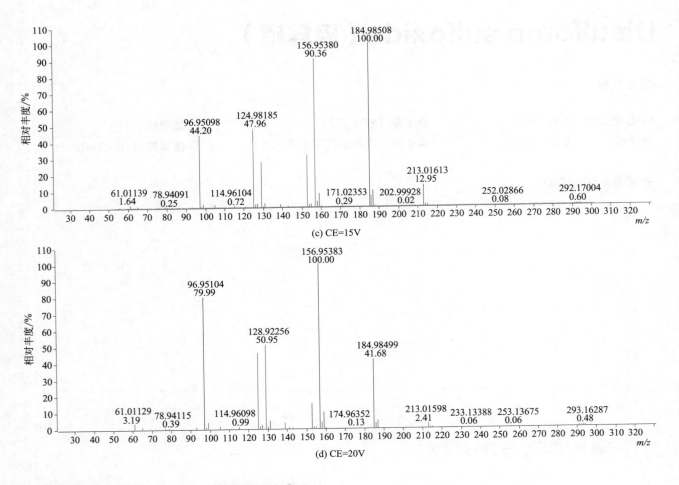

(c) CE=15V

(d) CE=20V

Ditalimfos（灭菌磷）

基本信息

CAS 登录号	5131-24-8	分子量	299.0381	源极性	正
分子式	C$_{12}$H$_{14}$NO$_4$PS	离子源	电喷雾离子源（ESI）	保留时间	7.47min

提取离子流色谱图

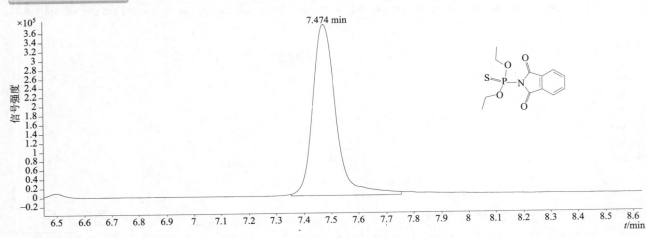

四个碰撞能量（CE）下子离子质谱图

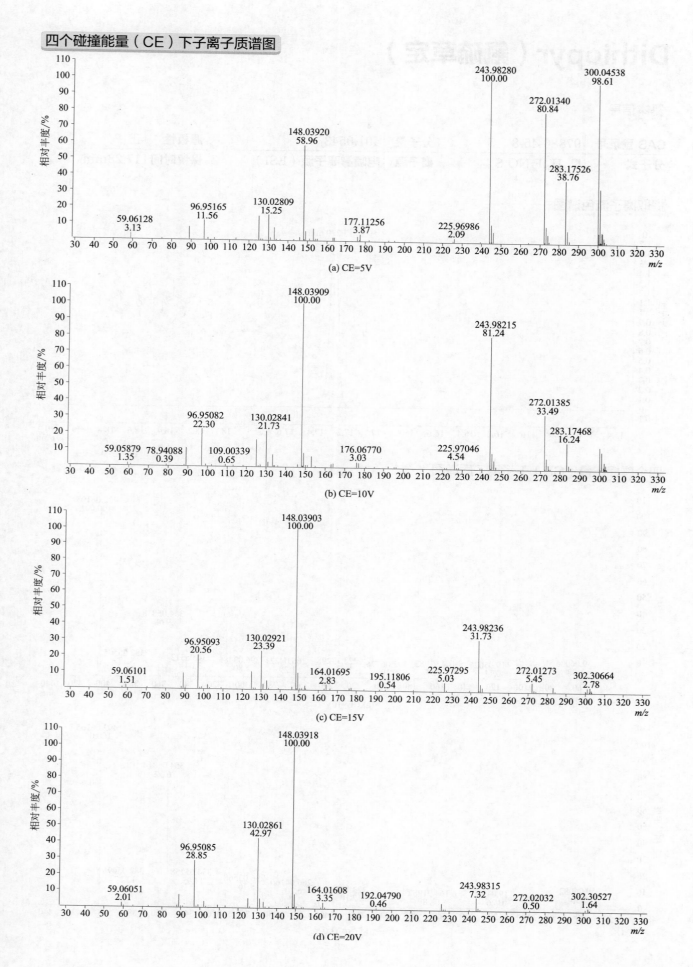

(a) CE=5V

(b) CE=10V

(c) CE=15V

(d) CE=20V

Dithiopyr（氟硫草定）

基本信息

CAS 登录号	97886-45-8	**分子量**	401.0543	**源极性**	正
分子式	$C_{15}H_{16}F_5NO_2S_2$	**离子源**	电喷雾离子源（ESI）	**保留时间**	17.28min

提取离子流色谱图

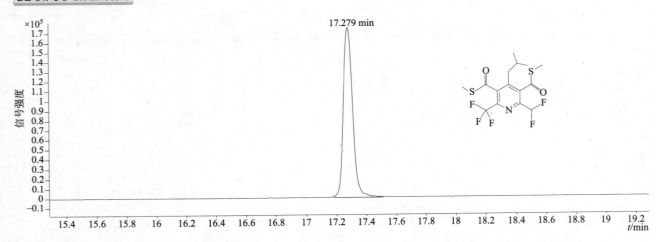

四个碰撞能量（CE）下子离子质谱图

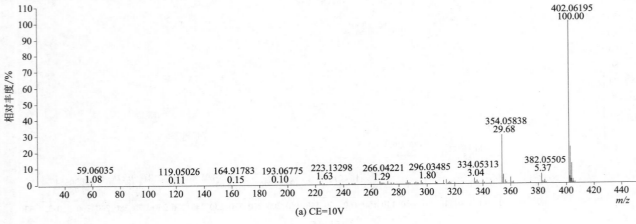

(a) CE=10V

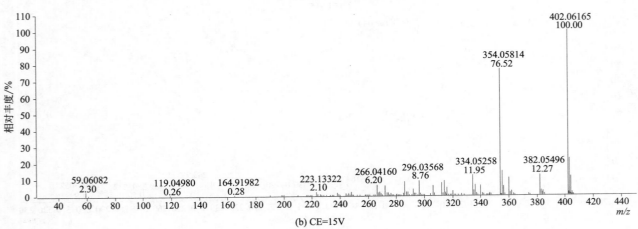

(b) CE=15V

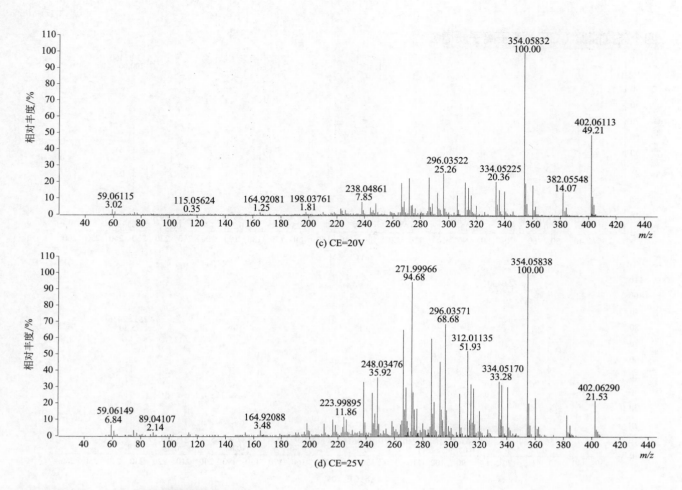

(c) CE=20V

(d) CE=25V

Diuron（敌草隆）

基本信息

CAS 登录号	330-54-1	分子量	232.0170	源极性	正
分子式	$C_9H_{10}Cl_2N_2O$	离子源	电喷雾离子源（ESI）	保留时间	6.76min

提取离子流色谱图

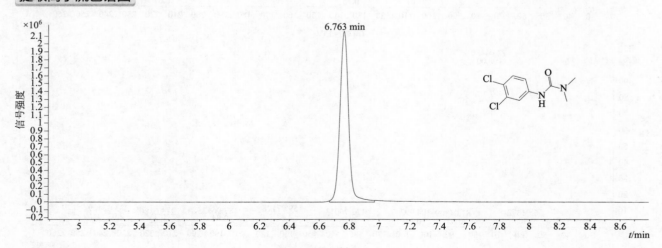

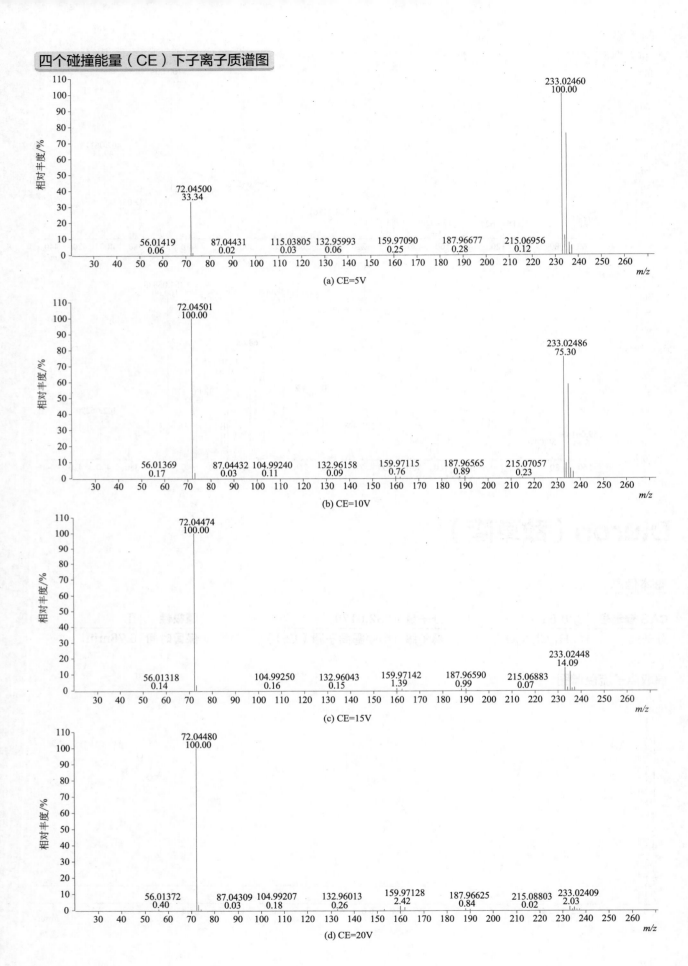

(a) CE=5V

(b) CE=10V

(c) CE=15V

(d) CE=20V

Dodemorph（十二环吗啉）

基本信息

CAS 登录号	1593-77-7	**分子量**	281.2719	**源极性**	正
分子式	C₁₈H₃₅NO	**离子源**	电喷雾离子源（ESI）	**保留时间**	8.41min

分子式栏 $C_{18}H_{35}NO$

提取离子流色谱图

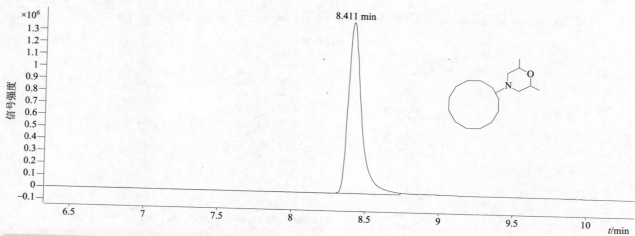

四个碰撞能量（CE）下子离子质谱图

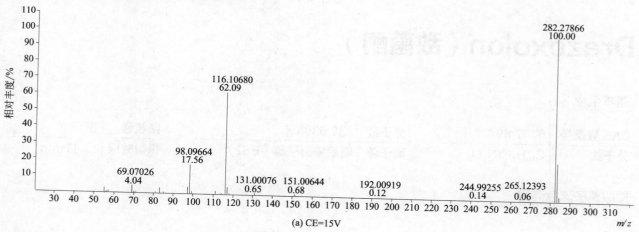

(a) CE=15V

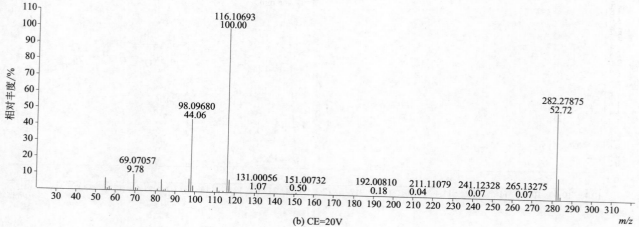

(b) CE=20V

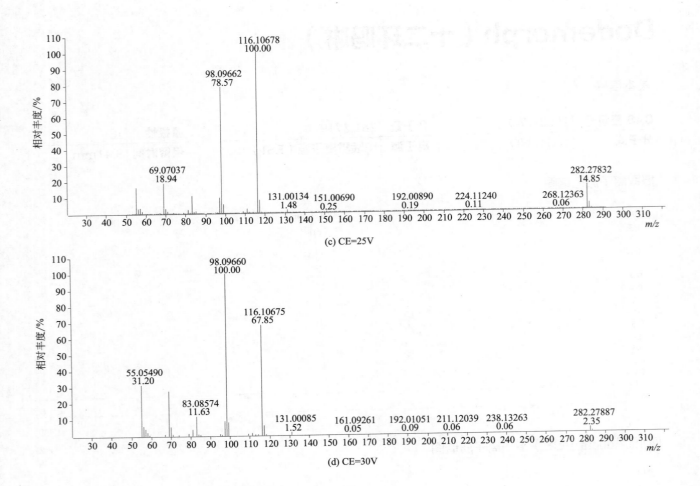

(c) CE=25V

(d) CE=30V

Drazoxolon（敌菌酮）

基本信息

CAS 登录号	5707-69-7	**分子量**	237.0305	**源极性**	正
分子式	C₁₀H₈ClN₃O₂	**离子源**	电喷雾离子源（ESI）	**保留时间**	12.47min

提取离子流色谱图

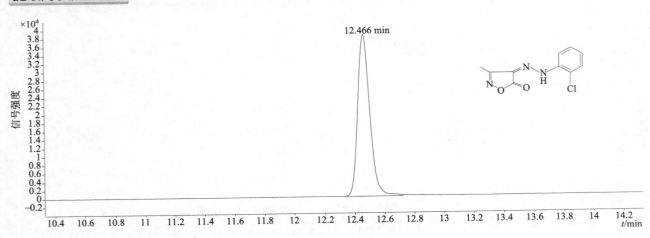

四个碰撞能量（CE）下子离子质谱图

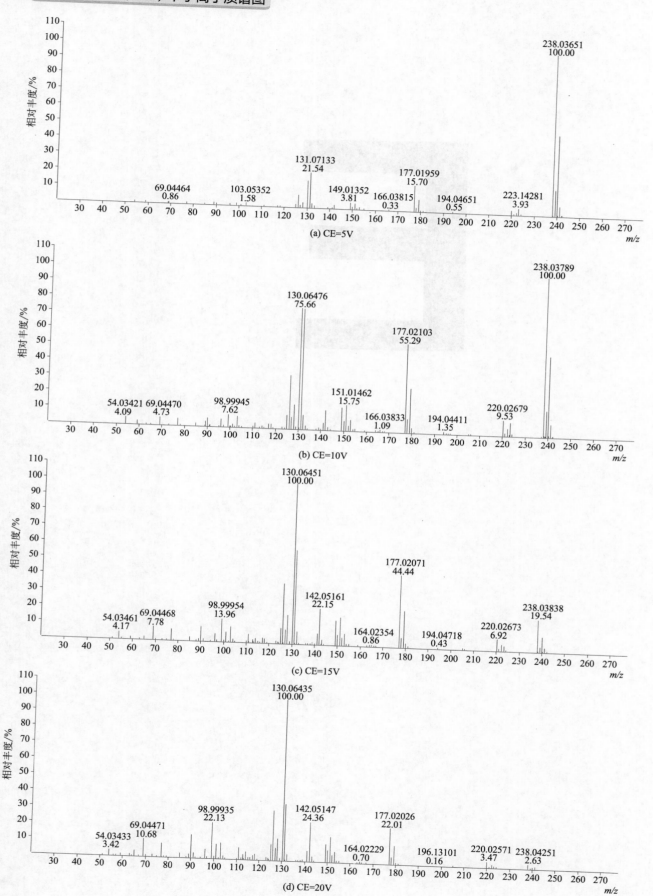

(a) CE=5V

(b) CE=10V

(c) CE=15V

(d) CE=20V

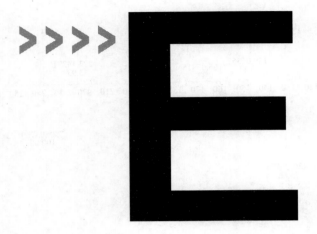

Edifenphos（敌瘟磷）

基本信息

CAS 登录号	17109-49-8	分子量	310.0251	源极性	正
分子式	C$_{14}$H$_{15}$O$_2$PS$_2$	离子源	电喷雾离子源（ESI）	保留时间	13.65min

提取离子流色谱图

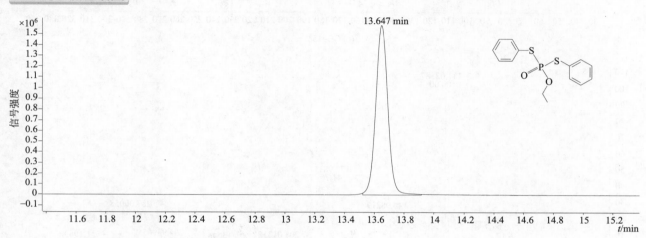

四个碰撞能量（CE）下子离子质谱图

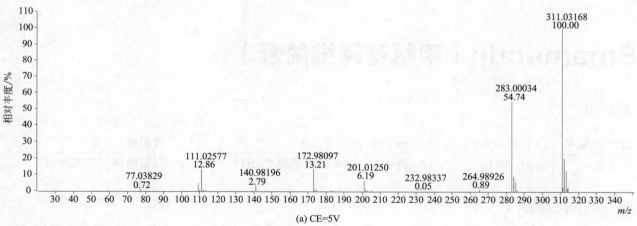

(a) CE=5V

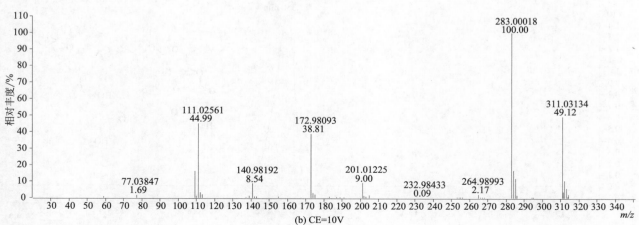

(b) CE=10V

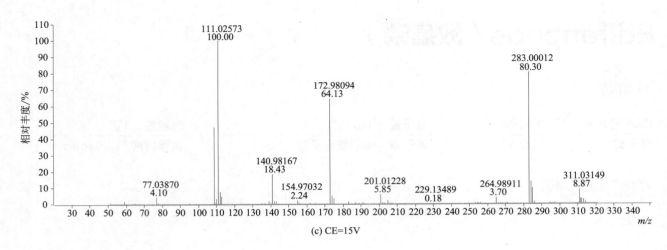

(c) CE=15V

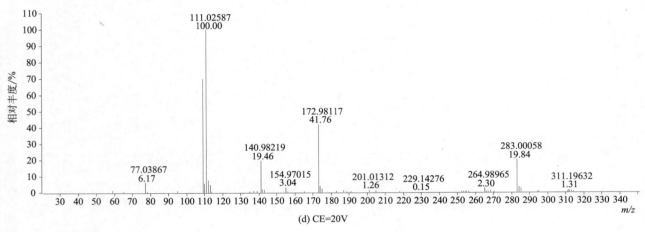

(d) CE=20V

Emamectin（甲氨基阿维菌素）

基本信息

CAS 登录号	119791-41-2	分子量	885.5238	源极性	正
分子式	$C_{49}H_{75}NO_{13}$	离子源	电喷雾离子源（ESI）	保留时间	17.35min

提取离子流色谱图

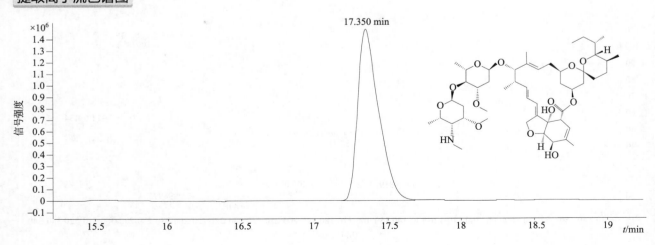

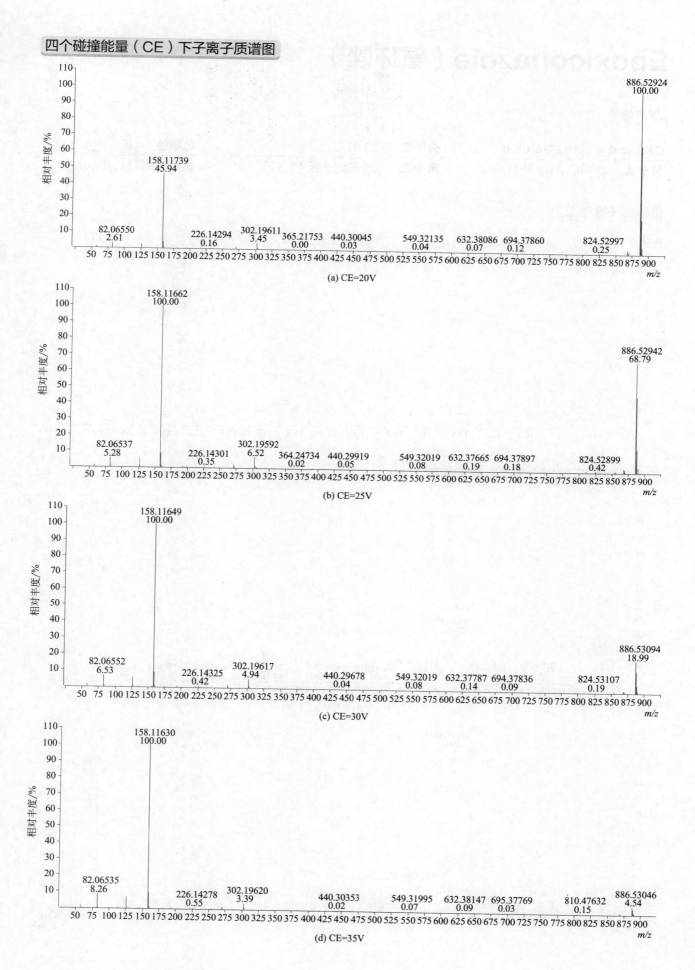

(a) CE=20V

(b) CE=25V

(c) CE=30V

(d) CE=35V

Epoxiconazole（氟环唑）

基本信息

CAS 登录号	106325-08-0	分子量	329.0731	源极性	正
分子式	C₁₇H₁₃ClFN₃O	离子源	电喷雾离子源（ESI）	保留时间	11.36min

分子式 $C_{17}H_{13}ClFN_3O$

提取离子流色谱图

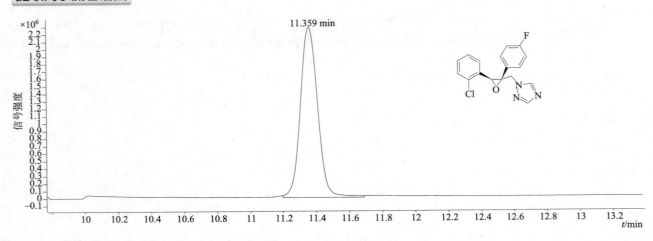

四个碰撞能量（CE）下子离子质谱图

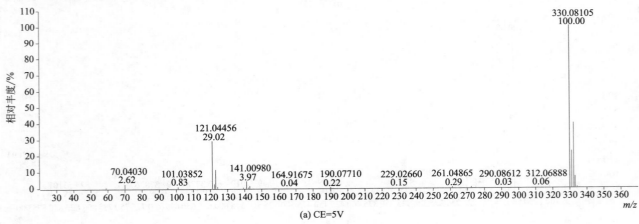

(a) CE=5V

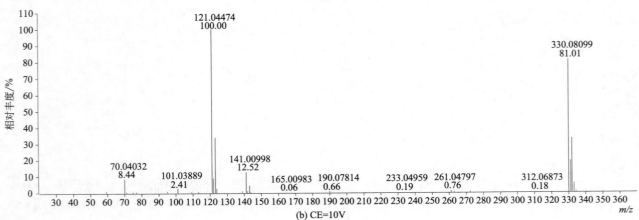

(b) CE=10V

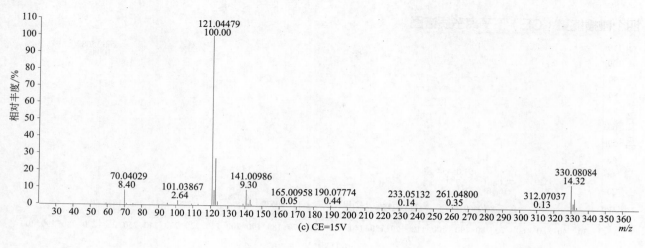

(c) CE=15V

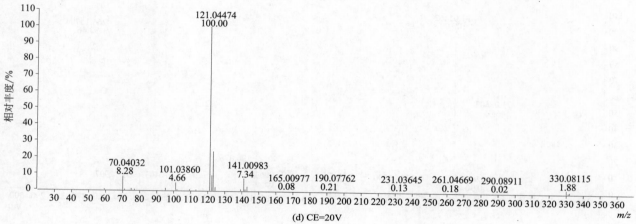

(d) CE=20V

Esprocarb（戊草丹）

CAS 登录号	85785-20-2	分子量	265.1500	源极性	正
分子式	$C_{15}H_{23}NOS$	离子源	电喷雾离子源（ESI）	保留时间	17.30min

提取离子流色谱图

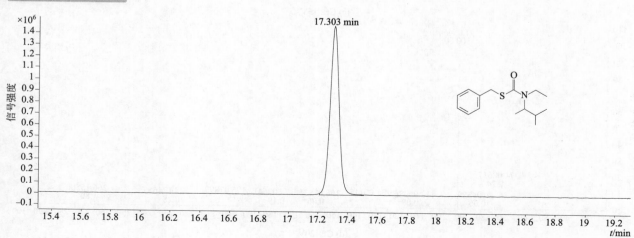

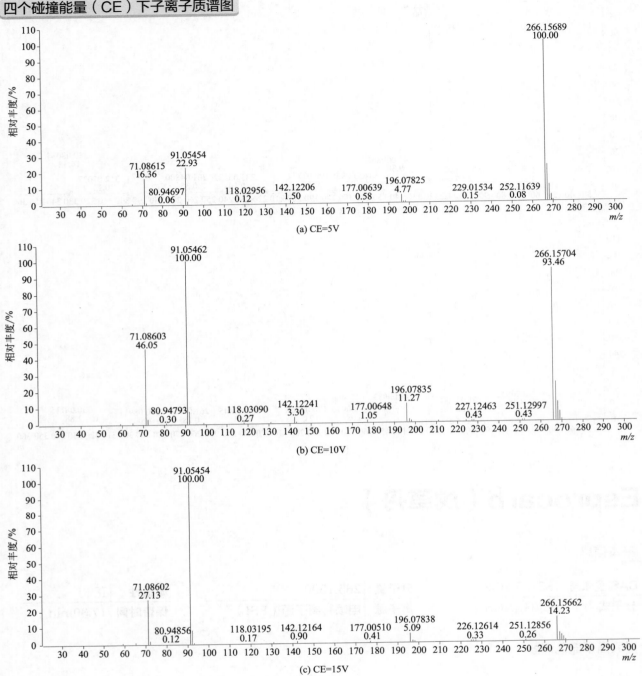

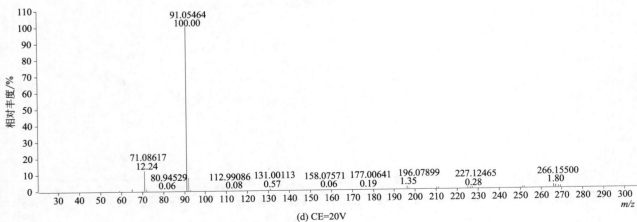

Etaconazole（乙环唑）

CAS 登录号	71245-23-3	分子量	327.0541	源极性	正
分子式	$C_{14}H_{15}Cl_2N_3O_2$	离子源	电喷雾离子源（ESI）	保留时间	11.27min

提取离子流色谱图

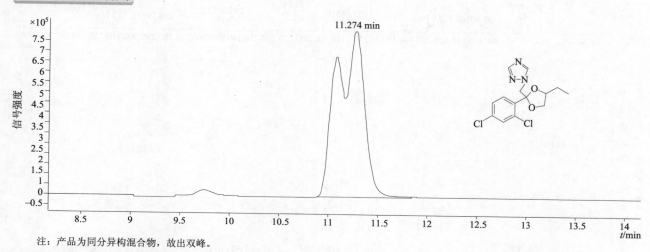

注：产品为同分异构混合物，故出双峰。

四个碰撞能量（CE）下子离子质谱图

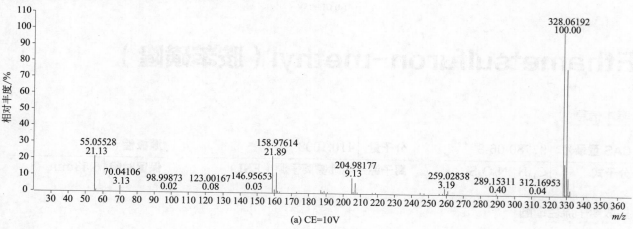

(a) CE=10V

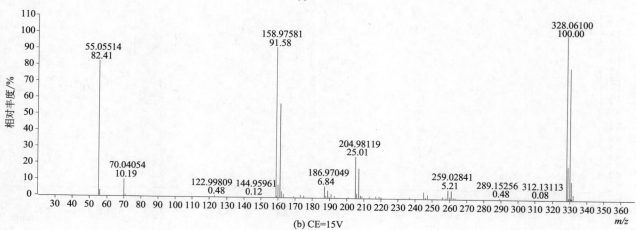

(b) CE=15V

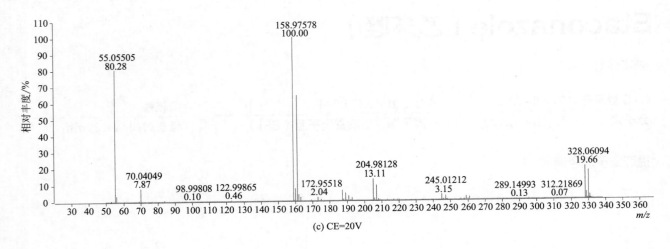

(c) CE=20V

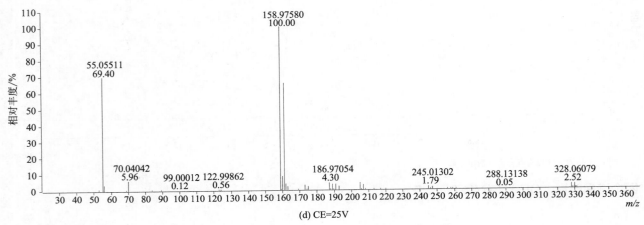

(d) CE=25V

Ethametsulfuron-methyl（胺苯磺隆）

基本信息

CAS 登录号	97780-06-8	分子量	410.1008	源极性	正
分子式	C₁₅H₁₈N₆O₆S	离子源	电喷雾离子源（ESI）	保留时间	6.53min

提取离子流色谱图

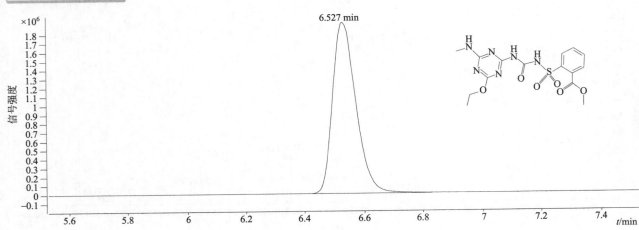

四个碰撞能量（CE）下子离子质谱图

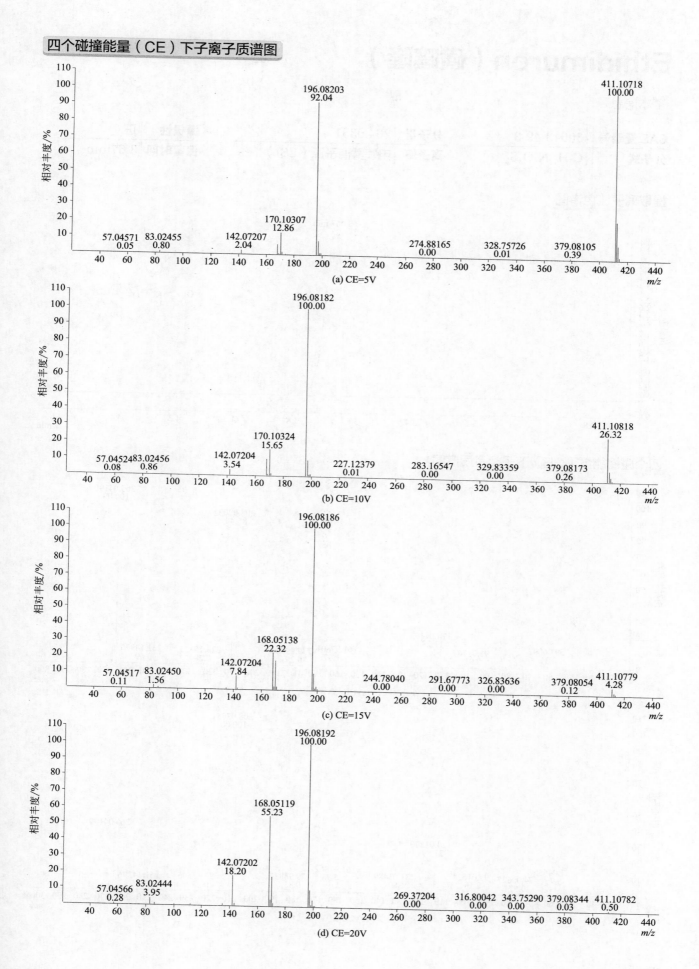

(a) CE=5V

(b) CE=10V

(c) CE=15V

(d) CE=20V

Ethidimuron（磺噻隆）

基本信息

CAS 登录号	30043-49-3	分子量	264.0351	源极性	正
分子式	$C_7H_{12}N_4O_3S_2$	离子源	电喷雾离子源（ESI）	保留时间	3.67min

提取离子流色谱图

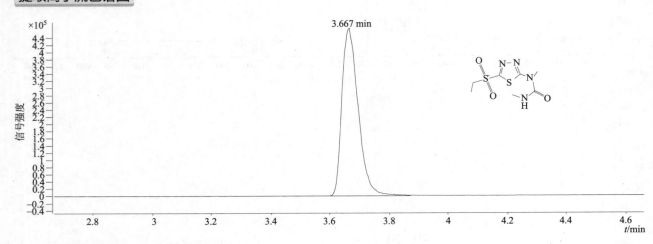

四个碰撞能量（CE）下子离子质谱图

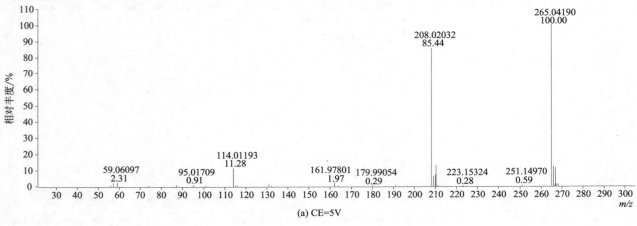

(a) CE=5V

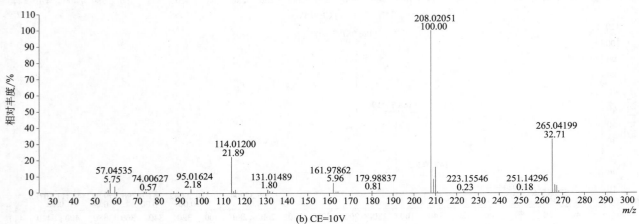

(b) CE=10V

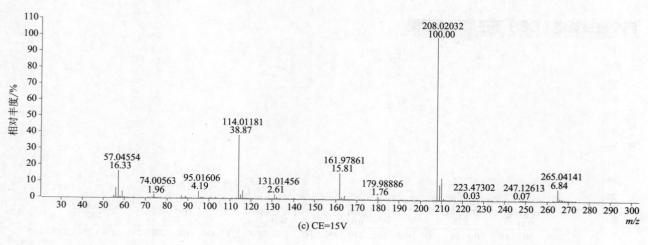

(c) CE=15V

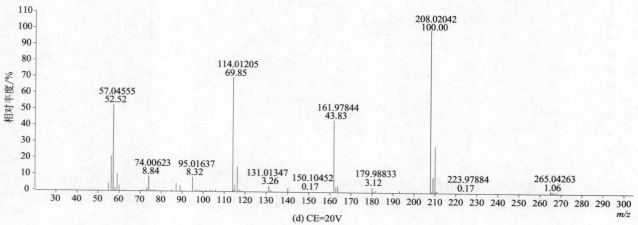

(d) CE=20V

Ethiofencarb（乙硫苯威）

基本信息

CAS 登录号	29973-13-5	分子量	225.0823	源极性	正
分子式	C₁₁H₁₅NO₂S	离子源	电喷雾离子源（ESI）	保留时间	6.69min

分子式 $C_{11}H_{15}NO_2S$

提取离子流色谱图

6.692 min

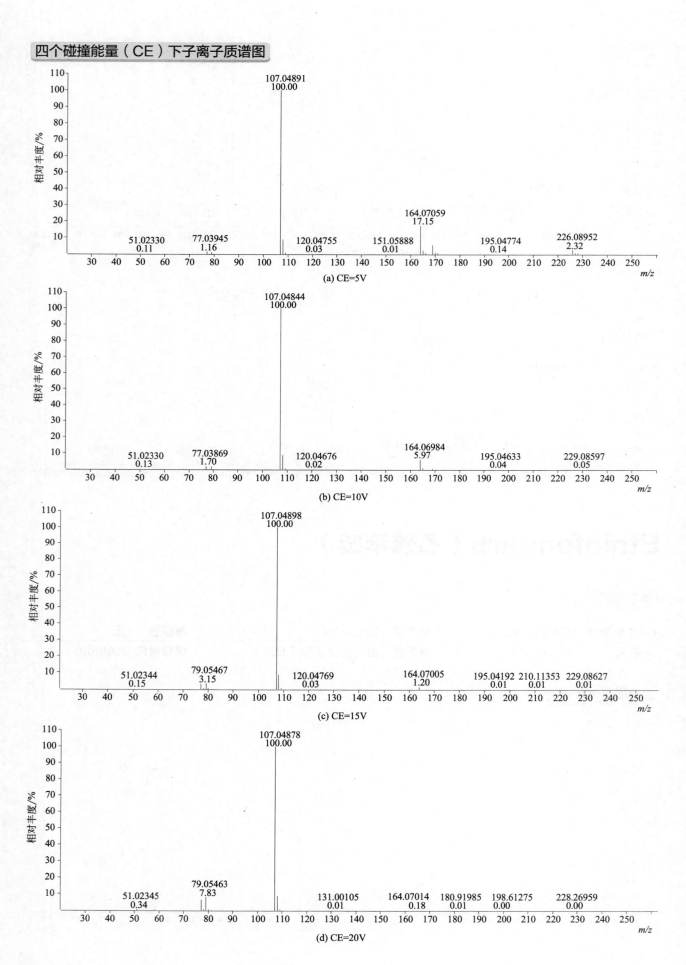

(a) CE=5V

(b) CE=10V

(c) CE=15V

(d) CE=20V

Ethiofencarb–sulfone（乙硫苯威砜）

基本信息

CAS 登录号	53380-23-7	**分子量**	257.0722	**源极性**	正
分子式	C$_{11}$H$_{15}$NO$_4$S	**离子源**	电喷雾离子源（ESI）	**保留时间**	3.64min

提取离子流色谱图

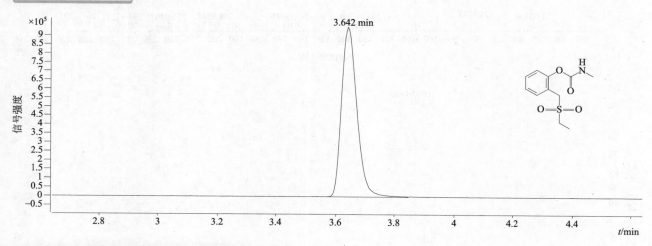

四个碰撞能量（CE）下子离子质谱图

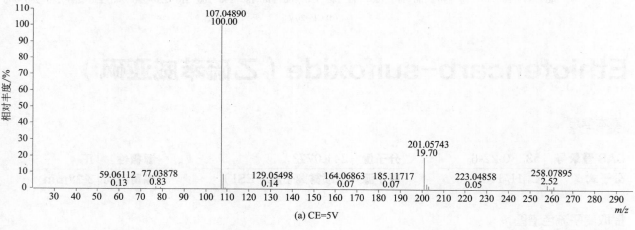

(a) CE=5V

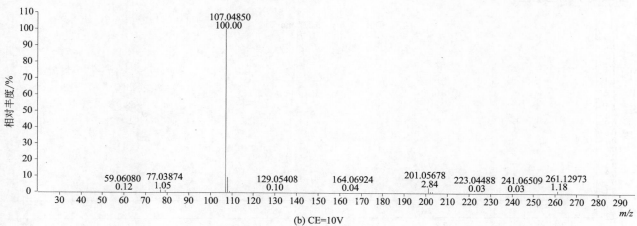

(b) CE=10V

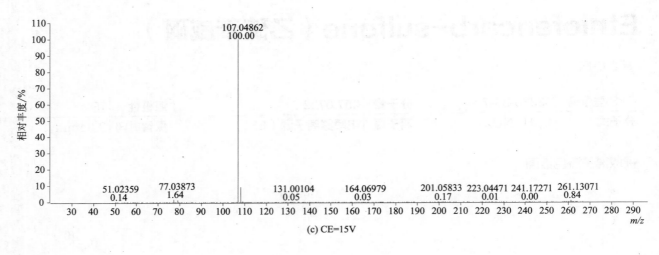

(c) CE=15V

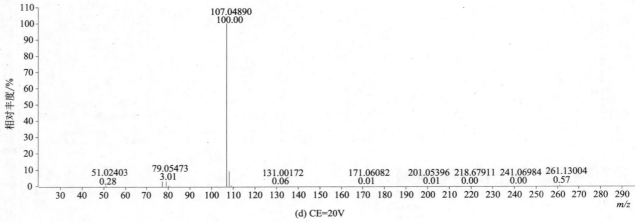

(d) CE=20V

Ethiofencarb-sulfoxide（乙硫苯威亚砜）

基本信息

CAS 登录号	53380-22-6	分子量	241.0773	源极性	正
分子式	$C_{11}H_{15}NO_3S$	离子源	电喷雾离子源（ESI）	保留时间	3.28min

提取离子流色谱图

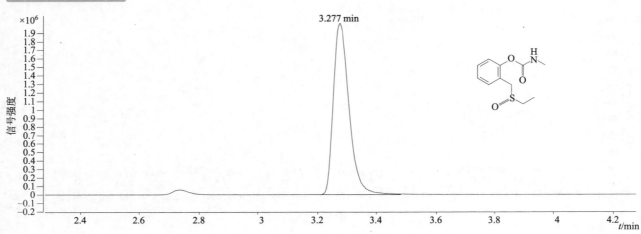

四个碰撞能量（CE）下子离子质谱图

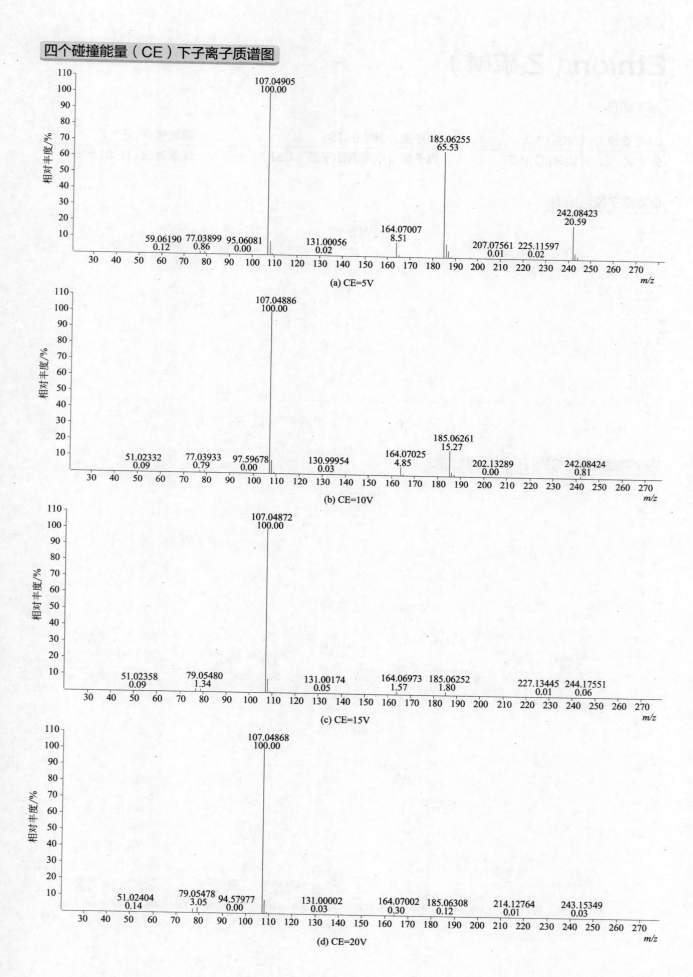

(a) CE=5V

(b) CE=10V

(c) CE=15V

(d) CE=20V

Ethion（乙硫磷）

基本信息

CAS 登录号	563-12-2	**分子量**	383.9876	**源极性**	正
分子式	C₉H₂₂O₄P₂S₄	**离子源**	电喷雾离子源（ESI）	**保留时间**	18.07min

分子式：$C_9H_{22}O_4P_2S_4$

提取离子流色谱图

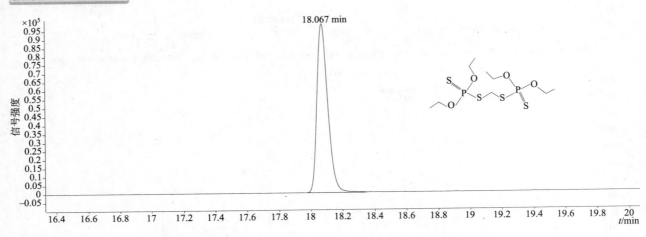

四个碰撞能量（CE）下子离子质谱图

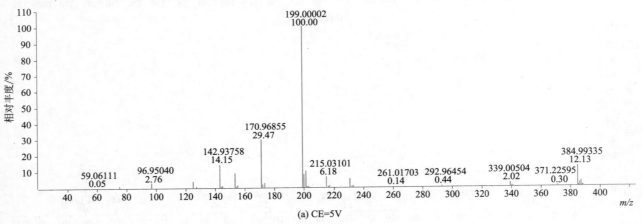

(a) CE=5V

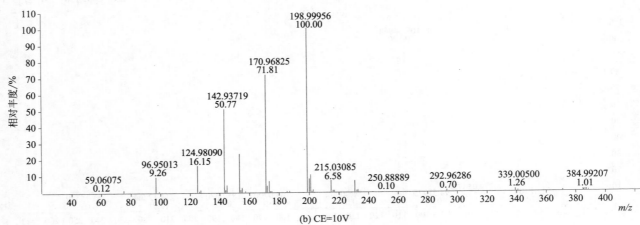

(b) CE=10V

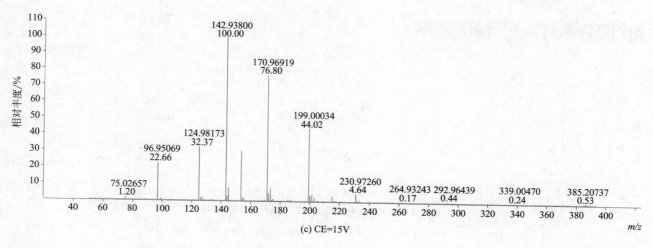

(c) CE=15V

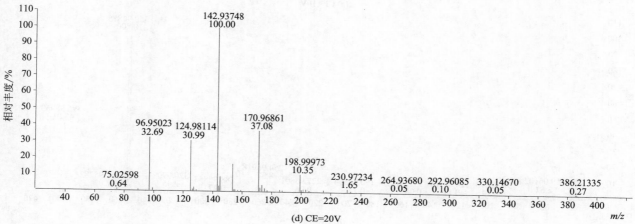

(d) CE=20V

Ethiprole（乙虫清）

基本信息

| CAS 登录号 | 181587-01-9 | 分子量 | 395.9826 | 源极性 | 正 |
| 分子式 | $C_{13}H_9Cl_2F_3N_4OS$ | 离子源 | 电喷雾离子源（ESI） | 保留时间 | 9.49min |

提取离子流色谱图

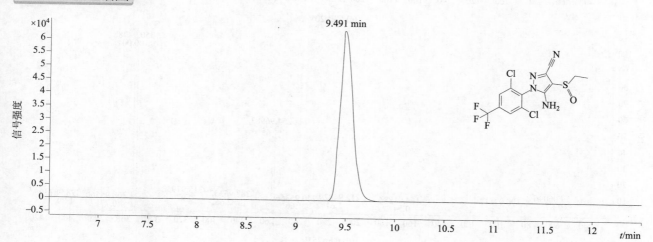

四个碰撞能量（CE）下子离子质谱图

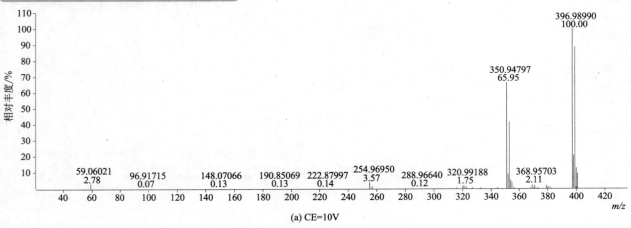

(a) CE=10V

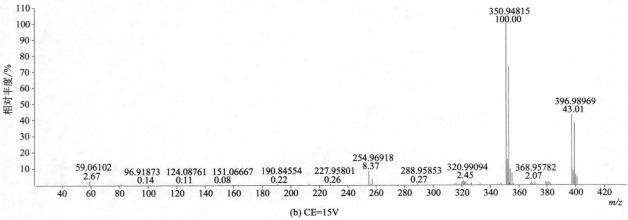

(b) CE=15V

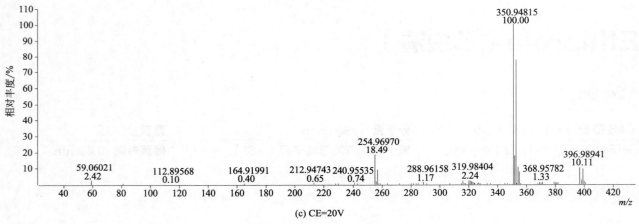

(c) CE=20V

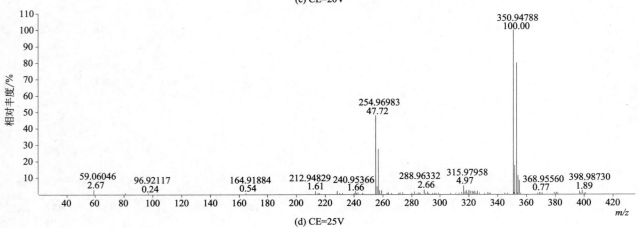

(d) CE=25V

Ethirimol（乙嘧酚）

基本信息

CAS 登录号	23947-60-6	分子量	209.1528	源极性	正
分子式	C₁₁H₁₉N₃O	离子源	电喷雾离子源（ESI）	保留时间	3.68min

分子式：$C_{11}H_{19}N_3O$

提取离子流色谱图

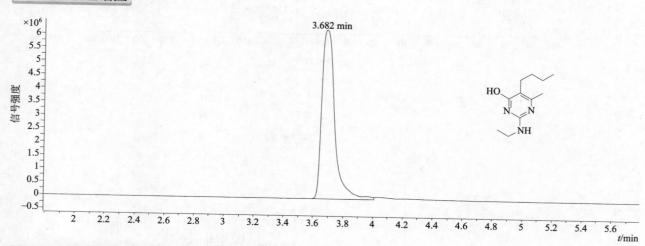

四个碰撞能量（CE）下子离子质谱图

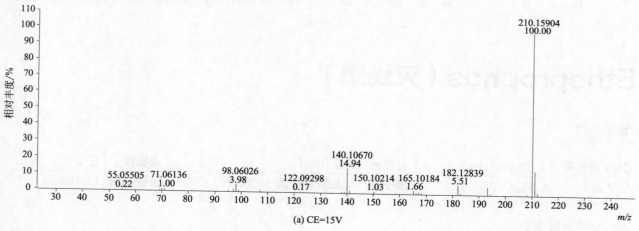

(a) CE=15V

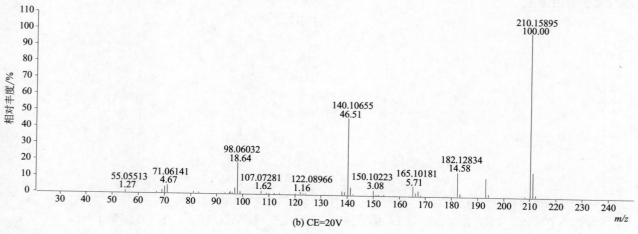

(b) CE=20V

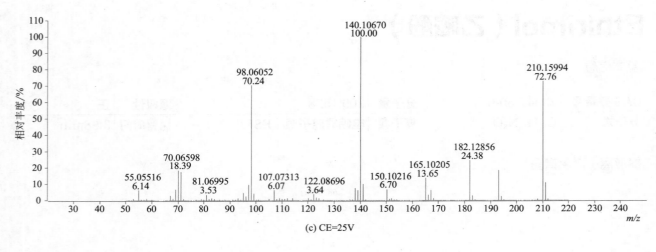

(c) CE=25V

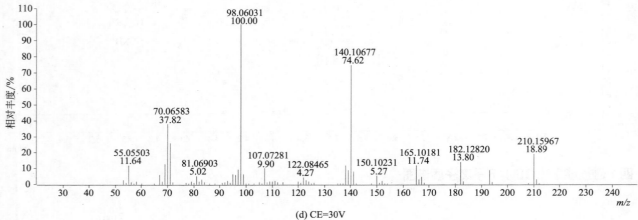

(d) CE=30V

Ethoprophos（灭线磷）

基本信息

CAS 登录号	13194-48-4	分子量	242.0564	源极性	正
分子式	$C_8H_{19}O_2PS_2$	离子源	电喷雾离子源（ESI）	保留时间	11.10min

提取离子流色谱图

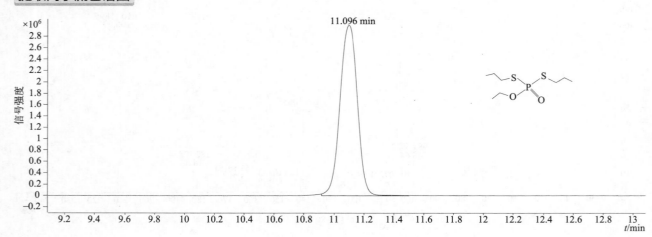

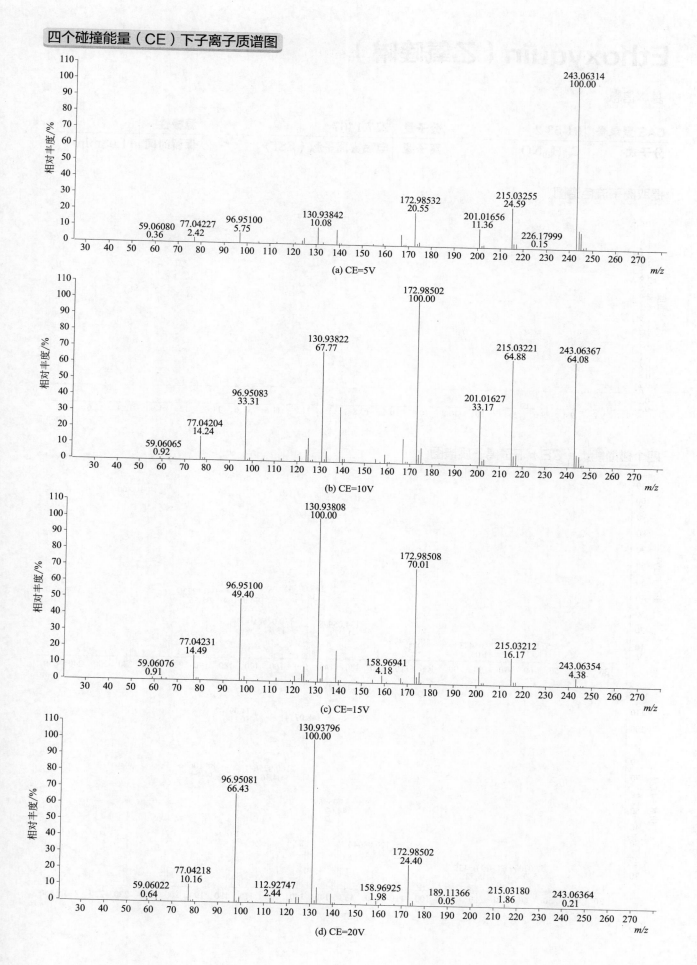

(a) CE=5V

(b) CE=10V

(c) CE=15V

(d) CE=20V

Ethoxyquin（乙氧喹啉）

基本信息

CAS 登录号	91-53-2	分子量	217.1467	源极性	正
分子式	C$_{14}$H$_{19}$NO	离子源	电喷雾离子源（ESI）	保留时间	11.08min

提取离子流色谱图

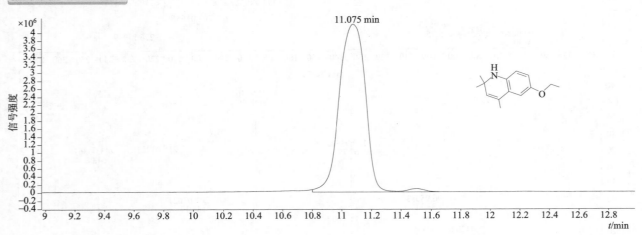

四个碰撞能量（CE）下子离子质谱图

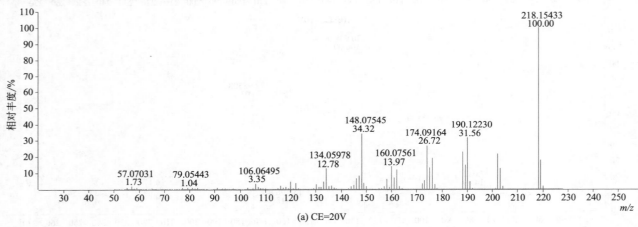

(a) CE=20V

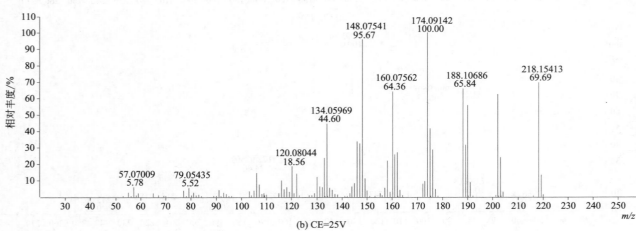

(b) CE=25V

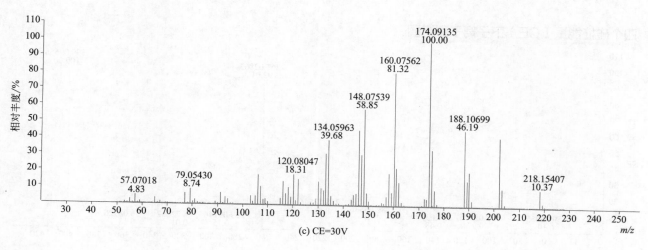

(c) CE=30V

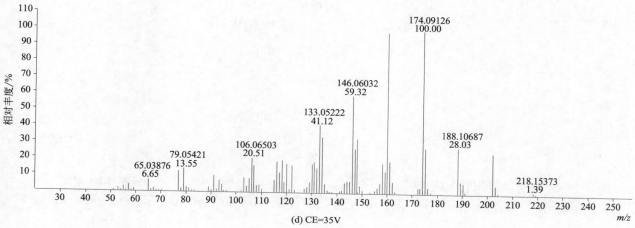

(d) CE=35V

Ethoxysulfuron（乙氧嘧磺隆）

基本信息

CAS 登录号	126801-58-9	**分子量**	398.0896	**源极性**	正
分子式	$C_{15}H_{18}N_4O_7S$	**离子源**	电喷雾离子源（ESI）	**保留时间**	10.77min

提取离子流色谱图

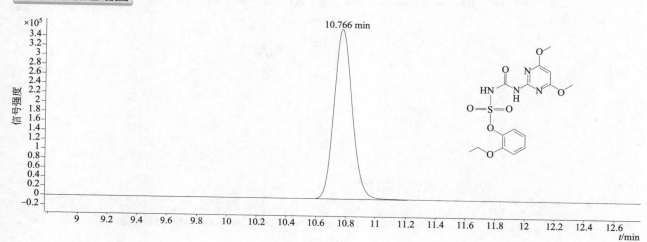

四个碰撞能量（CE）下子离子质谱图

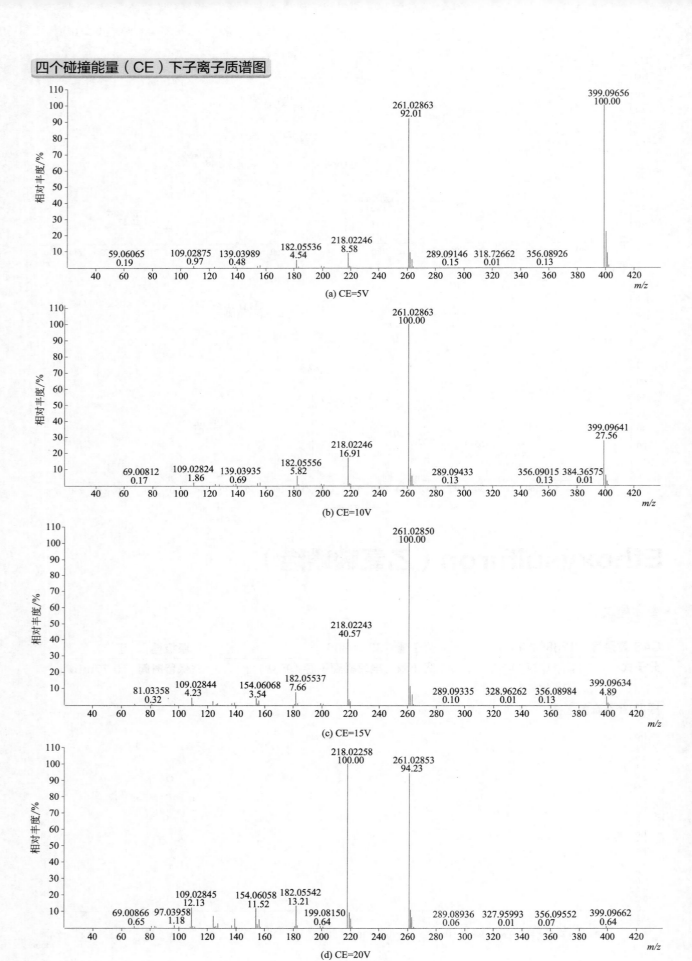

(a) CE=5V

(b) CE=10V

(c) CE=15V

(d) CE=20V

Etobenzanid（乙氧苯草胺）

基本信息

CAS 登录号	79540-50-4	**分子量**	339.0429	**源极性**	正
分子式	$C_{16}H_{15}Cl_2NO_3$	**离子源**	电喷雾离子源（ESI）	**保留时间**	15.03min

提取离子流色谱图

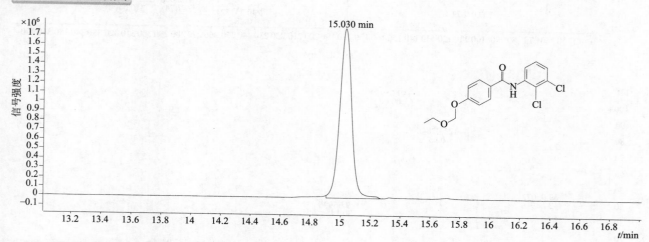

四个碰撞能量（CE）下子离子质谱图

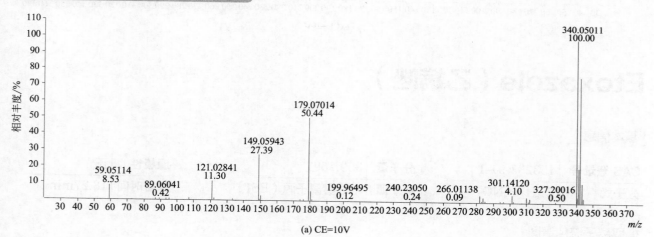

(a) CE=10V

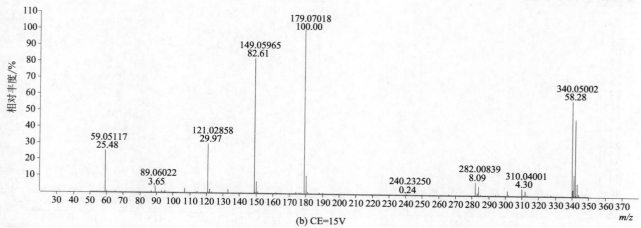

(b) CE=15V

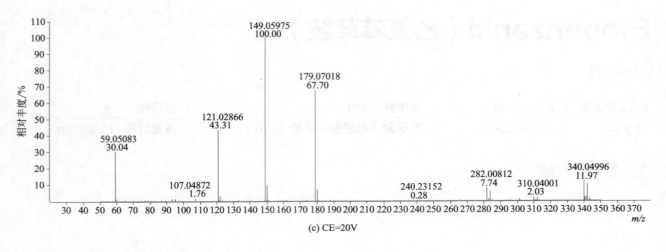

(c) CE=20V

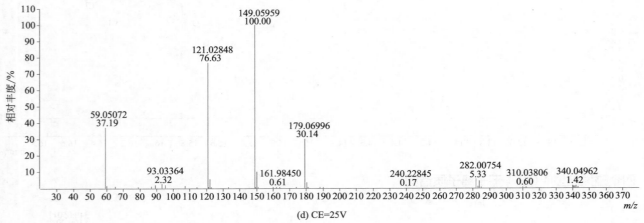

(d) CE=25V

Etoxazole（乙螨唑）

基本信息

CAS 登录号	153233-91-1	**分子量**	359.1697	**源极性**	正
分子式	$C_{21}H_{23}F_2NO_2$	**离子源**	电喷雾离子源（ESI）	**保留时间**	18.27min

提取离子流色谱图

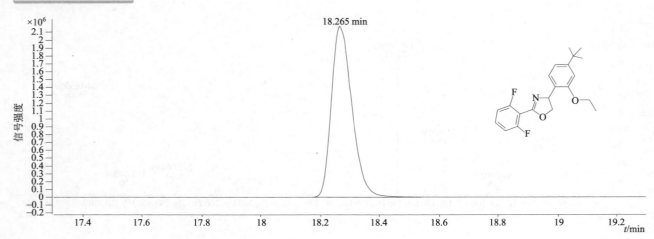

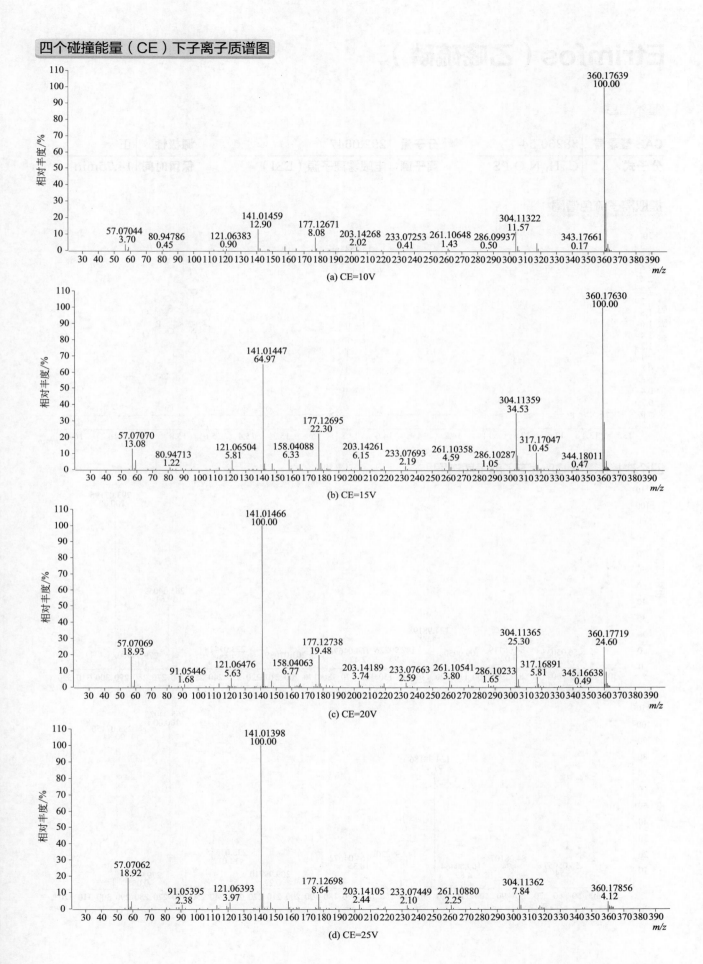

(a) CE=10V

(b) CE=15V

(c) CE=20V

(d) CE=25V

Etrimfos（乙嘧硫磷）

基本信息

CAS 登录号	38260-54-7	**分子量**	292.0647	**源极性**	正
分子式	$C_{10}H_{17}N_2O_4PS$	**离子源**	电喷雾离子源（ESI）	**保留时间**	14.75min

提取离子流色谱图

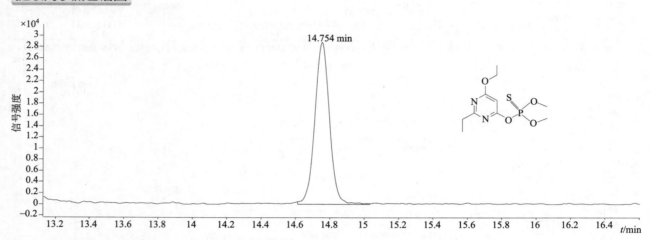

四个碰撞能量（CE）下子离子质谱图

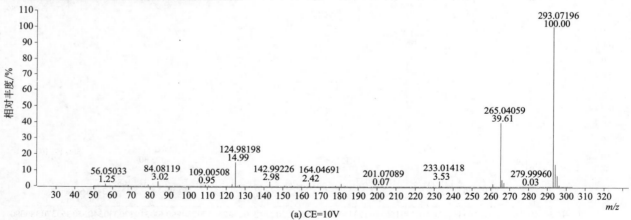

(a) CE=10V

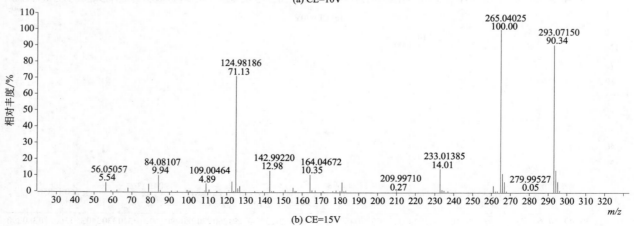

(b) CE=15V

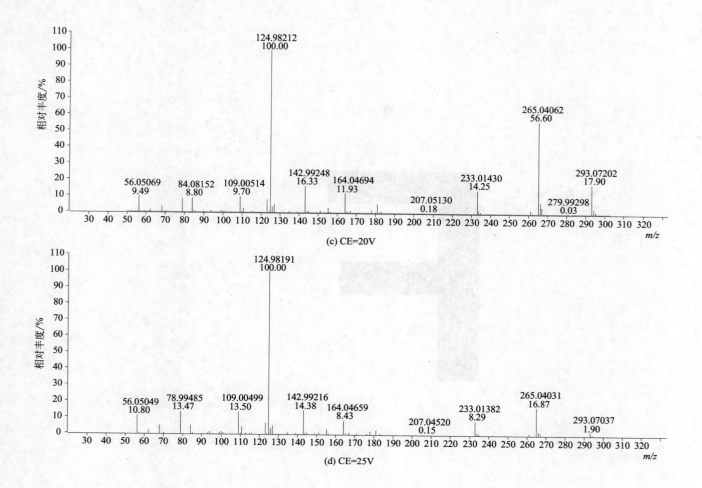

(c) CE=20V

(d) CE=25V

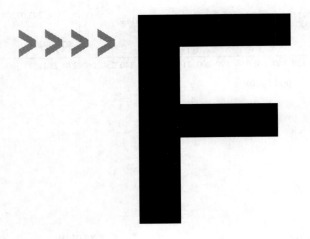

Famoxadone（恶唑菌酮）

基本信息

CAS 登录号	131807-57-3	**分子量**	374.1267	**源极性**	负
分子式	$C_{22}H_{18}N_2O_4$	**离子源**	电喷雾离子源（ESI）	**保留时间**	15.62min

提取离子流色谱图

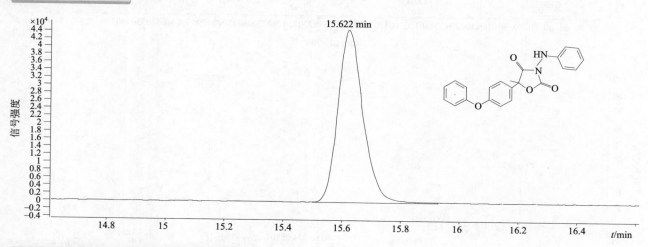

四个碰撞能量（CE）下子离子质谱图

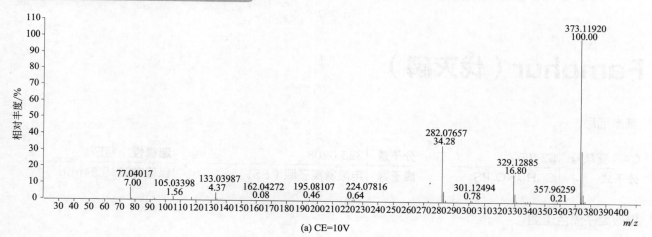

(a) CE=10V

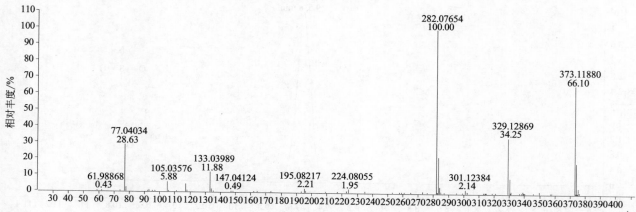

(b) CE=15V

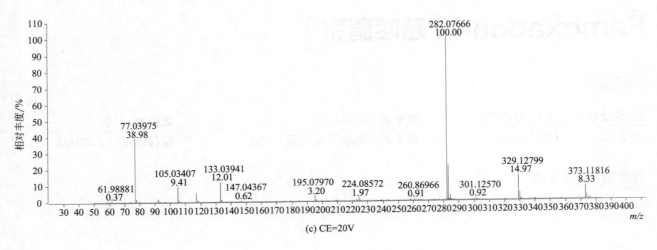

(c) CE=20V

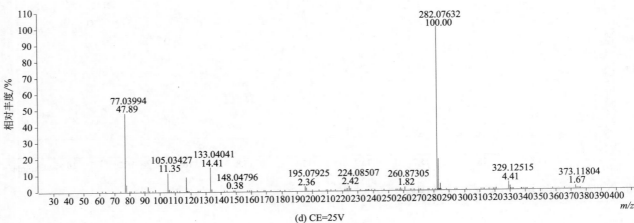

(d) CE=25V

Famphur（伐灭磷）

基本信息

CAS 登录号	52-85-7	分子量	325.0208	源极性	正
分子式	$C_{10}H_{16}NO_5PS_2$	离子源	电喷雾离子源（ESI）	保留时间	9.54min

提取离子流色谱图

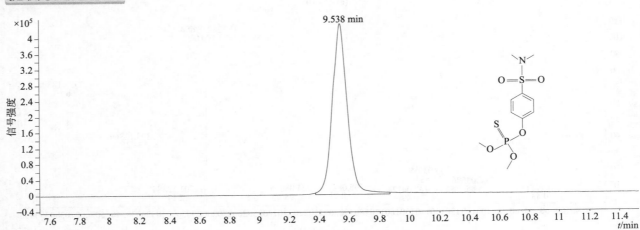

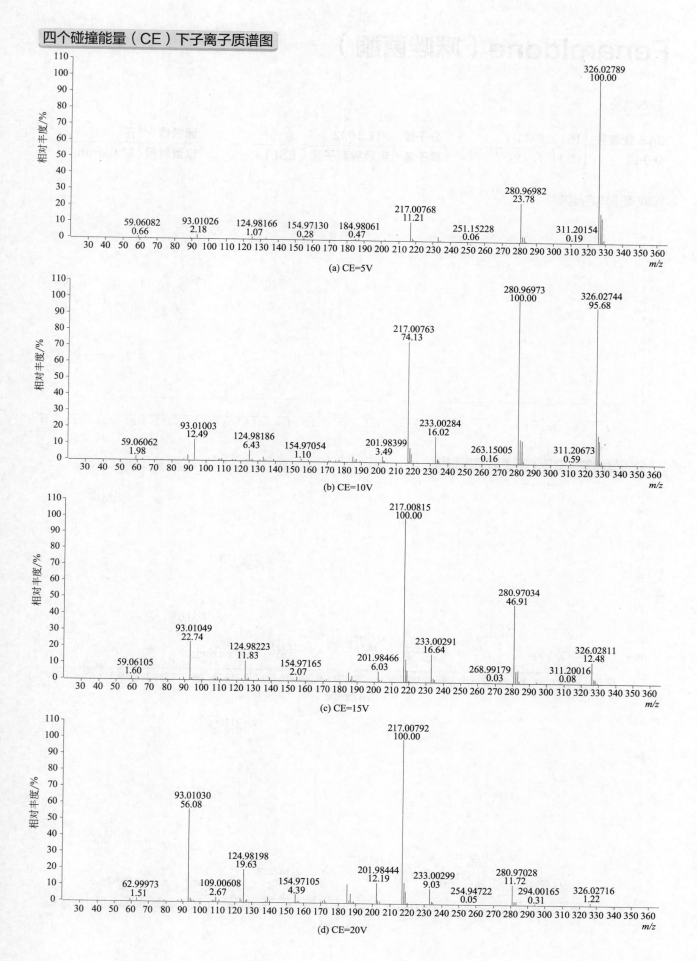

(a) CE=5V

(b) CE=10V

(c) CE=15V

(d) CE=20V

Fenamidone（咪唑菌酮）

基本信息

CAS 登录号	161326-34-7	**分子量**	311.1092	**源极性**	正
分子式	C₁₇H₁₇N₃OS	**离子源**	电喷雾离子源（ESI）	**保留时间**	11.08min

提取离子流色谱图

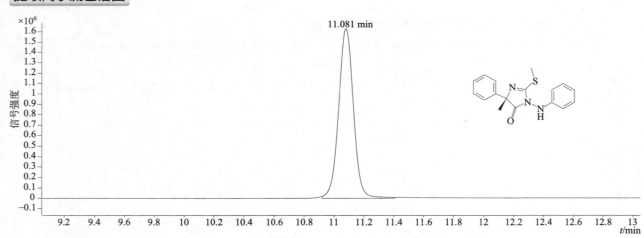

四个碰撞能量（CE）下子离子质谱图

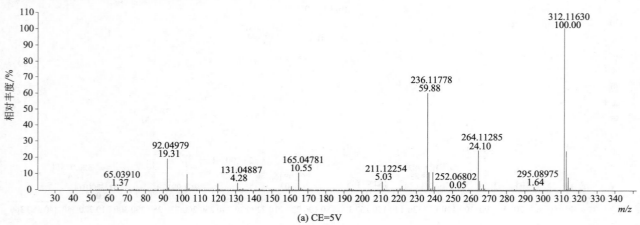

(a) CE=5V

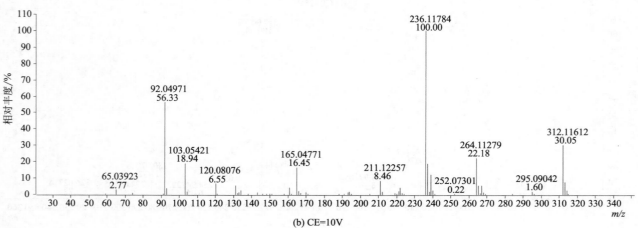

(b) CE=10V

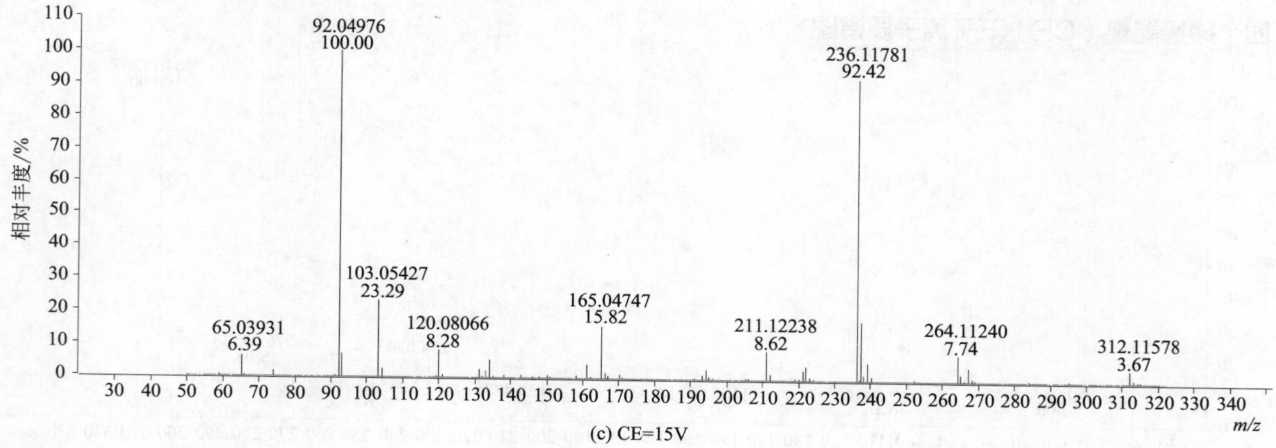

(c) CE=15V

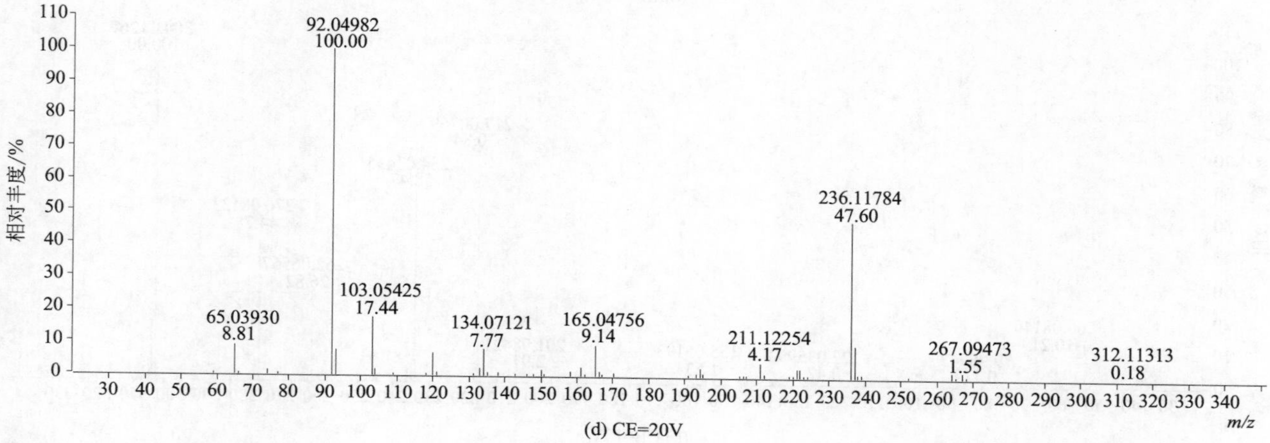

(d) CE=20V

Fenamiphos（苯线磷）

基本信息

CAS 登录号	22224-92-6	**分子量**	303.1058	**源极性**	正
分子式	$C_{13}H_{22}NO_3PS$	**离子源**	电喷雾离子源（ESI）	**保留时间**	10.72min

提取离子流色谱图

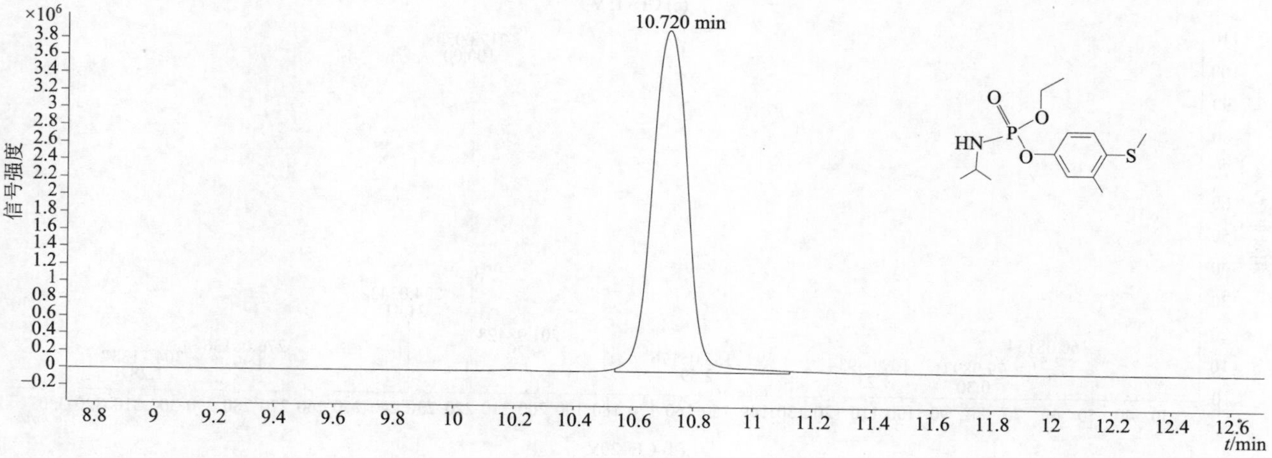

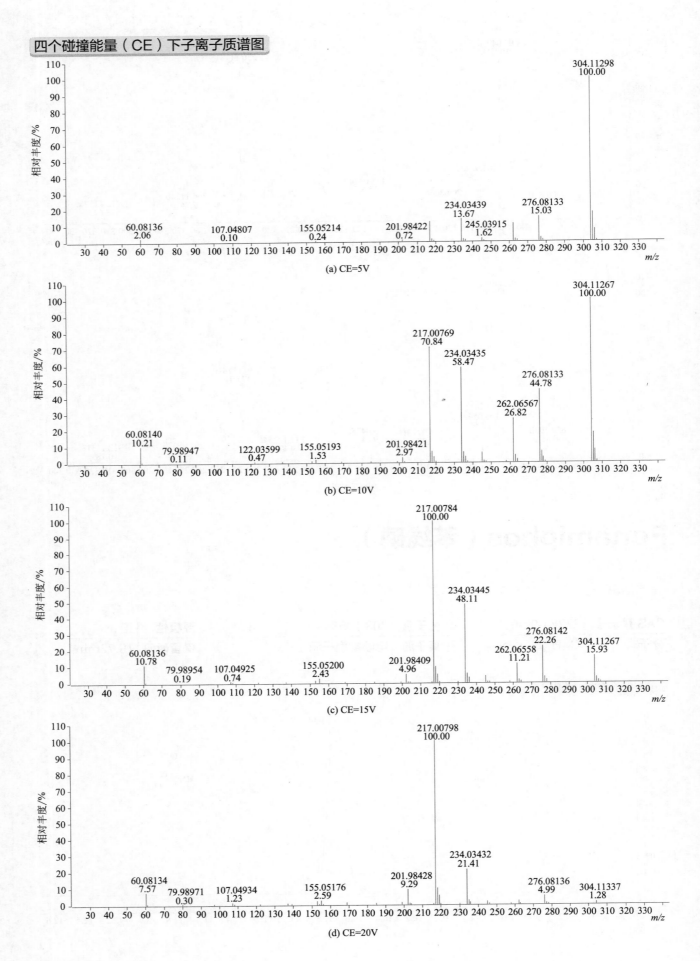

(a) CE=5V

(b) CE=10V

(c) CE=15V

(d) CE=20V

Fenamiphos sulfone（苯线磷砜）

基本信息

CAS 登录号	31972-44-8	**分子量**	335.0956	**源极性**	正
分子式	$C_{13}H_{22}NO_5PS$	**离子源**	电喷雾离子源（ESI）	**保留时间**	5.74min

提取离子流色谱图

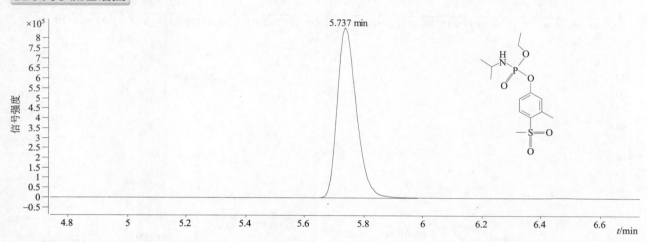

四个碰撞能量（CE）下子离子质谱图

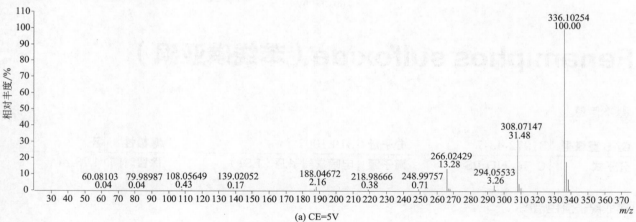

(a) CE=5V

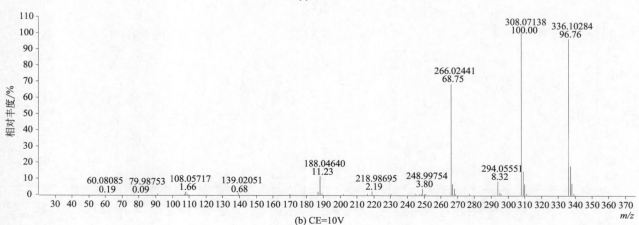

(b) CE=10V

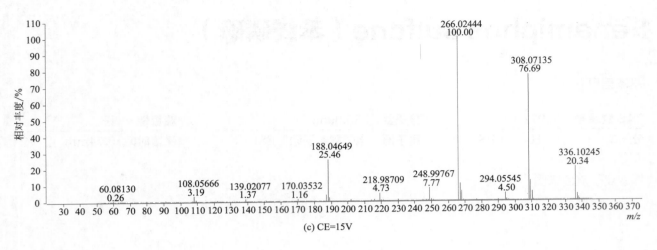

(c) CE=15V

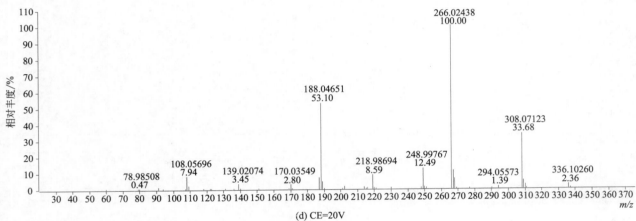

(d) CE=20V

Fenamiphos sulfoxide（苯线磷亚砜）

基本信息

CAS 登录号	31972-43-7	**分子量**	319.1007	**源极性**	正
分子式	$C_{13}H_{22}NO_4PS$	**离子源**	电喷雾离子源（ESI）	**保留时间**	4.73min

提取离子流色谱图

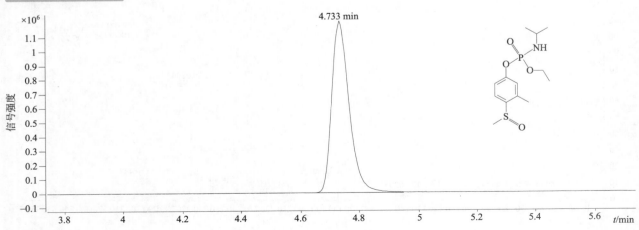

四个碰撞能量（CE）下子离子质谱图

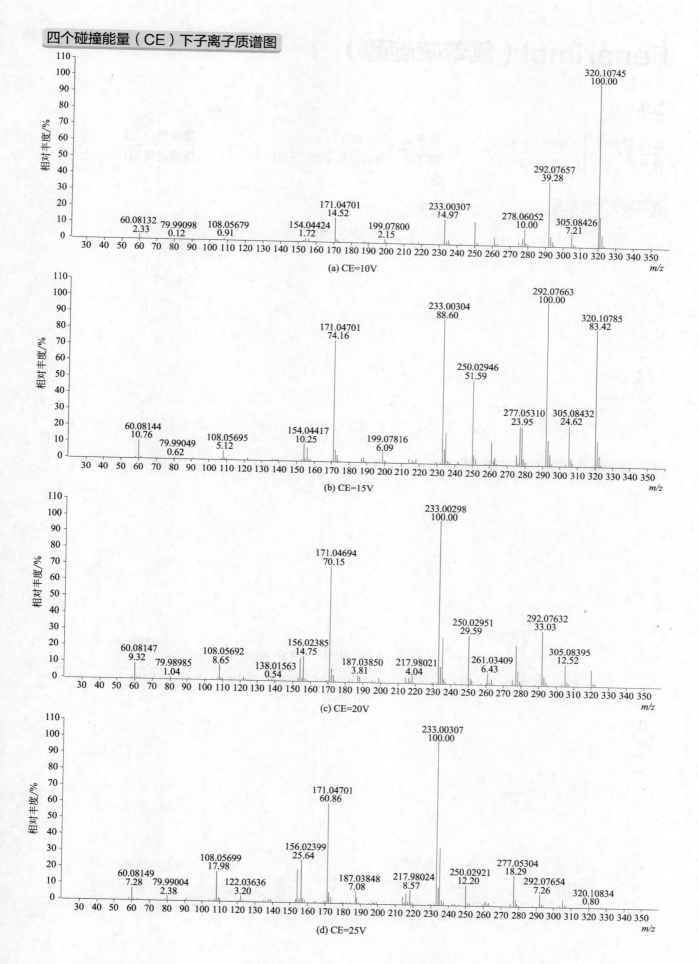

(a) CE=10V

(b) CE=15V

(c) CE=20V

(d) CE=25V

Fenarimol（氯苯嘧啶醇）

基本信息

CAS 登录号	60168-88-9	**分子量**	330.0327	**源极性**	正
分子式	C$_{17}$H$_{12}$Cl$_2$N$_2$O	**离子源**	电喷雾离子源（ESI）	**保留时间**	10.75min

提取离子流色谱图

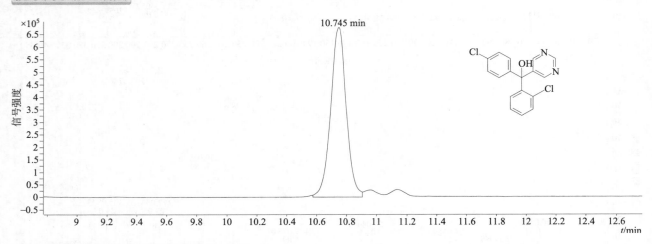

四个碰撞能量（CE）下子离子质谱图

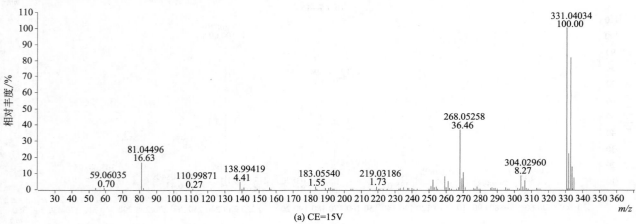

(a) CE=15V

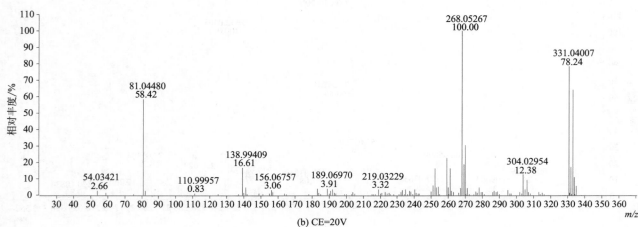

(b) CE=20V

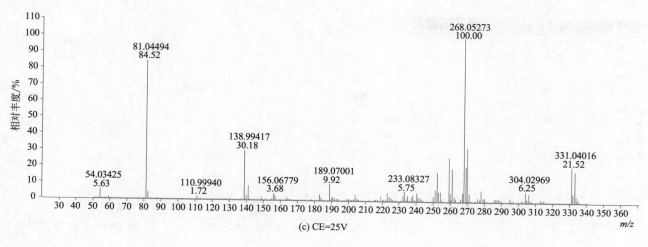

(c) CE=25V

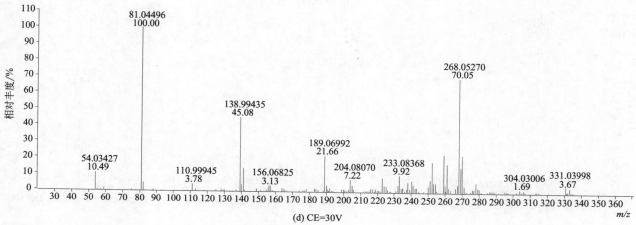

(d) CE=30V

Fenazaquin（喹螨醚）

基本信息

CAS 登录号	120928-09-8	**分子量**	306.1732	**源极性**	正
分子式	C₂₀H₂₂N₂O	**离子源**	电喷雾离子源（ESI）	**保留时间**	18.58min

分子式 $C_{20}H_{22}N_2O$

提取离子流色谱图

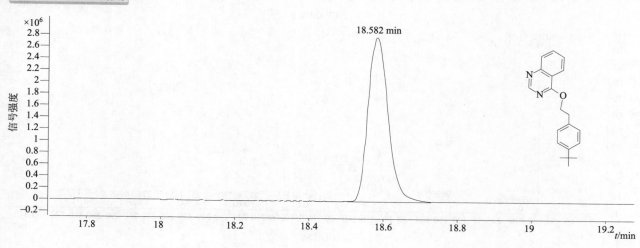

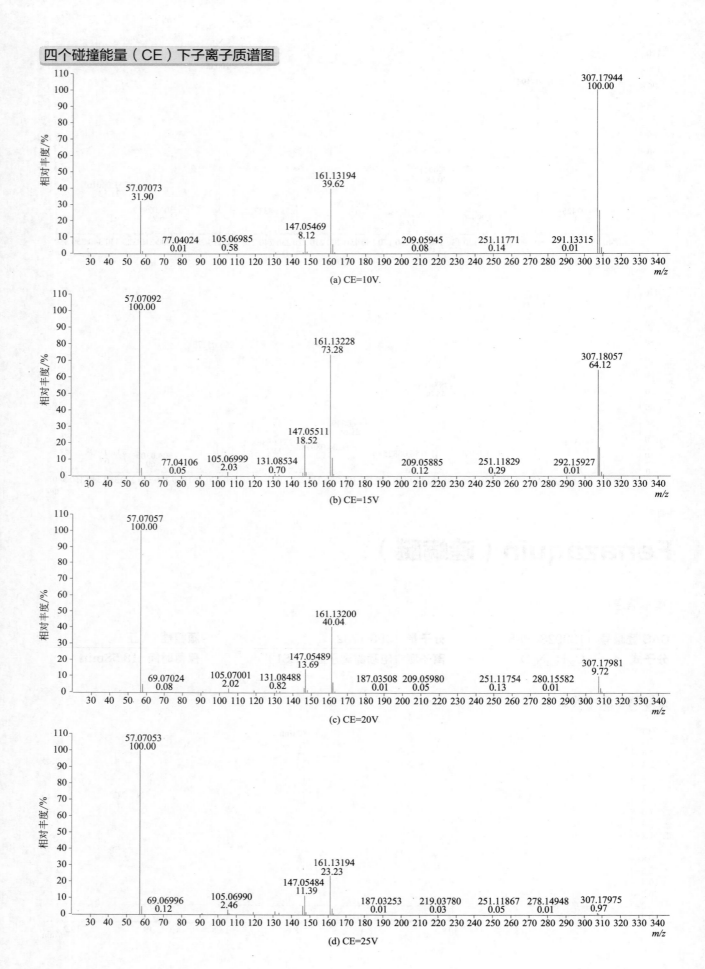

(a) CE=10V

(b) CE=15V

(c) CE=20V

(d) CE=25V

Fenbuconazole（腈苯唑）

基本信息

| CAS 登录号 | 114369-43-6 | 分子量 | 336.1142 | 源极性 | 正 |
| 分子式 | $C_{19}H_{17}ClN_4$ | 离子源 | 电喷雾离子源（ESI） | 保留时间 | 12.56min |

提取离子流色谱图

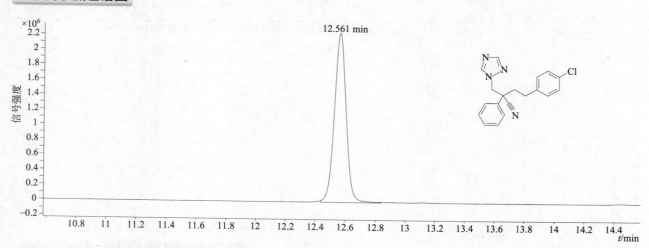

四个碰撞能量（CE）下子离子质谱图

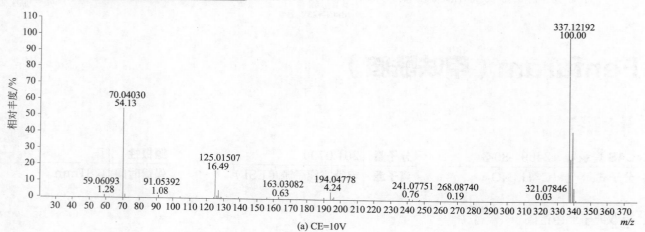

(a) CE=10V

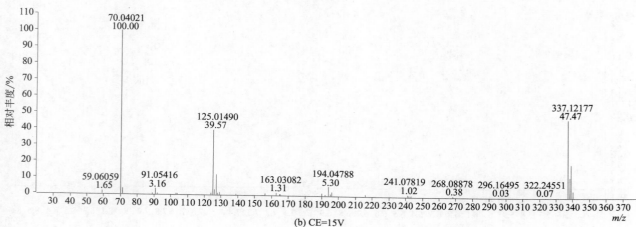

(b) CE=15V

293

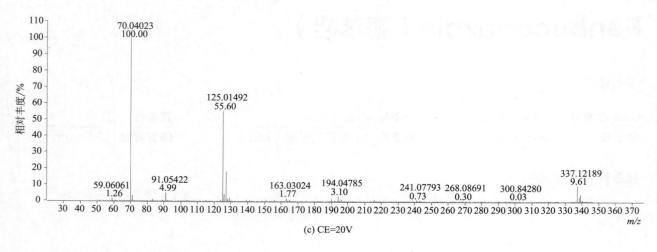

(c) CE=20V

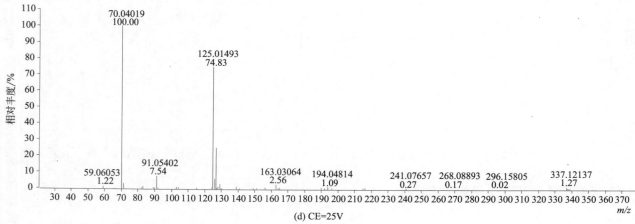

(d) CE=25V

Fenfuram（甲呋酰胺）

基本信息

CAS 登录号	24691-80-3	分子量	201.0790	源极性	正
分子式	C₁₂H₁₁NO₂	离子源	电喷雾离子源（ESI）	保留时间	6.81min

提取离子流色谱图

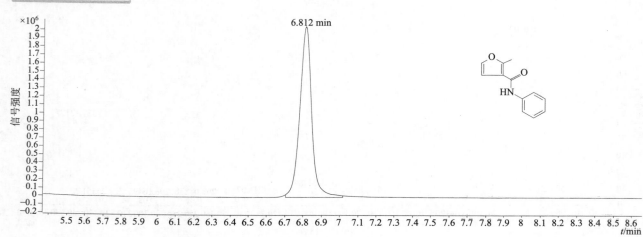

四个碰撞能量（CE）下子离子质谱图

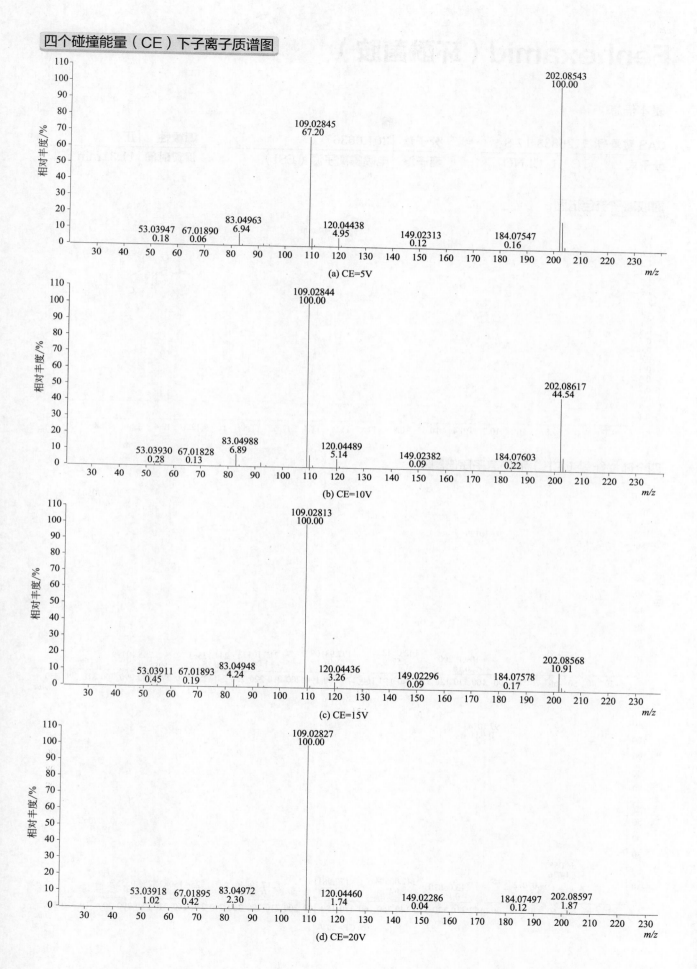

(a) CE=5V

(b) CE=10V

(c) CE=15V

(d) CE=20V

Fenhexamid（环酰菌胺）

基本信息

CAS 登录号	126833-17-8	**分子量**	301.0636	**源极性**	正
分子式	$C_{14}H_{17}Cl_2NO_2$	**离子源**	电喷雾离子源（ESI）	**保留时间**	11.31min

提取离子流色谱图

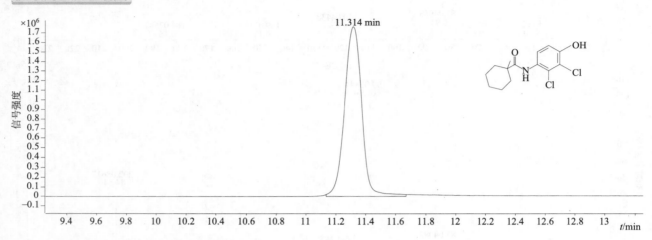

四个碰撞能量（CE）下子离子质谱图

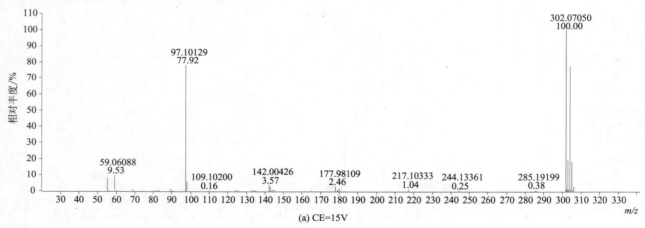

(a) CE=15V

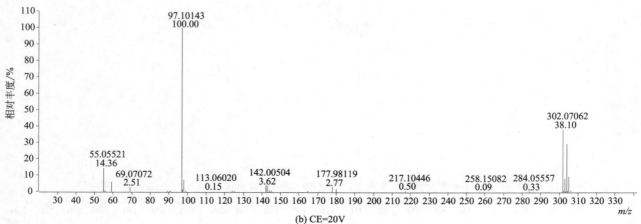

(b) CE=20V

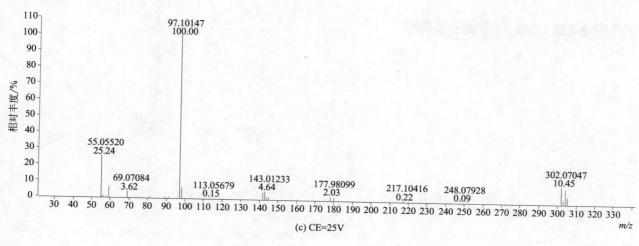

(c) CE=25V

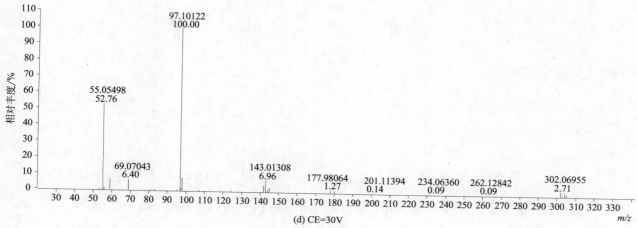

(d) CE=30V

Fenobucarb（仲丁威）

基本信息

CAS 登录号	3766-81-2	**分子量**	207.1259	**源极性**	正
分子式	$C_{12}H_{17}NO_2$	**离子源**	电喷雾离子源（ESI）	**保留时间**	9.01min

提取离子流色谱图

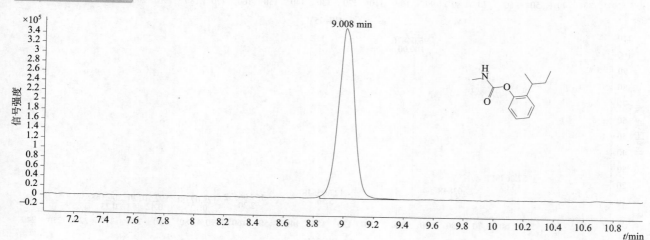

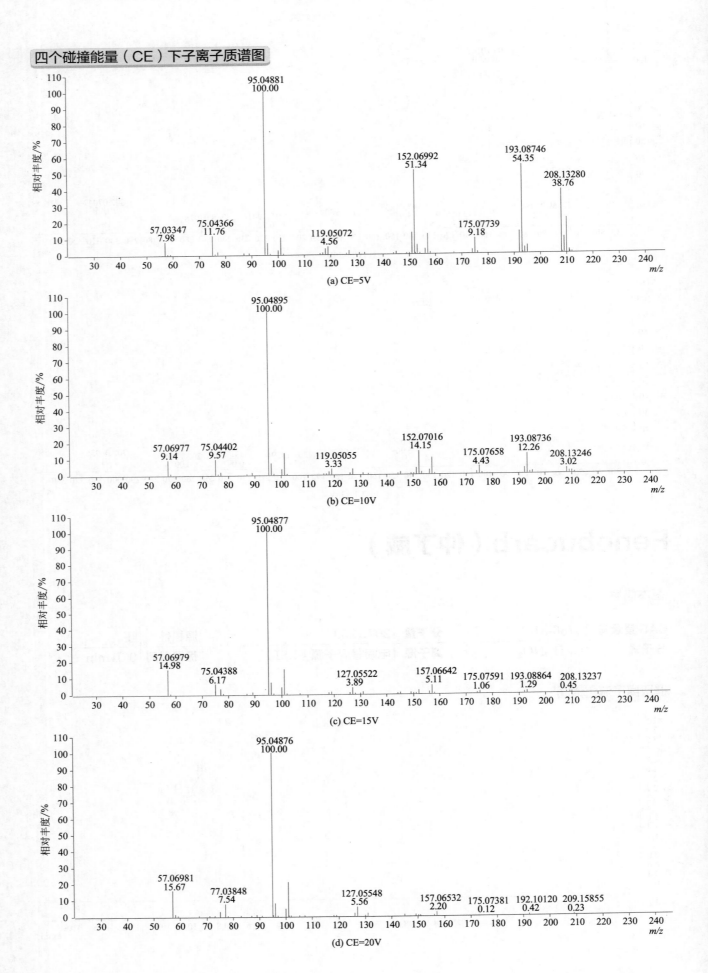

(a) CE=5V

(b) CE=10V

(c) CE=15V

(d) CE=20V

Fenothiocarb（精恶唑禾草灵）

基本信息

CAS 登录号	62850-32-2	分子量	253.1137	源极性	正
分子式	C₁₃H₁₉NO₂S	离子源	电喷雾离子源（ESI）	保留时间	13.00min

CAS 登录号 62850-32-2

分子式 $C_{13}H_{19}NO_2S$

分子量 253.1137

离子源 电喷雾离子源（ESI）

源极性 正

保留时间 13.00min

提取离子流色谱图

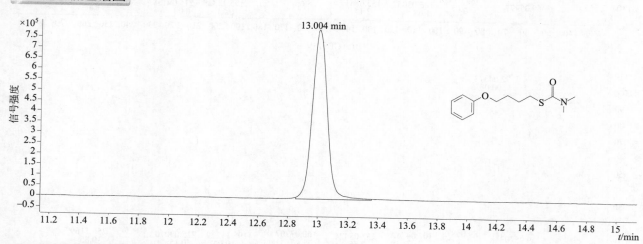

四个碰撞能量（CE）下子离子质谱图

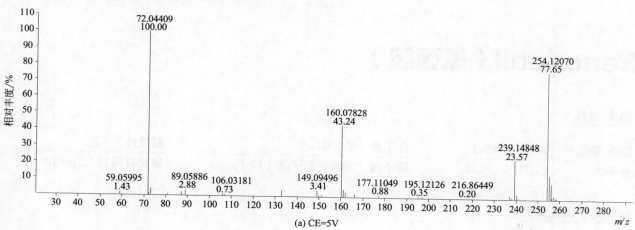

(a) CE=5V

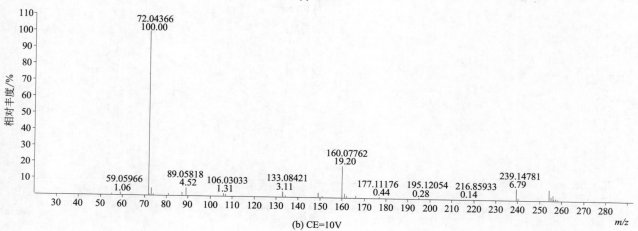

(b) CE=10V

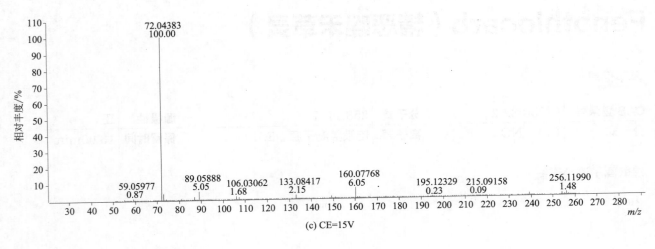

(c) CE=15V

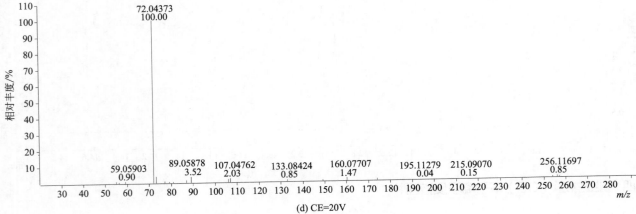

(d) CE=20V

Fenoxanil（氰菌胺）

基本信息

CAS 登录号	115852-48-7	**分子量**	328.0745	**源极性**	正
分子式	$C_{15}H_{18}Cl_2N_2O_2$	**离子源**	电喷雾离子源（ESI）	**保留时间**	14.10min

提取离子流色谱图

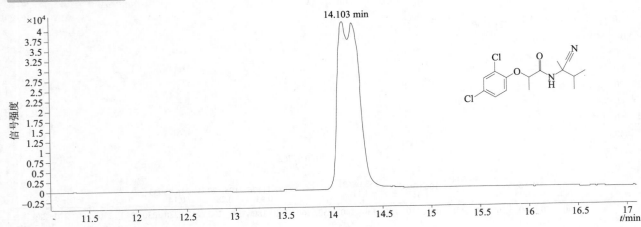

注：产品为同分异构混合物，故出双峰。

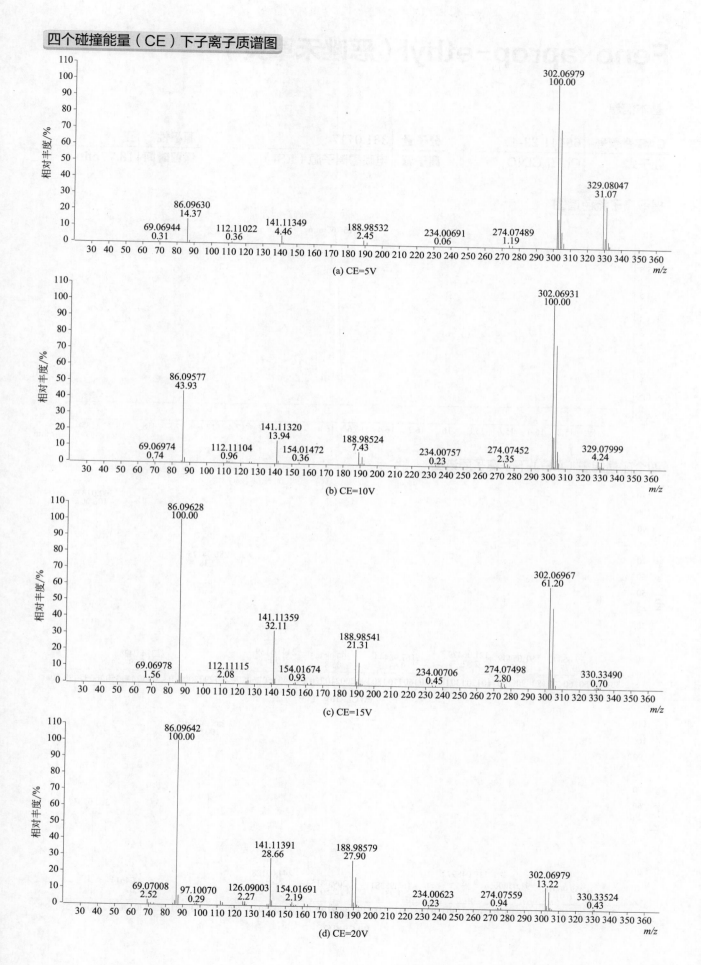

(a) CE=5V

(b) CE=10V

(c) CE=15V

(d) CE=20V

Fenoxaprop-ethyl（恶唑禾草灵）

基本信息

CAS 登录号	66441-23-4	**分子量**	361.0717	**源极性**	正
分子式	$C_{18}H_{16}ClNO_5$	**离子源**	电喷雾离子源（ESI）	**保留时间**	16.77min

提取离子流色谱图

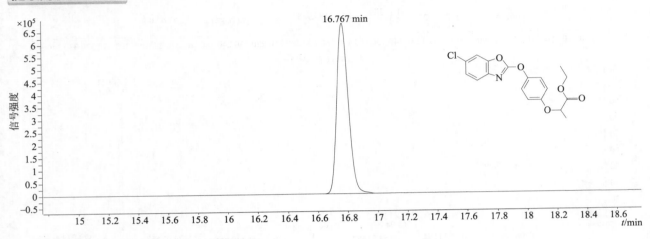

四个碰撞能量（CE）下子离子质谱图

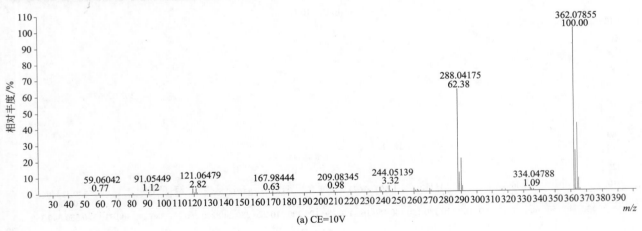

(a) CE=10V

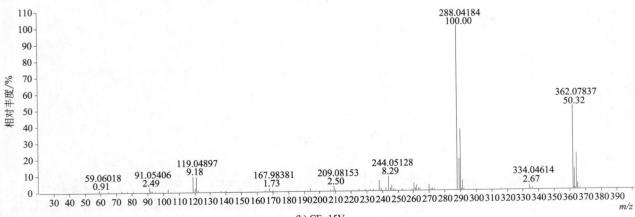

(b) CE=15V

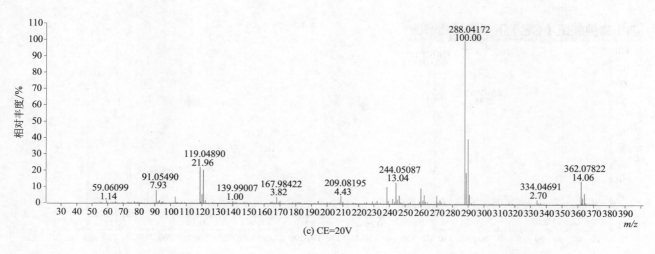

(c) CE=20V

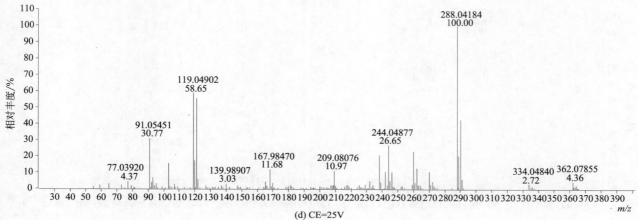

(d) CE=25V

Fenoxycarb（苯氧威）

基本信息

CAS 登录号	72490-01-8	分子量	301.1314	源极性	正
分子式	$C_{17}H_{19}NO_4$	离子源	电喷雾离子源（ESI）	保留时间	13.13min

提取离子流色谱图

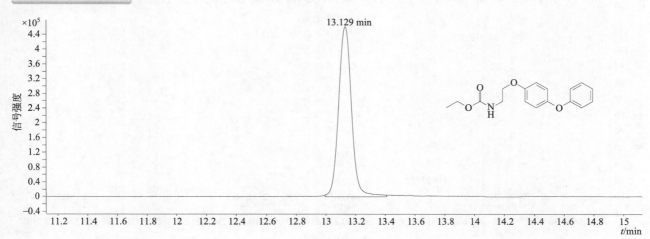

四个碰撞能量（CE）下子离子质谱图

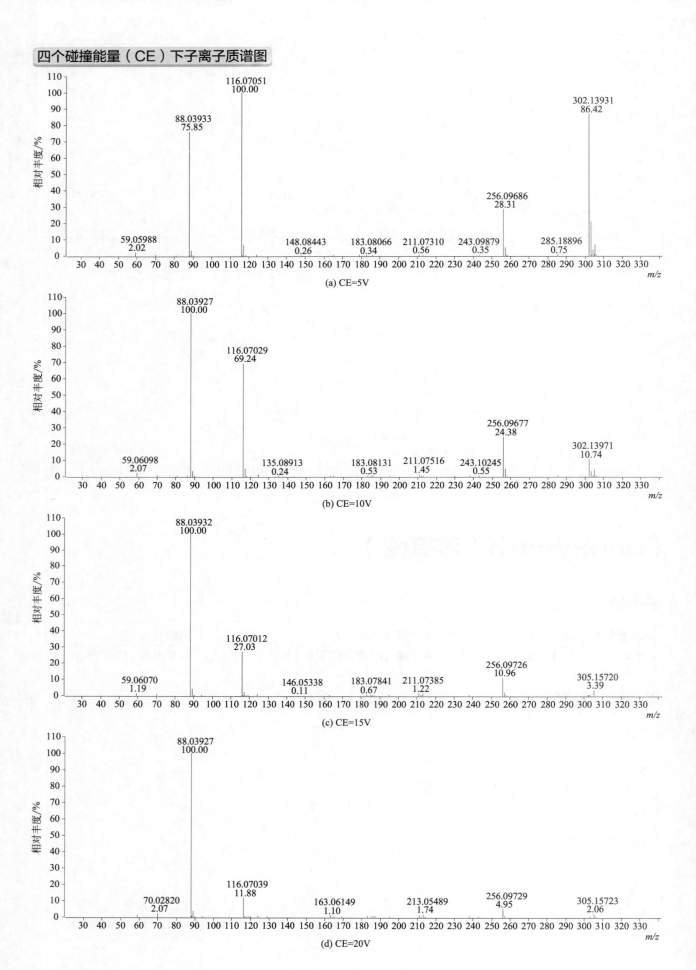

(a) CE=5V

(b) CE=10V

(c) CE=15V

(d) CE=20V

Fenpropidin（苯锈啶）

基本信息

CAS 登录号	67306-00-7	**分子量**	273.2457	**源极性**	正
分子式	C₁₉H₃₁N	**离子源**	电喷雾离子源（ESI）	**保留时间**	9.05min

分子式：$C_{19}H_{31}N$

提取离子流色谱图

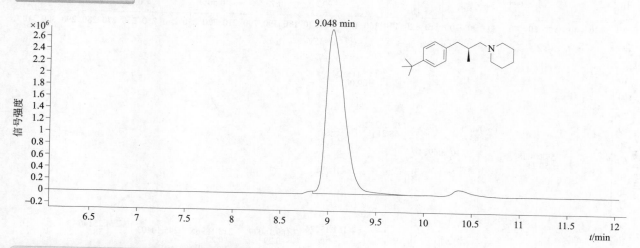

四个碰撞能量（CE）下子离子质谱图

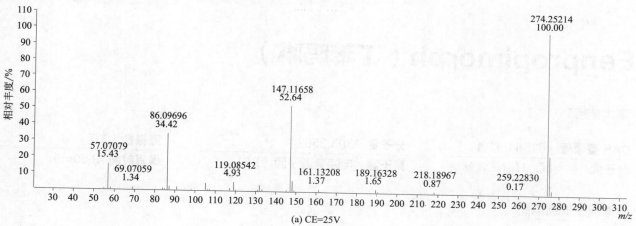

(a) CE=25V

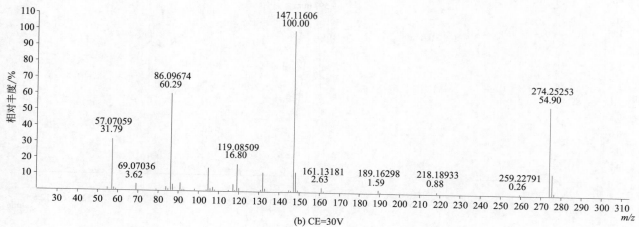

(b) CE=30V

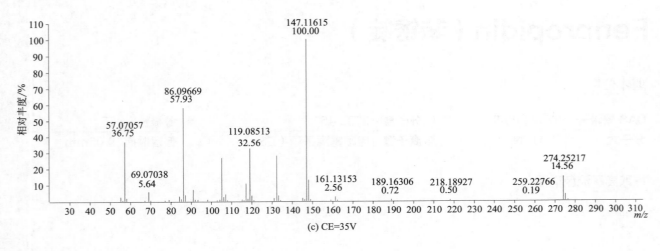

(c) CE=35V

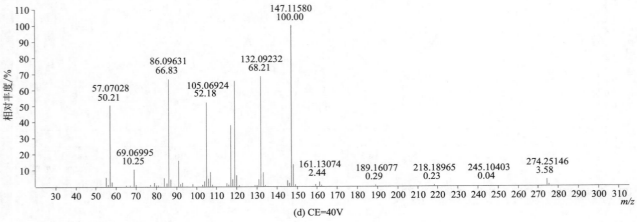

(d) CE=40V

Fenpropimorph（丁苯吗啉）

基本信息

CAS 登录号	67564-91-4	分子量	303.2562	源极性	正
分子式	$C_{20}H_{33}NO$	离子源	电喷雾离子源（ESI）	保留时间	9.60min

提取离子流色谱图

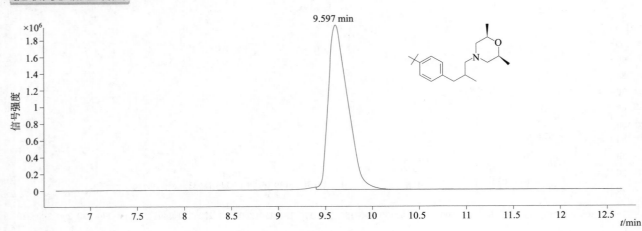

四个碰撞能量（CE）下子离子质谱图

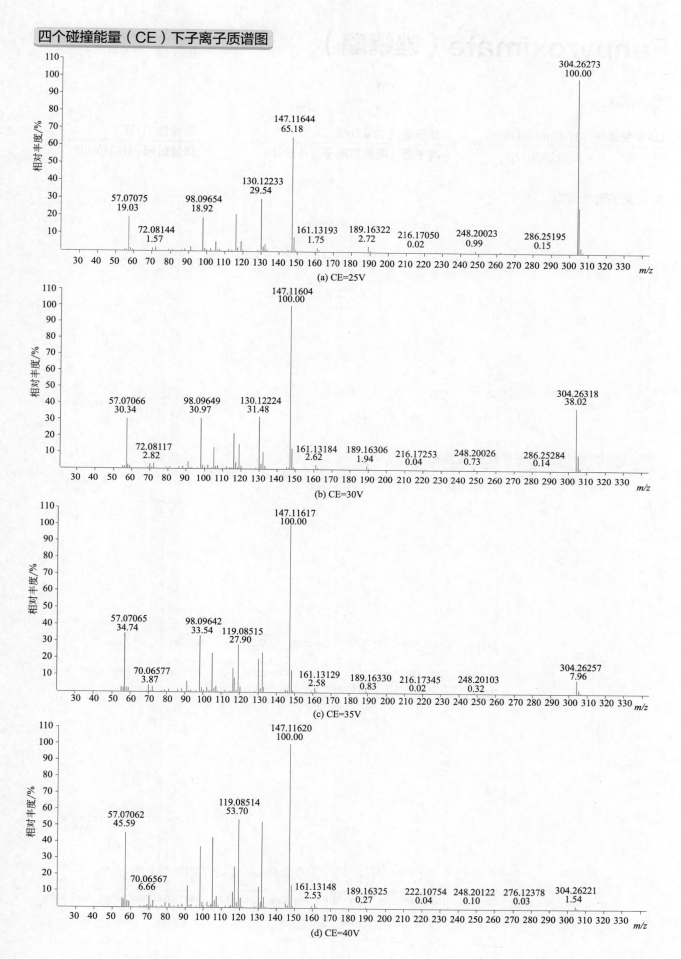

(a) CE=25V

(b) CE=30V

(c) CE=35V

(d) CE=40V

Fenpyroximate（唑螨酯）

基本信息

CAS 登录号	134098-61-6	分子量	421.2002	源极性	正
分子式	C₂₄H₂₇N₃O₄	离子源	电喷雾离子源（ESI）	保留时间	18.29min

分子式 $C_{24}H_{27}N_3O_4$

提取离子流色谱图

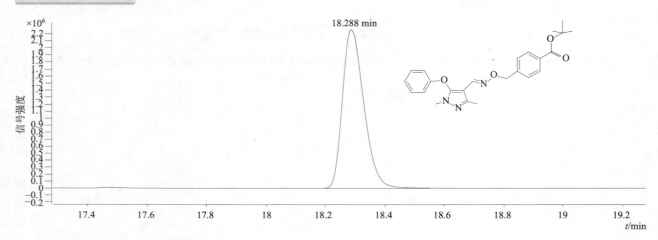

四个碰撞能量（CE）下子离子质谱图

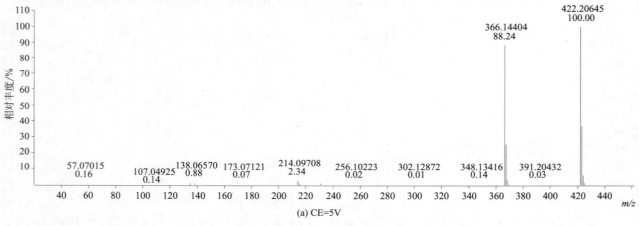

(a) CE=5V

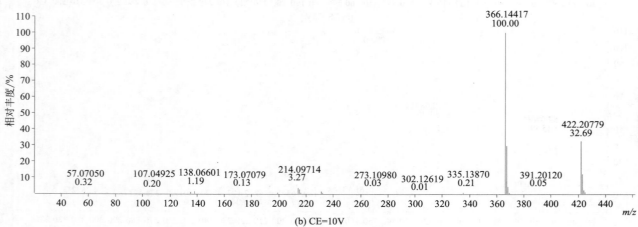

(b) CE=10V

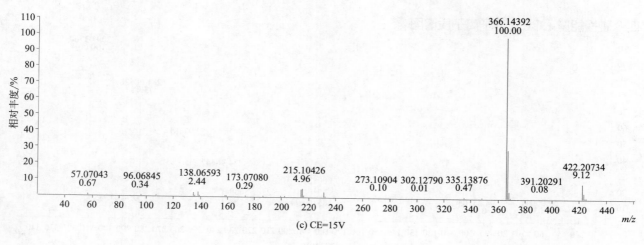

(c) CE=15V

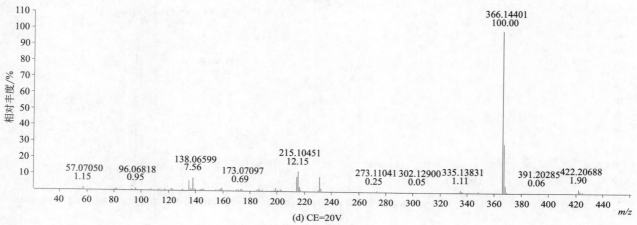

(d) CE=20V

Fensulfothion（丰索磷）

基本信息

| CAS 登录号 | 115-90-2 | 分子量 | 308.0306 | 源极性 | 正 |
| 分子式 | $C_{11}H_{17}O_4PS_2$ | 离子源 | 电喷雾离子源（ESI） | 保留时间 | 7.57min |

提取离子流色谱图

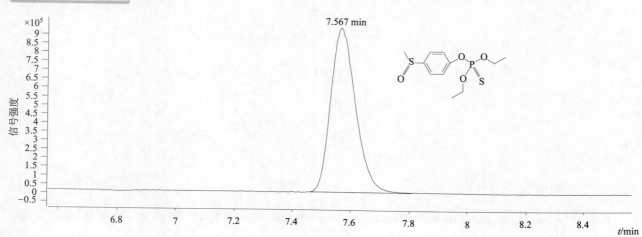

四个碰撞能量（CE）下子离子质谱图

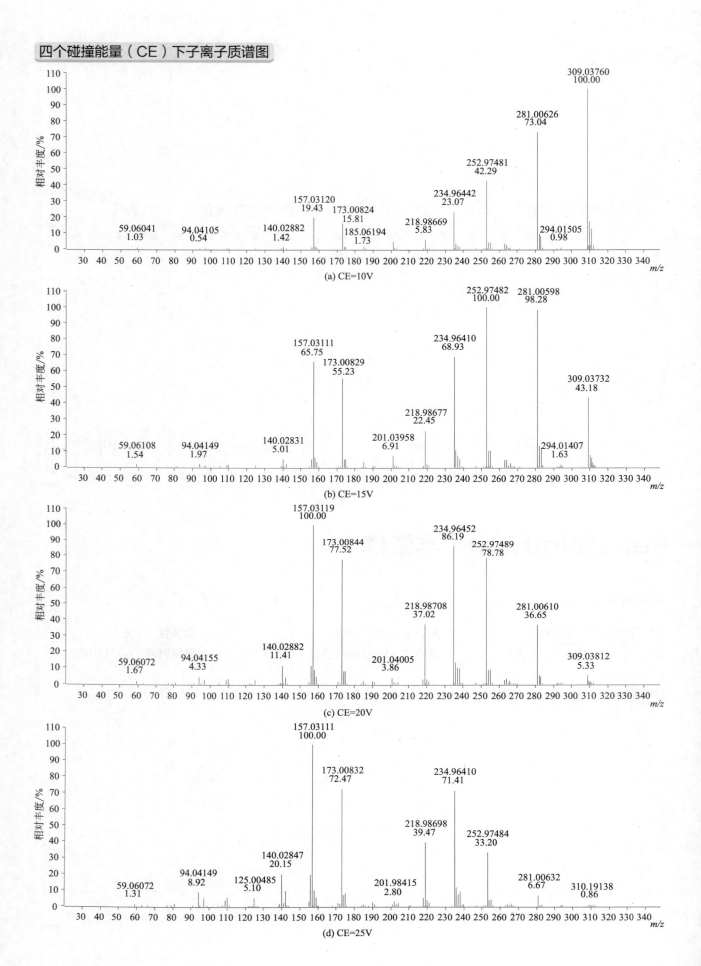

(a) CE=10V

(b) CE=15V

(c) CE=20V

(d) CE=25V

Fenthion（倍硫磷）

基本信息

CAS 登录号	55-38-9	**分子量**	278.0200	**源极性**	正
分子式	$C_{10}H_{15}O_3PS_2$	**离子源**	电喷雾离子源（ESI）	**保留时间**	8.91min

提取离子流色谱图

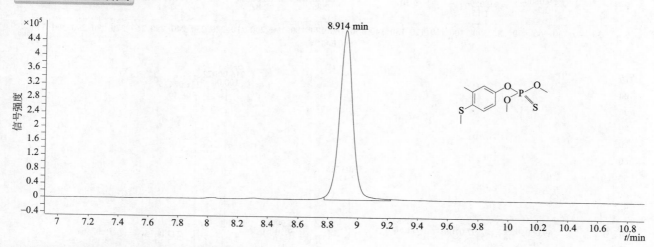

四个碰撞能量（CE）下子离子质谱图

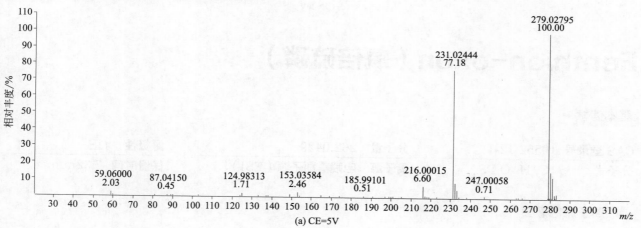

(a) CE=5V

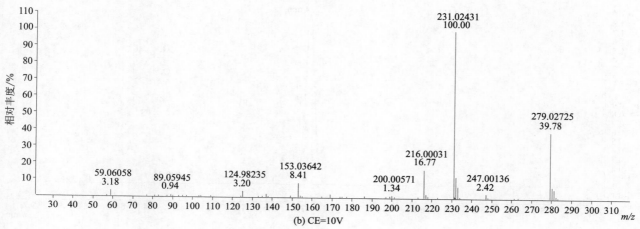

(b) CE=10V

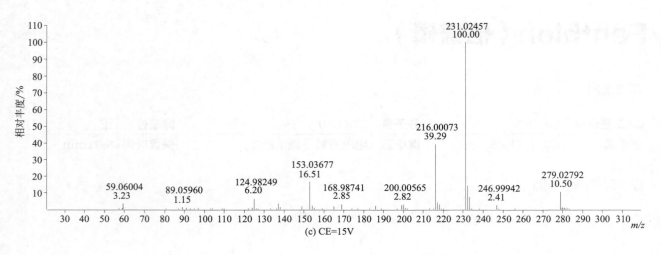

(c) CE=15V

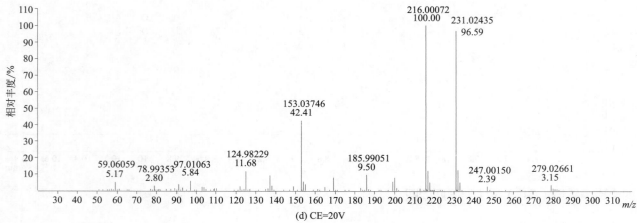

(d) CE=20V

Fenthion-oxon（氧倍硫磷）

基本信息

CAS 登录号	6552-12-1	分子量	262.0429	源极性	正
分子式	C$_{10}$H$_{15}$O$_4$PS	离子源	电喷雾离子源（ESI）	保留时间	7.32min

提取离子流色谱图

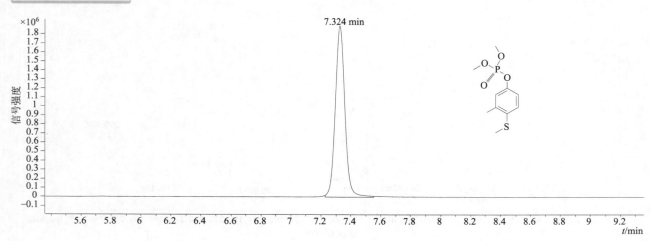

四个碰撞能量（CE）下子离子质谱图

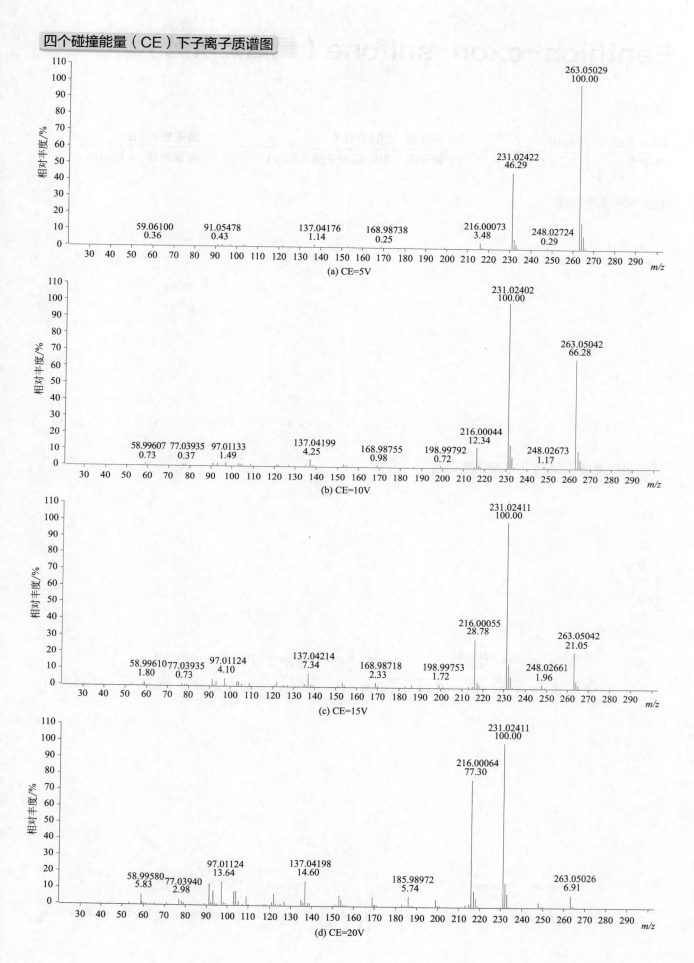

(a) CE=5V

(b) CE=10V

(c) CE=15V

(d) CE=20V

313

Fenthion-oxon-sulfone（氧倍硫磷砜）

基本信息

CAS 登录号	14086-35-2	**分子量**	294.0327	**源极性**	正
分子式	C₁₀H₁₅O₆PS	**离子源**	电喷雾离子源（ESI）	**保留时间**	4.14min

提取离子流色谱图

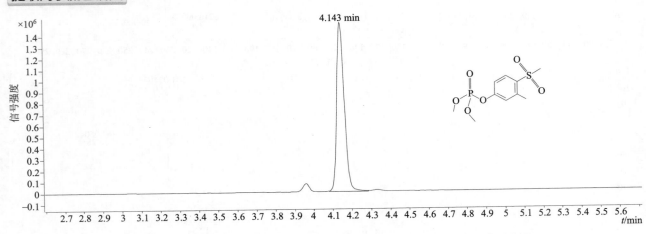

四个碰撞能量（CE）下子离子质谱图

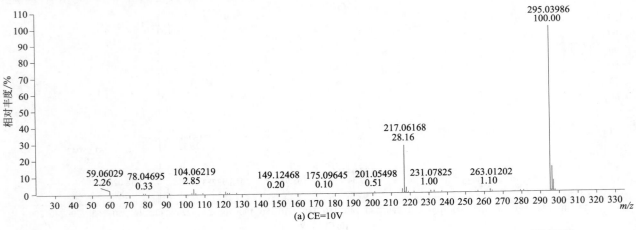

(a) CE=10V

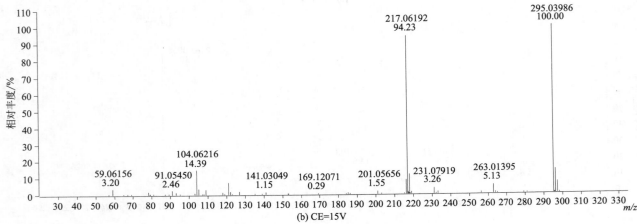

(b) CE=15V

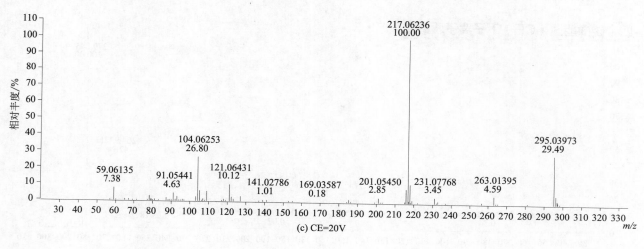

(c) CE=20V

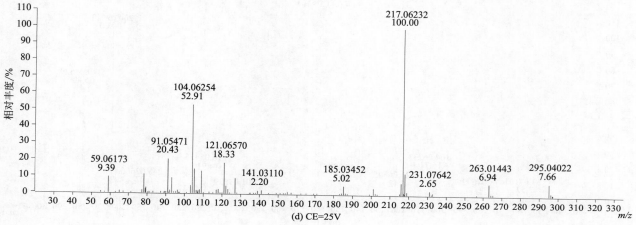

(d) CE=25V

Fenthion-oxon-sulfoxide（氧倍硫磷亚砜）

基本信息

CAS 登录号	6552-13-2	**分子量**	278.0378	**源极性**	正
分子式	$C_{10}H_{15}O_5PS$	**离子源**	电喷雾离子源（ESI）	**保留时间**	3.56min

提取离子流色谱图

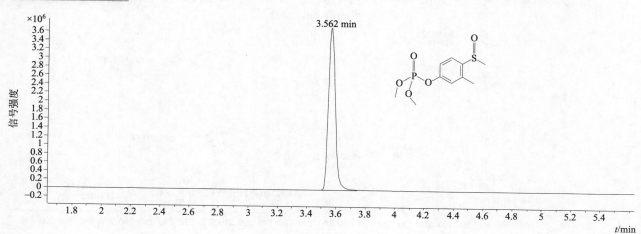

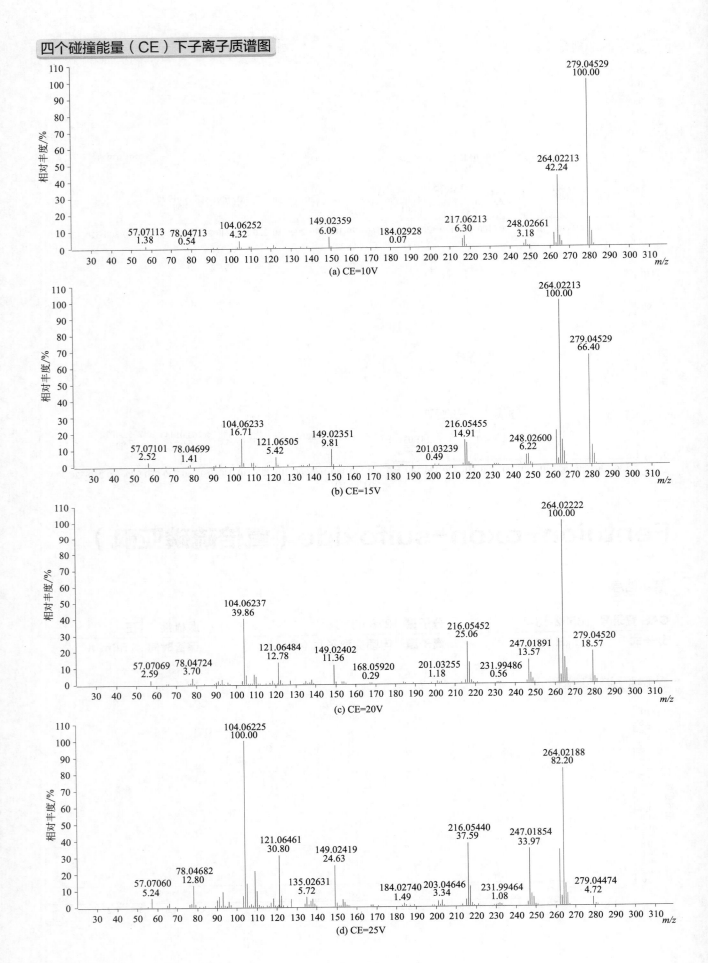

(a) CE=10V

(b) CE=15V

(c) CE=20V

(d) CE=25V

Fenthion-sulfone（倍硫磷砜）

基本信息

CAS 登录号	3761-42-0	分子量	310.0098	源极性	正
分子式	$C_{10}H_{15}O_5PS_2$	离子源	电喷雾离子源（ESI）	保留时间	7.82min

提取离子流色谱图

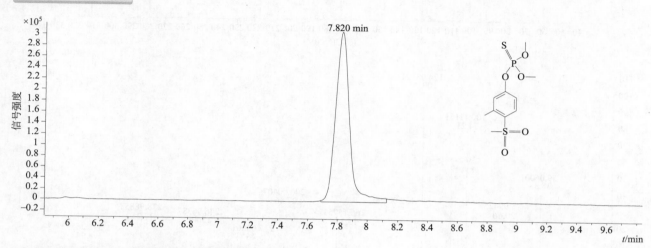

四个碰撞能量（CE）下子离子质谱图

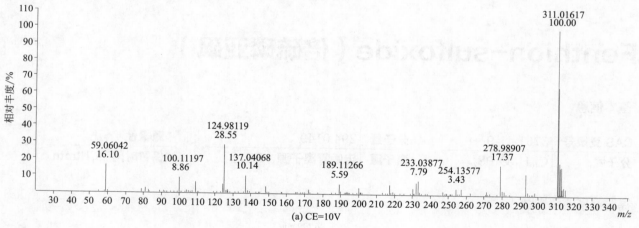

(a) CE=10V

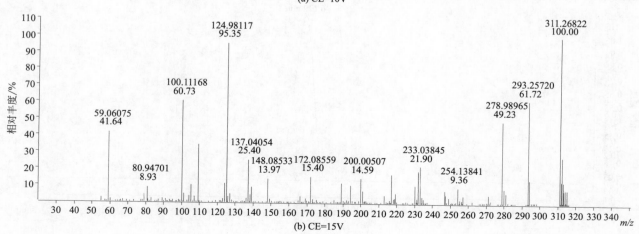

(b) CE=15V

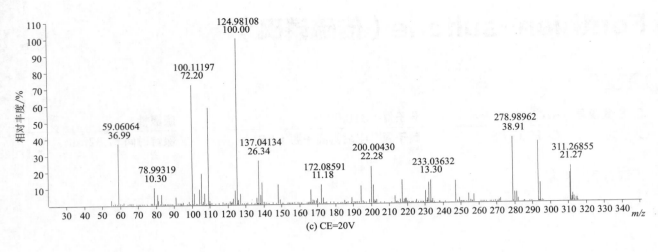

(c) CE=20V

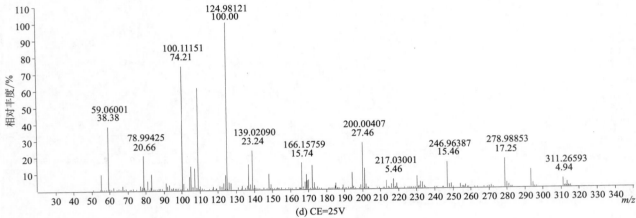

(d) CE=25V

Fenthion-sulfoxide（倍硫磷亚砜）

基本信息

CAS 登录号	3761-41-9	分子量	294.0149	源极性	正
分子式	$C_{10}H_{15}O_4PS_2$	离子源	电喷雾离子源（ESI）	保留时间	6.13min

提取离子流色谱图

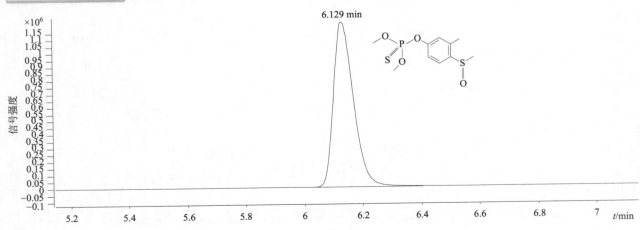

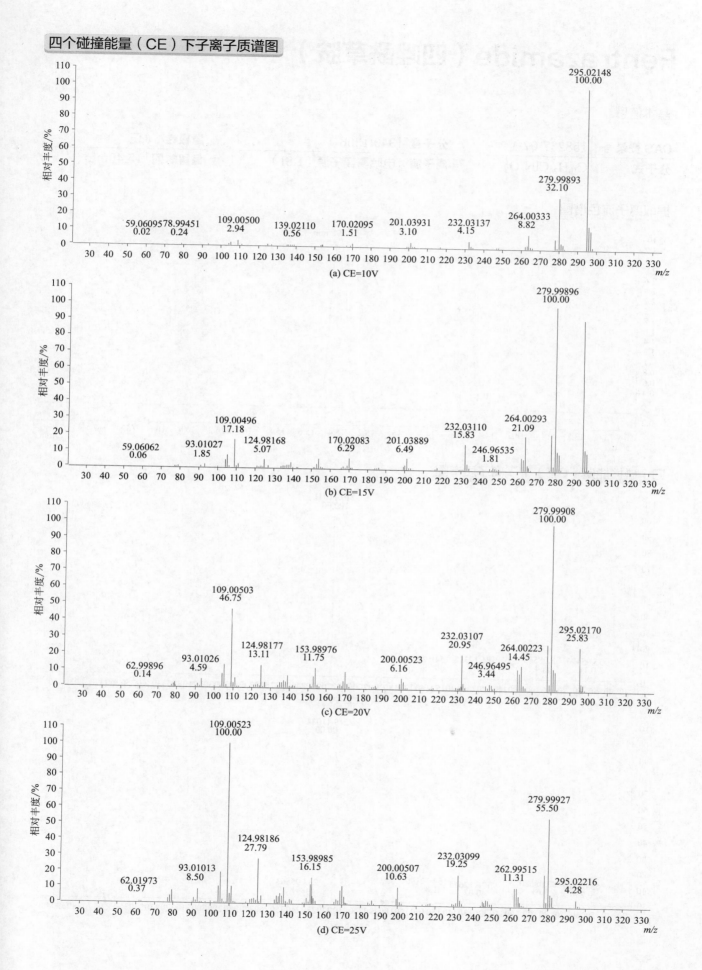

(a) CE=10V

(b) CE=15V

(c) CE=20V

(d) CE=25V

Fentrazamide（四唑酰草胺）

基本信息

CAS 登录号	158237-07-1	**分子量**	349.1306	**源极性**	正
分子式	$C_{16}H_{20}ClN_5O_2$	**离子源**	电喷雾离子源（ESI）	**保留时间**	15.40min

提取离子流色谱图

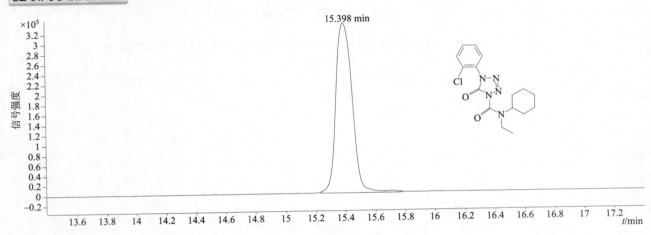

四个碰撞能量（CE）下子离子质谱图

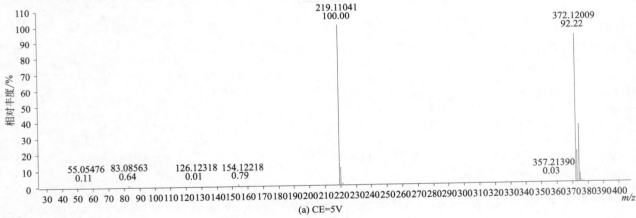

(a) CE=5V

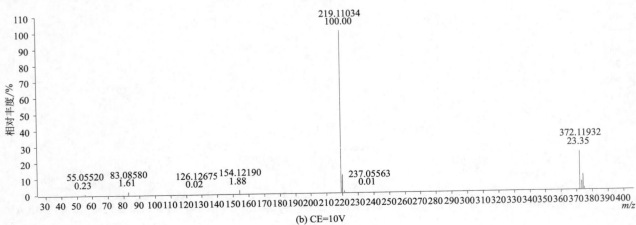

(b) CE=10V

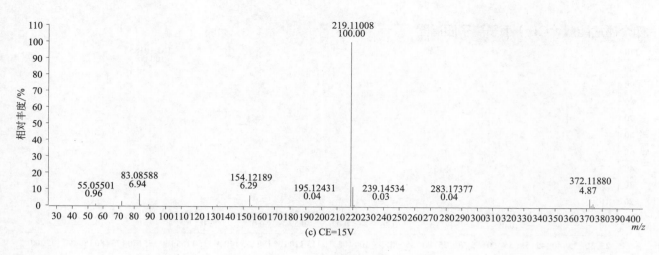

(c) CE=15V

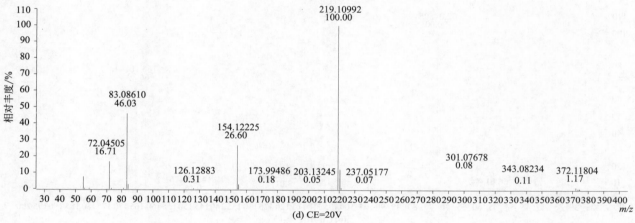

(d) CE=20V

Fenuron（非草隆）

基本信息

CAS 登录号	101-42-8	**分子量**	164.0950	**源极性**	正
分子式	$C_9H_{12}N_2O$	**离子源**	电喷雾离子源（ESI）	**保留时间**	3.71min

提取离子流色谱图

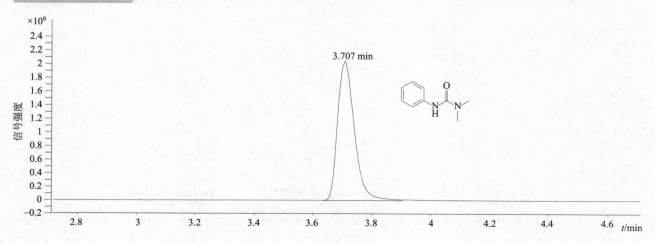

四个碰撞能量（CE）下子离子质谱图

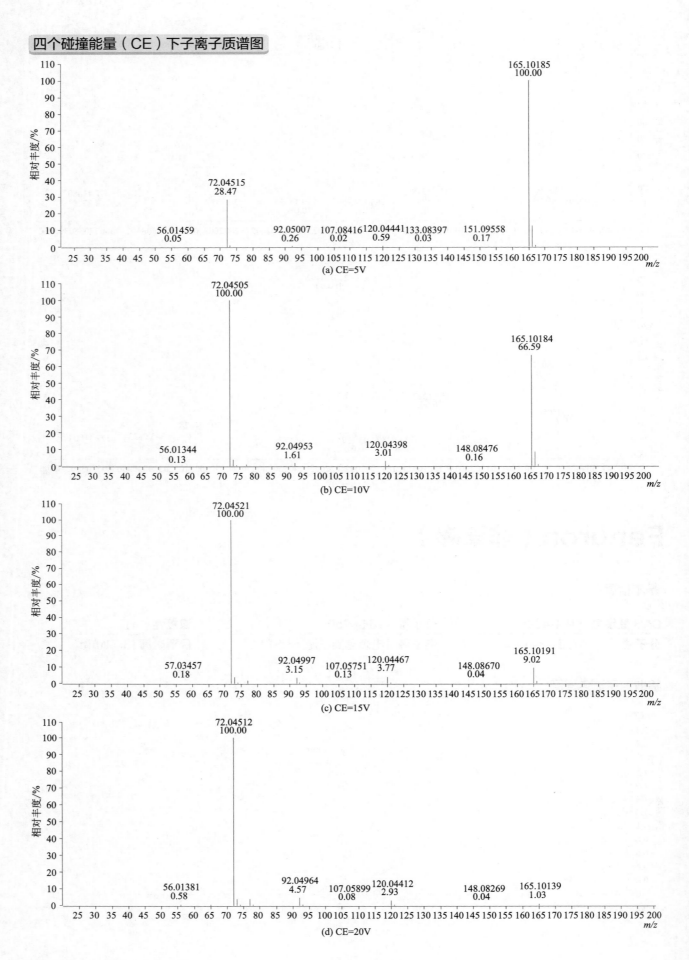

Flamprop（麦燕灵）

基本信息

CAS 登录号	58667-63-3	**分子量**	321.0568	**源极性**	正
分子式	$C_{16}H_{13}ClFNO_3$	**离子源**	电喷雾离子源（ESI）	**保留时间**	7.92min

提取离子流色谱图

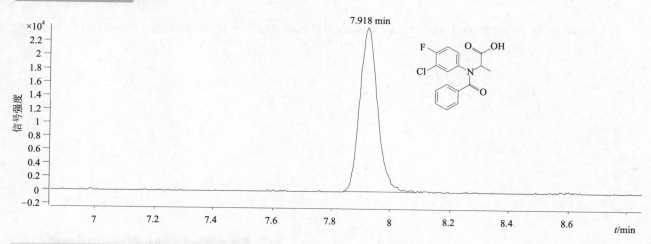

四个碰撞能量（CE）下子离子质谱图

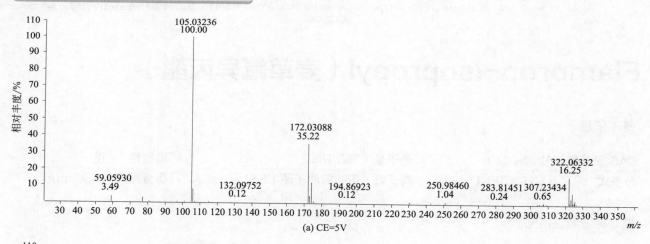

(a) CE=5V

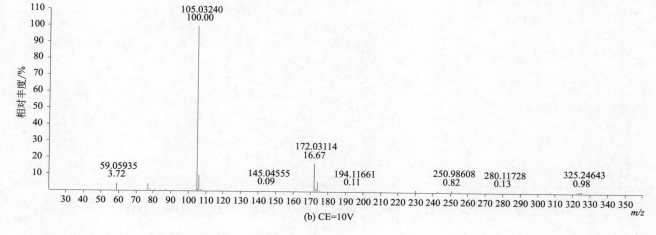

(b) CE=10V

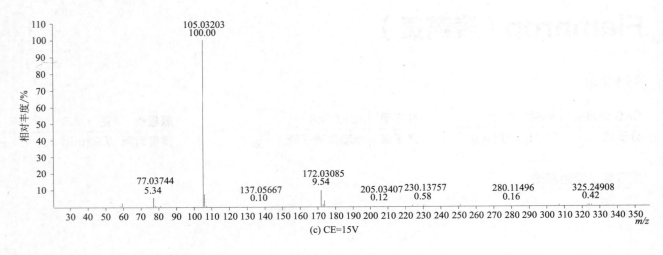

(c) CE=15V

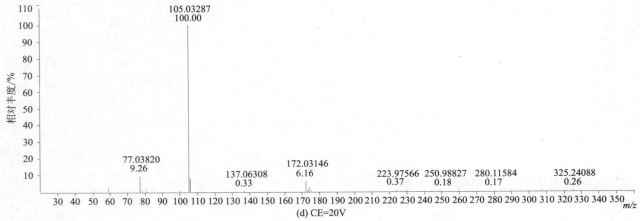

(d) CE=20V

Flamprop-isopropyl（麦草氟异丙酯）

CAS 登录号	52756-22-6	分子量	363.1037	源极性	正
分子式	C₁₉H₁₉ClFNO₃	离子源	电喷雾离子源（ESI）	保留时间	15.28min

提取离子流色谱图

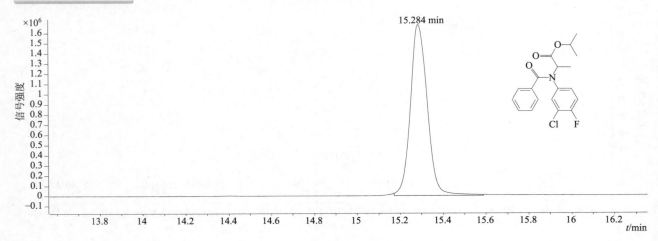

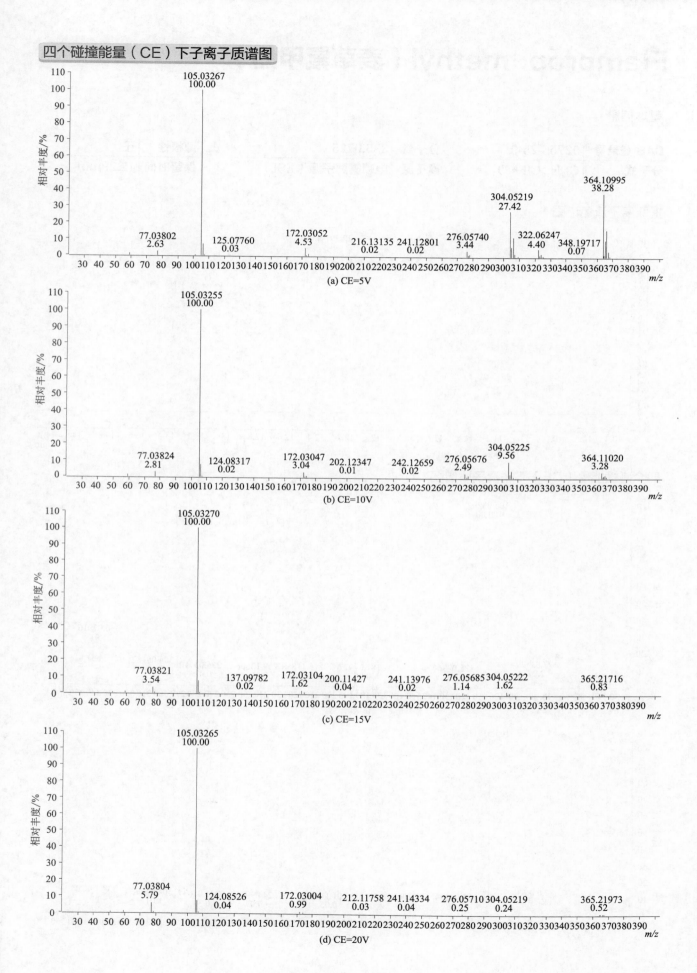

(a) CE=5V

(b) CE=10V

(c) CE=15V

(d) CE=20V

Flamprop-methyl（麦草氟甲酯）

基本信息

CAS 登录号	52756-25-9	**分子量**	335.0725	**源极性**	正
分子式	C$_{17}$H$_{15}$ClFNO$_3$	**离子源**	电喷雾离子源（ESI）	**保留时间**	12.29min

提取离子流色谱图

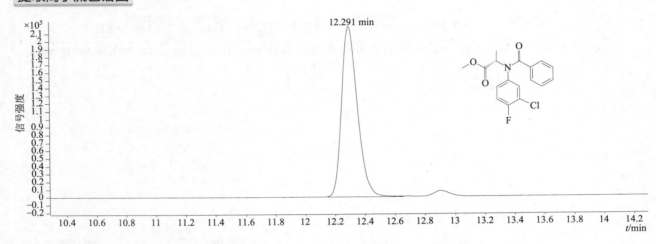

四个碰撞能量（CE）下子离子质谱图

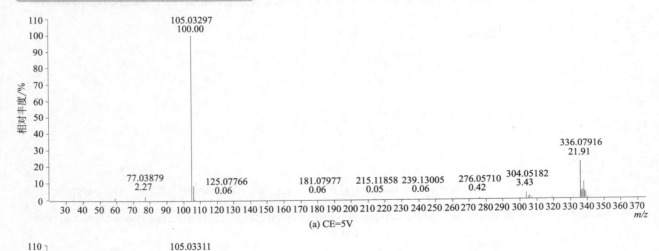

(a) CE=5V

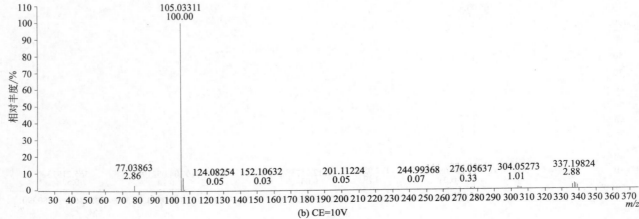

(b) CE=10V

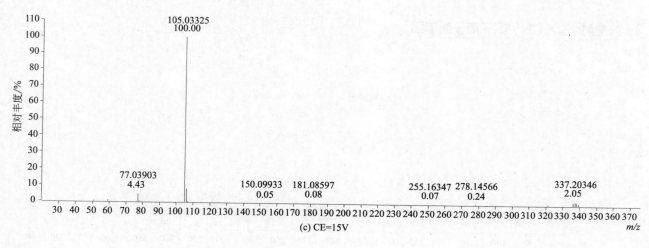

(c) CE=15V

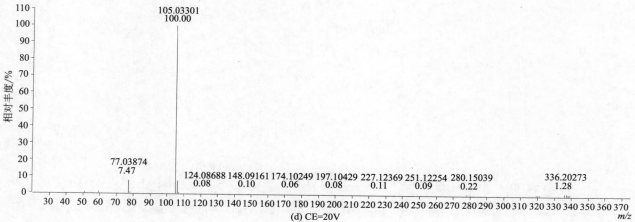

(d) CE=20V

Flazasulfuron（啶嘧磺隆）

基本信息

CAS 登录号	104040-78-0	分子量	407.0511	源极性	正
分子式	C$_{13}$H$_{12}$F$_3$N$_5$O$_5$S	离子源	电喷雾离子源（ESI）	保留时间	8.03min

提取离子流色谱图

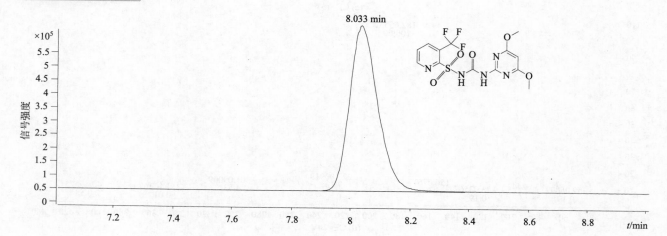

四个碰撞能量（CE）下子离子质谱图

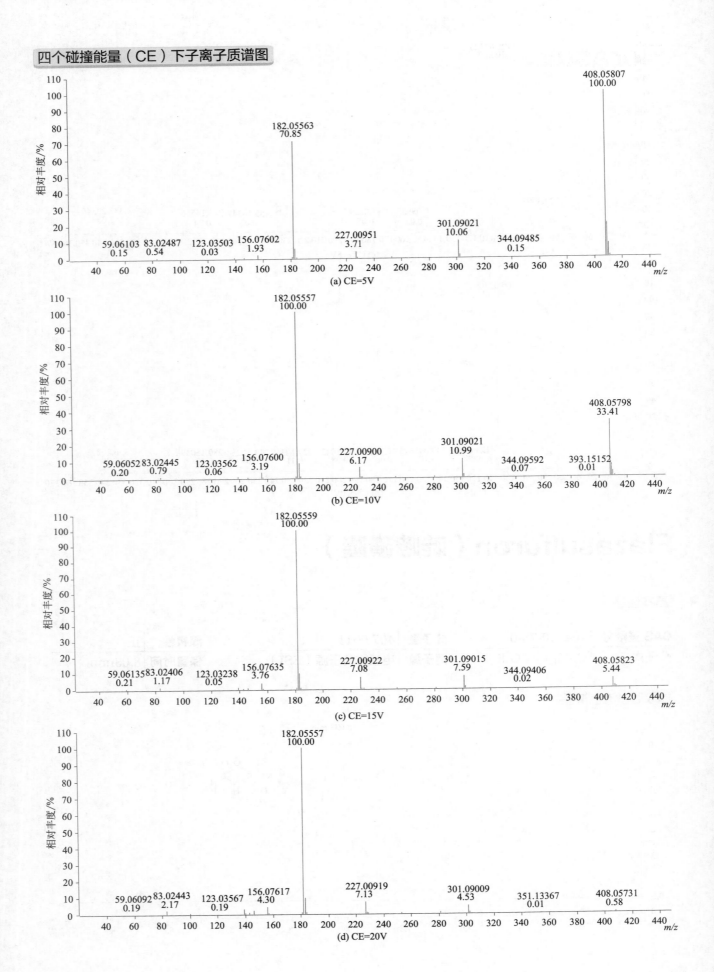

(a) CE=5V

(b) CE=10V

(c) CE=15V

(d) CE=20V

Florasulam（双氟磺草胺）

Florasulam（双氟磺草胺）

基本信息

CAS 登录号	145701-23-1	分子量	359.0300	源极性	正
分子式	$C_{12}H_8F_3N_5O_3S$	离子源	电喷雾离子源（ESI）	保留时间	5.95min

提取离子流色谱图

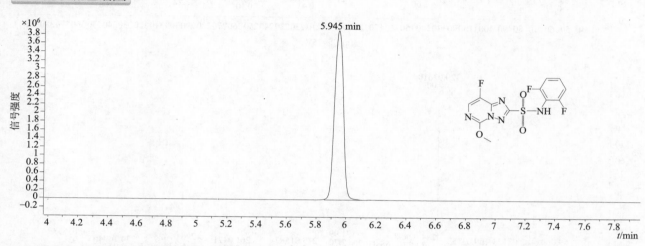

四个碰撞能量（CE）下子离子质谱图

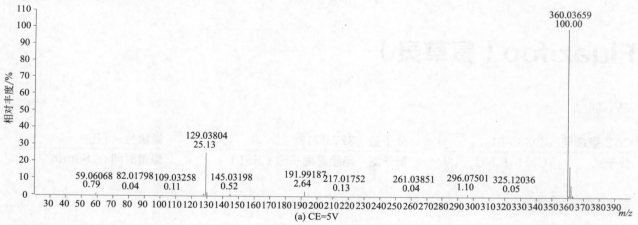

(a) CE=5V

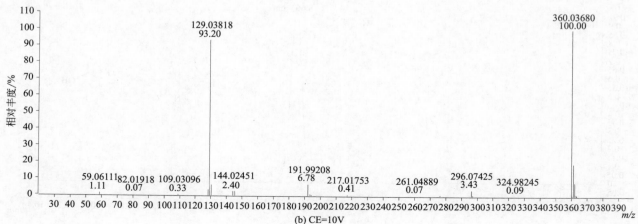

(b) CE=10V

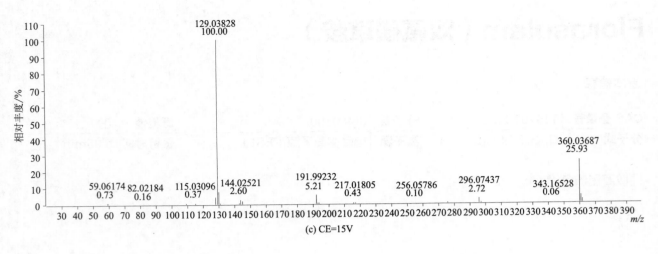

(c) CE=15V

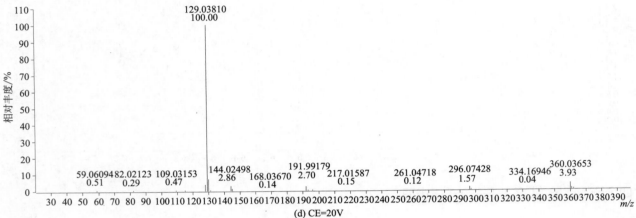

(d) CE=20V

Fluazifop（氟草灵）

基本信息

CAS 登录号	69335-91-7	分子量	327.0718	源极性	正
分子式	$C_{15}H_{12}F_3NO_4$	离子源	电喷雾离子源（ESI）	保留时间	8.68min

提取离子流色谱图

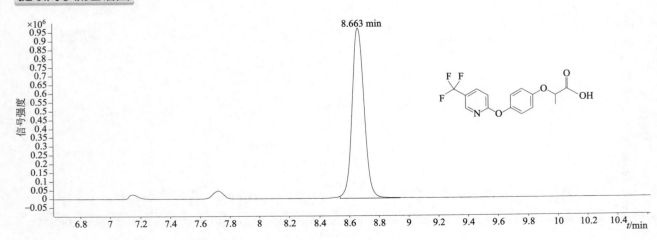

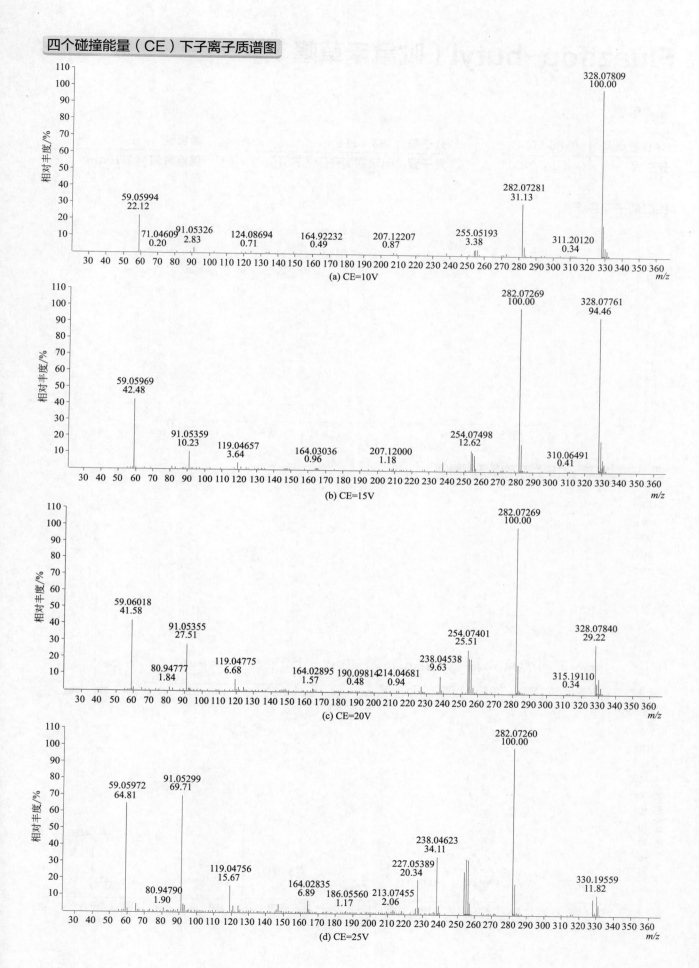

(a) CE=10V

(b) CE=15V

(c) CE=20V

(d) CE=25V

Fluazifop-butyl（吡氟禾草隆）

基本信息

CAS 登录号	69806-50-4	**分子量**	383.1344	**源极性**	正
分子式	$C_{19}H_{20}F_3NO_4$	**离子源**	电喷雾离子源（ESI）	**保留时间**	17.76min

提取离子流色谱图

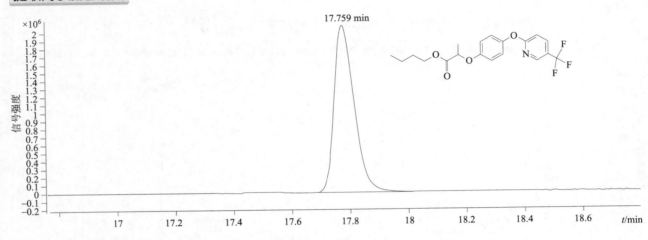

四个碰撞能量（CE）下子离子质谱图

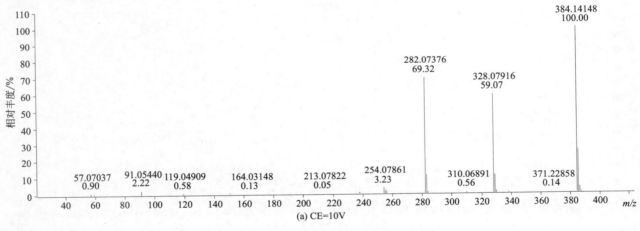

(a) CE=10V

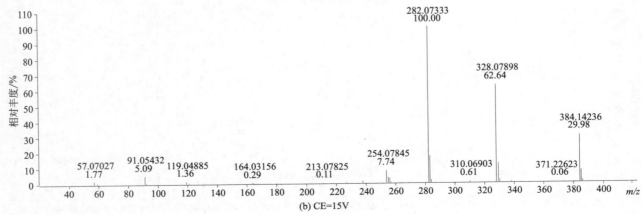

(b) CE=15V

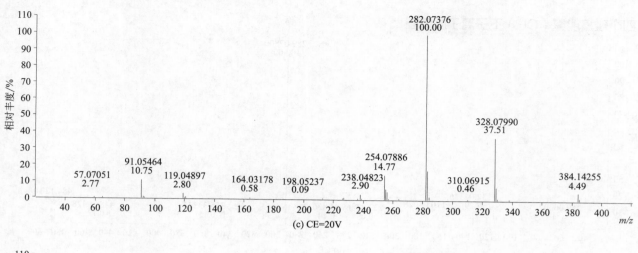

(c) CE=20V

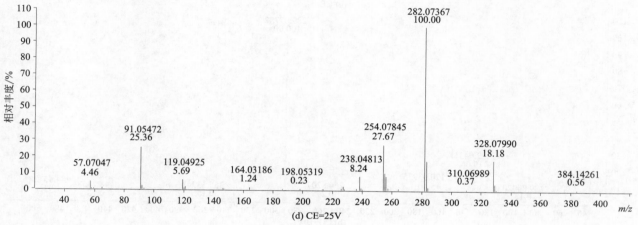

(d) CE=25V

Flucycloxuron（氟螨脲）

基本信息

CAS 登录号	94050-52-9	分子量	483.1161	源极性	正
分子式	$C_{25}H_{20}ClF_2N_3O_3$	离子源	电喷雾离子源（ESI）	保留时间	17.99min

提取离子流色谱图

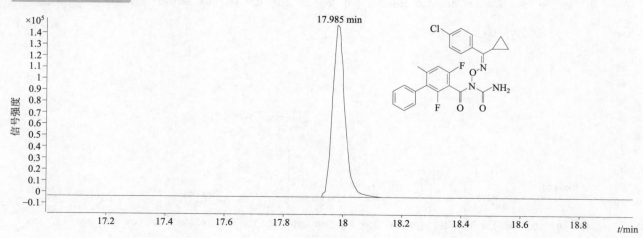

四个碰撞能量（CE）下子离子质谱图

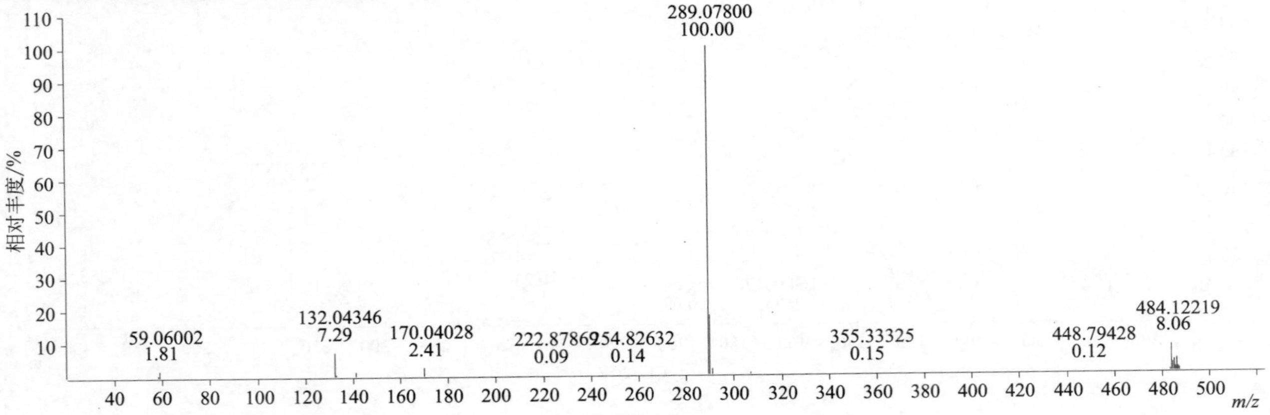

(a) CE=5V

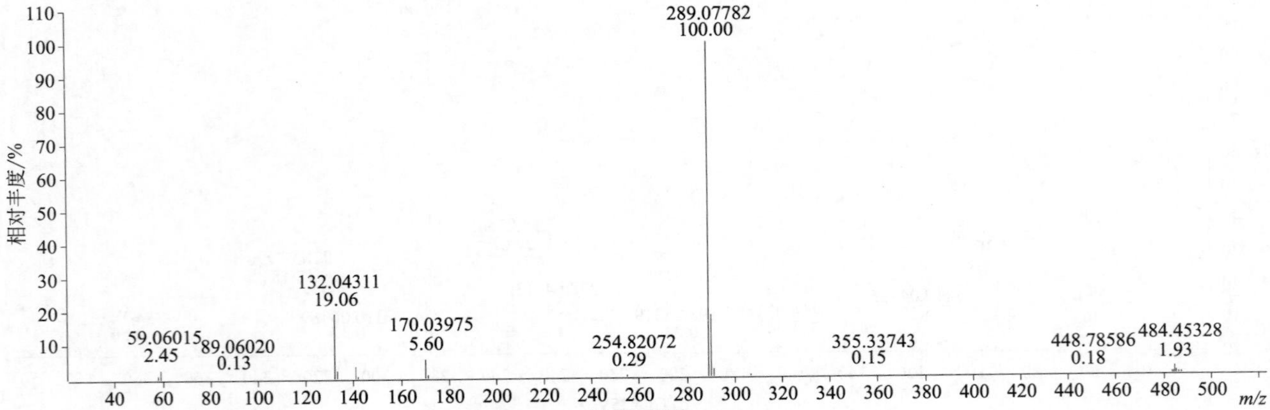

(b) CE=10V

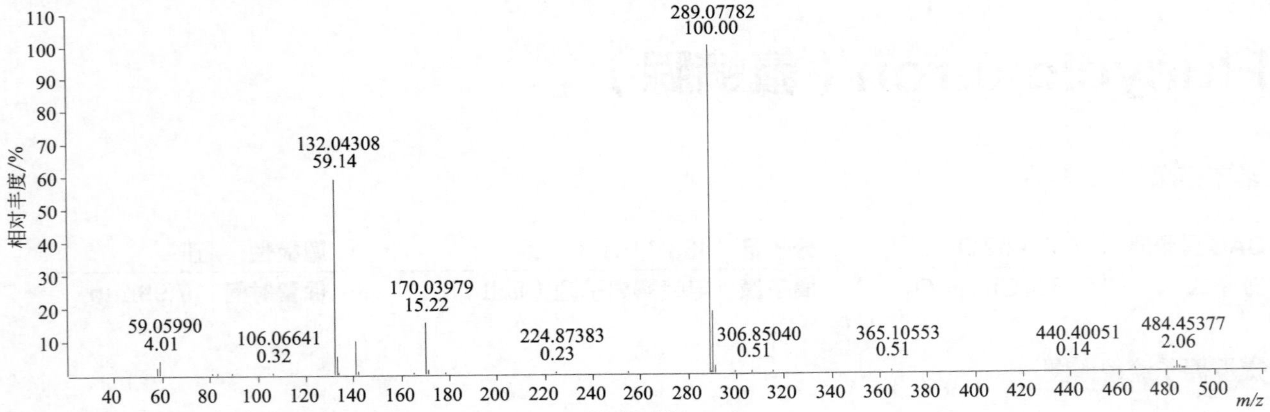

(c) CE=15V

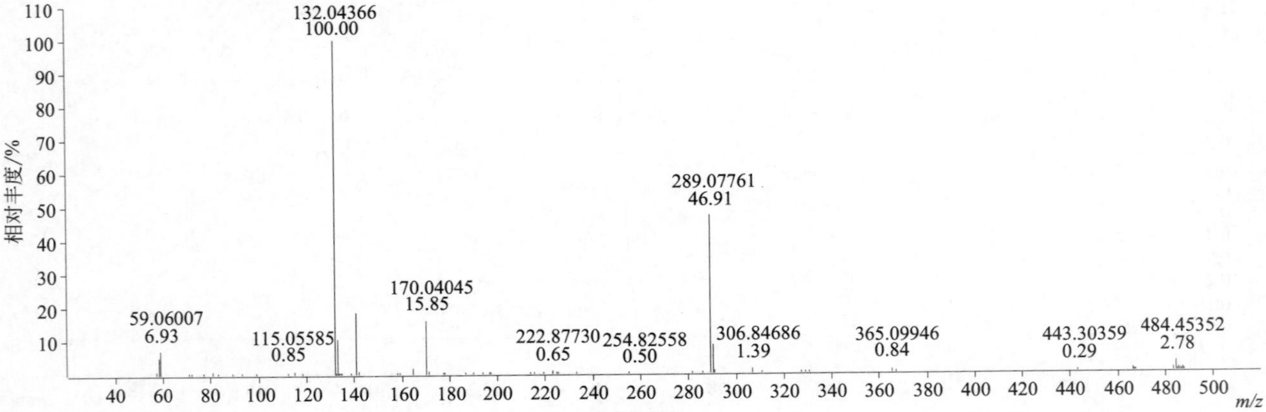

(d) CE=20V

Fludioxonil（咯菌腈）

基本信息

CAS 登录号	131341-86-1	**分子量**	248.0397	**源极性**	负
分子式	$C_{12}H_6F_2N_2O_2$	**离子源**	电喷雾离子源（ESI）	**保留时间**	9.86min

提取离子流色谱图

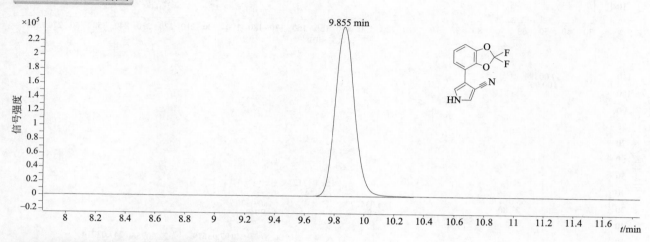

四个碰撞能量（CE）下子离子质谱图

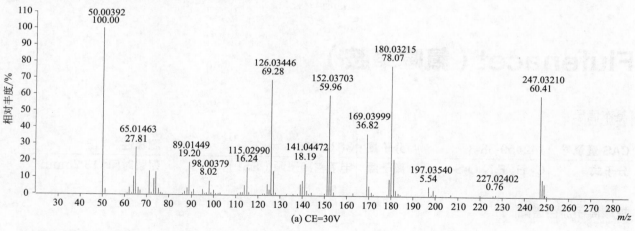

(a) CE=30V

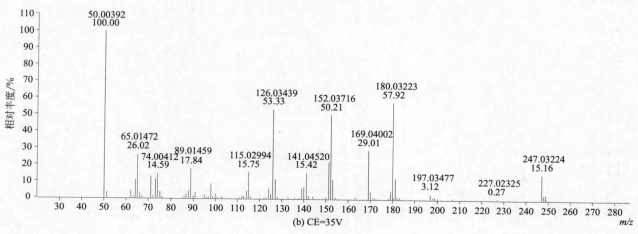

(b) CE=35V

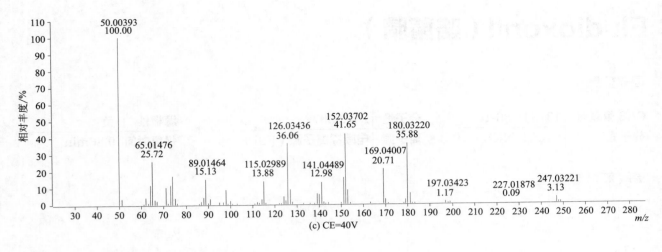

(c) CE=40V

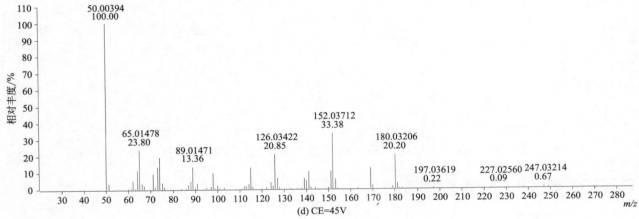

(d) CE=45V

Flufenacet（氟噻草胺）

| **CAS 登录号** | 142459-58-3 | **分子量** | 363.0665 | **源极性** | 正 |
| **分子式** | $C_{14}H_{13}F_4N_3O_2S$ | **离子源** | 电喷雾离子源（ESI） | **保留时间** | 13.25min |

提取离子流色谱图

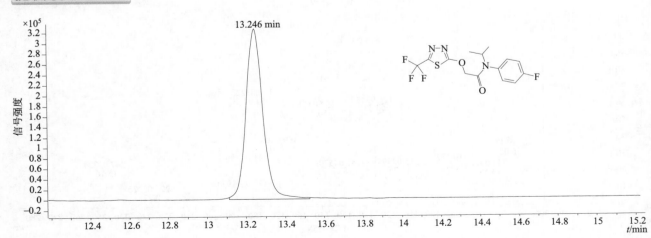

336

四个碰撞能量（CE）下子离子质谱图

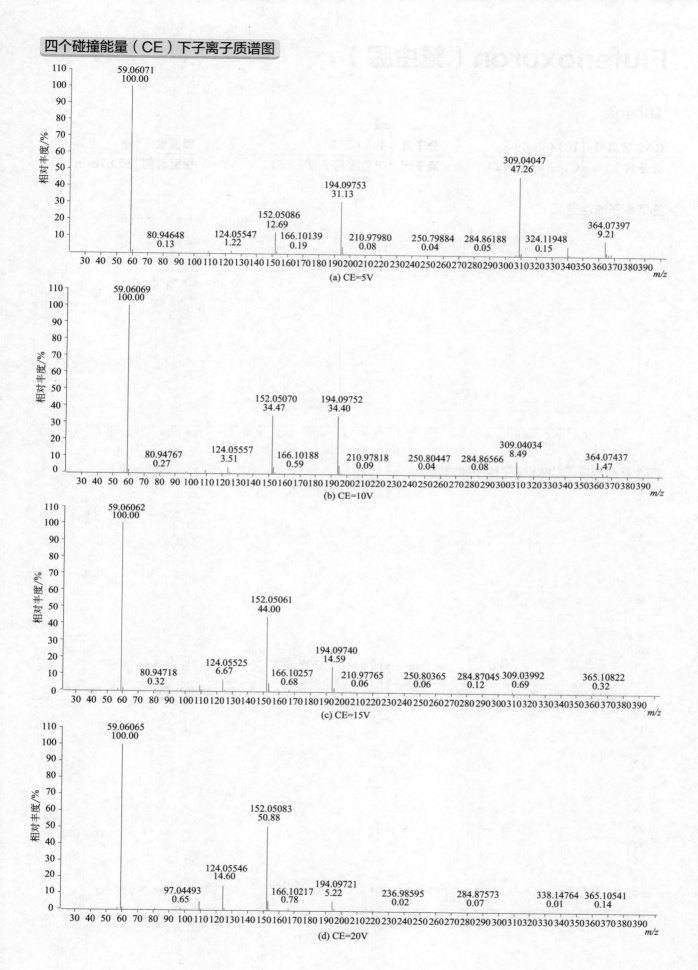

(a) CE=5V

(b) CE=10V

(c) CE=15V

(d) CE=20V

Flufenoxuron（氟虫脲）

CAS 登录号	101463-69-8	分子量	488.0362	源极性	正
分子式	$C_{21}H_{11}ClF_6N_2O_3$	离子源	电喷雾离子源（ESI）	保留时间	17.87min

提取离子流色谱图

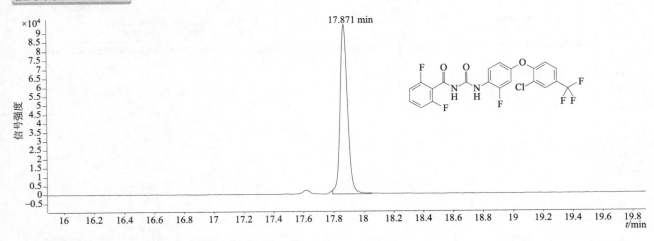

四个碰撞能量（CE）下子离子质谱图

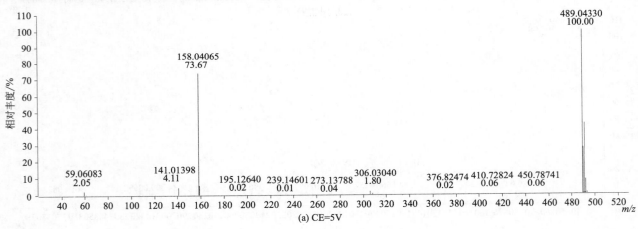

(a) CE=5V

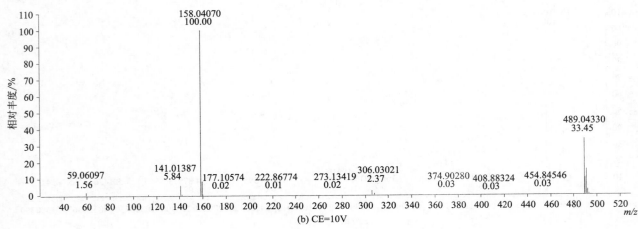

(b) CE=10V

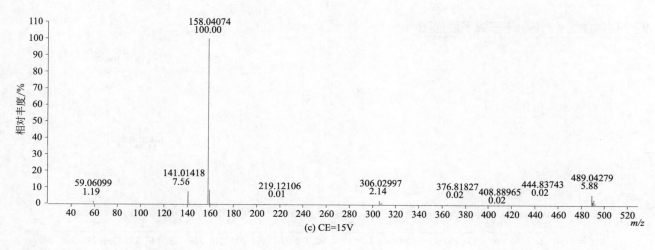

(c) CE=15V

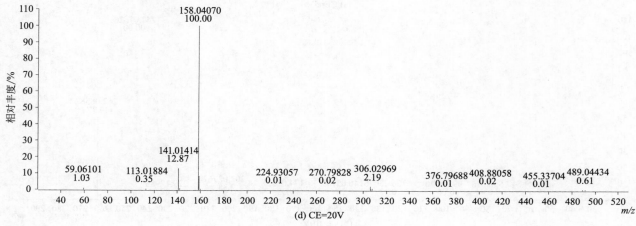

(d) CE=20V

Flumequine（氟甲喹）

基本信息

CAS 登录号	42835-25-6	**分子量**	261.0801	**源极性**	正
分子式	$C_{14}H_{12}FNO_3$	**离子源**	电喷雾离子源（ESI）	**保留时间**	5.79min

提取离子流色谱图

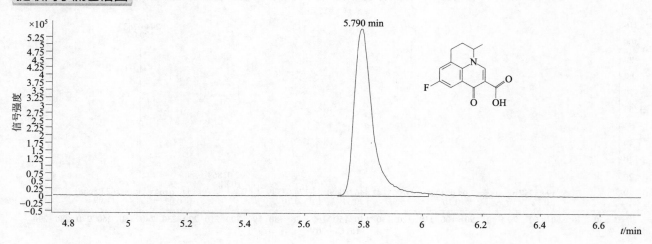

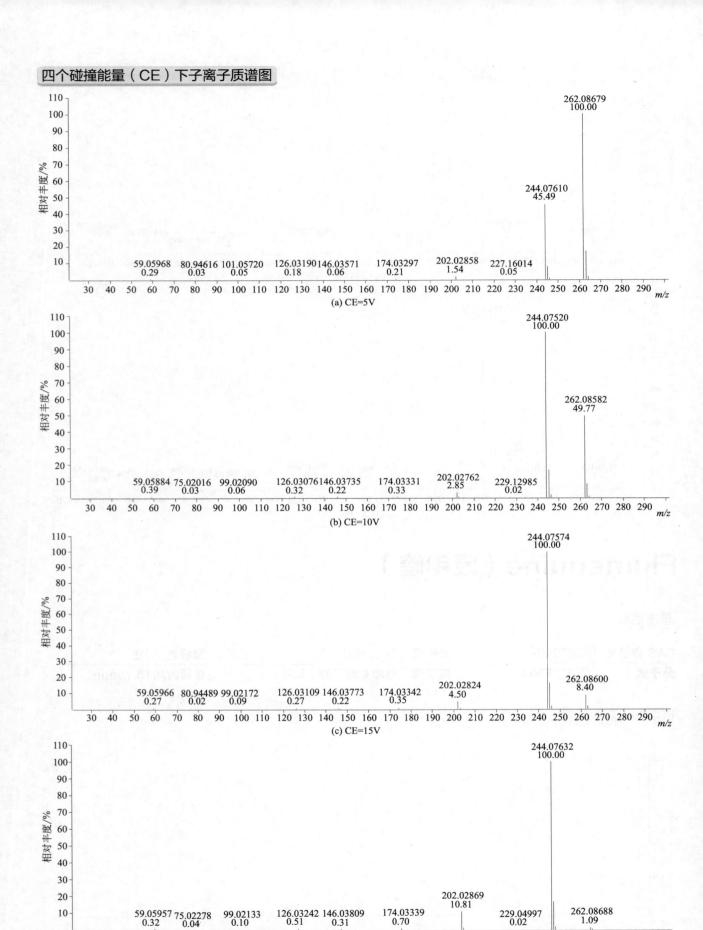

(a) CE=5V

(b) CE=10V

(c) CE=15V

(d) CE=20V

Flumetsulam（唑嘧磺草胺）

基本信息

CAS 登录号	98967-40-9	分子量	325.0445	源极性	正
分子式	C$_{12}$H$_9$F$_2$N$_5$O$_2$S	离子源	电喷雾离子源（ESI）	保留时间	4.22min

提取离子流色谱图

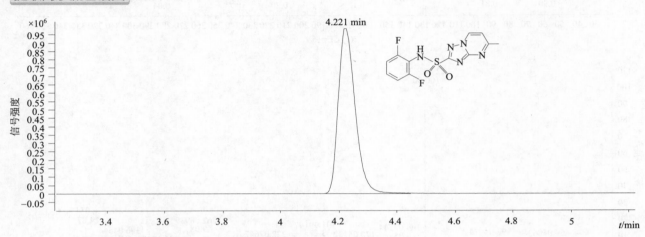

四个碰撞能量（CE）下子离子质谱图

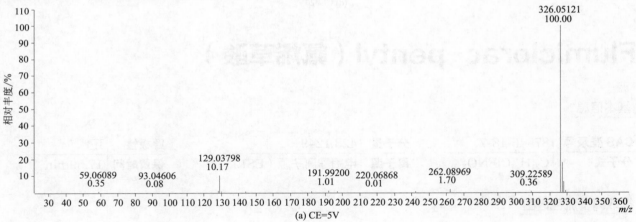

(a) CE=5V

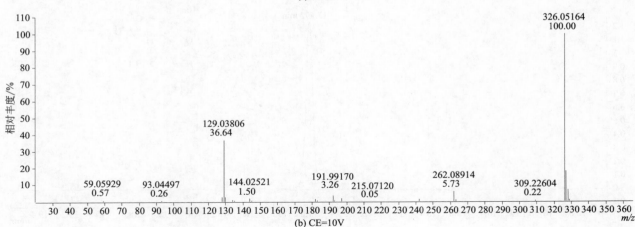

(b) CE=10V

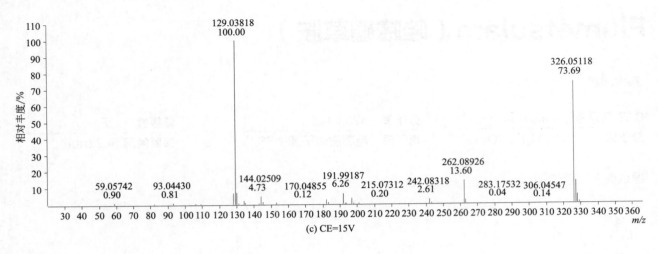

(c) CE=15V

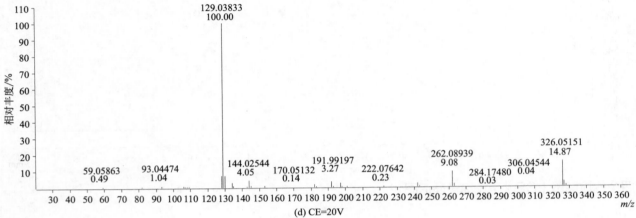

(d) CE=20V

Flumiclorac-pentyl（氟烯草酸）

基本信息

CAS 登录号	87546-18-7	**分子量**	423.1249	**源极性**	正
分子式	$C_{21}H_{23}ClFNO_5$	**离子源**	电喷雾离子源（ESI）	**保留时间**	17.59min

提取离子流色谱图

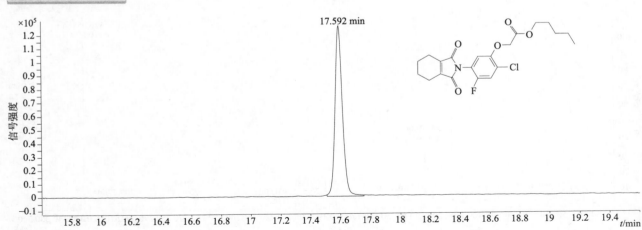

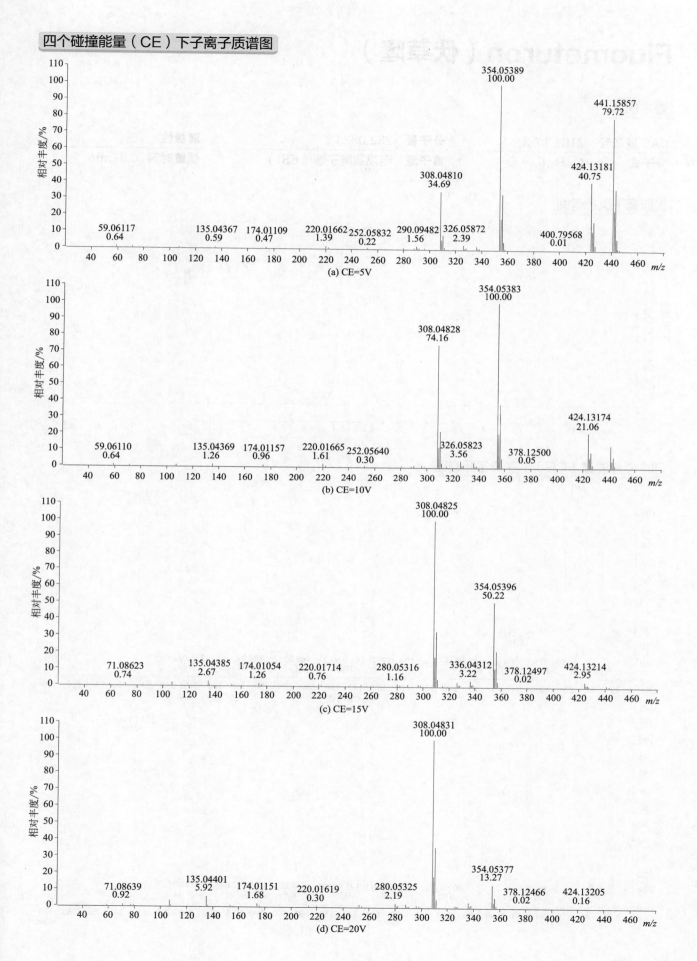

四个碰撞能量（CE）下子离子质谱图

Fluometuron（伏草隆）

基本信息

CAS 登录号	2164-17-2	分子量	232.0823	源极性	正
分子式	$C_{10}H_{11}F_3N_2O$	离子源	电喷雾离子源（ESI）	保留时间	6.37min

提取离子流色谱图

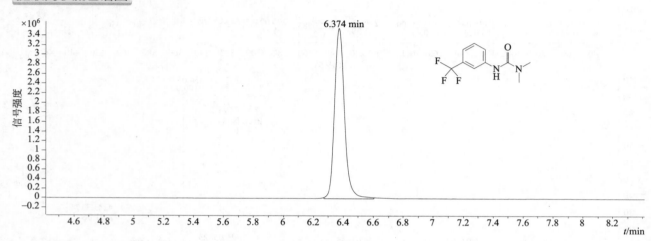

四个碰撞能量（CE）下子离子质谱图

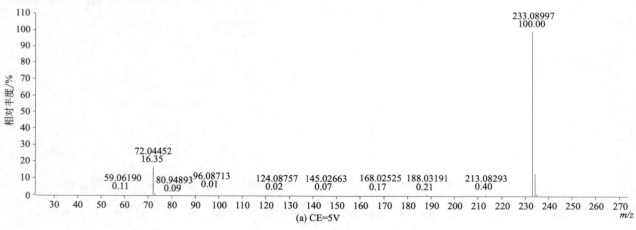

(a) CE=5V

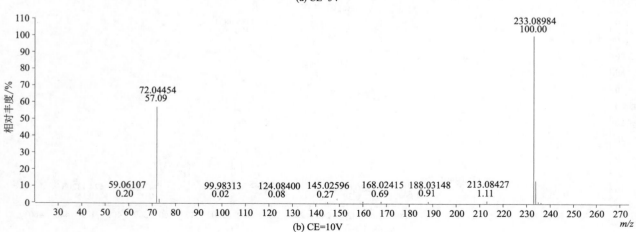

(b) CE=10V

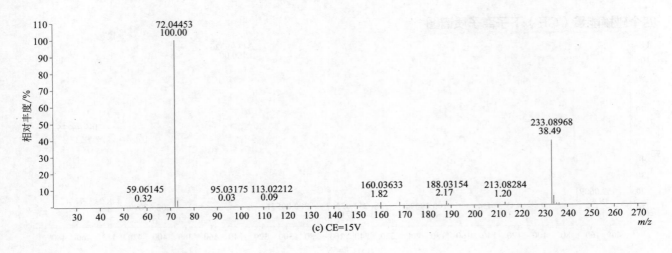

(c) CE=15V

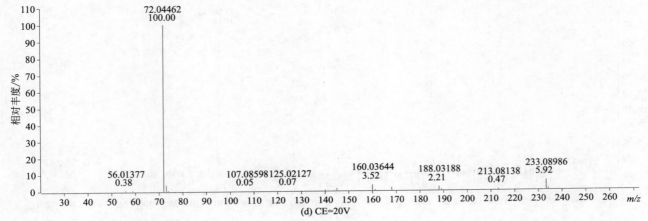

(d) CE=20V

Fluoroglycofen-ethyl（乙羧氟草醚）

基本信息

CAS 登录号	77501-90-7	**分子量**	447.0333	**源极性**	正
分子式	$C_{18}H_{13}ClF_3NO_7$	**离子源**	电喷雾离子源（ESI）	**保留时间**	17.24min

提取离子流色谱图

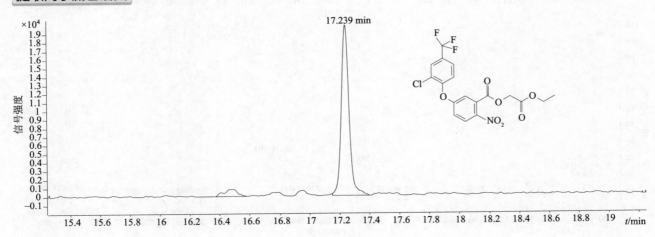

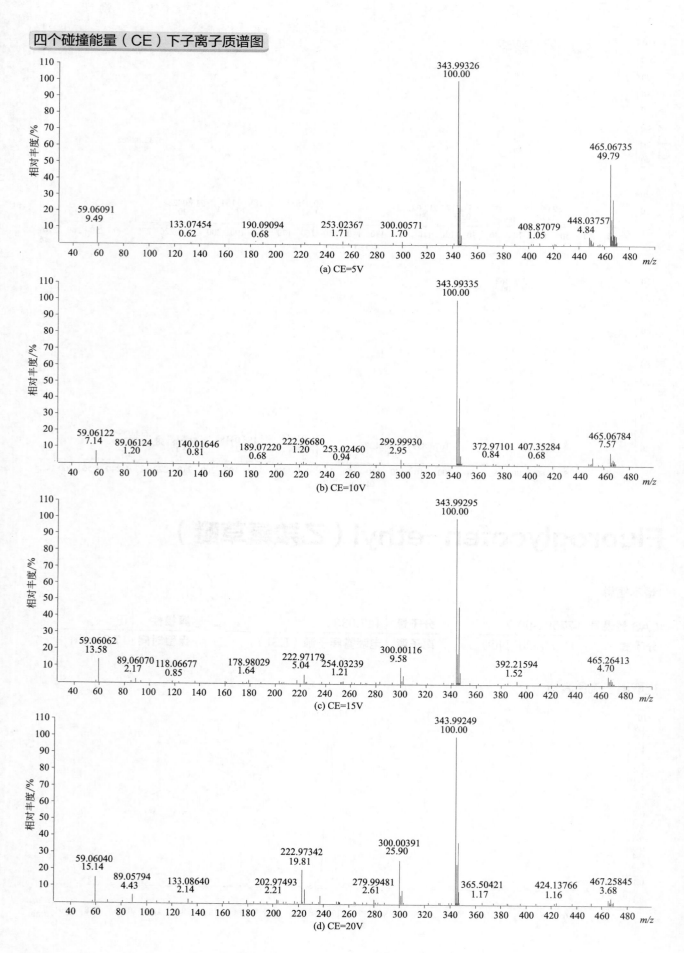

(a) CE=5V

(b) CE=10V

(c) CE=15V

(d) CE=20V

Fluquinconazole（氟喹唑）

基本信息

CAS 登录号	136426-54-5	分子量	375.0090	源极性	正
分子式	$C_{16}H_8Cl_2FN_5O$	离子源	电喷雾离子源（ESI）	保留时间	11.62min

提取离子流色谱图

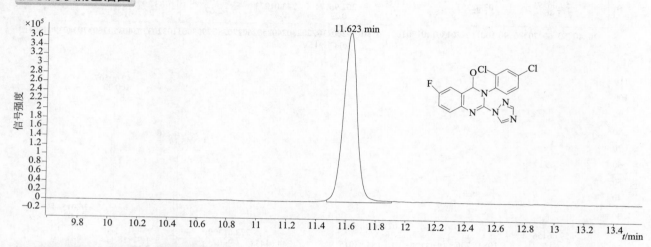

四个碰撞能量（CE）下子离子质谱图

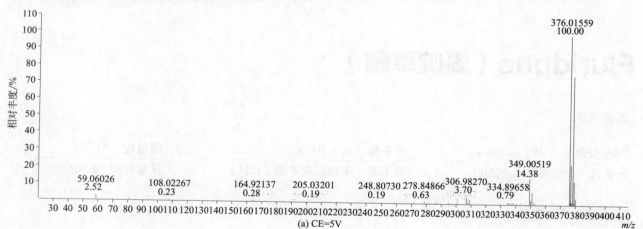

(a) CE=5V

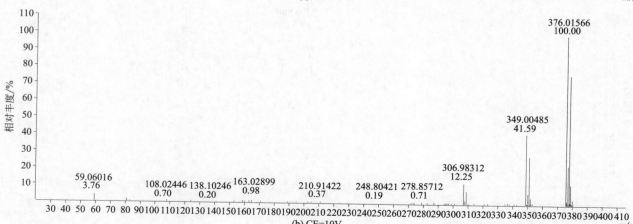

(b) CE=10V

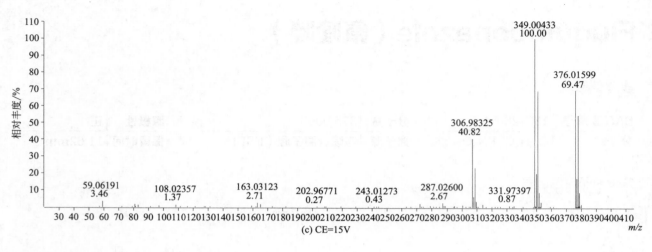

(c) CE=15V

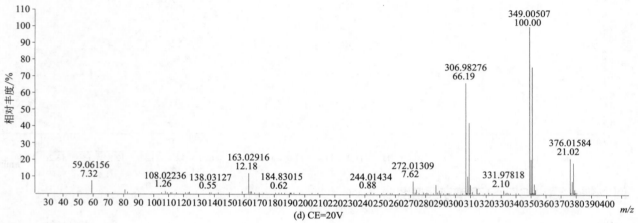

(d) CE=20V

Fluridone（氟啶草酮）

基本信息

CAS 登录号	59756-60-4	分子量	329.1028	源极性	正
分子式	C$_{19}$H$_{14}$F$_3$NO	离子源	电喷雾离子源（ESI）	保留时间	9.40min

提取离子流色谱图

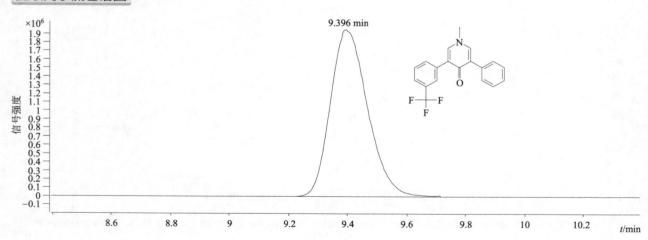

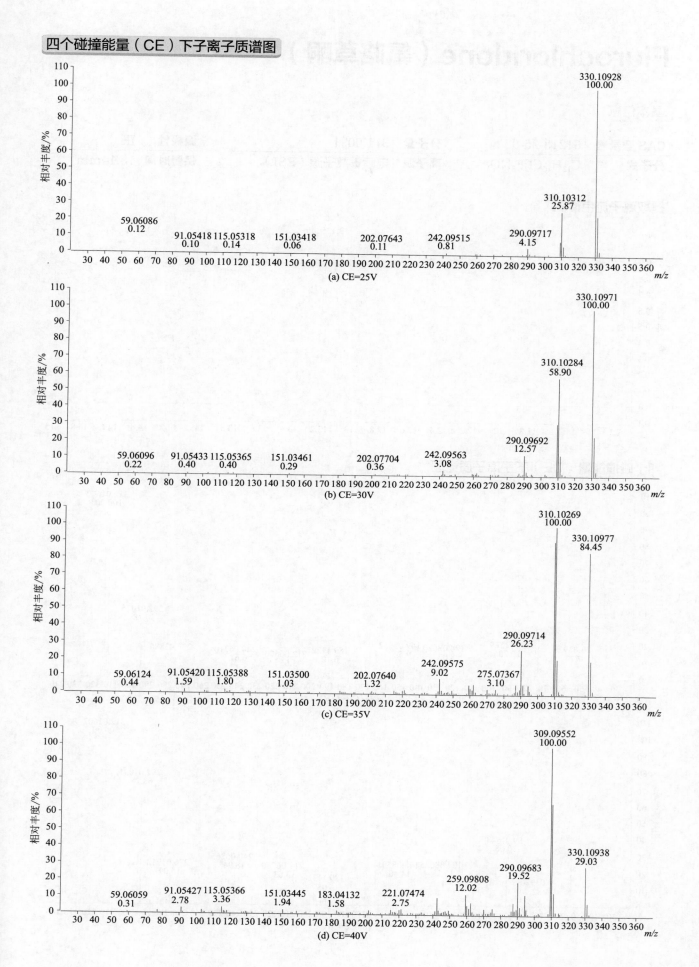

(a) CE=25V

(b) CE=30V

(c) CE=35V

(d) CE=40V

Flurochloridone（氟咯草酮）

基本信息

CAS 登录号	61213-25-0	**分子量**	311.0091	**源极性**	正
分子式	$C_{12}H_{10}Cl_2F_3NO$	**离子源**	电喷雾离子源（ESI）	**保留时间**	13.14min

提取离子流色谱图

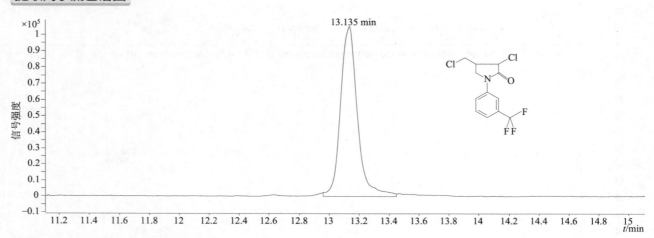

四个碰撞能量（CE）下子离子质谱图

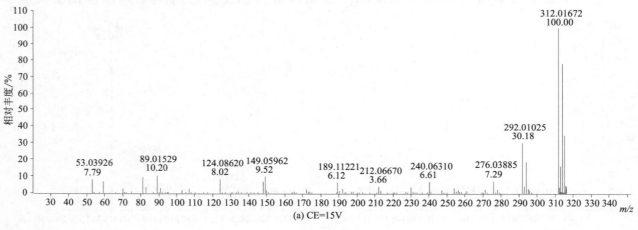

(a) CE=15V

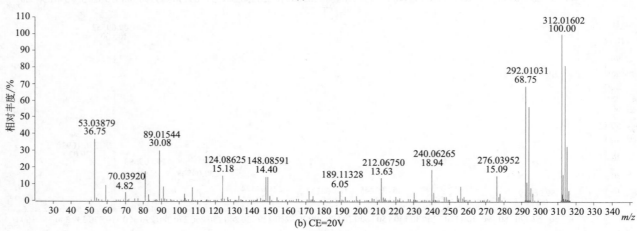

(b) CE=20V

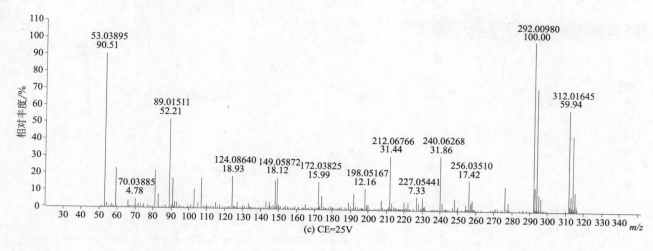

(c) CE=25V

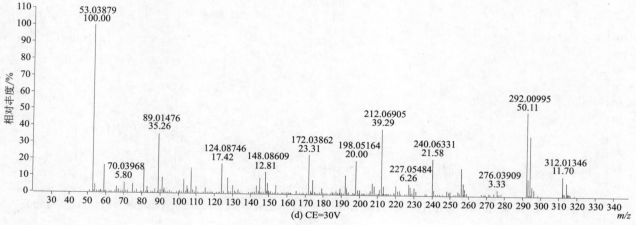

(d) CE=30V

Flurtamone（呋草酮）

基本信息

CAS 登录号	96525-23-4	分子量	333.0977	源极性	正
分子式	C$_{18}$H$_{14}$F$_3$NO$_2$	离子源	电喷雾离子源（ESI）	保留时间	10.08min

提取离子流色谱图

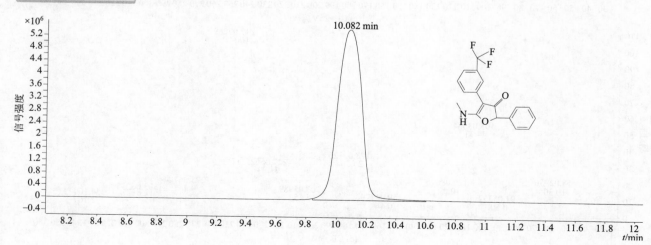

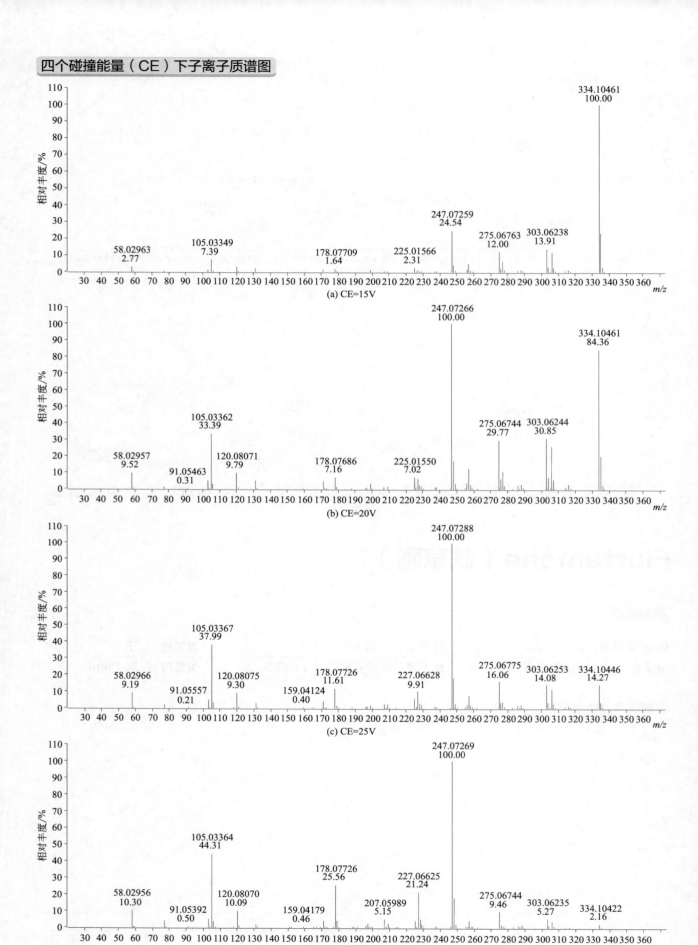

(a) CE=15V

(b) CE=20V

(c) CE=25V

(d) CE=30V

Flusilazole（氟哇唑）

基本信息

CAS 登录号	85509-19-9	分子量	315.1003	源极性	正
分子式	$C_{16}H_{15}F_2N_3Si$	离子源	电喷雾离子源（ESI）	保留时间	12.60min

提取离子流色谱图

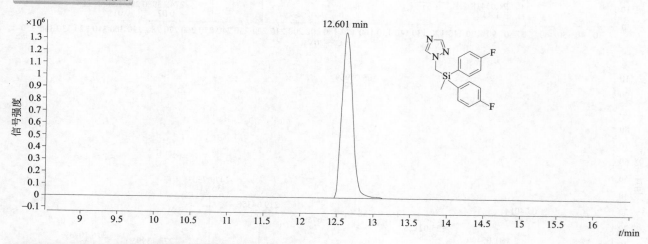

四个碰撞能量（CE）下子离子质谱图

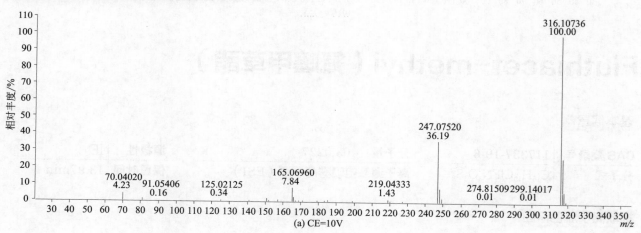

(a) CE=10V

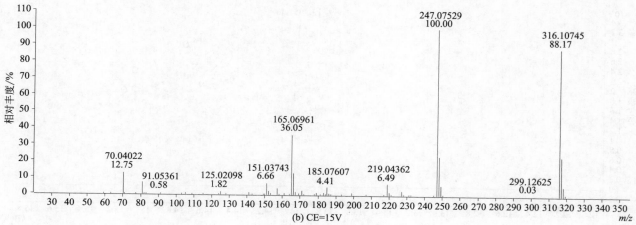

(b) CE=15V

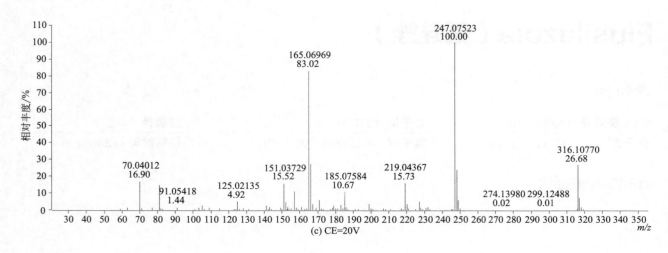
(c) CE=20V

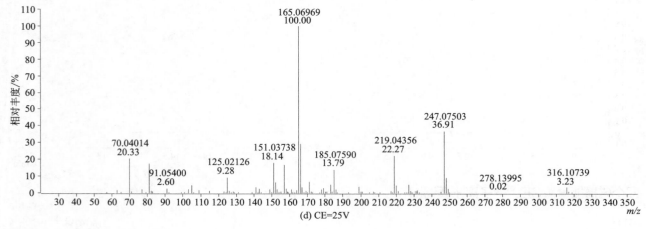
(d) CE=25V

Fluthiacet-methyl（氟噻甲草酯）

基本信息

CAS 登录号	117337-19-6	分子量	403.0227	源极性	正
分子式	$C_{15}H_{15}ClFN_3O_3S_2$	离子源	电喷雾离子源（ESI）	保留时间	13.97min

提取离子流色谱图

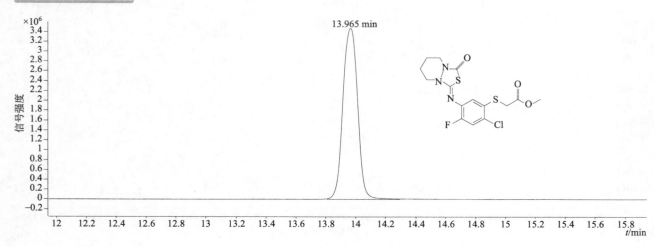

四个碰撞能量（CE）下子离子质谱图

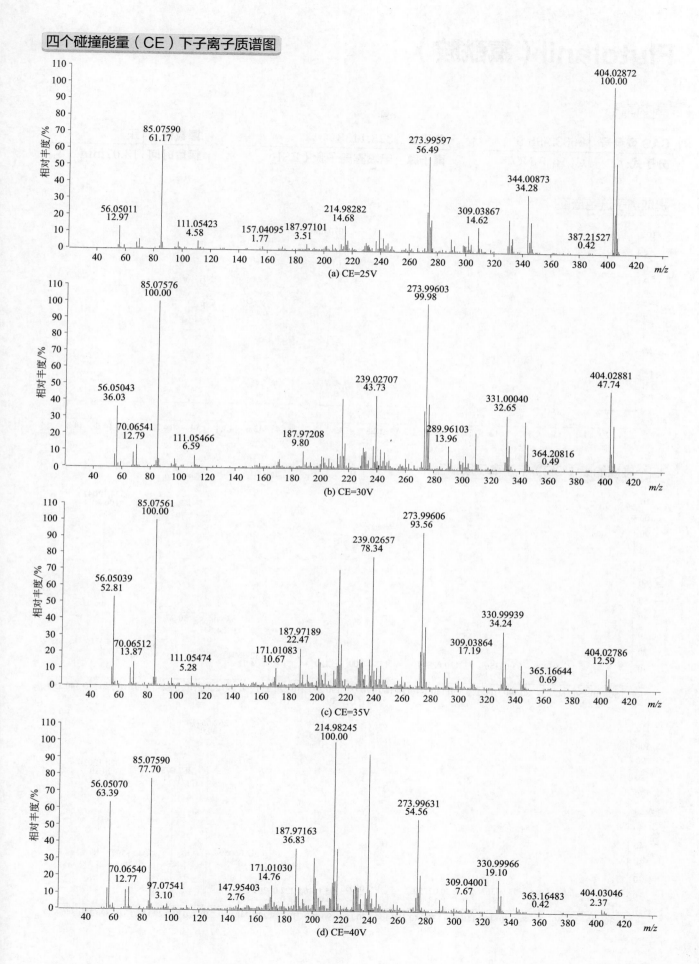

(a) CE=25V

(b) CE=30V

(c) CE=35V

(d) CE=40V

Flutolanil（氟酰胺）

基本信息

CAS 登录号	66332-96-5	分子量	323.1133	源极性	正
分子式	C₁₇H₁₆F₃NO₂	离子源	电喷雾离子源（ESI）	保留时间	13.07min

提取离子流色谱图

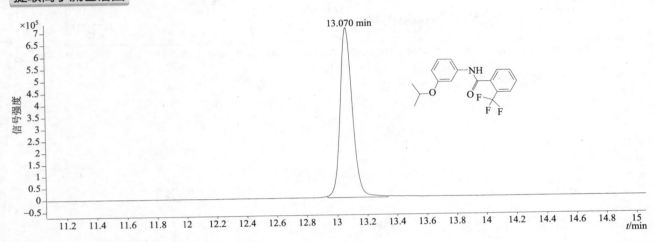

四个碰撞能量（CE）下子离子质谱图

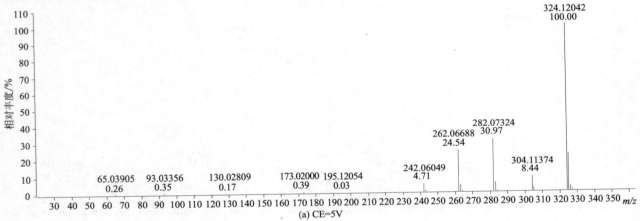

(a) CE=5V

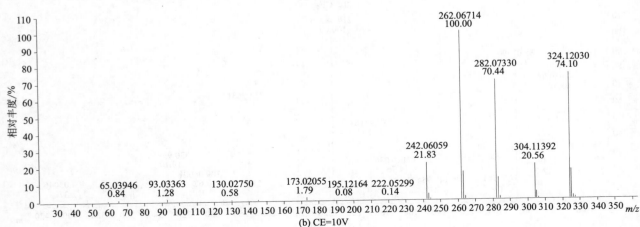

(b) CE=10V

356

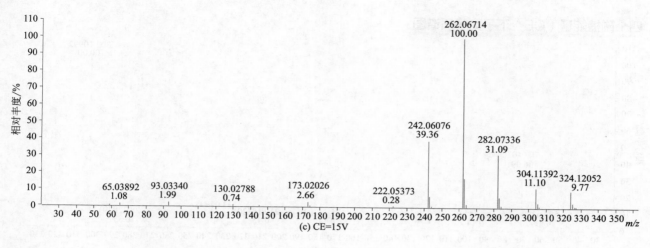

(c) CE=15V

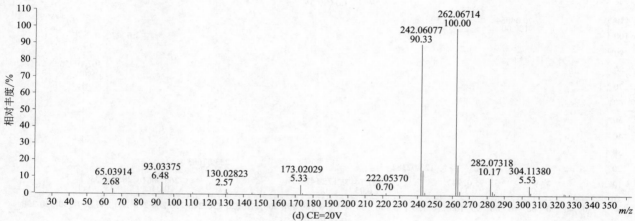

(d) CE=20V

Flutriafol（粉唑醇）

基本信息

CAS 登录号	76674-21-0	分子量	301.1027	源极性	正
分子式	$C_{16}H_{13}F_2N_3O$	离子源	电喷雾离子源（ESI）	保留时间	6.54min

提取离子流色谱图

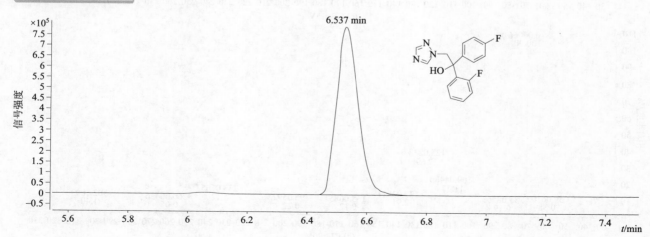

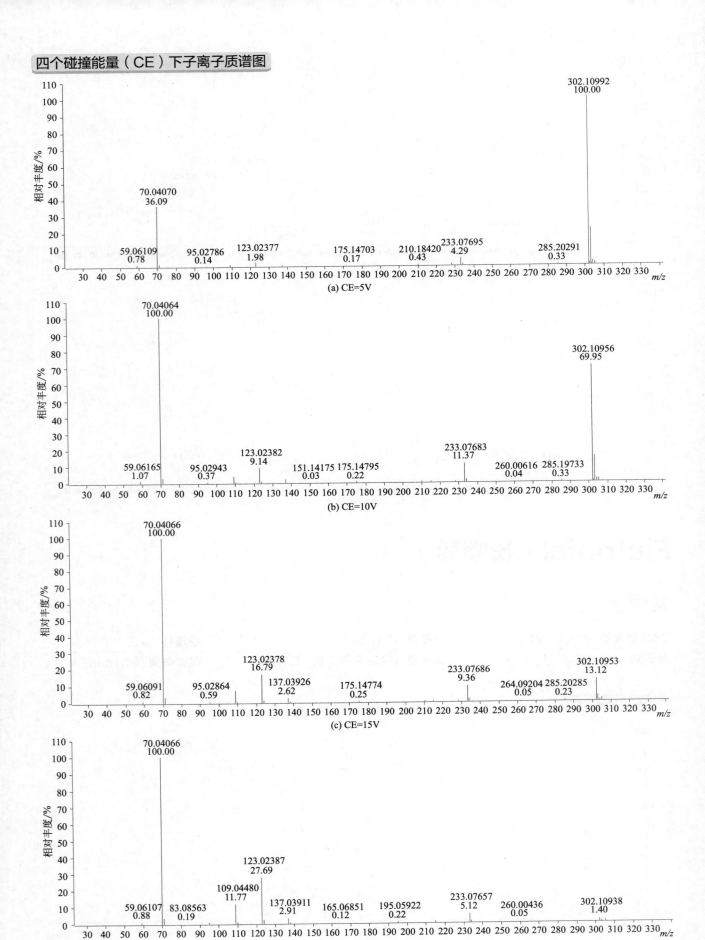

(a) CE=5V

(b) CE=10V

(c) CE=15V

(d) CE=20V

Fonofos（地虫硫磷）

基本信息

CAS 登录号	994-22-9	分子量	246.0302	源极性	正
分子式	$C_{10}H_{15}OPS_2$	离子源	电喷雾离子源（ESI）	保留时间	15.41min

提取离子流色谱图

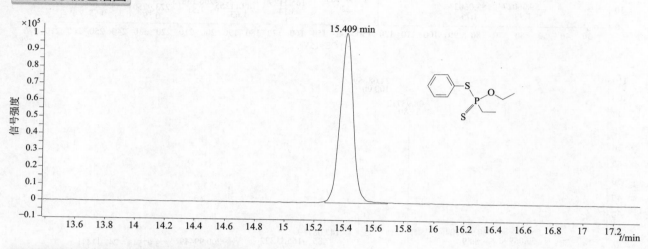

四个碰撞能量（CE）下子离子质谱图

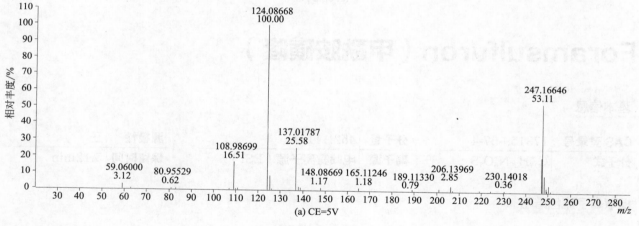

(a) CE=5V

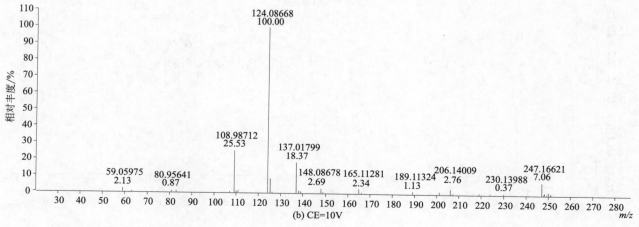

(b) CE=10V

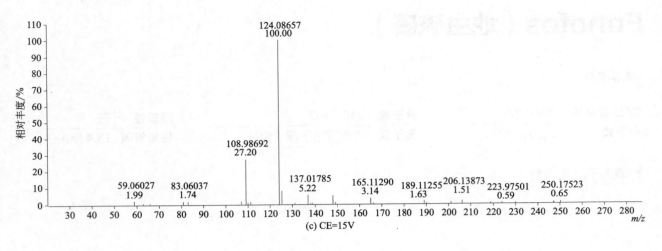

(c) CE=15V

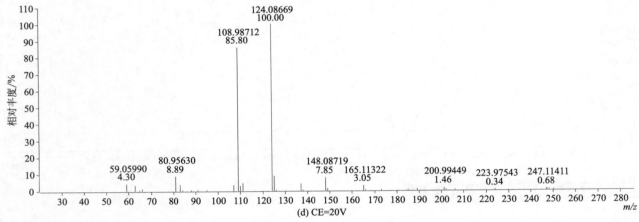

(d) CE=20V

Foramsulfuron（甲酰胺磺隆）

基本信息

CAS 登录号	173159-57-4	分子量	452.1114	源极性	正
分子式	C₁₇H₂₀N₆O₇S	离子源	电喷雾离子源（ESI）	保留时间	5.12min

提取离子流色谱图

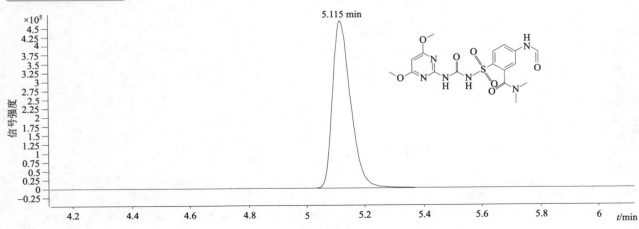

四个碰撞能量（CE）下子离子质谱图

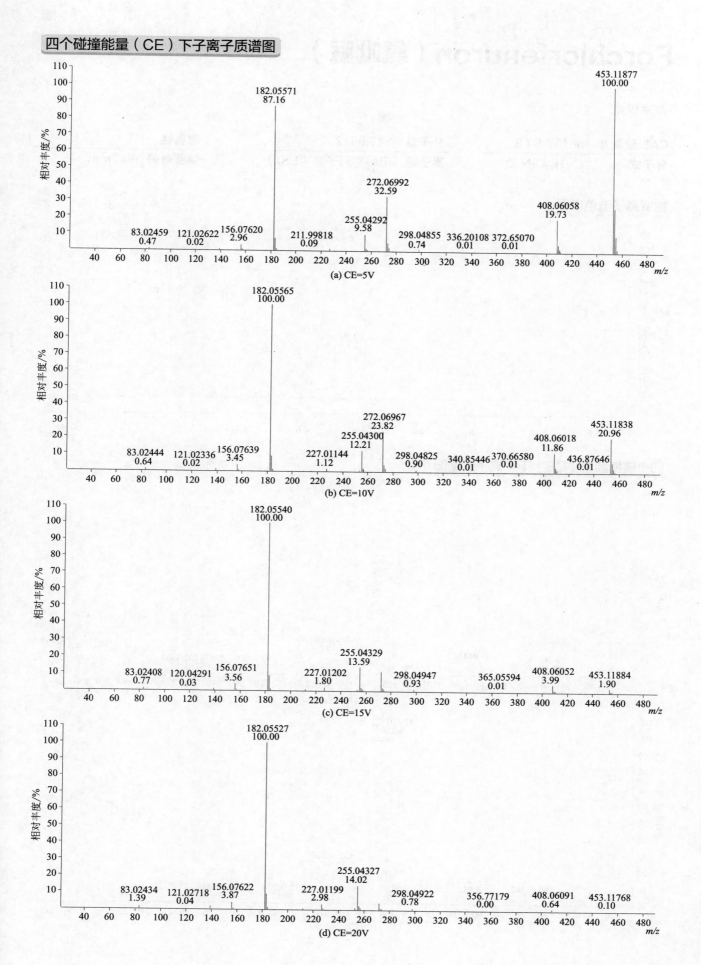

(a) CE=5V

(b) CE=10V

(c) CE=15V

(d) CE=20V

Forchlorfenuron（氯吡脲）

基本信息

CAS 登录号	68157-60-8	**分子量**	247.0512	**源极性**	正
分子式	$C_{12}H_{10}ClN_3O$	**离子源**	电喷雾离子源（ESI）	**保留时间**	6.47min

提取离子流色谱图

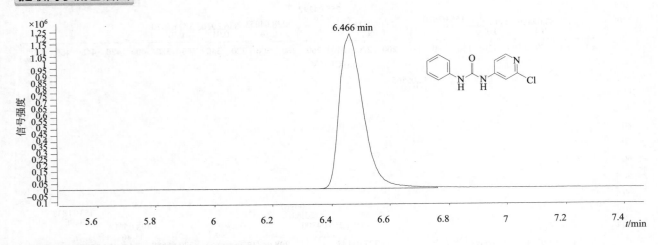

四个碰撞能量（CE）下子离子质谱图

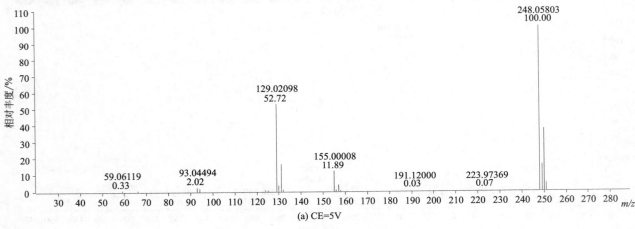

(a) CE=5V

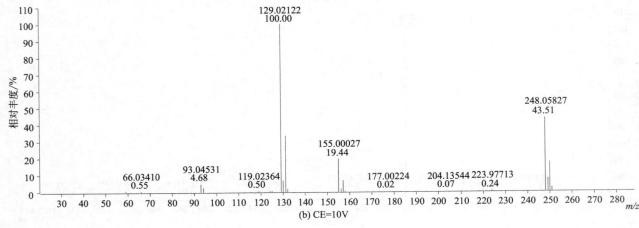

(b) CE=10V

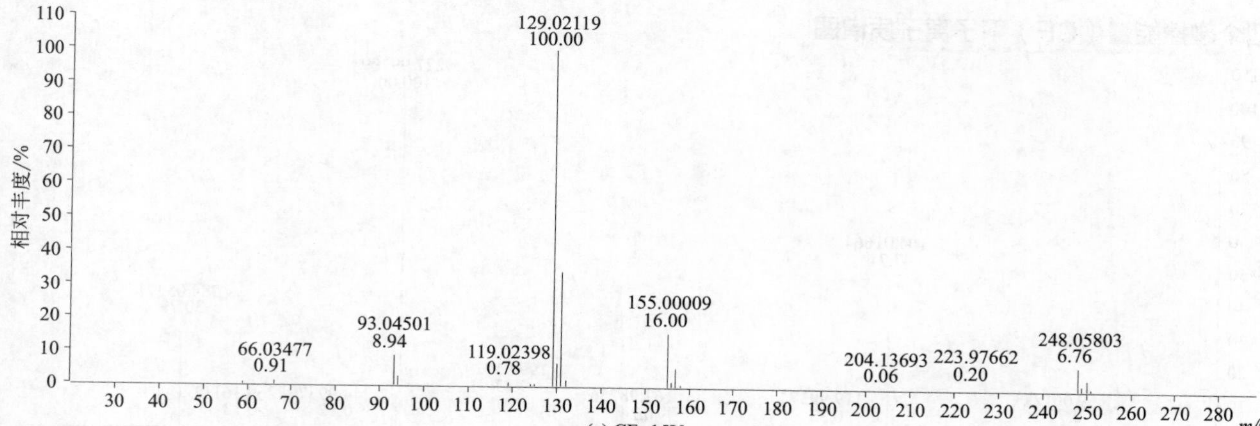

(c) CE=15V

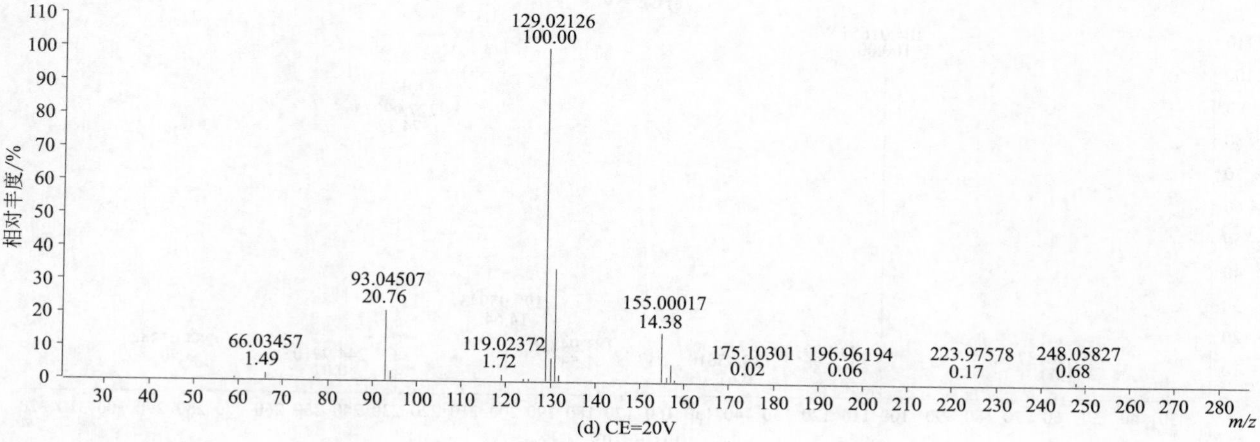

(d) CE=20V

Fosthiazate（噻唑膦）

基本信息

CAS 登录号	98886-44-3	**分子量**	283.0466	**源极性**	正
分子式	$C_9H_{18}NO_3PS_2$	**离子源**	电喷雾离子源（ESI）	**保留时间**	6.49min

提取离子流色谱图

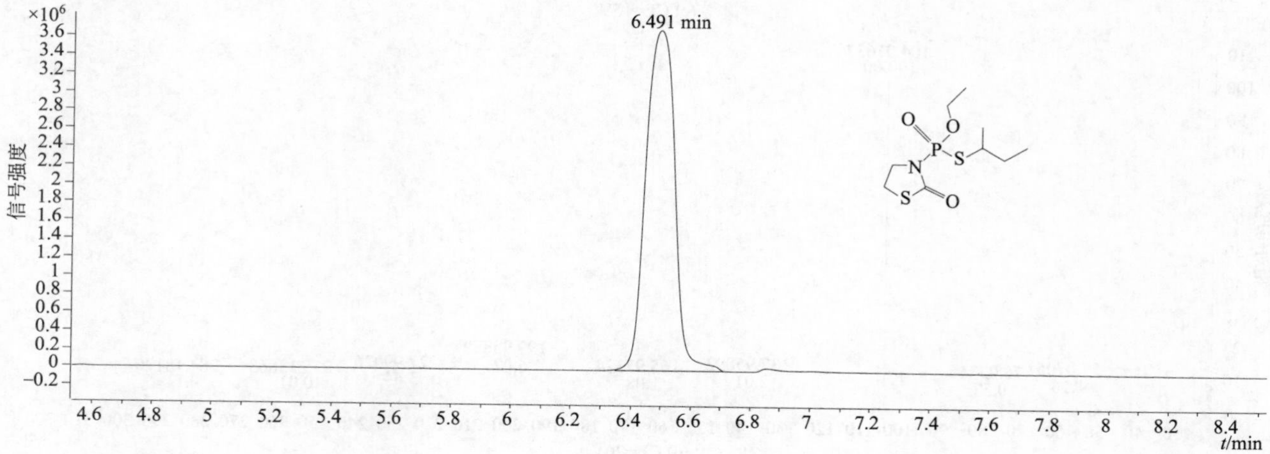

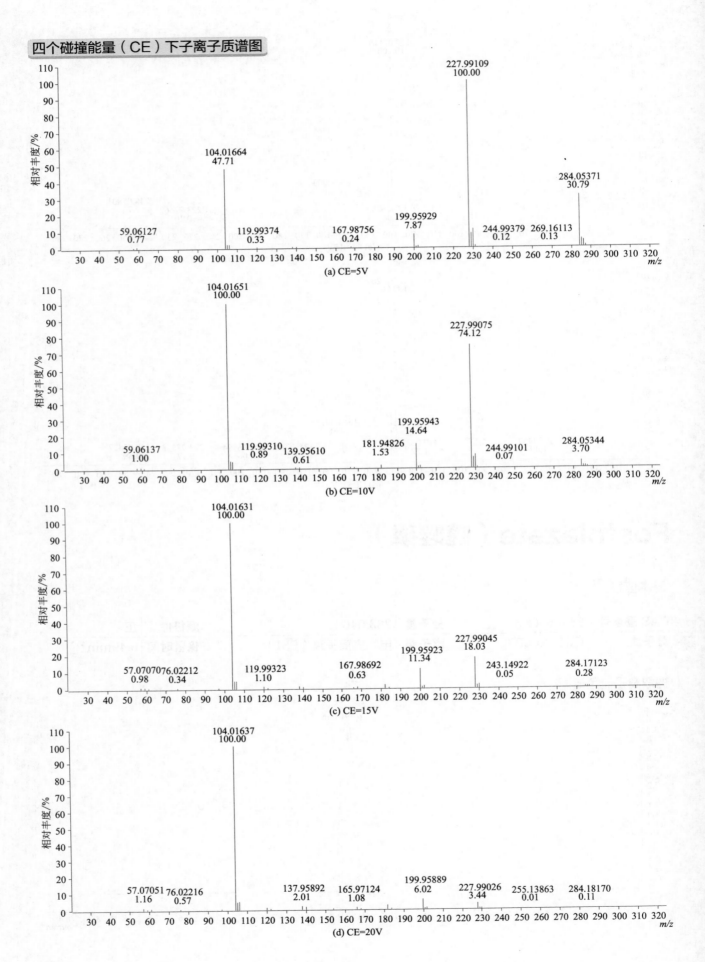

(a) CE=5V

(b) CE=10V

(c) CE=15V

(d) CE=20V

Fuberidazole（麦穗灵）

基本信息

CAS 登录号	3878-19-1	分子量	184.0637	源极性	正
分子式	C₁₁H₈N₂O	离子源	电喷雾离子源（ESI）	保留时间	3.13min

分子式 $C_{11}H_8N_2O$

提取离子流色谱图

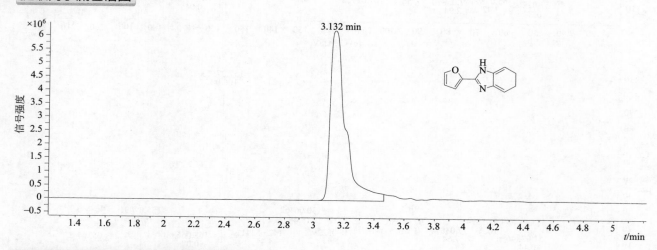

四个碰撞能量（CE）下子离子质谱图

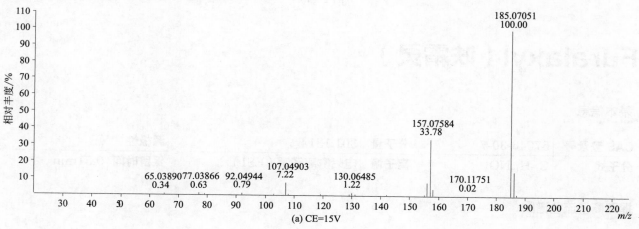

(a) CE=15V

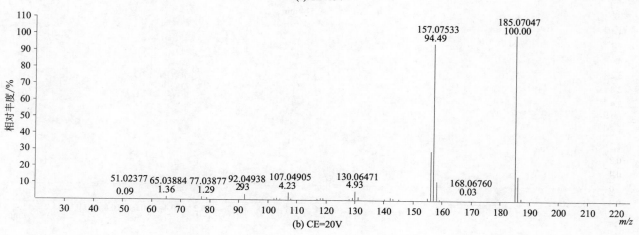

(b) CE=20V

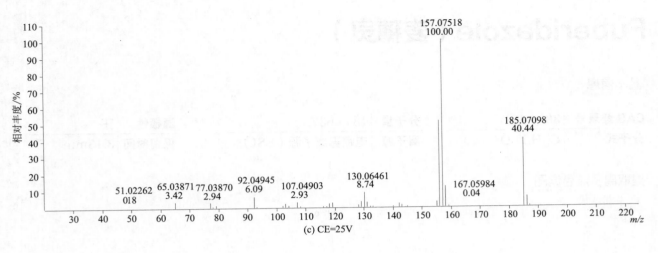
(c) CE=25V

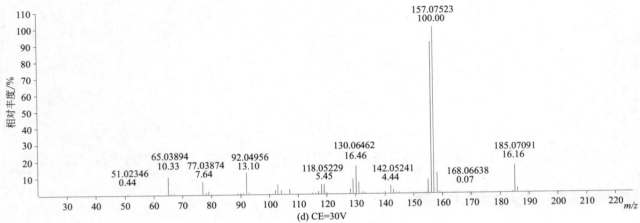
(d) CE=30V

Furalaxyl（呋霜灵）

基本信息

CAS 登录号	57646-30-7	分子量	301.1314	源极性	正
分子式	C₁₇H₁₉NO₄	离子源	电喷雾离子源（ESI）	保留时间	9.51min

分子式 $C_{17}H_{19}NO_4$

提取离子流色谱图

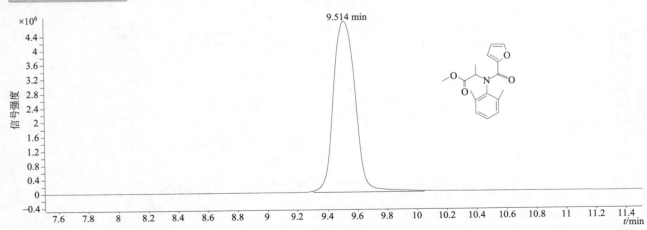

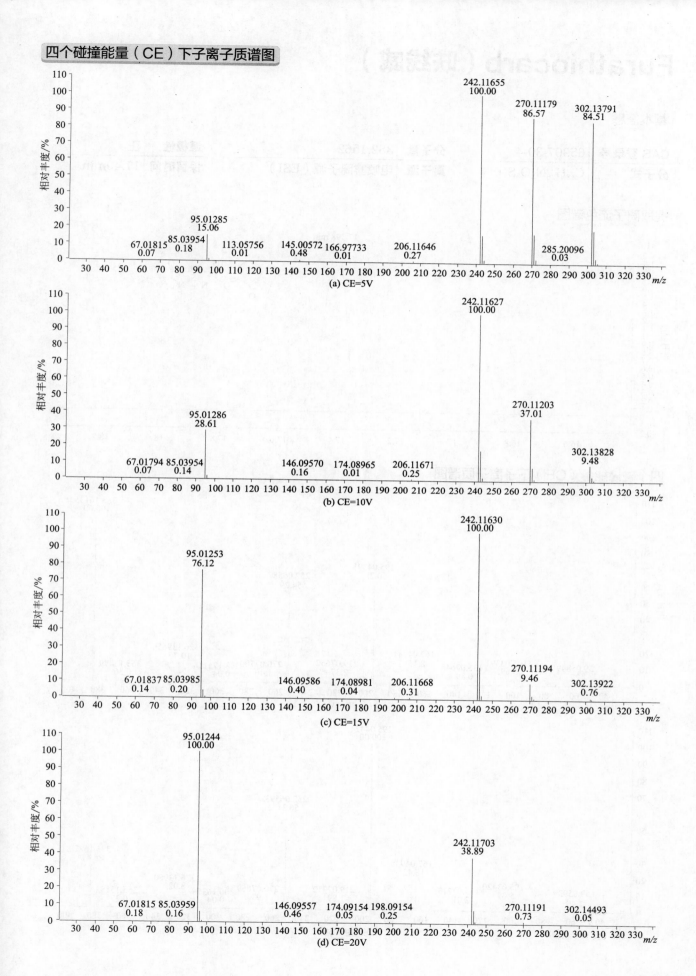

(a) CE=5V

(b) CE=10V

(c) CE=15V

(d) CE=20V

Furathiocarb（呋线威）

基本信息

CAS 登录号	65907-30-4	**分子量**	382.1562	**源极性**	正
分子式	$C_{18}H_{26}N_2O_5S$	**离子源**	电喷雾离子源（ESI）	**保留时间**	17.40min

提取离子流色谱图

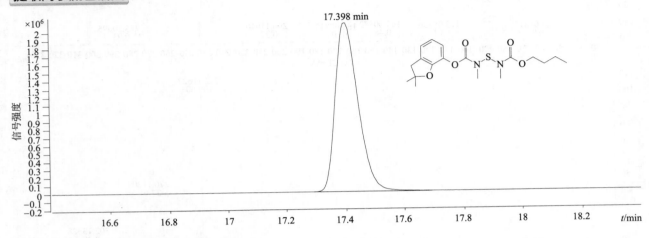

四个碰撞能量（CE）下子离子质谱图

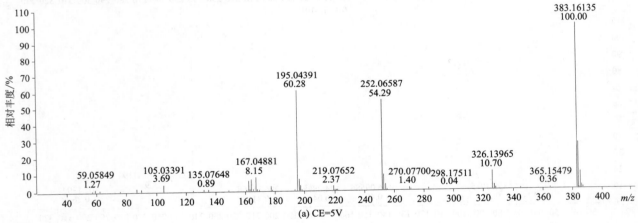

(a) CE=5V

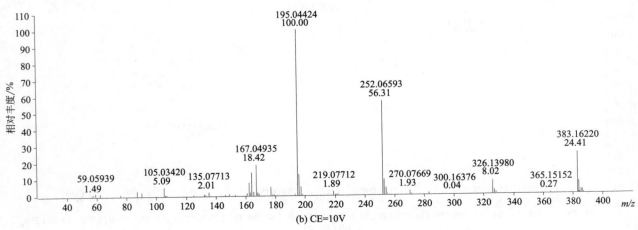

(b) CE=10V

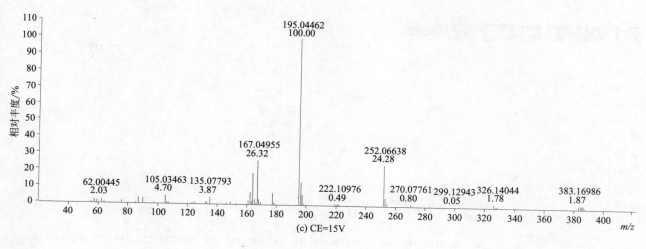

(c) CE=15V

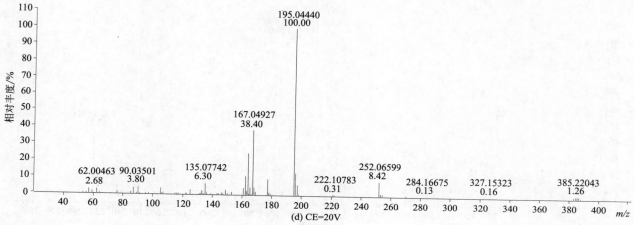

(d) CE=20V

Furmecyclox（拌种胺）

CAS 登录号	60568-05-3	分子量	251.1521	源极性	正
分子式	$C_{14}H_{21}NO_3$	离子源	电喷雾离子源（ESI）	保留时间	13.26min

提取离子流色谱图

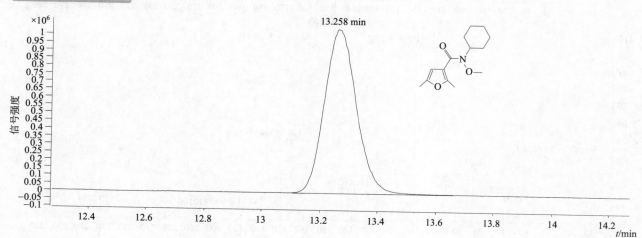

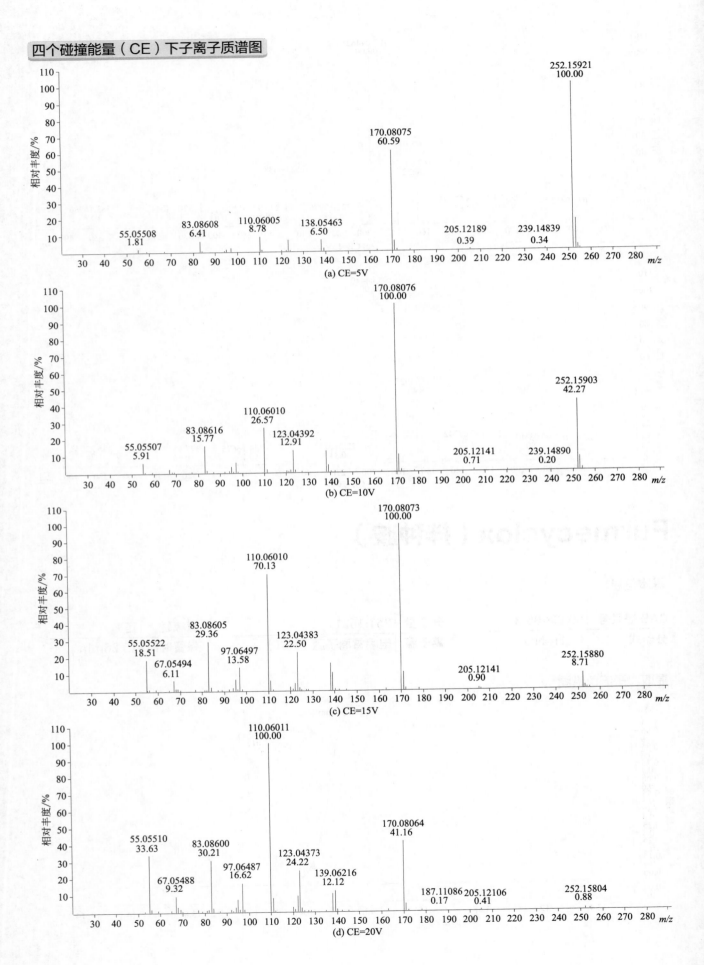

(a) CE=5V

(b) CE=10V

(c) CE=15V

(d) CE=20V

H

>>>>

Halosulfuron-methyl（氯吡嘧磺隆）

基本信息

CAS 登录号	100784-20-1	**分子量**	434.0412	**源极性**	正
分子式	C$_{13}$H$_{15}$ClN$_6$O$_7$S	**离子源**	电喷雾离子源（ESI）	**保留时间**	10.01min

提取离子流色谱图

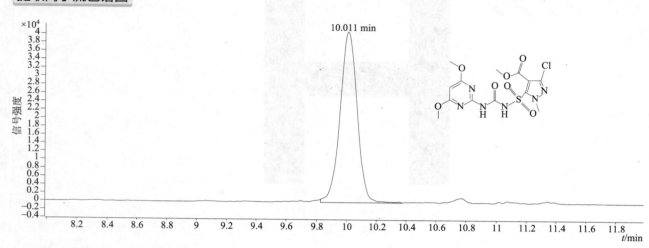

四个碰撞能量（CE）下子离子质谱图

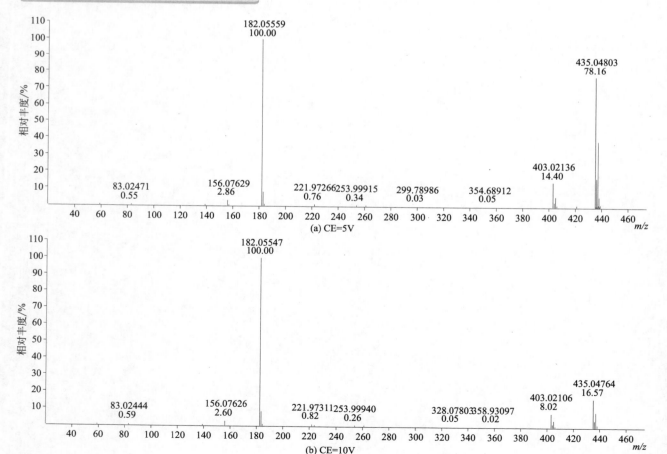

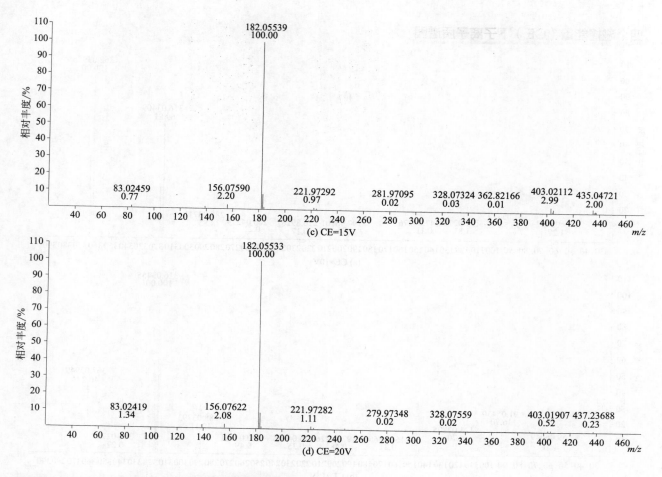

(c) CE=15V

(d) CE=20V

Haloxyfop（氟吡禾灵）

基本信息

CAS 登录号	69806-34-4	分子量	361.0329	源极性	正
分子式	$C_{15}H_{11}ClF_3NO_4$	离子源	电喷雾离子源（ESI）	保留时间	12.09min

提取离子流色谱图

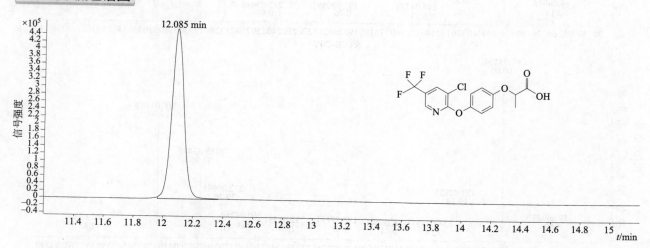

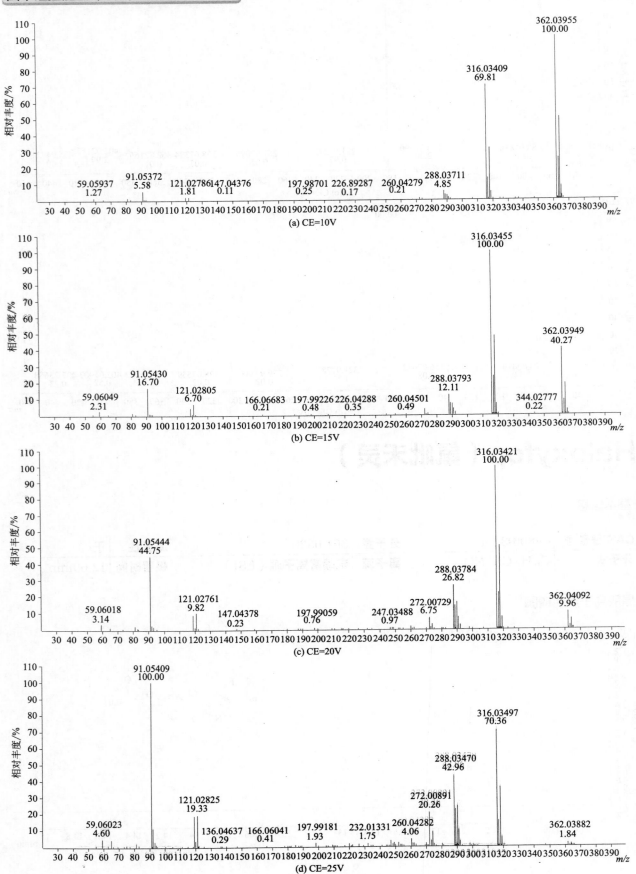

(a) CE=10V

(b) CE=15V

(c) CE=20V

(d) CE=25V

Haloxyfop-ethoxyethyl（氟吡乙禾灵）

基本信息

CAS 登录号	87237-48-7	**分子量**	433.0904	**源极性**	正
分子式	C₁₉H₁₉ClF₃NO₅	**离子源**	电喷雾离子源（ESI）	**保留时间**	17.19min

分子式 $C_{19}H_{19}ClF_3NO_5$

提取离子流色谱图

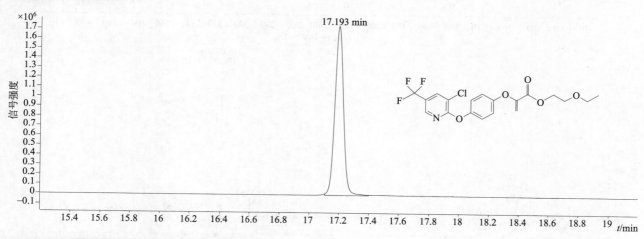

四个碰撞能量（CE）下子离子质谱图

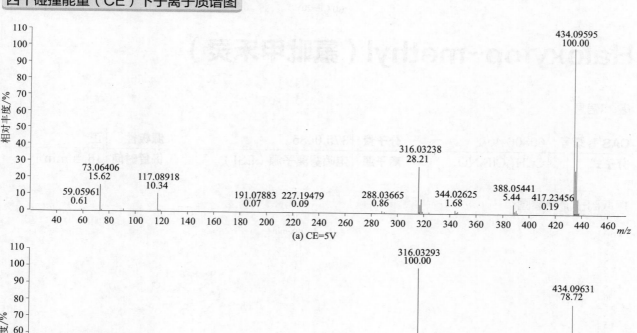

(a) CE=5V

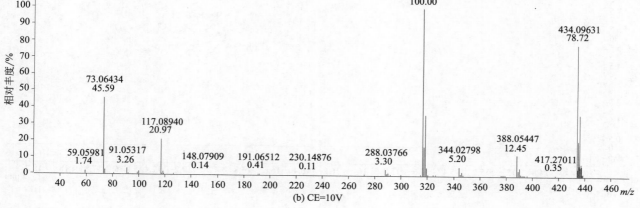

(b) CE=10V

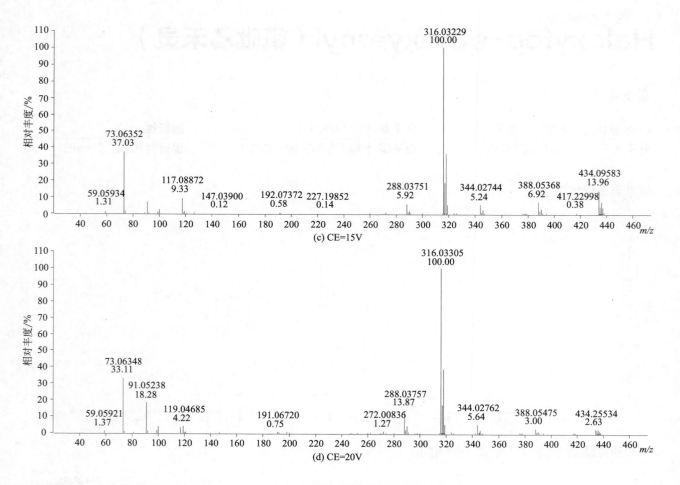

(c) CE=15V

(d) CE=20V

Haloxyfop-methyl（氟吡甲禾灵）

基本信息

CAS 登录号	69806-40-2	分子量	375.0485	源极性	正
分子式	$C_{16}H_{13}ClF_3NO_4$	离子源	电喷雾离子源（ESI）	保留时间	16.40min

提取离子流色谱图

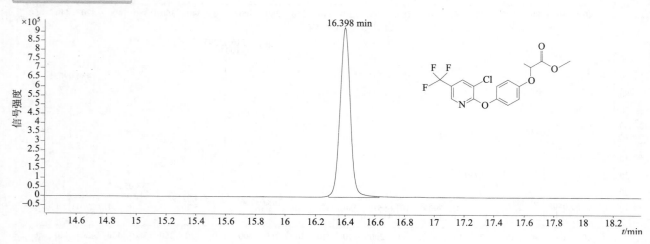

四个碰撞能量（CE）下子离子质谱图

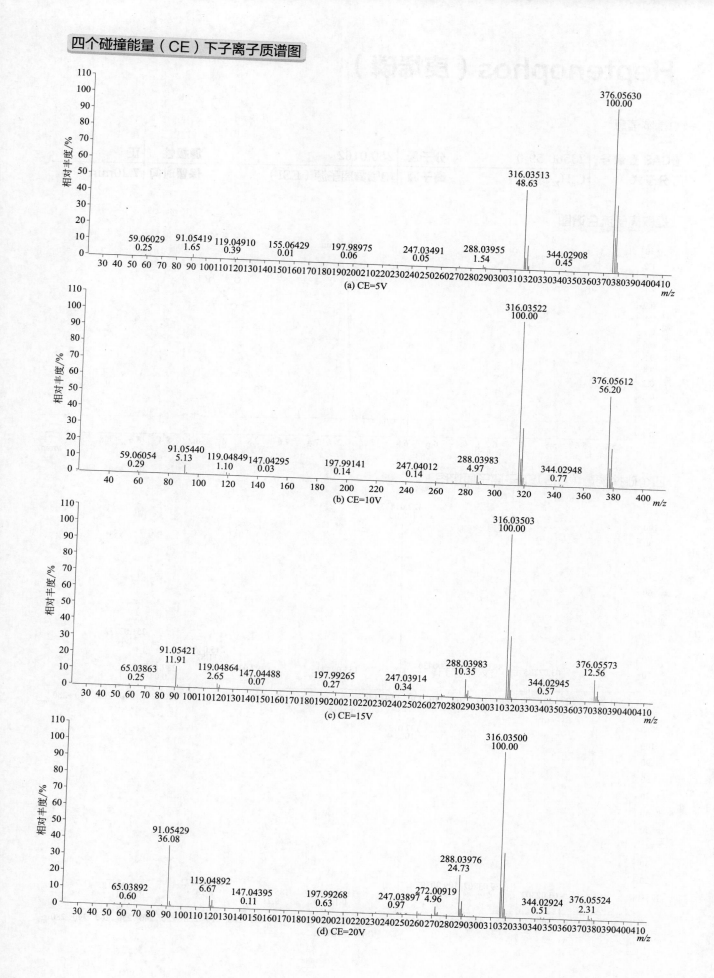

(a) CE=5V

(b) CE=10V

(c) CE=15V

(d) CE=20V

Heptenophos（庚烯磷）

基本信息

CAS 登录号	23560-59-0	**分子量**	250.0162	**源极性**	正
分子式	$C_9H_{12}ClO_4P$	**离子源**	电喷雾离子源（ESI）	**保留时间**	7.20min

提取离子流色谱图

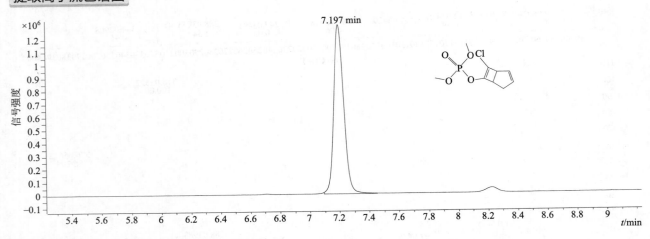

四个碰撞能量（CE）下子离子质谱图

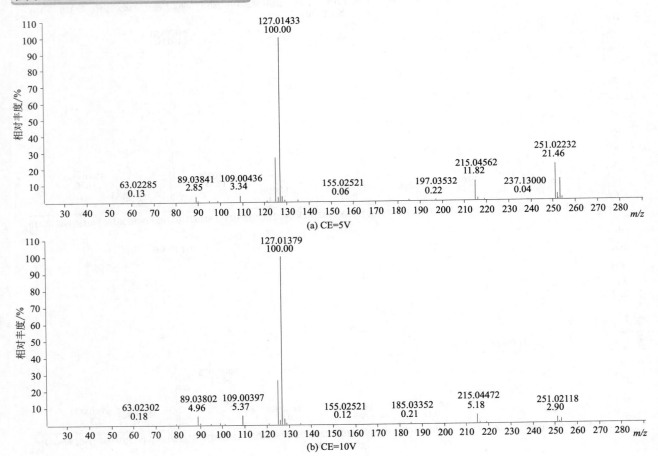

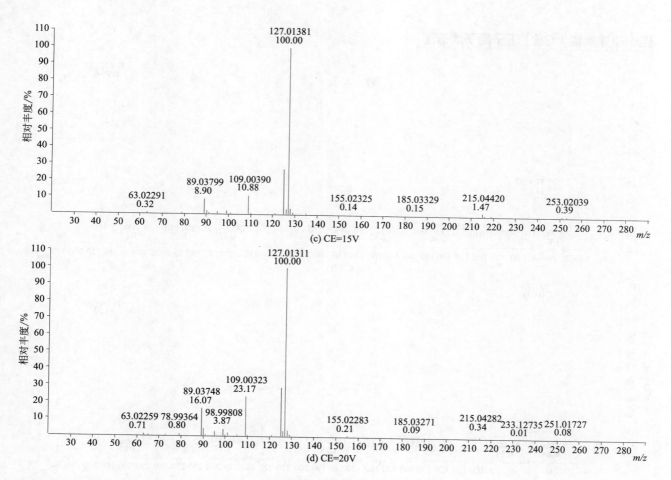

(c) CE=15V

(d) CE=20V

Hexaconazole（己唑醇）

基本信息

CAS 登录号	79983-71-4	**分子量**	313.0749	**源极性**	正
分子式	$C_{14}H_{17}Cl_2N_3O$	**离子源**	电喷雾离子源（ESI）	**保留时间**	12.37min

提取离子流色谱图

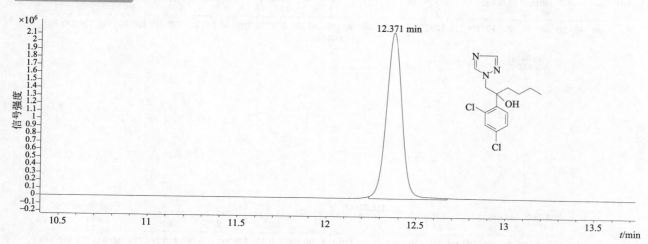

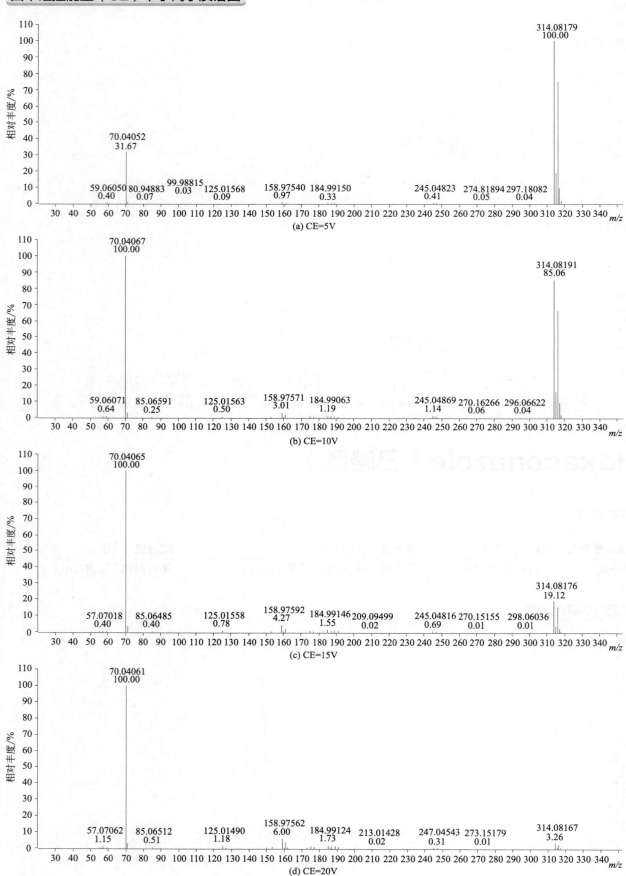

(a) CE=5V

(b) CE=10V

(c) CE=15V

(d) CE=20V

Hexazinone（环嗪酮）

基本信息

CAS 登录号	51235-04-2	分子量	252.1586	源极性	正
分子式	$C_{12}H_{20}N_4O_2$	离子源	电喷雾离子源（ESI）	保留时间	4.79min

提取离子流色谱图

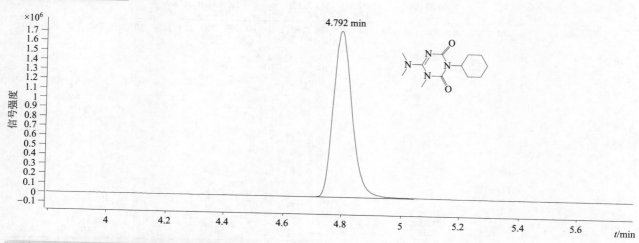

四个碰撞能量（CE）下子离子质谱图

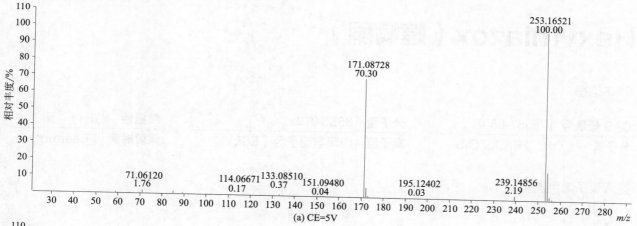

(a) CE=5V

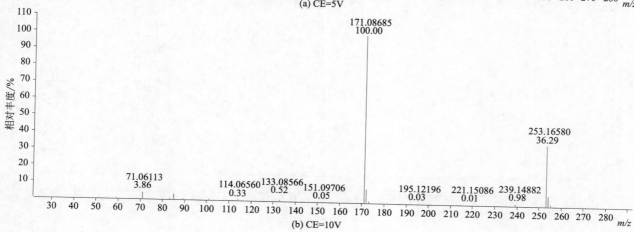

(b) CE=10V

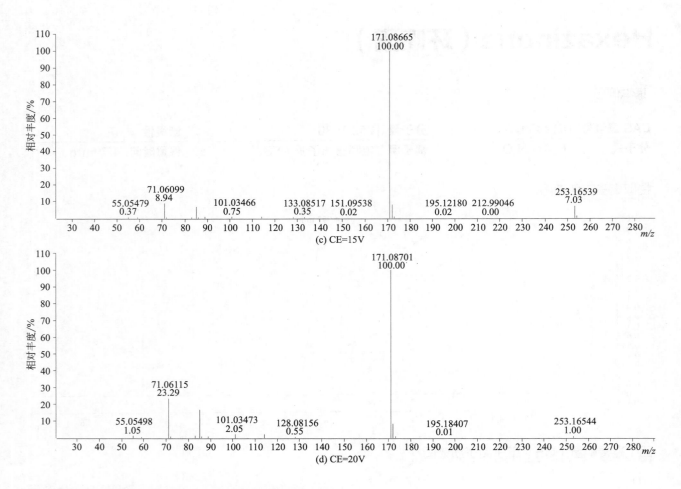

(c) CE=15V

(d) CE=20V

Hexythiazox（噻螨酮）

基本信息

CAS 登录号	78587-05-0	分子量	352.1012	源极性	正
分子式	$C_{17}H_{21}ClN_2O_2S$	离子源	电喷雾离子源（ESI）	保留时间	17.84min

提取离子流色谱图

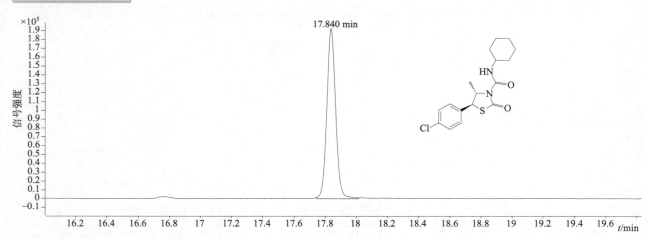

四个碰撞能量（CE）下子离子质谱图

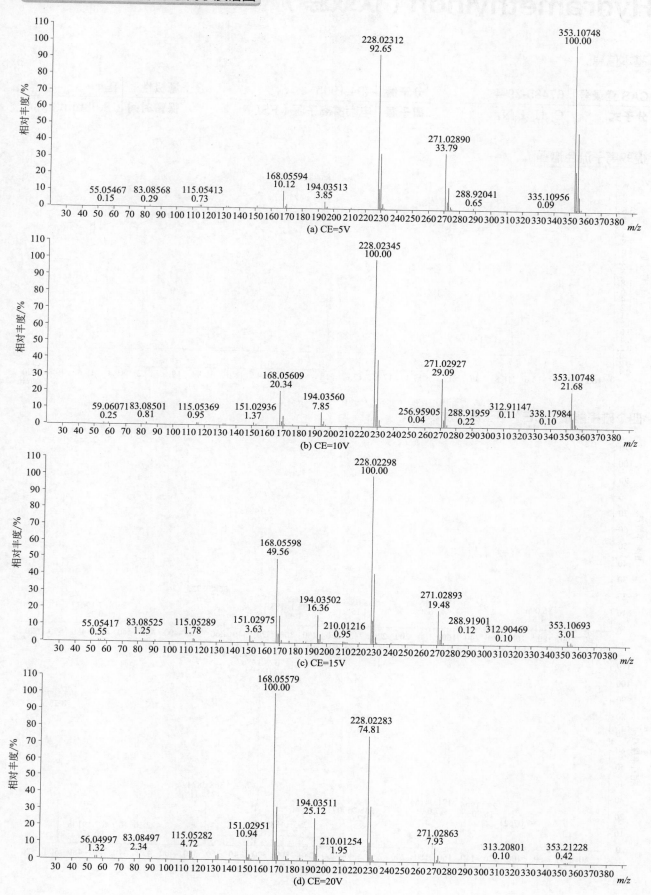

(a) CE=5V

(b) CE=10V

(c) CE=15V

(d) CE=20V

Hydramethylnon（伏蚁腙）

基本信息

CAS 登录号	67485-29-4	**分子量**	494.1905	**源极性**	正
分子式	C₂₅H₂₄F₆N₄	**离子源**	电喷雾离子源（ESI）	**保留时间**	18.08min

提取离子流色谱图

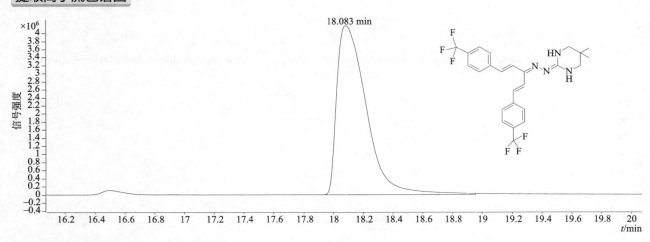

四个碰撞能量（CE）下子离子质谱图

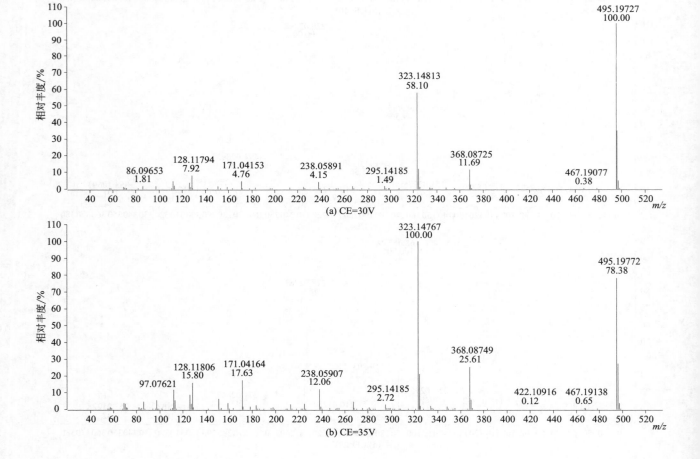

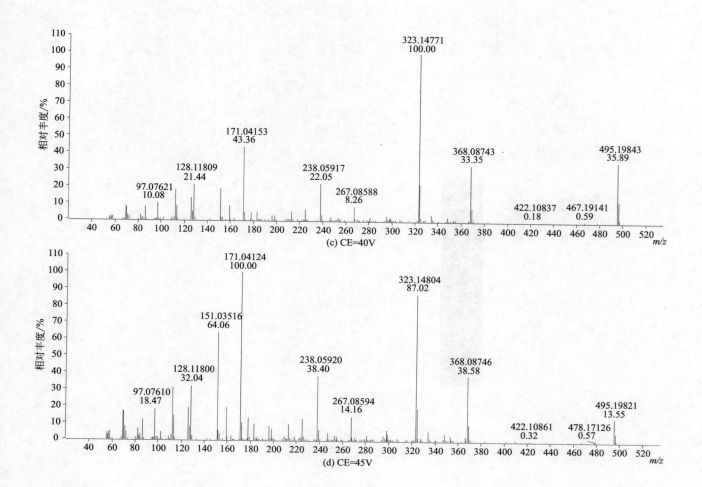

(c) CE=40V

(d) CE=45V

Imazalil（抑霉唑）

CAS 登录号	35554-44-0	分子量	296.0483	源极性	正
分子式	C₁₄H₁₄Cl₂N₂O	离子源	电喷雾离子源（ESI）	保留时间	6.46min

提取离子流色谱图

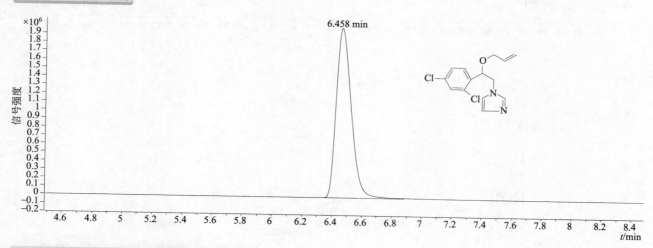

四个碰撞能量（CE）下子离子质谱图

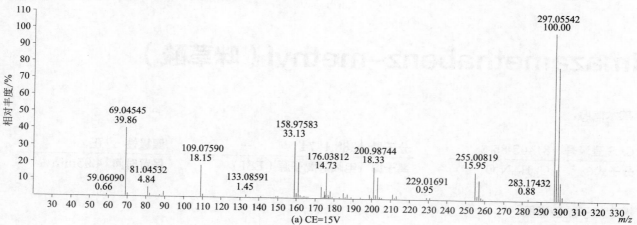

(a) CE=15V

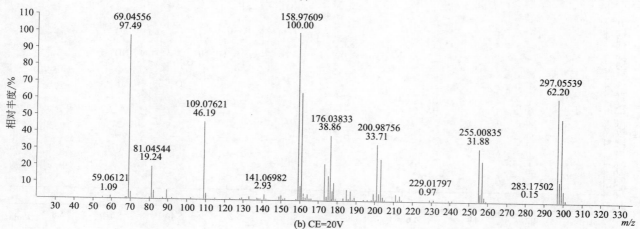

(b) CE=20V

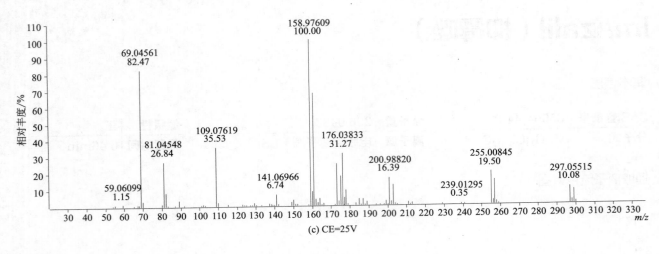

(c) CE=25V

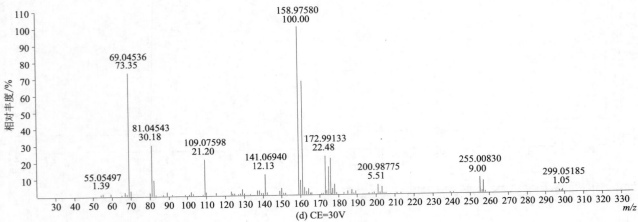

(d) CE=30V

Imazamethabenz–methyl（咪草酸）

基本信息

CAS 登录号	81405-85-8	**分子量**	288.1474	**源极性**	正
分子式	$C_{16}H_{20}N_2O_3$	**离子源**	电喷雾离子源（ESI）	**保留时间**	4.95min

提取离子流色谱图

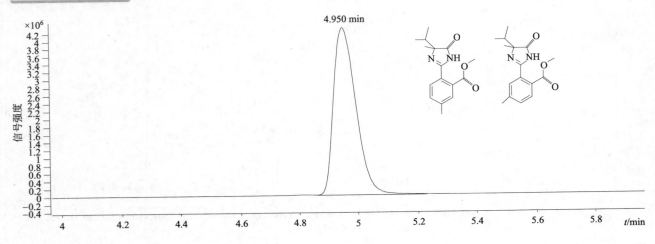

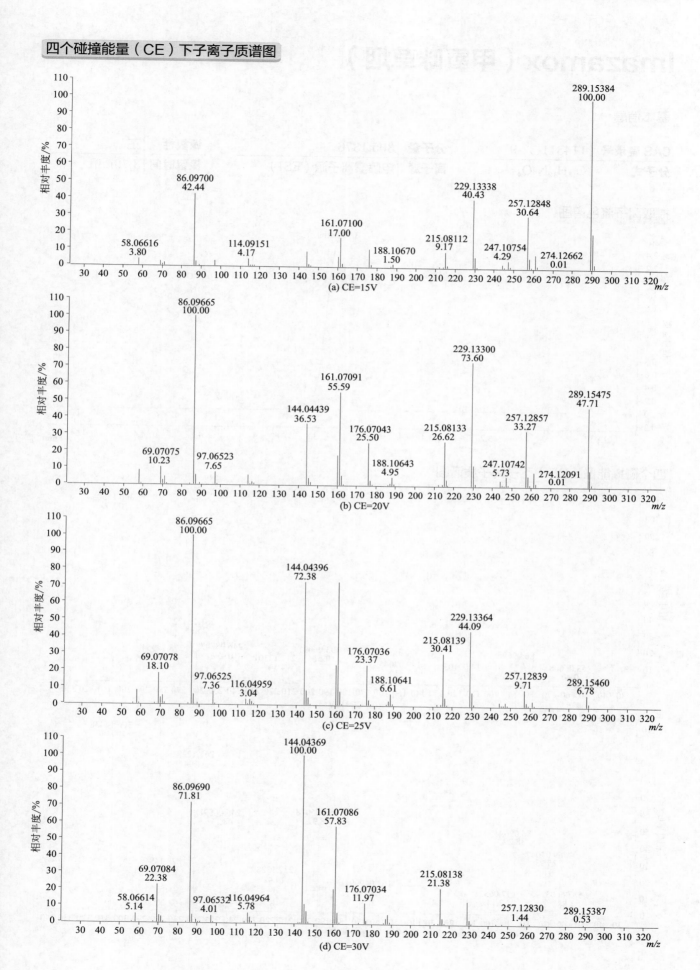

(a) CE＝15V

(b) CE＝20V

(c) CE＝25V

(d) CE＝30V

Imazamox（甲氧咪草烟）

基本信息

CAS 登录号	114311-32-9	分子量	305.1376	源极性	正
分子式	C$_{15}$H$_{19}$N$_3$O$_4$	离子源	电喷雾离子源（ESI）	保留时间	3.70min

提取离子流色谱图

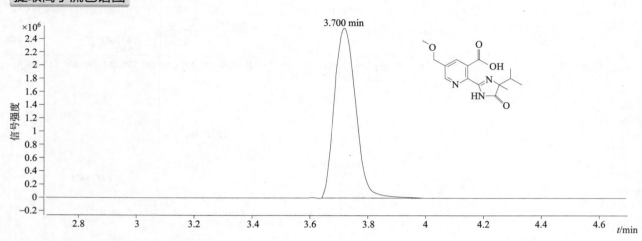

四个碰撞能量（CE）下子离子质谱图

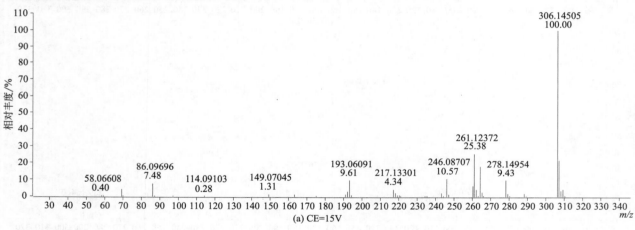

(a) CE=15V

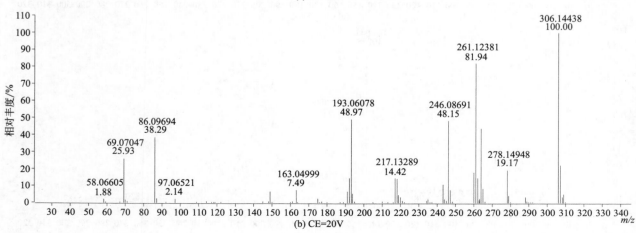

(b) CE=20V

390

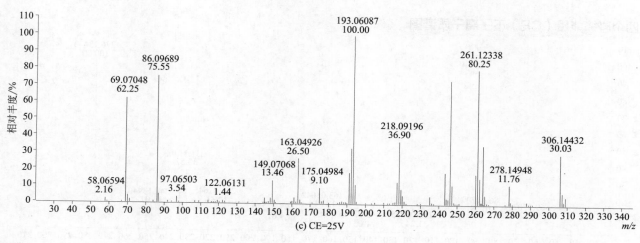

(c) CE=25V

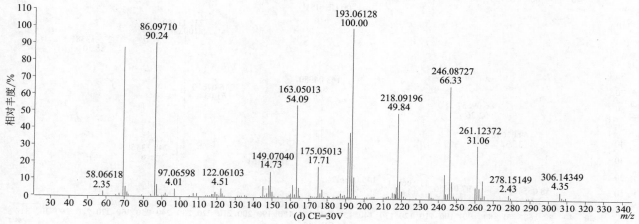

(d) CE=30V

Imazapic（甲咪唑烟酸）

基本信息

CAS 登录号	104098-48-8	分子量	275.1270	源极性	正
分子式	C₁₄H₁₇N₃O₃	离子源	电喷雾离子源（ESI）	保留时间	3.79min

分子式 $C_{14}H_{17}N_3O_3$

提取离子流色谱图

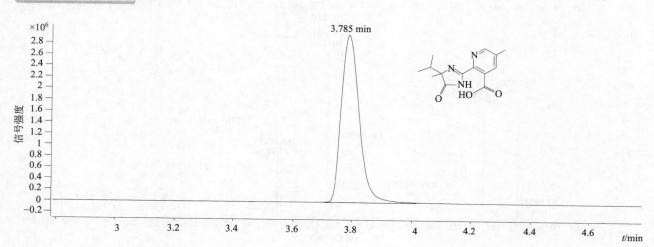

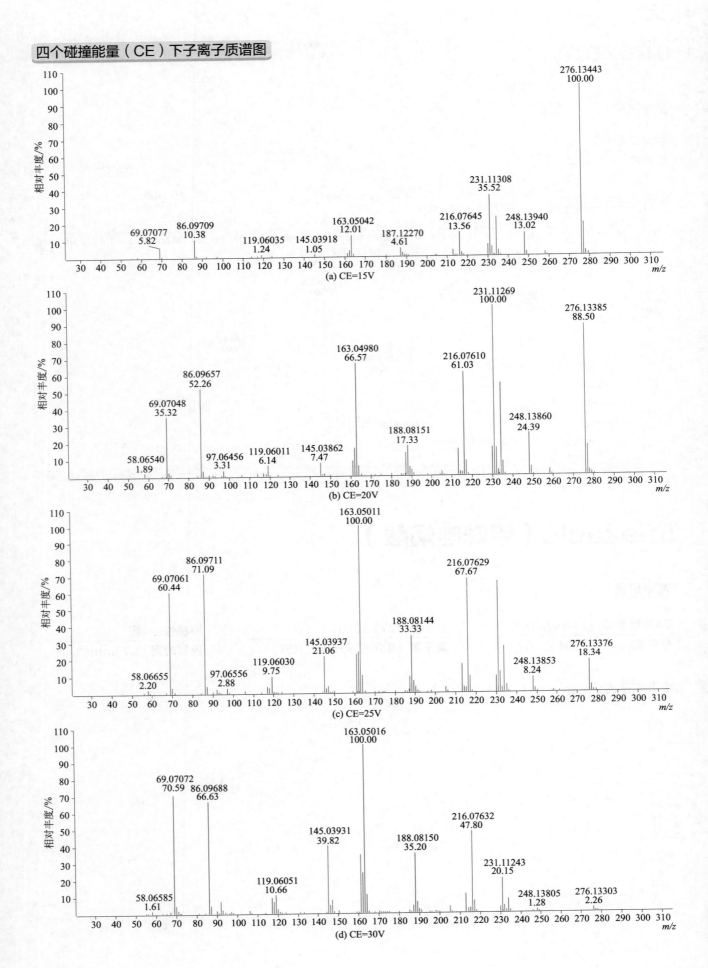

(a) CE=15V

(b) CE=20V

(c) CE=25V

(d) CE=30V

Imazapyr（灭草烟）

基本信息

CAS 登录号	81334-34-1	分子量	261.1113	源极性	正
分子式	$C_{13}H_{15}N_3O_3$	离子源	电喷雾离子源（ESI）	保留时间	3.17min

提取离子流色谱图

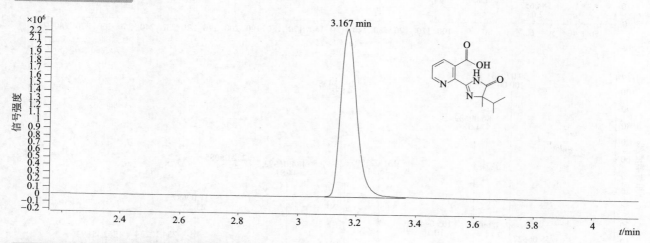

四个碰撞能量（CE）下子离子质谱图

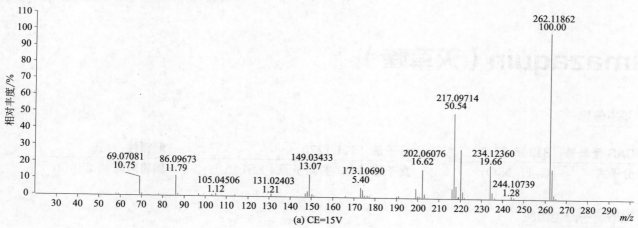

(a) CE=15V

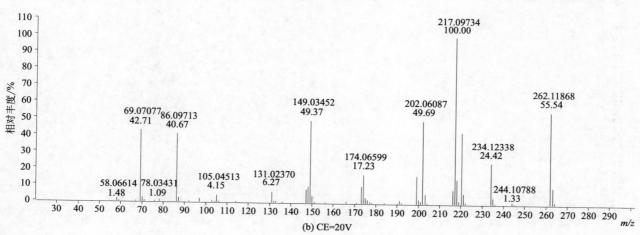

(b) CE=20V

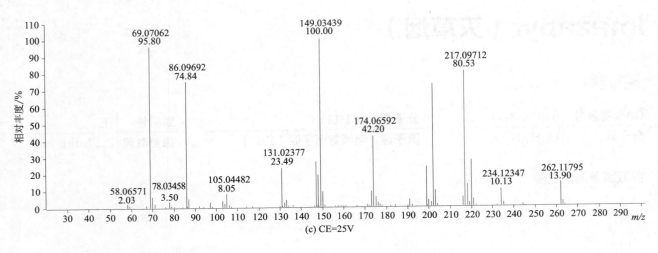

(c) CE=25V

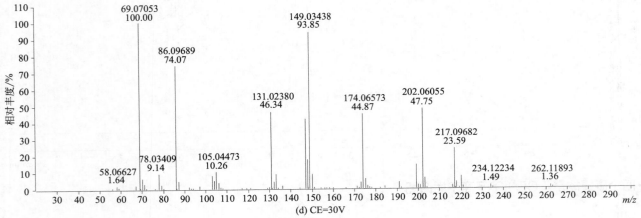

(d) CE=30V

Imazaquin（灭草喹）

基本信息

CAS 登录号	81335-37-7	分子量	311.1270	源极性	正
分子式	$C_{17}H_{17}N_3O_3$	离子源	电喷雾离子源（ESI）	保留时间	5.25min

提取离子流色谱图

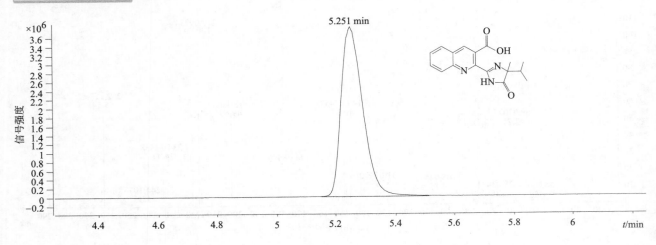

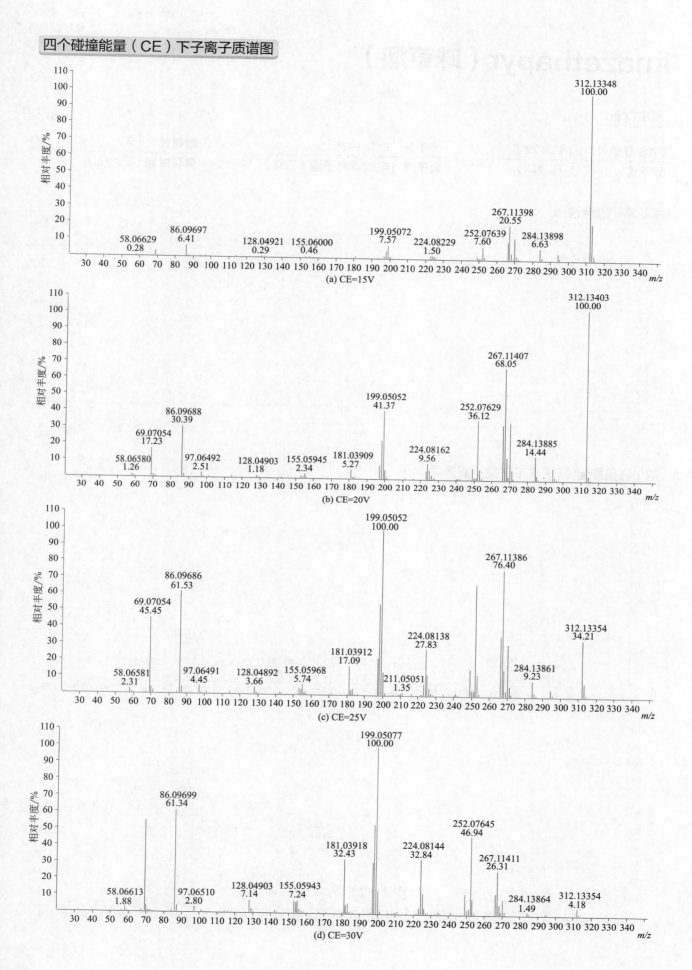

(a) CE=15V

(b) CE=20V

(c) CE=25V

(d) CE=30V

Imazethapyr（咪草烟）

基本信息

CAS 登录号	81335-77-5	**分子量**	289.1426	**源极性**	正
分子式	$C_{15}H_{19}N_3O_3$	**离子源**	电喷雾离子源（ESI）	**保留时间**	4.49min

提取离子流色谱图

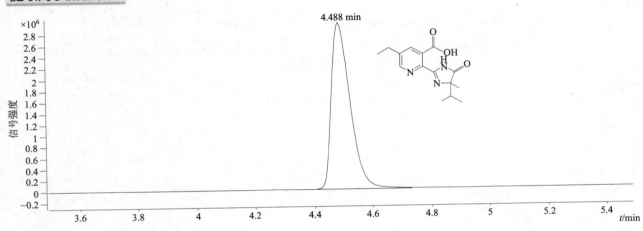

四个碰撞能量（CE）下子离子质谱图

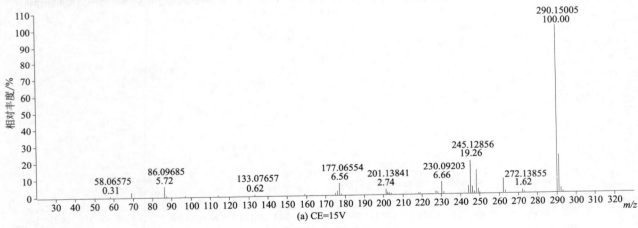

(a) CE=15V

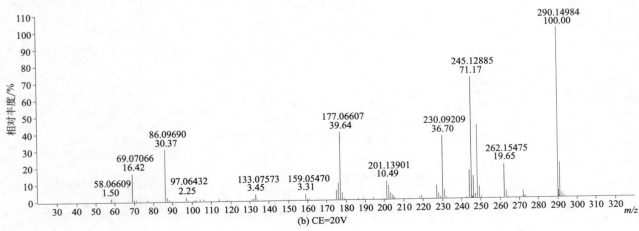

(b) CE=20V

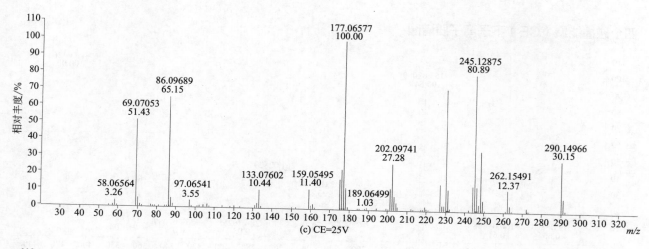

(c) CE=25V

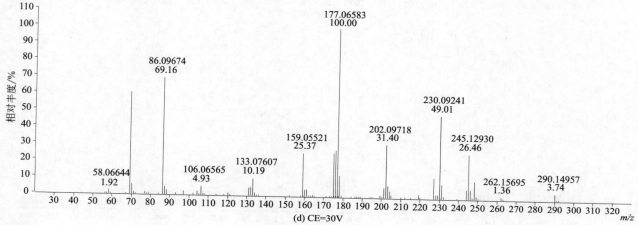

(d) CE=30V

Imazosulfuron（咪唑磺隆）

基本信息

CAS 登录号	122548-33-8	**分子量**	412.0357	**源极性**	正
分子式	$C_{14}H_{13}ClN_6O_5S$	**离子源**	电喷雾离子源（ESI）	**保留时间**	7.96min

提取离子流色谱图

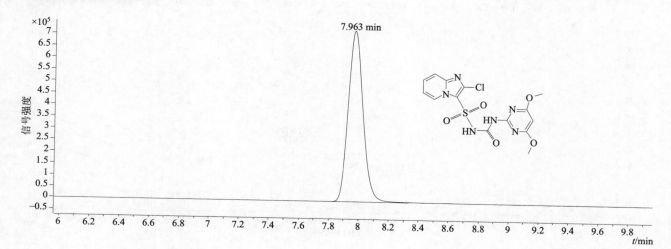

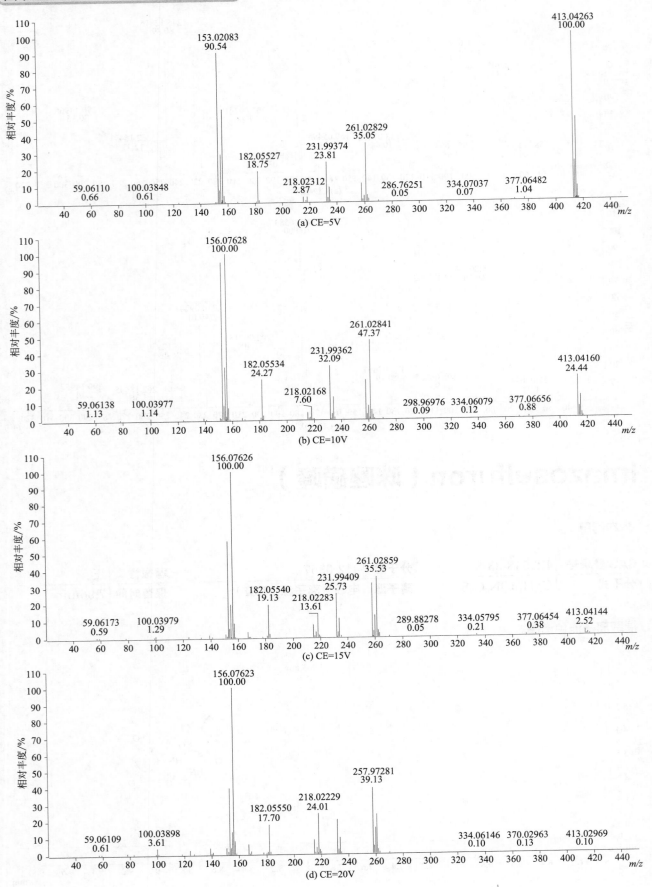

(a) CE=5V

(b) CE=10V

(c) CE=15V

(d) CE=20V

Imibenconazole（亚胺唑）

基本信息

CAS 登录号	86598-92-7	**分子量**	409.9927	**源极性**	正
分子式	$C_{17}H_{13}Cl_3N_4S$	**离子源**	电喷雾离子源（ESI）	**保留时间**	16.58min

提取离子流色谱图

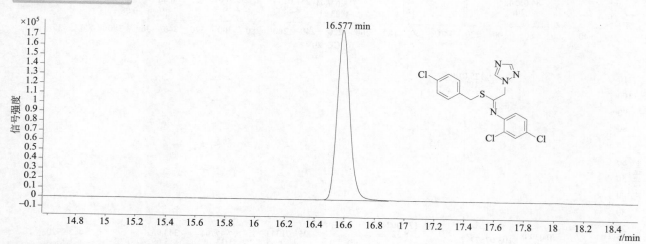

四个碰撞能量（CE）下子离子质谱图

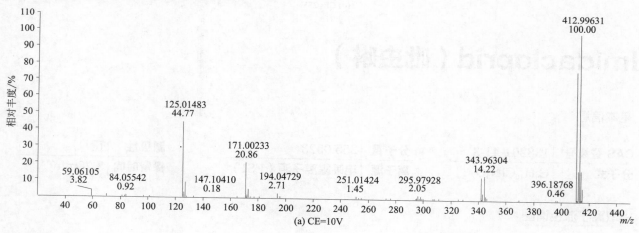

(a) CE=10V

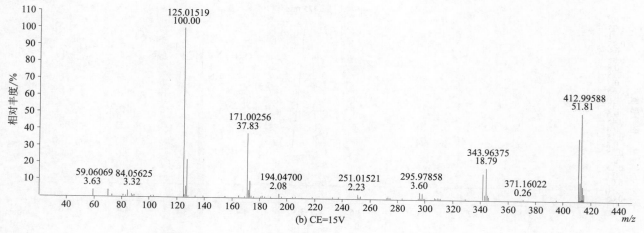

(b) CE=15V

399

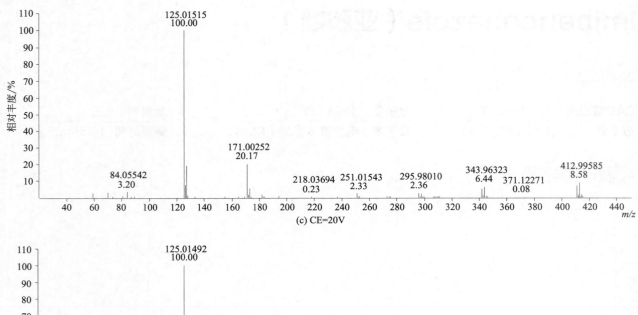

(c) CE=20V

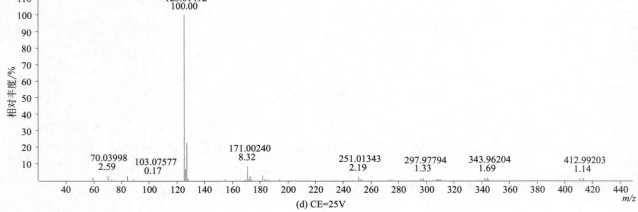

(d) CE=25V

Imidacloprid（吡虫啉）

基本信息

CAS 登录号	138261-41-3	分子量	255.0523	源极性	正
分子式	$C_9H_{10}ClN_5O_2$	离子源	电喷雾离子源（ESI）	保留时间	3.78min

提取离子流色谱图

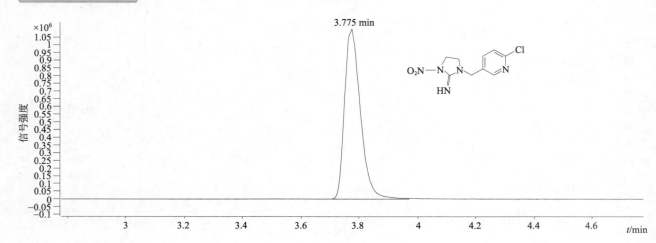

四个碰撞能量（CE）下子离子质谱图

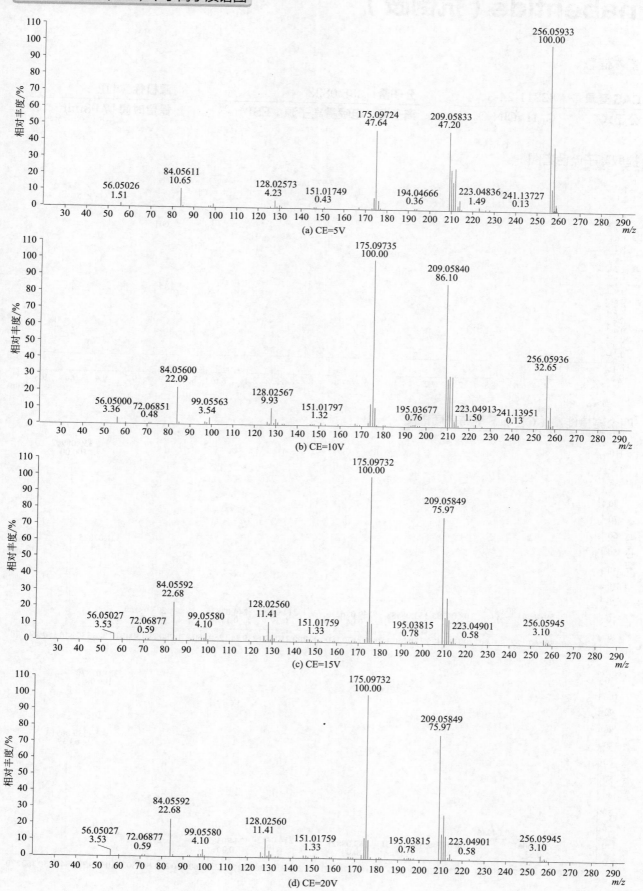

(a) CE=5V

(b) CE=10V

(c) CE=15V

(d) CE=20V

Inabenfide（抗倒胺）

基本信息

CAS 登录号	82211-24-3	分子量	338.0822	源极性	正
分子式	$C_{19}H_{15}ClN_2O_2$	离子源	电喷雾离子源（ESI）	保留时间	7.98min

提取离子流色谱图

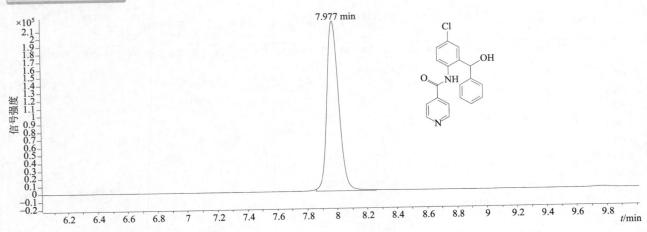

四个碰撞能量（CE）下子离子质谱图

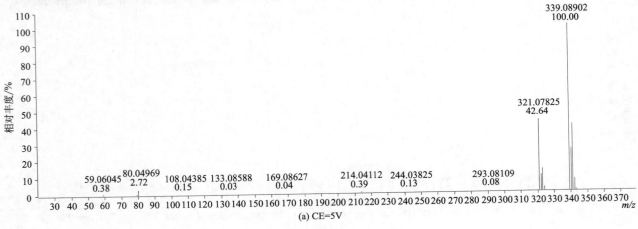

(a) CE=5V

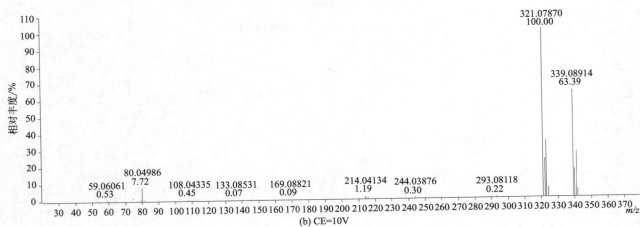

(b) CE=10V

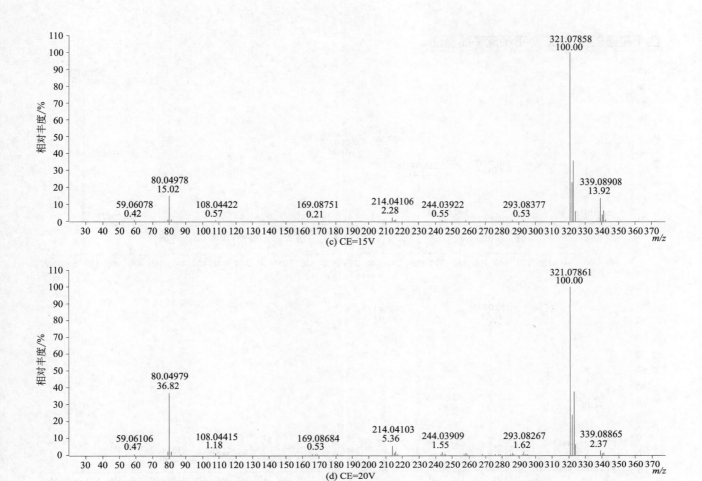

(c) CE=15V

(d) CE=20V

Indoxacarb（茚虫威）

基本信息

CAS 登录号	144171-61-9	分子量	527.0707	源极性	正
分子式	C$_{22}$H$_{17}$ClF$_3$N$_3$O$_7$	离子源	电喷雾离子源（ESI）	保留时间	16.76min

提取离子流色谱图

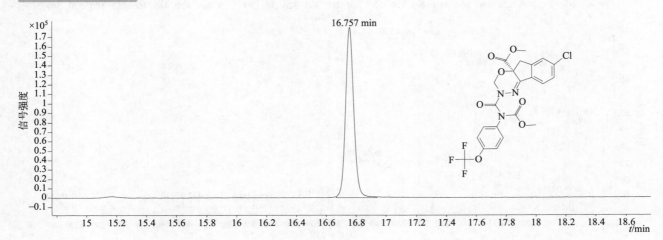

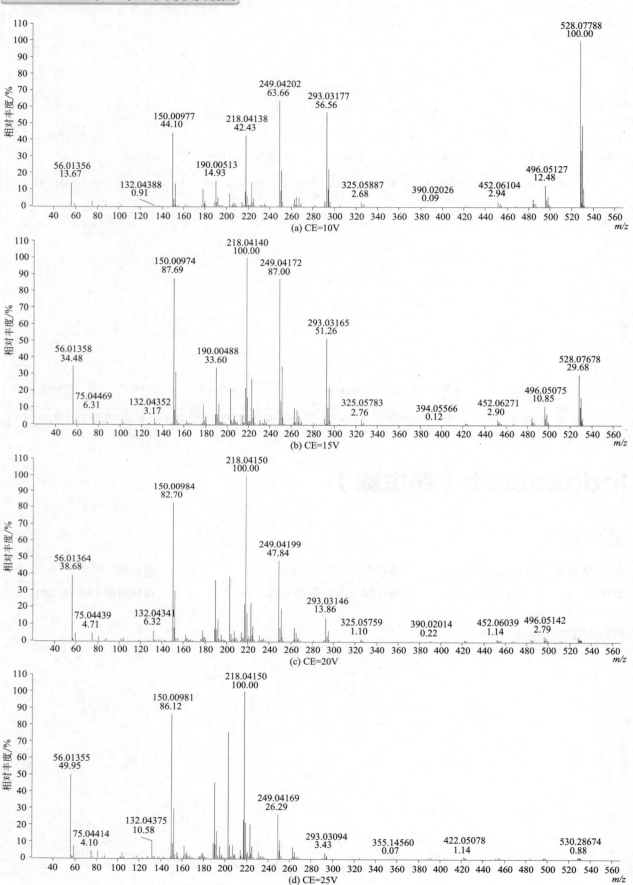

Iodosulfuron-methyl（甲基碘磺隆）

基本信息

CAS 登录号	144550-36-7	分子量	506.9710	源极性	正
分子式	$C_{14}H_{14}IN_5O_6S$	离子源	电喷雾离子源（ESI）	保留时间	7.92min

提取离子流色谱图

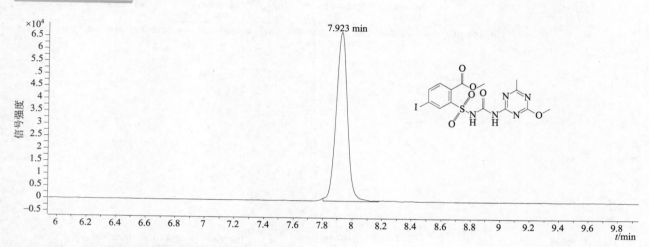

四个碰撞能量（CE）下子离子质谱图

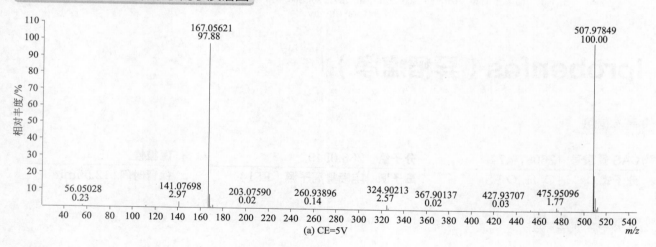

(a) CE=5V

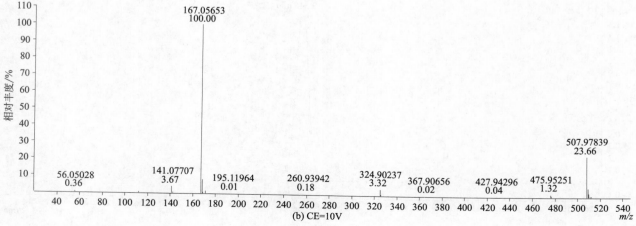

(b) CE=10V

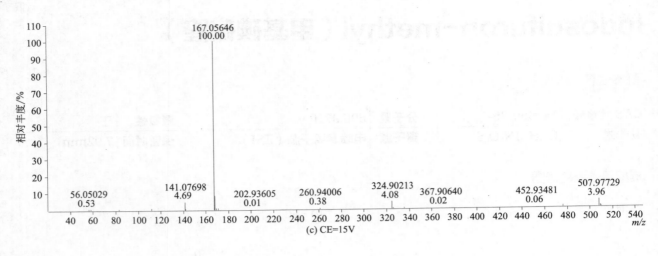

(c) CE=15V

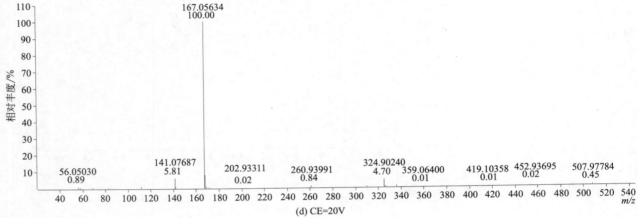

(d) CE=20V

Iprobenfos（异稻瘟净）

基本信息

CAS 登录号	26087-47-8	**分子量**	288.0949	**源极性**	正
分子式	$C_{13}H_{21}O_3PS$	**离子源**	电喷雾离子源（ESI）	**保留时间**	12.55min

提取离子流色谱图

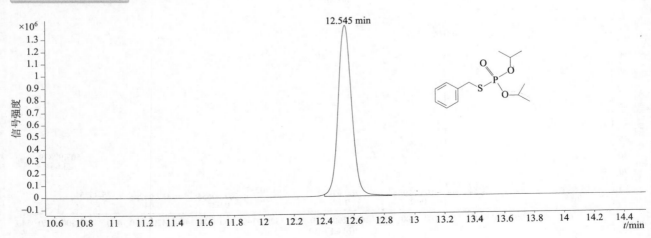

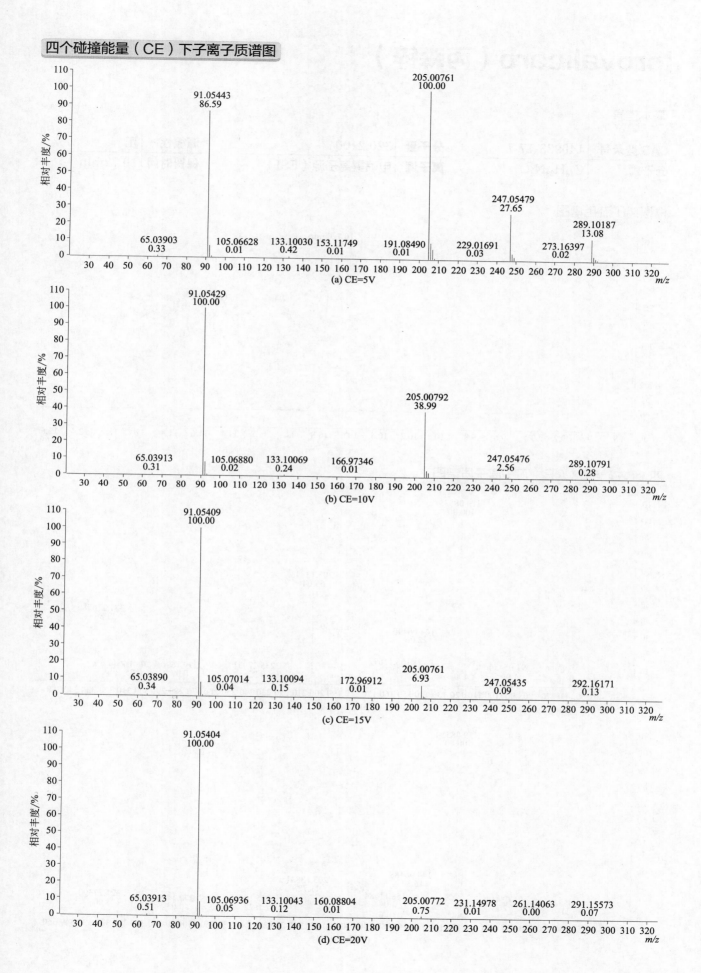

四个碰撞能量（CE）下子离子质谱图

(a) CE=5V

(b) CE=10V

(c) CE=15V

(d) CE=20V

Iprovalicarb（丙森锌）

基本信息

CAS 登录号	140923-17-7	**分子量**	320.2100	**源极性**	正
分子式	C$_{18}$H$_{28}$N$_2$O$_3$	**离子源**	电喷雾离子源（ESI）	**保留时间**	10.72min

提取离子流色谱图

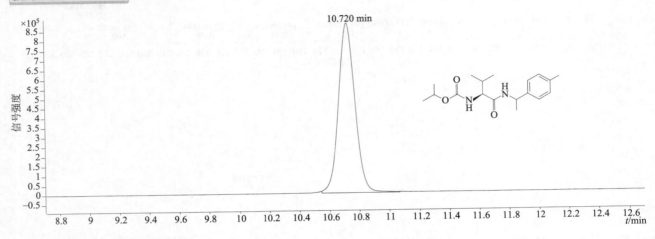

四个碰撞能量（CE）下子离子质谱图

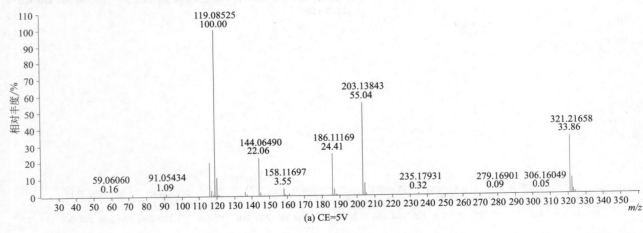

(a) CE=5V

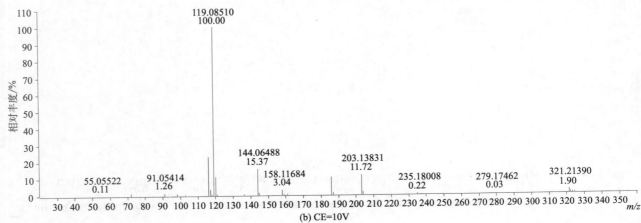

(b) CE=10V

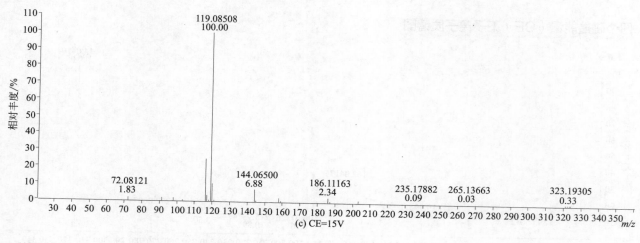

(c) CE=15V

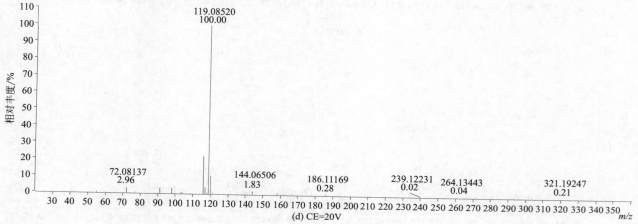

(d) CE=20V

Isazofos（氯唑磷）

基本信息

CAS 登录号	42509-80-8	分子量	313.0417	源极性	正
分子式	C$_9$H$_{17}$ClN$_3$O$_3$PS	离子源	电喷雾离子源（ESI）	保留时间	13.81min

提取离子流色谱图

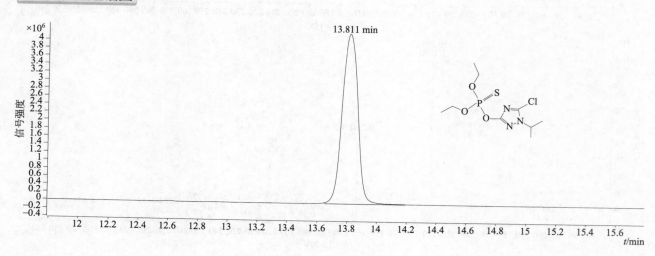

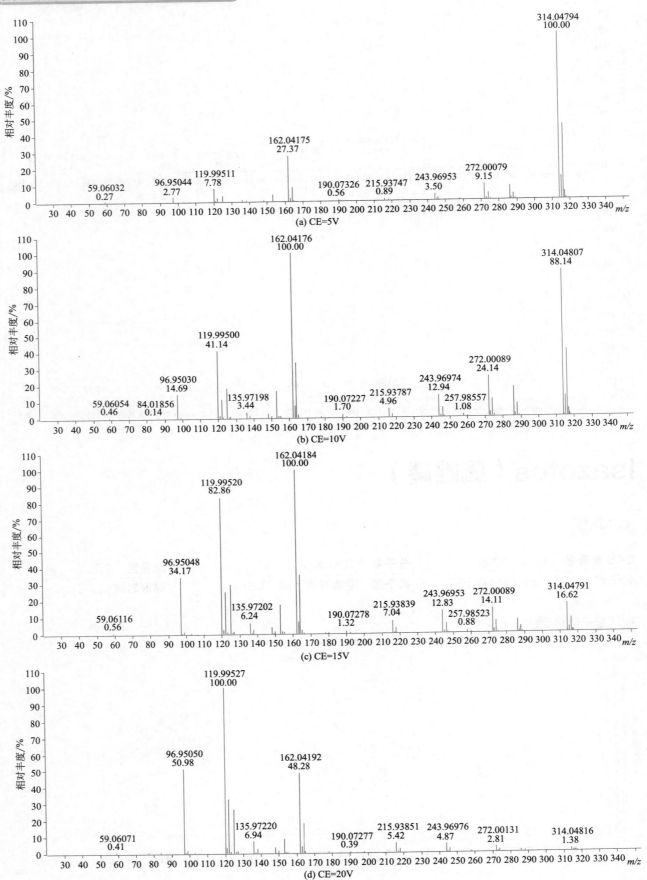

(a) CE=5V

(b) CE=10V

(c) CE=15V

(d) CE=20V

Isocarbamid（丁咪酰胺）

基本信息

CAS 登录号	30979-48-7	**分子量**	185.1164	**源极性**	正
分子式	$C_8H_{15}N_3O_2$	**离子源**	电喷雾离子源（ESI）	**保留时间**	3.67min

提取离子流色谱图

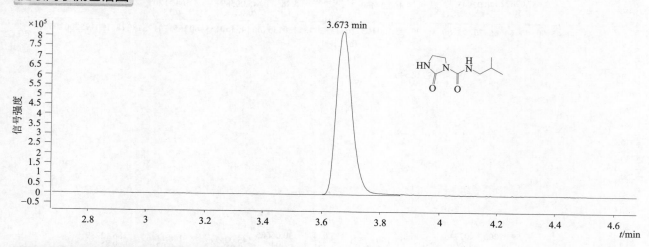

四个碰撞能量（CE）下子离子质谱图

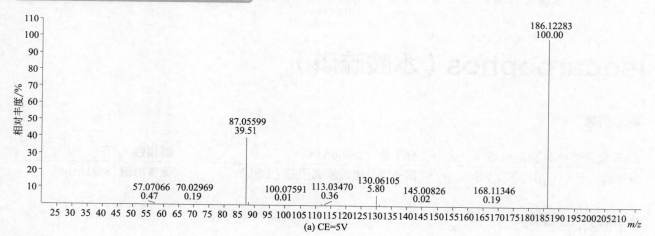

(a) CE=5V

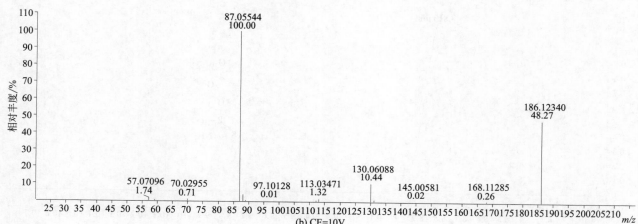

(b) CE=10V

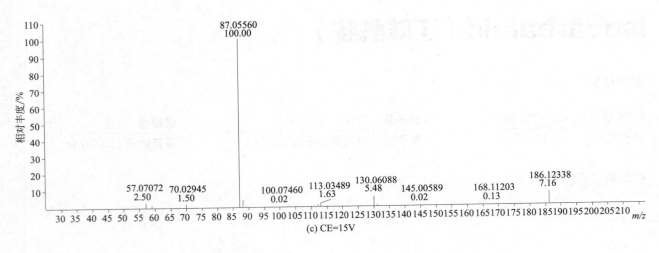

(c) CE=15V

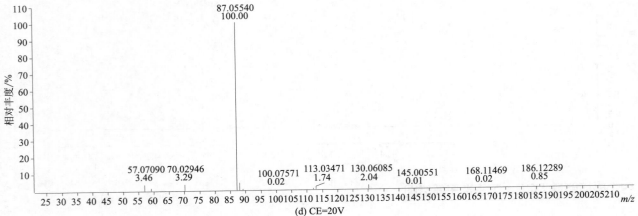

(d) CE=20V

Isocarbophos（水胺硫磷）

基本信息

CAS 登录号	24353-61-5	分子量	289.0538	源极性	正
分子式	C$_{11}$H$_{16}$NO$_4$PS	离子源	电喷雾离子源（ESI）	保留时间	8.81min

提取离子流色谱图

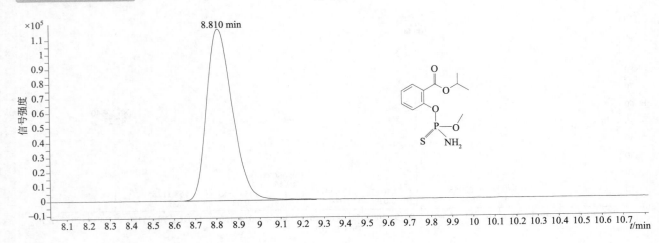

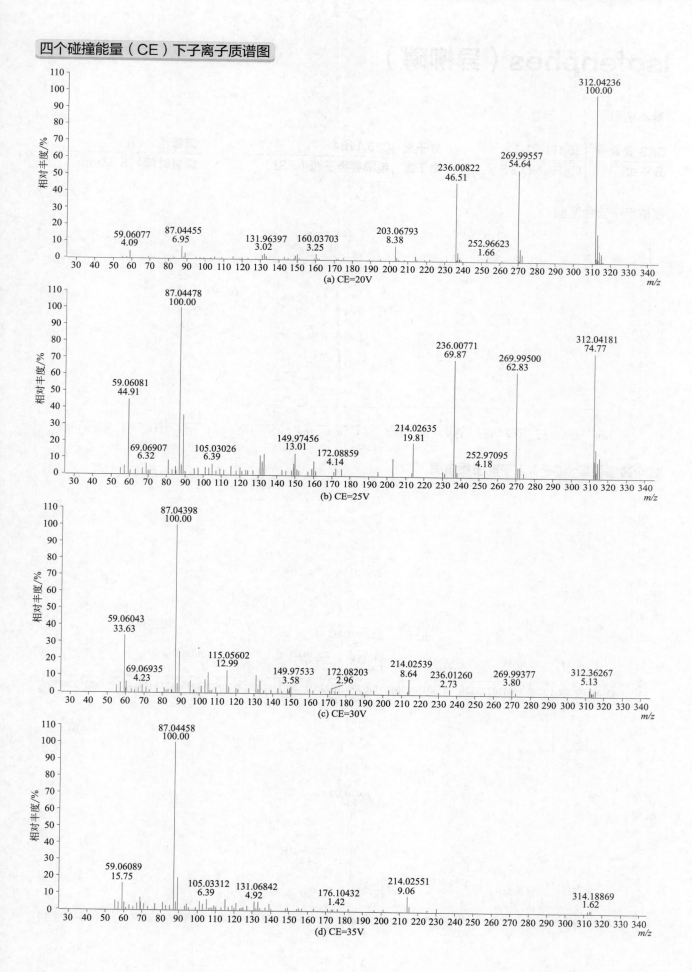

(a) CE=20V

(b) CE=25V

(c) CE=30V

(d) CE=35V

Isofenphos（异柳磷）

基本信息

CAS 登录号	25311-71-1	**分子量**	345.1164	**源极性**	正
分子式	C₁₅H₂₄NO₄PS	**离子源**	电喷雾离子源（ESI）	**保留时间**	16.63min

分子式 $C_{15}H_{24}NO_4PS$

提取离子流色谱图

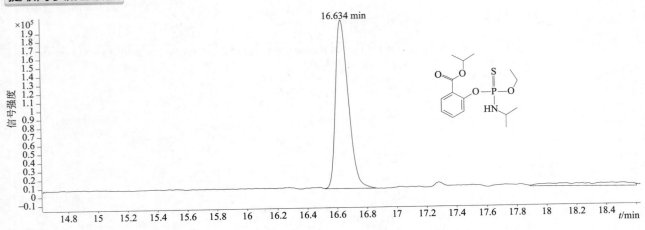

四个碰撞能量（CE）下子离子质谱图

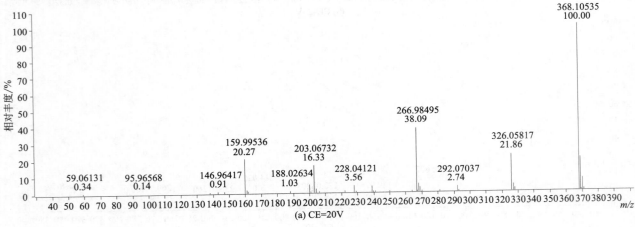

(a) CE=20V

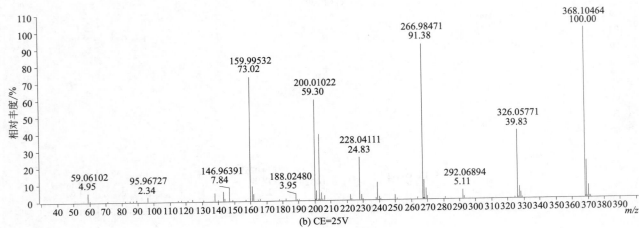

(b) CE=25V

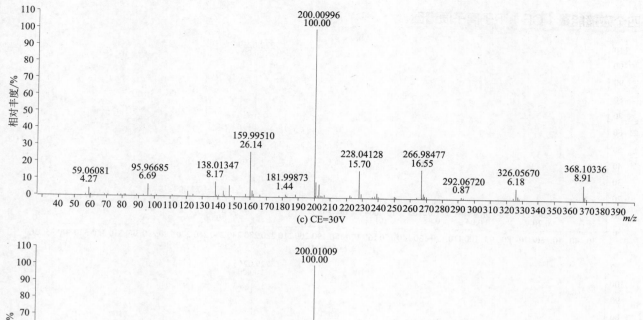

(c) CE=30V

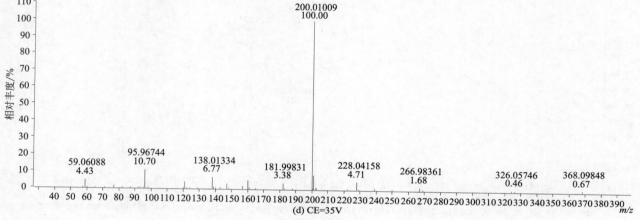

(d) CE=35V

Isofenphos oxon（氧异柳磷）

基本信息

CAS 登录号	31120-85-1	分子量	329.1392	源极性	正
分子式	$C_{15}H_{24}NO_5P$	离子源	电喷雾离子源（ESI）	保留时间	9.85min

提取离子流色谱图

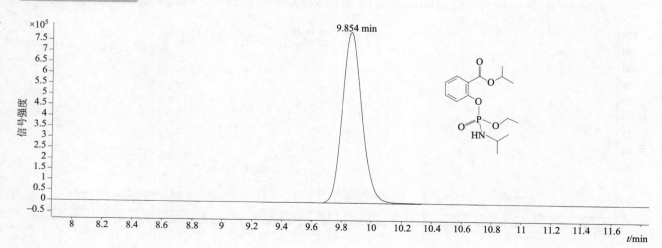

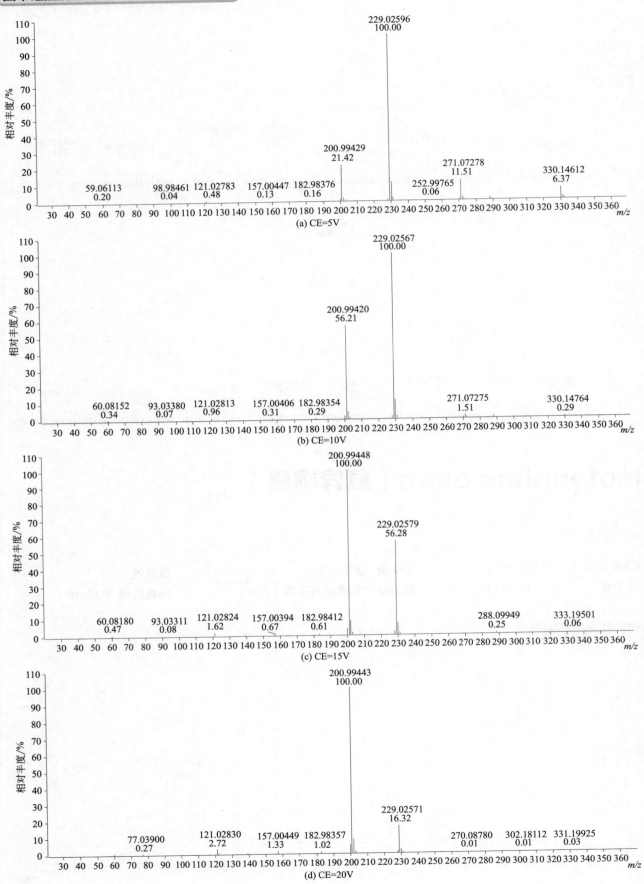

(a) CE=5V

(b) CE=10V

(c) CE=15V

(d) CE=20V

Isomethiozin（丁嗪草酮）

基本信息

CAS 登录号	57052-04-7	**分子量**	268.1358	**源极性**	正
分子式	C₁₂H₂₀N₄OS	**离子源**	电喷雾离子源（ESI）	**保留时间**	13.56min

分子式：$C_{12}H_{20}N_4OS$

提取离子流色谱图

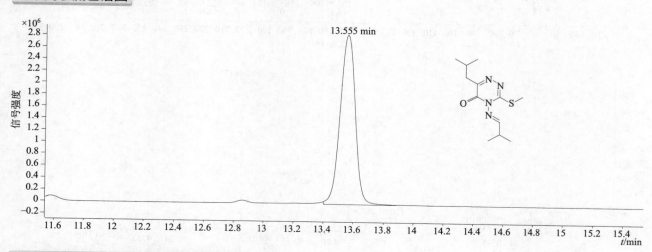

四个碰撞能量（CE）下子离子质谱图

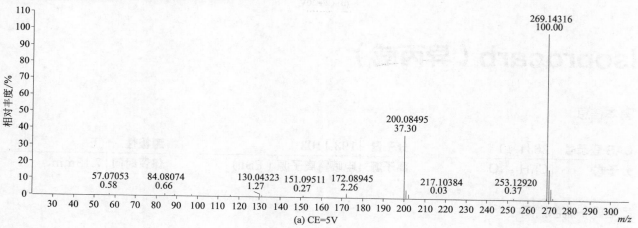

(a) CE=5V

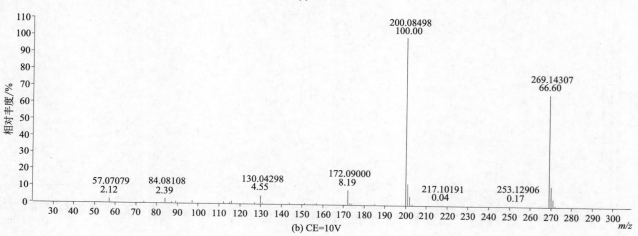

(b) CE=10V

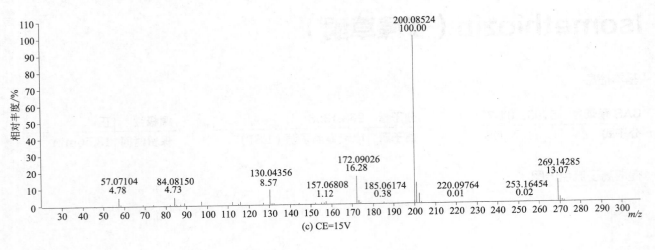

(c) CE=15V

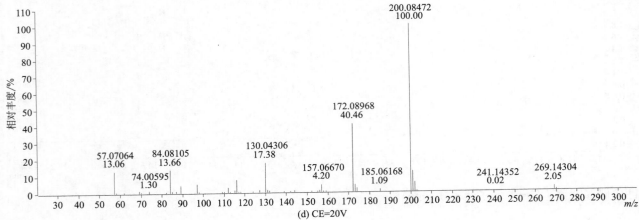

(d) CE=20V

Isoprocarb（异丙威）

基本信息

CAS 登录号	2631-40-5	分子量	193.1103	源极性	正
分子式	C$_{11}$H$_{15}$NO$_2$	离子源	电喷雾离子源（ESI）	保留时间	7.18min

提取离子流色谱图

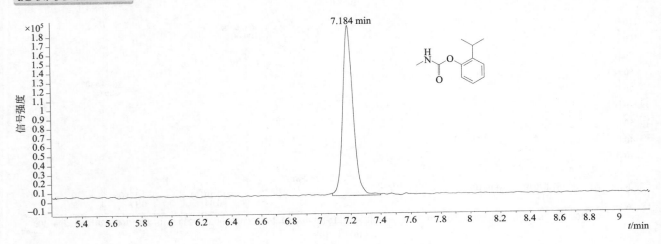

四个碰撞能量（CE）下子离子质谱图

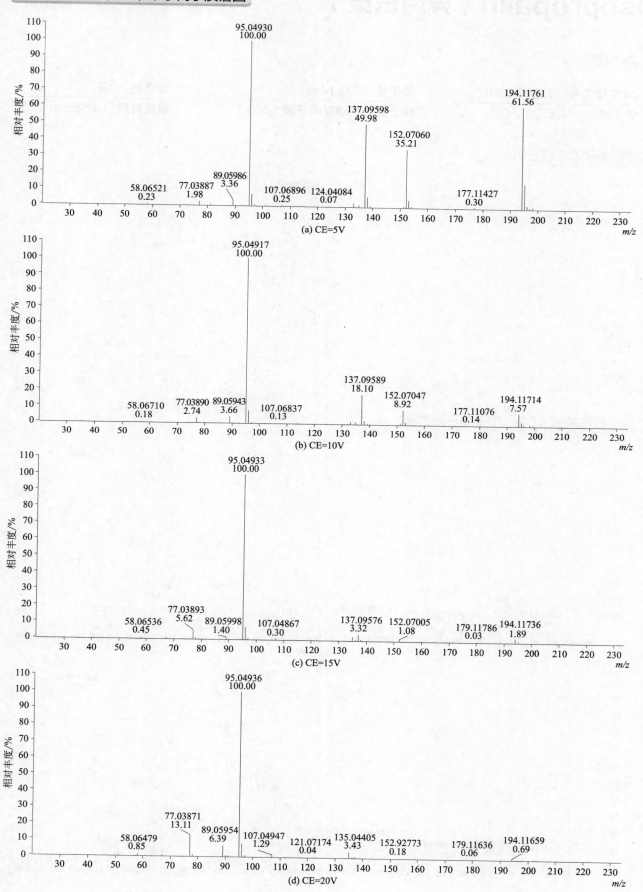

(a) CE=5V

(b) CE=10V

(c) CE=15V

(d) CE=20V

Isopropalin（异丙乐灵）

基本信息

CAS 登录号	33820-53-0	**分子量**	309.1689	**源极性**	正
分子式	$C_{15}H_{23}N_3O_4$	**离子源**	电喷雾离子源（ESI）	**保留时间**	18.88min

提取离子流色谱图

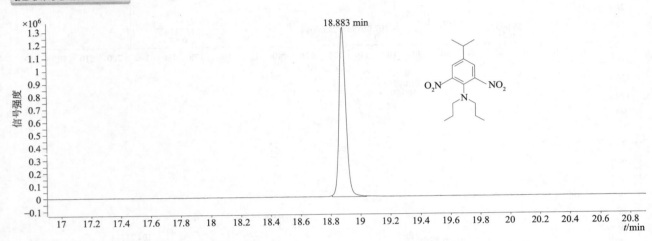

四个碰撞能量（CE）下子离子质谱图

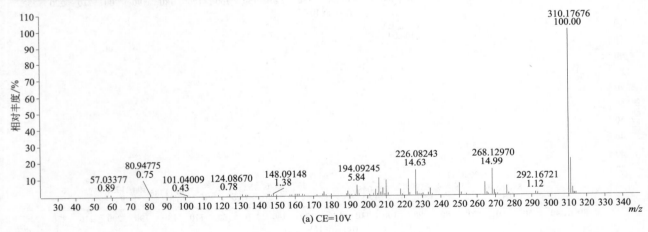

(a) CE=10V

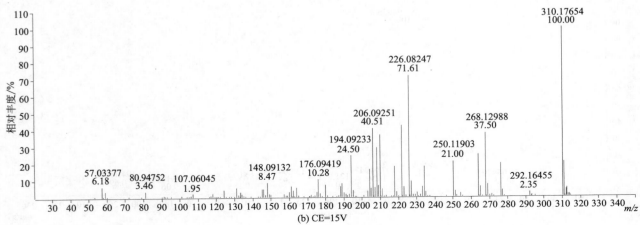

(b) CE=15V

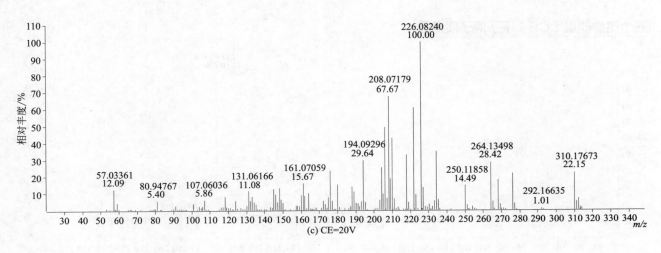
(c) CE=20V

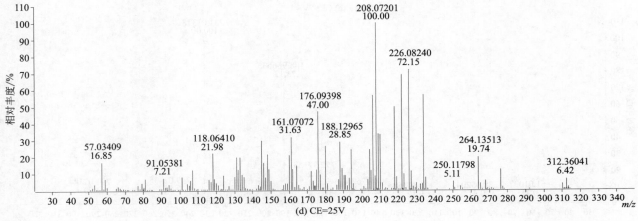
(d) CE=25V

Isoprothiolane（稻瘟灵）

CAS 登录号	50512-35-1	**分子量**	290.0646	**源极性**	正
分子式	$C_{12}H_{18}O_4S_2$	**离子源**	电喷雾离子源（ESI）	**保留时间**	12.41min

提取离子流色谱图

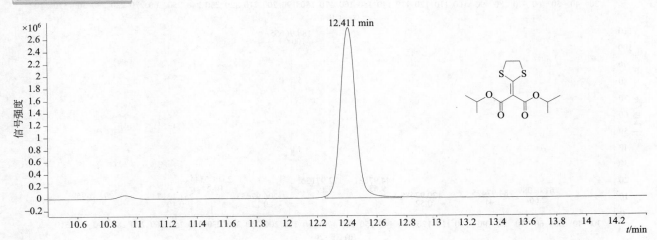

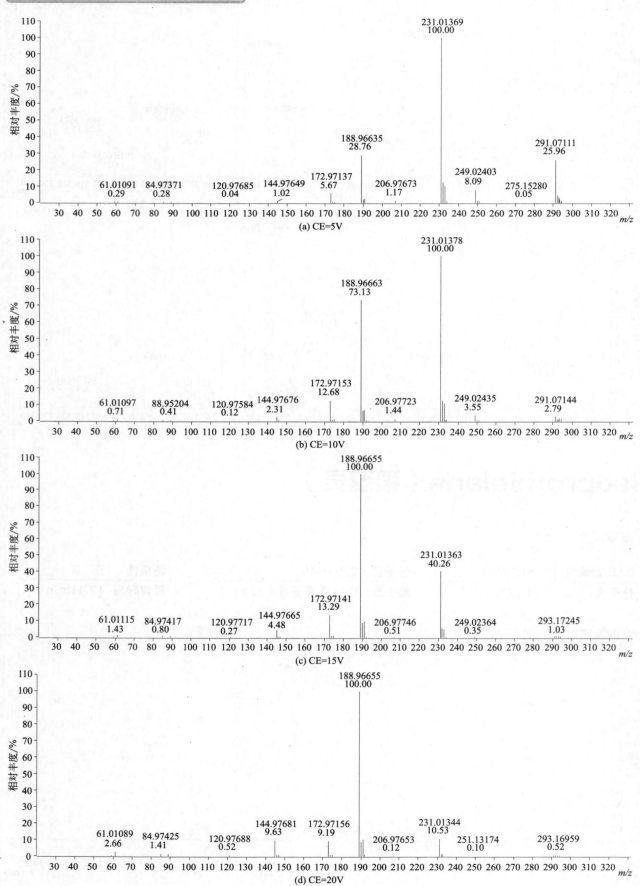

(a) CE=5V

(b) CE=10V

(c) CE=15V

(d) CE=20V

Isoproturon (异丙隆)

基本信息

CAS 登录号	34123-59-6	分子量	206.1419	源极性	正
分子式	$C_{12}H_{18}N_2O$	离子源	电喷雾离子源 (ESI)	保留时间	6.80min

提取离子流色谱图

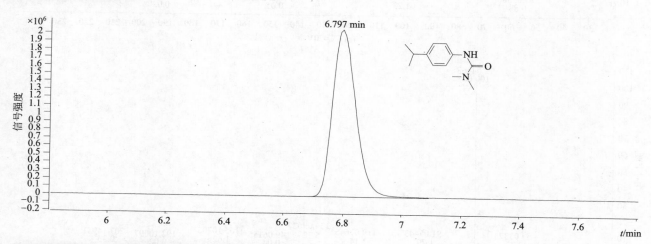

四个碰撞能量 (CE) 下子离子质谱图

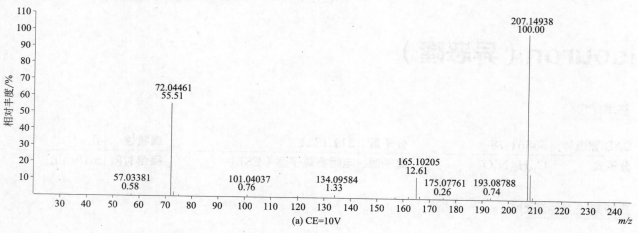

(a) CE=10V

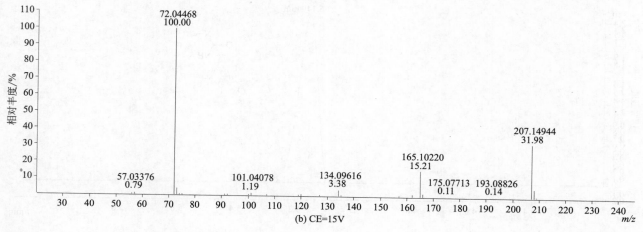

(b) CE=15V

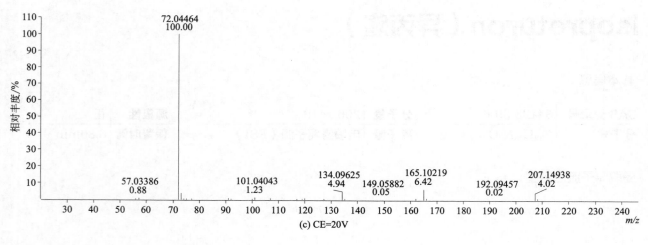

(c) CE=20V

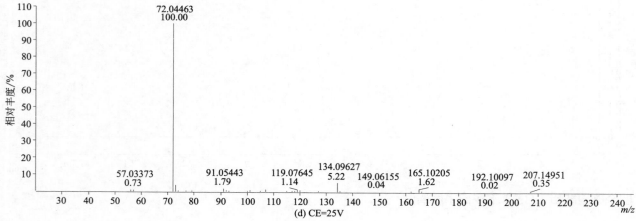

(d) CE=25V

Isouron（异恶隆）

基本信息

| CAS 登录号 | 55861-78-4 | 分子量 | 211.1321 | 源极性 | 正 |
| 分子式 | C₁₀H₁₇N₃O₂ | 离子源 | 电喷雾离子源（ESI） | 保留时间 | 5.15min |

提取离子流色谱图

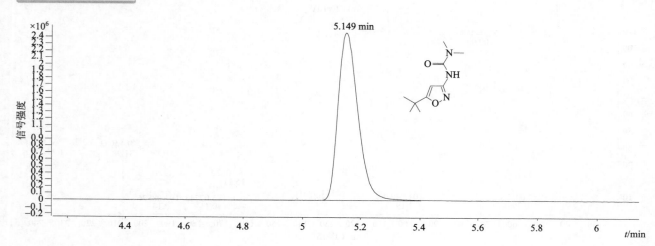

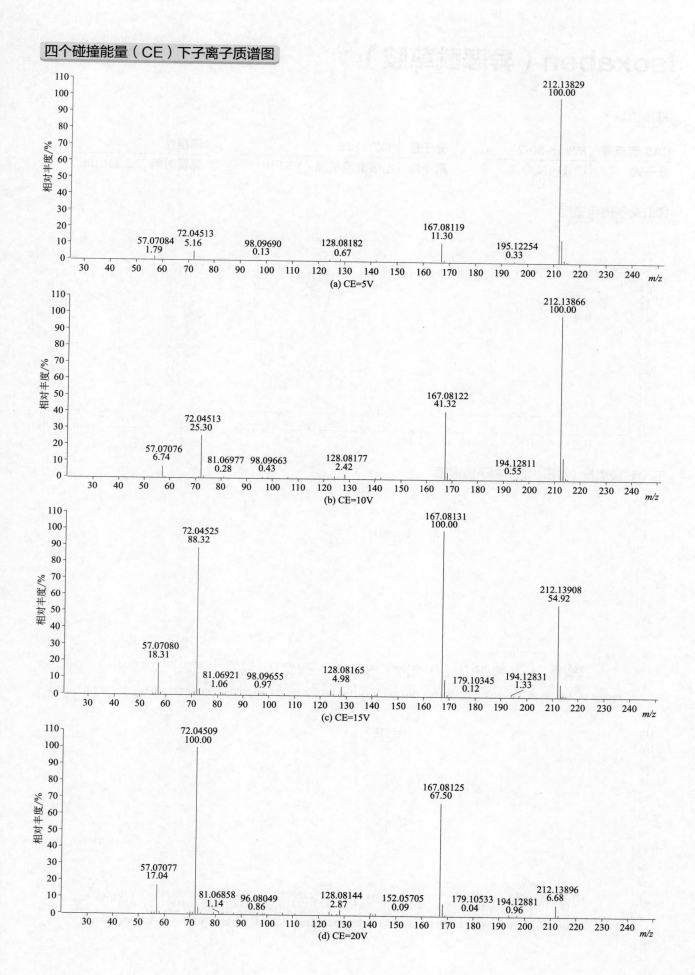

(a) CE=5V

(b) CE=10V

(c) CE=15V

(d) CE=20V

Isoxaben（异恶酰草胺）

基本信息

CAS 登录号	82558-50-7	**分子量**	332.1736	**源极性**	正
分子式	$C_{18}H_{24}N_2O_4$	**离子源**	电喷雾离子源（ESI）	**保留时间**	12.24min

提取离子流色谱图

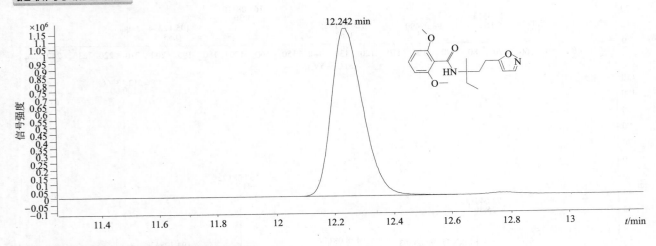

四个碰撞能量（CE）下子离子质谱图

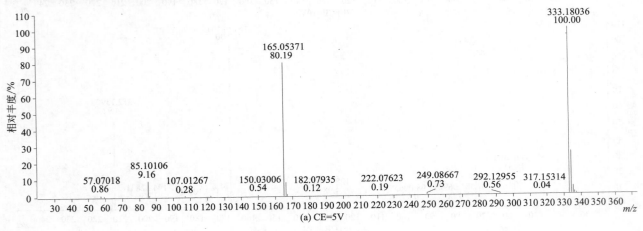

(a) CE=5V

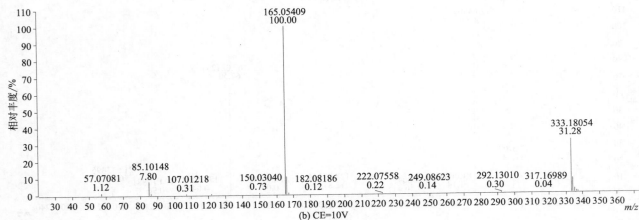

(b) CE=10V

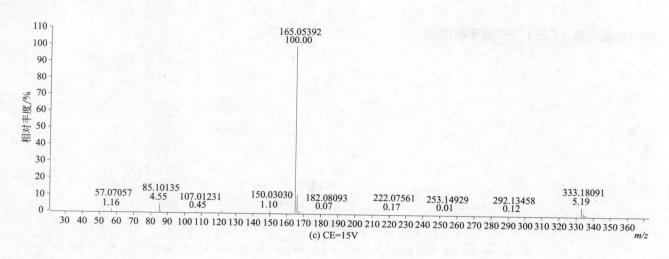

(c) CE=15V

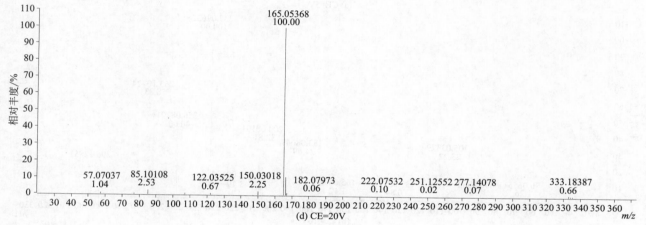

(d) CE=20V

Isoxadifen-ethyl（双苯噁唑酸）

基本信息

CAS 登录号	163520-33-0	分子量	295.1208	源极性	正
分子式	$C_{18}H_{17}NO_3$	离子源	电喷雾离子源（ESI）	保留时间	14.63min

提取离子流色谱图

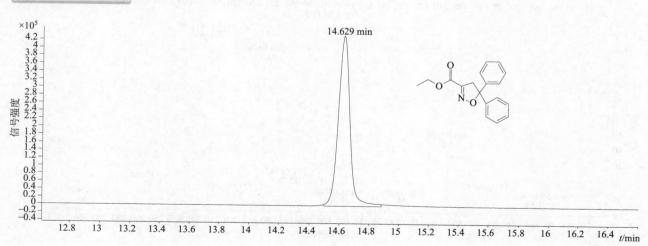

四个碰撞能量（CE）下子离子质谱图

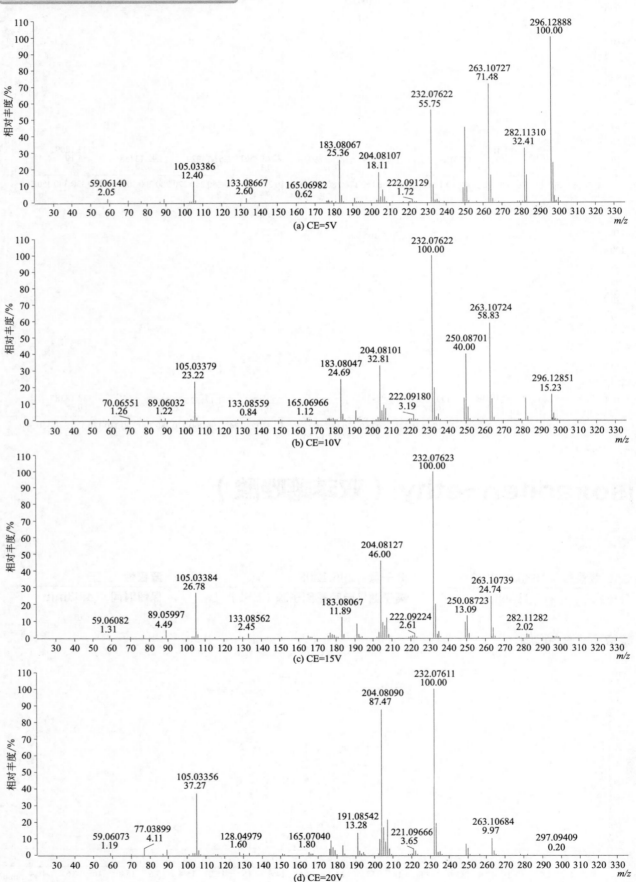

(a) CE=5V

(b) CE=10V

(c) CE=15V

(d) CE=20V

Isoxaflutole（异恶氟草）

基本信息

CAS 登录号	141112-29-0	分子量	359.0439	源极性	正
分子式	$C_{15}H_{12}F_3NO_4S$	离子源	电喷雾离子源（ESI）	保留时间	4.82min

提取离子流色谱图

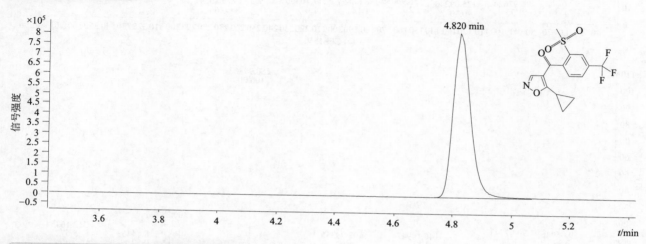

四个碰撞能量（CE）下子离子质谱图

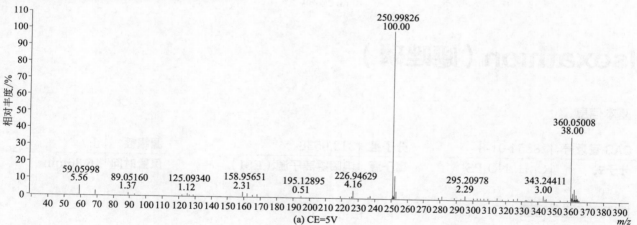

(a) CE=5V

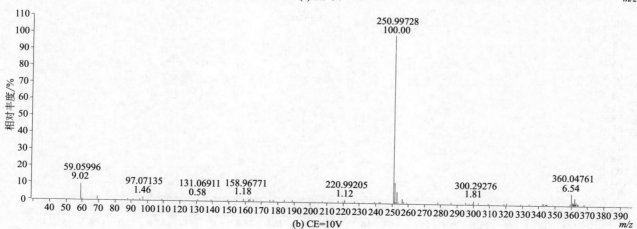

(b) CE=10V

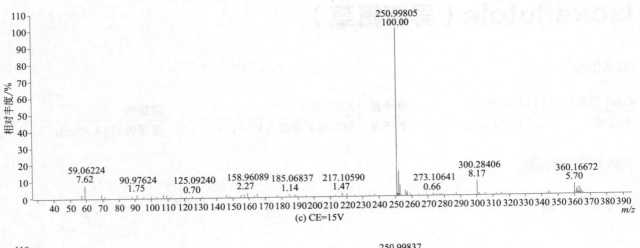
(c) CE=15V

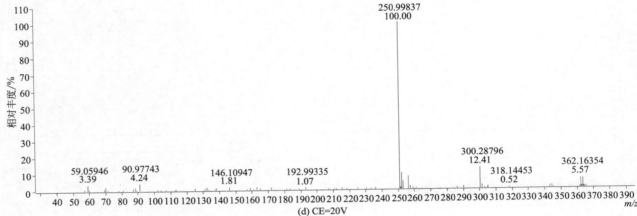
(d) CE=20V

Isoxathion（噁唑磷）

基本信息

CAS 登录号	18854-01-8	分子量	313.0538	源极性	正
分子式	$C_{13}H_{16}NO_4PS$	离子源	电喷雾离子源（ESI）	保留时间	16.36min

提取离子流色谱图

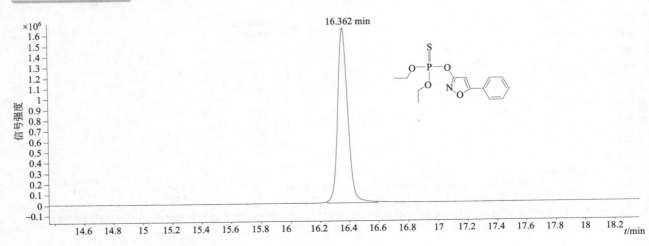

四个碰撞能量（CE）下子离子质谱图

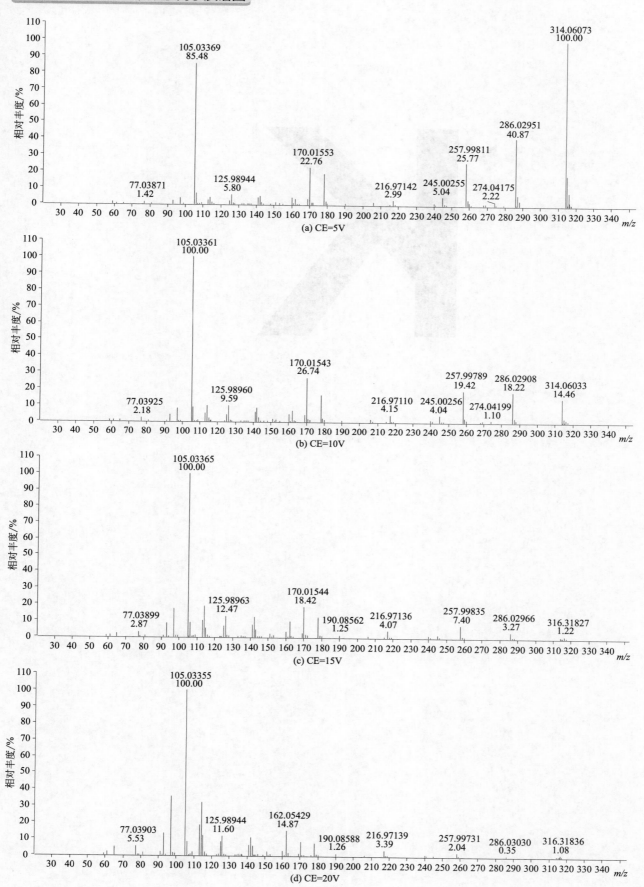

(a) CE=5V

(b) CE=10V

(c) CE=15V

(d) CE=20V

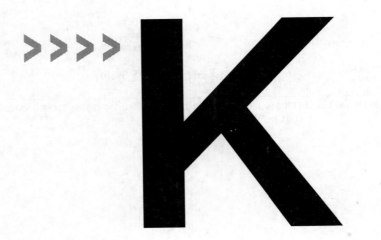

Kadethrin（噻嗯菊酯）

基本信息

CAS 登录号	58769-20-3	**分子量**	396.1395	**源极性**	正
分子式	C₂₃H₂₄O₄S	**离子源**	电喷雾离子源（ESI）	**保留时间**	17.52min

提取离子流色谱图

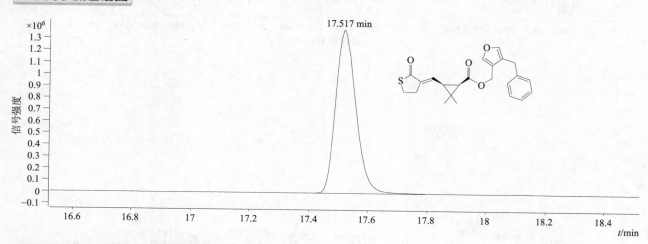

四个碰撞能量（CE）下子离子质谱图

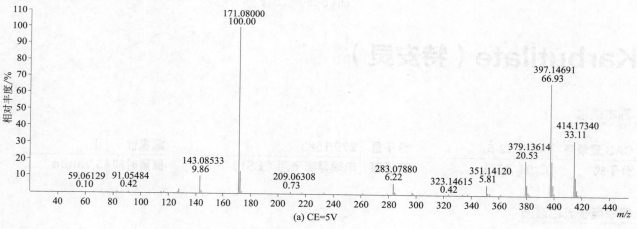

(a) CE=5V

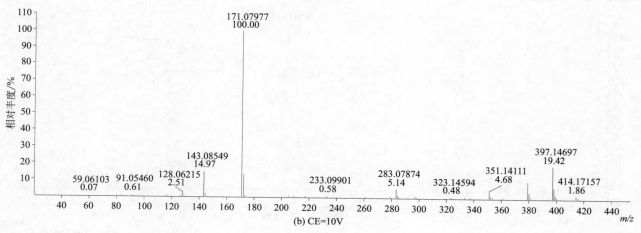

(b) CE=10V

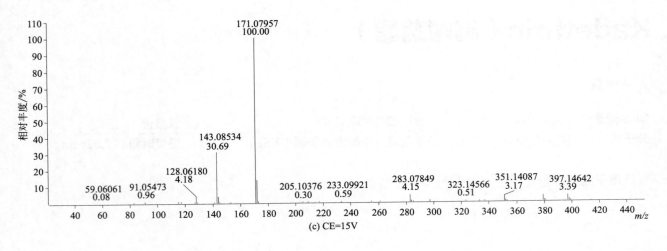
(c) CE=15V

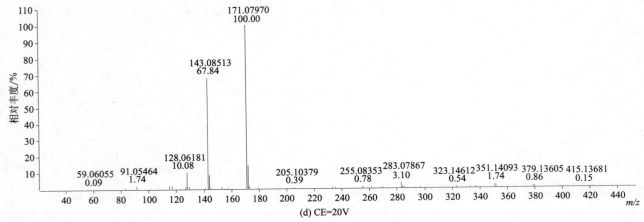
(d) CE=20V

Karbutilate（特安灵）

基本信息

CAS 登录号	4849-32-5	分子量	279.1583	源极性	正
分子式	$C_{14}H_{21}N_3O_3$	离子源	电喷雾离子源（ESI）	保留时间	5.75min

提取离子流色谱图

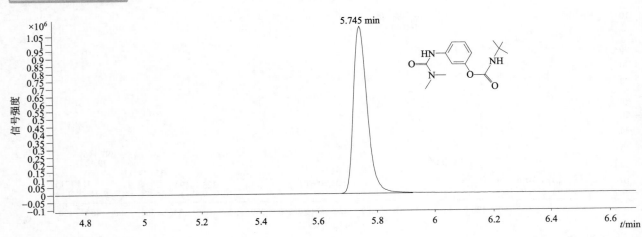

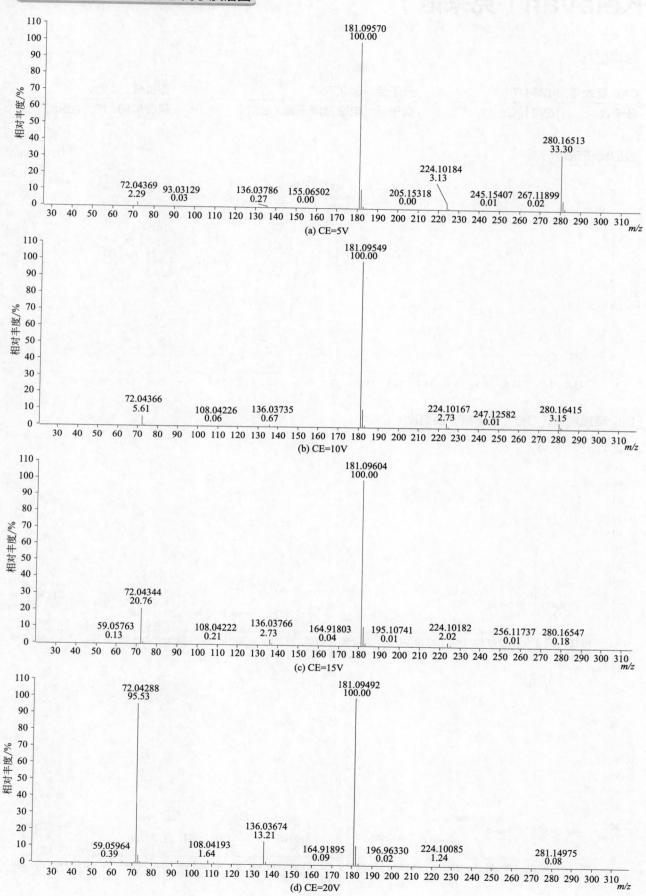

(a) CE=5V

(b) CE=10V

(c) CE=15V

(d) CE=20V

Kelevan（克来范）

基本信息

CAS 登录号	4234-79-1	**分子量**	629.7621	**源极性**	负
分子式	C$_{17}$H$_{12}$Cl$_{10}$O$_4$	**离子源**	电喷雾离子源（ESI）	**保留时间**	19.11min

提取离子流色谱图

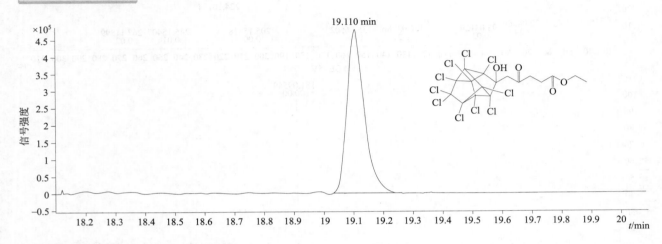

四个碰撞能量（CE）下子离子质谱图

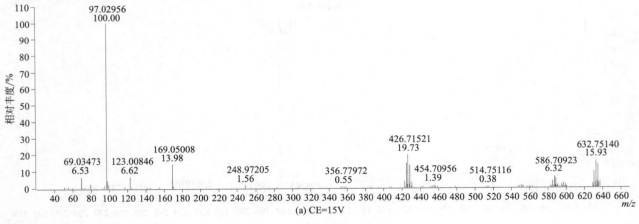

(a) CE=15V

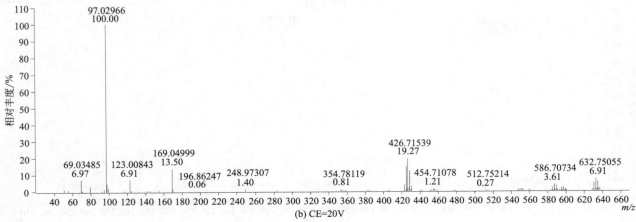

(b) CE=20V

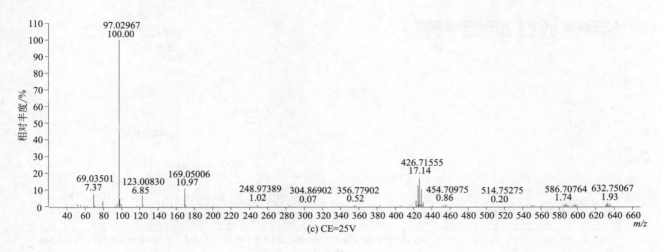

(c) CE=25V

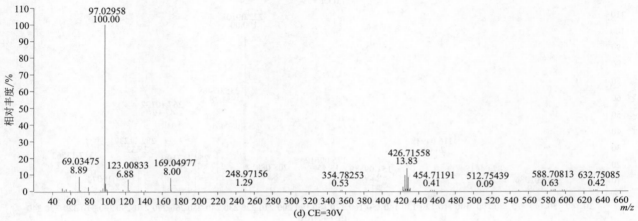

(d) CE=30V

Kresoxim–methyl（醚菌酯）

基本信息

CAS 登录号	143390-89-0	**分子量**	313.1314	**源极性**	正
分子式	$C_{18}H_{19}NO_4$	**离子源**	电喷雾离子源（ESI）	**保留时间**	14.44min

提取离子流色谱图

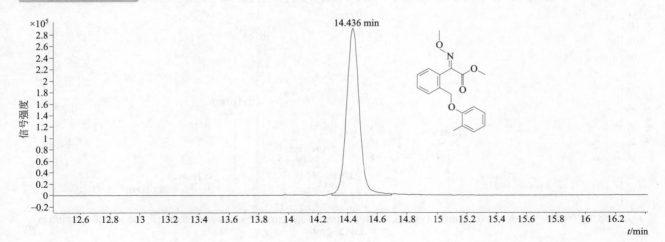

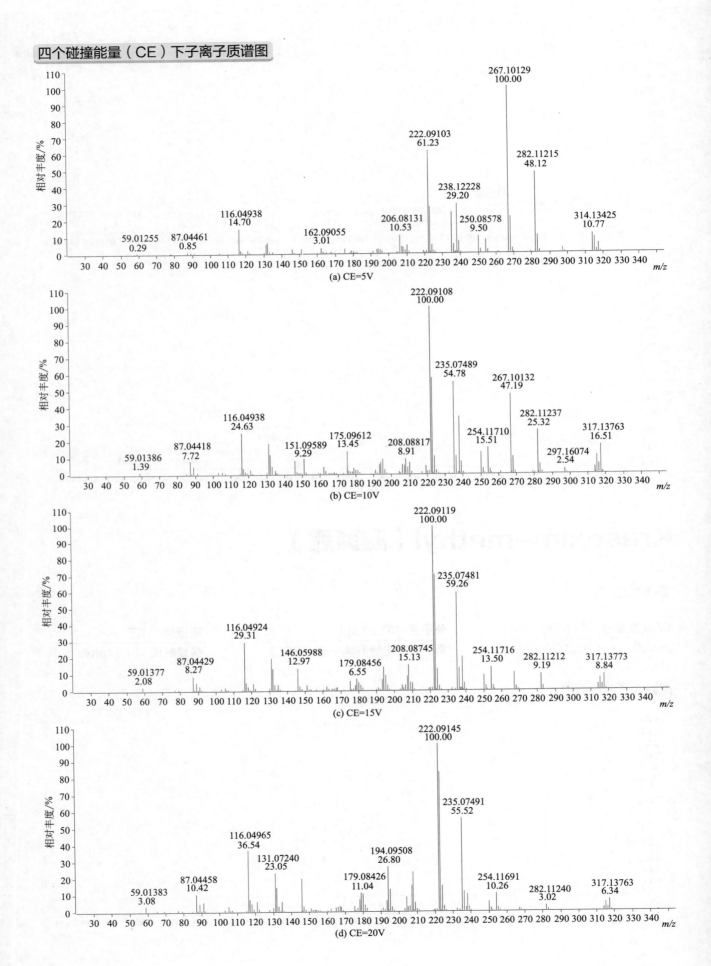

>>>> L

Lactofen（乳氟禾草灵）

基本信息

CAS 登录号	77501-63-4	分子量	461.0489	源极性	正
分子式	C₁₉H₁₅ClF₃NO₇	离子源	电喷雾离子源（ESI）	保留时间	17.84min

分子式：$C_{19}H_{15}ClF_3NO_7$

提取离子流色谱图

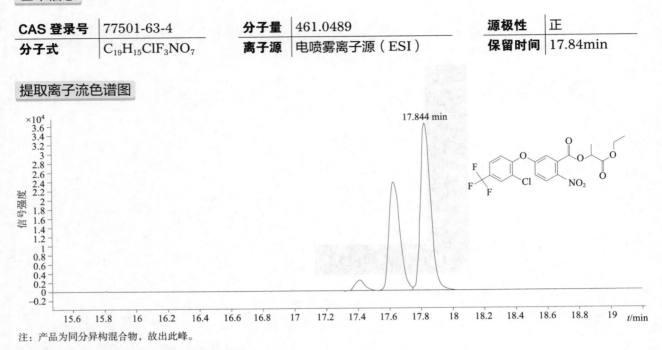

注：产品为同分异构混合物，故出此峰。

四个碰撞能量（CE）下子离子质谱图

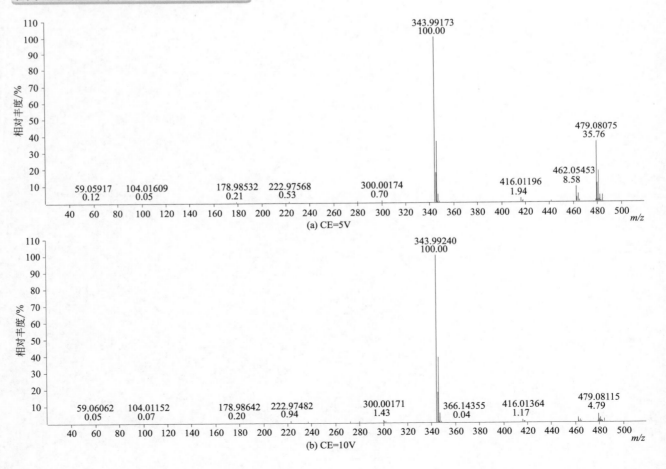

(a) CE=5V

(b) CE=10V

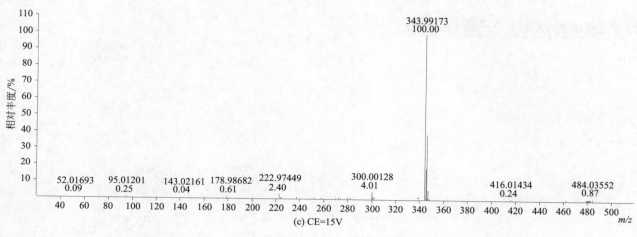

(c) CE=15V

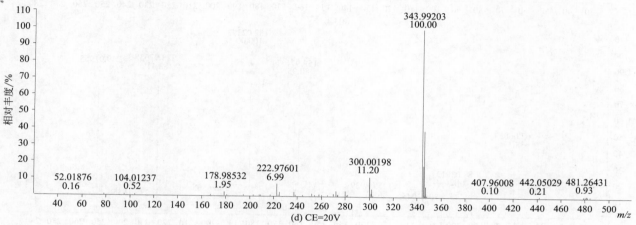

(d) CE=20V

Linuron（利谷隆）

基本信息

CAS 登录号	330-55-2	分子量	248.0119	源极性	正
分子式	C₉H₁₀Cl₂N₂O₂	离子源	电喷雾离子源（ESI）	保留时间	9.31min

分子式 $C_9H_{10}Cl_2N_2O_2$

提取离子流色谱图

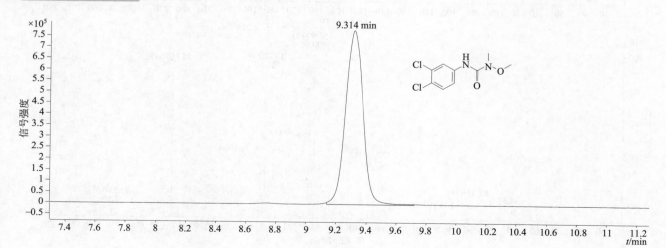

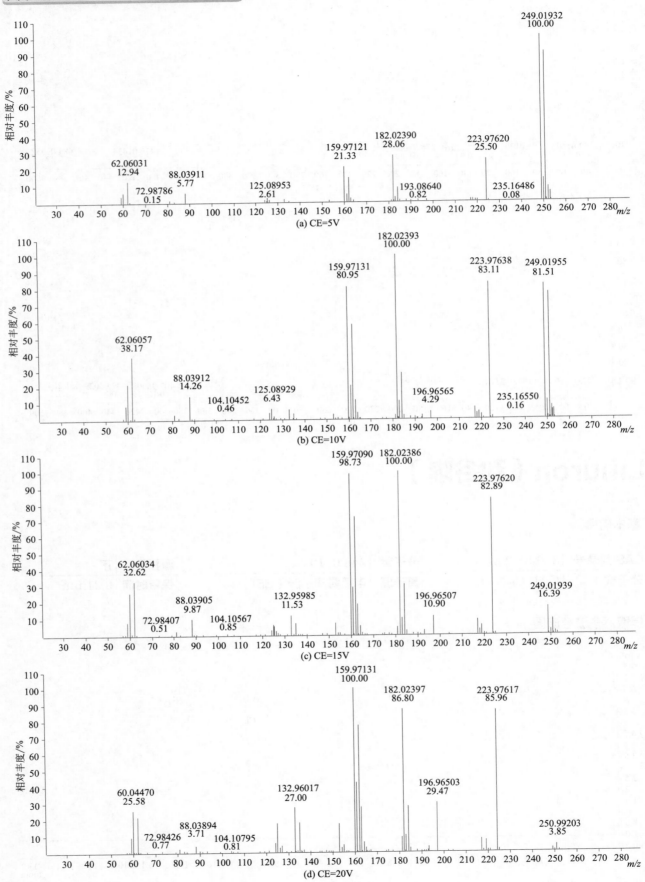

(a) CE=5V

(b) CE=10V

(c) CE=15V

(d) CE=20V

Malaoxon（马拉氧磷）

基本信息

CAS 登录号	1634-78-2	**分子量**	314.0589	**源极性**	正
分子式	$C_{10}H_{19}O_7PS$	**离子源**	电喷雾离子源（ESI）	**保留时间**	5.85min

提取离子流色谱图

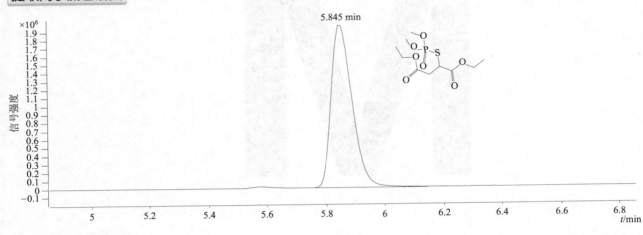

四个碰撞能量（CE）下子离子质谱图

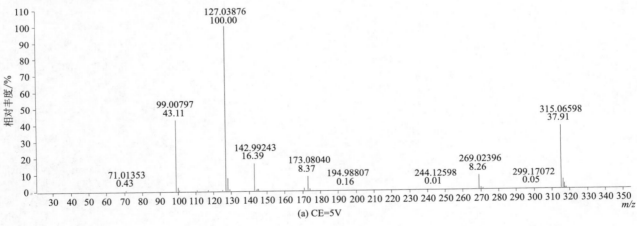

(a) CE=5V

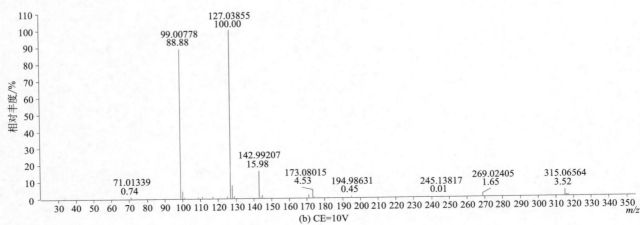

(b) CE=10V

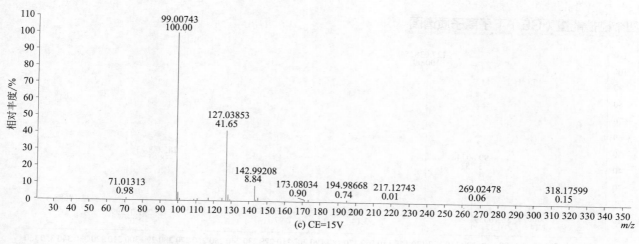

(c) CE=15V

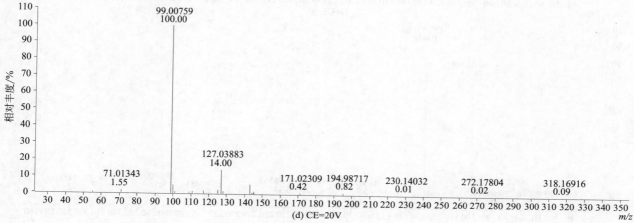

(d) CE=20V

Malathion（马拉硫磷）

基本信息

CAS 登录号	121-75-5	分子量	330.0361	源极性	正
分子式	C₁₀H₁₉O₆PS₂	离子源	电喷雾离子源（ESI）	保留时间	12.71min

提取离子流色谱图

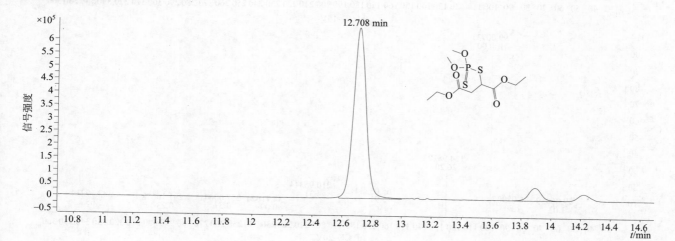

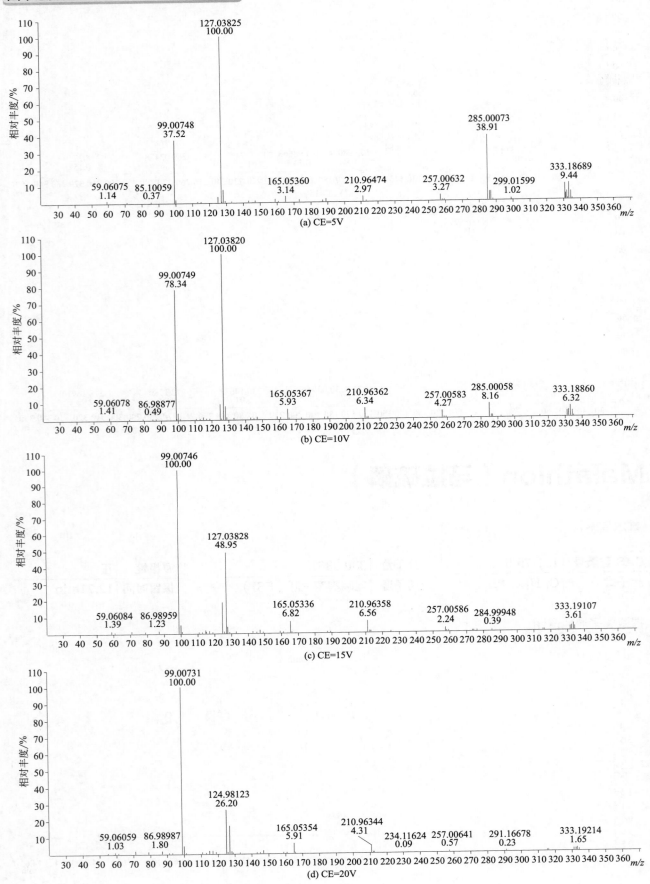

(a) CE=5V

(b) CE=10V

(c) CE=15V

(d) CE=20V

Mecarbam（灭蚜磷）

基本信息

CAS 登录号	2595-54-2	**分子量**	329.0521	**源极性**	正
分子式	C$_{10}$H$_{20}$NO$_5$PS$_2$	**离子源**	电喷雾离子源（ESI）	**保留时间**	13.86min

提取离子流色谱图

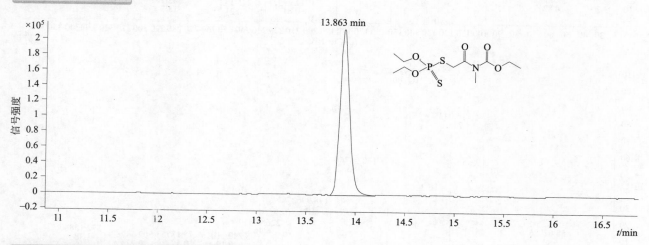

四个碰撞能量（CE）下子离子质谱图

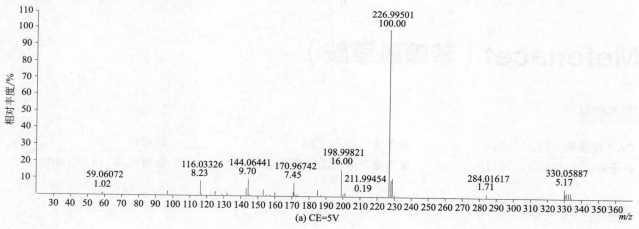

(a) CE=5V

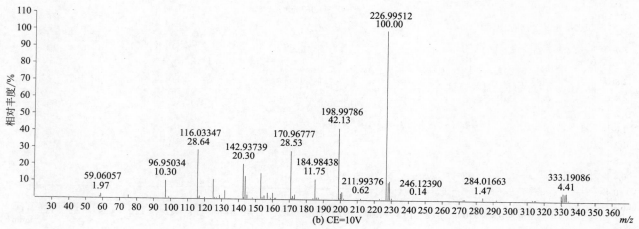

(b) CE=10V

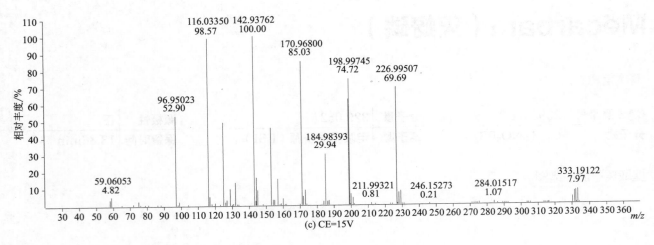

(c) CE=15V

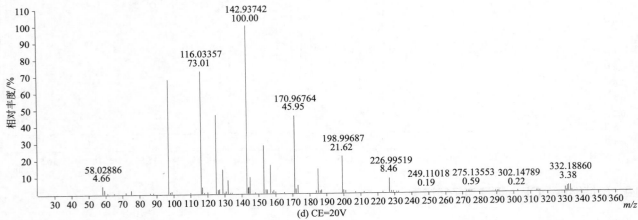

(d) CE=20V

Mefenacet（苯噻酰草胺）

基本信息

CAS 登录号	73250-68-7	分子量	298.0776	源极性	正
分子式	$C_{16}H_{14}N_2O_2S$	离子源	电喷雾离子源（ESI）	保留时间	11.07min

提取离子流色谱图

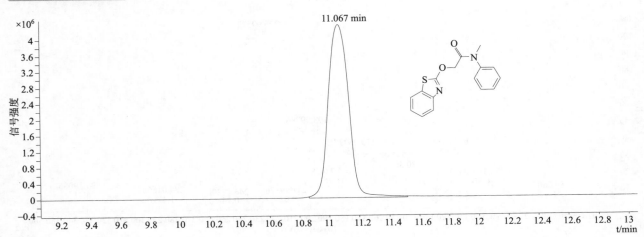

四个碰撞能量（CE）下子离子质谱图

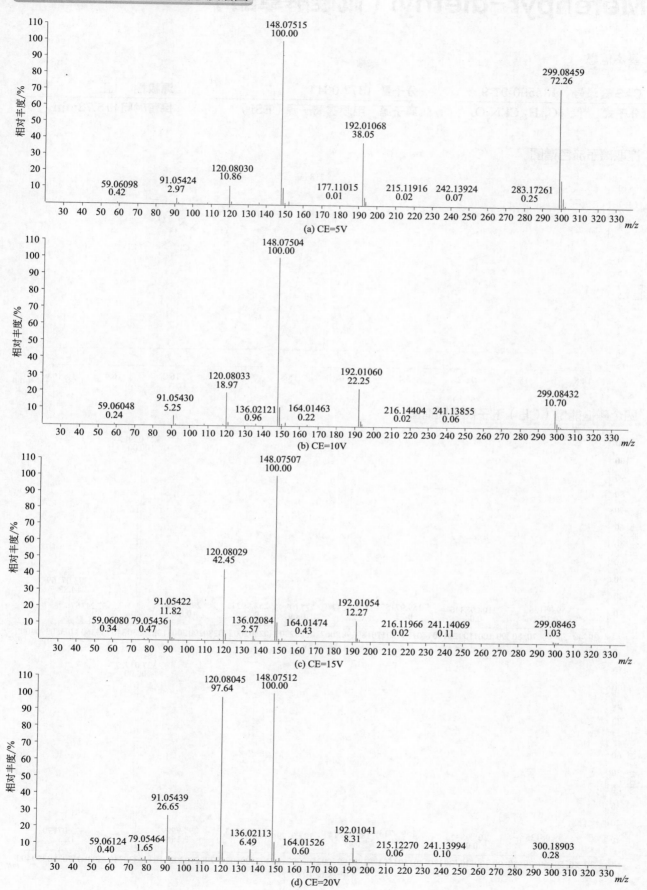

(a) CE=5V

(b) CE=10V

(c) CE=15V

(d) CE=20V

Mefenpyr-diethyl（吡唑解草酯）

基本信息

CAS 登录号	135590-91-9	**分子量**	372.0644	**源极性**	正
分子式	$C_{16}H_{18}Cl_2N_2O_4$	**离子源**	电喷雾离子源（ESI）	**保留时间**	15.72min

提取离子流色谱图

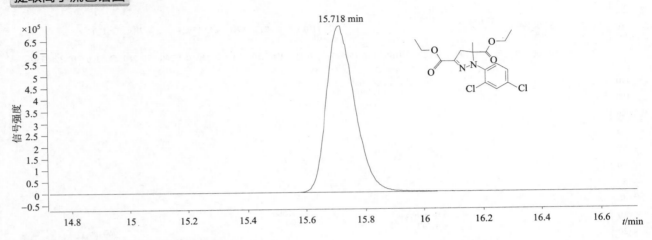

四个碰撞能量（CE）下子离子质谱图

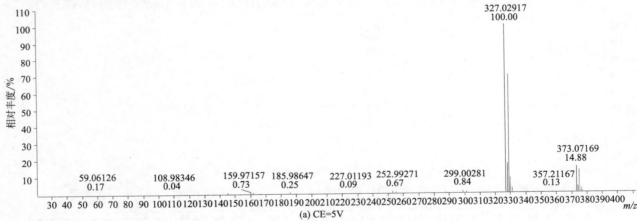

(a) CE=5V

(b) CE=10V

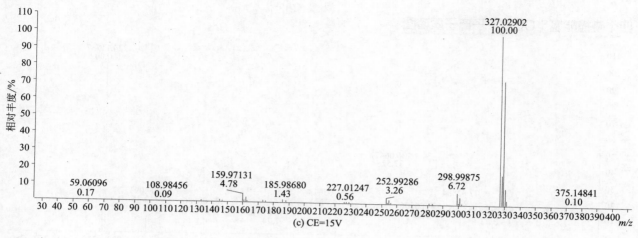

(c) CE=15V

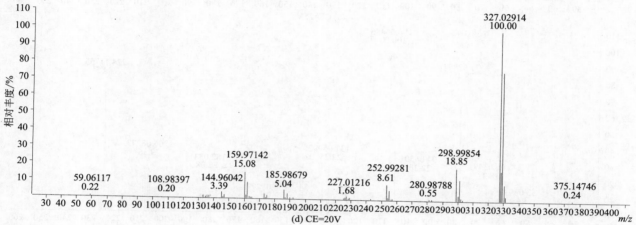

(d) CE=20V

Mepanipyrim（嘧菌胺）

基本信息

CAS 登录号	110235-47-7	分子量	223.1110	源极性	正
分子式	$C_{14}H_{13}N_3$	离子源	电喷雾离子源（ESI）	保留时间	11.70min

提取离子流色谱图

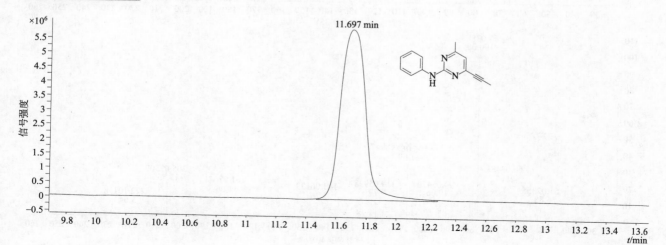

四个碰撞能量（CE）下子离子质谱图

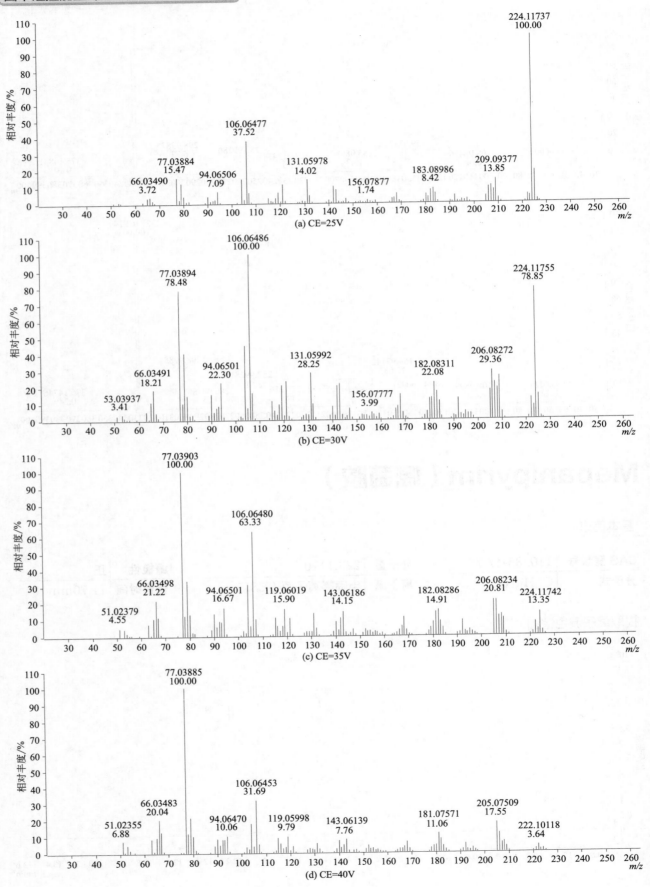

(a) CE=25V

(b) CE=30V

(c) CE=35V

(d) CE=40V

Mephosfolan（地胺磷）

基本信息

CAS 登录号	950-10-7	**分子量**	269.0309	**源极性**	正
分子式	$C_8H_{16}NO_3PS_2$	**离子源**	电喷雾离子源（ESI）	**保留时间**	5.01min

提取离子流色谱图

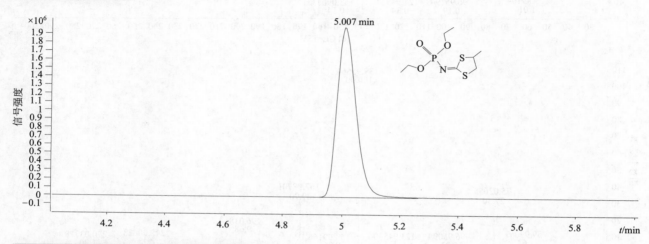

四个碰撞能量（CE）下子离子质谱图

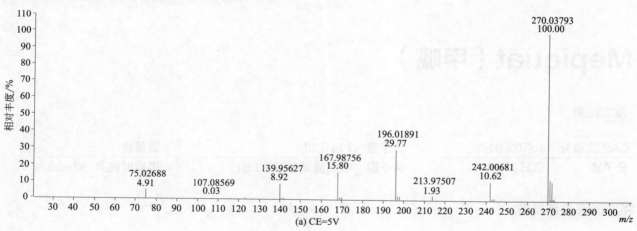

(a) CE=5V

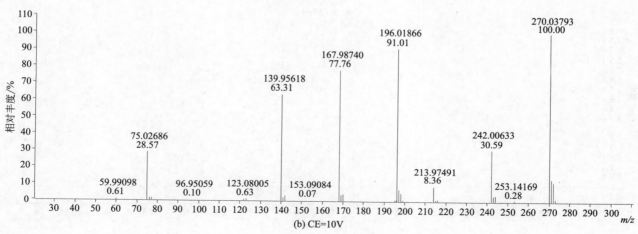

(b) CE=10V

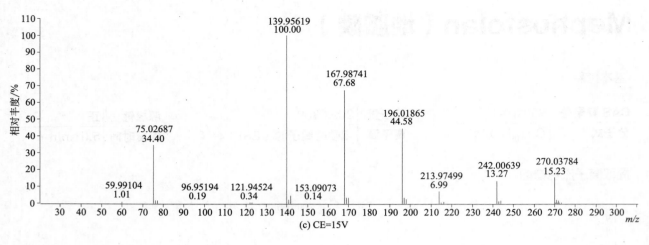

(c) CE=15V

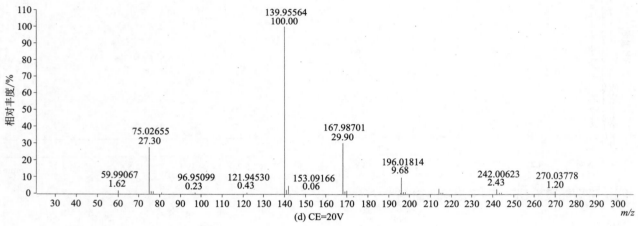

(d) CE=20V

Mepiquat（甲呱）

CAS 登录号	15302-91-7	分子量	114.1283	源极性	正
分子式	$C_7H_{16}N$	离子源	电喷雾离子源（ESI）	保留时间	0.83min

提取离子流色谱图

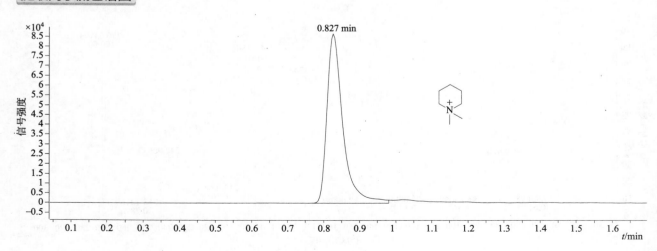

四个碰撞能量（CE）下子离子质谱图

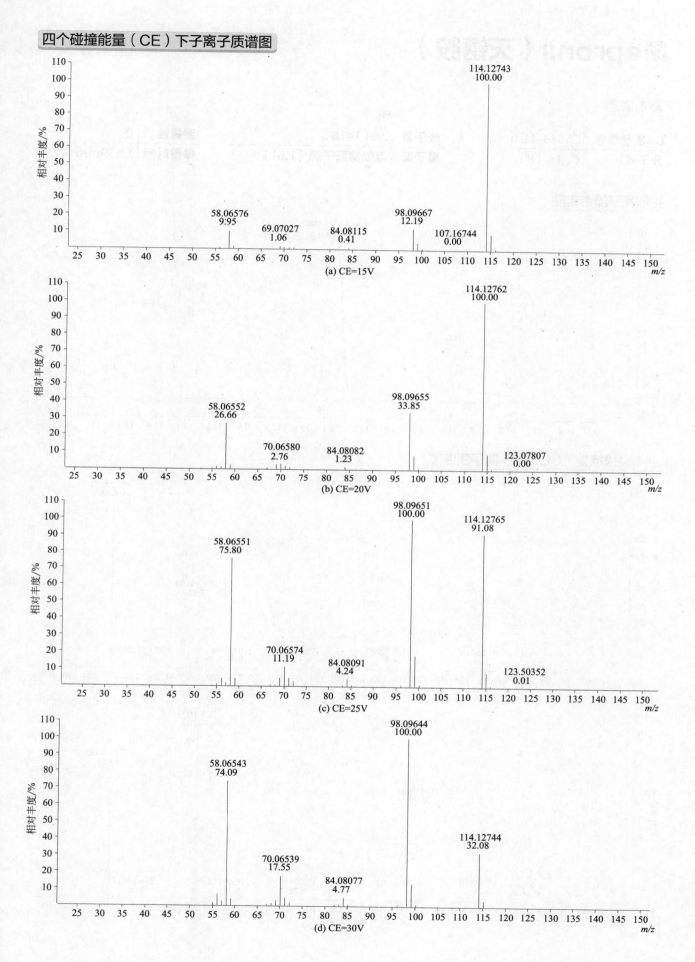

Mepronil（灭锈胺）

基本信息

CAS 登录号	55814-41-0	**分子量**	269.1416	**源极性**	正
分子式	$C_{17}H_{19}NO_2$	**离子源**	电喷雾离子源（ESI）	**保留时间**	12.39min

提取离子流色谱图

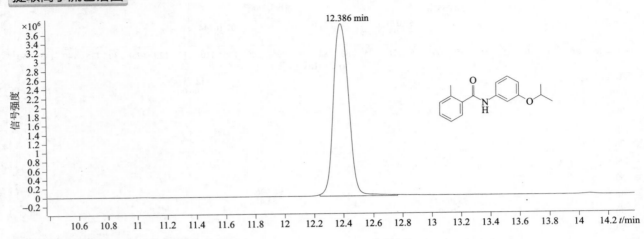

四个碰撞能量（CE）下子离子质谱图

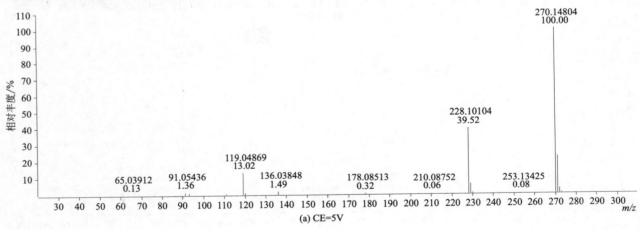

(a) CE=5V

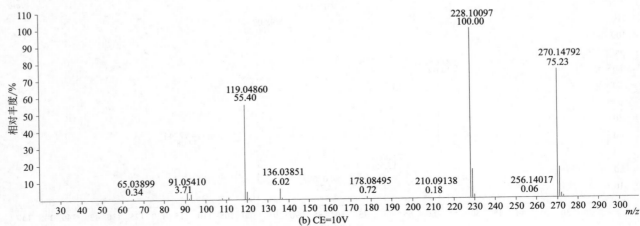

(b) CE=10V

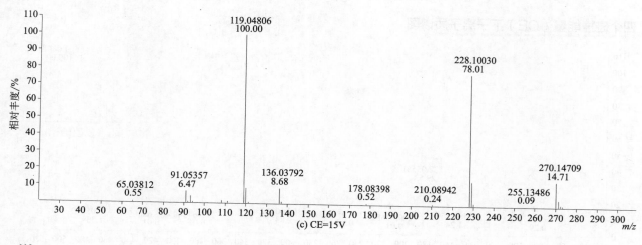

(c) CE=15V

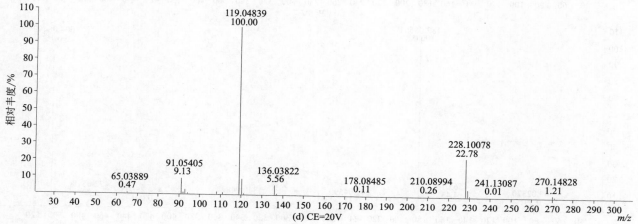

(d) CE=20V

Mesosulfuron-methyl（甲磺胺磺隆）

基本信息

CAS 登录号	208465-21-8	分子量	503.0781	源极性	正
分子式	C₁₇H₂₁N₅O₉S₂	离子源	电喷雾离子源（ESI）	保留时间	6.83min

提取离子流色谱图

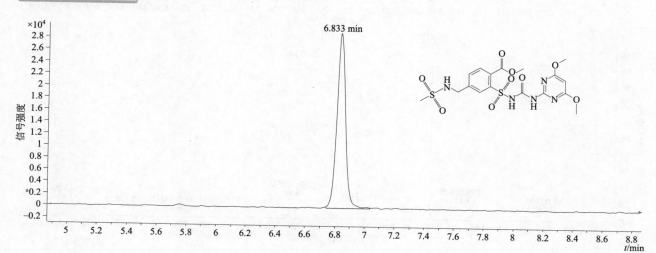

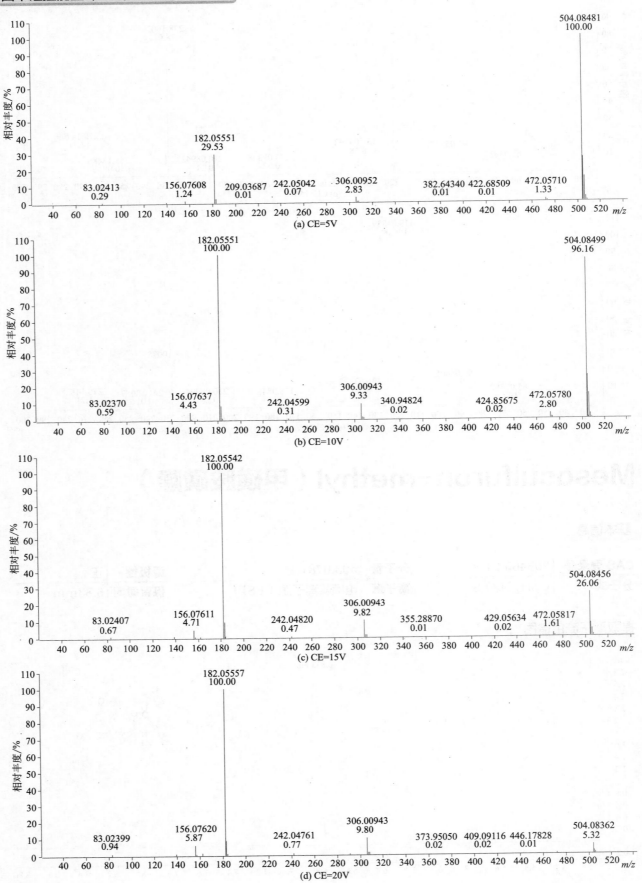

(a) CE=5V

(b) CE=10V

(c) CE=15V

(d) CE=20V

Metalaxyl（甲霜灵）

基本信息

CAS 登录号	57837-19-1	分子量	279.1471	源极性	正
分子式	C₁₅H₂₁NO₄	离子源	电喷雾离子源（ESI）	保留时间	6.86min

提取离子流色谱图

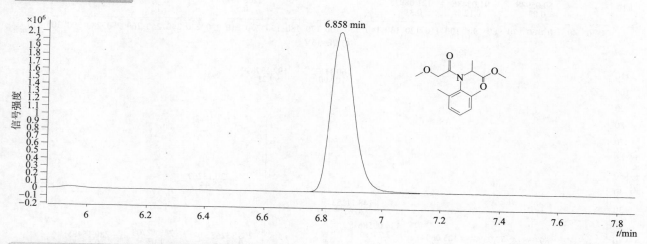

四个碰撞能量（CE）下子离子质谱图

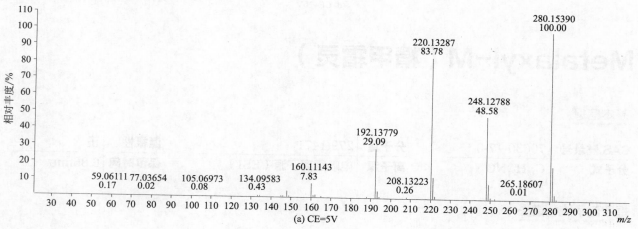

(a) CE=5V

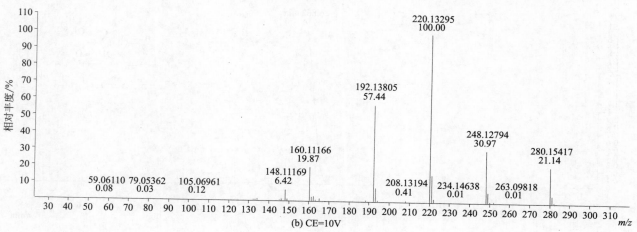

(b) CE=10V

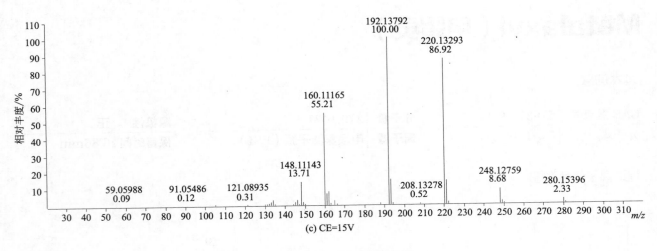

(c) CE=15V

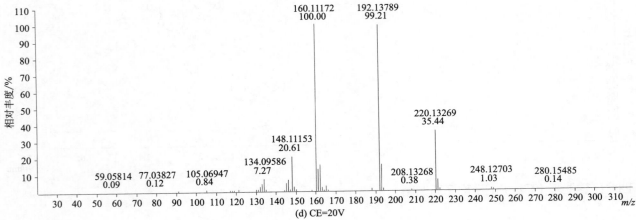

(d) CE=20V

Metalaxyl-M（精甲霜灵）

基本信息

CAS 登录号	70630-17-0	分子量	279.1471	源极性	正
分子式	C$_{15}$H$_{21}$NO$_4$	离子源	电喷雾离子源（ESI）	保留时间	6.86min

提取离子流色谱图

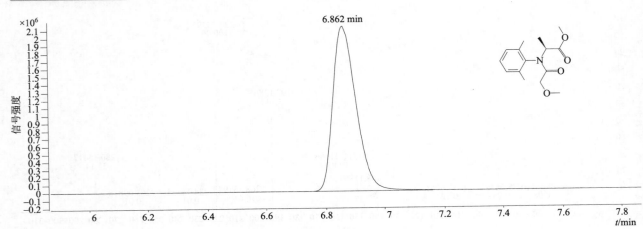

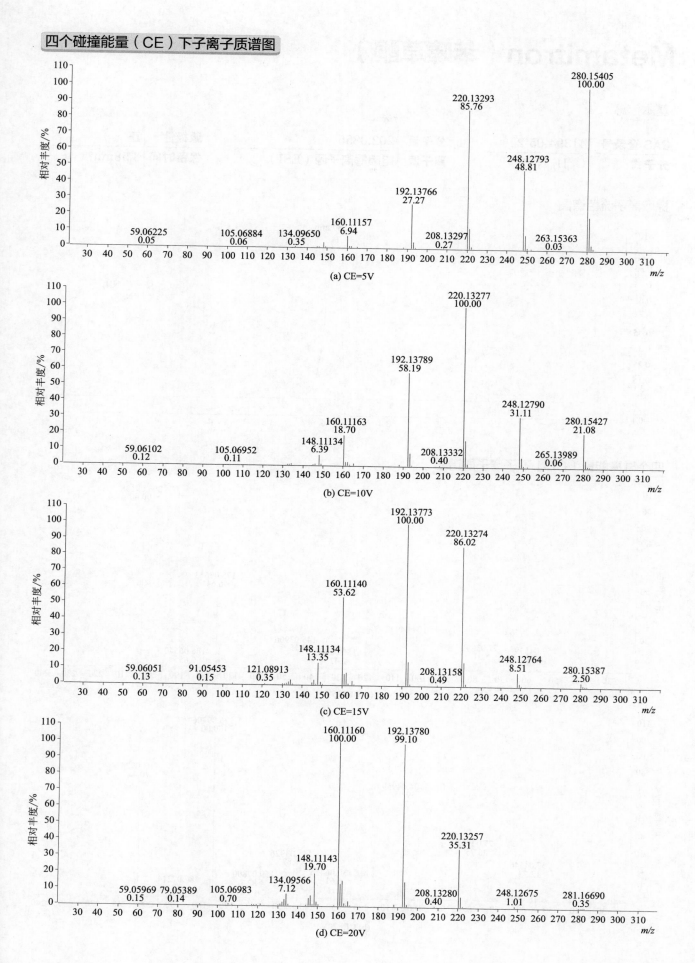

(a) CE=5V

(b) CE=10V

(c) CE=15V

(d) CE=20V

Metamitron（苯嗪草酮）

基本信息

CAS 登录号	41394-05-2	分子量	202.0855	源极性	正
分子式	$C_{10}H_{10}N_4O$	离子源	电喷雾离子源（ESI）	保留时间	3.58min

提取离子流色谱图

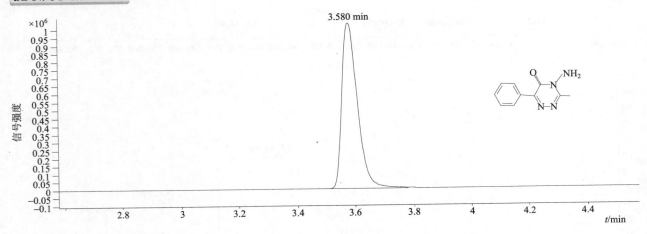

四个碰撞能量（CE）下子离子质谱图

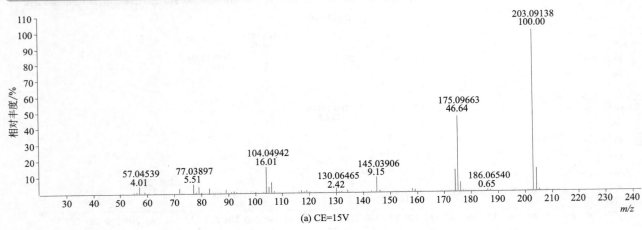

(a) CE=15V

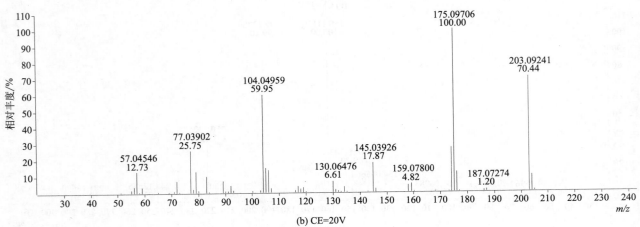

(b) CE=20V

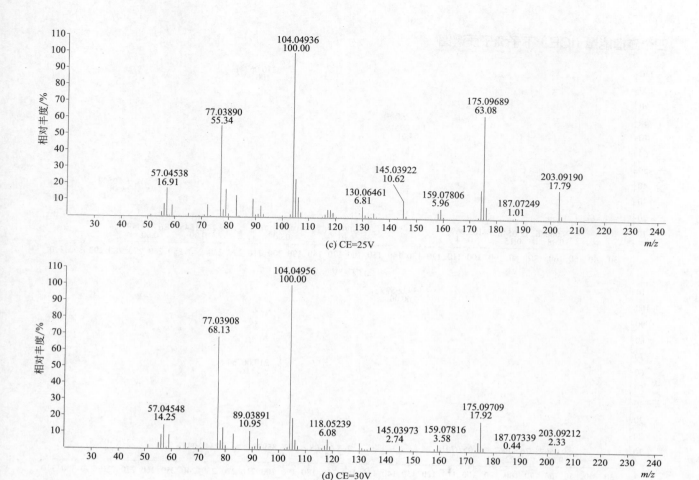

(c) CE=25V

(d) CE=30V

Metazachlor（吡唑草胺）

基本信息

CAS 登录号	67129-08-2	**分子量**	277.0982	**源极性**	正
分子式	$C_{14}H_{16}ClN_3O$	**离子源**	电喷雾离子源（ESI）	**保留时间**	7.63min

提取离子流色谱图

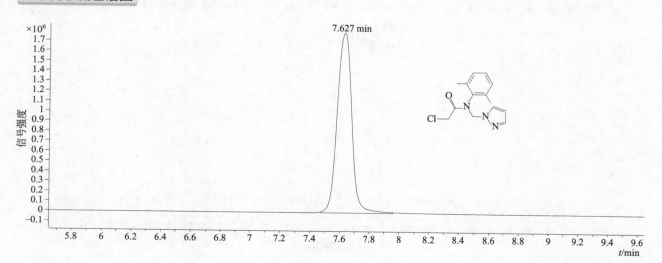

四个碰撞能量（CE）下子离子质谱图

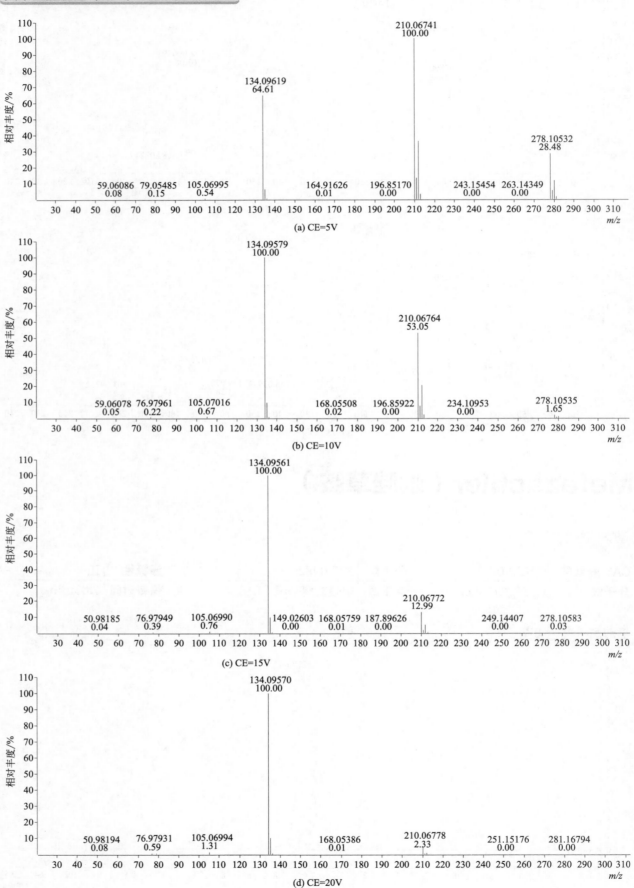

(a) CE=5V

(b) CE=10V

(c) CE=15V

(d) CE=20V

464

Metconazole（叶菌唑）

基本信息

CAS 登录号	125116-23-6	分子量	319.1451	源极性	正
分子式	C₁₇H₂₂ClN₃O	离子源	电喷雾离子源（ESI）	保留时间	12.84min

CAS 登录号 | 125116-23-6
分子式 | $C_{17}H_{22}ClN_3O$
分子量 | 319.1451
离子源 | 电喷雾离子源（ESI）
源极性 | 正
保留时间 | 12.84min

提取离子流色谱图

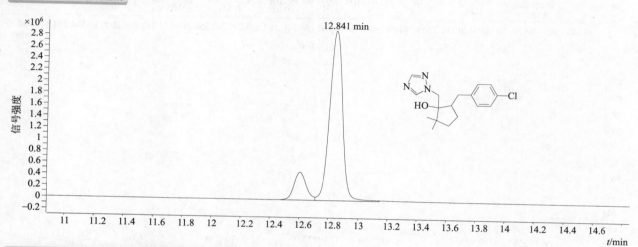

四个碰撞能量（CE）下子离子质谱图

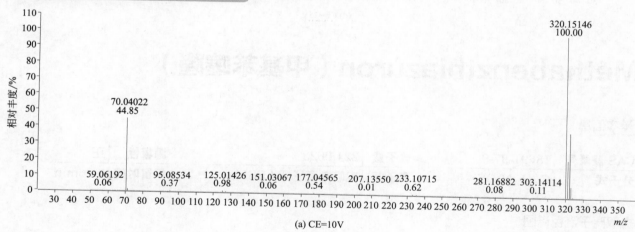

(a) CE=10V

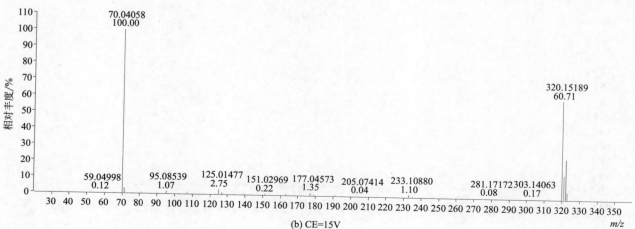

(b) CE=15V

465

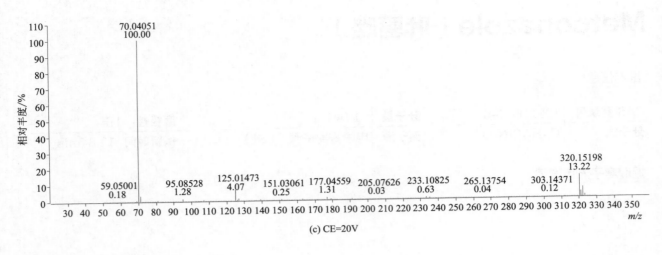

(c) CE=20V

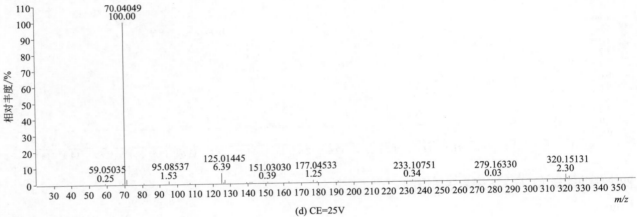

(d) CE=25V

Methabenzthiazuron（甲基苯噻隆）

基本信息

CAS 登录号	18691-97-9	分子量	221.0623	源极性	正
分子式	C$_{10}$H$_{11}$N$_3$OS	离子源	电喷雾离子源（ESI）	保留时间	6.06min

提取离子流色谱图

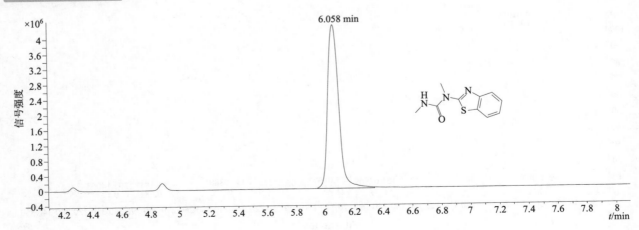

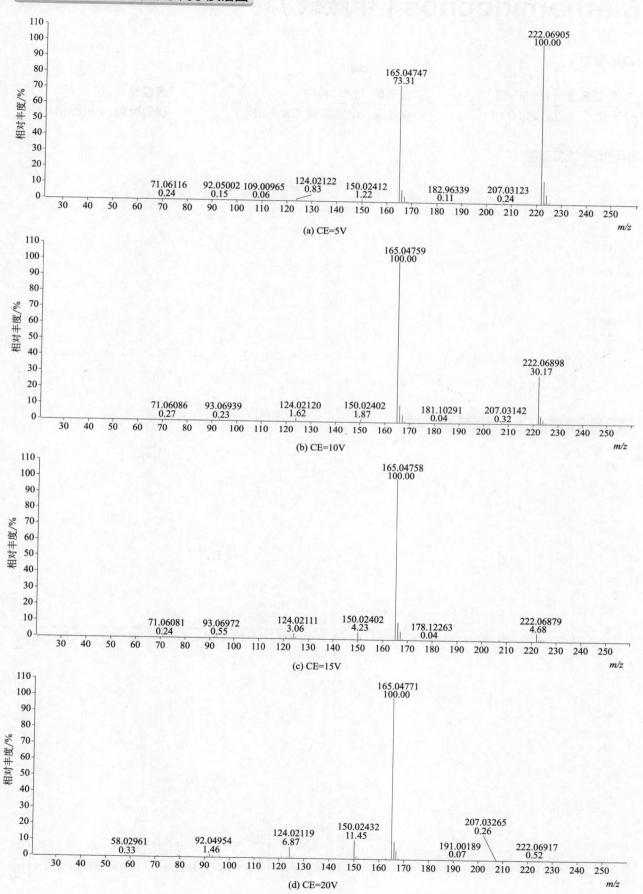

(a) CE=5V

(b) CE=10V

(c) CE=15V

(d) CE=20V

Methamidophos（甲胺磷）

基本信息

CAS 登录号	10265-92-6	**分子量**	141.0013	**源极性**	正
分子式	$C_2H_8NO_2PS$	**离子源**	电喷雾离子源（ESI）	**保留时间**	1.60min

提取离子流色谱图

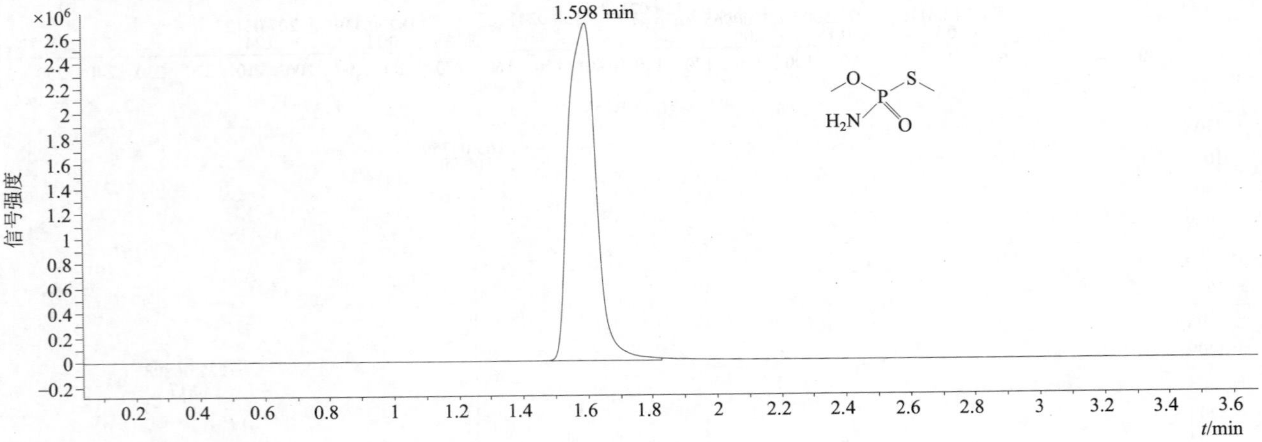

四个碰撞能量（CE）下子离子质谱图

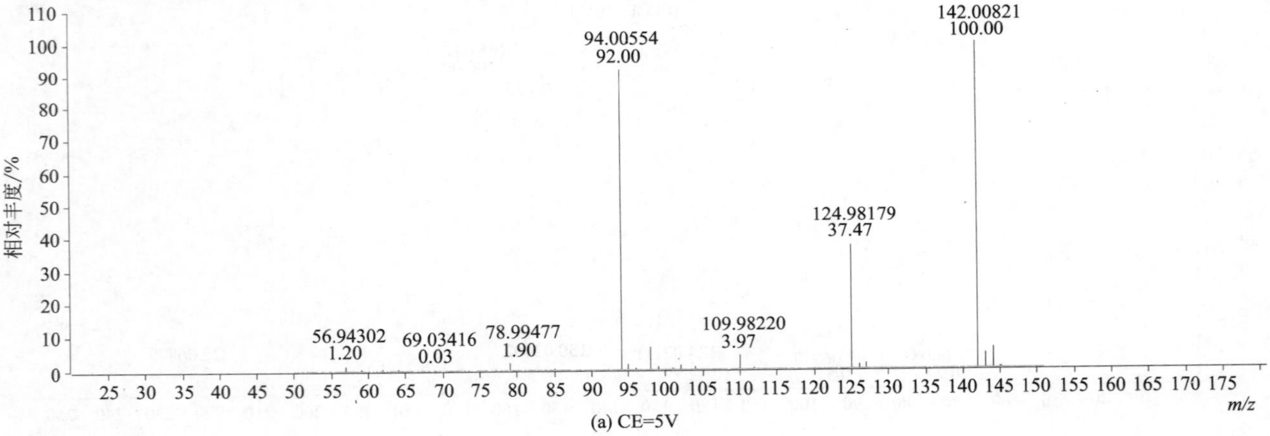

(a) CE=5V

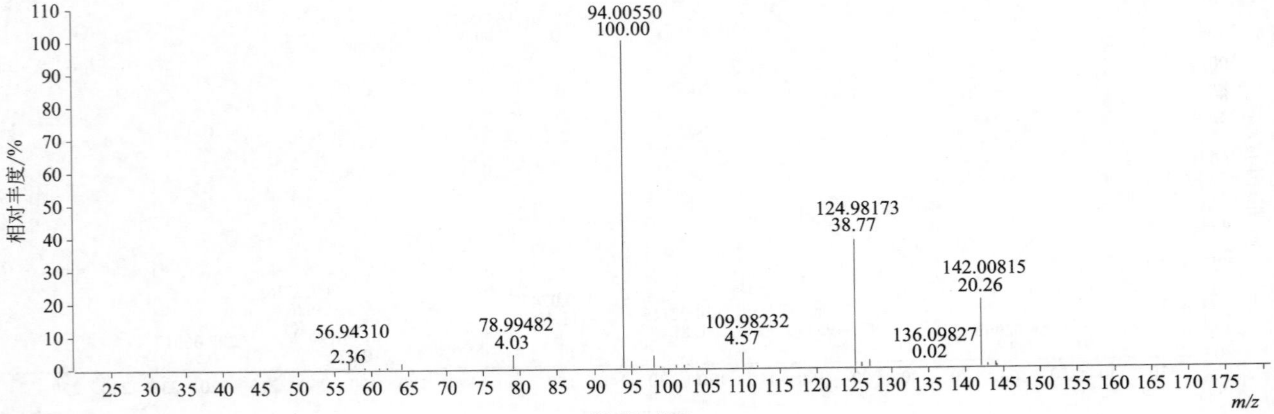

(b) CE=10V

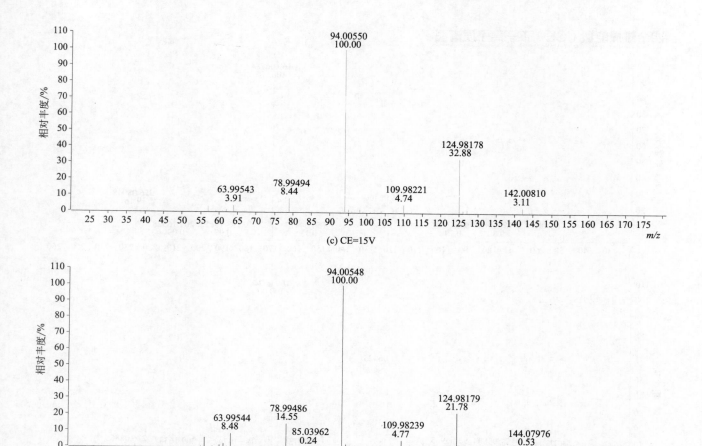

(c) CE=15V

(d) CE=20V

Methiocarb（甲硫威）

基本信息

CAS 登录号	2032-65-7	分子量	225.0823	源极性	正
分子式	$C_{11}H_{15}NO_2S$	离子源	电喷雾离子源（ESI）	保留时间	8.98min

提取离子流色谱图

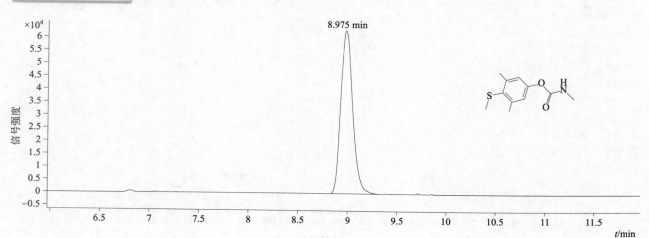

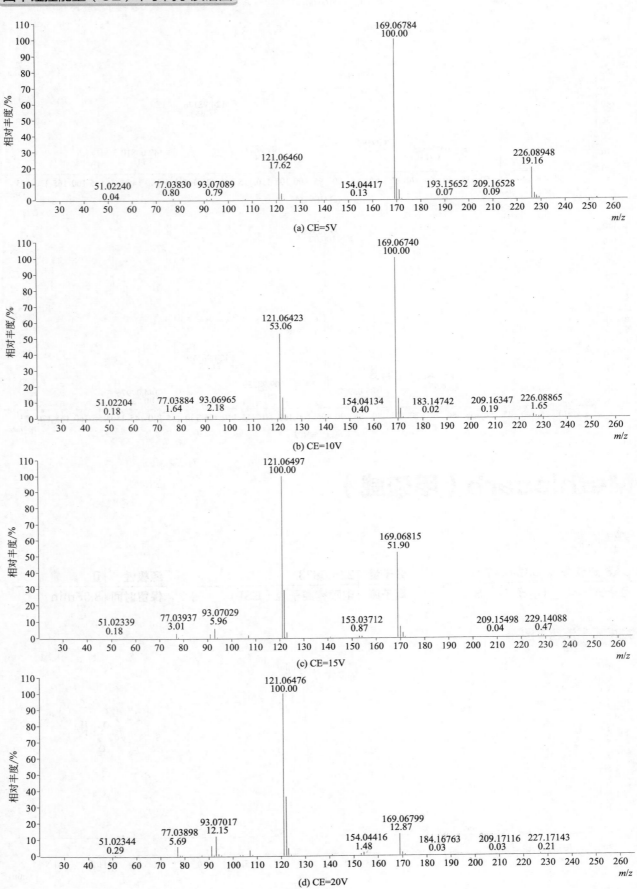

(a) CE=5V

(b) CE=10V

(c) CE=15V

(d) CE=20V

Methiocarb sulfone（甲硫威砜）

基本信息

CAS 登录号	2179-25-1	**分子量**	257.0722	**源极性**	正
分子式	C₁₁H₁₅NO₄S	**离子源**	电喷雾离子源（ESI）	**保留时间**	4.31min

提取离子流色谱图

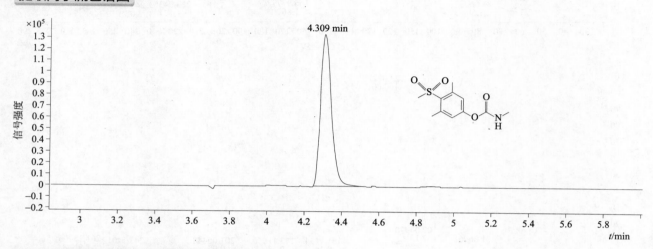

四个碰撞能量（CE）下子离子质谱图

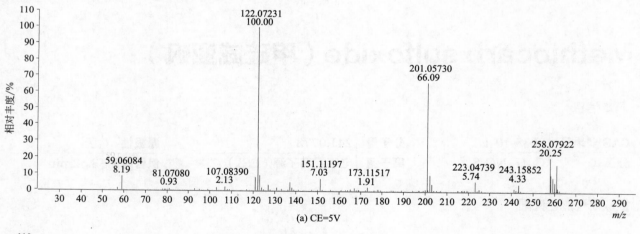

(a) CE=5V

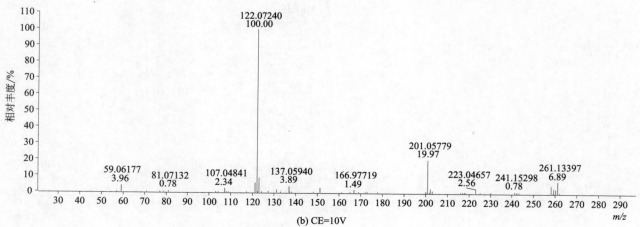

(b) CE=10V

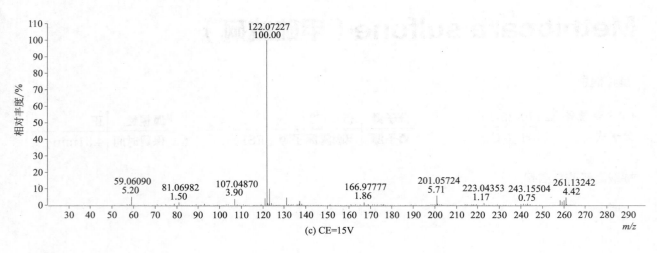

(c) CE=15V

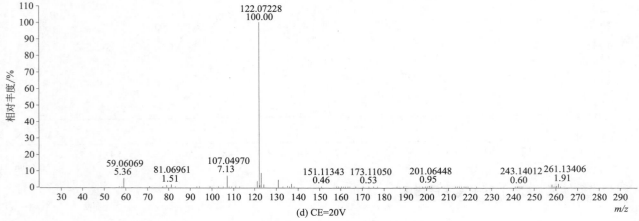

(d) CE=20V

Methiocarb sulfoxide（甲硫威亚砜）

基本信息

CAS 登录号	2635-10-1	分子量	241.0773	源极性	正
分子式	$C_{11}H_{15}NO_3S$	离子源	电喷雾离子源（ESI）	保留时间	3.52min

提取离子流色谱图

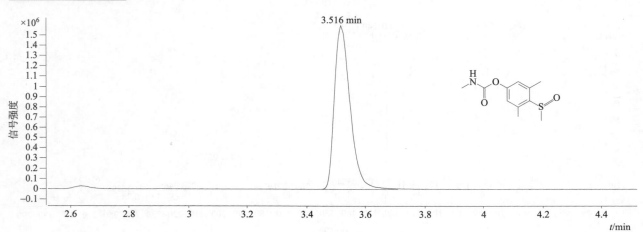

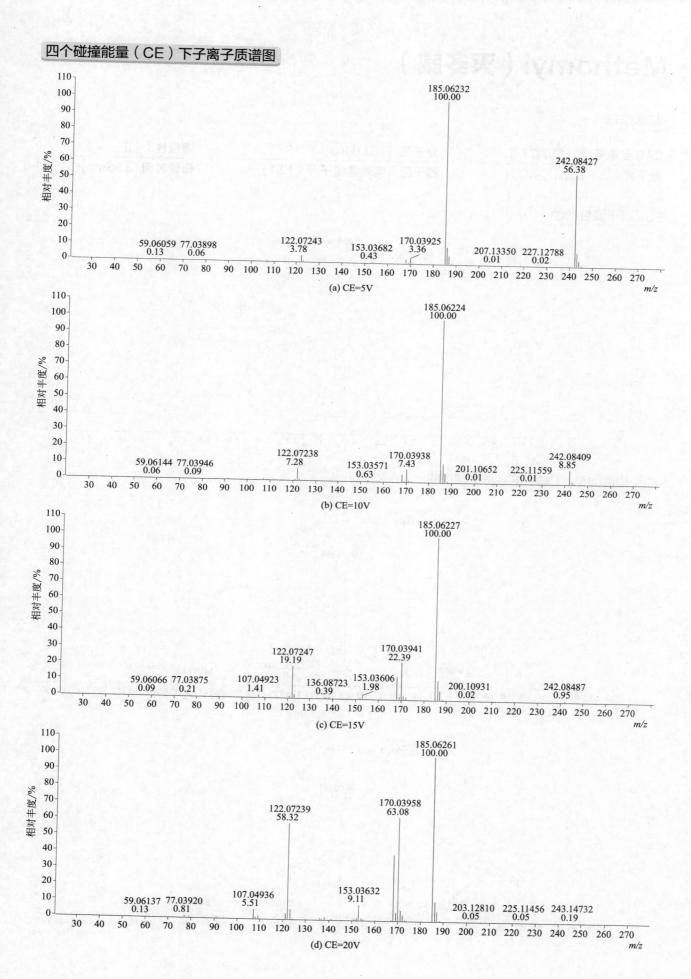

(a) CE=5V

(b) CE=10V

(c) CE=15V

(d) CE=20V

Methomyl（灭多威）

基本信息

CAS 登录号	16752-77-5	**分子量**	162.0463	**源极性**	正
分子式	$C_5H_{10}N_2O_2S$	**离子源**	电喷雾离子源（ESI）	**保留时间**	2.88min

提取离子流色谱图

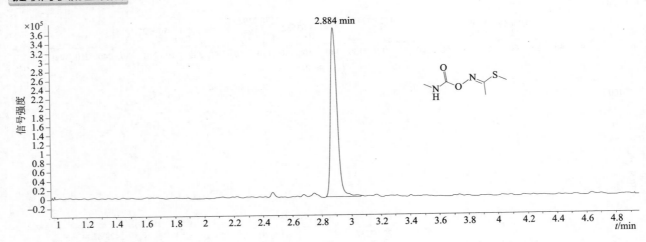

四个碰撞能量（CE）下子离子质谱图

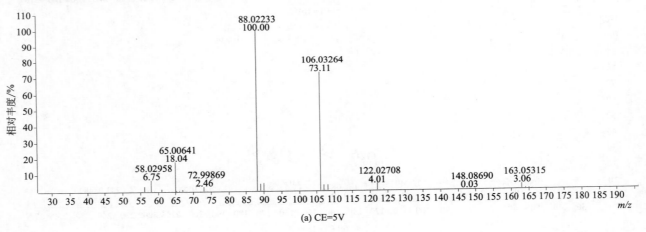

(a) CE=5V

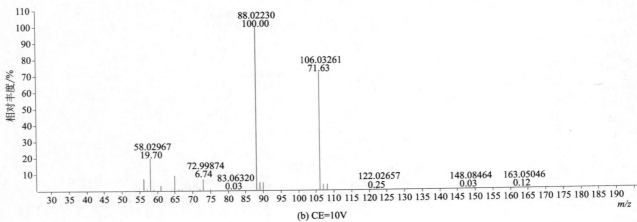

(b) CE=10V

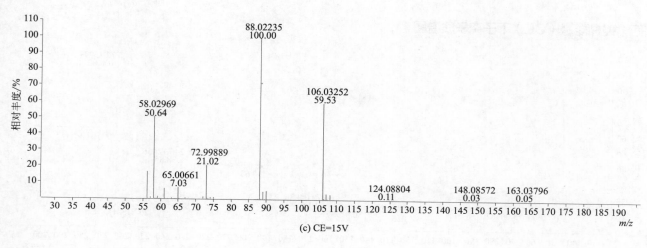

(c) CE=15V

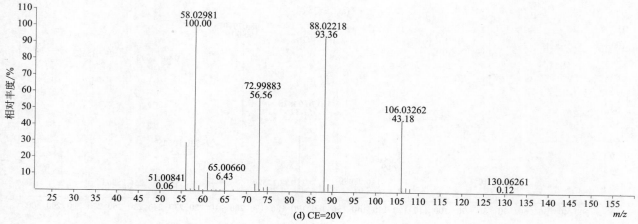

(d) CE=20V

Methoprotryne（盖草津）

基本信息

CAS 登录号	841-06-5	分子量	271.1467	源极性	正	
分子式	$C_{11}H_{21}N_5OS$	离子源	电喷雾离子源（ESI）	保留时间	6.80min	

提取离子流色谱图

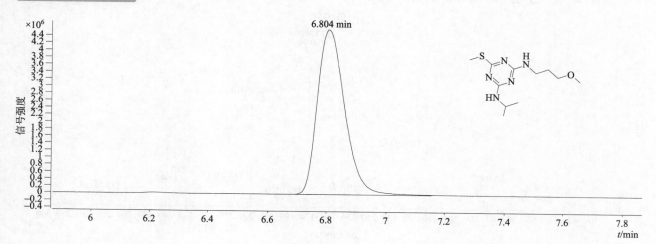

475

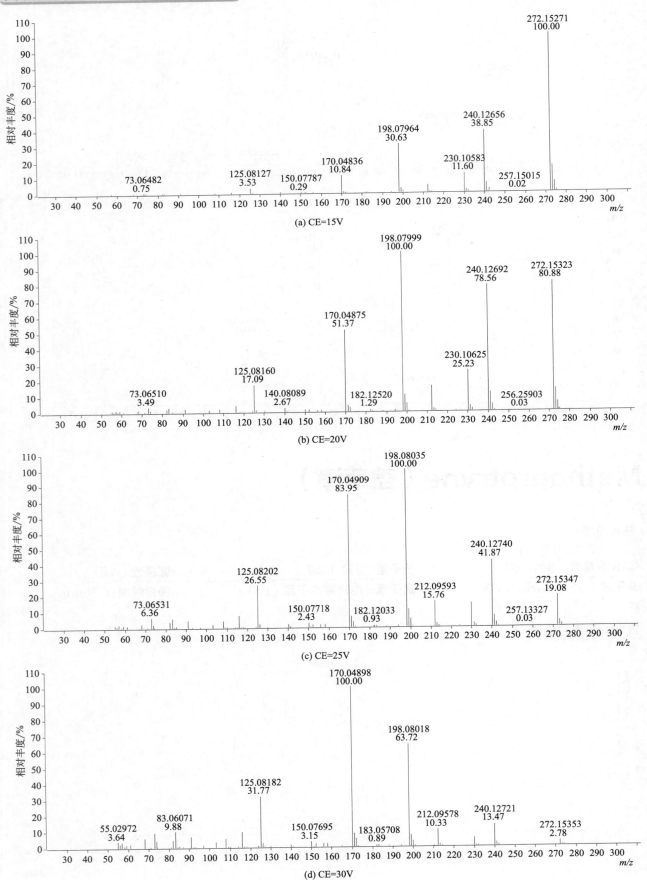

(a) CE=15V

(b) CE=20V

(c) CE=25V

(d) CE=30V

Methoxyfenozide（甲氧虫酰肼）

基本信息

CAS 登录号	161050-58-4	**分子量**	368.2100	**源极性**	正
分子式	C$_{22}$H$_{28}$N$_2$O$_3$	**离子源**	电喷雾离子源（ESI）	**保留时间**	12.61min

提取离子流色谱图

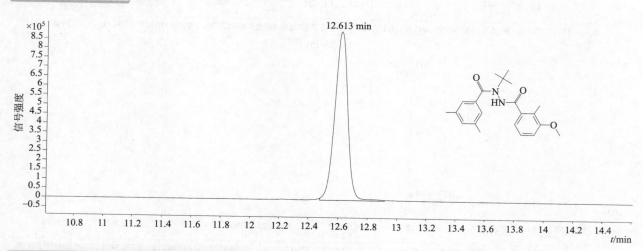

四个碰撞能量（CE）下子离子质谱图

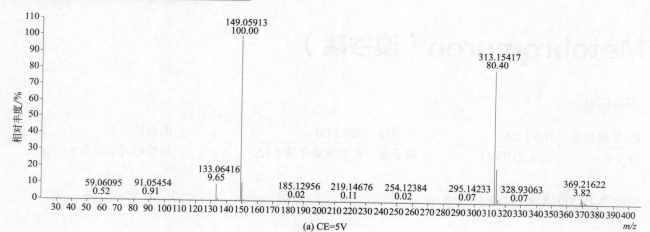

(a) CE=5V

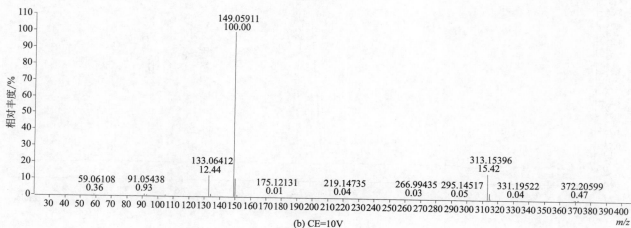

(b) CE=10V

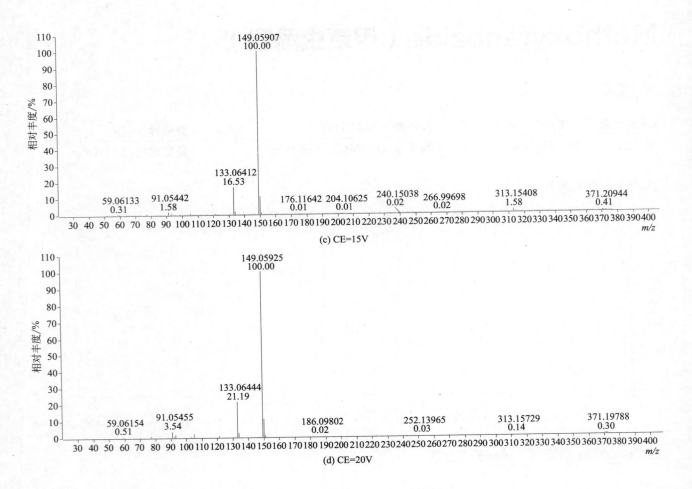

(c) CE=15V

(d) CE=20V

Metobromuron（溴谷隆）

基本信息

CAS 登录号	3060-89-7	分子量	258.0004	源极性	正
分子式	$C_9H_{11}BrN_2O_2$	离子源	电喷雾离子源（ESI）	保留时间	7.18min

提取离子流色谱图

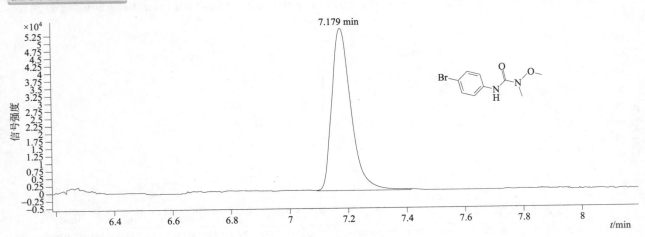

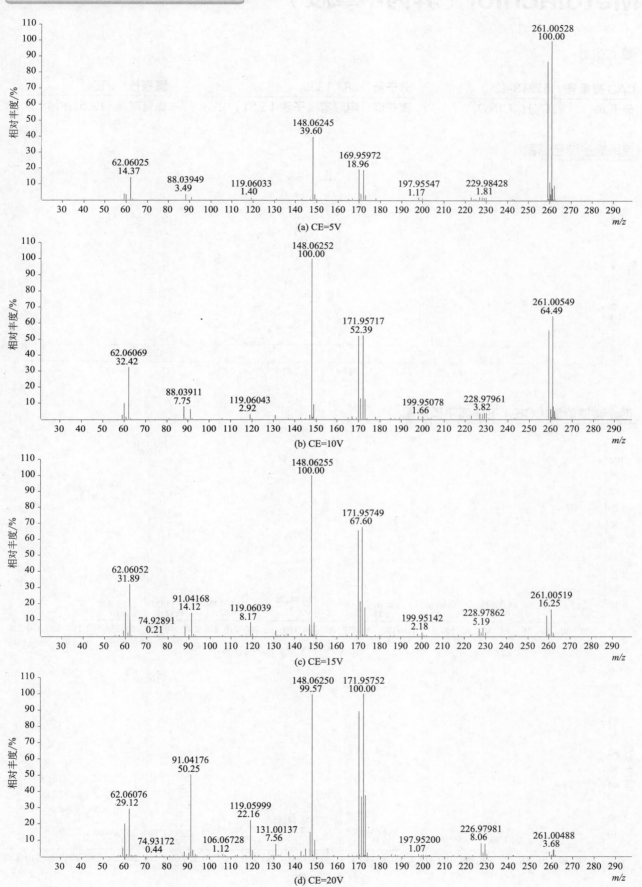

(a) CE=5V

(b) CE=10V

(c) CE=15V

(d) CE=20V

Metolachlor（异丙甲草胺）

CAS 登录号	51218-45-2	分子量	283.1339	源极性	正
分子式	$C_{15}H_{22}ClNO_2$	离子源	电喷雾离子源（ESI）	保留时间	12.51min

提取离子流色谱图

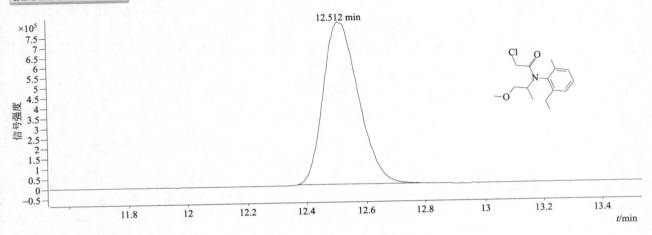

四个碰撞能量（CE）下子离子质谱图

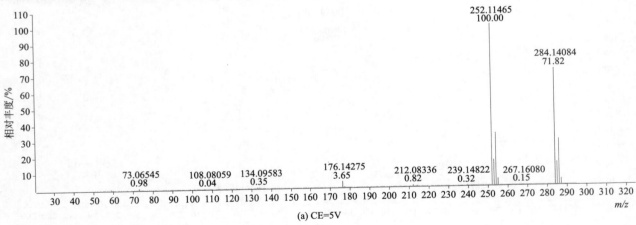

(a) CE=5V

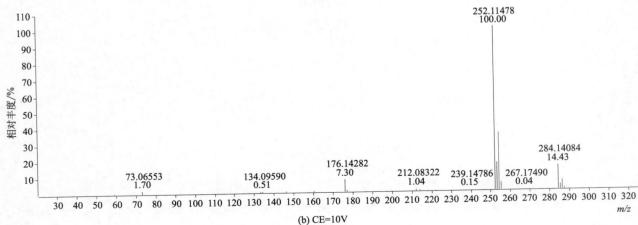

(b) CE=10V

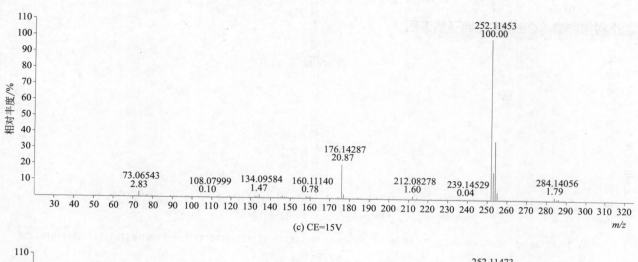

(c) CE=15V

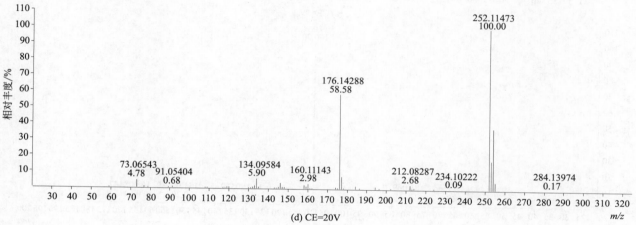

(d) CE=20V

Metolcarb（速灭威）

基本信息

CAS 登录号	1129-41-5	分子量	165.0790	源极性	正
分子式	C$_9$H$_{11}$NO$_2$	离子源	电喷雾离子源（ESI）	保留时间	5.15min

提取离子流色谱图

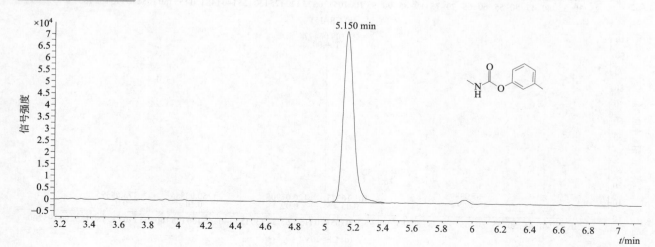

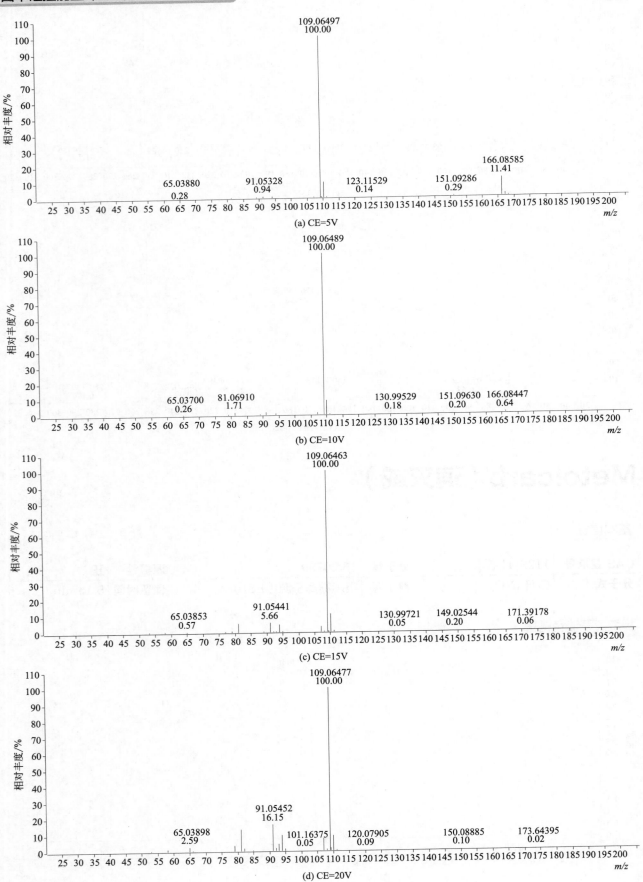

(a) CE=5V

(b) CE=10V

(c) CE=15V

(d) CE=20V

(*E*)-Metominostrobin[(*E*)- 苯氧菌胺]

基本信息

CAS 登录号	133408-50-1	**分子量**	284.1161	**源极性**	正
分子式	C$_{16}$H$_{16}$N$_2$O$_3$	**离子源**	电喷雾离子源（ESI）	**保留时间**	8.06min

提取离子流色谱图

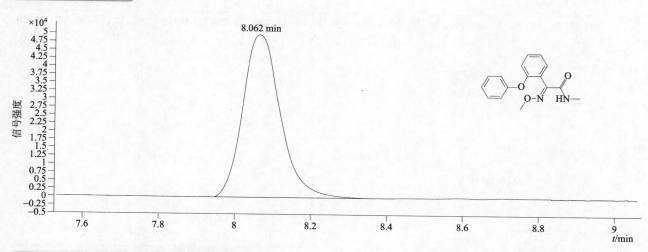

四个碰撞能量（CE）下子离子质谱图

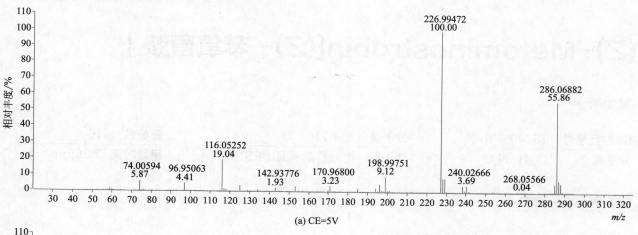

(a) CE=5V

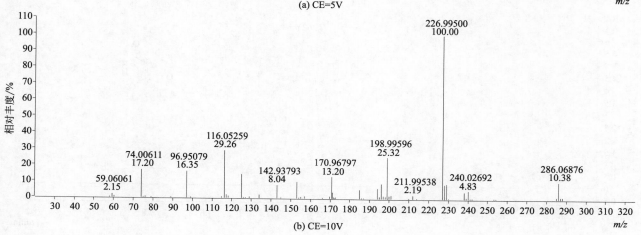

(b) CE=10V

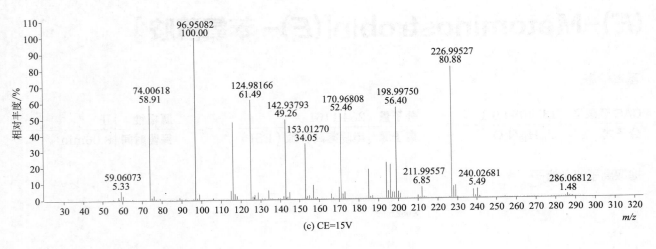

(c) CE=15V

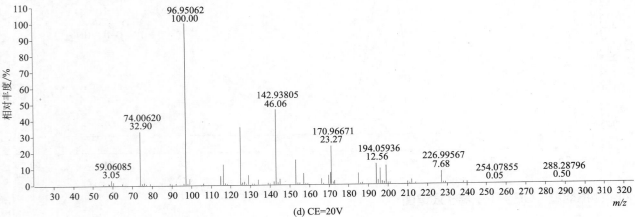

(d) CE=20V

(Z)-Metominostrobin[(Z)- 苯氧菌胺]

基本信息

CAS 登录号	133408-51-2	分子量	284.1161	源极性	正
分子式	$C_{16}H_{16}N_2O_3$	离子源	电喷雾离子源（ESI）	保留时间	7.26min

提取离子流色谱图

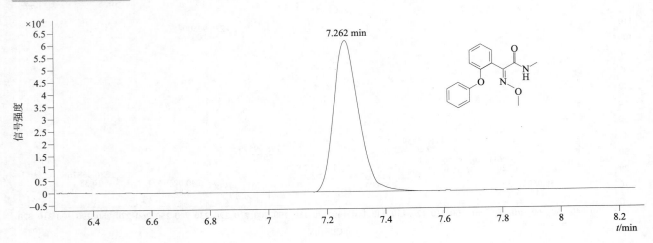

四个碰撞能量（CE）下子离子质谱图

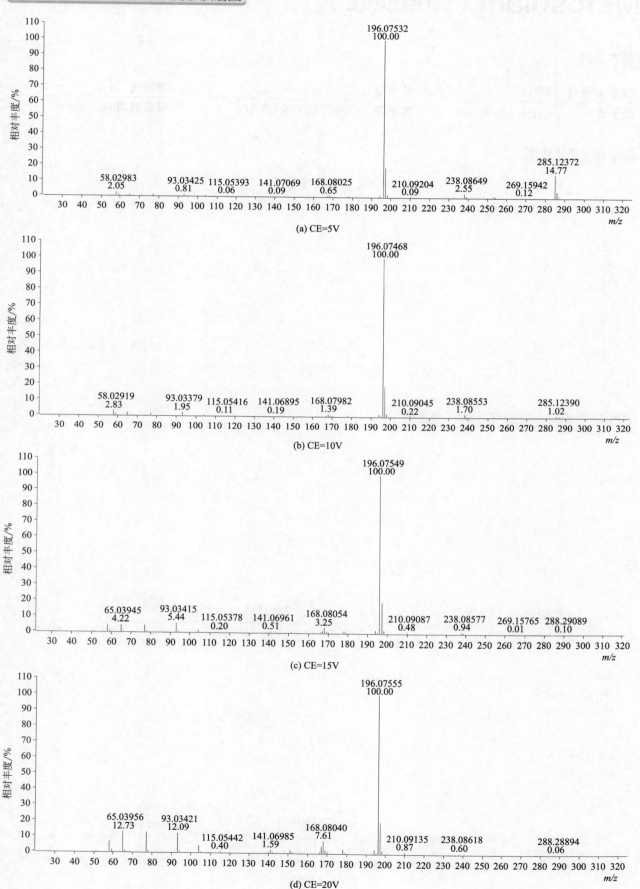

(a) CE=5V

(b) CE=10V

(c) CE=15V

(d) CE=20V

Metosulam（磺草胺唑）

基本信息

CAS 登录号	139528-85-1	分子量	417.0065	源极性	正
分子式	$C_{14}H_{13}Cl_2N_5O_4S$	离子源	电喷雾离子源（ESI）	保留时间	6.84min

提取离子流色谱图

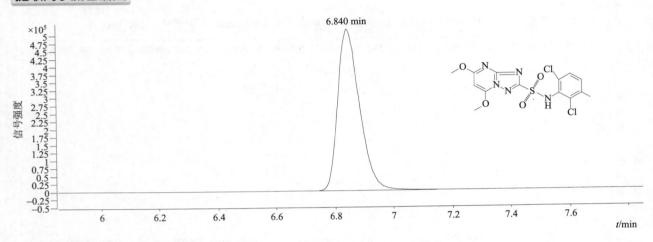

四个碰撞能量（CE）下子离子质谱图

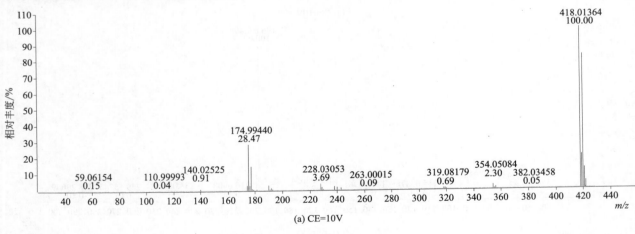

(a) CE=10V

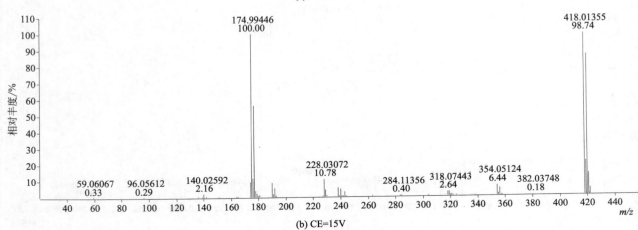

(b) CE=15V

486

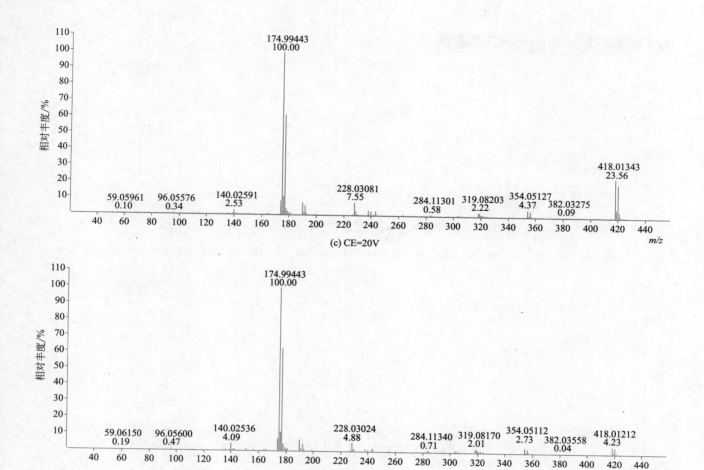

(c) CE=20V

(d) CE=25V

Metoxuron（甲氧隆）

基本信息

CAS 登录号	19937-59-8	分子量	228.0666	源极性	正
分子式	$C_{10}H_{13}ClN_2O_2$	离子源	电喷雾离子源（ESI）	保留时间	4.66min

提取离子流色谱图

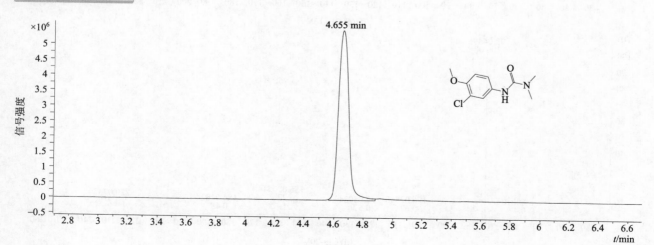

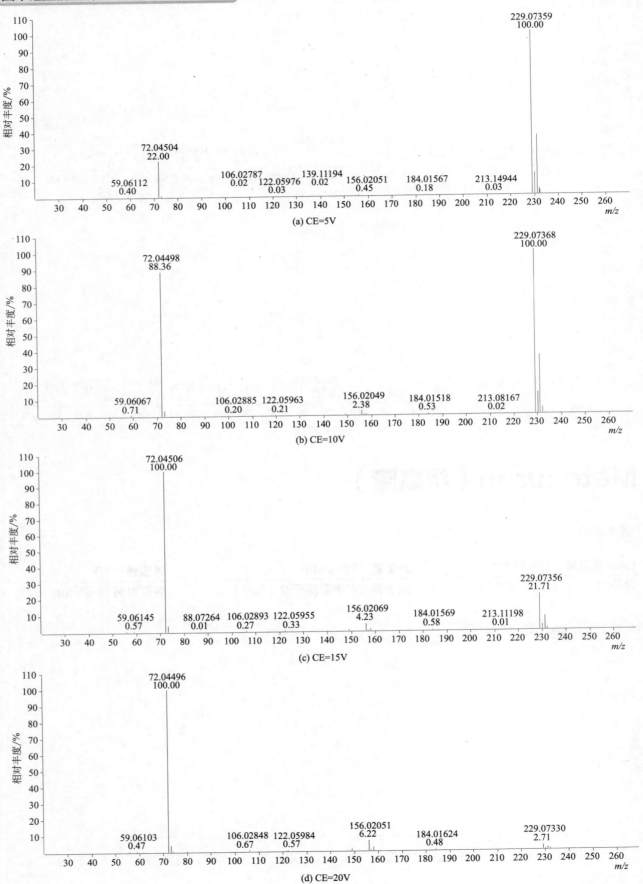

(a) CE=5V

(b) CE=10V

(c) CE=15V

(d) CE=20V

Metribuzin（嗪草酮）

基本信息

CAS 登录号	21087-64-9	**分子量**	214.0888	**源极性**	正
分子式	$C_8H_{14}N_4OS$	**离子源**	电喷雾离子源（ESI）	**保留时间**	5.39min

提取离子流色谱图

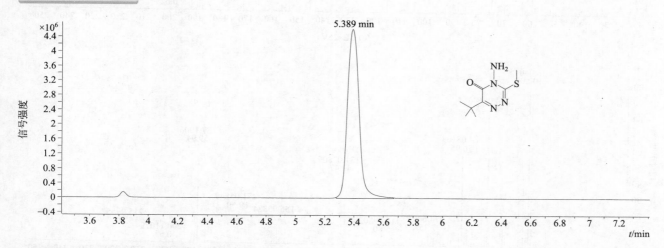

四个碰撞能量（CE）下子离子质谱图

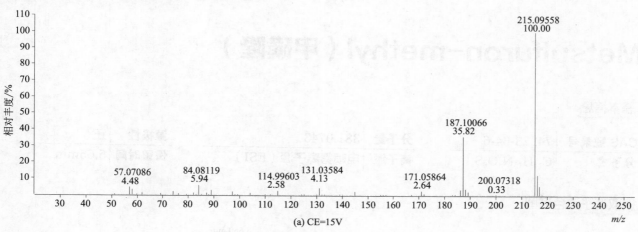

(a) CE=15V

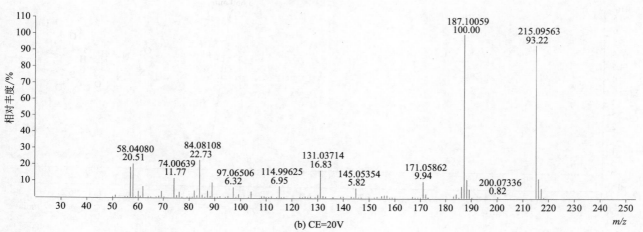

(b) CE=20V

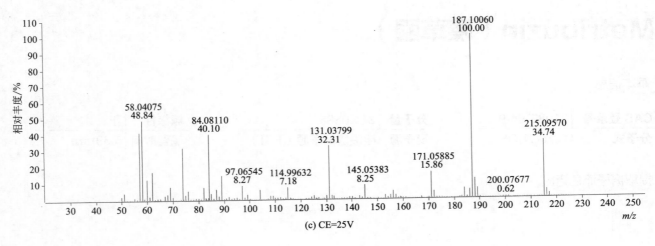

(c) CE=25V

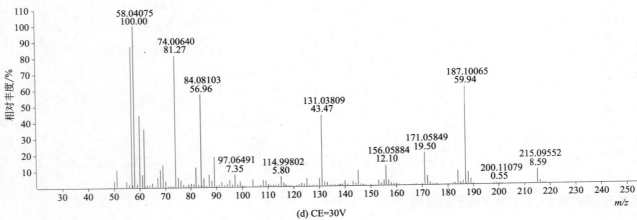

(d) CE=30V

Metsulfuron-methyl（甲磺隆）

基本信息

CAS 登录号	74223-64-6	分子量	381.0743	源极性	正
分子式	$C_{14}H_{15}N_5O_6S$	离子源	电喷雾离子源（ESI）	保留时间	5.65min

提取离子流色谱图

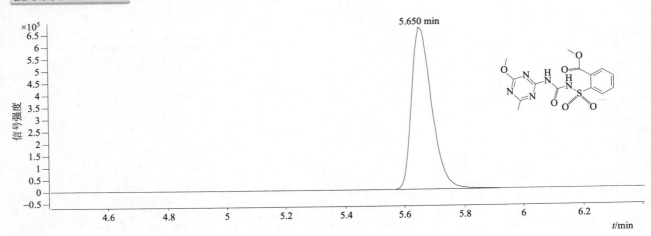

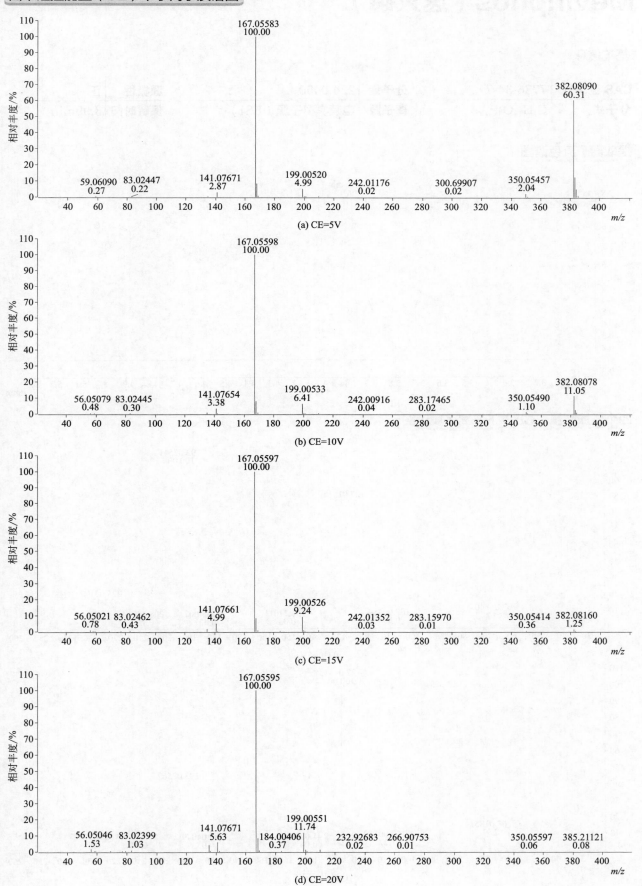

(a) CE=5V

(b) CE=10V

(c) CE=15V

(d) CE=20V

Mevinphos（速灭磷）

CAS 登录号	7786-34-7	分子量	224.0450	源极性	正
分子式	$C_7H_{13}O_6P$	离子源	电喷雾离子源（ESI）	保留时间	3.99min

提取离子流色谱图

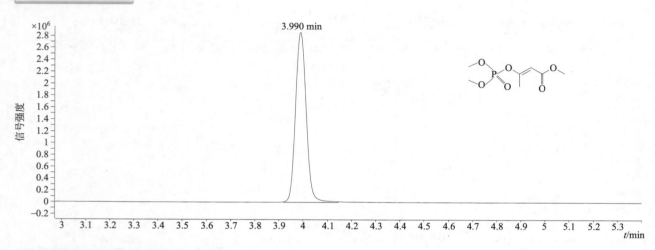

四个碰撞能量（CE）下子离子质谱图

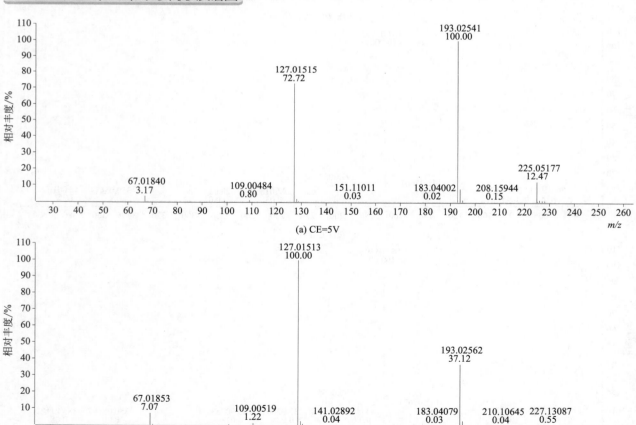

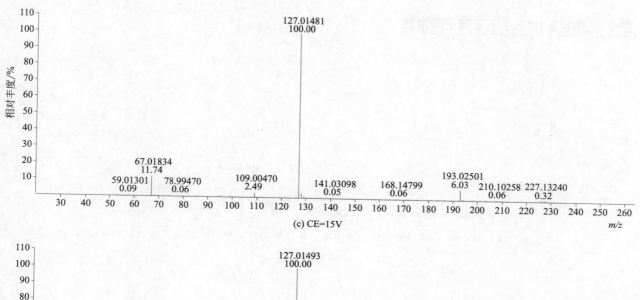

(c) CE=15V

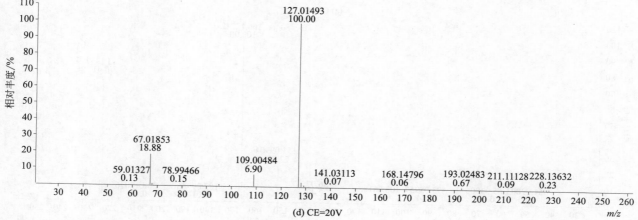

(d) CE=20V

Mexacarbate（兹克威）

基本信息

CAS 登录号	315-18-4	分子量	222.1368	源极性	正
分子式	$C_{12}H_{18}N_2O_2$	离子源	电喷雾离子源（ESI）	保留时间	4.16min

提取离子流色谱图

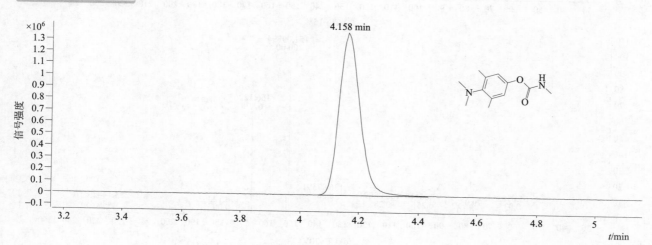

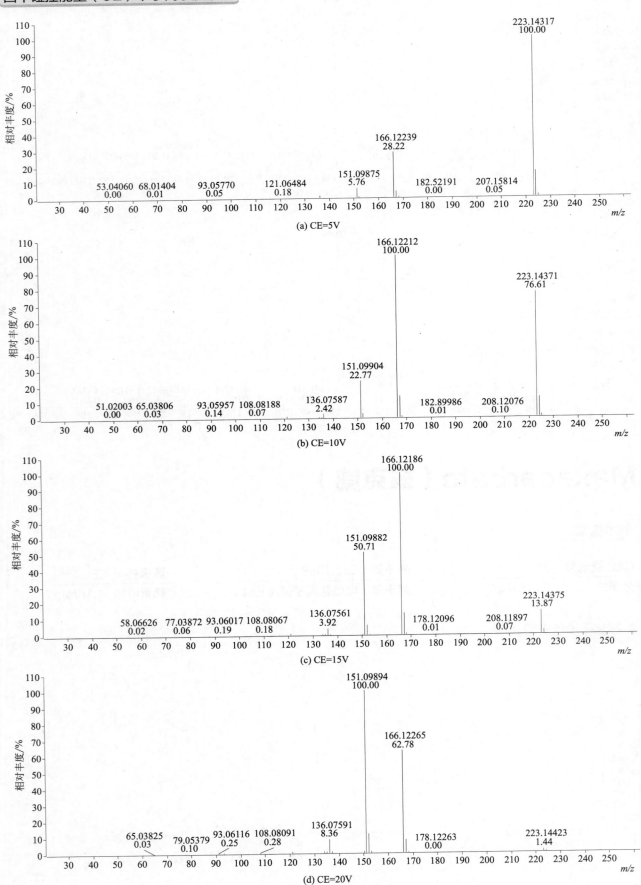

(a) CE=5V

(b) CE=10V

(c) CE=15V

(d) CE=20V

Molinate（禾草敌）

基本信息

CAS 登录号	2212-67-1	分子量	187.1031	源极性	正
分子式	C₉H₁₇NOS	离子源	电喷雾离子源（ESI）	保留时间	10.18min

提取离子流色谱图

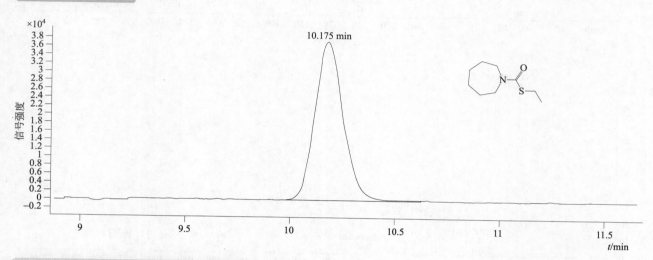

四个碰撞能量（CE）下子离子质谱图

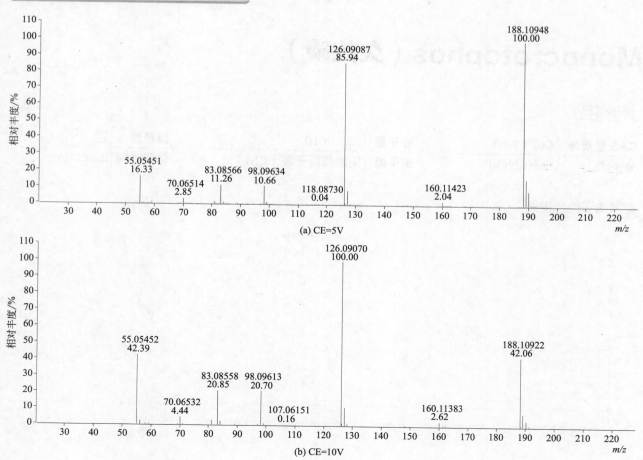

(a) CE=5V

(b) CE=10V

495

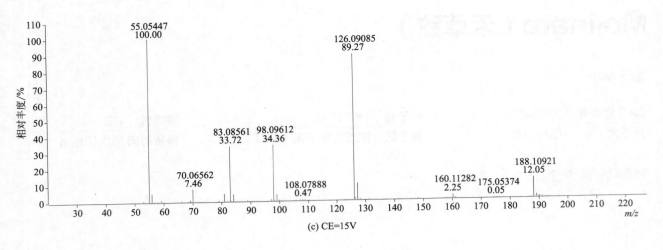

(c) CE=15V

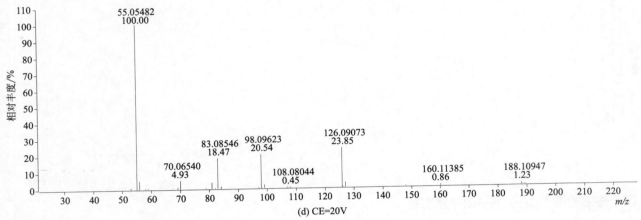

(d) CE=20V

Monocrotophos（久效磷）

基本信息

CAS 登录号	6923-22-4	分子量	223.0610	源极性	正
分子式	C₇H₁₄NO₅P	离子源	电喷雾离子源（ESI）	保留时间	2.88min

分子式 $C_7H_{14}NO_5P$

提取离子流色谱图

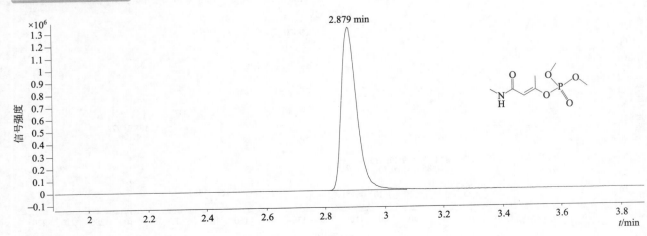

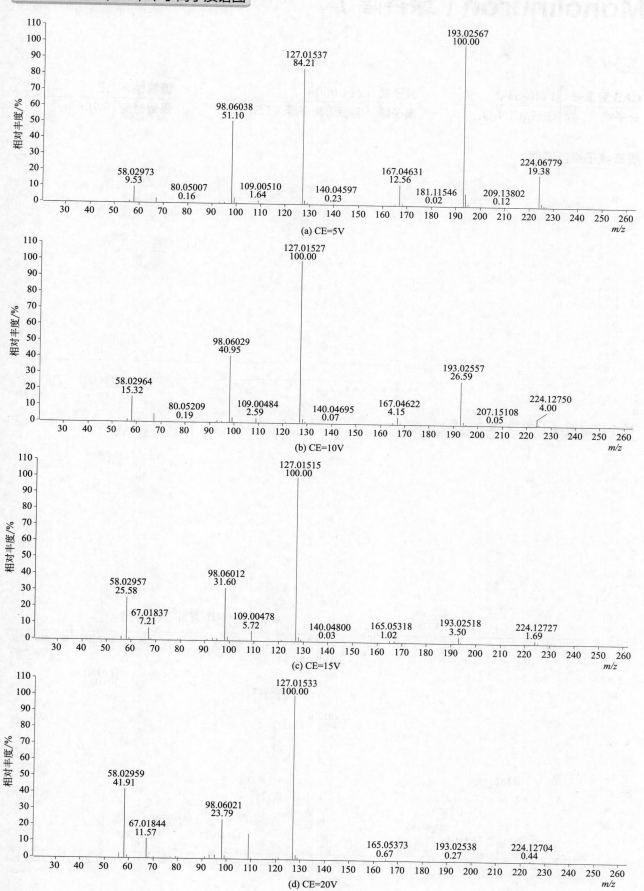

(a) CE=5V

(b) CE=10V

(c) CE=15V

(d) CE=20V

Monolinuron（绿谷隆）

基本信息

CAS 登录号	1746-81-2	分子量	214.0509	源极性	正
分子式	$C_9H_{11}ClN_2O_2$	离子源	电喷雾离子源（ESI）	保留时间	6.70min

提取离子流色谱图

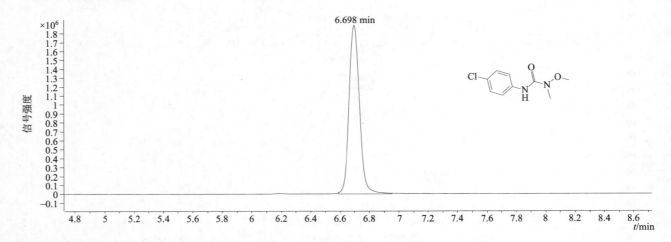

四个碰撞能量（CE）下子离子质谱图

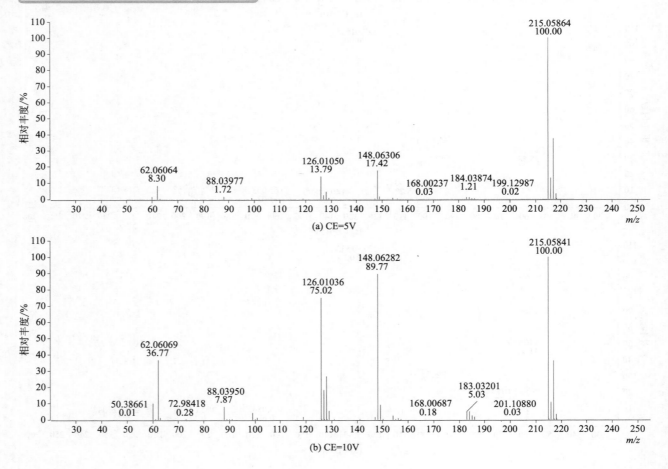

(a) CE=5V

(b) CE=10V

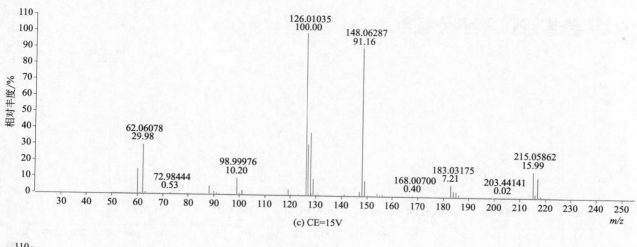

(c) CE=15V

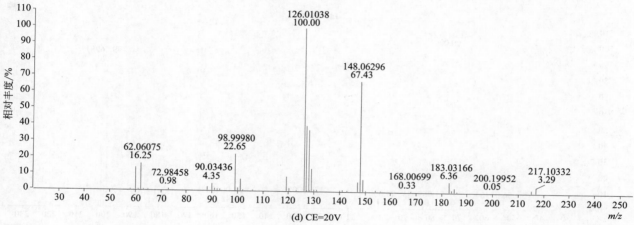

(d) CE=20V

Monuron（灭草隆）

CAS 登录号	150-68-5	分子量	198.0560	源极性	正
分子式	$C_9H_{11}ClN_2O$	离子源	电喷雾离子源（ESI）	保留时间	5.08min

提取离子流色谱图

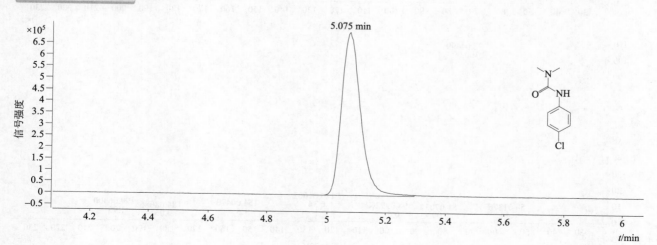

5.075 min

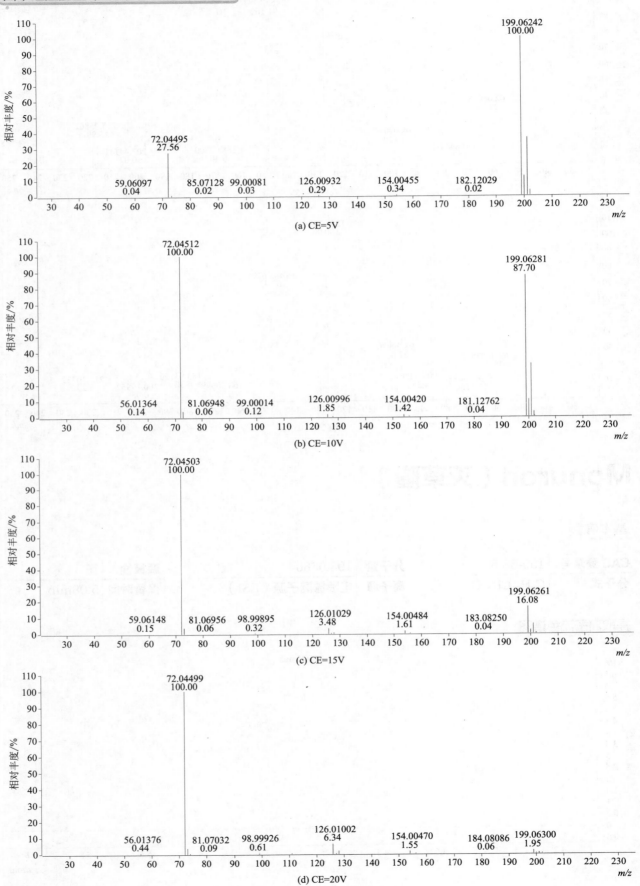

(a) CE=5V

(b) CE=10V

(c) CE=15V

(d) CE=20V

Myclobutanil（腈菌唑）

基本信息

CAS 登录号	88761-89-0	分子量	288.1142	源极性	正
分子式	$C_{15}H_{17}ClN_4$	离子源	电喷雾离子源（ESI）	保留时间	10.75min

提取离子流色谱图

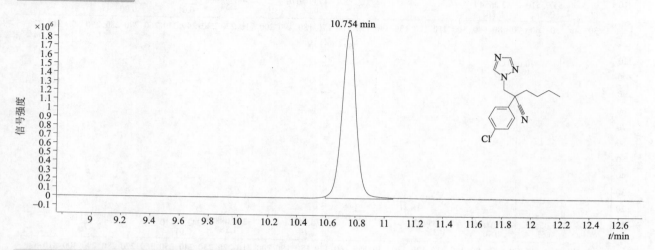

四个碰撞能量（CE）下子离子质谱图

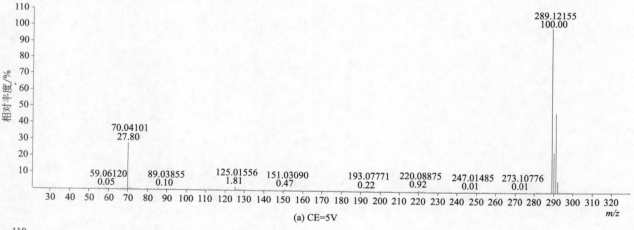

(a) CE=5V

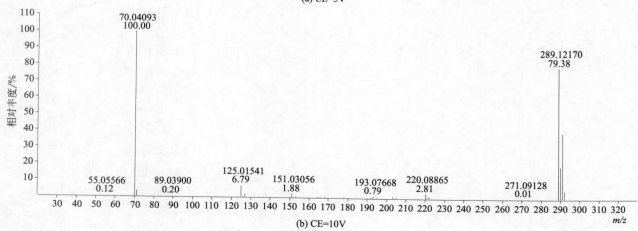

(b) CE=10V

Myclobutanil 腈菌唑

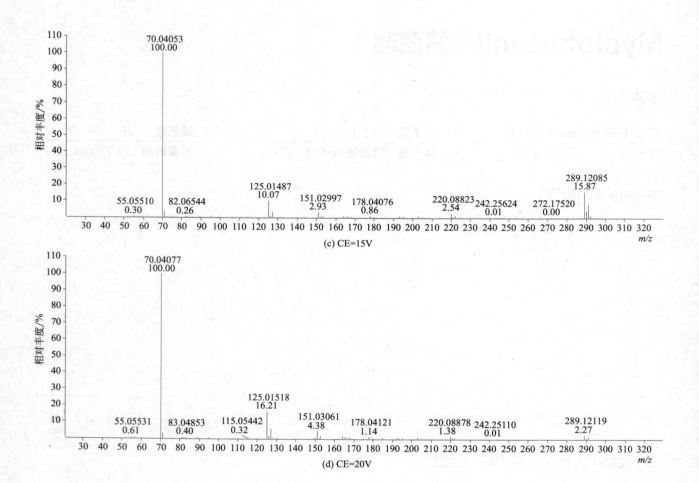

(c) CE=15V

(d) CE=20V

>>>>> N

1-Naphthyl acetamide（1-萘乙酰胺）

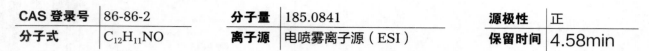

基本信息

CAS 登录号	86-86-2	**分子量**	185.0841	**源极性**	正
分子式	$C_{12}H_{11}NO$	**离子源**	电喷雾离子源（ESI）	**保留时间**	4.58min

提取离子流色谱图

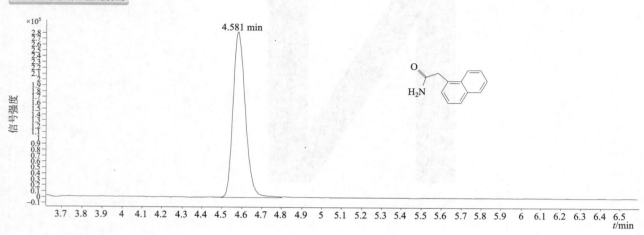

四个碰撞能量（CE）下子离子质谱图

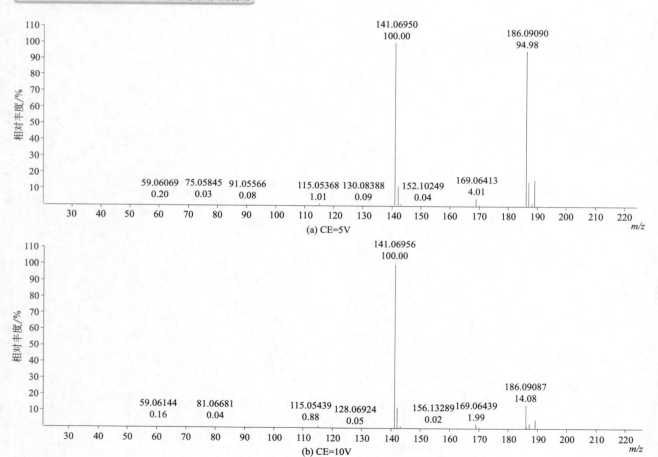

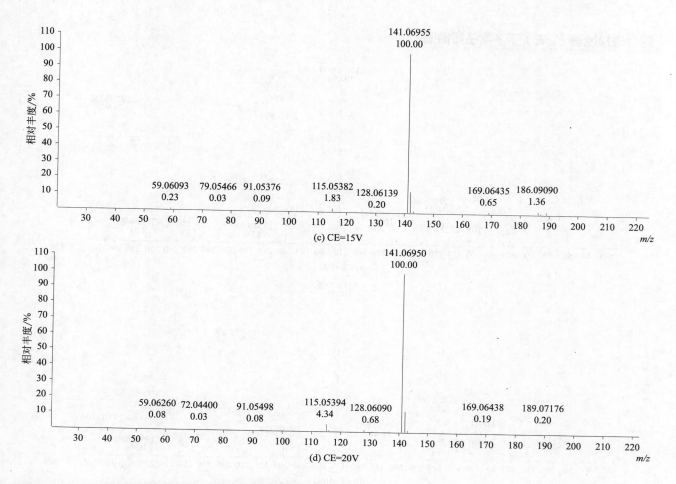

(c) CE=15V

(d) CE=20V

Naproanilide（萘丙胺）

基本信息

CAS 登录号	52570-16-8	**分子量**	291.1259	**源极性**	正
分子式	C₁₉H₁₇NO₂	**离子源**	电喷雾离子源（ESI）	**保留时间**	13.68min

提取离子流色谱图

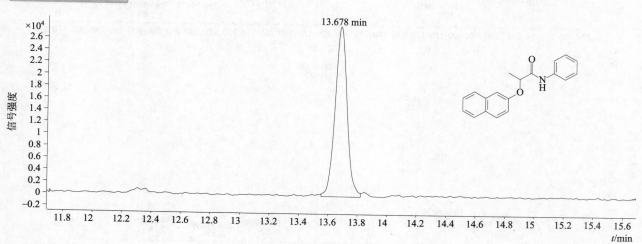

四个碰撞能量（CE）下子离子质谱图

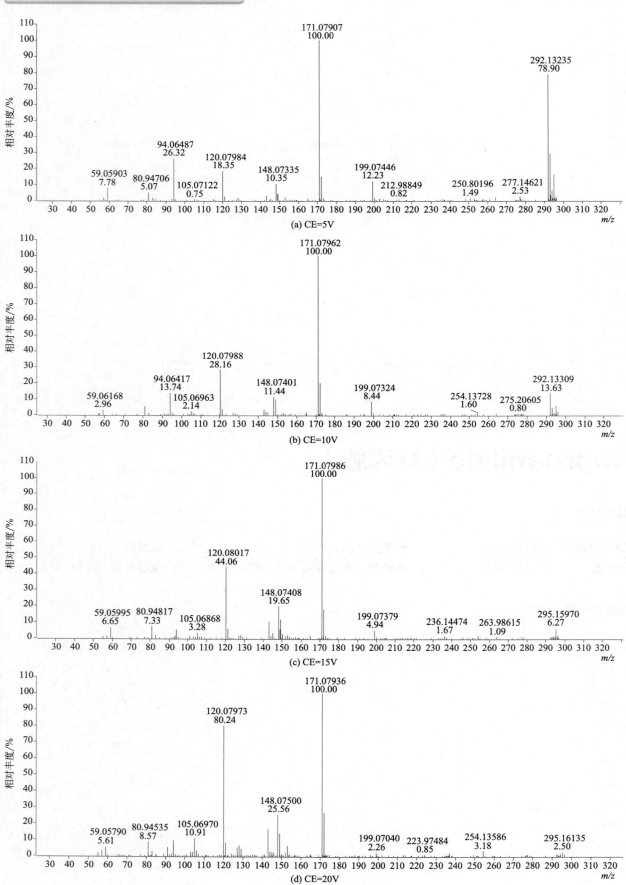

(a) CE=5V

(b) CE=10V

(c) CE=15V

(d) CE=20V

Napropamide（敌草胺）

基本信息

CAS 登录号	15299-99-7	分子量	271.1572	源极性	正
分子式	C₁₇H₂₁NO₂	离子源	电喷雾离子源（ESI）	保留时间	11.81min

分子式 $C_{17}H_{21}NO_2$ 分子量 271.1572

提取离子流色谱图

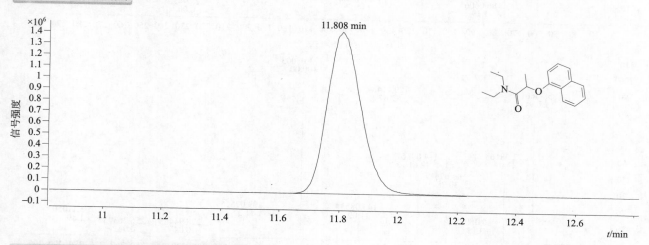

四个碰撞能量（CE）下子离子质谱图

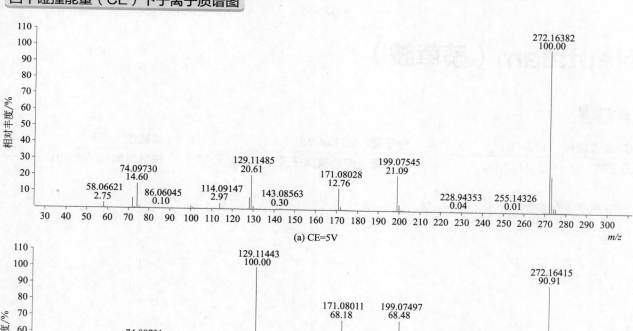

(a) CE=5V

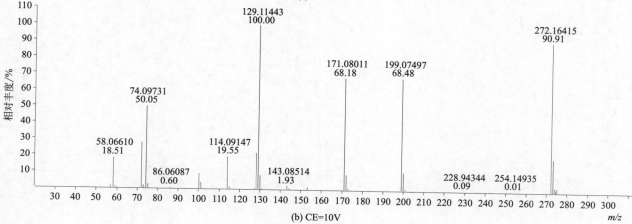

(b) CE=10V

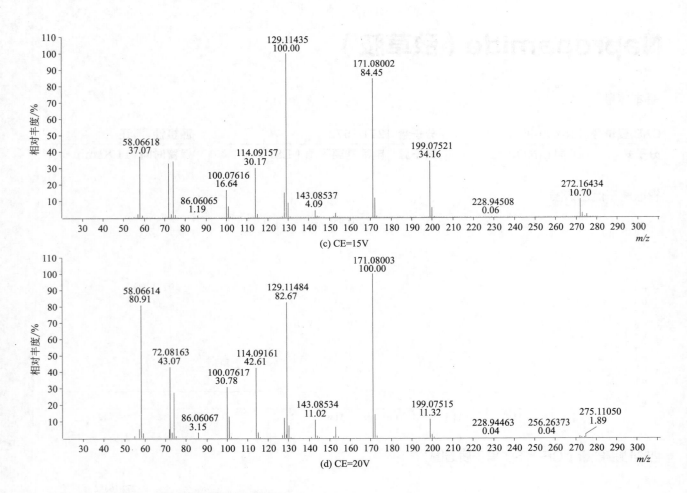

(c) CE=15V

(d) CE=20V

Naptalam（萘草胺）

CAS 登录号	132-66-1	分子量	291.0895	源极性	正
分子式	C$_{18}$H$_{13}$NO$_3$	离子源	电喷雾离子源（ESI）	保留时间	5.58min

提取离子流色谱图

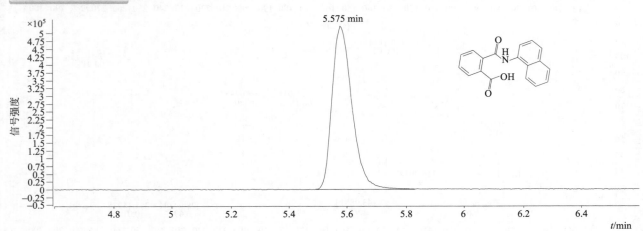

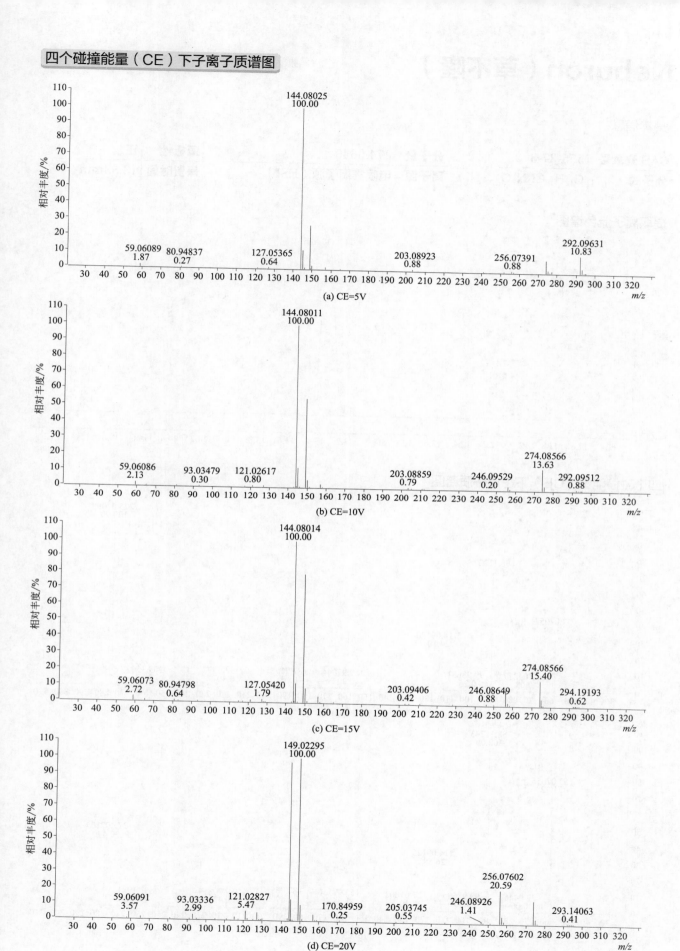

(a) CE=5V

(b) CE=10V

(c) CE=15V

(d) CE=20V

Neburon（草不隆）

基本信息

CAS 登录号	555-37-3	分子量	274.0640	源极性	正
分子式	C$_{12}$H$_{16}$Cl$_2$N$_2$O	离子源	电喷雾离子源（ESI）	保留时间	13.33min

提取离子流色谱图

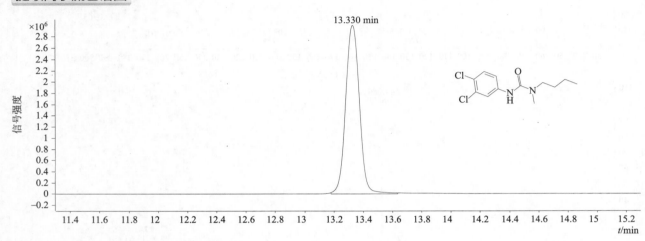

四个碰撞能量（CE）下子离子质谱图

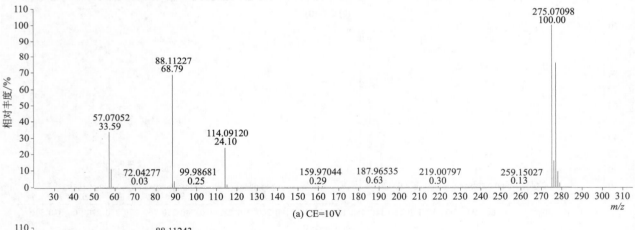

(a) CE=10V

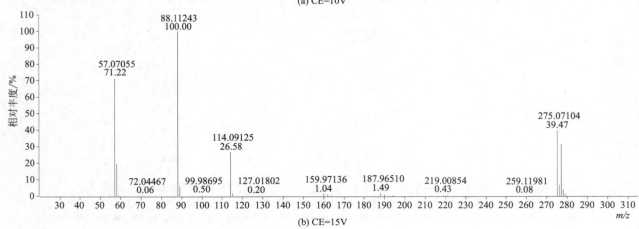

(b) CE=15V

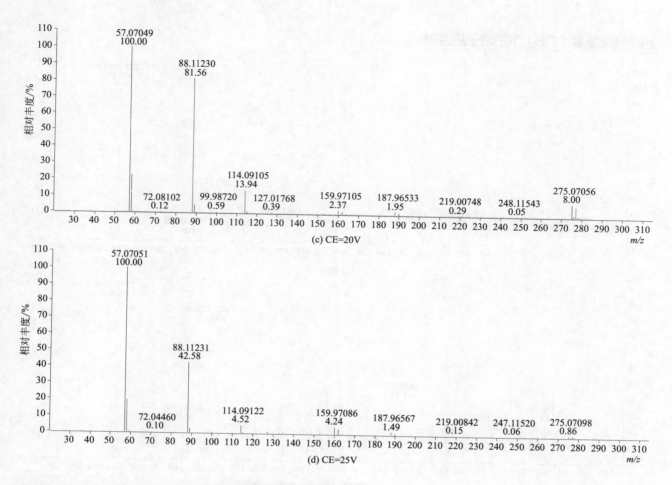

(c) CE=20V

(d) CE=25V

Nitenpyram（烯啶虫胺）

基本信息

CAS 登录号	150824-47-8	分子量	270.0884	源极性	正
分子式	$C_{11}H_{15}ClN_4O_2$	离子源	电喷雾离子源（ESI）	保留时间	2.89min

提取离子流色谱图

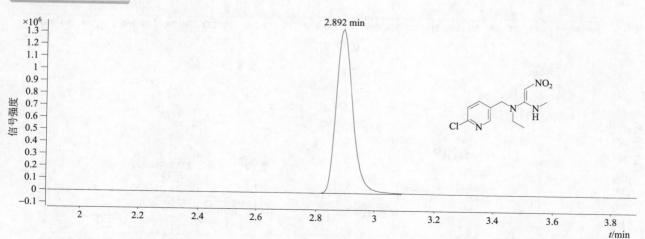

2.892 min

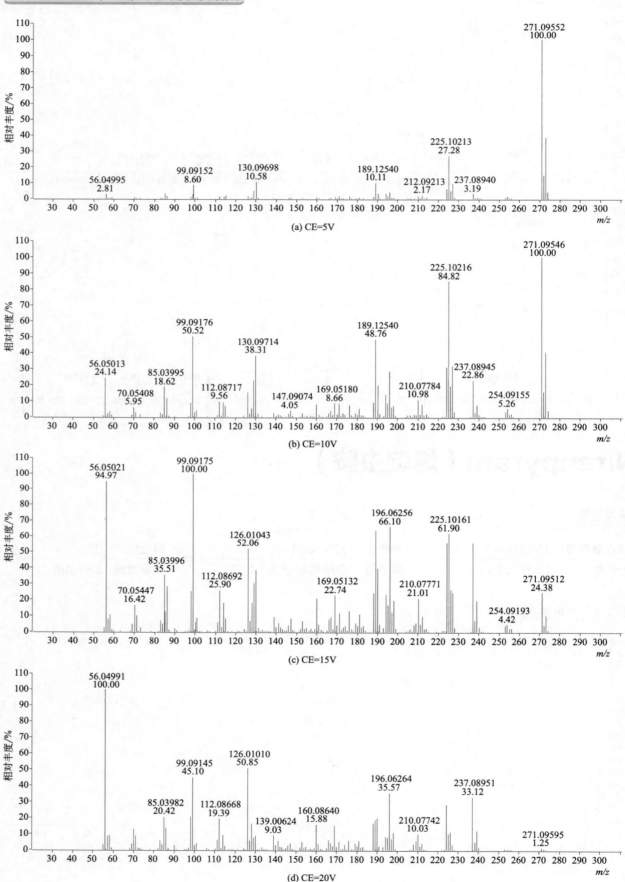

(a) CE=5V

(b) CE=10V

(c) CE=15V

(d) CE=20V

Nitralin（甲磺乐灵）

基本信息

CAS 登录号	4726-14-1	**分子量**	345.0995	**源极性**	正
分子式	$C_{13}H_{19}N_3O_6S$	**离子源**	电喷雾离子源（ESI）	**保留时间**	14.43min

提取离子流色谱图

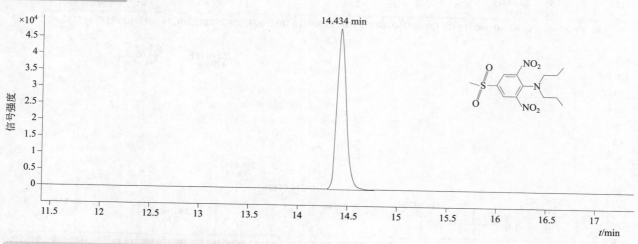

四个碰撞能量（CE）下子离子质谱图

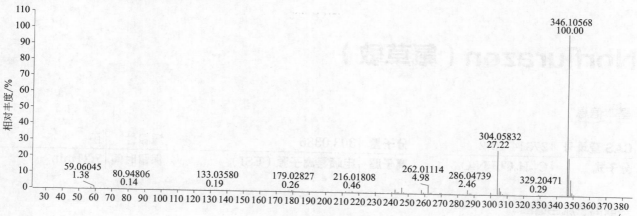

(a) CE=5V

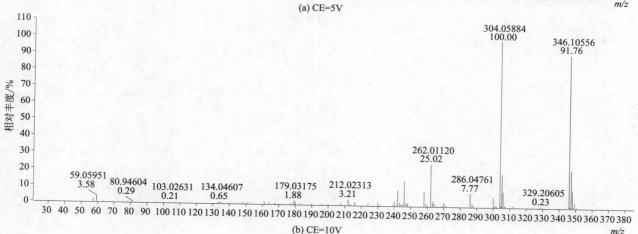

(b) CE=10V

513

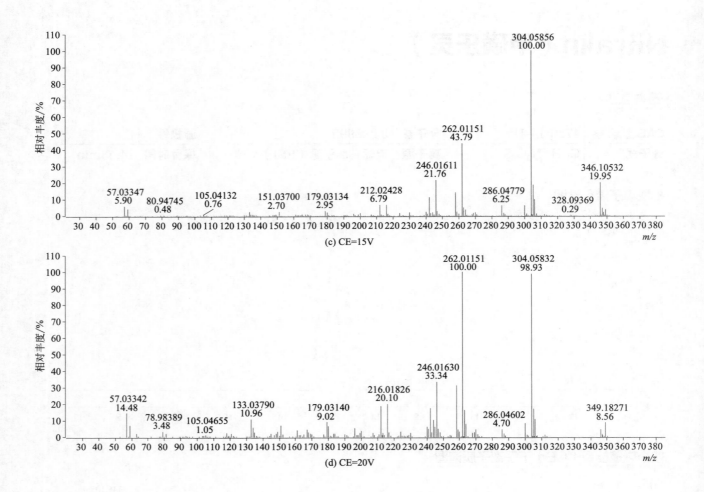

(c) CE=15V

(d) CE=20V

Norflurazon（氟草敏）

CAS 登录号	27314-13-2	分子量	303.0386	源极性	正
分子式	$C_{12}H_9ClF_3N_3O$	离子源	电喷雾离子源（ESI）	保留时间	7.21min

提取离子流色谱图

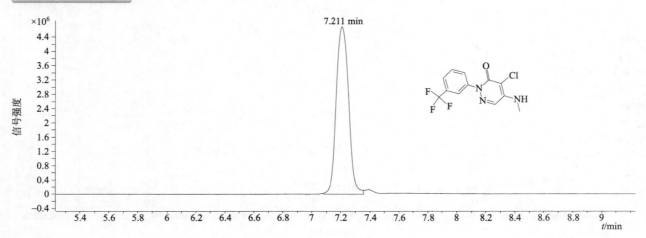

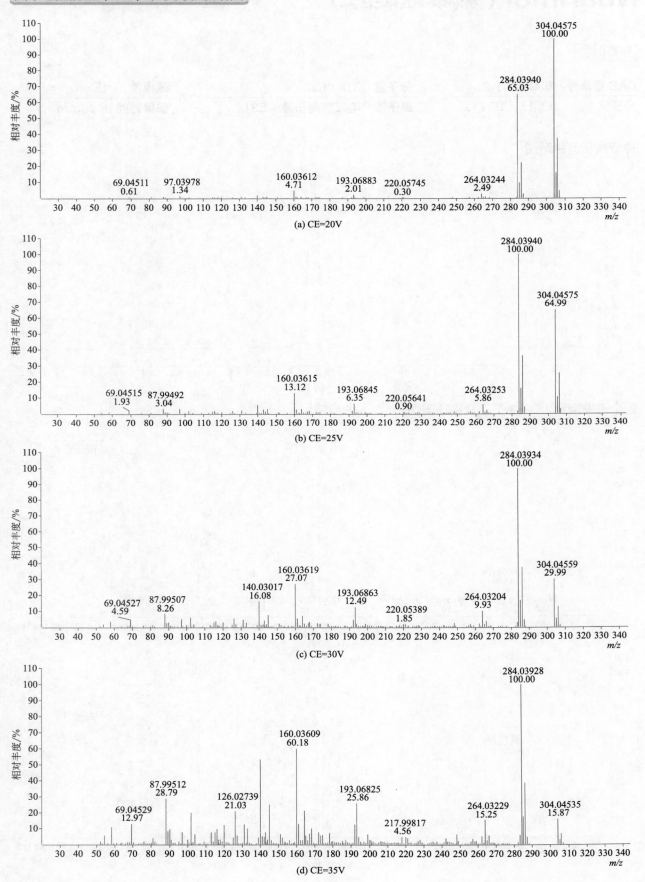

(a) CE=20V

(b) CE=25V

(c) CE=30V

(d) CE=35V

Nuarimol（氟苯嘧啶醇）

基本信息

CAS 登录号	63284-71-9	**分子量**	314.0622	**源极性**	正
分子式	$C_{17}H_{12}ClFN_2O$	**离子源**	电喷雾离子源（ESI）	**保留时间**	8.26min

提取离子流色谱图

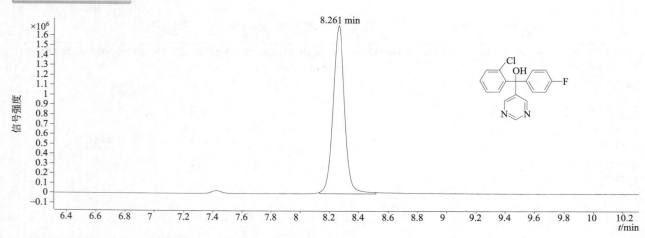

四个碰撞能量（CE）下子离子质谱图

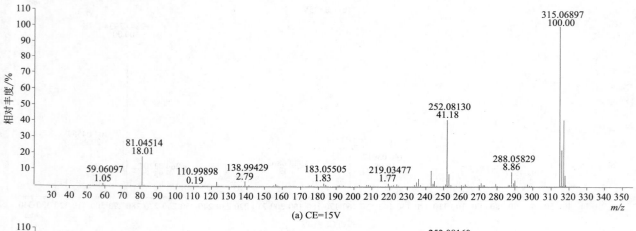

(a) CE=15V

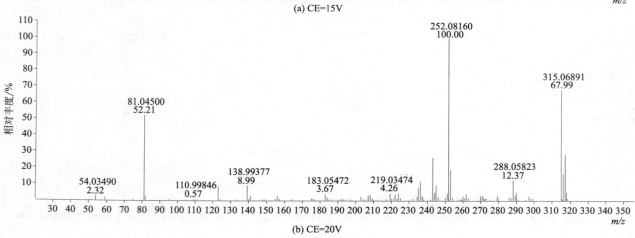

(b) CE=20V

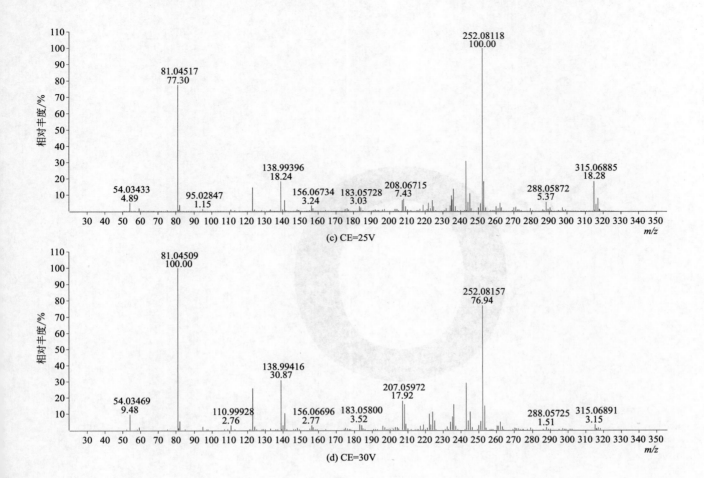

(c) CE=25V

(d) CE=30V

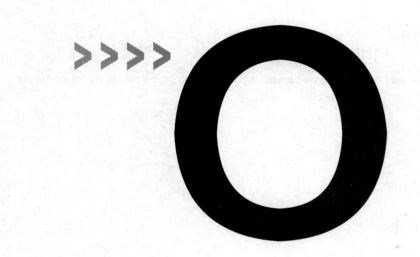

Octhilinone（辛噻酮）

基本信息

CAS 登录号	26530-20-1	**分子量**	213.1187	**源极性**	正
分子式	C₁₁H₁₉NOS	**离子源**	电喷雾离子源（ESI）	**保留时间**	11.16min

提取离子流色谱图

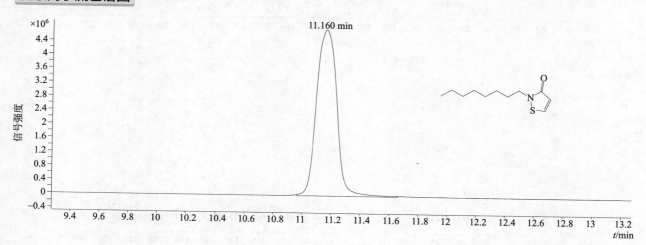

四个碰撞能量（CE）下子离子质谱图

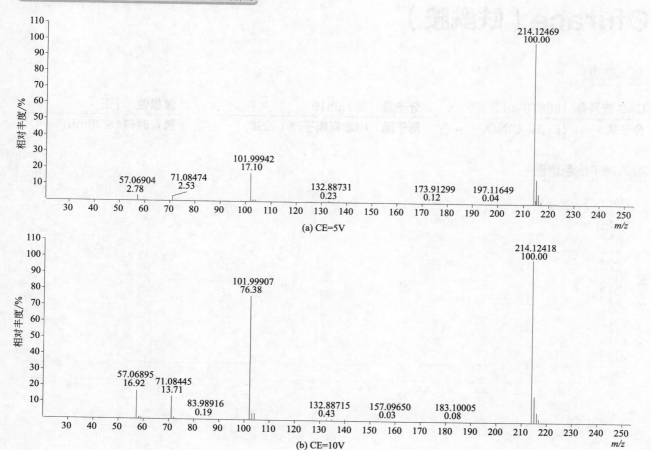

(a) CE=5V

(b) CE=10V

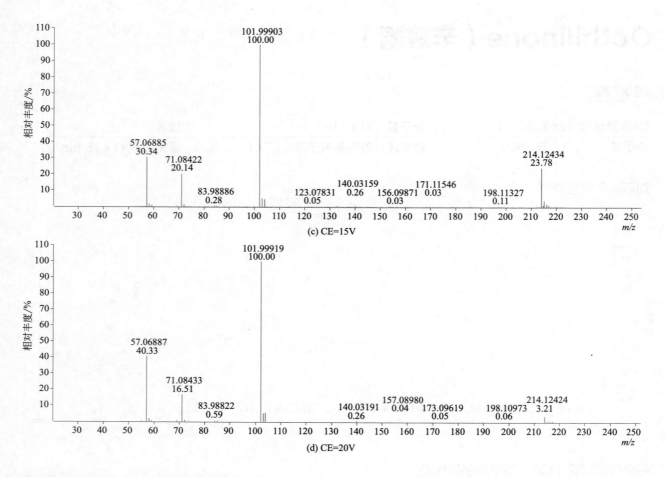

(c) CE=15V

(d) CE=20V

Ofurace（呋酰胺）

基本信息

CAS 登录号	58810-48-3	分子量	281.0819	源极性	正
分子式	$C_{14}H_{16}ClNO_3$	离子源	电喷雾离子源（ESI）	保留时间	6.79min

提取离子流色谱图

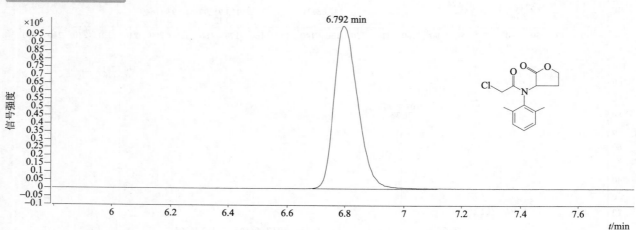

四个碰撞能量（CE）下子离子质谱图

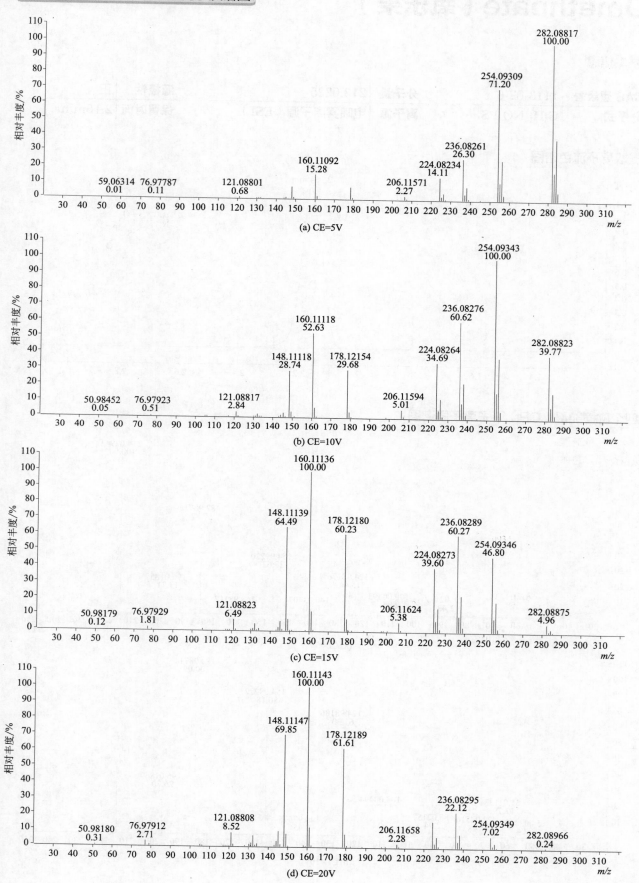

(a) CE=5V

(b) CE=10V

(c) CE=15V

(d) CE=20V

Omethoate（氧乐果）

基本信息

CAS 登录号	1113-02-6	**分子量**	213.0225	**源极性**	正
分子式	$C_5H_{12}NO_4PS$	**离子源**	电喷雾离子源（ESI）	**保留时间**	2.16min

提取离子流色谱图

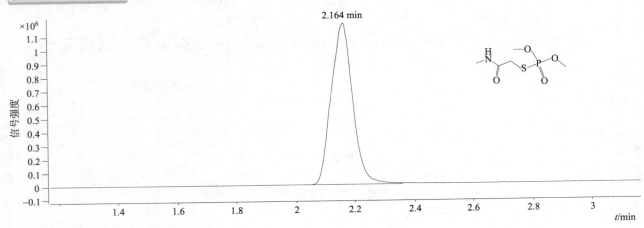

四个碰撞能量（CE）下子离子质谱图

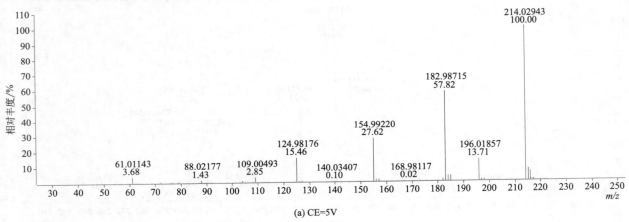

(a) CE=5V

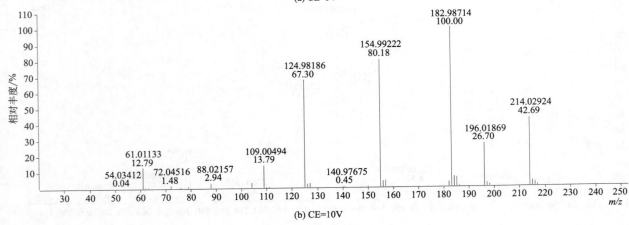

(b) CE=10V

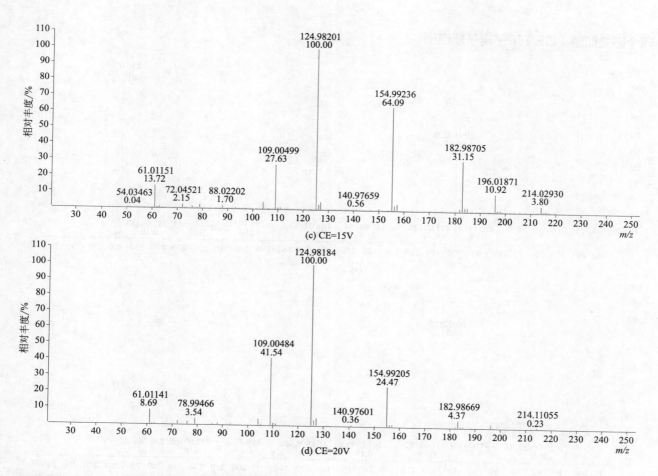

(c) CE=15V

(d) CE=20V

Orbencarb（坪草丹）

基本信息

CAS 登录号	34622-58-7	**分子量**	257.0641	**源极性**	正
分子式	C₁₂H₁₆ClNOS	**离子源**	电喷雾离子源（ESI）	**保留时间**	15.02min

分子式 $C_{12}H_{16}ClNOS$

提取离子流色谱图

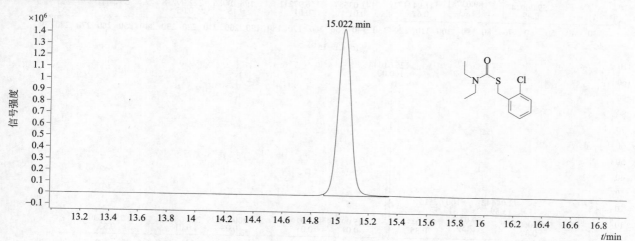

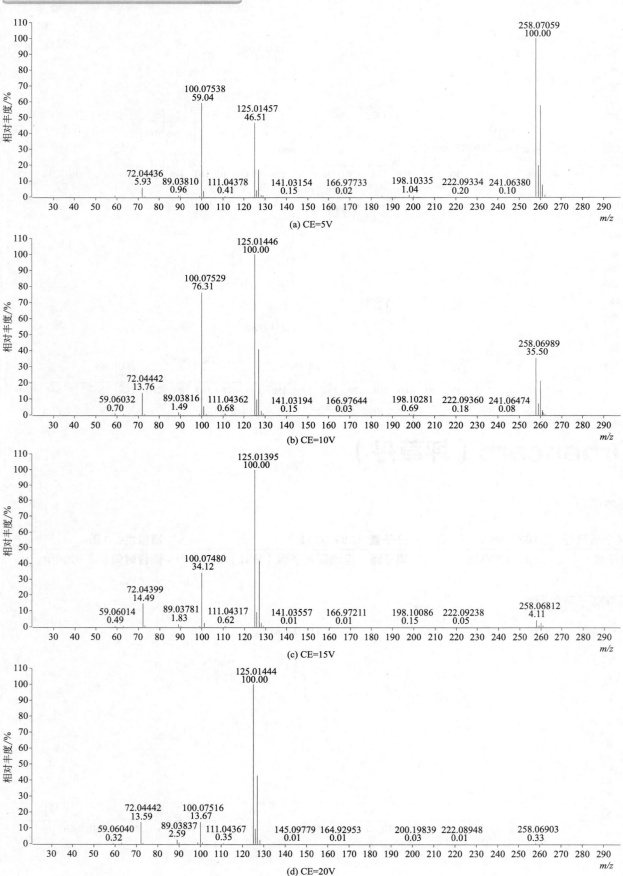

(a) CE=5V

(b) CE=10V

(c) CE=15V

(d) CE=20V

Oxadixyl（噁霜灵）

基本信息

CAS 登录号	77732-09-3	**分子量**	278.1267	**源极性**	正
分子式	$C_{14}H_{18}N_2O_4$	**离子源**	电喷雾离子源（ESI）	**保留时间**	5.13min

提取离子流色谱图

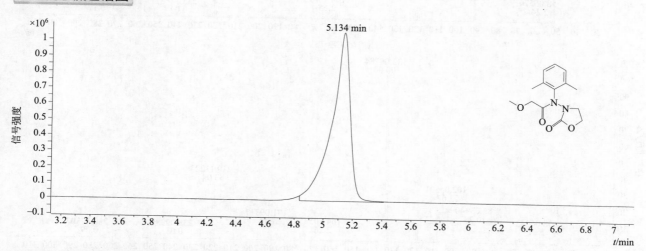

四个碰撞能量（CE）下子离子质谱图

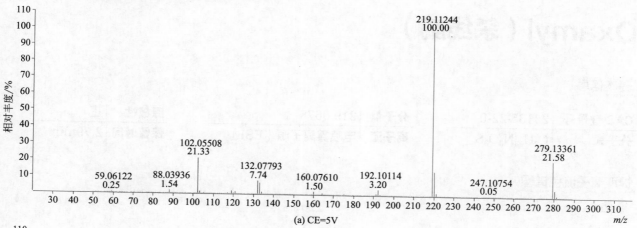

(a) CE=5V

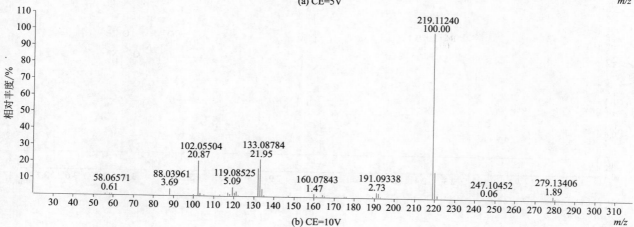

(b) CE=10V

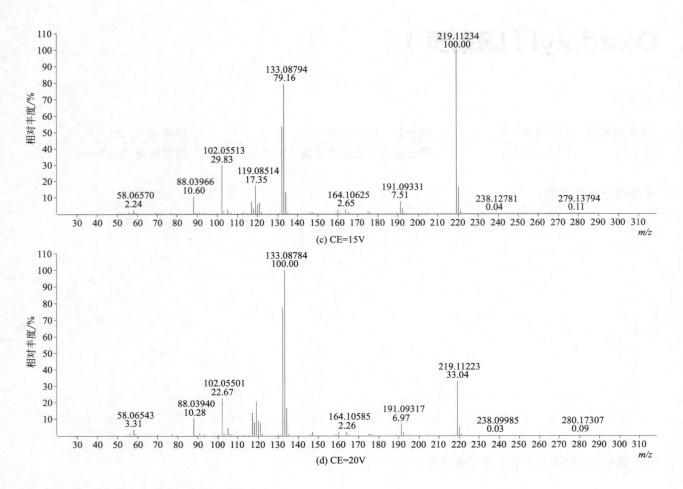

(c) CE=15V

(d) CE=20V

Oxamyl（杀线威）

基本信息

CAS 登录号	23135-22-0	分子量	219.0678	源极性	正
分子式	C₇H₁₃N₃O₃S	离子源	电喷雾离子源（ESI）	保留时间	2.79min

提取离子流色谱图

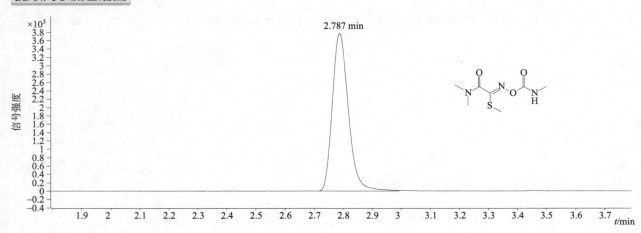

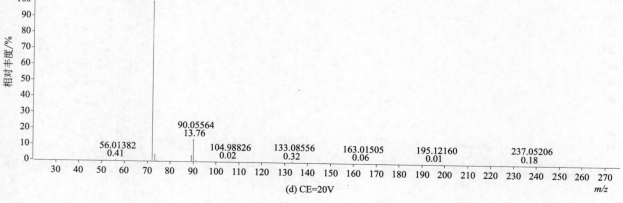

四个碰撞能量（CE）下子离子质谱图

(a) CE=5V

(b) CE=10V

(c) CE=15V

(d) CE=20V

Oxamyl-oxime（杀线威肟）

基本信息

CAS 登录号	30558-43-1	**分子量**	162.0463	**源极性**	正
分子式	$C_5H_{10}N_2O_2S$	**离子源**	电喷雾离子源（ESI）	**保留时间**	2.26min

提取离子流色谱图

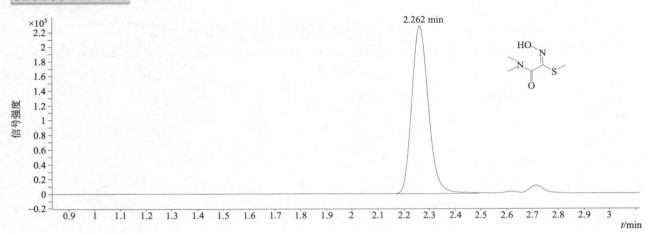

四个碰撞能量（CE）下子离子质谱图

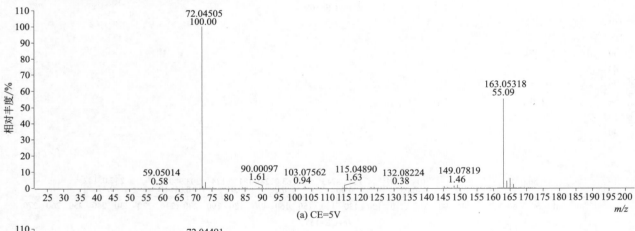

(a) CE=5V

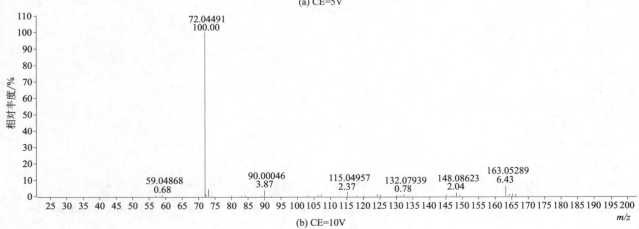

(b) CE=10V

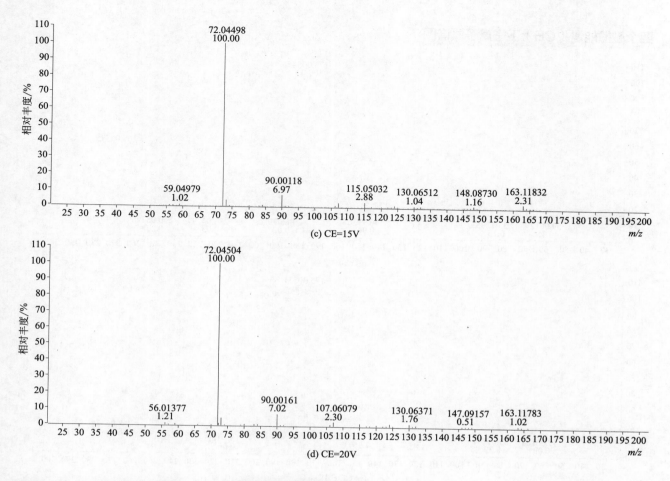

(c) CE=15V

(d) CE=20V

Oxycarboxin（氧化萎锈灵）

基本信息

CAS 登录号	5259-88-1	分子量	267.0565	源极性	正
分子式	$C_{12}H_{13}NO_4S$	离子源	电喷雾离子源（ESI）	保留时间	4.53min

提取离子流色谱图

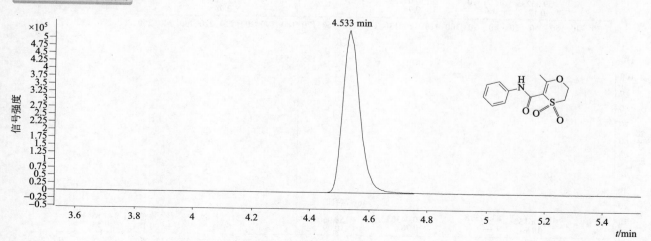

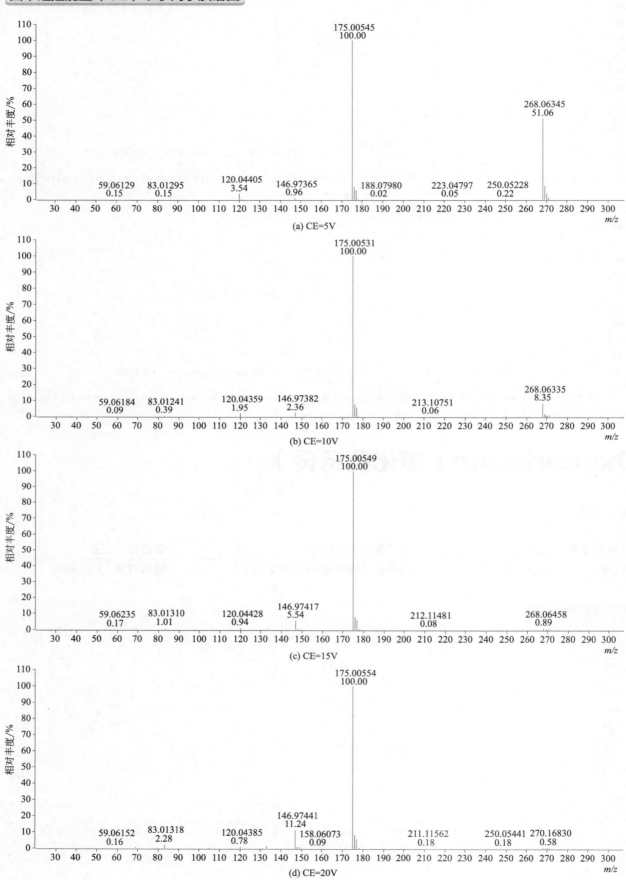

(a) CE=5V

(b) CE=10V

(c) CE=15V

(d) CE=20V

Oxyfluorfen（乙氧氟草醚）

基本信息

CAS 登录号	42874-03-3	分子量	361.0329	源极性	正
分子式	C₁₅H₁₁ClF₃NO₄	离子源	电喷雾离子源（ESI）	保留时间	17.60min

分子式表示为 $C_{15}H_{11}ClF_3NO_4$

提取离子流色谱图

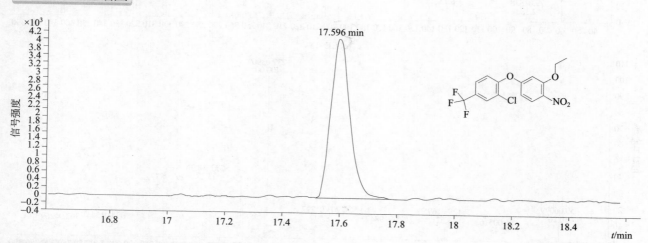

四个碰撞能量（CE）下子离子质谱图

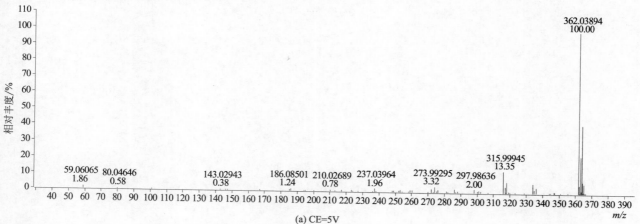

(a) CE=5V

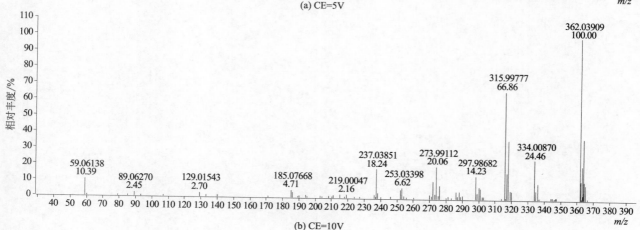

(b) CE=10V

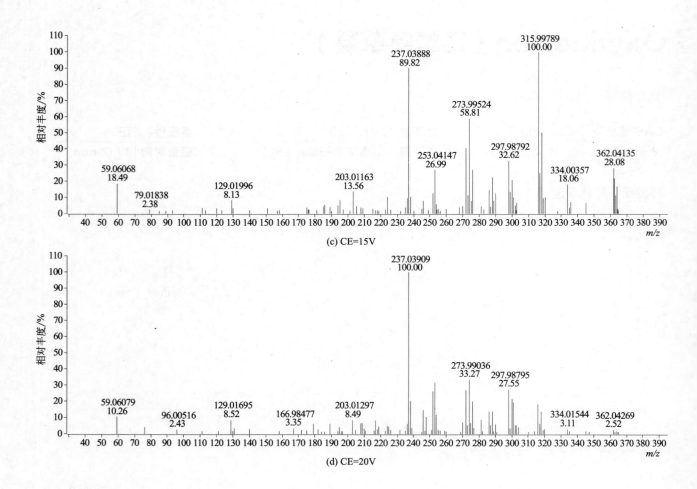

(c) CE=15V

(d) CE=20V

P

Paclobutrazol（多效唑）

基本信息

CAS 登录号	76738-62-0	**分子量**	293.1295	**源极性**	正
分子式	$C_{15}H_{20}ClN_3O$	**离子源**	电喷雾离子源（ESI）	**保留时间**	8.88min

提取离子流色谱图

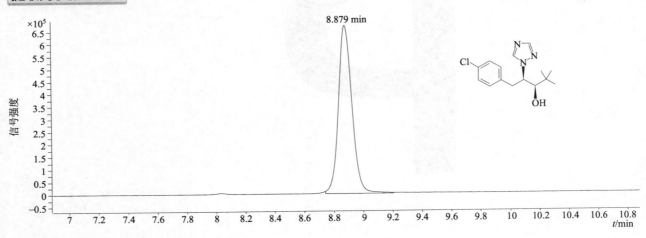

四个碰撞能量（CE）下子离子质谱图

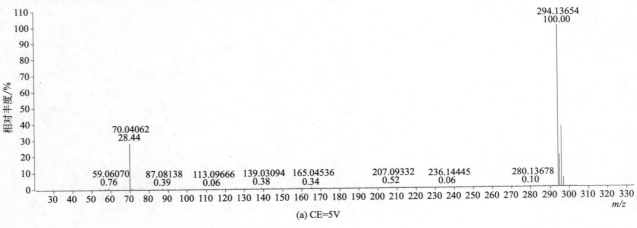

(a) CE=5V

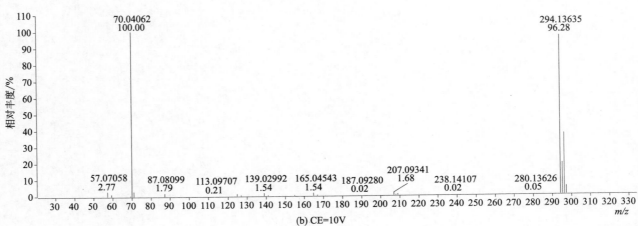

(b) CE=10V

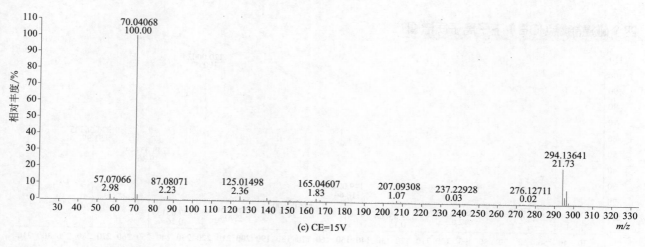

(c) CE=15V

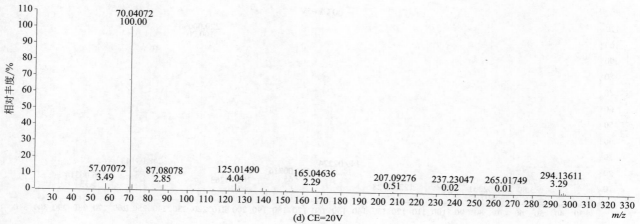

(d) CE=20V

Paraoxon-ethyl（对硫磷）

基本信息

CAS 登录号	311-45-5	分子量	275.0559	源极性	正
分子式	$C_{10}H_{14}NO_6P$	离子源	电喷雾离子源（ESI）	保留时间	7.19min

提取离子流色谱图

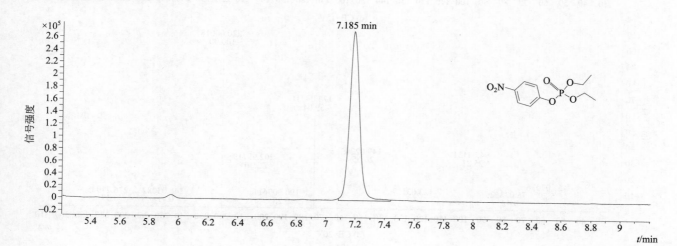

四个碰撞能量（CE）下子离子质谱图

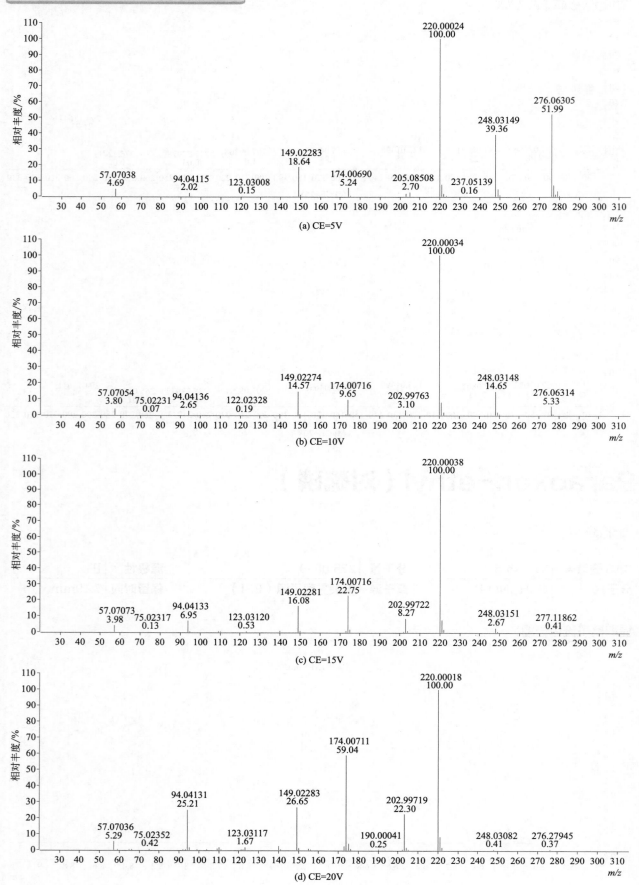

(a) CE=5V

(b) CE=10V

(c) CE=15V

(d) CE=20V

Paraoxon-methyl（甲基对氧磷）

基本信息

CAS 登录号	950-35-6	**分子量**	247.0246	**源极性**	正
分子式	$C_8H_{10}NO_6P$	**离子源**	电喷雾离子源（ESI）	**保留时间**	5.10min

提取离子流色谱图

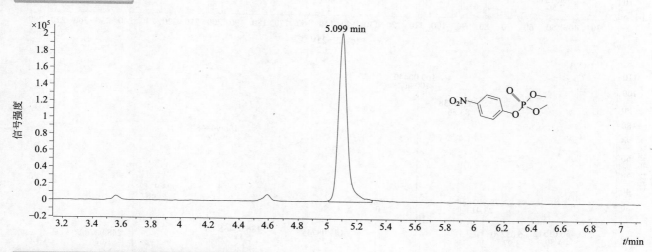

四个碰撞能量（CE）下子离子质谱图

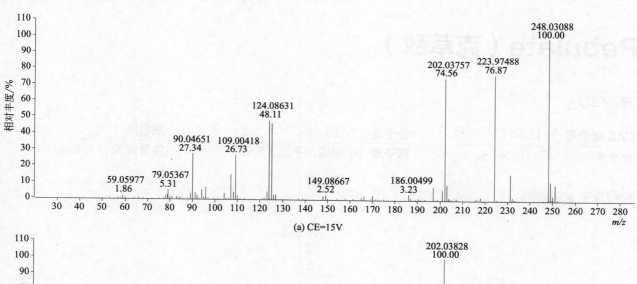

(a) CE=15V

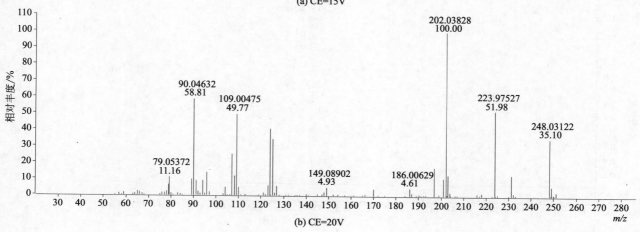

(b) CE=20V

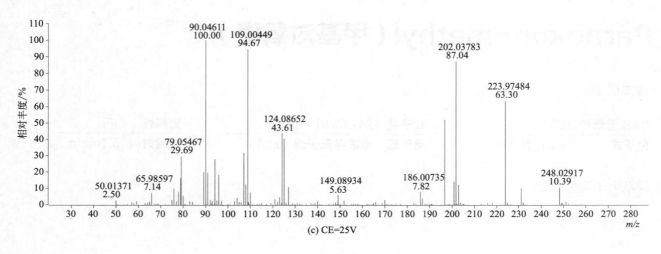

(c) CE=25V

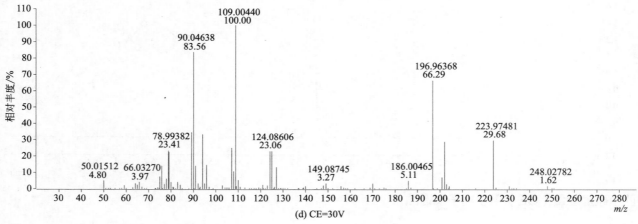

(d) CE=30V

Pebulate（克草敌）

基本信息

CAS 登录号	1114-71-2	分子量	203.1344	源极性	正
分子式	$C_{10}H_{21}NOS$	离子源	电喷雾离子源（ESI）	保留时间	15.50min

提取离子流色谱图

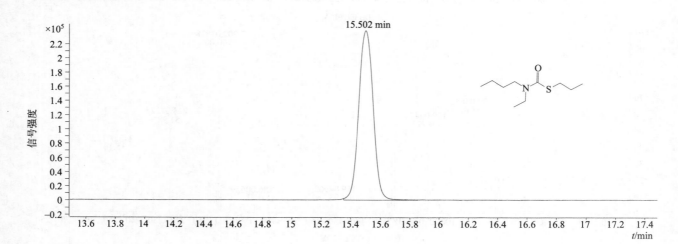

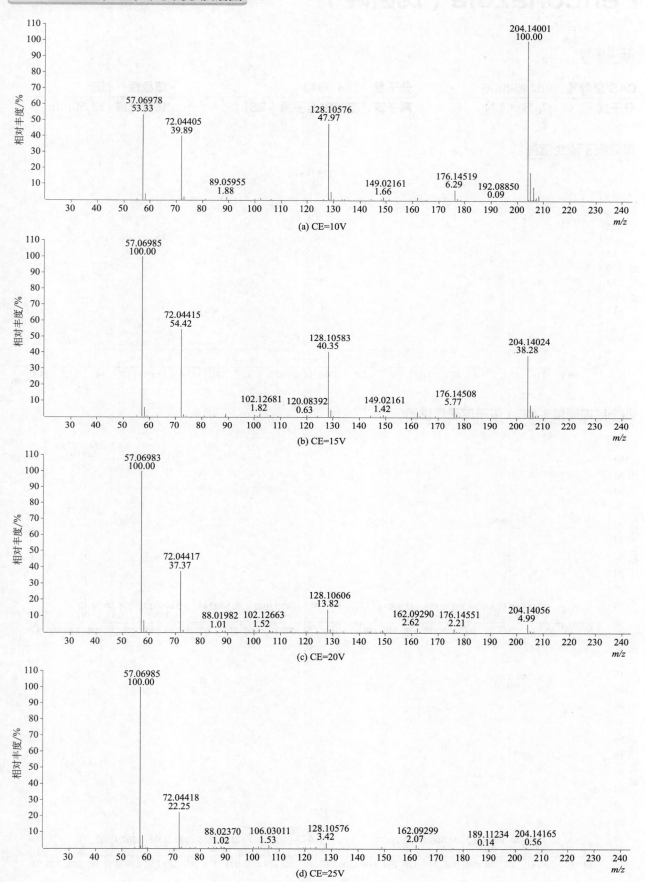

(a) CE=10V

(b) CE=15V

(c) CE=20V

(d) CE=25V

Penconazole（戊菌唑）

基本信息

CAS 登录号	66246-88-6	**分子量**	283.0643	**源极性**	正
分子式	$C_{13}H_{15}Cl_2N_3$	**离子源**	电喷雾离子源（ESI）	**保留时间**	12.55min

提取离子流色谱图

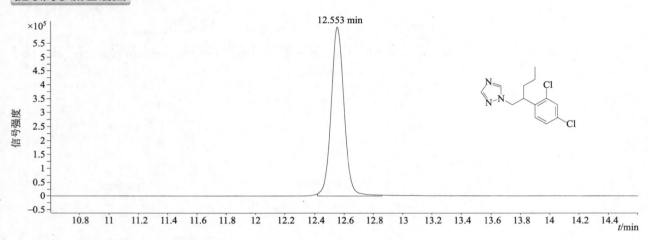

四个碰撞能量（CE）下子离子质谱图

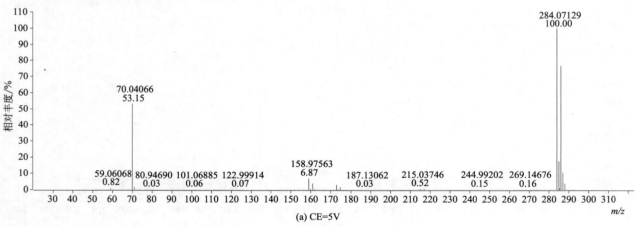

(a) CE=5V

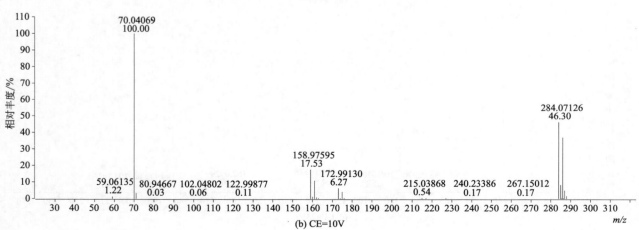

(b) CE=10V

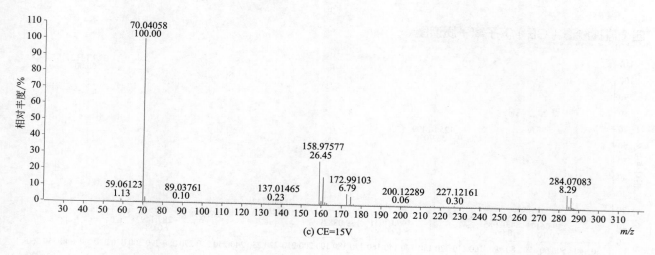

(c) CE=15V

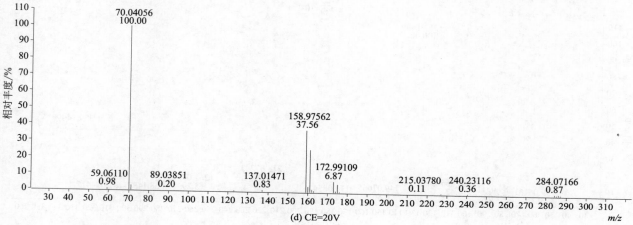

(d) CE=20V

Pencycuron (纹枯脲)

基本信息

CAS 登录号	66063-05-6	分子量	328.1342	源极性	正
分子式	$C_{19}H_{21}ClN_2O$	离子源	电喷雾离子源（ESI）	保留时间	15.84min

提取离子流色谱图

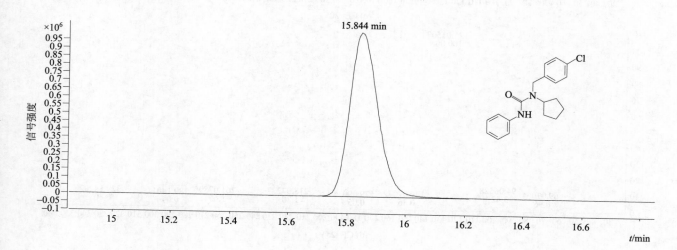

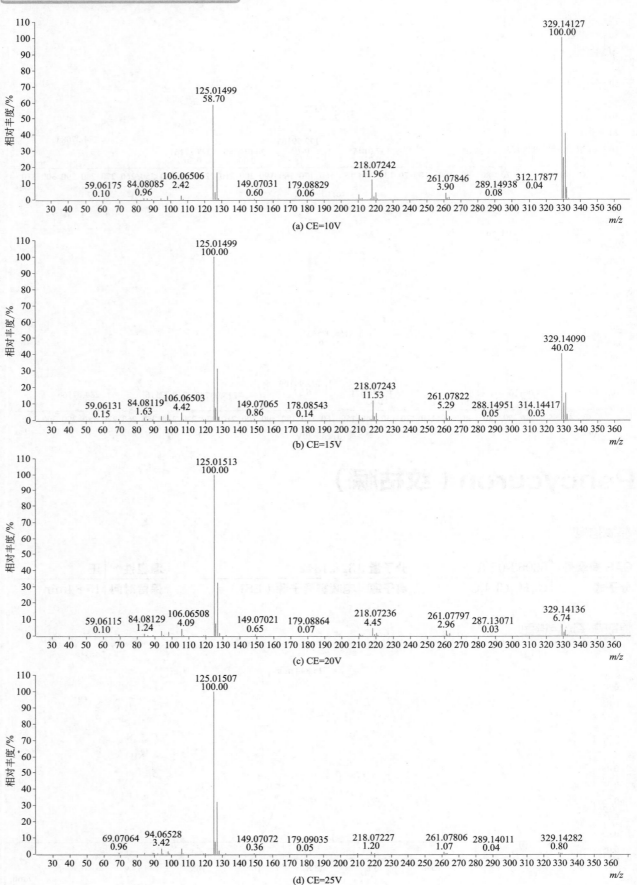

(a) CE=10V

(b) CE=15V

(c) CE=20V

(d) CE=25V

Pentanochlor（甲氯酰草胺）

基本信息

CAS 登录号	2307-68-8	**分子量**	239.1077	**源极性**	正
分子式	C₁₃H₁₈ClNO	**离子源**	电喷雾离子源（ESI）	**保留时间**	13.65min

提取离子流色谱图

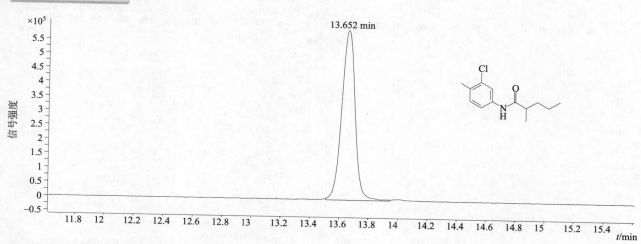

四个碰撞能量（CE）下子离子质谱图

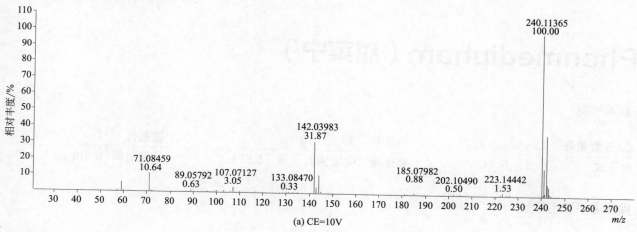

(a) CE=10V

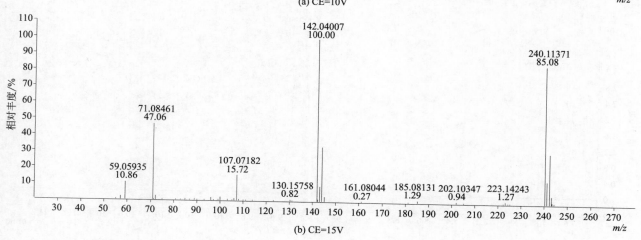

(b) CE=15V

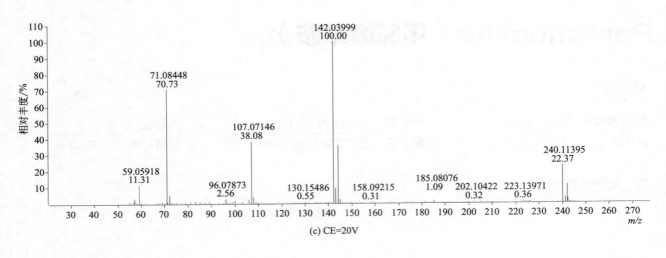

(c) CE=20V

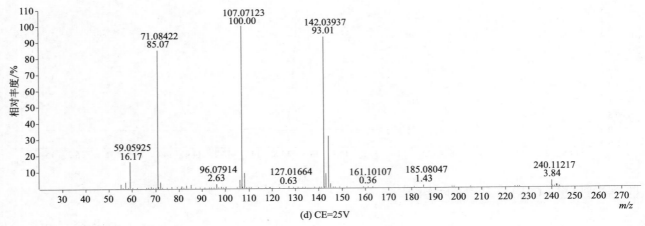

(d) CE=25V

Phenmedipham（甜菜宁）

基本信息

CAS 登录号	13684-63-4	分子量	300.1110	源极性	正
分子式	$C_{16}H_{16}N_2O_4$	离子源	电喷雾离子源（ESI）	保留时间	9.46min

提取离子流色谱图

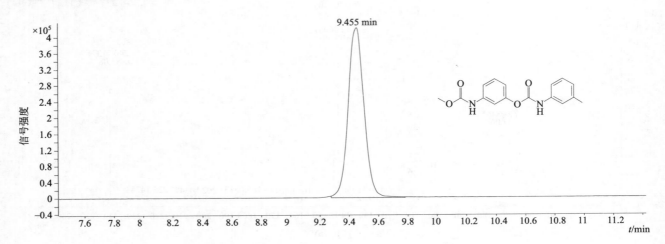

四个碰撞能量（CE）下子离子质谱图

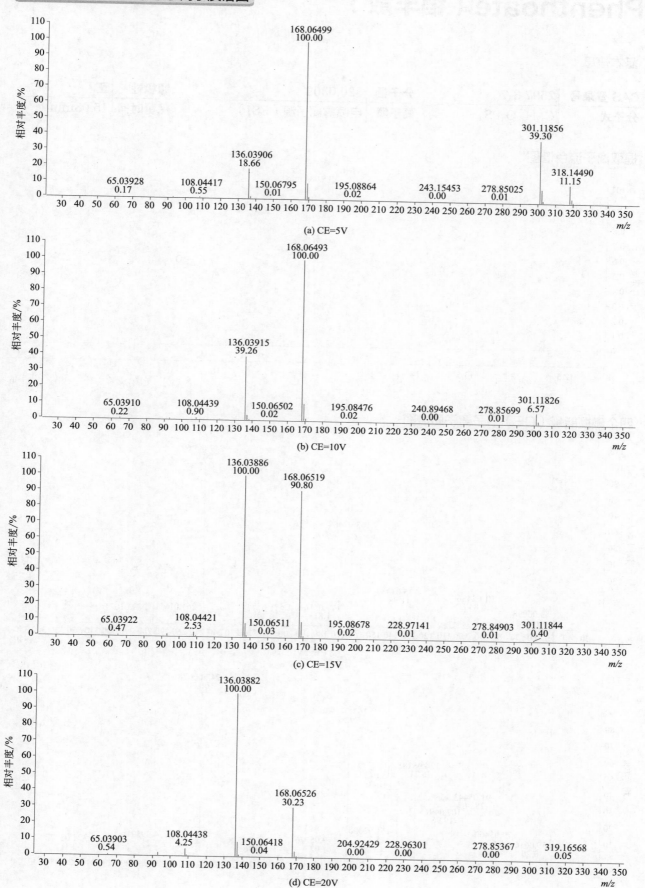

(a) CE=5V

(b) CE=10V

(c) CE=15V

(d) CE=20V

Phenthoate（稻丰散）

基本信息

CAS 登录号	2597-3-7	**分子量**	320.0306	**源极性**	正
分子式	$C_{12}H_{17}O_4PS_2$	**离子源**	电喷雾离子源（ESI）	**保留时间**	15.08min

提取离子流色谱图

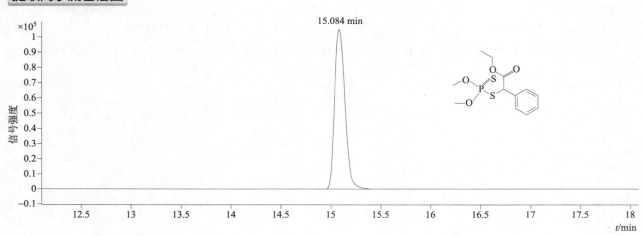

四个碰撞能量（CE）下子离子质谱图

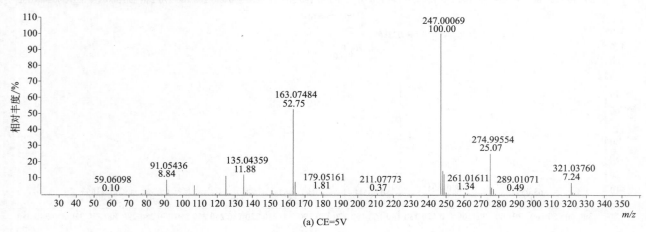

(a) CE=5V

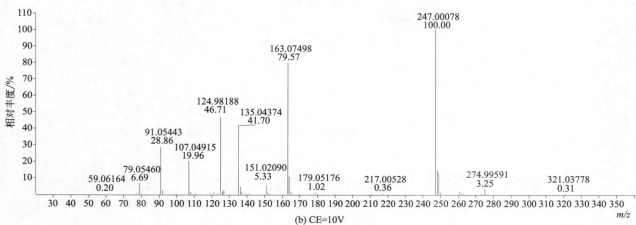

(b) CE=10V

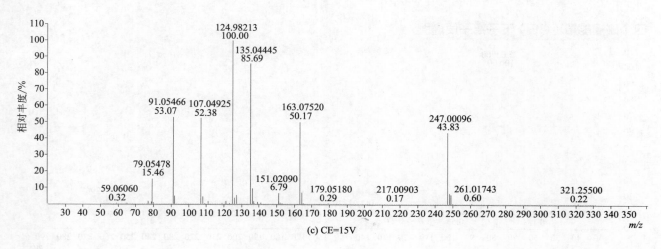

(c) CE=15V

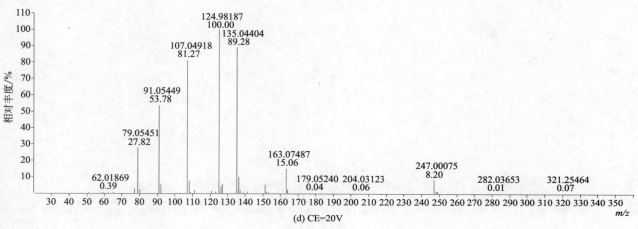

(d) CE=20V

Phorate（甲拌磷）

基本信息

CAS 登录号	298-02-2	分子量	260.0128	源极性	正
分子式	C₇H₁₇O₂PS₃	离子源	电喷雾离子源（ESI）	保留时间	15.82min

提取离子流色谱图

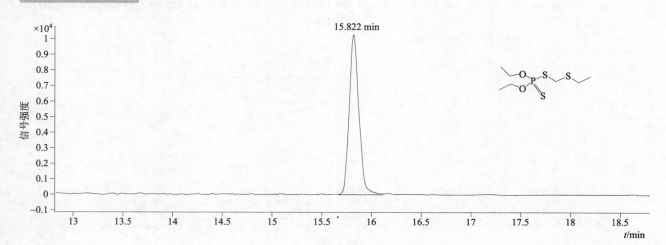

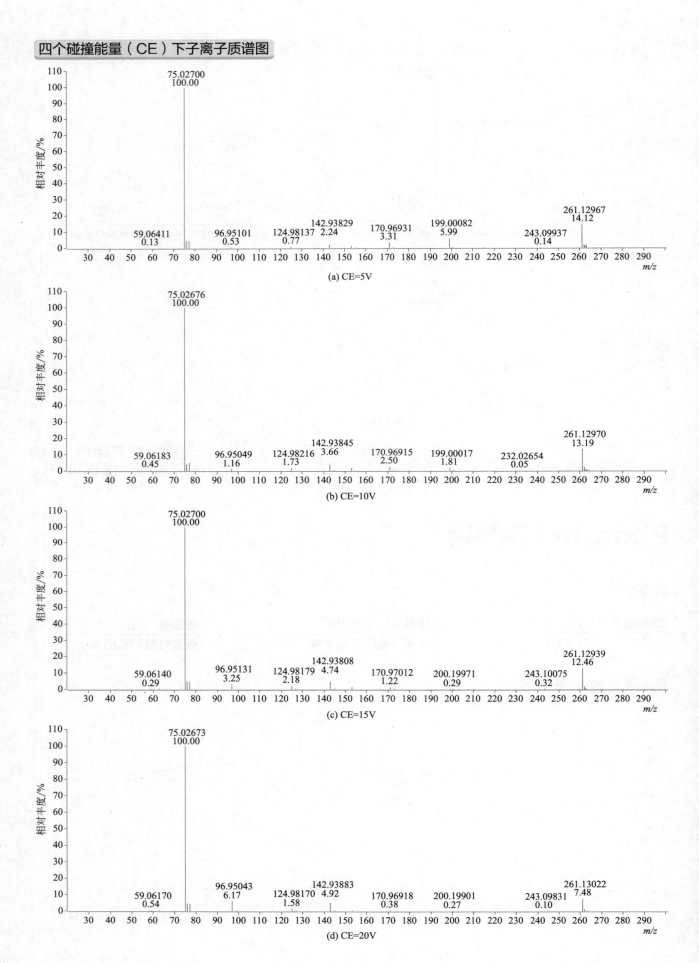

四个碰撞能量（CE）下子离子质谱图

(a) CE=5V

(b) CE=10V

(c) CE=15V

(d) CE=20V

548

Phorate sulfone（甲拌磷砜）

基本信息

CAS 登录号	2588-04-7	**分子量**	292.0027	**源极性**	正
分子式	$C_7H_{17}O_4PS_3$	**离子源**	电喷雾离子源（ESI）	**保留时间**	8.71min

提取离子流色谱图

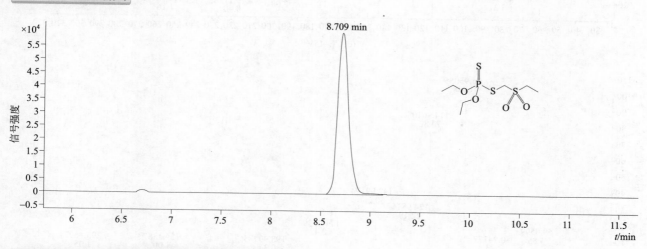

四个碰撞能量（CE）下子离子质谱图

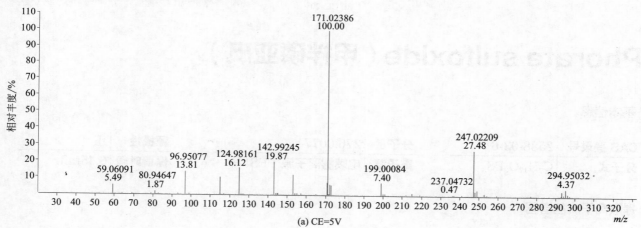

(a) CE=5V

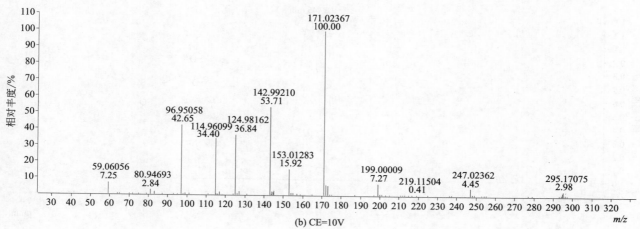

(b) CE=10V

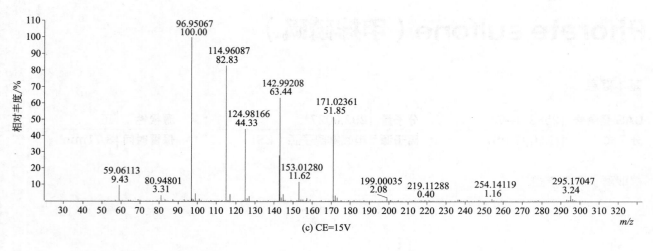

(c) CE=15V

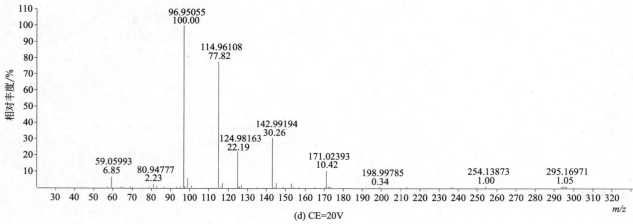

(d) CE=20V

Phorate sulfoxide（甲拌磷亚砜）

基本信息

CAS 登录号	2588-03-6	分子量	276.0077	源极性	正
分子式	$C_7H_{17}O_3PS_3$	离子源	电喷雾离子源（ESI）	保留时间	6.45min

提取离子流色谱图

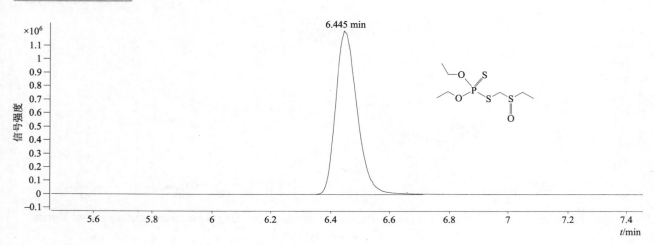

四个碰撞能量（CE）下子离子质谱图

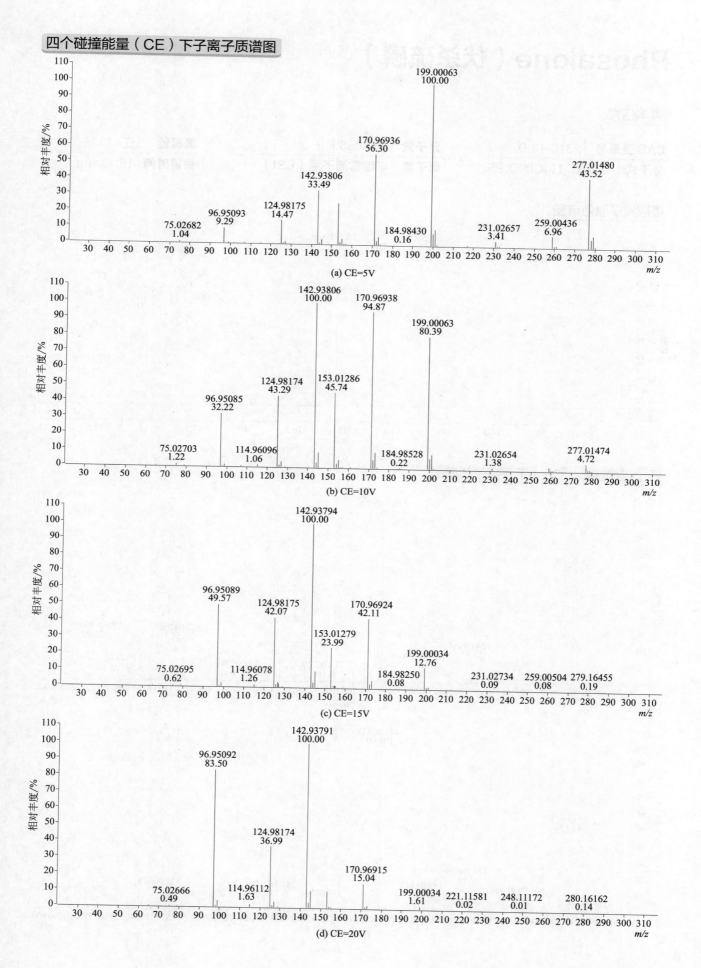

(a) CE=5V

(b) CE=10V

(c) CE=15V

(d) CE=20V

Phosalone（伏杀硫磷）

基本信息

CAS 登录号	2310-17-0	**分子量**	366.9869	**源极性**	正
分子式	C$_{12}$H$_{15}$ClNO$_4$PS$_2$	**离子源**	电喷雾离子源（ESI）	**保留时间**	16.13min

提取离子流色谱图

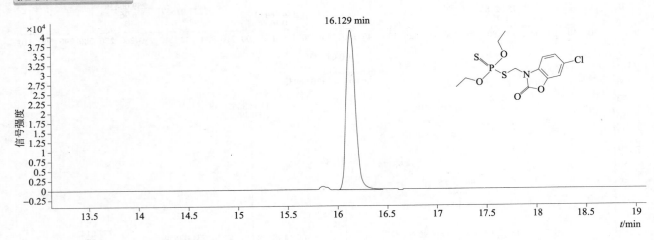

四个碰撞能量（CE）下子离子质谱图

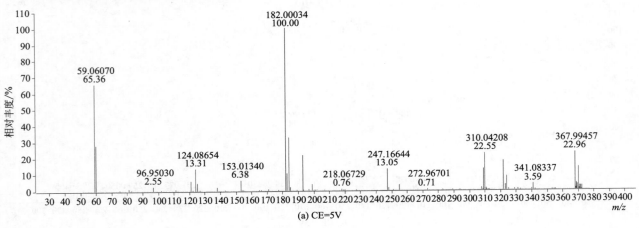

(a) CE=5V

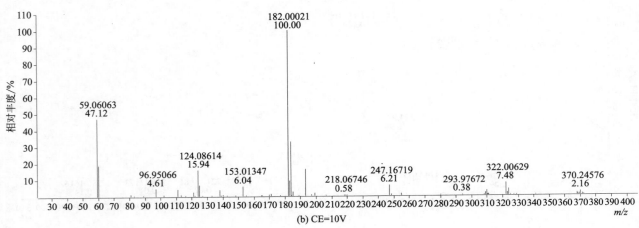

(b) CE=10V

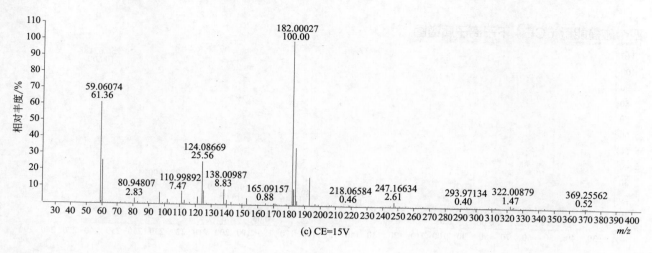

(c) CE=15V

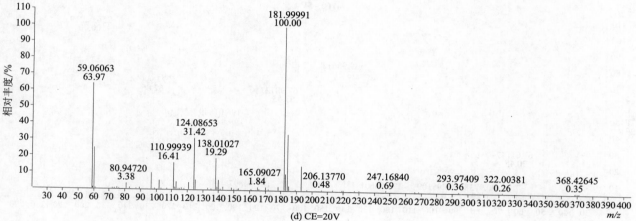

(d) CE=20V

Phosfolan（硫环磷）

基本信息

CAS 登录号	947-02-4	分子量	255.0153	源极性	正
分子式	$C_7H_{14}NO_3PS_2$	离子源	电喷雾离子源（ESI）	保留时间	4.20min

提取离子流色谱图

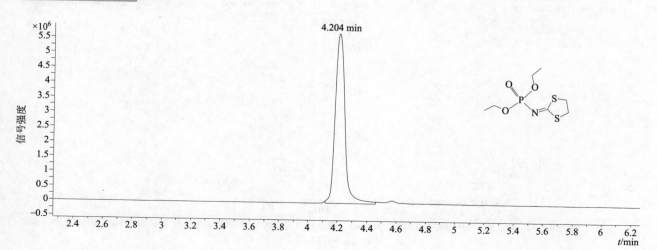

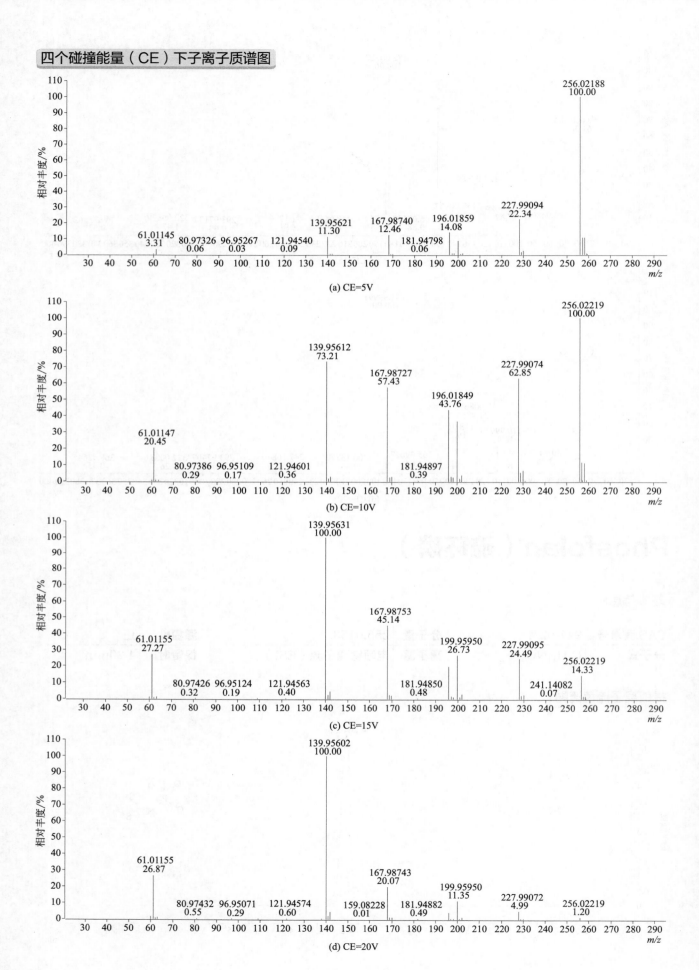

(a) CE=5V

(b) CE=10V

(c) CE=15V

(d) CE=20V

Phosmet（亚胺硫磷）

基本信息

CAS 登录号	732-11-6	**分子量**	316.9945	**源极性**	正
分子式	$C_{11}H_{12}NO_4PS_2$	**离子源**	电喷雾离子源（ESI）	**保留时间**	10.37min

提取离子流色谱图

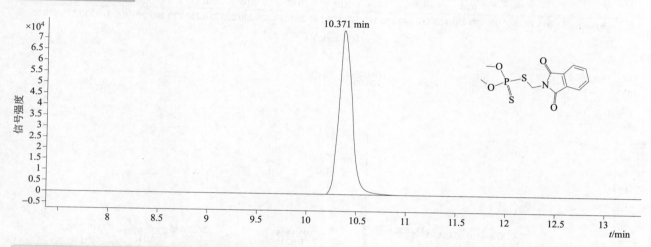

四个碰撞能量（CE）下子离子质谱图

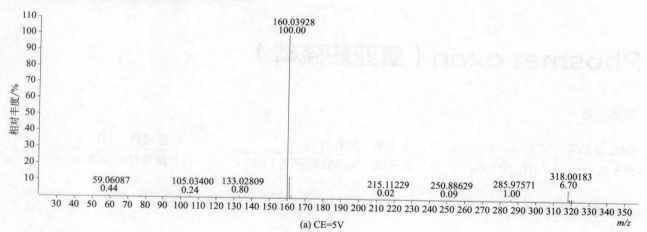

(a) CE=5V

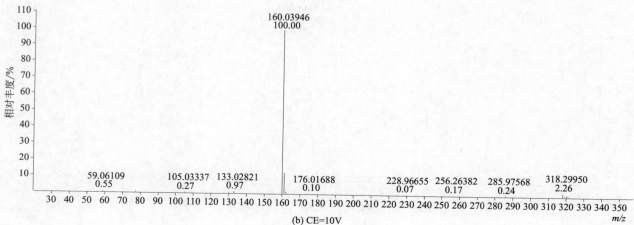

(b) CE=10V

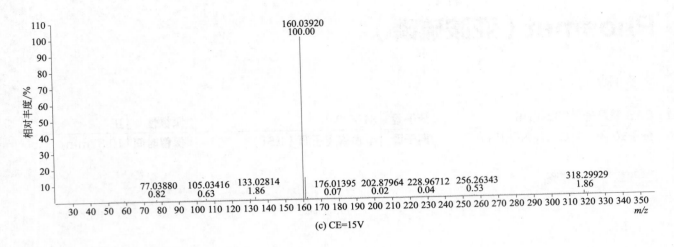

(c) CE=15V

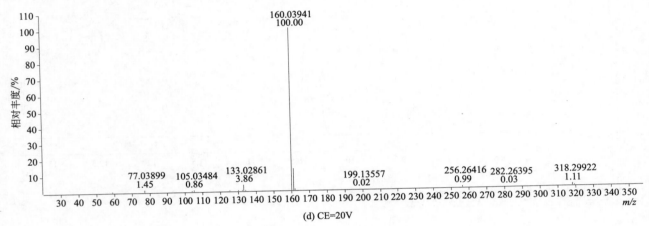

(d) CE=20V

Phosmet oxon（氧亚胺硫磷）

基本信息

CAS 登录号	3735-33-9	**分子量**	301.0174	**源极性**	正
分子式	$C_{11}H_{12}NO_5PS$	**离子源**	电喷雾离子源（ESI）	**保留时间**	4.82min

提取离子流色谱图

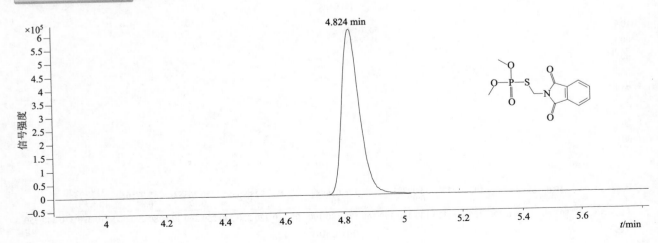

556

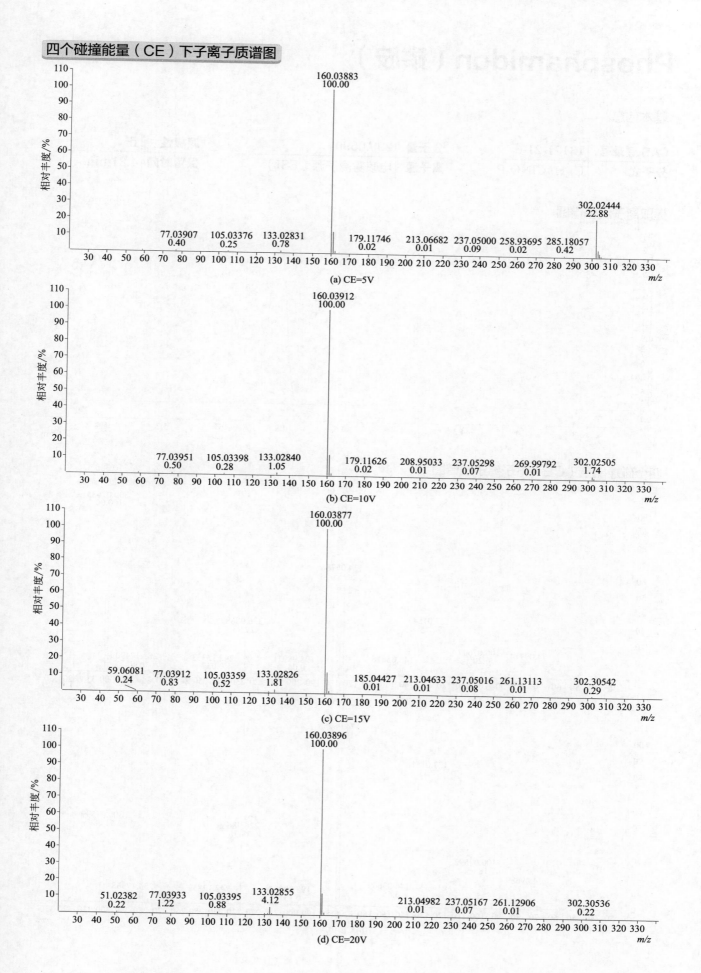

(a) CE=5V

(b) CE=10V

(c) CE=15V

(d) CE=20V

Phosphamidon（磷胺）

基本信息

CAS 登录号	13171-21-6	**分子量**	299.0690	**源极性**	正
分子式	$C_{10}H_{19}ClNO_5P$	**离子源**	电喷雾离子源（ESI）	**保留时间**	4.81min

提取离子流色谱图

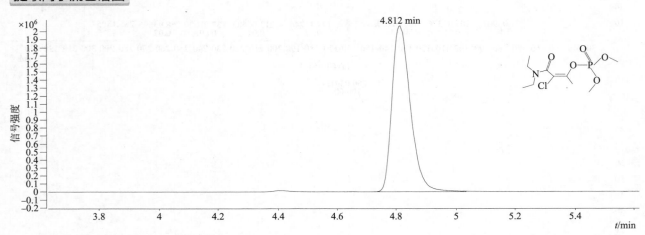

四个碰撞能量（CE）下子离子质谱图

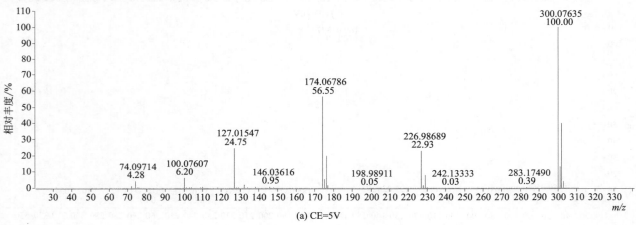

(a) CE=5V

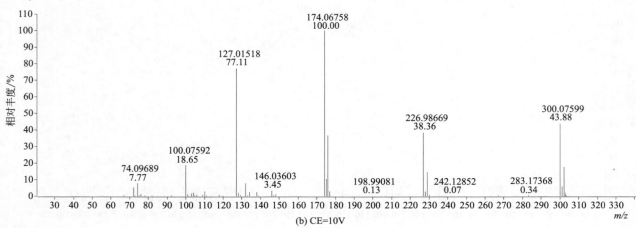

(b) CE=10V

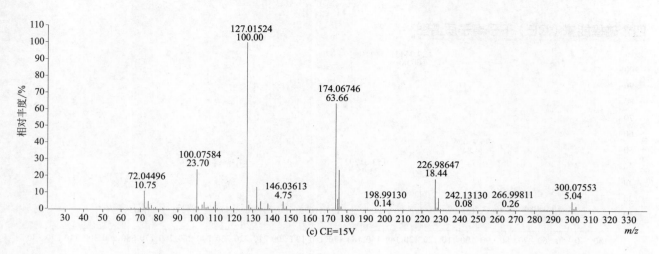

(c) CE=15V

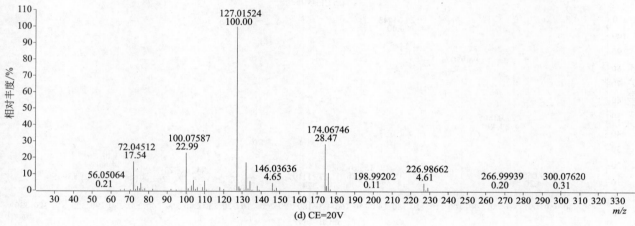

(d) CE=20V

Phoxim（辛硫磷）

基本信息

CAS 登录号	14816-18-3	分子量	298.0541	源极性	正
分子式	$C_{12}H_{15}N_2O_3PS$	离子源	电喷雾离子源（ESI）	保留时间	16.15min

提取离子流色谱图

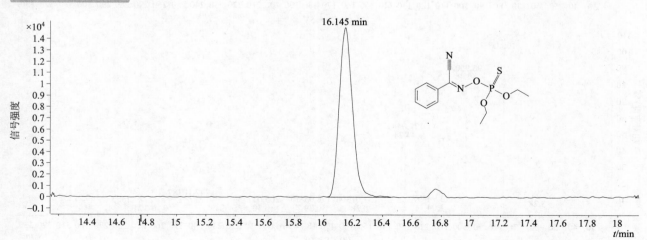

四个碰撞能量（CE）下子离子质谱图

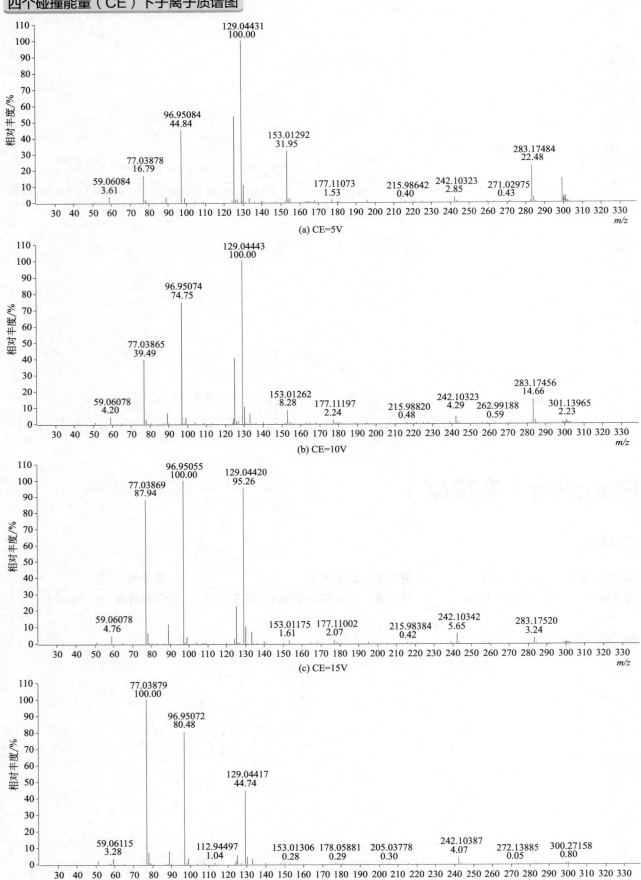

(a) CE=5V

(b) CE=10V

(c) CE=15V

(d) CE=20V

Phthalic acid, benzyl butyl ester（邻苯二甲酸丁苄酯）

基本信息

CAS 登录号	85-68-7	**分子量**	312.1362	**源极性**	正
分子式	$C_{19}H_{20}O_4$	**离子源**	电喷雾离子源（ESI）	**保留时间**	16.78min

提取离子流色谱图

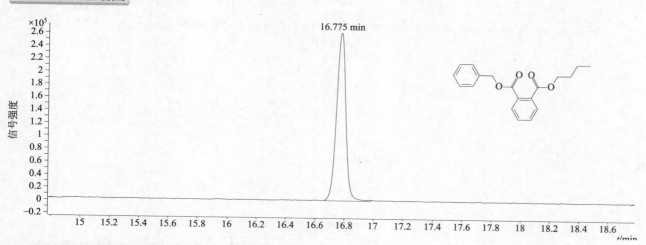

四个碰撞能量（CE）下子离子质谱图

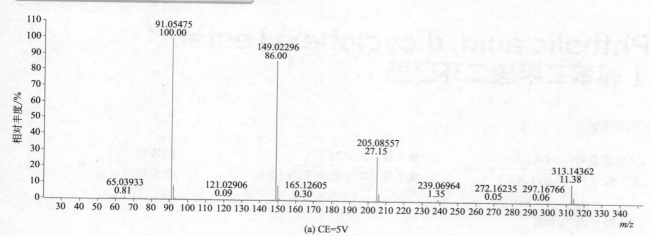

(a) CE=5V

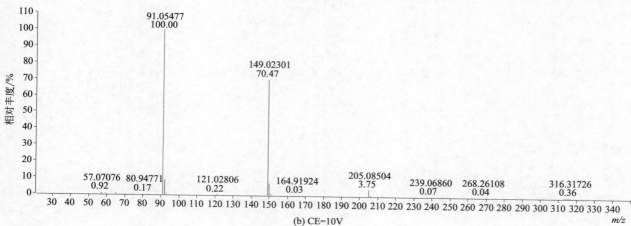

(b) CE=10V

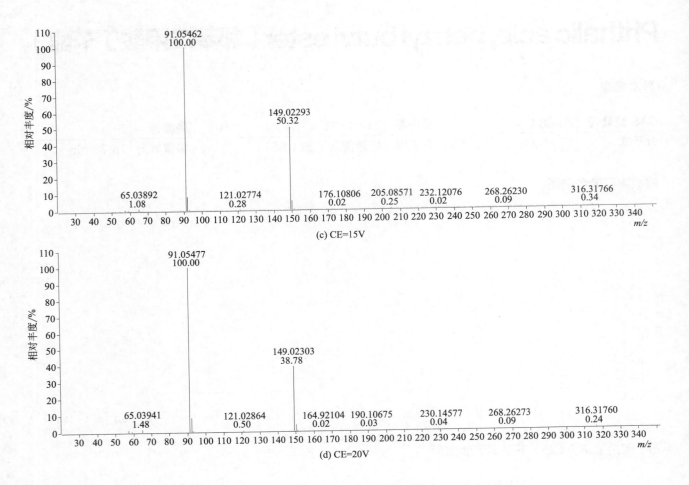

(c) CE=15V

(d) CE=20V

Phthalic acid, dicyclohexyl ester
（邻苯二甲酸二环己酯）

基本信息

| CAS 登录号 | 84-61-7 | 分子量 | 330.1831 | 源极性 | 正 |
| 分子式 | C₂₀H₂₆O₄ | 离子源 | 电喷雾离子源（ESI） | 保留时间 | 18.84min |

提取离子流色谱图

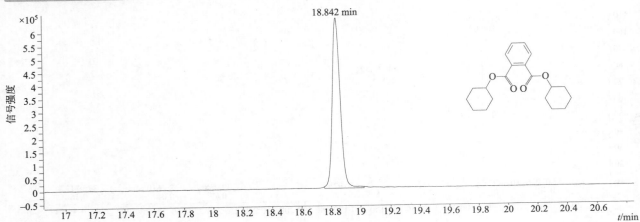

四个碰撞能量（CE）下子离子质谱图

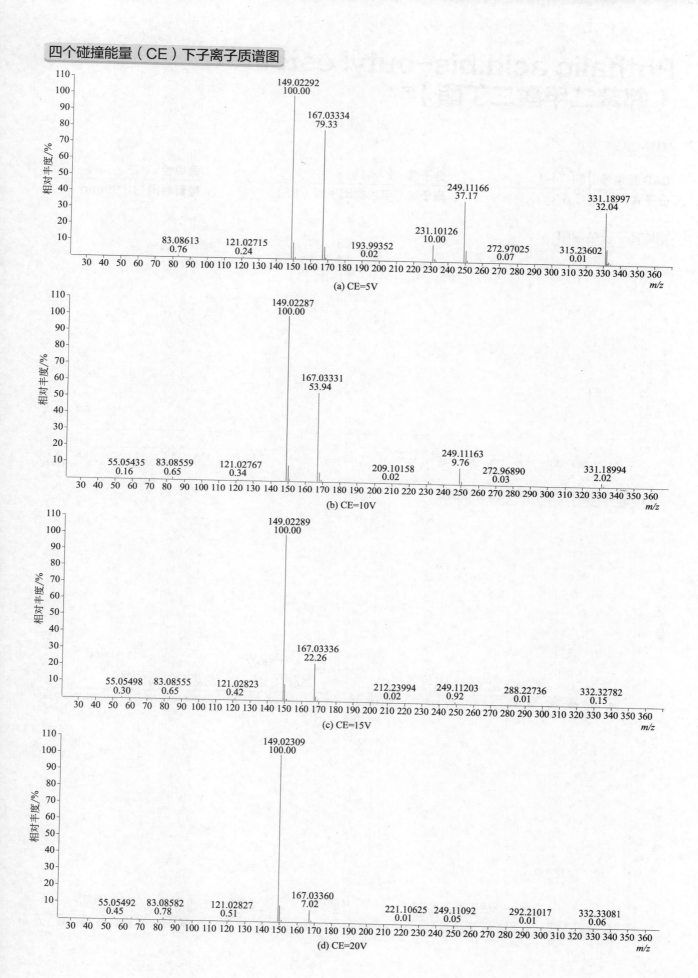

(a) CE=5V

(b) CE=10V

(c) CE=15V

(d) CE=20V

Phthalic acid,bis-butyl ester
（邻苯二甲酸二丁酯）

基本信息

CAS 登录号	84-74-2	分子量	278.1518	源极性	正
分子式	C₁₆H₂₂O₄	离子源	电喷雾离子源（ESI）	保留时间	16.99min

提取离子流色谱图

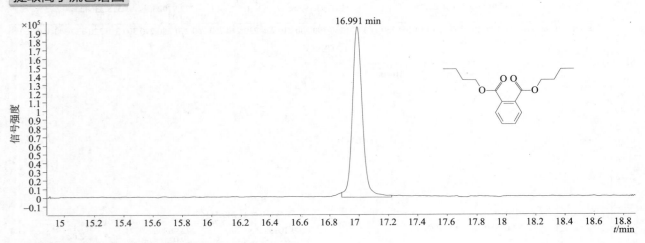

四个碰撞能量（CE）下子离子质谱图

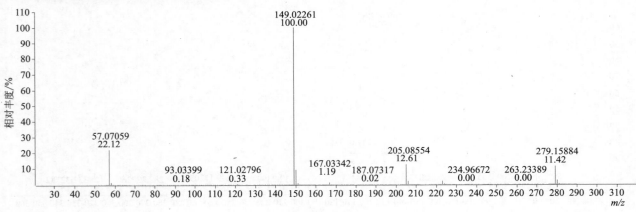

(a) CE=5V

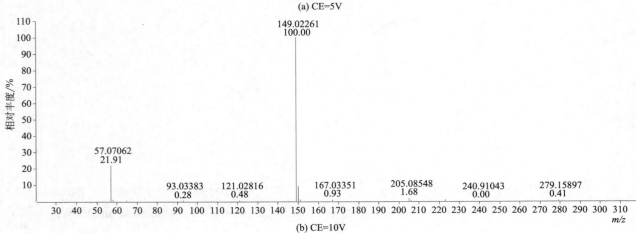

(b) CE=10V

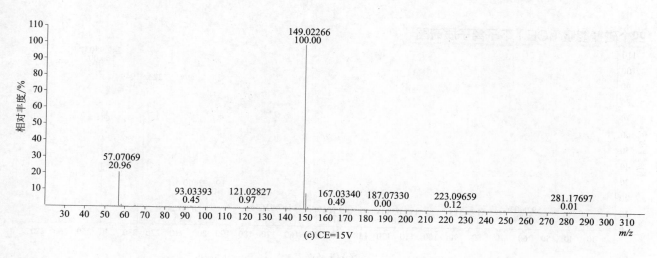

(c) CE=15V

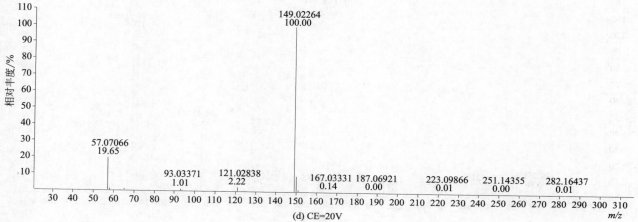

(d) CE=20V

Picloram（毒莠定）

基本信息

CAS 登录号	1918-02-1	分子量	239.9260	源极性	正
分子式	C$_6$H$_3$Cl$_3$N$_2$O$_2$	离子源	电喷雾离子源（ESI）	保留时间	2.54min

提取离子流色谱图

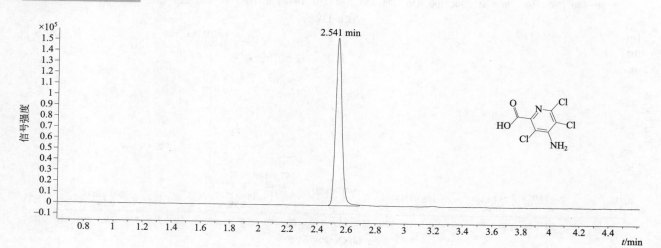

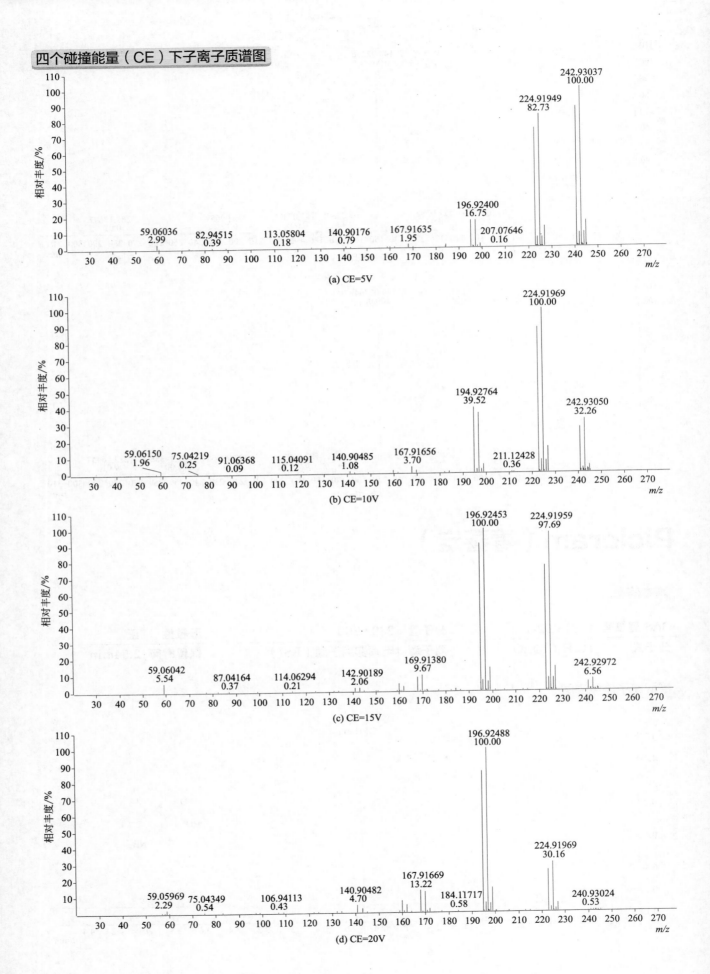

(a) CE=5V

(b) CE=10V

(c) CE=15V

(d) CE=20V

Picolinafen（氟吡酰草胺）

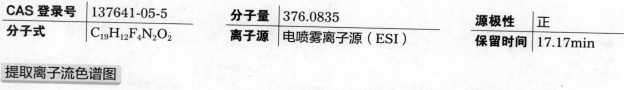

基本信息

CAS 登录号	137641-05-5	**分子量**	376.0835	**源极性**	正
分子式	$C_{19}H_{12}F_4N_2O_2$	**离子源**	电喷雾离子源（ESI）	**保留时间**	17.17min

提取离子流色谱图

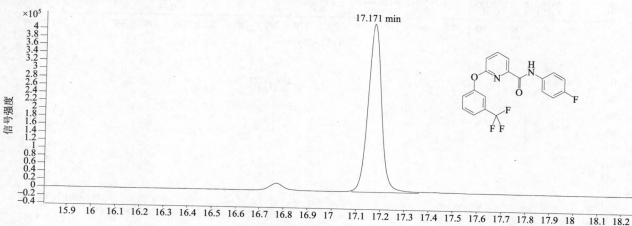

四个碰撞能量（CE）下子离子质谱图

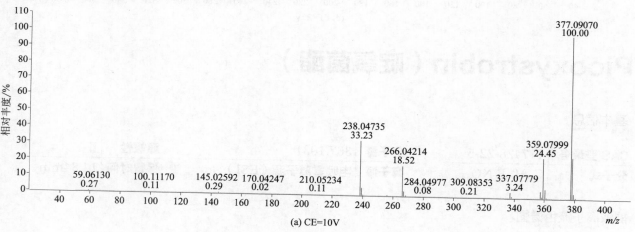

(a) CE=10V

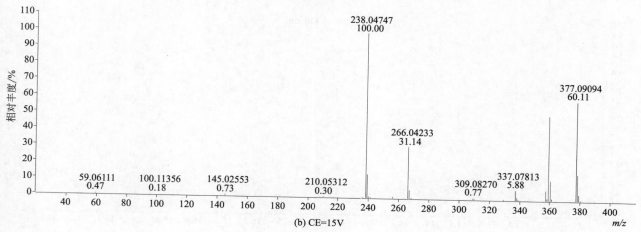

(b) CE=15V

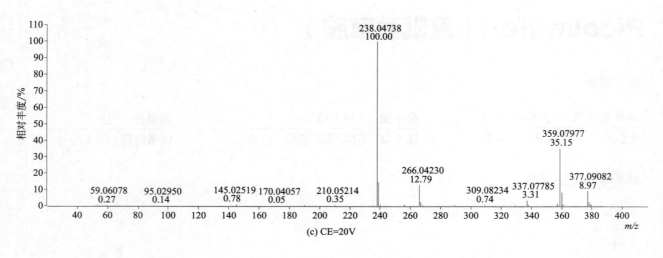

(c) CE=20V

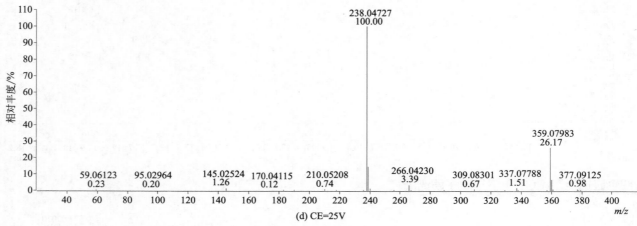

(d) CE=25V

Picoxystrobin（啶氧菌酯）

基本信息

CAS 登录号	117428-22-5	分子量	367.1031	源极性	正
分子式	$C_{18}H_{16}F_3NO_4$	离子源	电喷雾离子源（ESI）	保留时间	14.84min

提取离子流色谱图

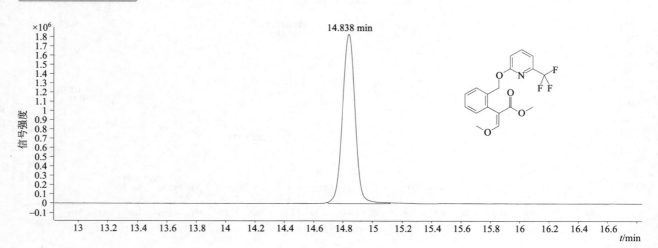

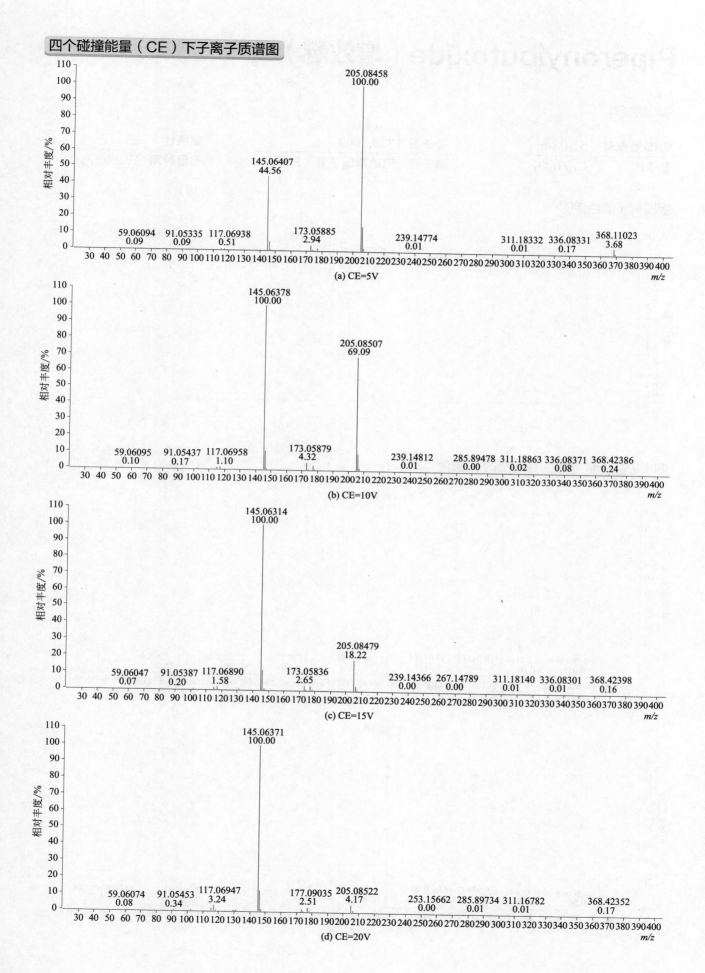

(a) CE=5V

(b) CE=10V

(c) CE=15V

(d) CE=20V

Piperonylbutoxide（增效醚）

基本信息

CAS 登录号	51-03-6	分子量	338.2093	源极性	正
分子式	$C_{19}H_{30}O_5$	离子源	电喷雾离子源（ESI）	保留时间	17.22min

提取离子流色谱图

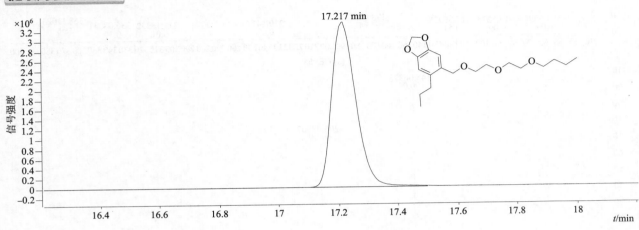

四个碰撞能量（CE）下子离子质谱图

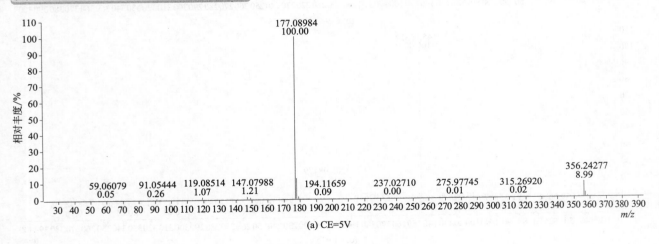

(a) CE=5V

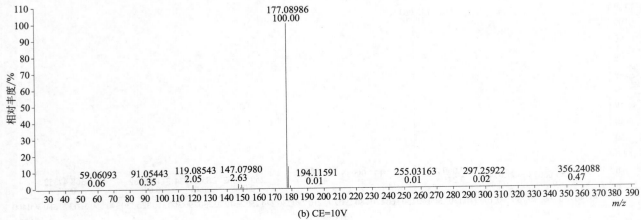

(b) CE=10V

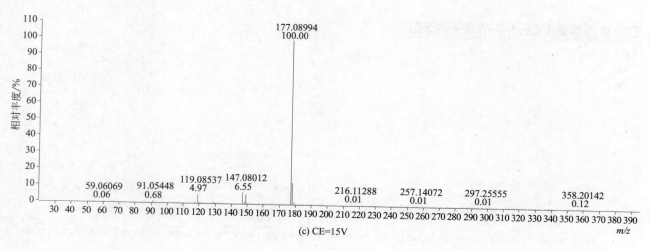

(c) CE=15V

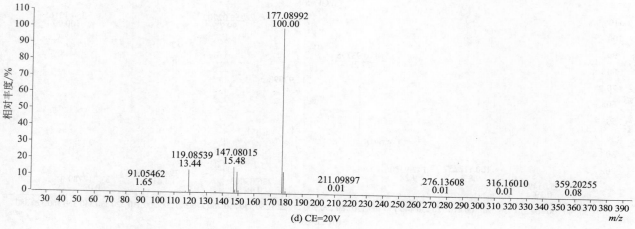

(d) CE=20V

Piperophos（哌草磷）

基本信息

| CAS 登录号 | 24151-93-7 | 分子量 | 353.1248 | 源极性 | 正 |
| 分子式 | $C_{14}H_{28}NO_3PS_2$ | 离子源 | 电喷雾离子源（ESI） | 保留时间 | 16.37min |

提取离子流色谱图

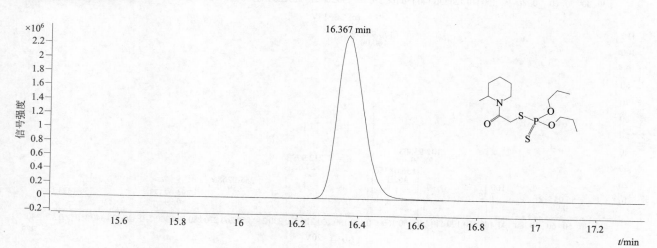

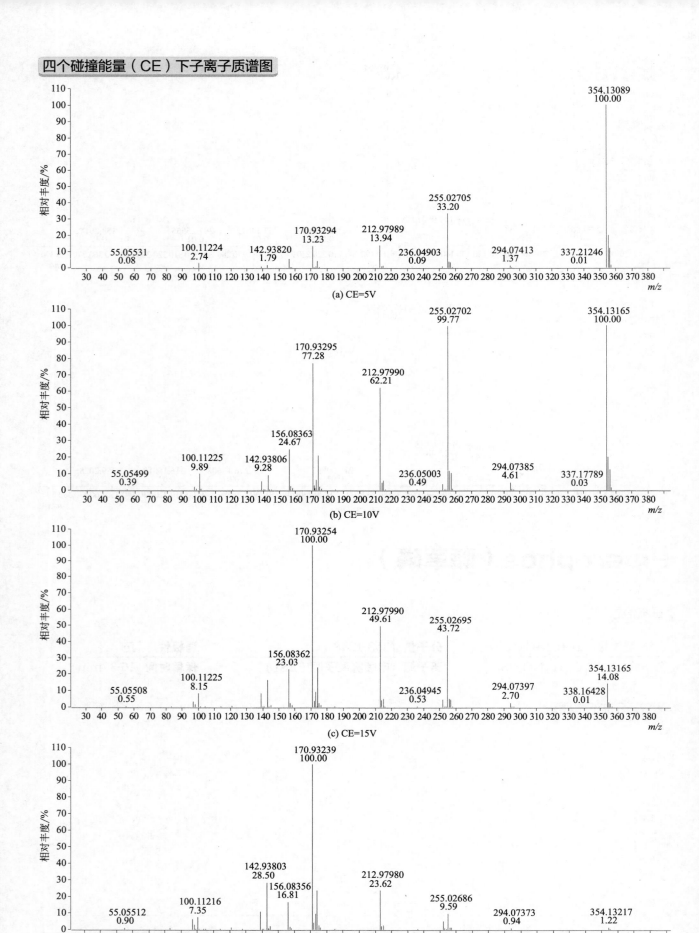

(a) CE=5V

(b) CE=10V

(c) CE=15V

(d) CE=20V

Pirimicarb（抗蚜威）

基本信息

CAS 登录号	23103-98-2	**分子量**	238.1430	**源极性**	正
分子式	$C_{11}H_{18}N_4O_2$	**离子源**	电喷雾离子源（ESI）	**保留时间**	4.63min

提取离子流色谱图

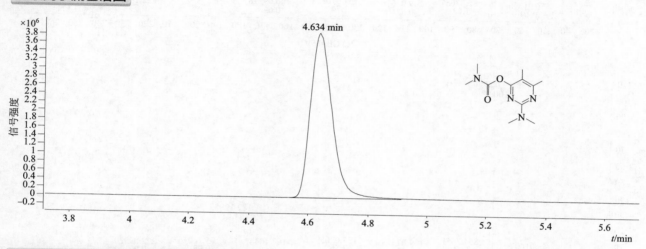

四个碰撞能量（CE）下子离子质谱图

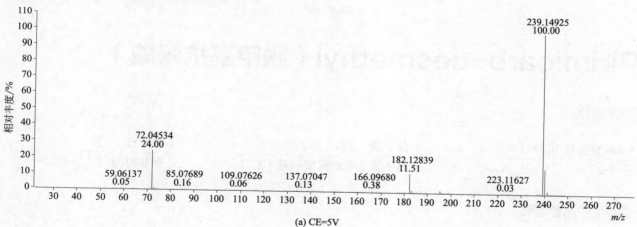

(a) CE=5V

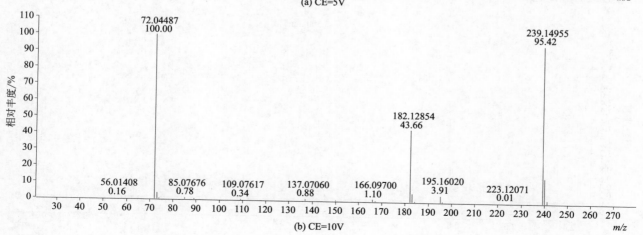

(b) CE=10V

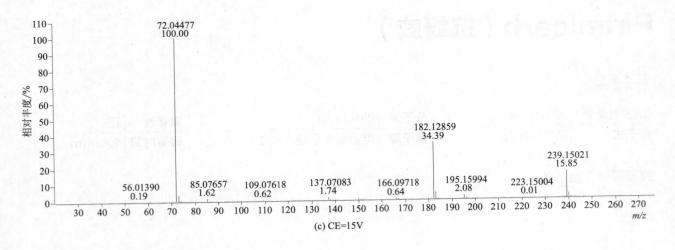

(c) CE=15V

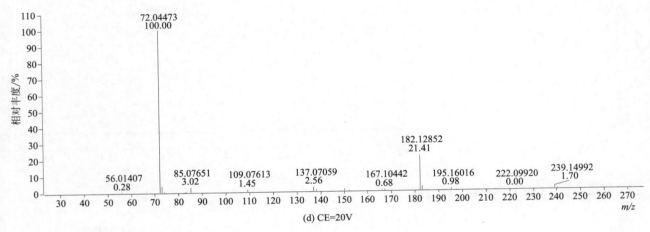

(d) CE=20V

Pirimicarb–desmethyl（脱甲基抗蚜威）

基本信息

CAS 登录号	30614-22-3	分子量	224.1273	源极性	正
分子式	C₁₀H₁₆N₄O₂	离子源	电喷雾离子源（ESI）	保留时间	3.30min

分子式 $C_{10}H_{16}N_4O_2$

提取离子流色谱图

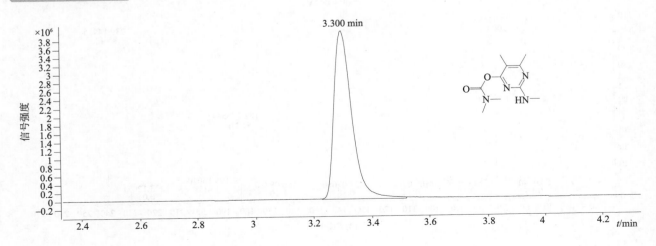

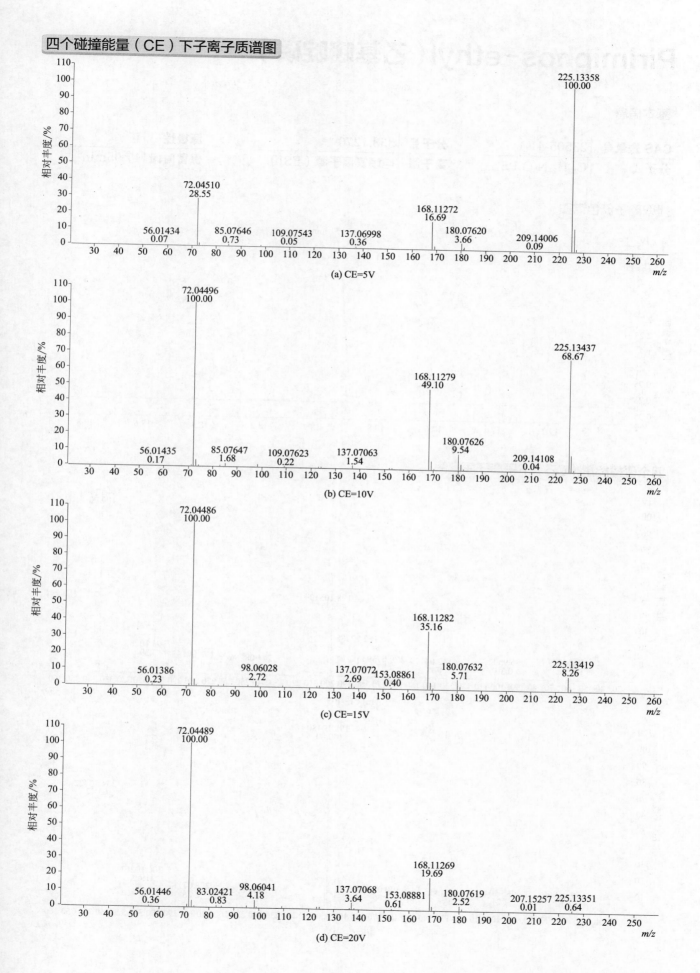

(a) CE=5V

(b) CE=10V

(c) CE=15V

(d) CE=20V

Pirimiphos-ethyl（乙基嘧啶磷）

基本信息

| CAS 登录号 | 23505-41-1 | 分子量 | 333.1276 | 源极性 | 正 |
| 分子式 | $C_{13}H_{24}N_3O_3PS$ | 离子源 | 电喷雾离子源（ESI） | 保留时间 | 17.95min |

提取离子流色谱图

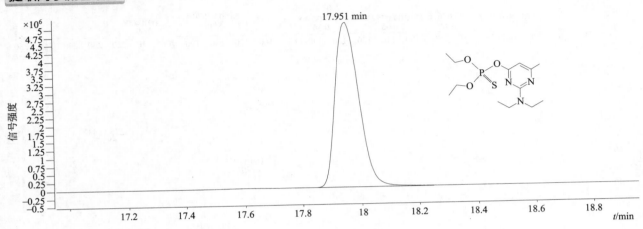

四个碰撞能量（CE）下子离子质谱图

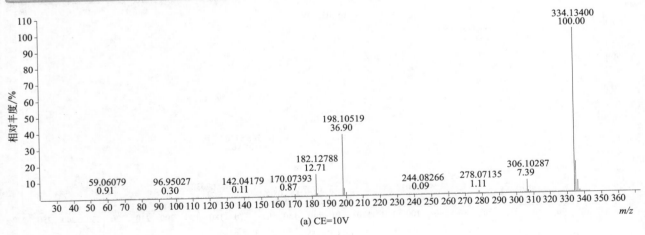

(a) CE=10V

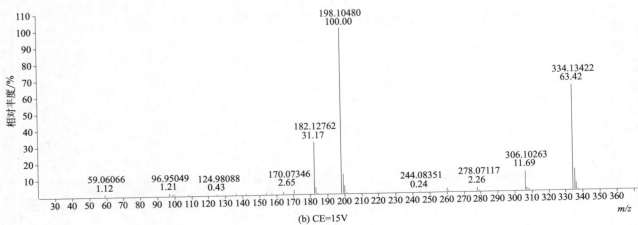

(b) CE=15V

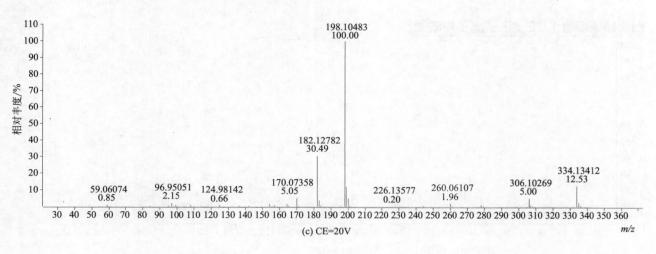

(c) CE=20V

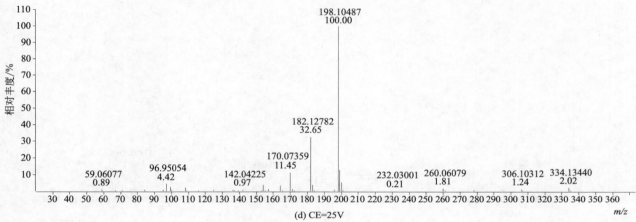

(d) CE=25V

Pirimiphos-methyl（甲基嘧啶磷）

基本信息

CAS 登录号	29232-93-7	分子量	305.0963	源极性	正
分子式	$C_{11}H_{20}N_3O_3PS$	离子源	电喷雾离子源（ESI）	保留时间	16.10min

提取离子流色谱图

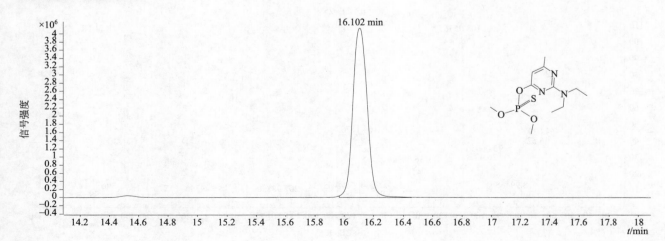

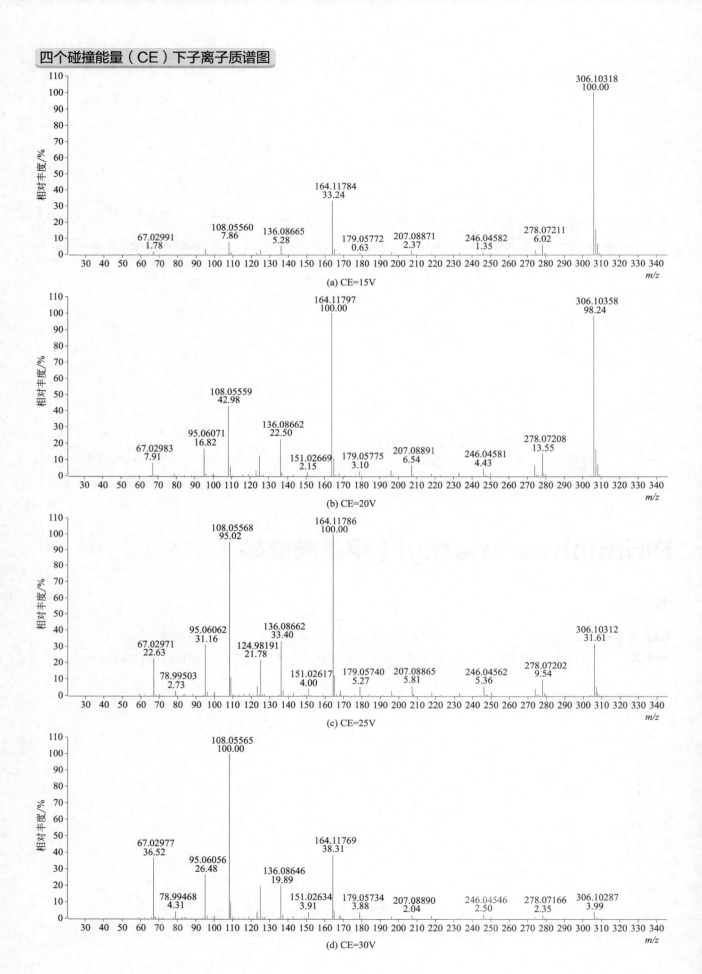

(a) CE=15V

(b) CE=20V

(c) CE=25V

(d) CE=30V

Prallethrin（炔丙菊酯）

基本信息

CAS 登录号	23031-36-9	分子量	300.1725	源极性	正
分子式	$C_{19}H_{24}O_3$	离子源	电喷雾离子源（ESI）	保留时间	16.43min

提取离子流色谱图

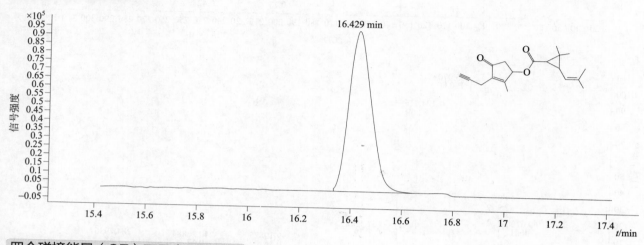

四个碰撞能量（CE）下子离子质谱图

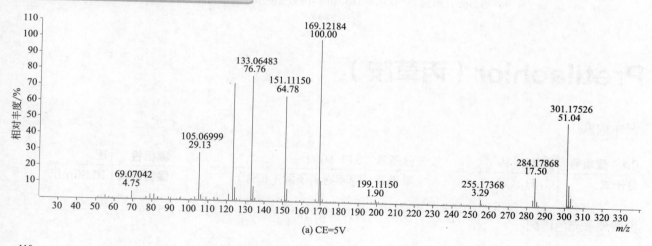

(a) CE=5V

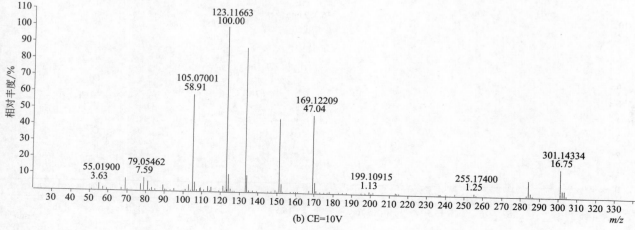

(b) CE=10V

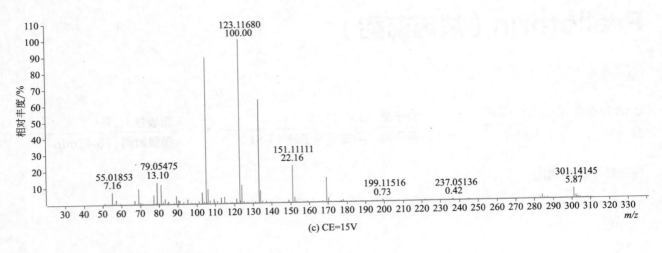

(c) CE=15V

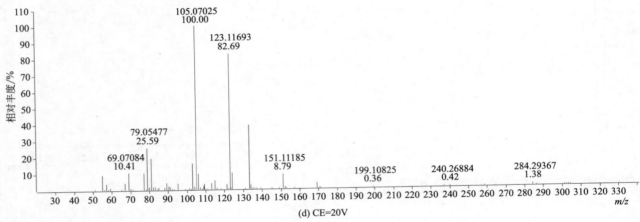

(d) CE=20V

Pretilachlor（丙草胺）

基本信息

CAS 登录号	51218-49-6	分子量	311.1652	源极性	正
分子式	$C_{17}H_{26}ClNO_2$	离子源	电喷雾离子源（ESI）	保留时间	16.36min

提取离子流色谱图

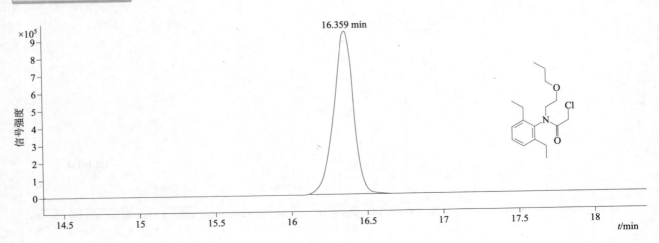

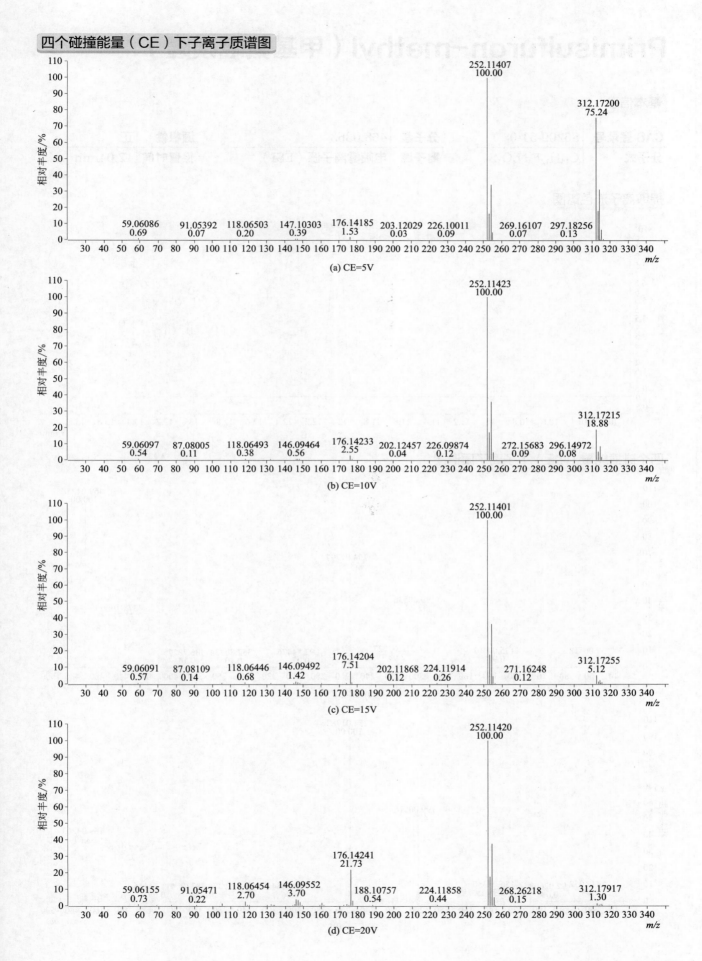

(a) CE=5V

(b) CE=10V

(c) CE=15V

(d) CE=20V

Primisulfuron-methyl（甲基氟嘧磺隆）

基本信息

CAS 登录号	86209-51-0	**分子量**	468.0363	**源极性**	正
分子式	C₁₅H₁₂F₄N₄O₇S	**离子源**	电喷雾离子源（ESI）	**保留时间**	12.04min

提取离子流色谱图

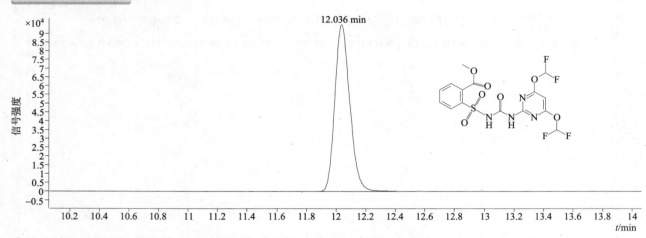

四个碰撞能量（CE）下子离子质谱图

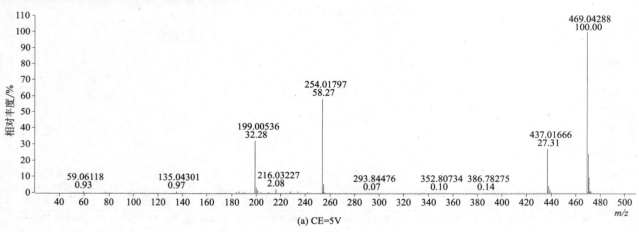

(a) CE=5V

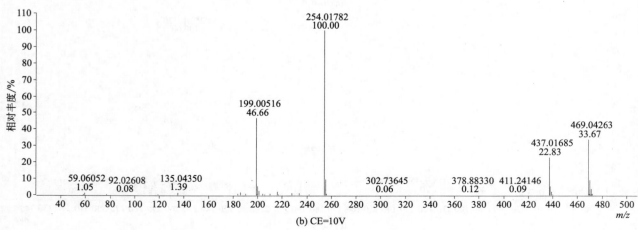

(b) CE=10V

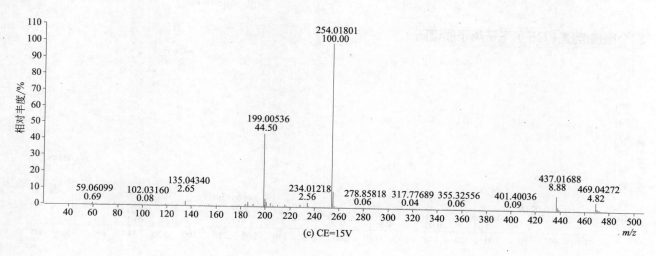

(c) CE=15V

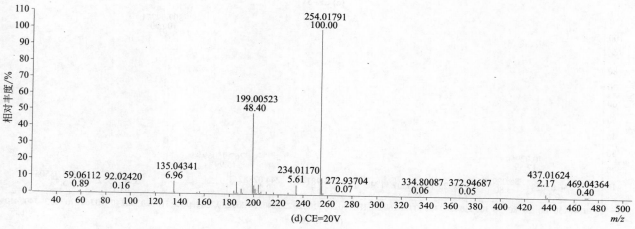

(d) CE=20V

Prochloraz（咪鲜胺）

基本信息

CAS 登录号	67747-09-5	分子量	375.0308	源极性	正
分子式	$C_{15}H_{16}Cl_3N_3O_2$	离子源	电喷雾离子源（ESI）	保留时间	13.43min

提取离子流色谱图

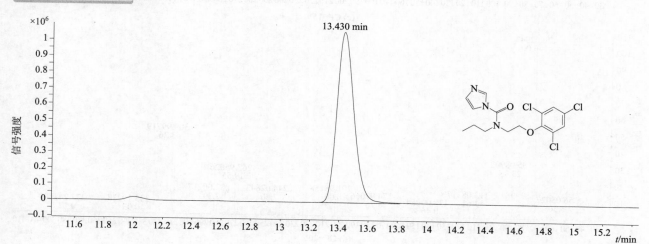

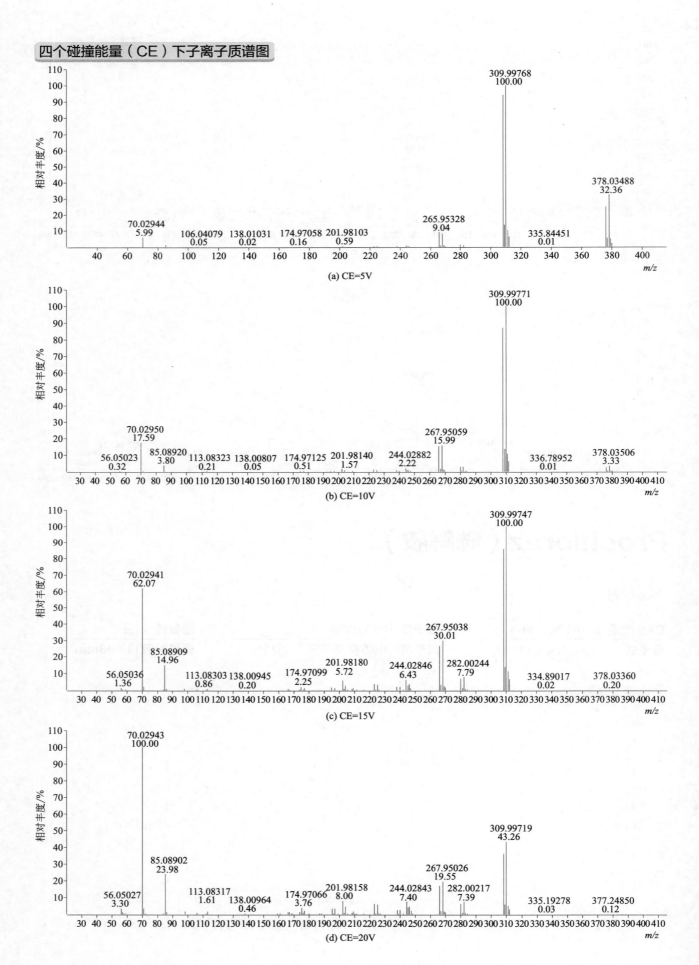

(a) CE=5V

(b) CE=10V

(c) CE=15V

(d) CE=20V

Profenofos（丙溴磷）

基本信息

CAS 登录号	41198-08-7	分子量	371.9351	源极性	正
分子式	$C_{11}H_{15}BrClO_3PS$	离子源	电喷雾离子源（ESI）	保留时间	16.30min

提取离子流色谱图

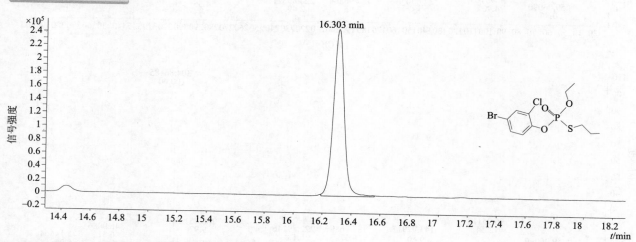

四个碰撞能量（CE）下子离子质谱图

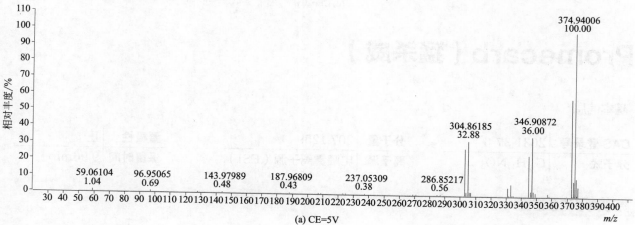

(a) CE=5V

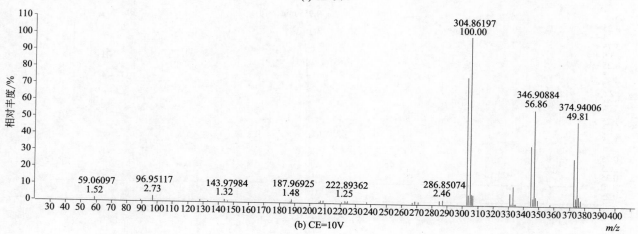

(b) CE=10V

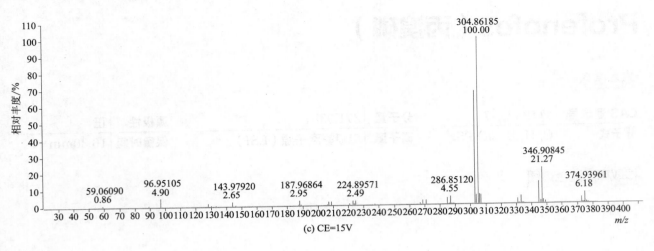

(c) CE=15V

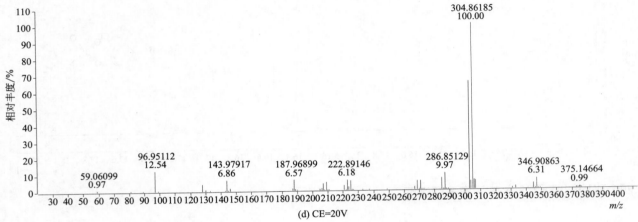

(d) CE=20V

Promecarb（猛杀威）

基本信息

CAS 登录号	2631-37-0	分子量	207.1259	源极性	正
分子式	C₁₂H₁₇NO₂	离子源	电喷雾离子源（ESI）	保留时间	9.96min

分子式 $C_{12}H_{17}NO_2$

提取离子流色谱图

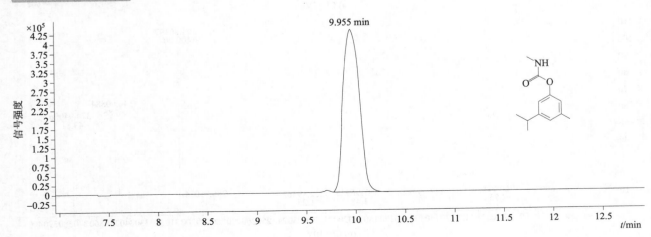

四个碰撞能量（CE）下子离子质谱图

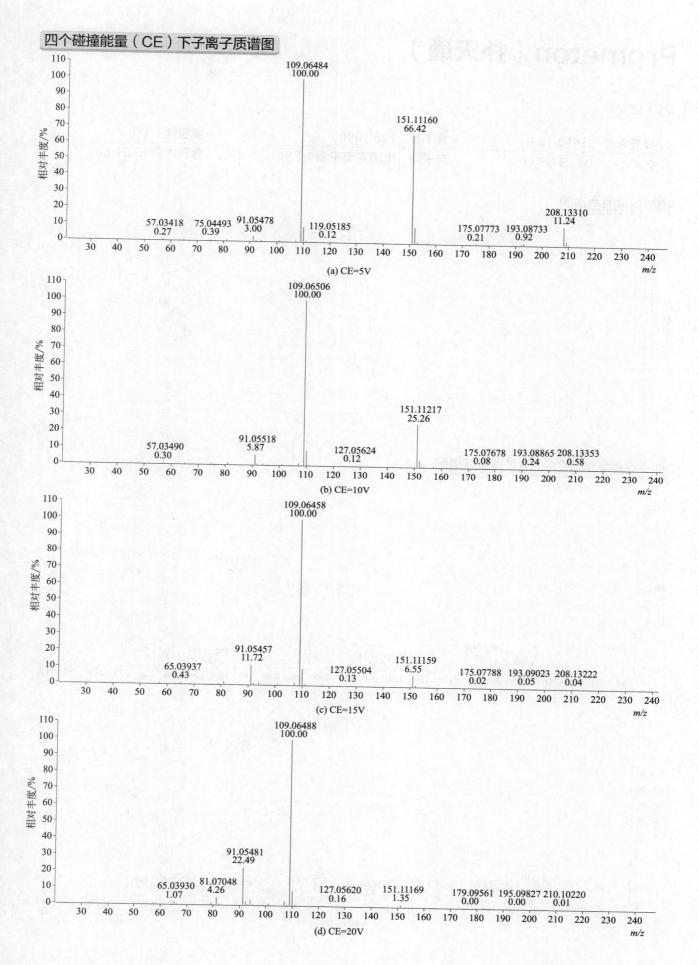

(a) CE=5V

(b) CE=10V

(c) CE=15V

(d) CE=20V

Prometon（扑灭通）

基本信息

CAS 登录号	1610-18-0	**分子量**	225.1590	**源极性**	正
分子式	$C_{10}H_{19}N_5O$	**离子源**	电喷雾离子源（ESI）	**保留时间**	5.61min

提取离子流色谱图

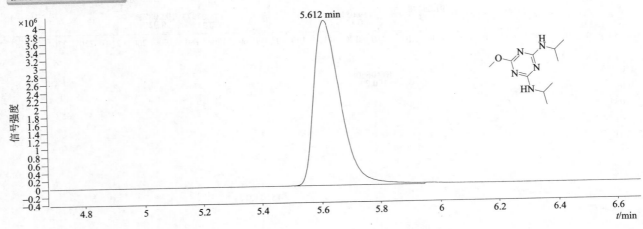

四个碰撞能量（CE）下子离子质谱图

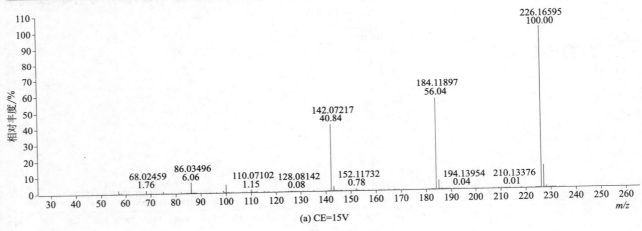

(a) CE=15V

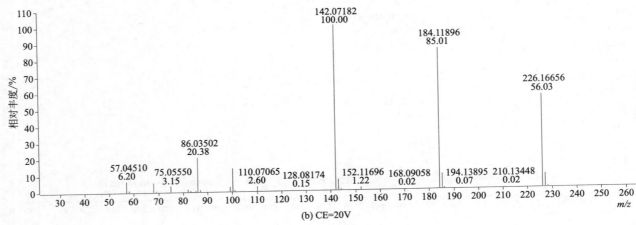

(b) CE=20V

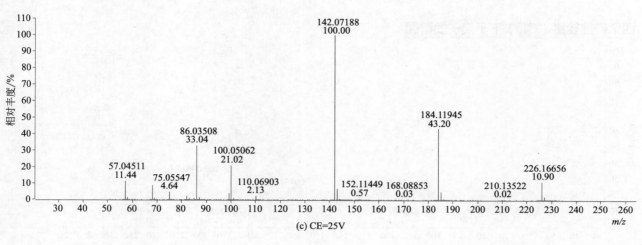

(c) CE=25V

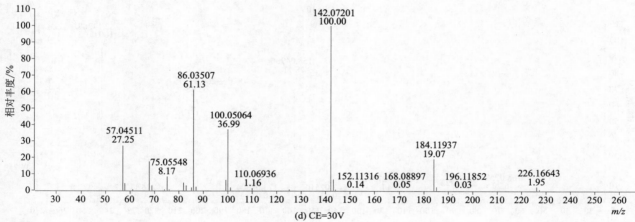

(d) CE=30V

Prometryne（扑草净）

基本信息

CAS 登录号	7287-19-6	分子量	241.1361	源极性	正
分子式	$C_{10}H_{19}N_5S$	离子源	电喷雾离子源（ESI）	保留时间	9.20min

提取离子流色谱图

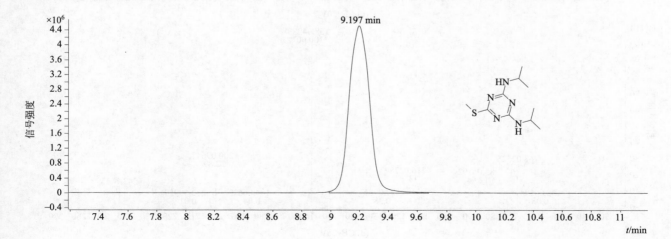

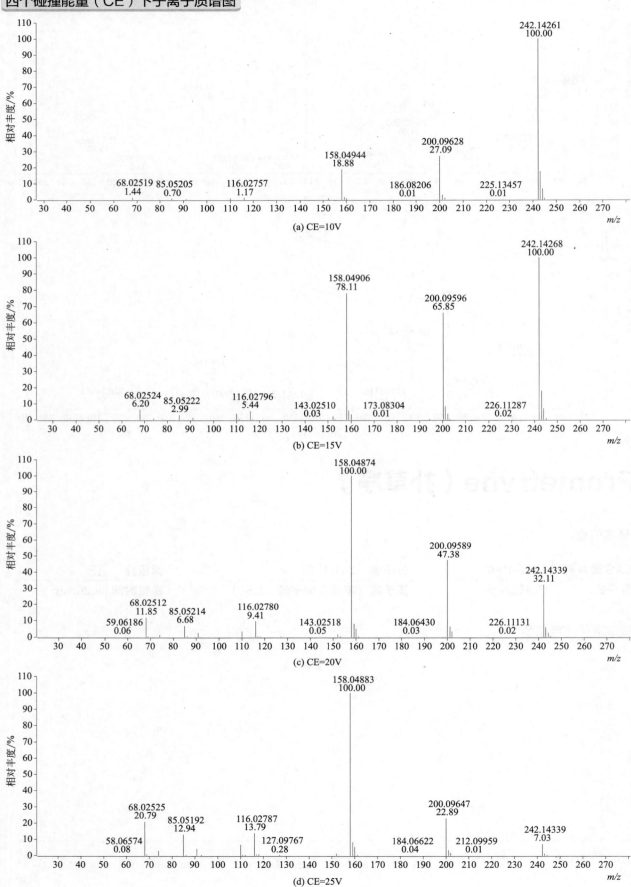

(a) CE=10V

(b) CE=15V

(c) CE=20V

(d) CE=25V

Pronamide（戊炔草胺）

基本信息

CAS 登录号	23950-58-5	**分子量**	255.0218	**源极性**	正
分子式	$C_{12}H_{11}Cl_2NO$	**离子源**	电喷雾离子源（ESI）	**保留时间**	11.19min

提取离子流色谱图

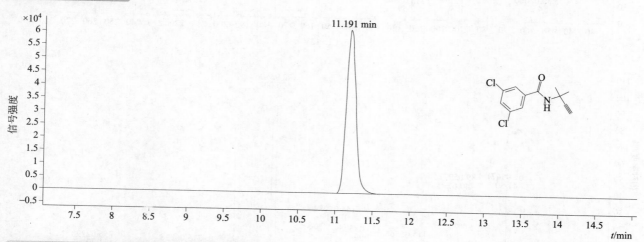

四个碰撞能量（CE）下子离子质谱图

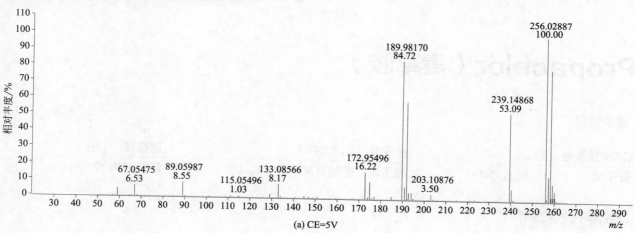

(a) CE=5V

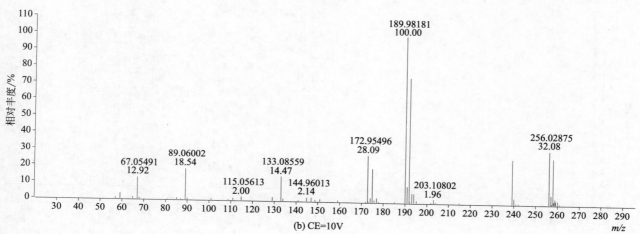

(b) CE=10V

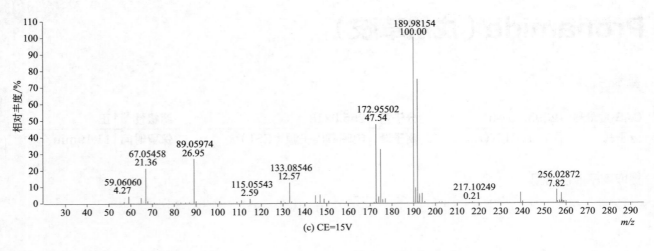

(c) CE=15V

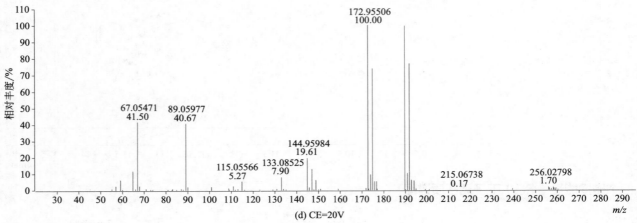

(d) CE=20V

Propachlor（毒草胺）

基本信息

CAS 登录号	1918-16-7	分子量	211.0764	源极性	正
分子式	$C_{11}H_{14}ClNO$	离子源	电喷雾离子源（ESI）	保留时间	7.53min

提取离子流色谱图

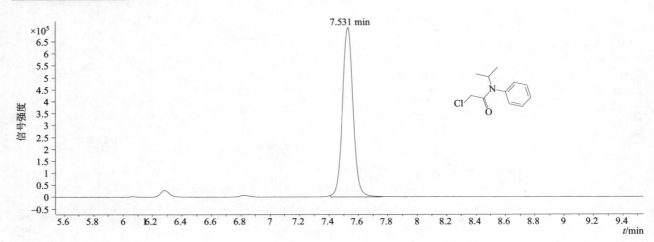

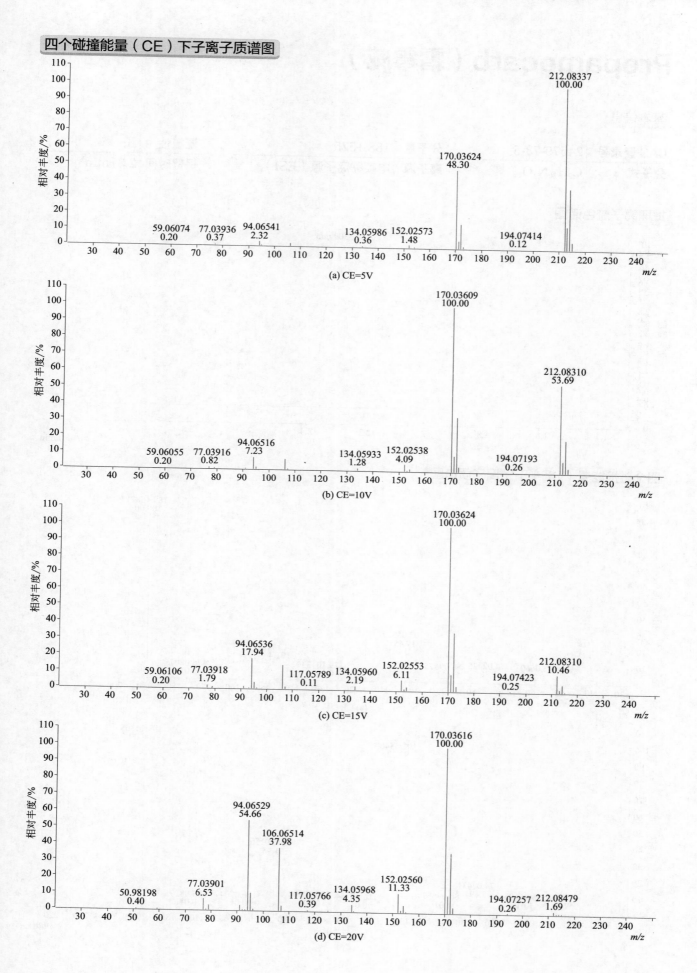

(a) CE=5V

(b) CE=10V

(c) CE=15V

(d) CE=20V

Propamocarb（霜霉威）

基本信息

CAS 登录号	24579-73-5	分子量	188.1525	源极性	正
分子式	$C_9H_{20}N_2O_2$	离子源	电喷雾离子源（ESI）	保留时间	2.31min

提取离子流色谱图

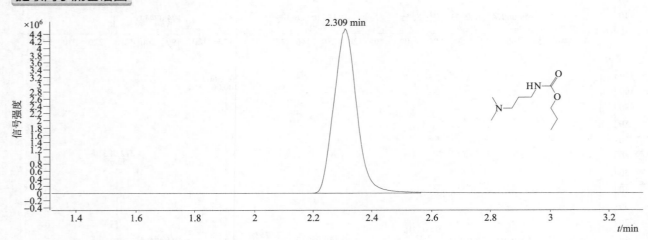

四个碰撞能量（CE）下子离子质谱图

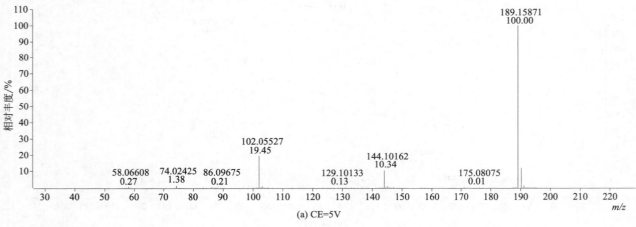

(a) CE=5V

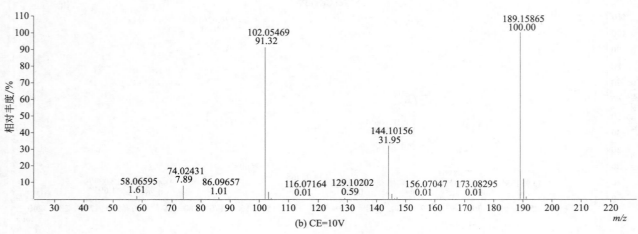

(b) CE=10V

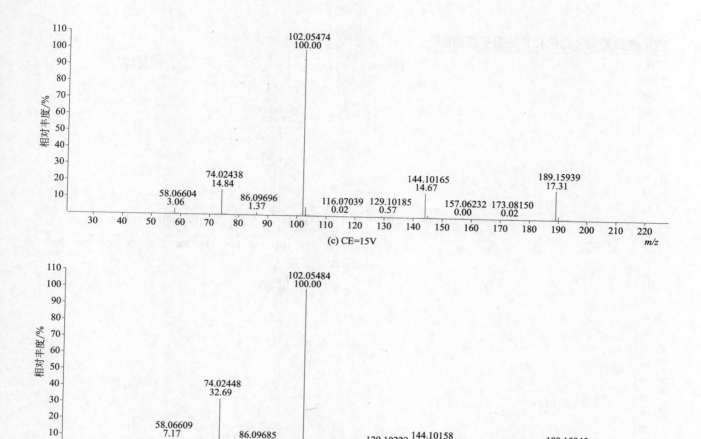

(c) CE=15V

(d) CE=20V

Propanil（敌稗）

CAS 登录号	709-98-8	分子量	217.0061	源极性	正
分子式	C₉H₉Cl₂NO	离子源	电喷雾离子源（ESI）	保留时间	8.19min

提取离子流色谱图

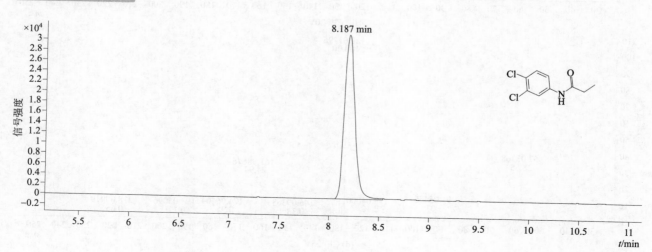

8.187 min

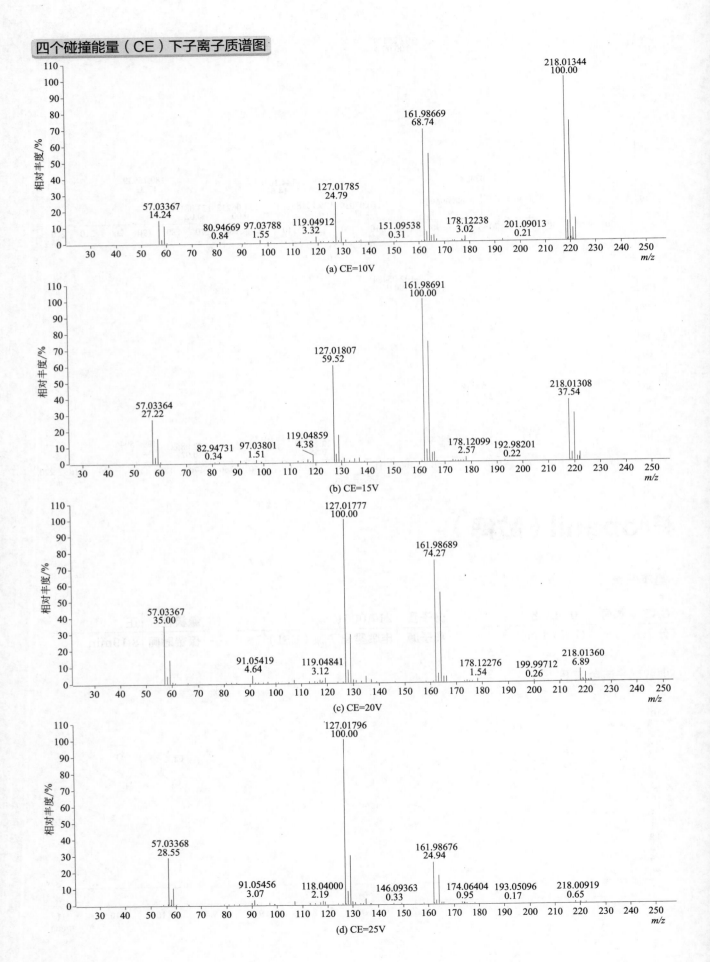

(a) CE=10V

(b) CE=15V

(c) CE=20V

(d) CE=25V

Propaphos（丙虫磷）

CAS 登录号	7292-16-2	**分子量**	304.0898	**源极性**	正
分子式	$C_{13}H_{21}O_4PS$	**离子源**	电喷雾离子源（ESI）	**保留时间**	13.31min

提取离子流色谱图

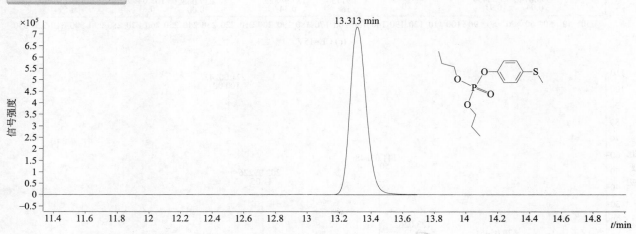

四个碰撞能量（CE）下子离子质谱图

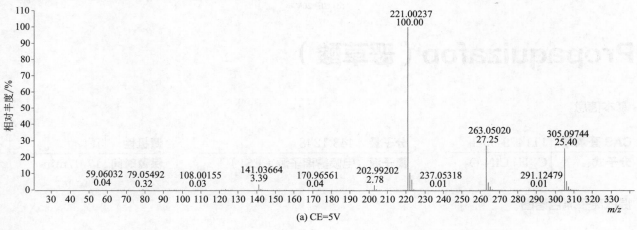

(a) CE=5V

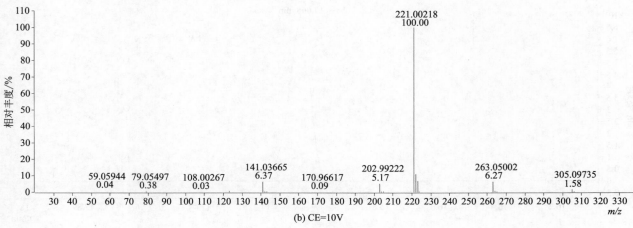

(b) CE=10V

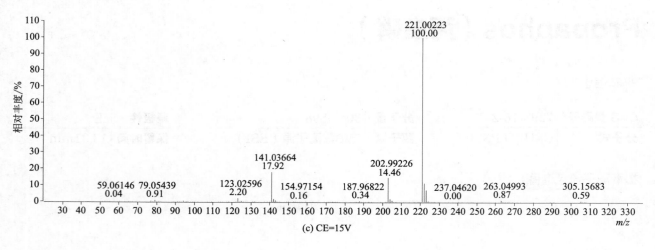

(c) CE=15V

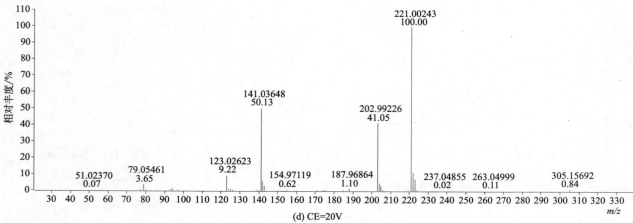

(d) CE=20V

Propaquizafop（恶草酸）

基本信息

CAS 登录号	111479-05-1	分子量	443.1248	源极性	正
分子式	C$_{22}$H$_{22}$ClN$_3$O$_5$	离子源	电喷雾离子源（ESI）	保留时间	17.07min

提取离子流色谱图

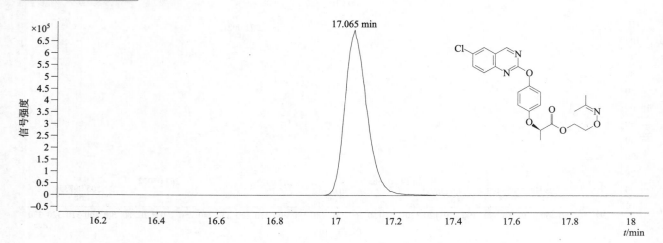

598

四个碰撞能量（CE）下子离子质谱图

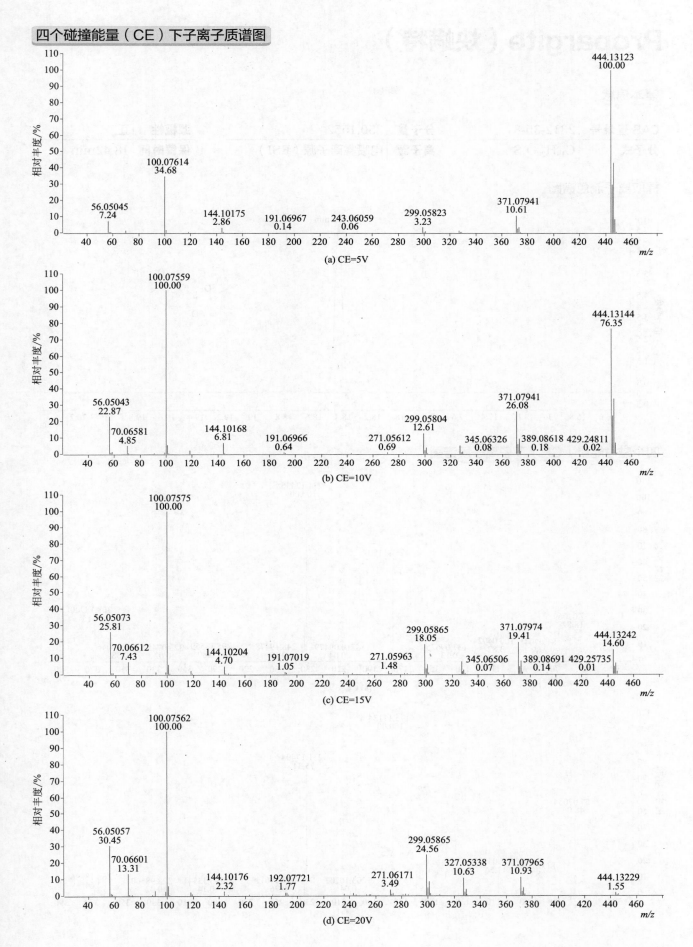

(a) CE=5V

(b) CE=10V

(c) CE=15V

(d) CE=20V

Propargite（炔螨特）

基本信息

CAS 登录号	2312-35-8	分子量	350.1552	源极性	正
分子式	$C_{19}H_{26}O_4S$	离子源	电喷雾离子源（ESI）	保留时间	18.42min

提取离子流色谱图

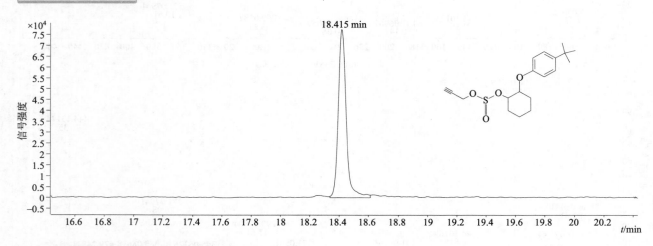

四个碰撞能量（CE）下子离子质谱图

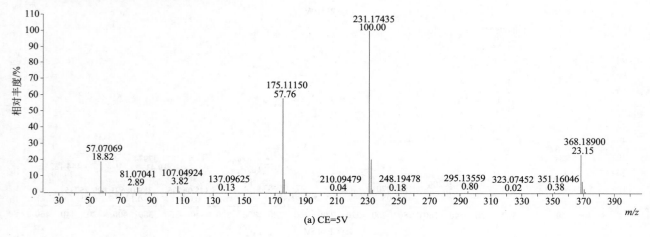

(a) CE=5V

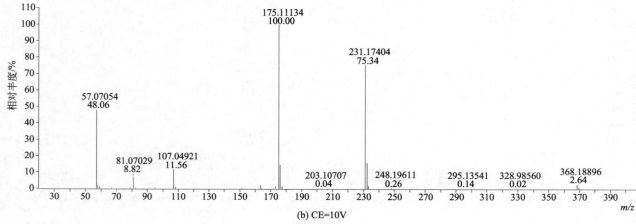

(b) CE=10V

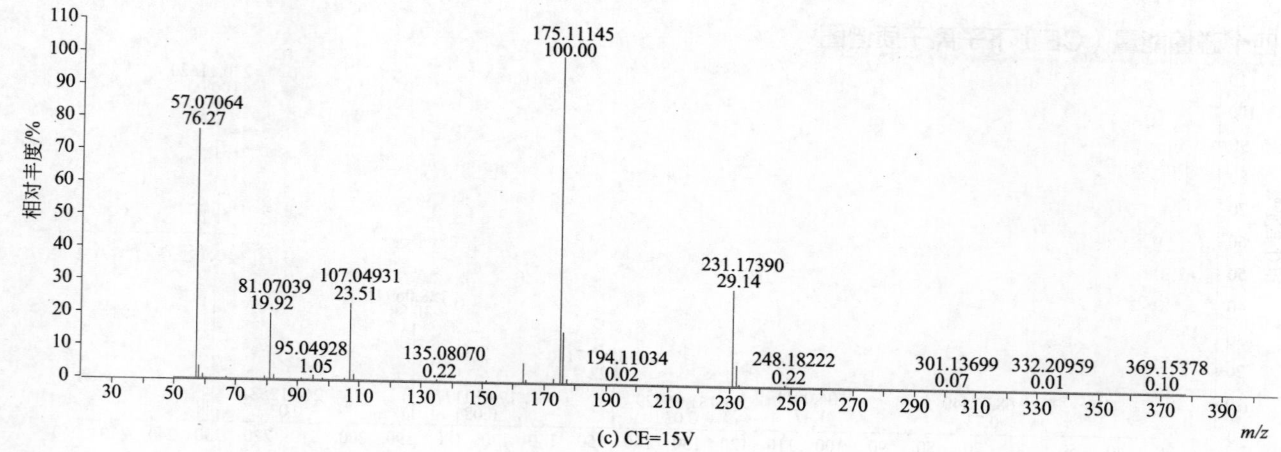

(c) CE=15V

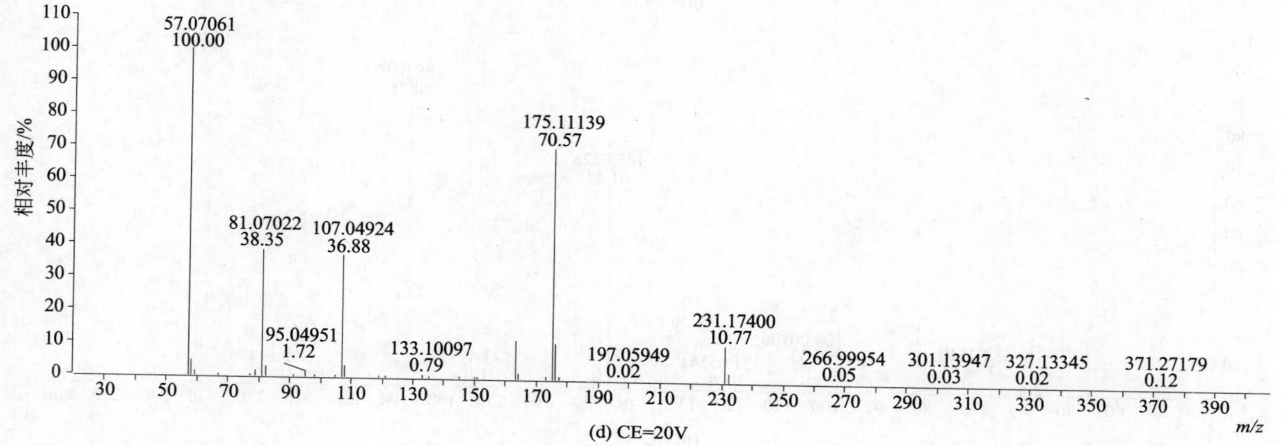

(d) CE=20V

Propazine（扑灭津）

基本信息

CAS 登录号	139-40-2	**分子量**	229.1094	**源极性**	正
分子式	$C_9H_{16}ClN_5$	**离子源**	电喷雾离子源（ESI）	**保留时间**	8.32min

提取离子流色谱图

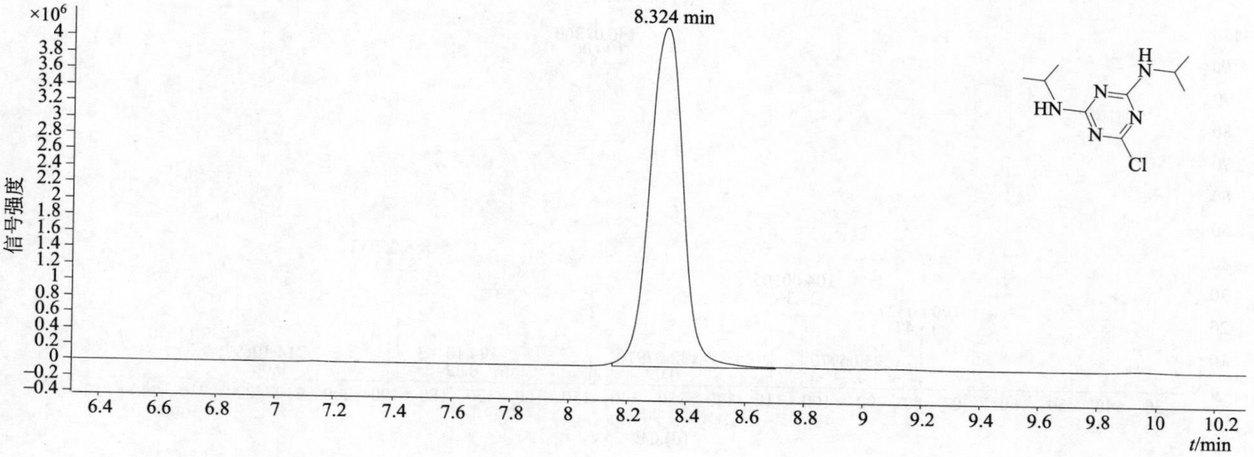

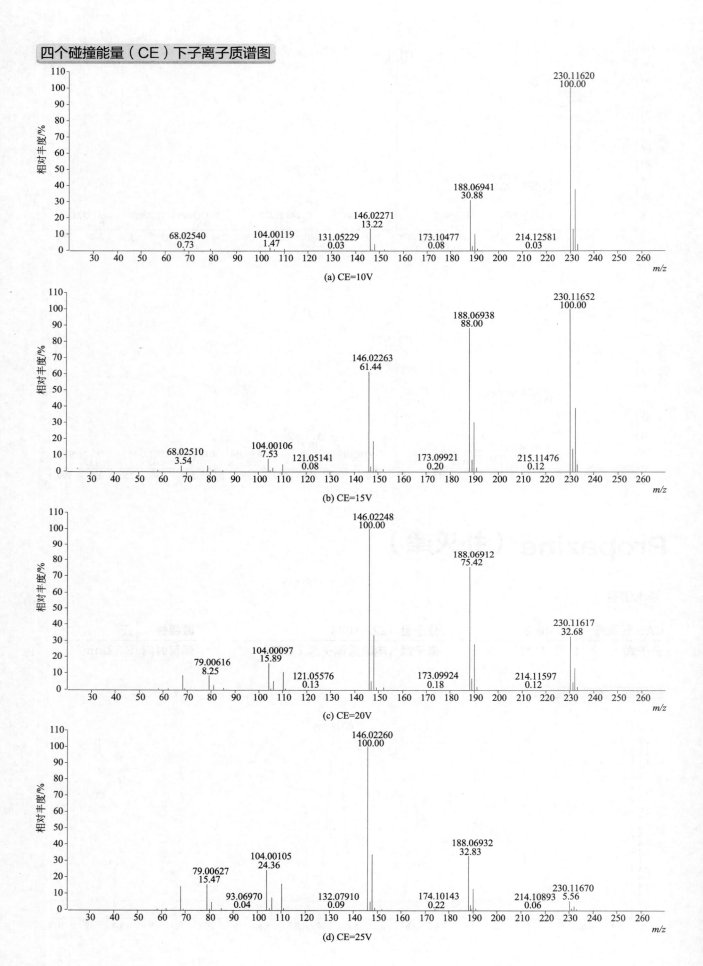

(a) CE=10V

(b) CE=15V

(c) CE=20V

(d) CE=25V

Propetamphos（胺丙畏）

基本信息

CAS 登录号	31218-83-4	分子量	281.0851	源极性	正
分子式	$C_{10}H_{20}NO_4PS$	离子源	电喷雾离子源（ESI）	保留时间	13.14min

提取离子流色谱图

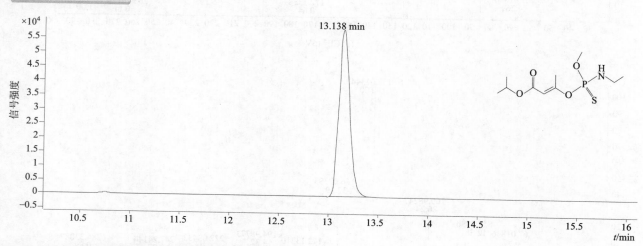

四个碰撞能量（CE）下子离子质谱图

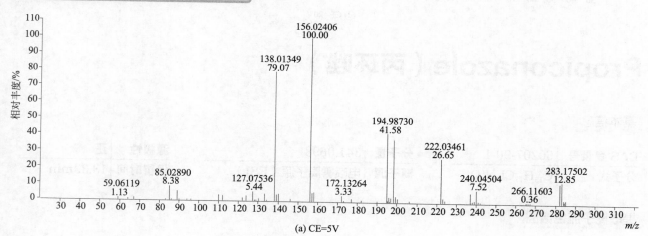

(a) CE=5V

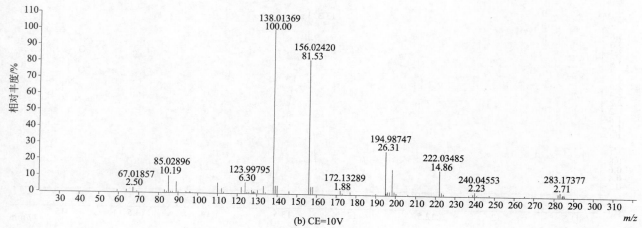

(b) CE=10V

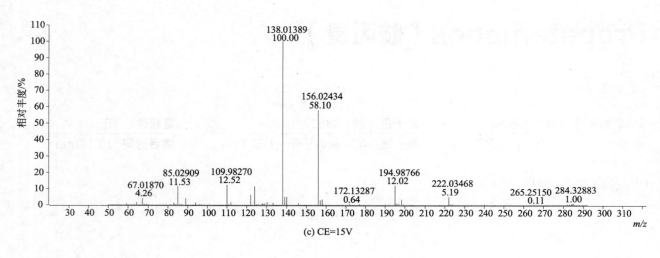

(c) CE=15V

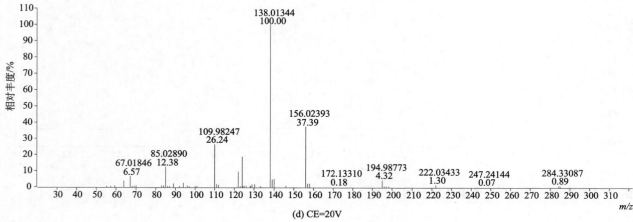

(d) CE=20V

Propiconazole（丙环唑）

基本信息

CAS 登录号	60207-90-1	分子量	341.0698	源极性	正
分子式	$C_{15}H_{17}Cl_2N_3O_2$	离子源	电喷雾离子源（ESI）	保留时间	13.33min

提取离子流色谱图

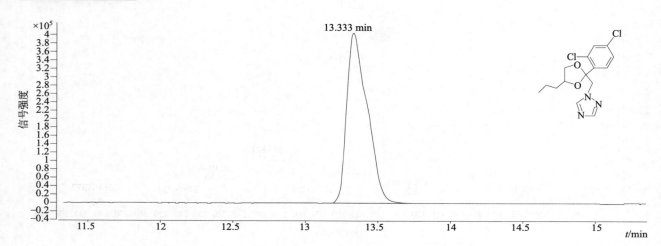

四个碰撞能量（CE）下子离子质谱图

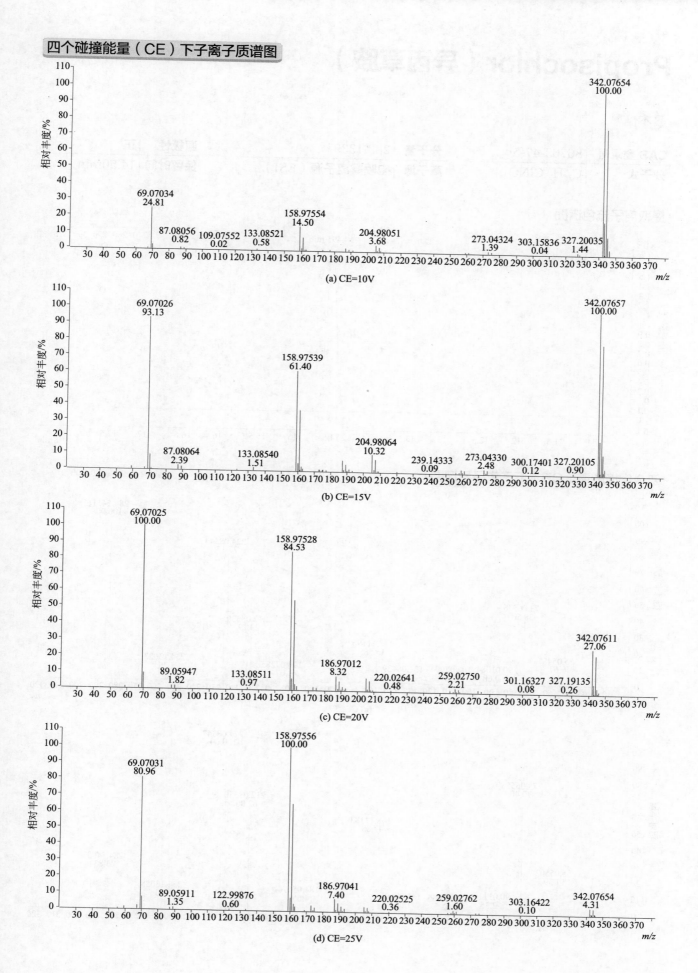

(a) CE=10V

(b) CE=15V

(c) CE=20V

(d) CE=25V

Propisochlor（异丙草胺）

基本信息

CAS 登录号	86763-47-5	**分子量**	283.1339	**源极性**	正
分子式	$C_{15}H_{22}ClNO_2$	**离子源**	电喷雾离子源（ESI）	**保留时间**	14.50min

提取离子流色谱图

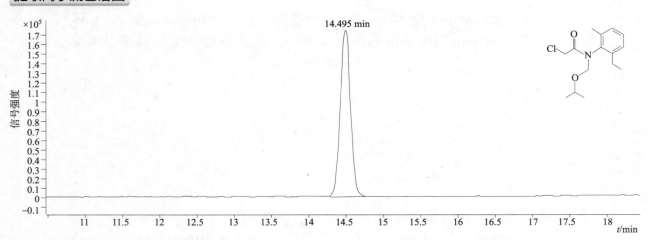

四个碰撞能量（CE）下子离子质谱图

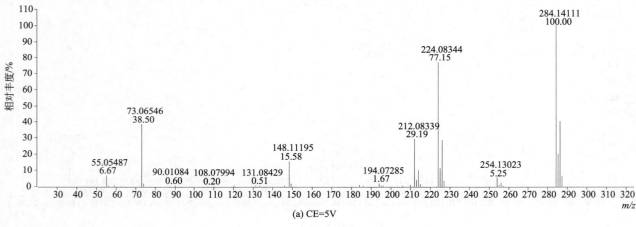

(a) CE=5V

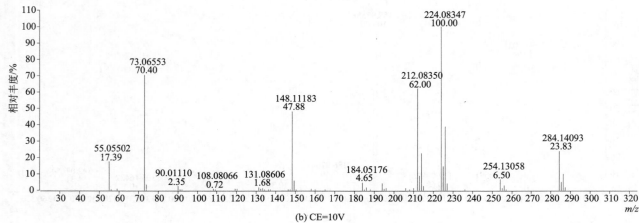

(b) CE=10V

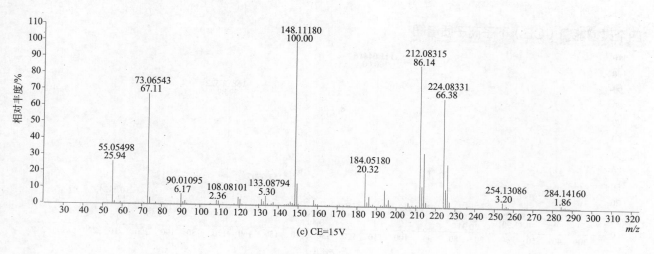

(c) CE=15V

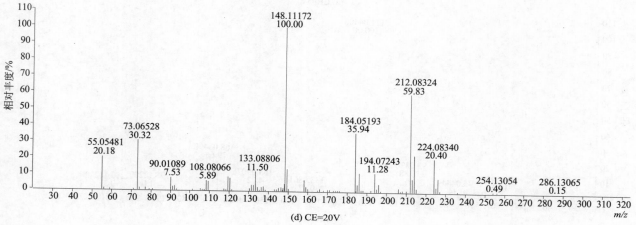

(d) CE=20V

Propoxur（残杀威）

基本信息

CAS 登录号	114-26-1	分子量	209.1052	源极性	正
分子式	$C_{11}H_{15}NO_3$	离子源	电喷雾离子源（ESI）	保留时间	5.82min

提取离子流色谱图

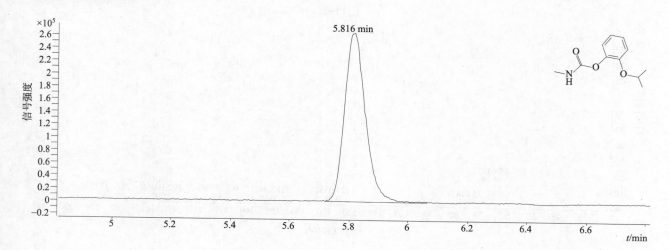

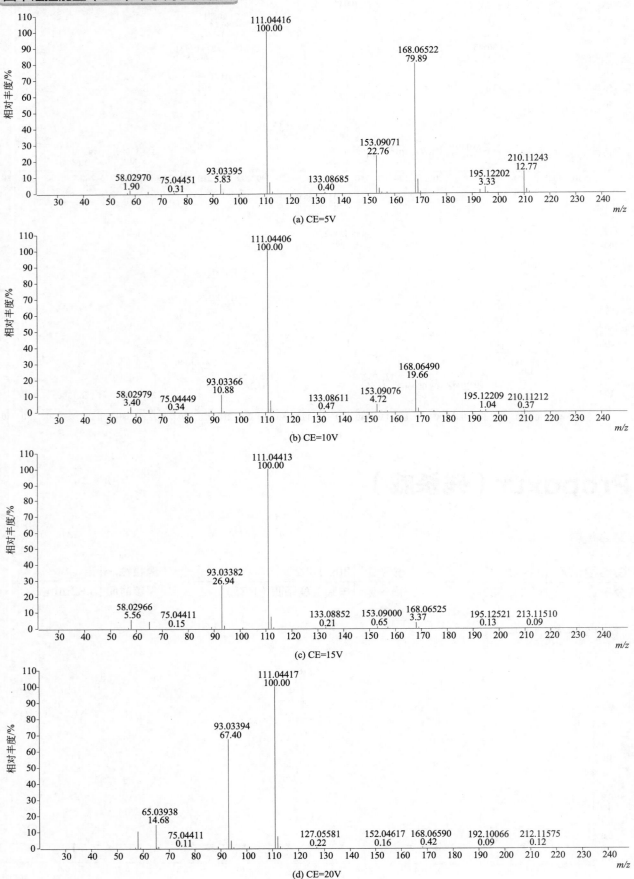

(a) CE=5V

(b) CE=10V

(c) CE=15V

(d) CE=20V

Propoxycarbazone(丙苯磺隆)

基本信息

CAS 登录号	145026-81-9	分子量	398.0896	源极性	正
分子式	$C_{15}H_{18}N_4O_7S$	离子源	电喷雾离子源（ESI）	保留时间	5.84min

提取离子流色谱图

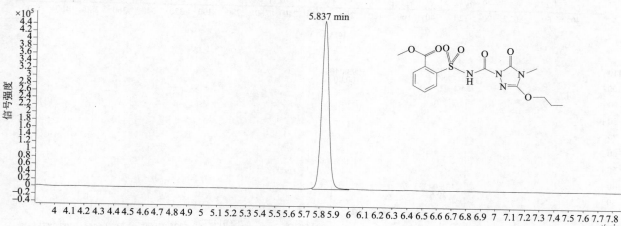

四个碰撞能量（CE）下子离子质谱图

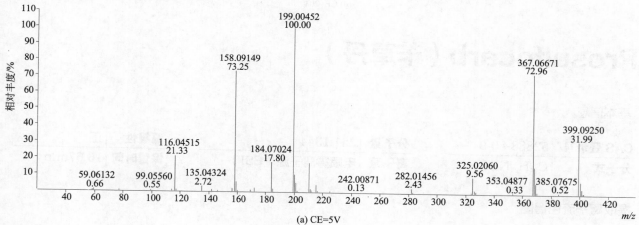

(a) CE=5V

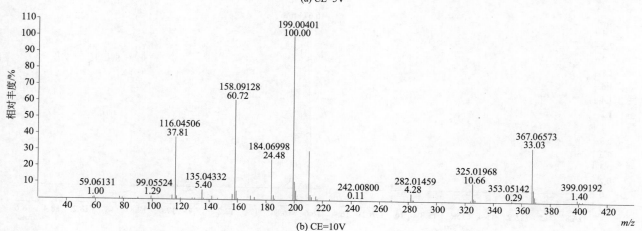

(b) CE=10V

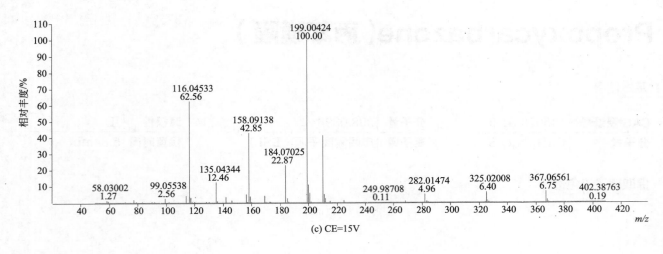

(c) CE=15V

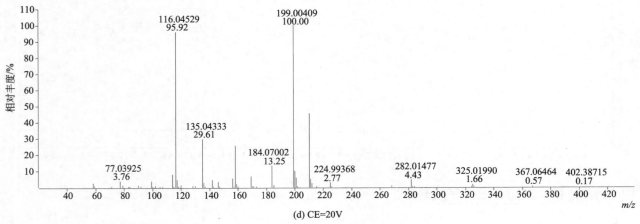

(d) CE=20V

Prosulfocarb（苄草丹）

基本信息

CAS 登录号	52888-80-9	分子量	251.1344	源极性	正
分子式	C₁₄H₂₁NOS	离子源	电喷雾离子源（ESI）	保留时间	16.67min

分子式 $C_{14}H_{21}NOS$

提取离子流色谱图

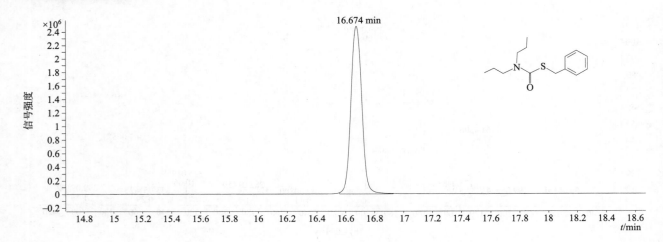

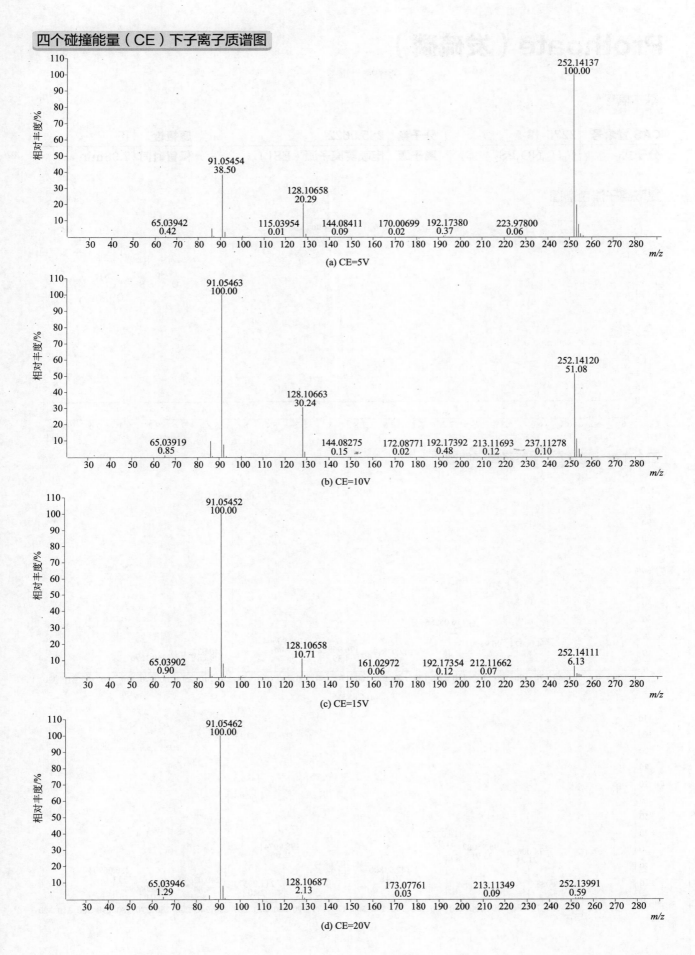

(a) CE=5V

(b) CE=10V

(c) CE=15V

(d) CE=20V

Prothoate（发硫磷）

基本信息

CAS 登录号	2275-18-5	分子量	285.0622	源极性	正
分子式	$C_9H_{20}NO_3PS_2$	离子源	电喷雾离子源（ESI）	保留时间	7.98min

提取离子流色谱图

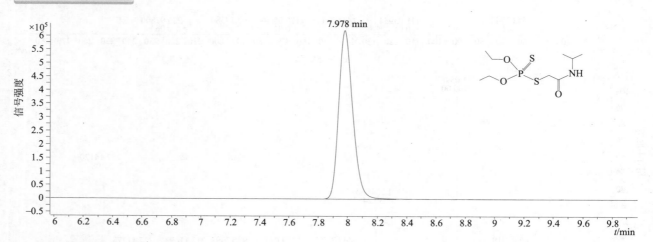

四个碰撞能量（CE）下子离子质谱图

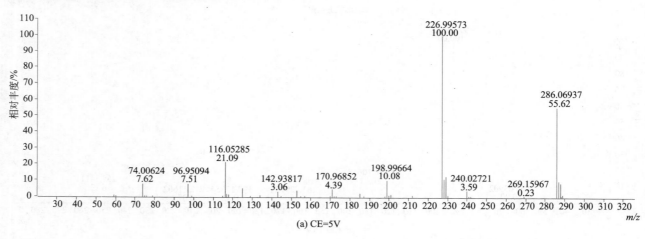

(a) CE=5V

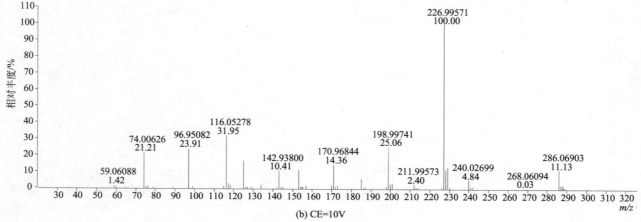

(b) CE=10V

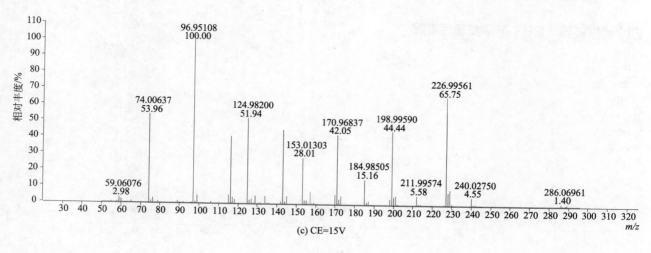

(c) CE=15V

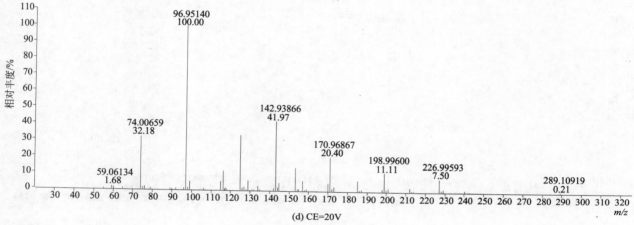

(d) CE=20V

Pymetrozine（吡蚜酮）

基本信息

CAS 登录号	123312-89-0	分子量	217.0964	源极性	正
分子式	$C_{10}H_{11}N_5O$	离子源	电喷雾离子源（ESI）	保留时间	2.07min

提取离子流色谱图

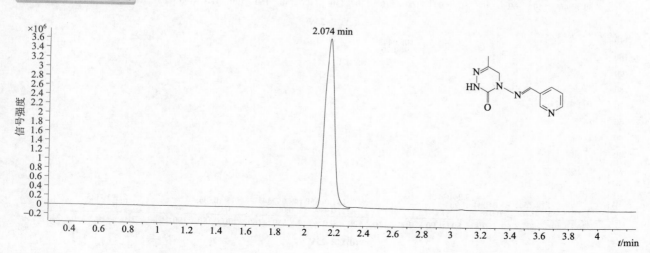

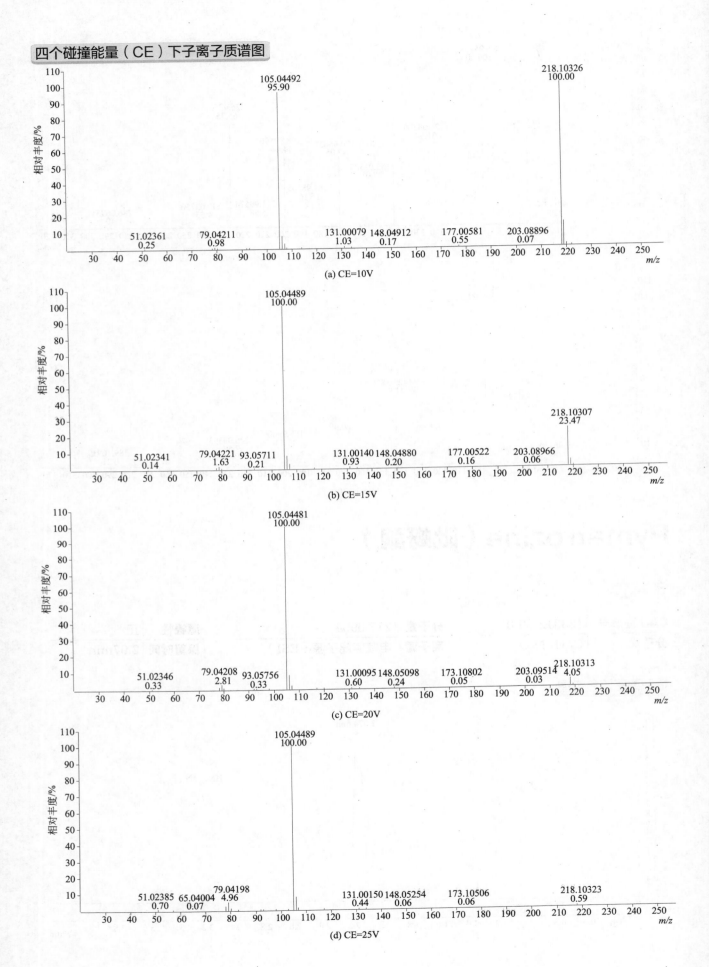

(a) CE=10V

(b) CE=15V

(c) CE=20V

(d) CE=25V

Pyraclofos （吡唑硫磷）

基本信息

CAS 登录号	77458-01-6	**分子量**	360.0464	**源极性**	正
分子式	C₁₄H₁₈ClN₂O₃PS	**离子源**	电喷雾离子源（ESI）	**保留时间**	14.84min

提取离子流色谱图

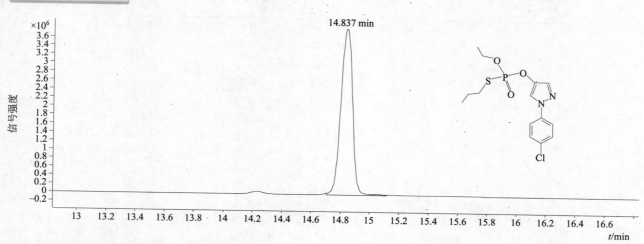

四个碰撞能量（CE）下子离子质谱图

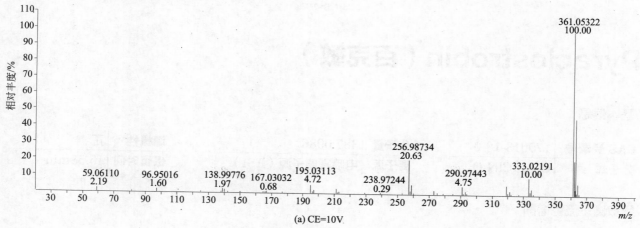

(a) CE=10V

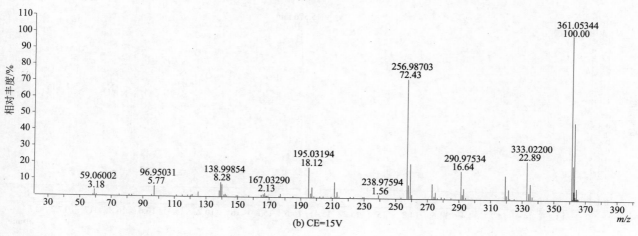

(b) CE=15V

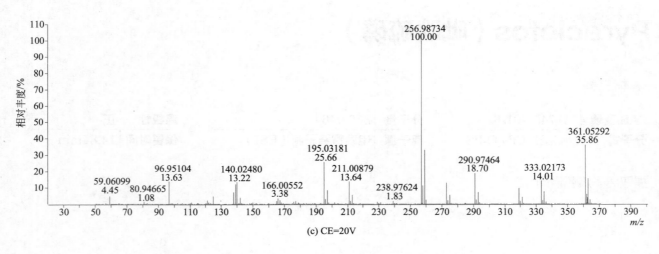

(c) CE=20V

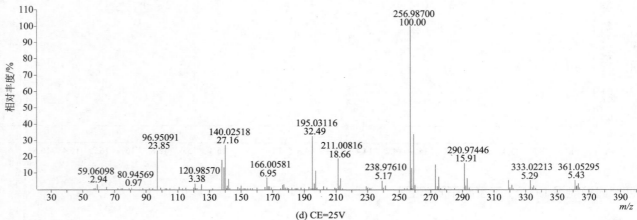

(d) CE=25V

Pyraclostrobin（百克敏）

基本信息

CAS 登录号	175013-18-0	分子量	387.0986	源极性	正
分子式	$C_{19}H_{18}ClN_3O_4$	离子源	电喷雾离子源（ESI）	保留时间	15.58min

提取离子流色谱图

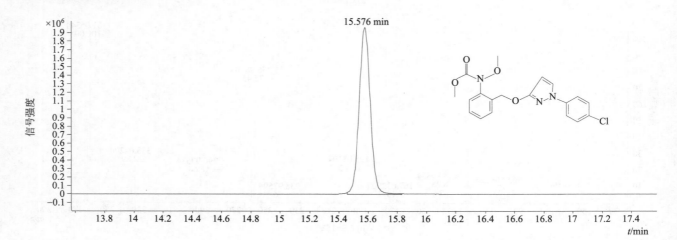

15.576 min

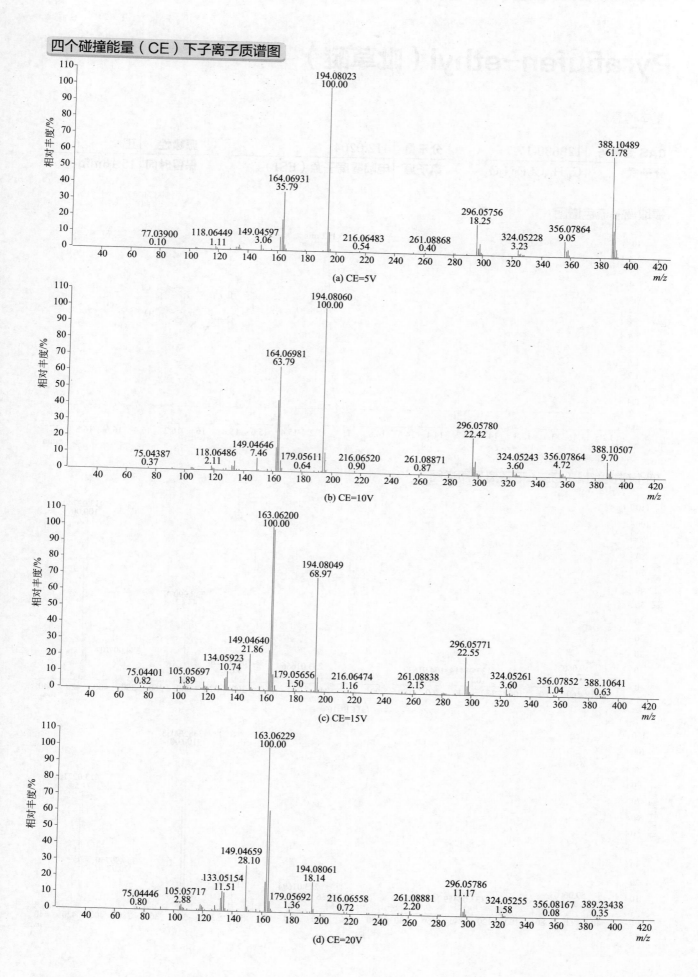

(a) CE=5V

(b) CE=10V

(c) CE=15V

(d) CE=20V

Pyraflufen-ethyl（吡草醚）

基本信息

CAS 登录号	129630-17-7	分子量	412.0204	源极性	正
分子式	C₁₅H₁₃Cl₂F₃N₂O₄	离子源	电喷雾离子源（ESI）	保留时间	15.16min

提取离子流色谱图

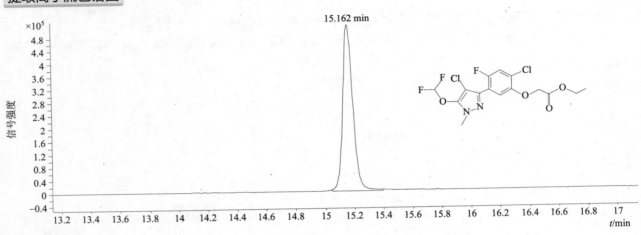

四个碰撞能量（CE）下子离子质谱图

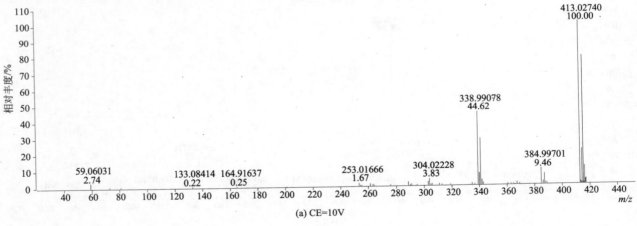

(a) CE=10V

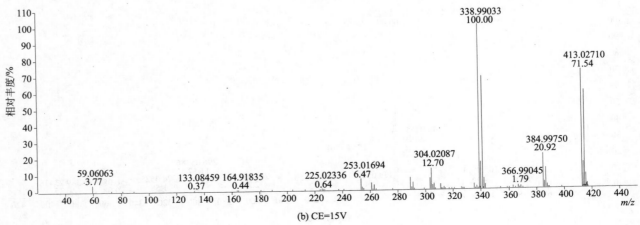

(b) CE=15V

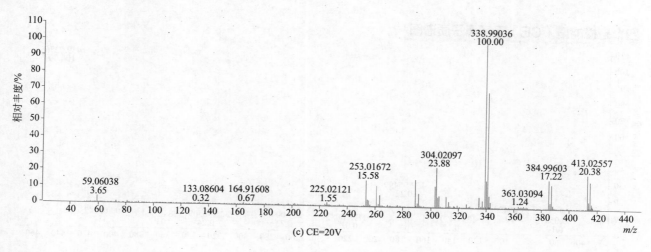

(c) CE=20V

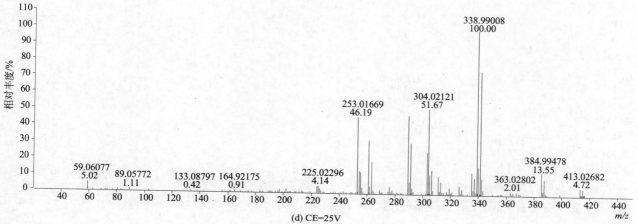

(d) CE=25V

Pyrazolynate（吡唑特）

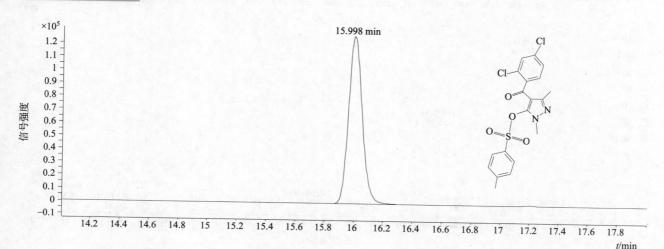

基本信息

CAS 登录号	58011-68-0	分子量	438.0208	源极性	正
分子式	$C_{19}H_{16}Cl_2N_2O_4S$	离子源	电喷雾离子源（ESI）	保留时间	16.00min

提取离子流色谱图

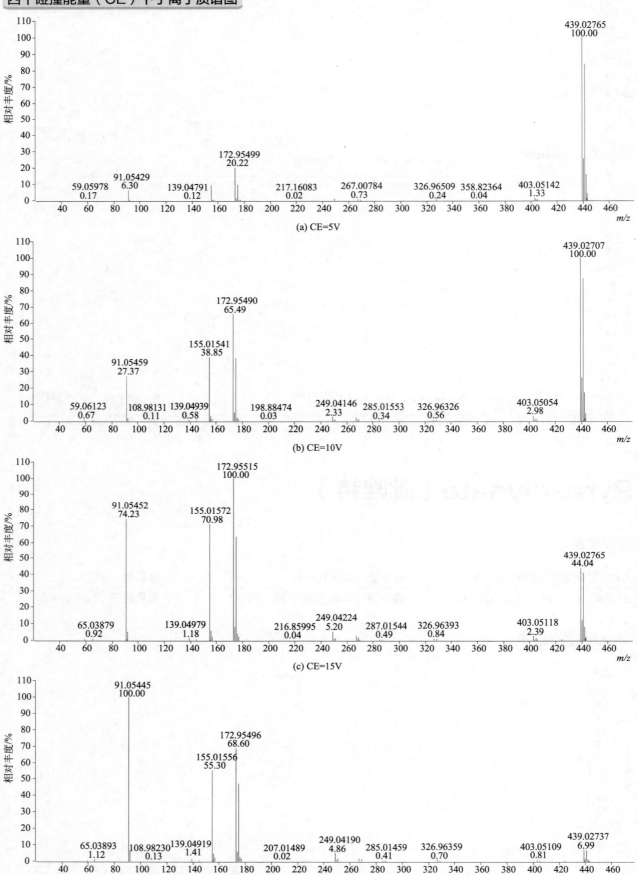

(a) CE=5V

(b) CE=10V

(c) CE=15V

(d) CE=20V

Pyrazophos（吡菌磷）

基本信息

CAS 登录号	13457-18-6	**分子量**	373.0861	**源极性**	正
分子式	$C_{14}H_{20}N_3O_5PS$	**离子源**	电喷雾离子源（ESI）	**保留时间**	15.29min

提取离子流色谱图

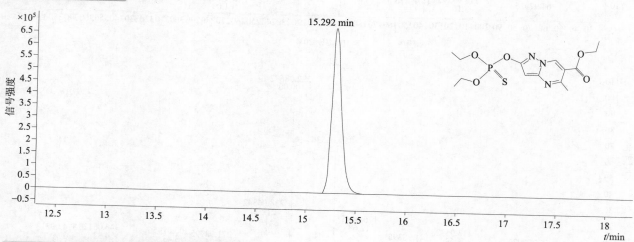

四个碰撞能量（CE）下子离子质谱图

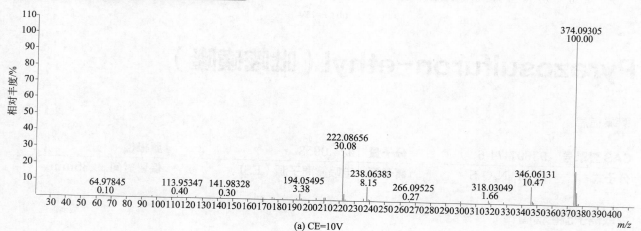

(a) CE=10V

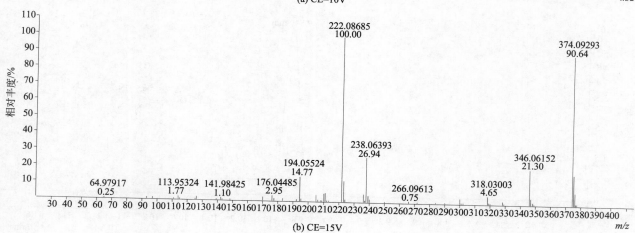

(b) CE=15V

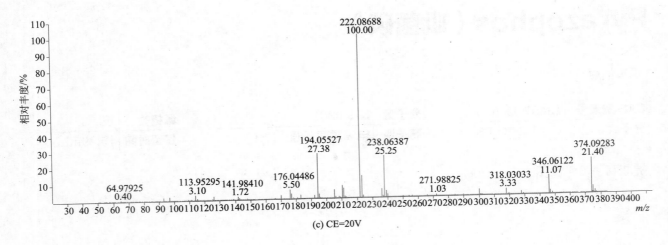

(c) CE=20V

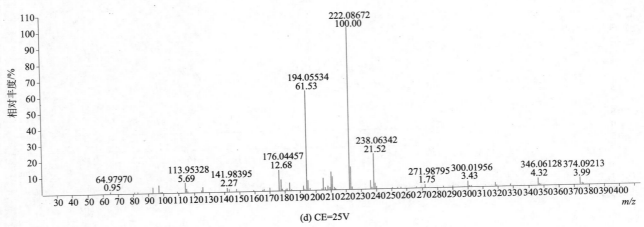

(d) CE=25V

Pyrazosulfuron-ethyl（吡嘧磺隆）

基本信息

CAS 登录号	93697-74-6	分子量	414.0958	源极性	正
分子式	$C_{14}H_{18}N_6O_7S$	离子源	电喷雾离子源（ESI）	保留时间	9.85min

提取离子流色谱图

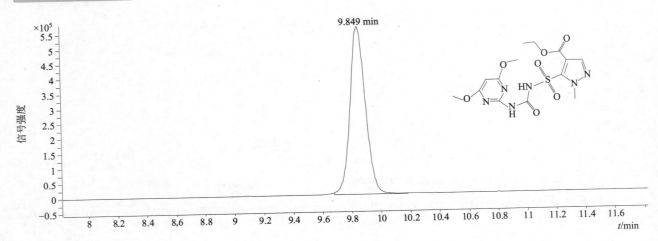

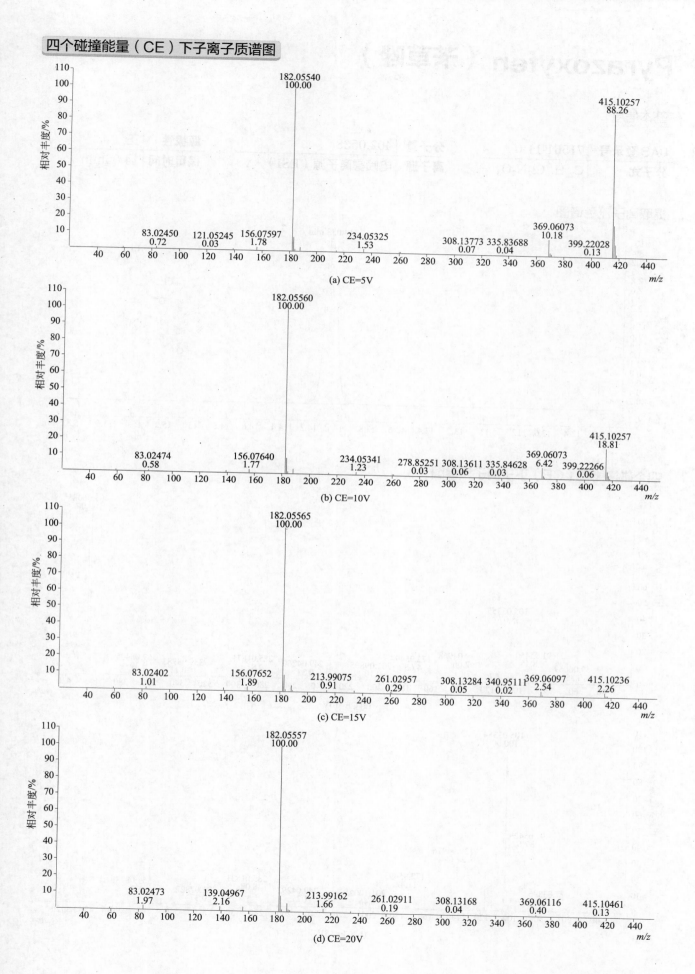

(a) CE=5V

(b) CE=10V

(c) CE=15V

(d) CE=20V

Pyrazoxyfen （苄草唑）

基本信息

CAS 登录号	71561-11-0	**分子量**	402.0538	**源极性**	正
分子式	$C_{20}H_{16}Cl_2N_2O_3$	**离子源**	电喷雾离子源（ESI）	**保留时间**	14.06min

提取离子流色谱图

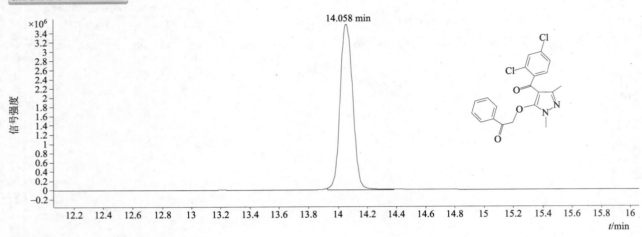

四个碰撞能量（CE）下子离子质谱图

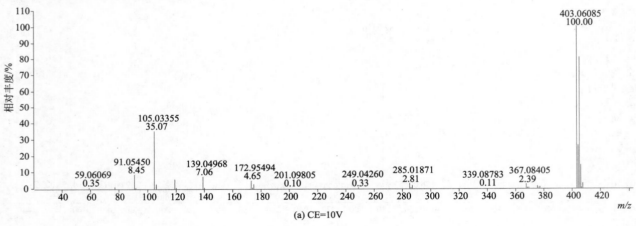

(a) CE=10V

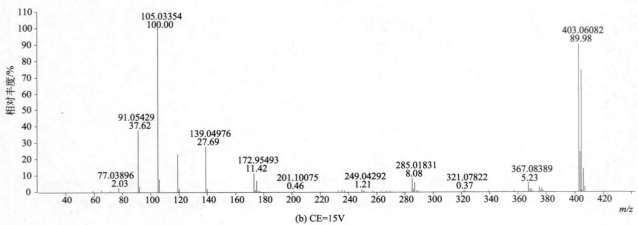

(b) CE=15V

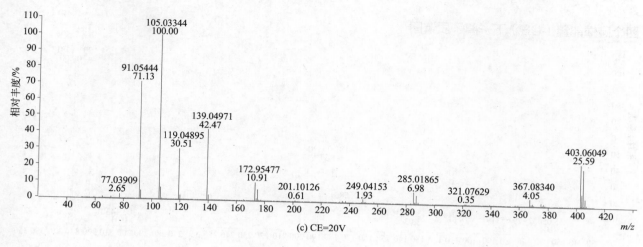

(c) CE=20V

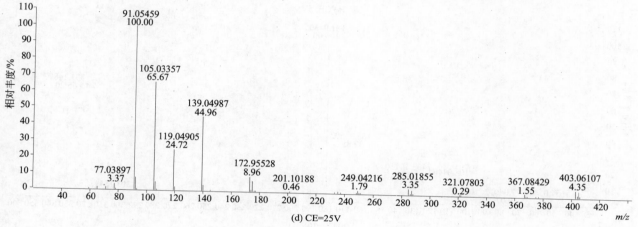

(d) CE=25V

Pyributicarb（稗草丹）

基本信息

| CAS 登录号 | 88678-67-5 | 分子量 | 330.1402 | 源极性 | 正 |
| 分子式 | $C_{18}H_{22}N_2O_2S$ | 离子源 | 电喷雾离子源（ESI） | 保留时间 | 17.93min |

提取离子流色谱图

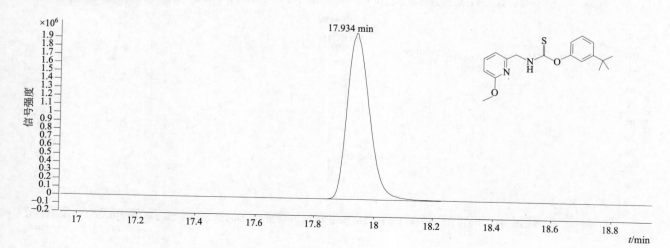

四个碰撞能量（CE）下子离子质谱图

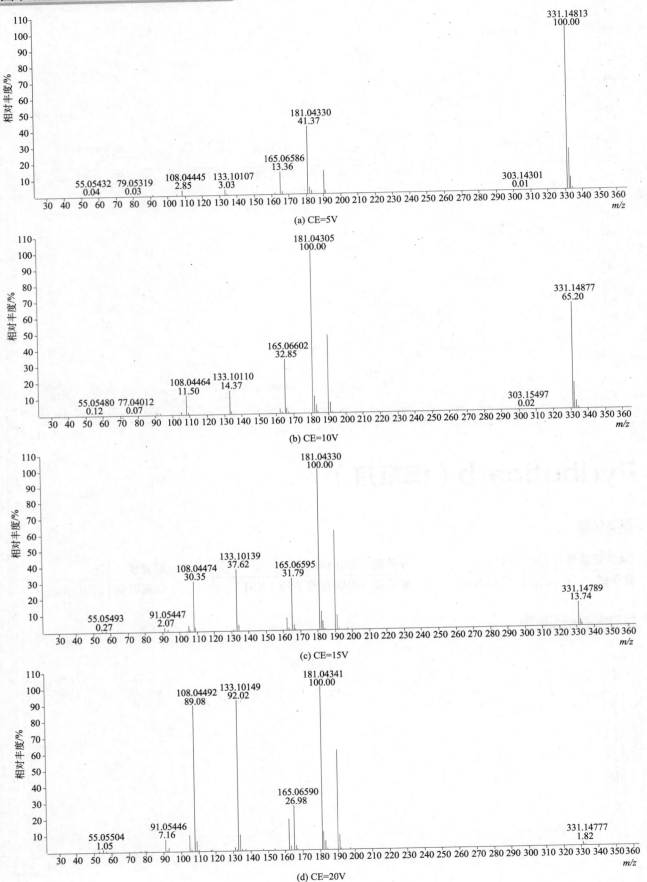

(a) CE=5V

(b) CE=10V

(c) CE=15V

(d) CE=20V

Pyridaben（哒螨灵）

基本信息

CAS 登录号	96489-71-3	**分子量**	364.1376	**源极性**	正
分子式	$C_{19}H_{25}ClN_2OS$	**离子源**	电喷雾离子源（ESI）	**保留时间**	18.92min

提取离子流色谱图

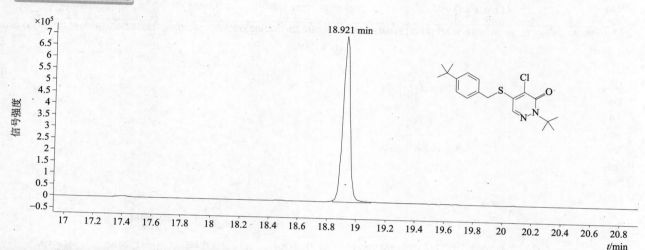

四个碰撞能量（CE）下子离子质谱图

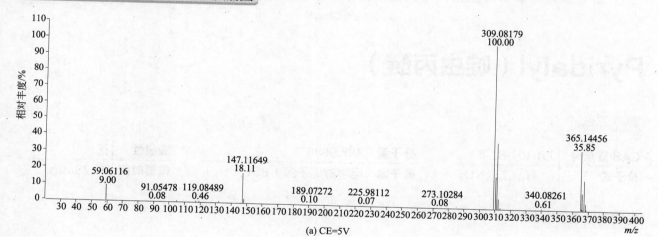

(a) CE=5V

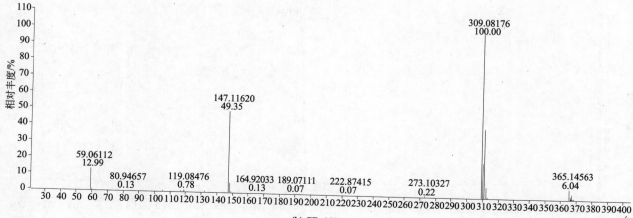

(b) CE=10V

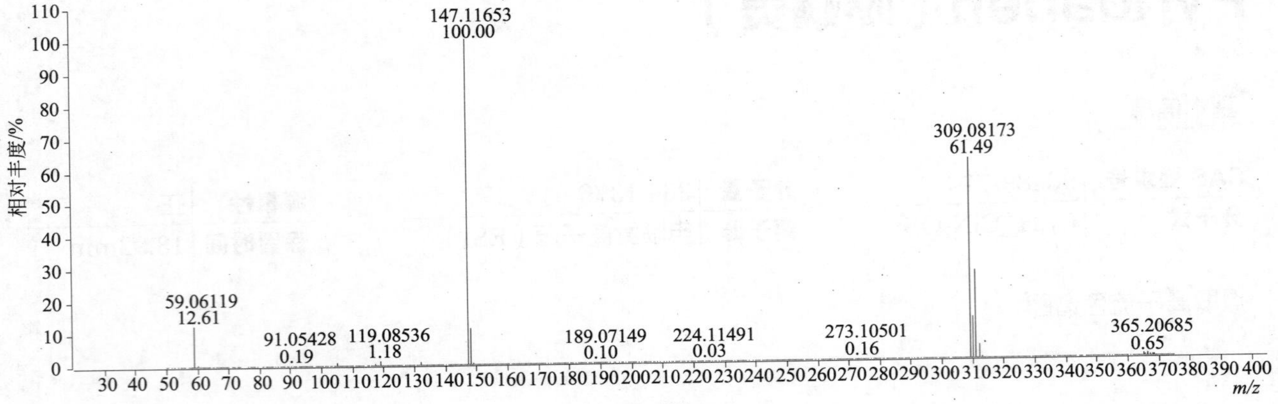

(c) CE=15V

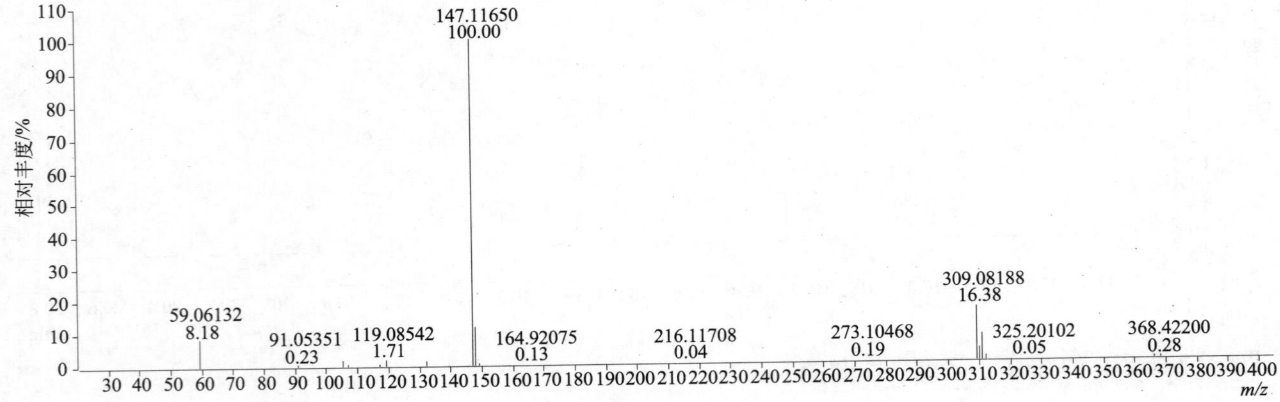

(d) CE=20V

Pyridalyl（啶虫丙醚）

基本信息

CAS 登录号	179101-81-6	**分子量**	488.9680	**源极性**	正
分子式	$C_{18}H_{14}Cl_4F_3NO_3$	**离子源**	电喷雾离子源（ESI）	**保留时间**	20.28min

提取离子流色谱图

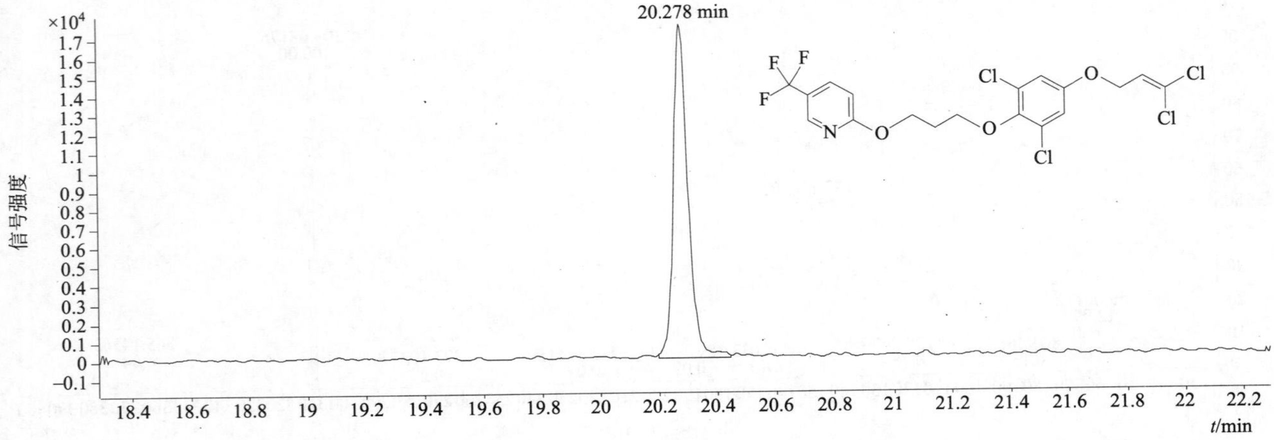

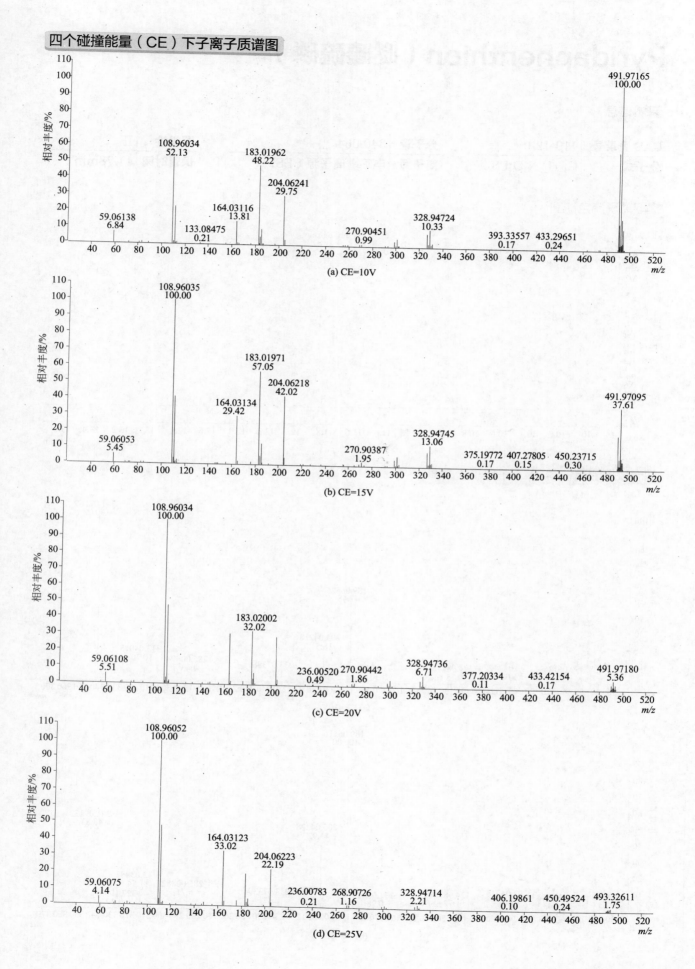

(a) CE=10V

(b) CE=15V

(c) CE=20V

(d) CE=25V

Pyridaphenthion（哒嗪硫磷）

CAS 登录号	119-12-0	分子量	340.0647	源极性	正
分子式	C$_{14}$H$_{17}$N$_2$O$_4$PS	离子源	电喷雾离子源（ESI）	保留时间	11.78min

提取离子流色谱图

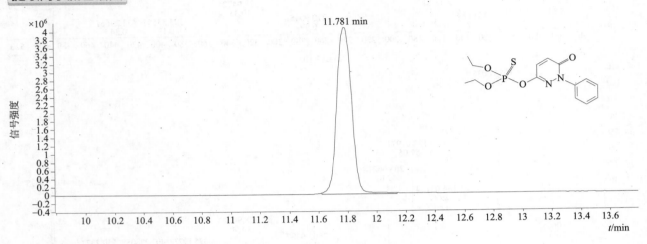

四个碰撞能量（CE）下子离子质谱图

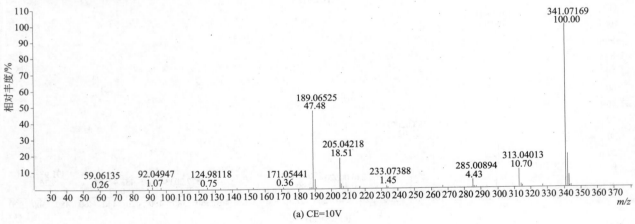

(a) CE=10V

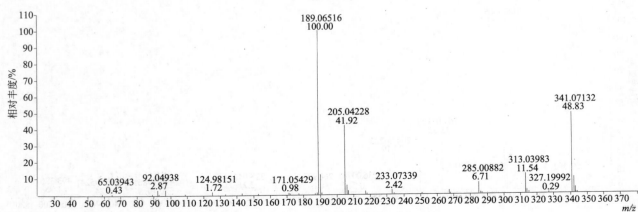

(b) CE=15V

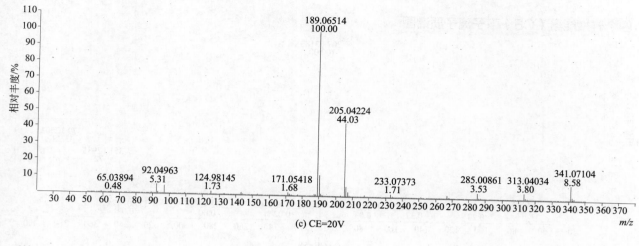

(c) CE=20V

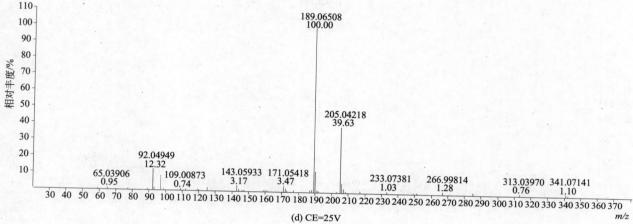

(d) CE=25V

Pyridate（哒草特）

基本信息

CAS 登录号	55512-33-9	**分子量**	378.1169	**源极性**	正
分子式	$C_{19}H_{23}ClN_2O_2S$	**离子源**	电喷雾离子源（ESI）	**保留时间**	19.72min

提取离子流色谱图

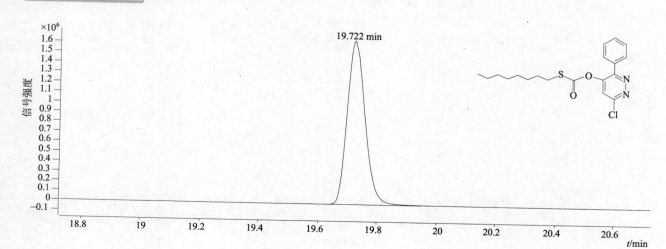

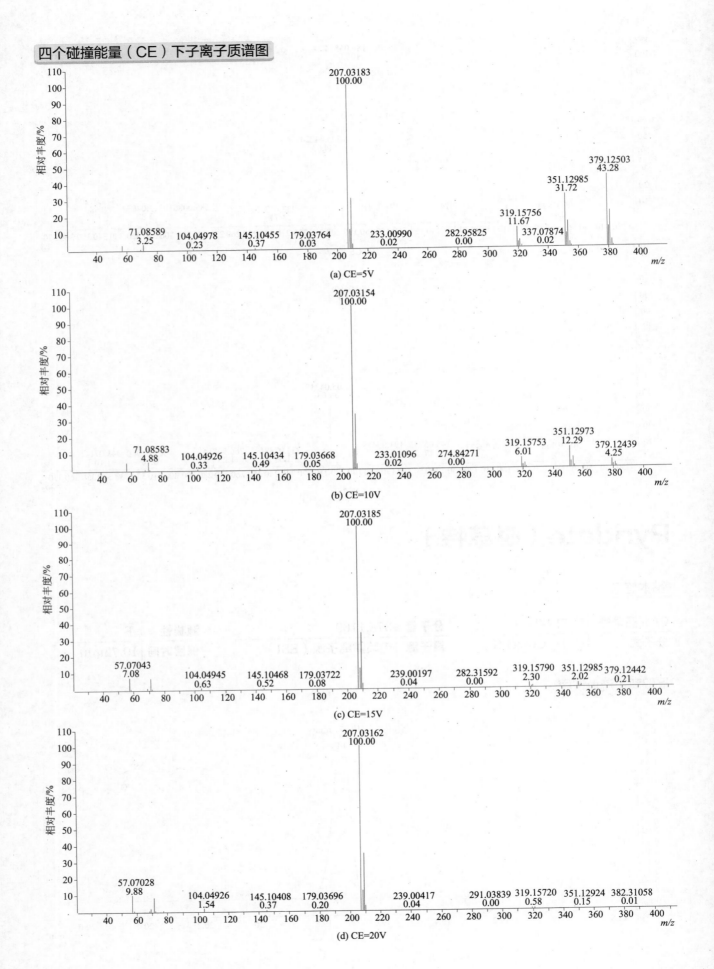

(a) CE=5V

(b) CE=10V

(c) CE=15V

(d) CE=20V

Pyrifenox（啶斑肟）

基本信息

CAS 登录号	88283-41-4	**分子量**	294.0327	**源极性**	正
分子式	$C_{14}H_{12}Cl_2N_2O$	**离子源**	电喷雾离子源（ESI）	**保留时间**	10.24min

提取离子流色谱图

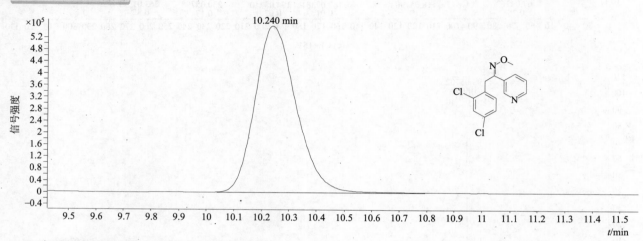

四个碰撞能量（CE）下子离子质谱图

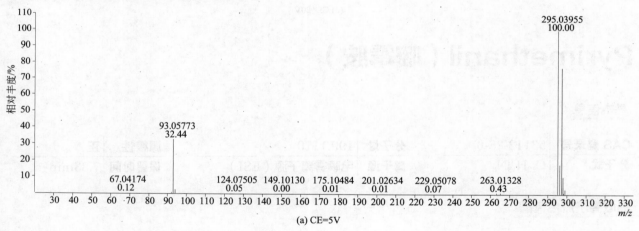

(a) CE=5V

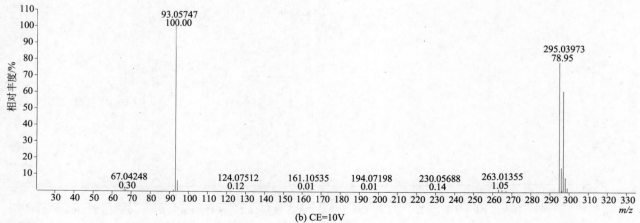

(b) CE=10V

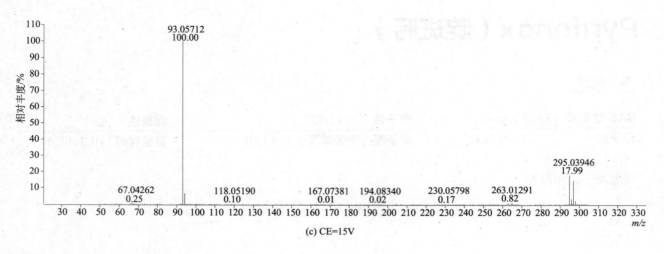

(c) CE=15V

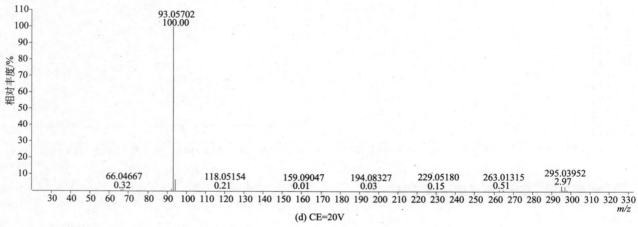

(d) CE=20V

Pyrimethanil（嘧霉胺）

基本信息

CAS 登录号	53112-28-0	分子量	199.1110	源极性	正
分子式	C$_{12}$H$_{13}$N$_3$	离子源	电喷雾离子源（ESI）	保留时间	7.83min

提取离子流色谱图

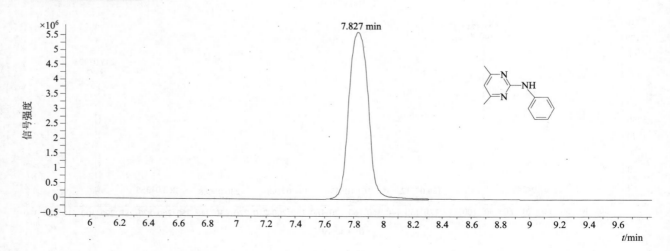

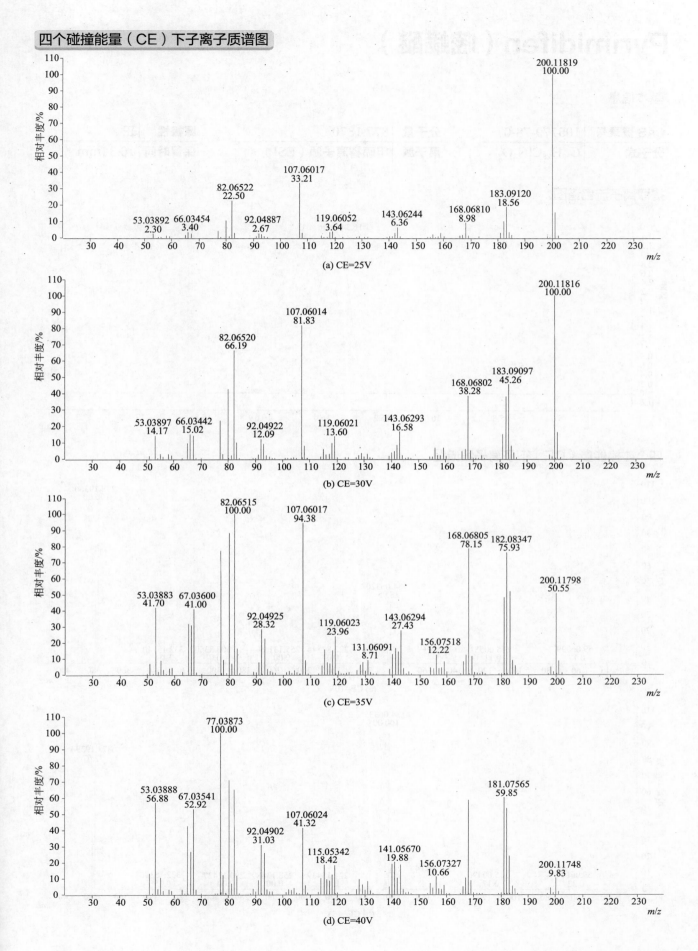

(a) CE=25V

(b) CE=30V

(c) CE=35V

(d) CE=40V

Pyrimidifen（嘧螨醚）

基本信息

CAS 登录号	105779-78-0	**分子量**	377.1870	**源极性**	正
分子式	$C_{20}H_{28}ClN_3O_2$	**离子源**	电喷雾离子源（ESI）	**保留时间**	16.34min

提取离子流色谱图

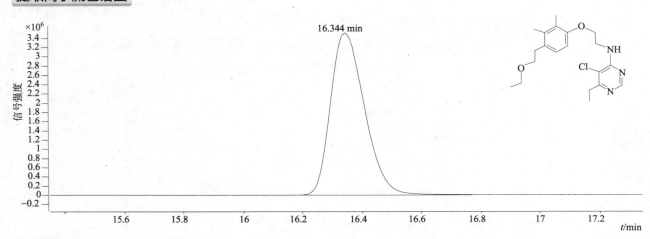

四个碰撞能量（CE）下子离子质谱图

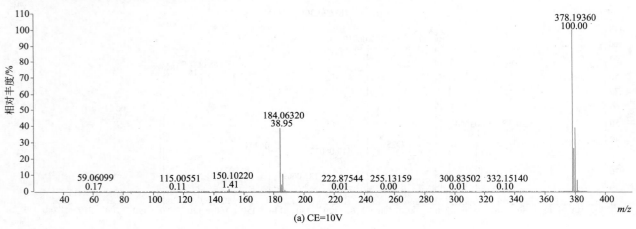

(a) CE=10V

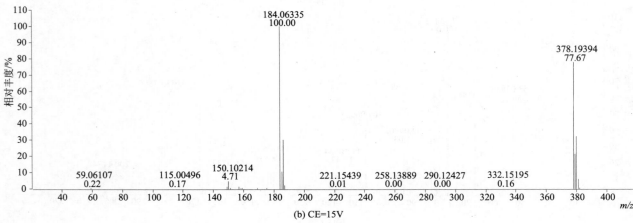

(b) CE=15V

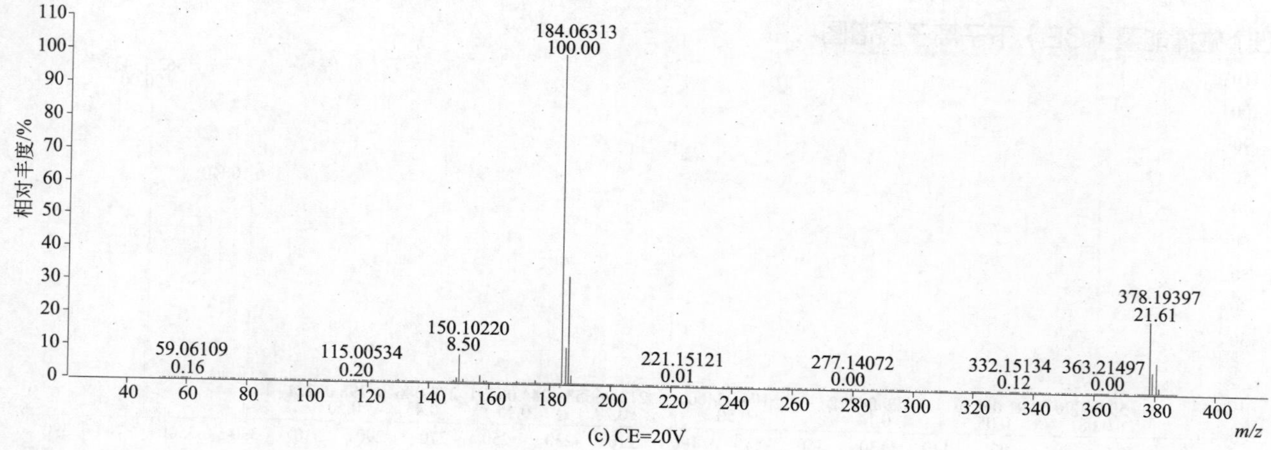

(c) CE=20V

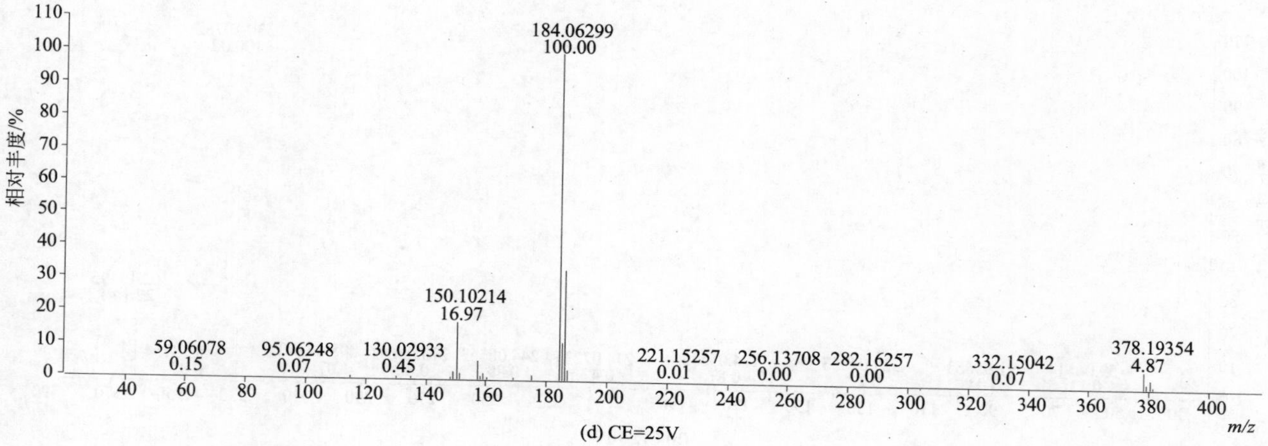

(d) CE=25V

(Z)-Pyriminobac-methyl[(Z)-嘧草醚]

基本信息

CAS 登录号	147411-70-9	**分子量**	361.1274	**源极性**	正
分子式	$C_{17}H_{19}N_3O_6$	**离子源**	电喷雾离子源（ESI）	**保留时间**	9.46min

提取离子流色谱图

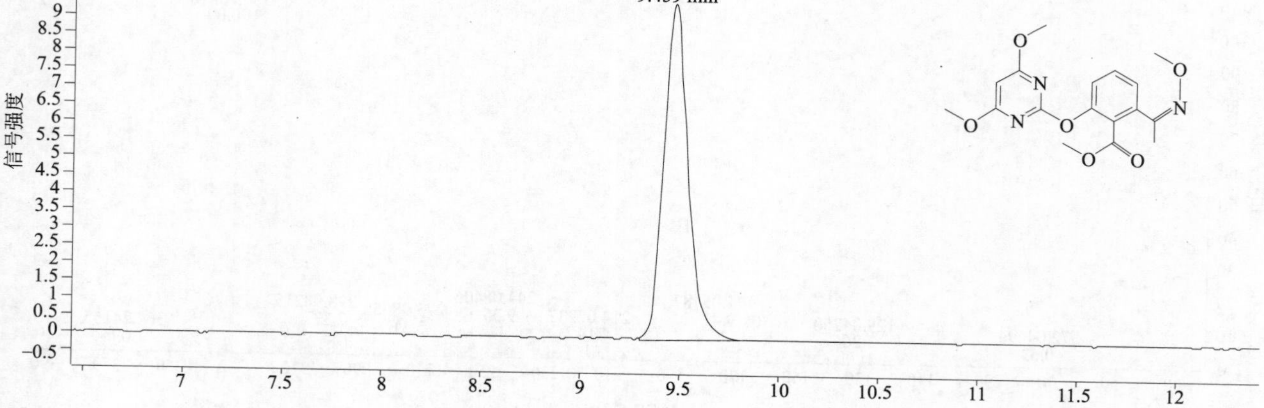

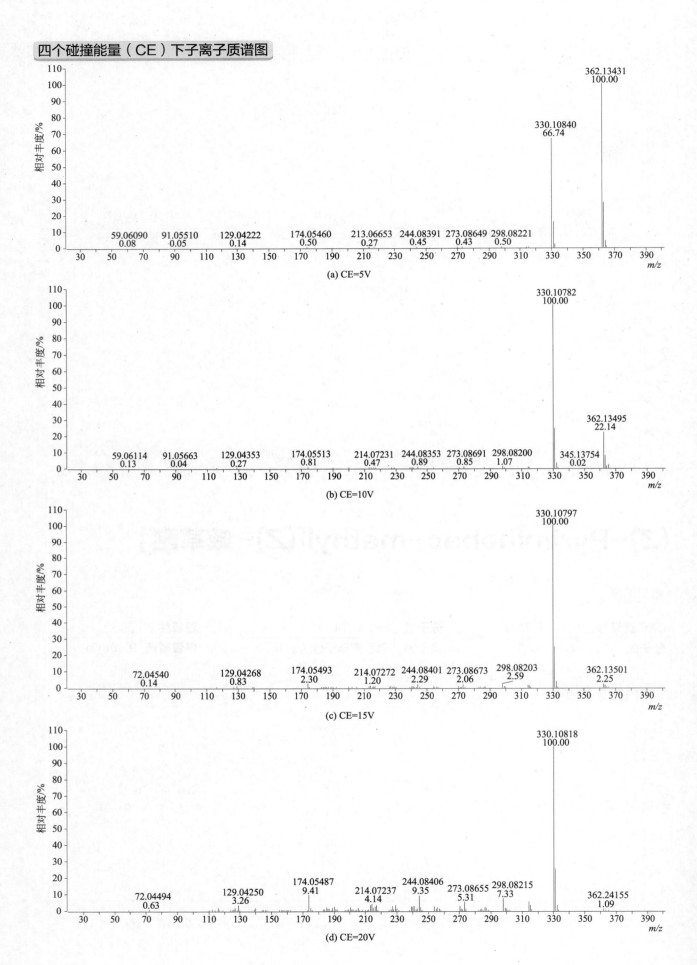

(a) CE=5V

(b) CE=10V

(c) CE=15V

(d) CE=20V

Pyrimitate（嘧啶磷）

基本信息

CAS 登录号	5221-49-8	**分子量**	305.0963	**源极性**	正
分子式	$C_{11}H_{20}N_3O_3PS$	**离子源**	电喷雾离子源（ESI）	**保留时间**	14.95min

提取离子流色谱图

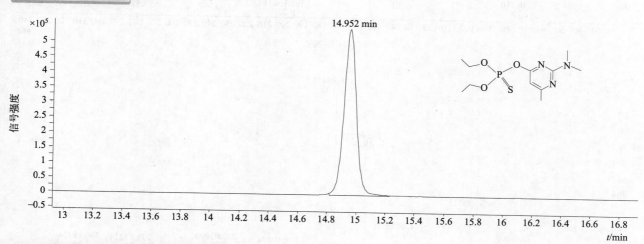

四个碰撞能量（CE）下子离子质谱图

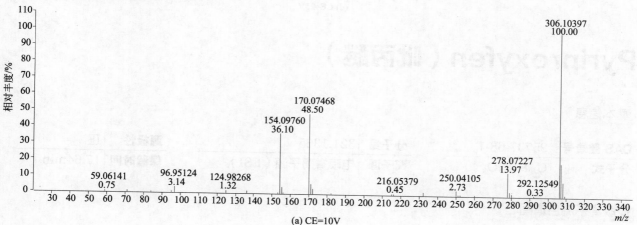

(a) CE=10V

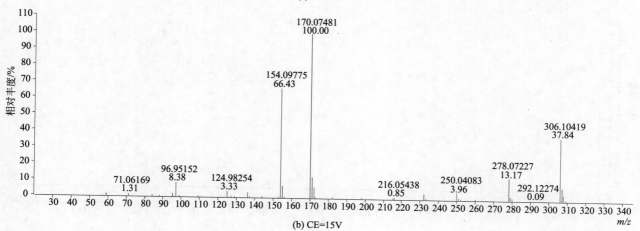

(b) CE=15V

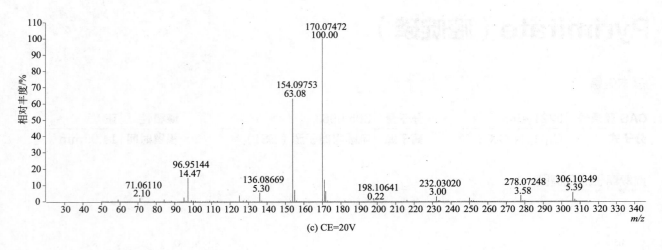

(c) CE=20V

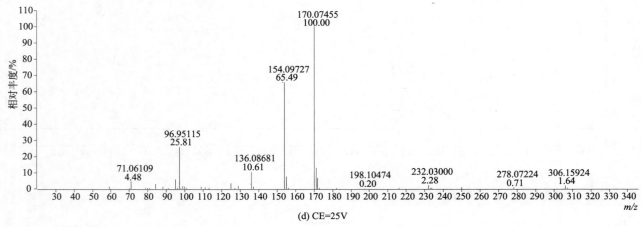

(d) CE=25V

Pyriproxyfen（吡丙醚）

基本信息

CAS 登录号	95737-68-1	分子量	321.1365	源极性	正
分子式	C₂₀H₁₉NO₃	离子源	电喷雾离子源（ESI）	保留时间	17.64min

分子式 $C_{20}H_{19}NO_3$

提取离子流色谱图

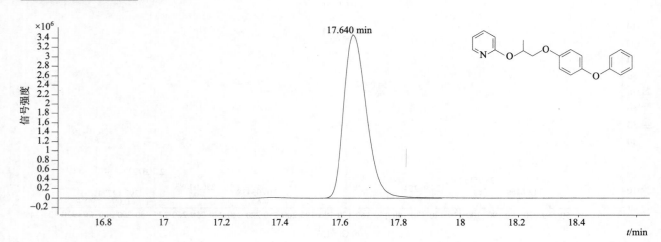

四个碰撞能量（CE）下子离子质谱图

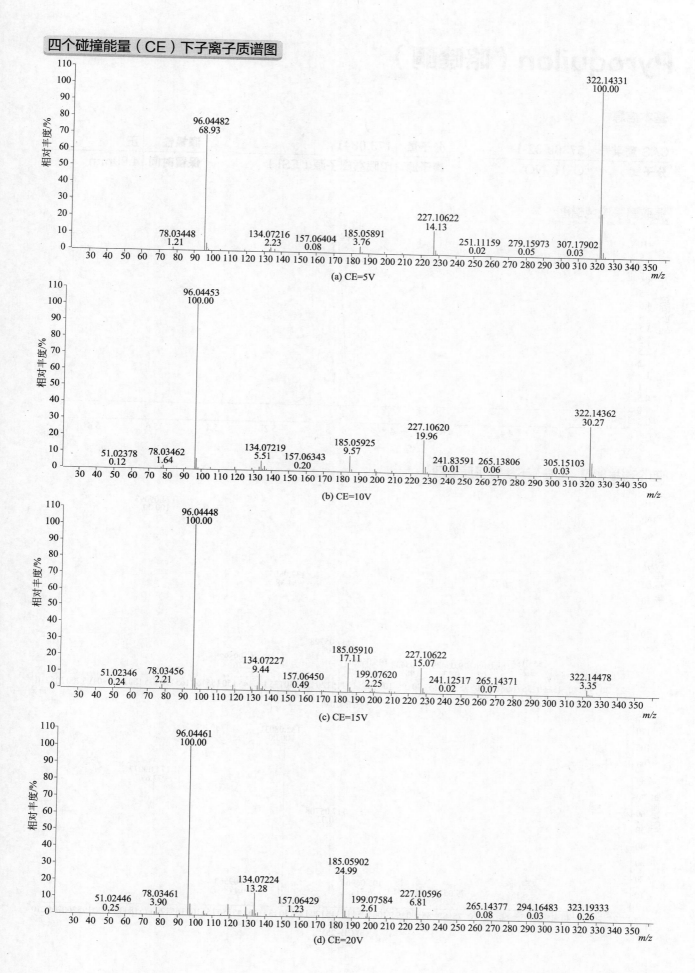

(a) CE=5V

(b) CE=10V

(c) CE=15V

(d) CE=20V

Pyroquilon（咯喹酮）

基本信息

CAS 登录号	57369-32-1	**分子量**	173.0841	**源极性**	正
分子式	$C_{11}H_{11}NO$	**离子源**	电喷雾离子源（ESI）	**保留时间**	4.99min

提取离子流色谱图

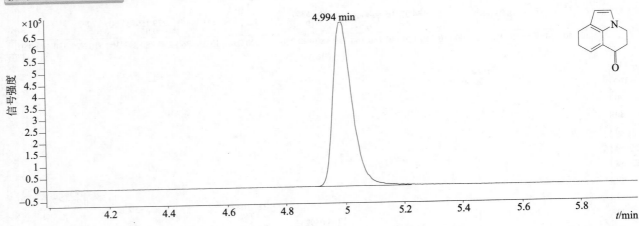

四个碰撞能量（CE）下子离子质谱图

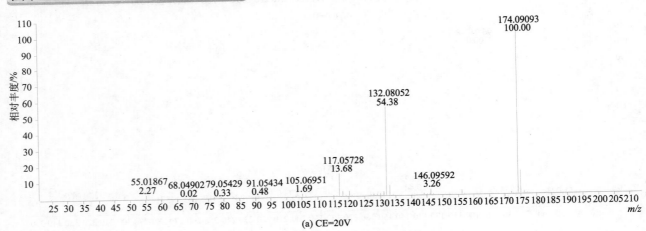

(a) CE=20V

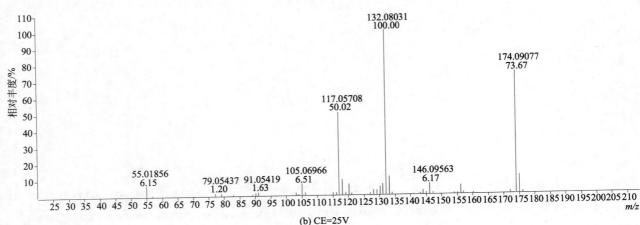

(b) CE=25V

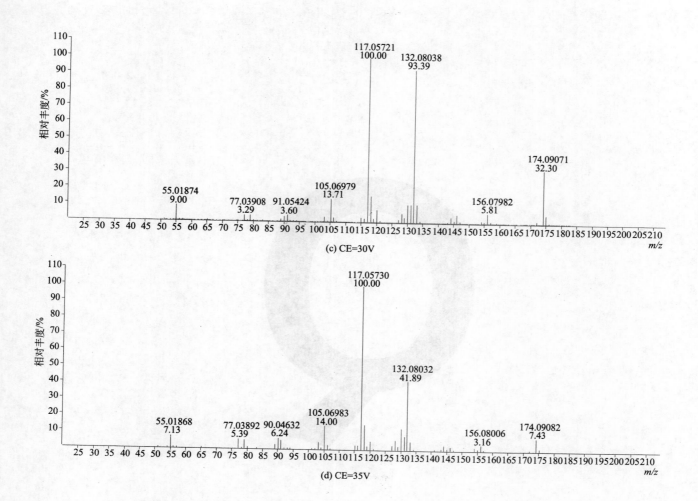

(c) CE=30V

(d) CE=35V

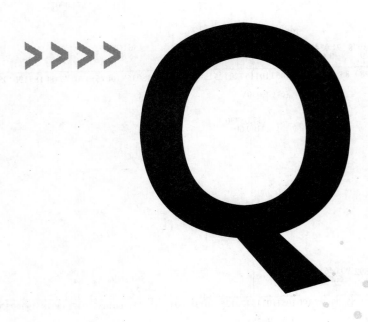

Quinalphos（喹硫磷）

基本信息

CAS 登录号	13593-03-8	**分子量**	298.0541	**源极性**	正
分子式	C₁₂H₁₅N₂O₃PS	**离子源**	电喷雾离子源（ESI）	**保留时间**	14.16min

提取离子流色谱图

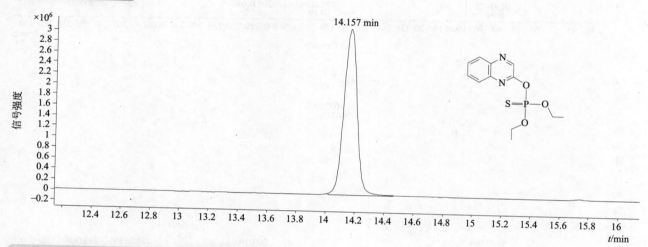

四个碰撞能量（CE）下子离子质谱图

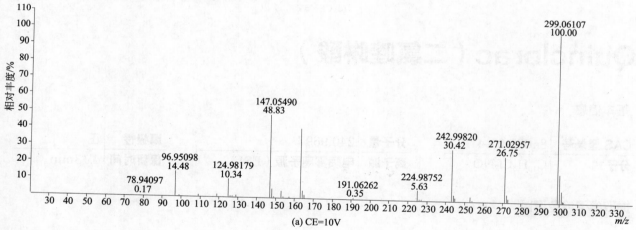

(a) CE=10V

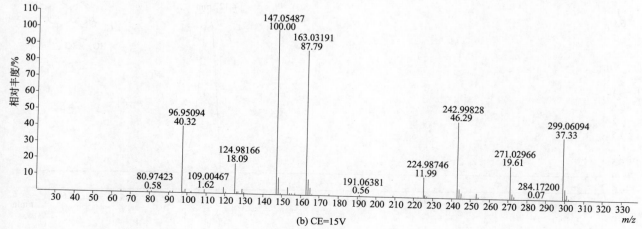

(b) CE=15V

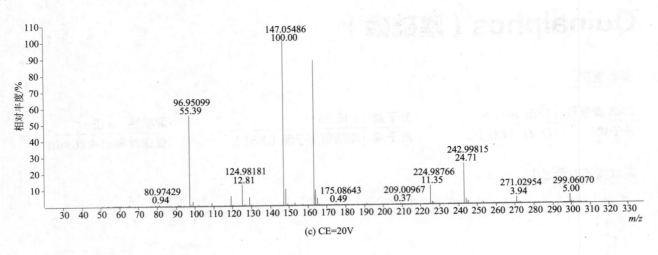

(c) CE=20V

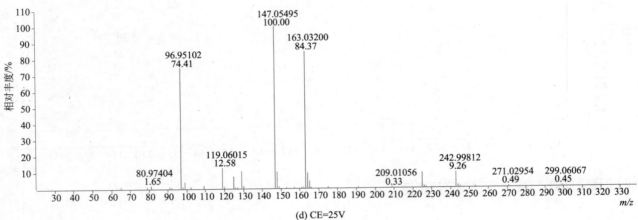

(d) CE=25V

Quinclorac（二氯喹啉酸）

基本信息

CAS 登录号	84087-01-4	分子量	240.9697	源极性	正
分子式	C₁₀H₅Cl₂NO₂	离子源	电喷雾离子源（ESI）	保留时间	4.13min

分子式值: $C_{10}H_5Cl_2NO_2$

提取离子流色谱图

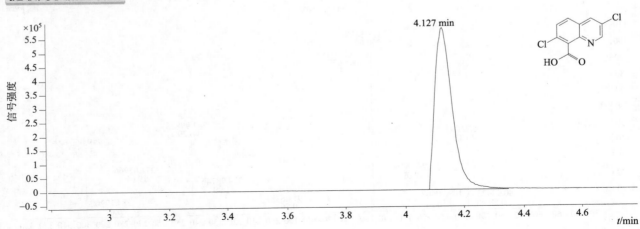

四个碰撞能量（CE）下子离子质谱图

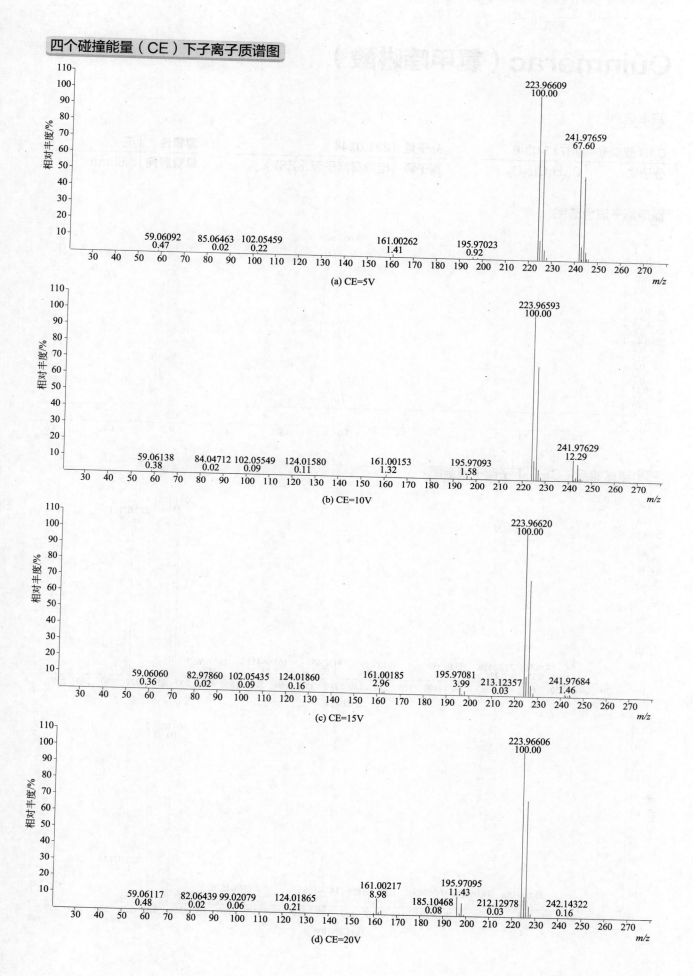

(a) CE=5V

(b) CE=10V

(c) CE=15V

(d) CE=20V

647

Quinmerac（氯甲喹啉酸）

基本信息

CAS 登录号	90717-03-6	**分子量**	221.0244	**源极性**	正
分子式	$C_{11}H_8ClNO_2$	**离子源**	电喷雾离子源（ESI）	**保留时间**	3.65min

提取离子流色谱图

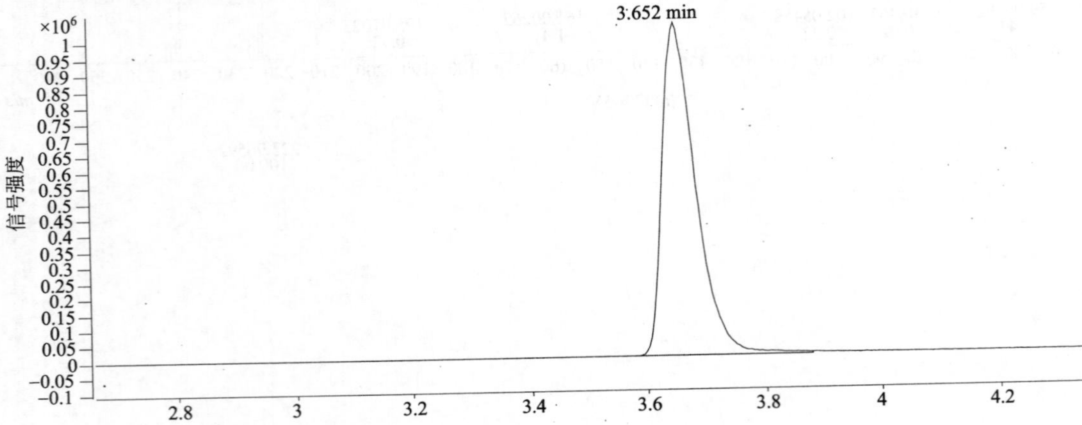

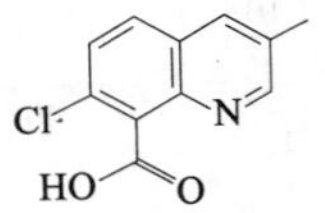

四个碰撞能量（CE）下子离子质谱图

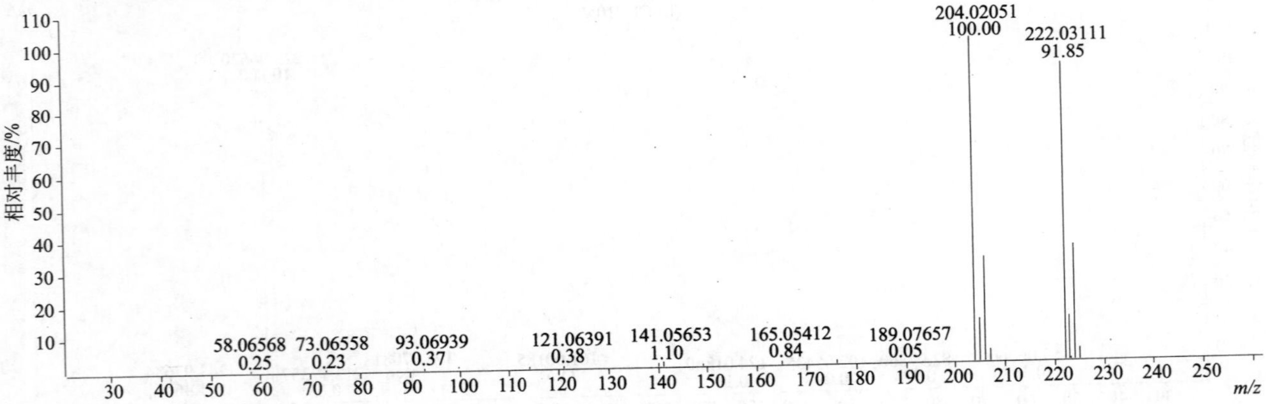

(a) CE=5V

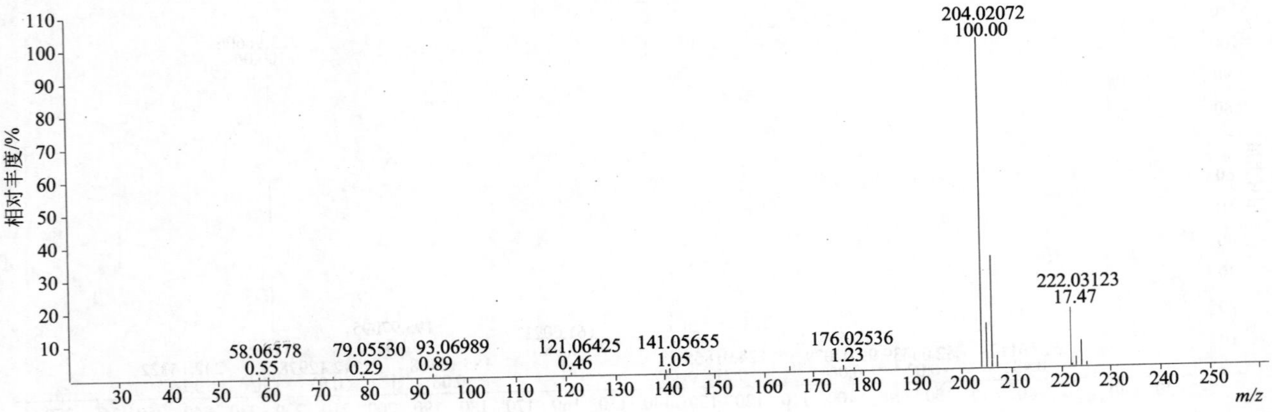

(b) CE=10V

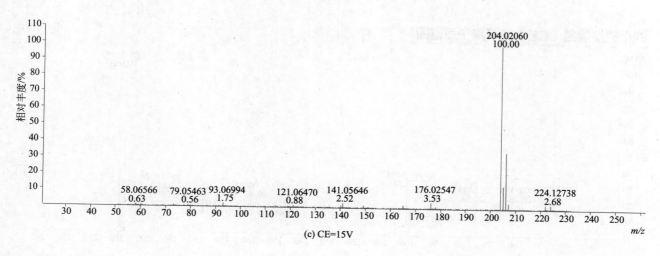

(c) CE=15V

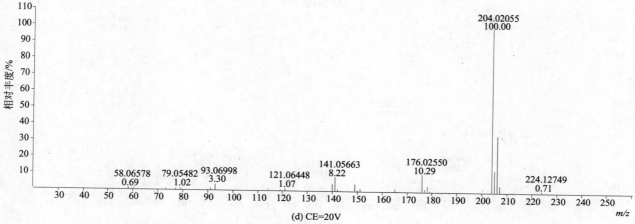

(d) CE=20V

Quinoclamine（灭藻醌）

基本信息

CAS 登录号	2797-51-5	分子量	207.0087	源极性	正
分子式	$C_{10}H_6ClNO_2$	离子源	电喷雾离子源（ESI）	保留时间	5.23min

提取离子流色谱图

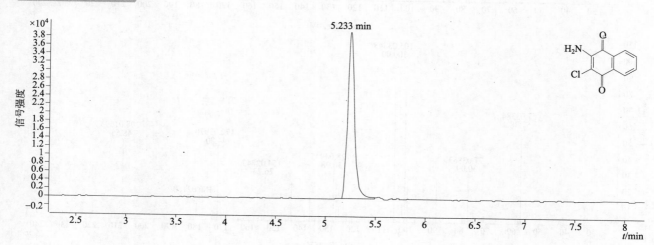

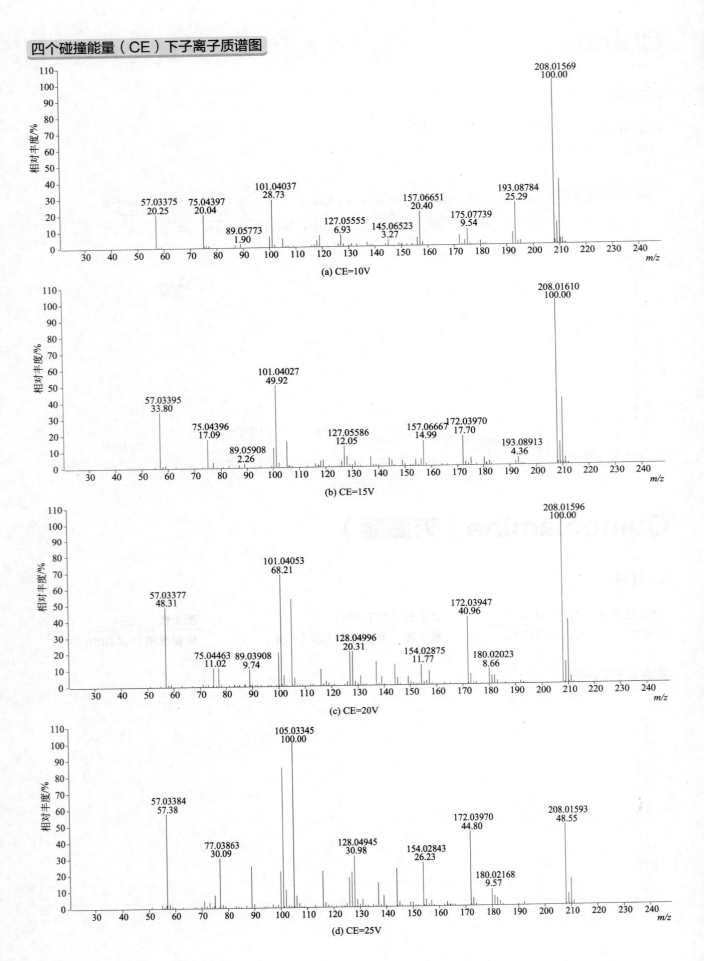

Quinoxyphen（苯氧喹啉）

基本信息

CAS 登录号	124495-18-7	**分子量**	306.9967	**源极性**	正
分子式	$C_{15}H_8Cl_2FNO$	**离子源**	电喷雾离子源（ESI）	**保留时间**	16.91min

提取离子流色谱图

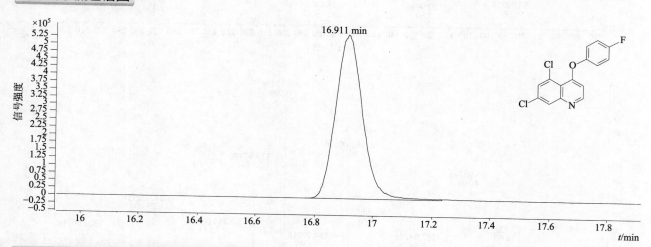

四个碰撞能量（CE）下子离子质谱图

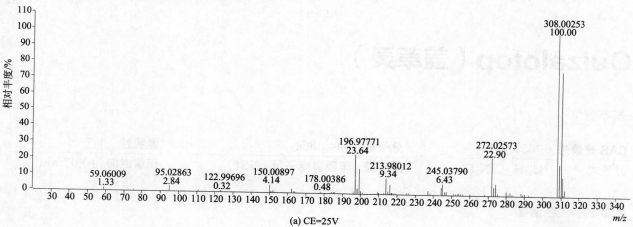

(a) CE=25V

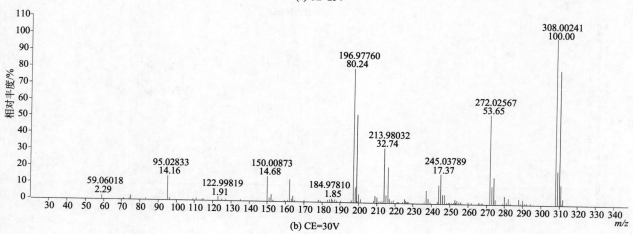

(b) CE=30V

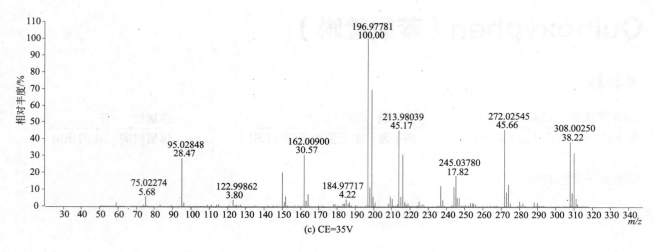

(c) CE=35V

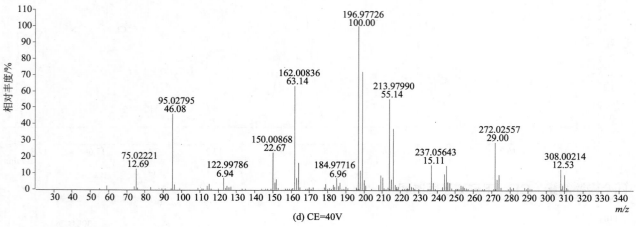

(d) CE=40V

Quizalofop（盖草灵）

基本信息

CAS 登录号	76578-12-6	分子量	344.0564	源极性	正
分子式	C$_{17}$H$_{13}$ClN$_2$O$_4$	离子源	电喷雾离子源（ESI）	保留时间	10.07min

提取离子流色谱图

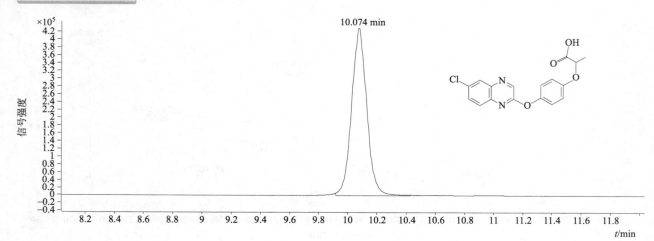

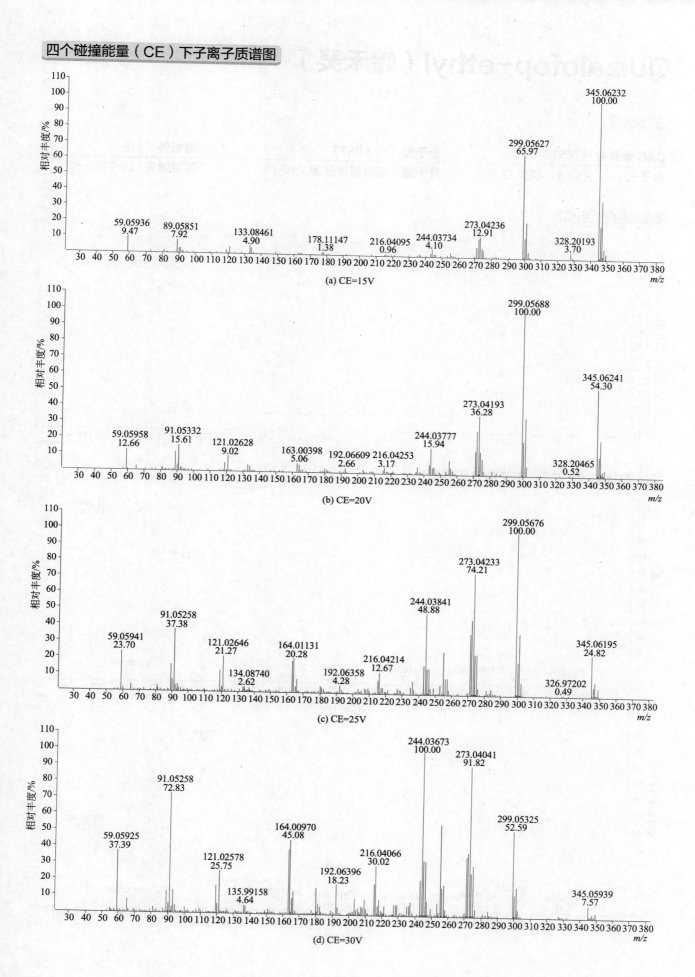

(a) CE=15V

(b) CE=20V

(c) CE=25V

(d) CE=30V

Quizalofop-ethyl（喹禾灵）

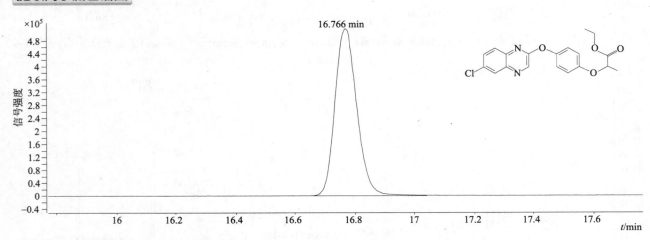

基本信息

CAS 登录号	76578-14-8	**分子量**	372.0877	**源极性**	正
分子式	C₁₉H₁₇ClN₂O₄	**离子源**	电喷雾离子源（ESI）	**保留时间**	16.77min

分子式 $C_{19}H_{17}ClN_2O_4$

提取离子流色谱图

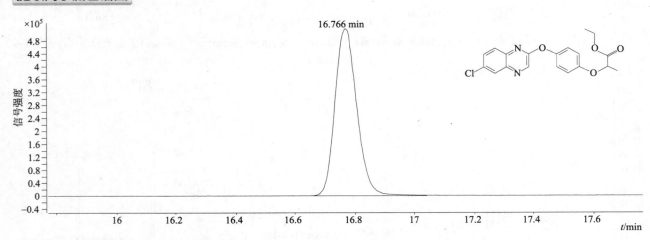

四个碰撞能量（CE）下子离子质谱图

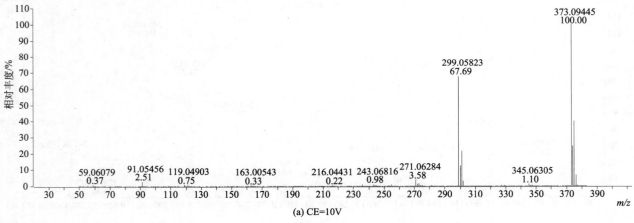

(a) CE=10V

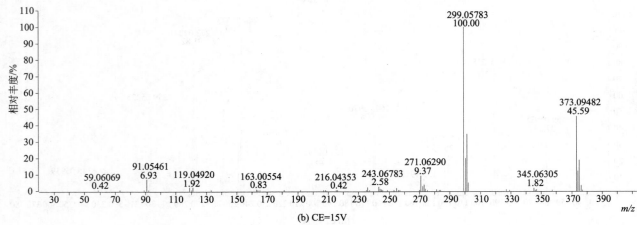

(b) CE=15V

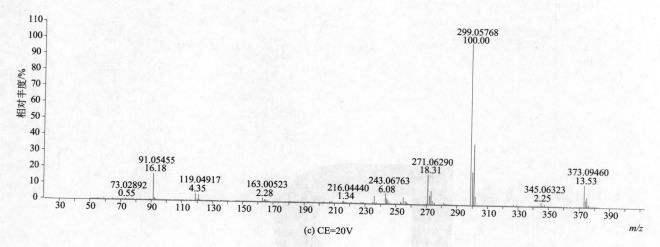

(c) CE=20V

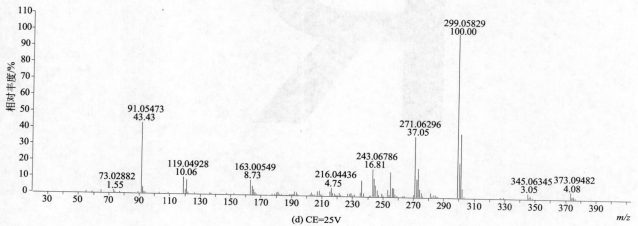

(d) CE=25V

>>>> R

Rabenzazole（吡咪唑）

基本信息

CAS 登录号	40341-04-6	分子量	212.1062	源极性	正
分子式	$C_{12}H_{12}N_4$	离子源	电喷雾离子源（ESI）	保留时间	6.58min

提取离子流色谱图

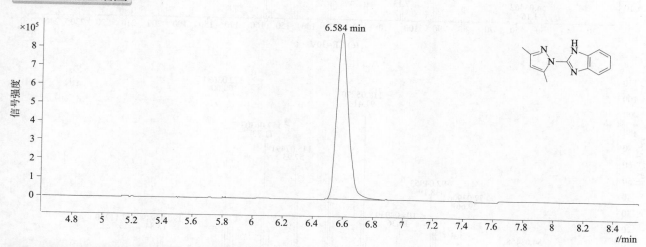

四个碰撞能量（CE）下子离子质谱图

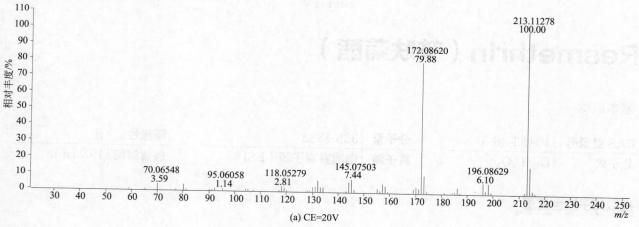

(a) CE=20V

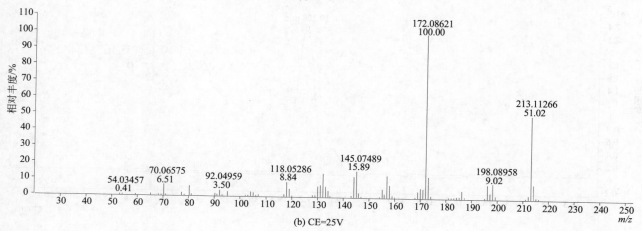

(b) CE=25V

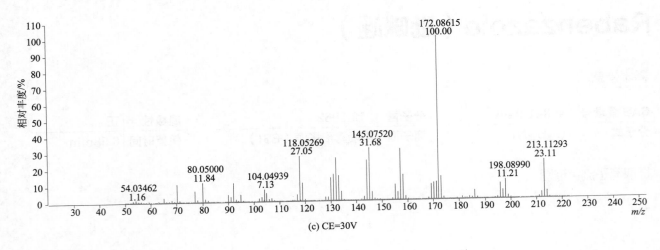

(c) CE=30V

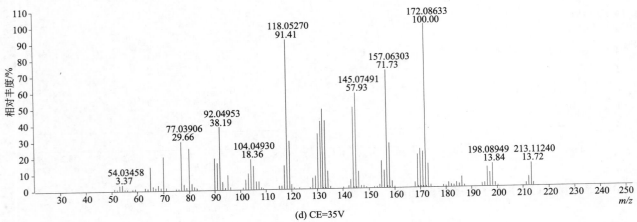

(d) CE=35V

Resmethrin（苄呋菊酯）

基本信息

CAS 登录号	10453-86-8	分子量	338.1882	源极性	正
分子式	C₂₂H₂₆O₃	离子源	电喷雾离子源（ESI）	保留时间	19.21min

分子式：$C_{22}H_{26}O_3$

提取离子流色谱图

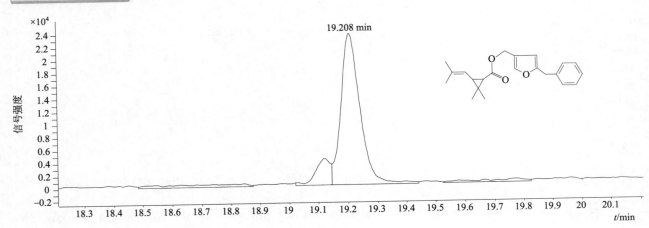

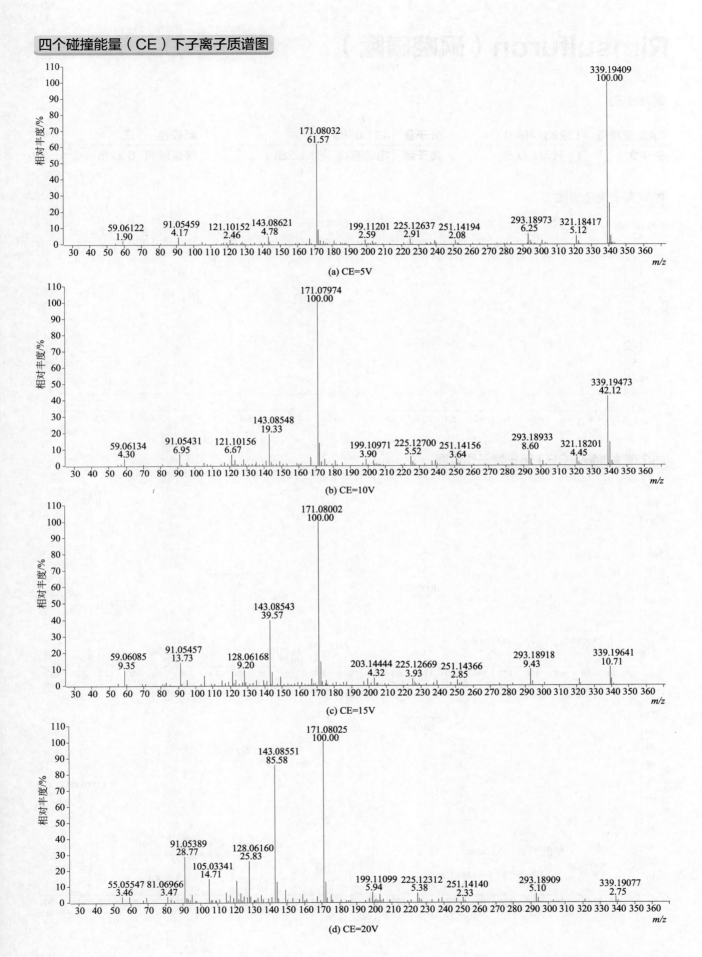

(a) CE=5V

(b) CE=10V

(c) CE=15V

(d) CE=20V

Rimsulfuron（砜嘧磺隆）

基本信息

CAS 登录号	122931-48-0	分子量	431.0569	源极性	正
分子式	$C_{14}H_{17}N_5O_7S_2$	离子源	电喷雾离子源（ESI）	保留时间	6.22min

提取离子流色谱图

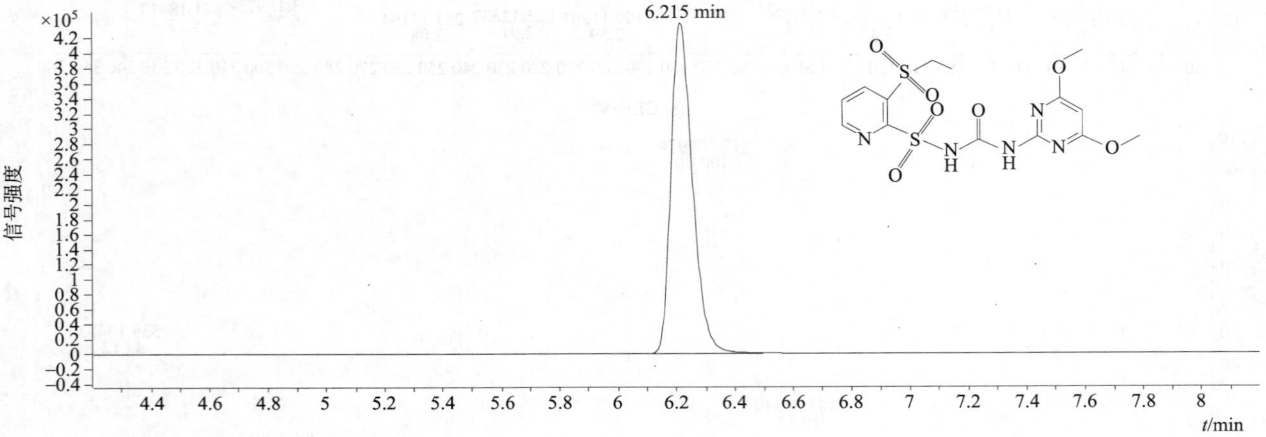

四个碰撞能量（CE）下子离子质谱图

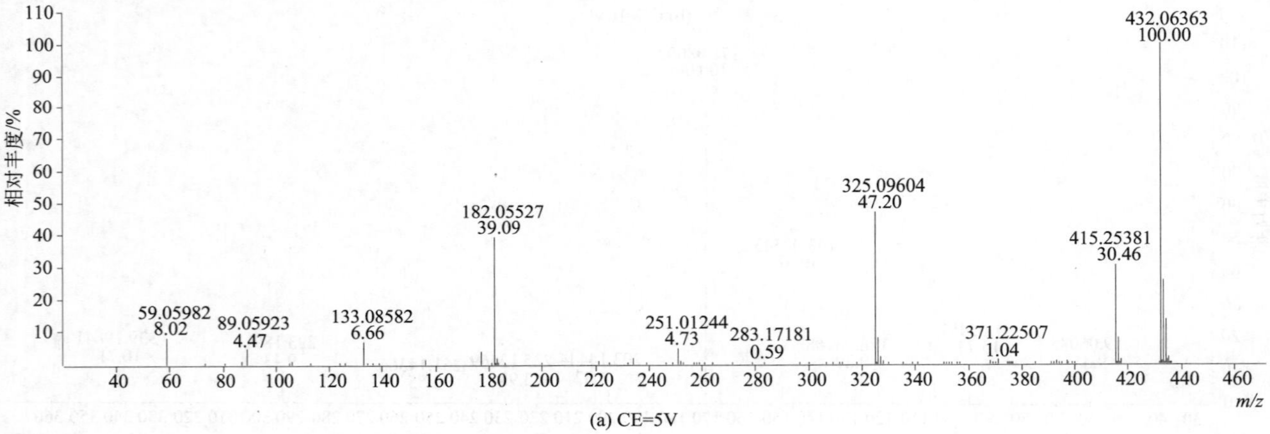

(a) CE=5V

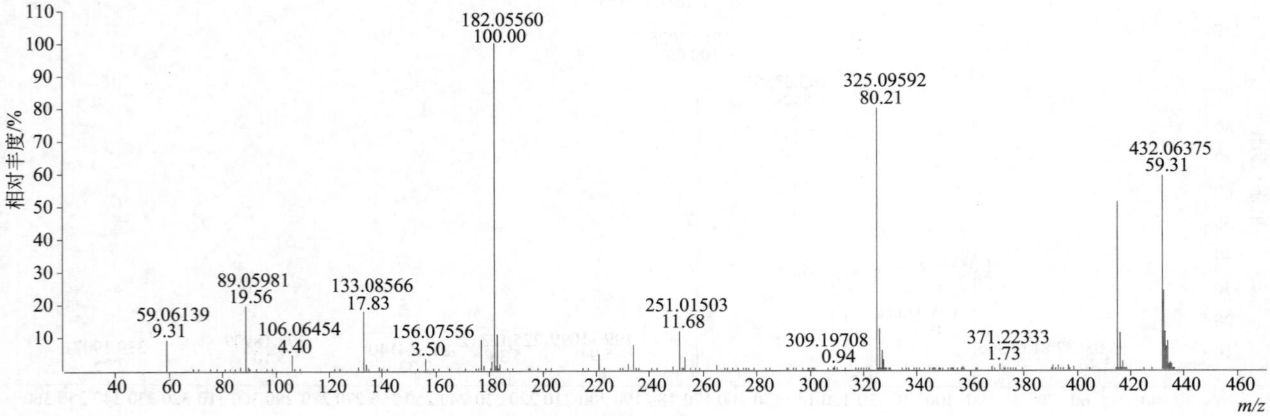

(b) CE=10V

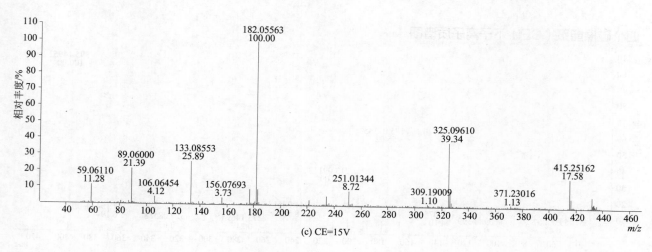

(c) CE=15V

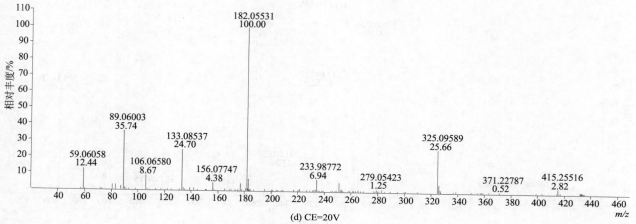

(d) CE=20V

Rotenone（鱼滕酮）

基本信息

CAS 登录号	83-79-4	分子量	394.1416	源极性	正
分子式	C₂₃H₂₂O₆	离子源	电喷雾离子源（ESI）	保留时间	13.36min

提取离子流色谱图

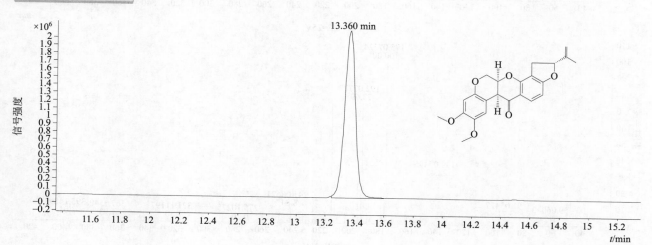

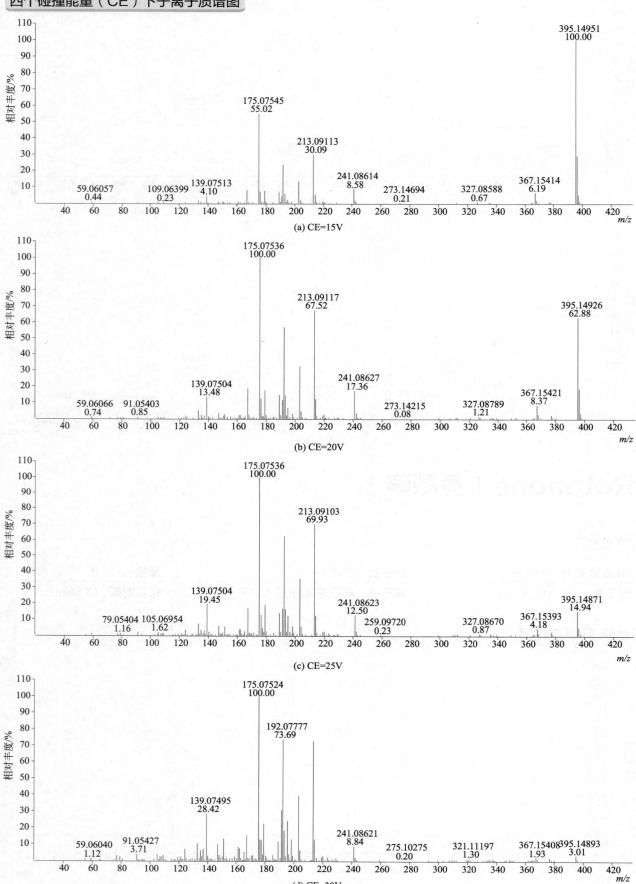

(a) CE=15V

(b) CE=20V

(c) CE=25V

(d) CE=30V

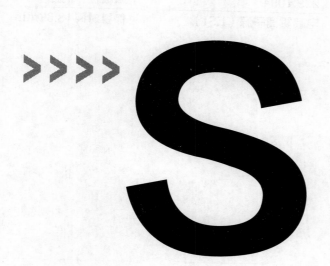

>>>>> S

Sebutylazine（另丁津）

基本信息

CAS 登录号	7286-69-3	**分子量**	229.1094	**源极性**	正
分子式	C₉H₁₆ClN₅	**离子源**	电喷雾离子源（ESI）	**保留时间**	8.32min

提取离子流色谱图

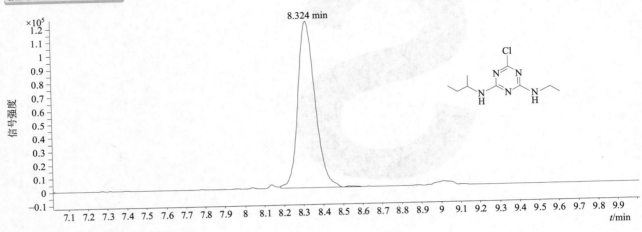

四个碰撞能量（CE）下子离子质谱图

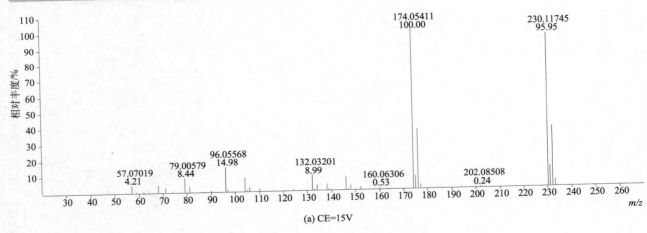

(a) CE=15V

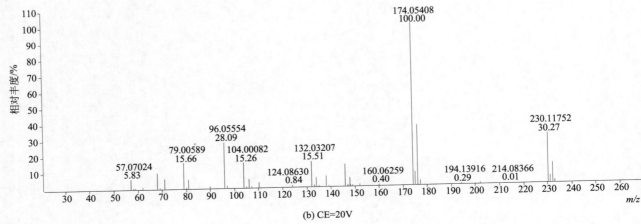

(b) CE=20V

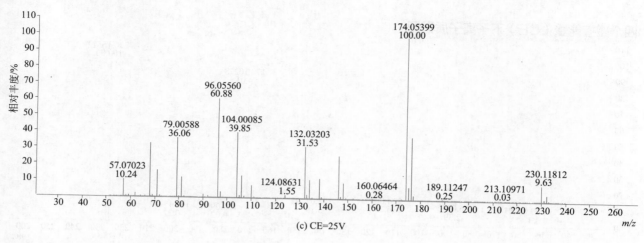

(c) CE=25V

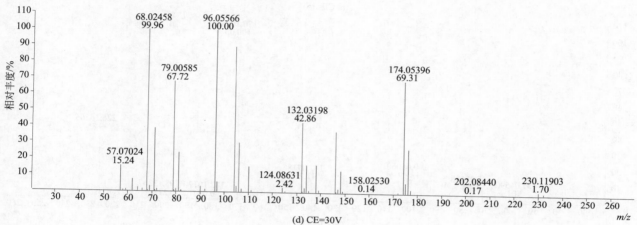

(d) CE=30V

Secbumeton（密草通）

基本信息

CAS 登录号	26259-45-0	**分子量**	225.1590	**源极性**	正
分子式	C₁₀H₁₉N₅O	**离子源**	电喷雾离子源（ESI）	**保留时间**	5.55min

分子式 的值为 $C_{10}H_{19}N_5O$

提取离子流色谱图

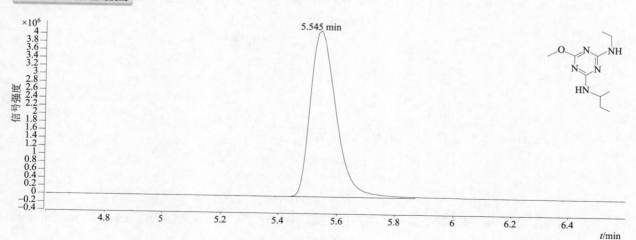

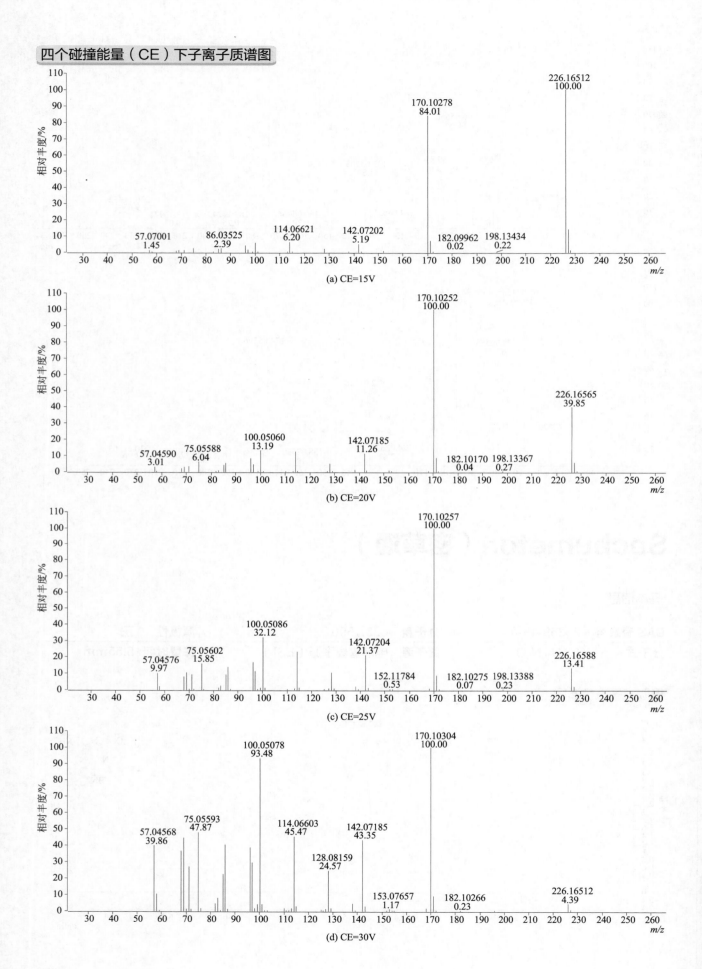

(a) CE=15V

(b) CE=20V

(c) CE=25V

(d) CE=30V

Sethoxydim（稀禾啶）

基本信息

CAS 登录号	74051-80-2	**分子量**	327.1868	**源极性**	正
分子式	C₁₇H₂₉NO₃S	**离子源**	电喷雾离子源（ESI）	**保留时间**	17.32min

分子式栏： $C_{17}H_{29}NO_3S$

提取离子流色谱图

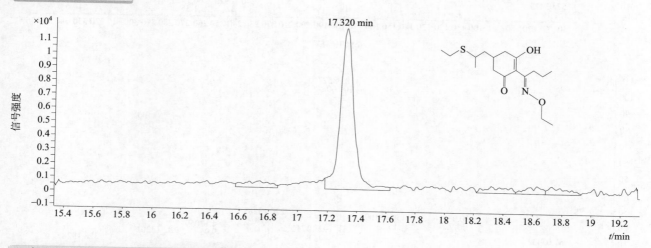

四个碰撞能量（CE）下子离子质谱图

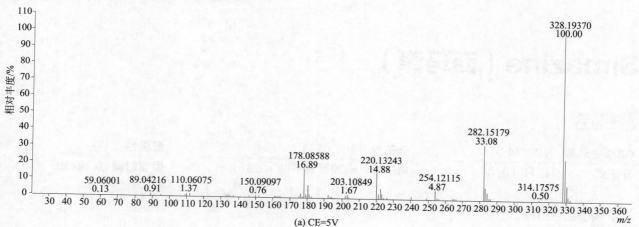

(a) CE=5V

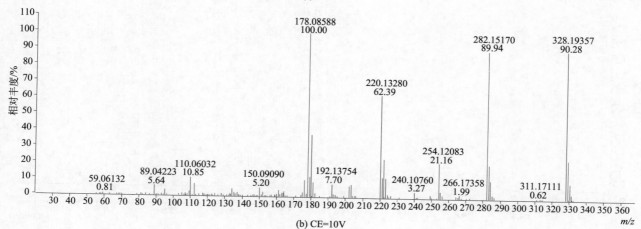

(b) CE=10V

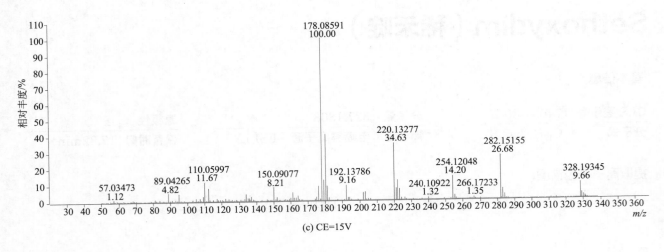

(c) CE=15V

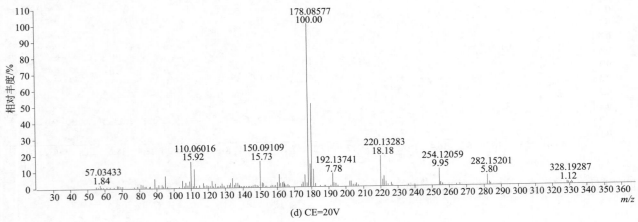

(d) CE=20V

Simazine（西玛津）

基本信息

CAS 登录号	122-34-9	**分子量**	201.0781	**源极性**	正
分子式	$C_7H_{12}ClN_5$	**离子源**	电喷雾离子源（ESI）	**保留时间**	5.12min

提取离子流色谱图

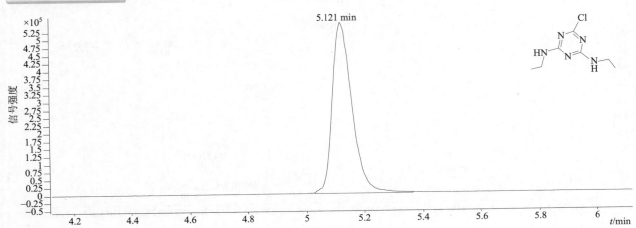

四个碰撞能量（CE）下子离子质谱图

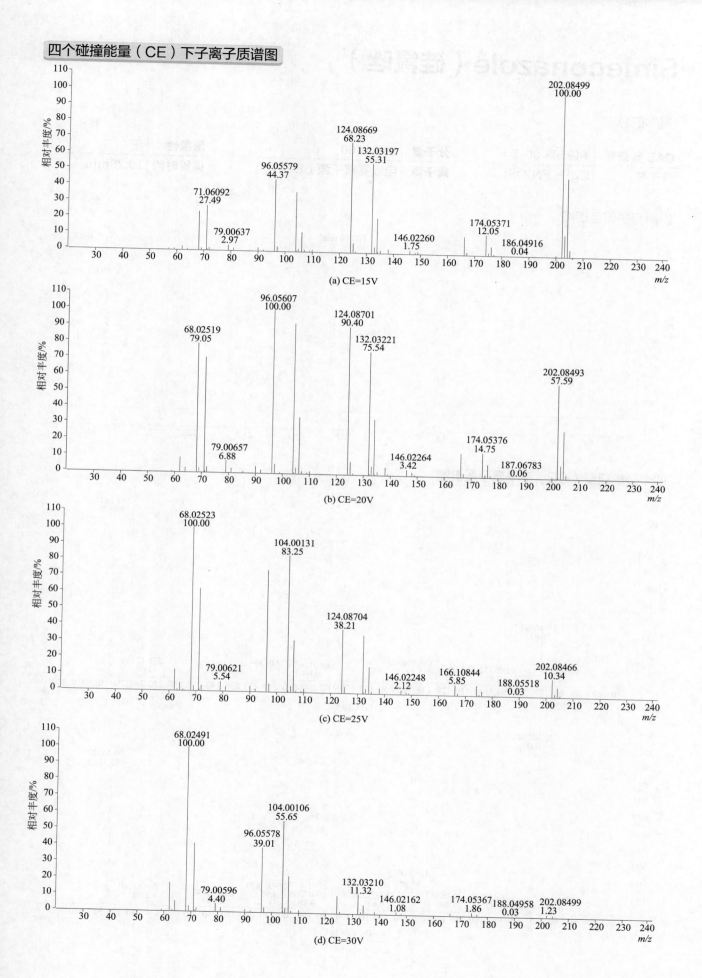

(a) CE=15V

(b) CE=20V

(c) CE=25V

(d) CE=30V

Simeconazole（硅氟唑）

基本信息

CAS 登录号	149508-90-7	**分子量**	293.1360	**源极性**	正
分子式	C₁₄H₂₀FN₃OSi	**离子源**	电喷雾离子源（ESI）	**保留时间**	10.26min

提取离子流色谱图

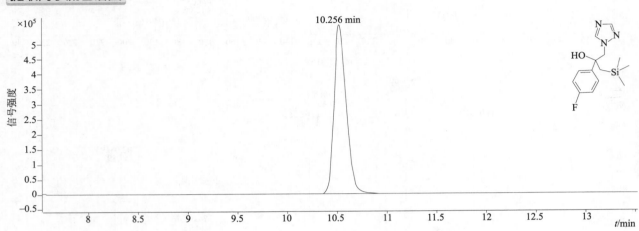

四个碰撞能量（CE）下子离子质谱图

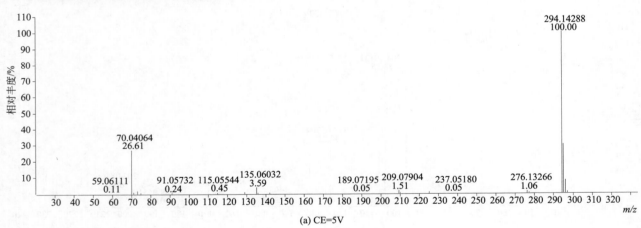

(a) CE=5V

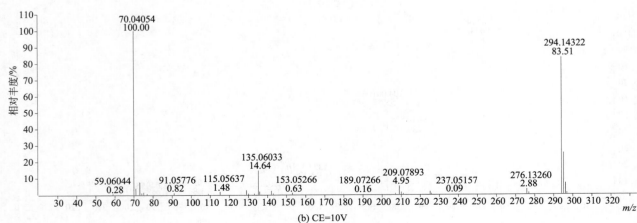

(b) CE=10V

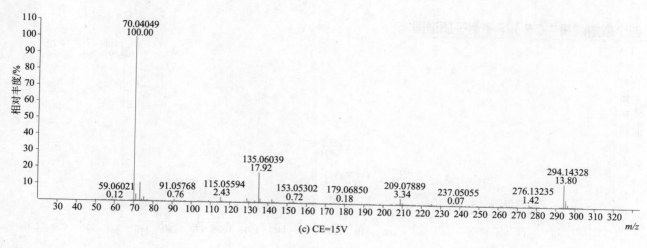

(c) CE=15V

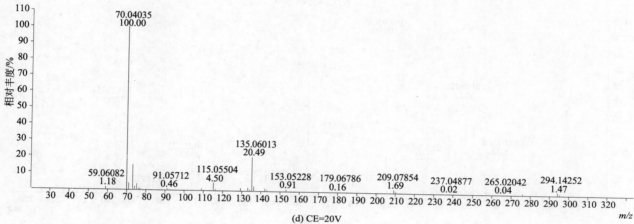

(d) CE=20V

Simeton（西玛通）

基本信息

CAS 登录号	673-04-1	分子量	197.1277	源极性	正
分子式	$C_8H_{15}N_5O$	离子源	电喷雾离子源（ESI）	保留时间	3.72min

提取离子流色谱图

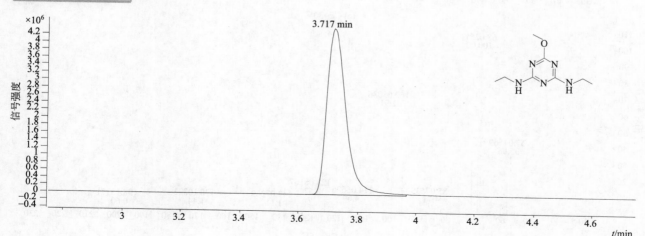

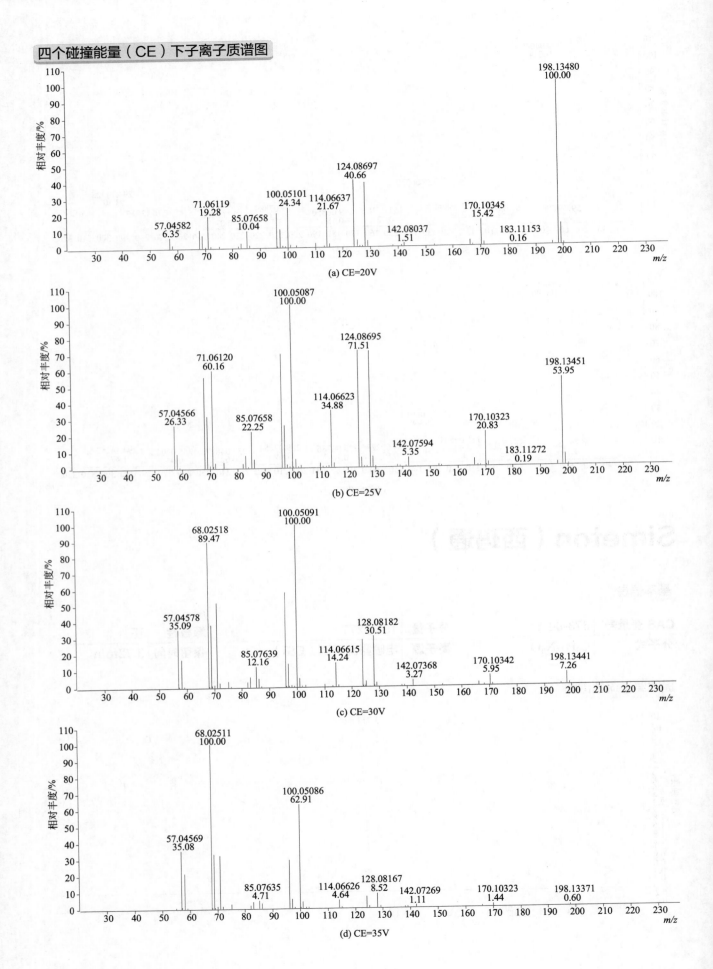

(a) CE=20V

(b) CE=25V

(c) CE=30V

(d) CE=35V

Simetryn（西草净）

基本信息

CAS 登录号	1014-70-6	分子量	213.1048	源极性	正
分子式	C₈H₁₅N₅S	离子源	电喷雾离子源（ESI）	保留时间	5.41min

提取离子流色谱图

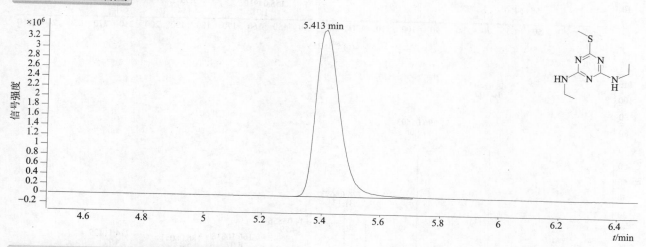

四个碰撞能量（CE）下子离子质谱图

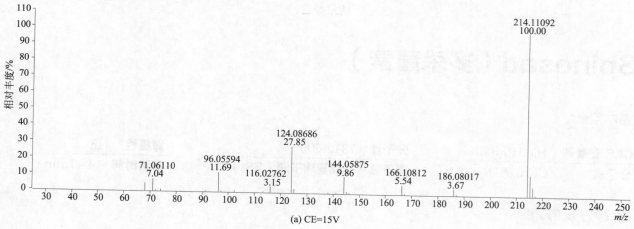

(a) CE=15V

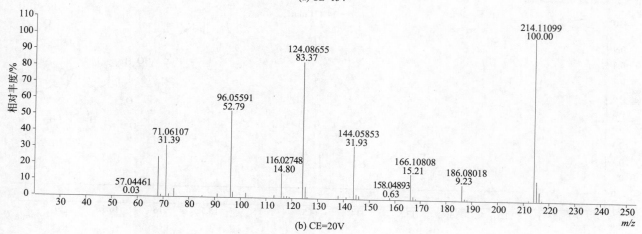

(b) CE=20V

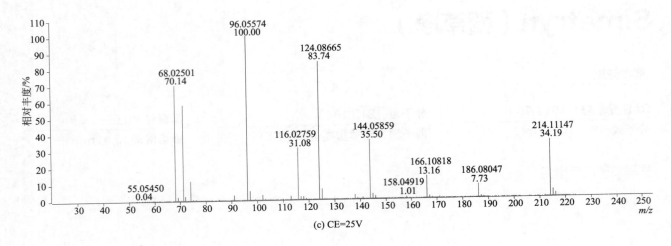

(c) CE=25V

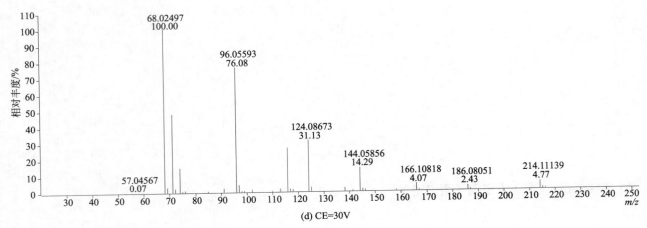

(d) CE=30V

Spinosad（多杀菌素）

基本信息

CAS 登录号	168316-95-8	分子量	731.4609	源极性	正
分子式	C$_{41}$H$_{65}$NO$_{10}$	离子源	电喷雾离子源（ESI）	保留时间	14.47min

提取离子流色谱图

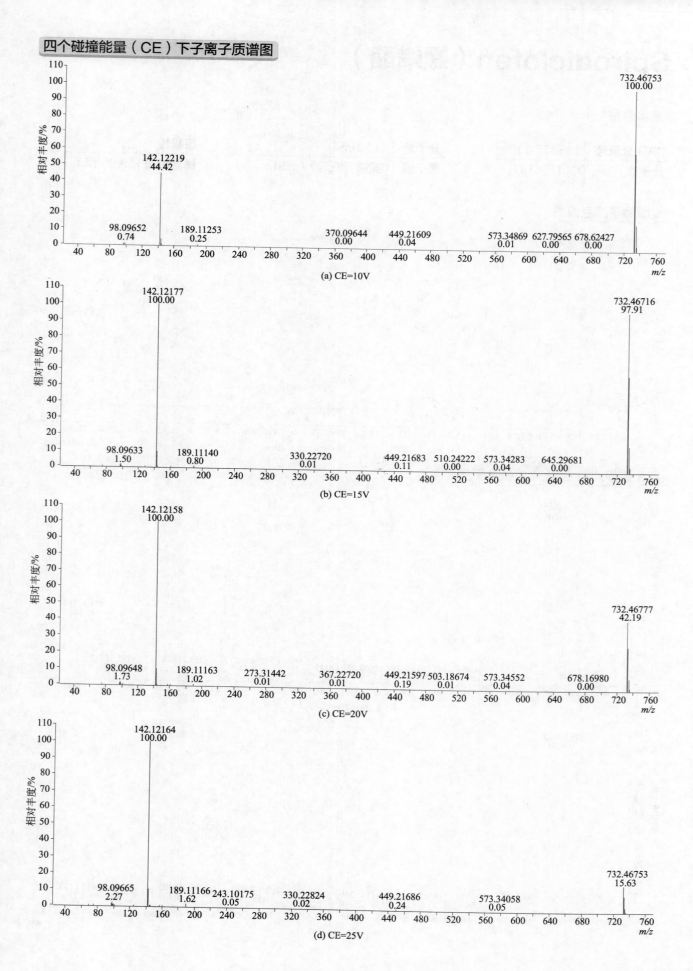

Spirodiclofen（螺螨酯）

基本信息

CAS 登录号	148477-71-8	分子量	410.1052	源极性	正
分子式	$C_{21}H_{24}Cl_2O_4$	离子源	电喷雾离子源（ESI）	保留时间	19.06min

提取离子流色谱图

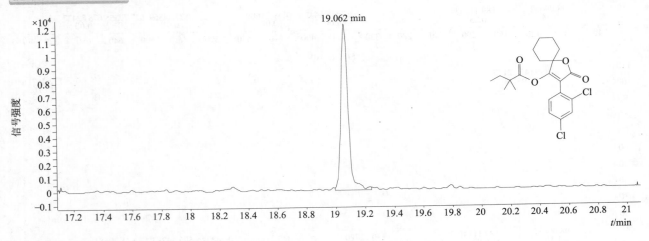

四个碰撞能量（CE）下子离子质谱图

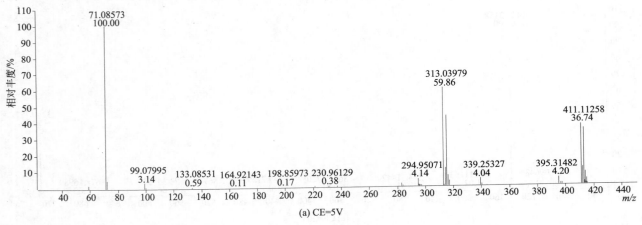

(a) CE=5V

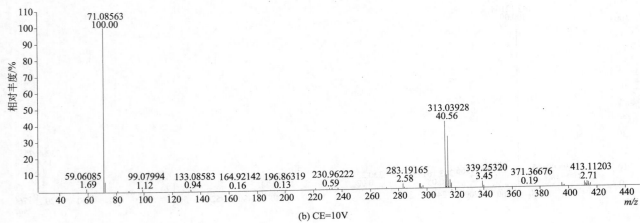

(b) CE=10V

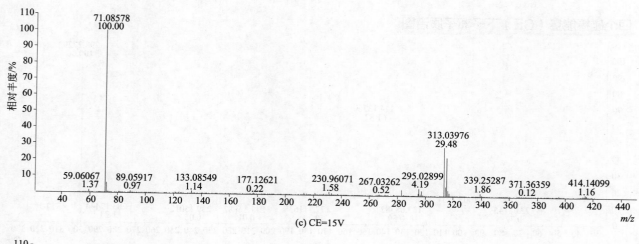

(c) CE=15V

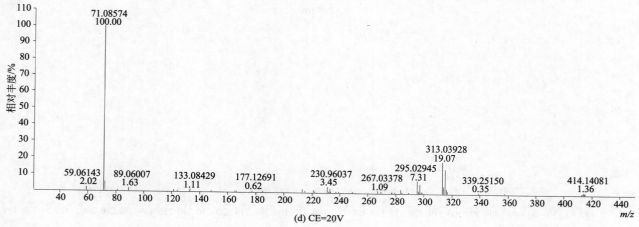

(d) CE=20V

Spiroxamine（螺恶茂胺）

基本信息

CAS 登录号	118134-30-8	分子量	297.2668	源极性	正
分子式	$C_{18}H_{35}NO_2$	离子源	电喷雾离子源（ESI）	保留时间	9.57min

提取离子流色谱图

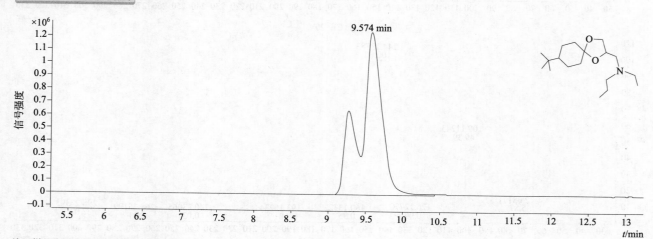

注：样品为同分异构混合物，故出双峰。

677

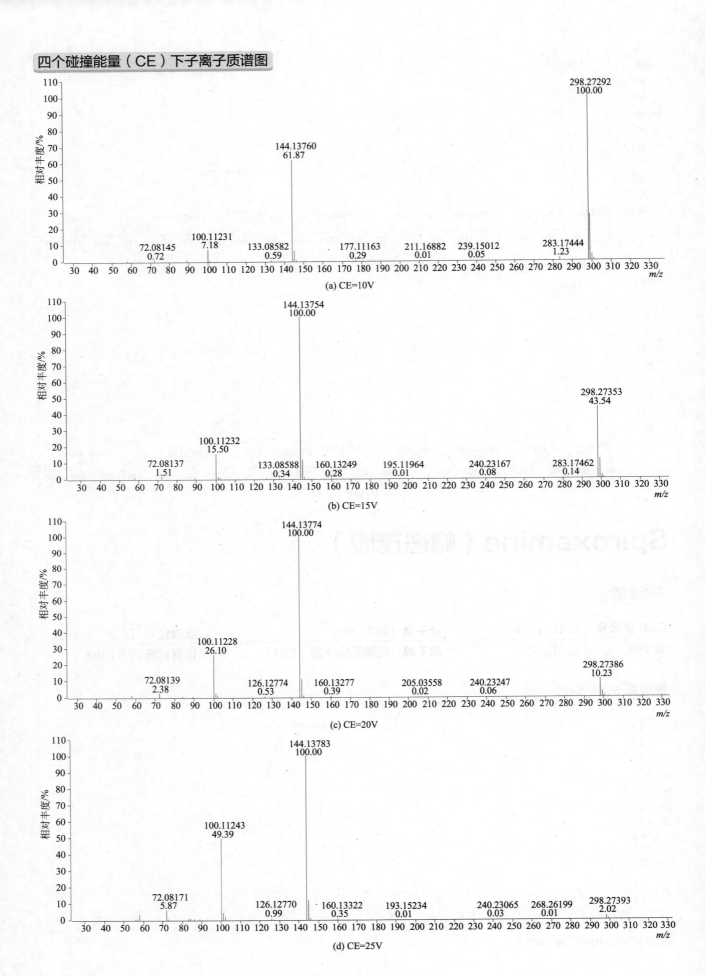

(a) CE=10V

(b) CE=15V

(c) CE=20V

(d) CE=25V

Sulfallate（菜草畏）

基本信息

CAS 登录号	1995-06-7	**分子量**	223.0256	**源极性**	正
分子式	$C_8H_{14}ClNS_2$	**离子源**	电喷雾离子源（ESI）	**保留时间**	14.81min

提取离子流色谱图

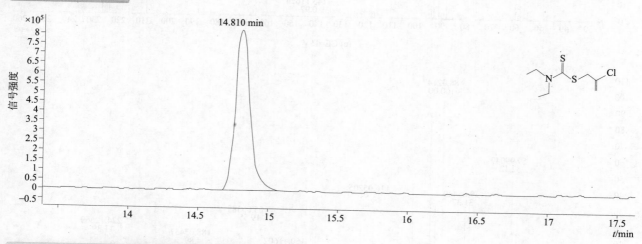

四个碰撞能量（CE）下子离子质谱图

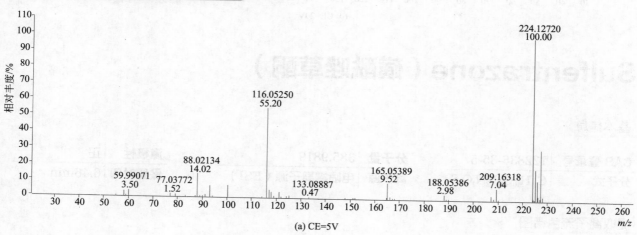

(a) CE=5V

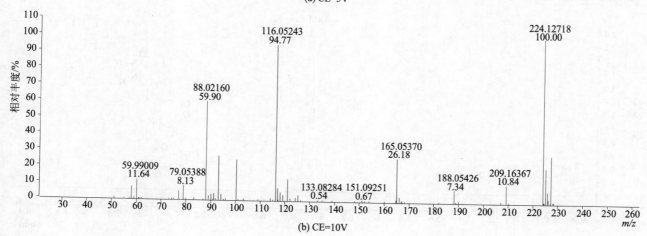

(b) CE=10V

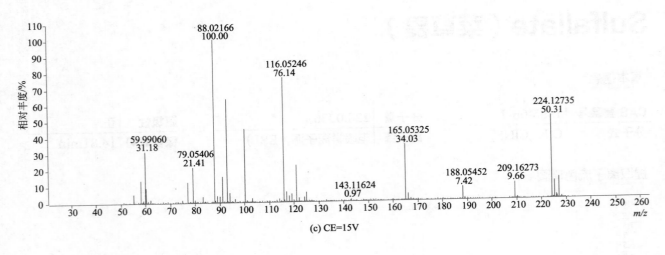

(c) CE=15V

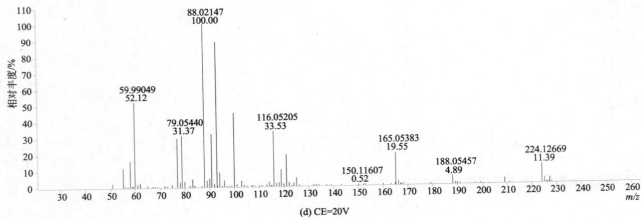

(d) CE=20V

Sulfentrazone（磺酰唑草酮）

基本信息

CAS 登录号	122836-35-5	**分子量**	385.9819	**源极性**	正
分子式	$C_{11}H_{10}Cl_2F_2N_4O_3S$	**离子源**	电喷雾离子源（ESI）	**保留时间**	6.46min

提取离子流色谱图

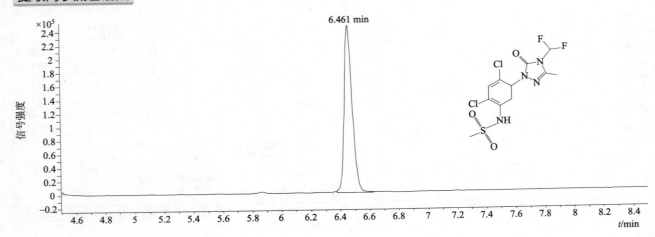

四个碰撞能量（CE）下子离子质谱图

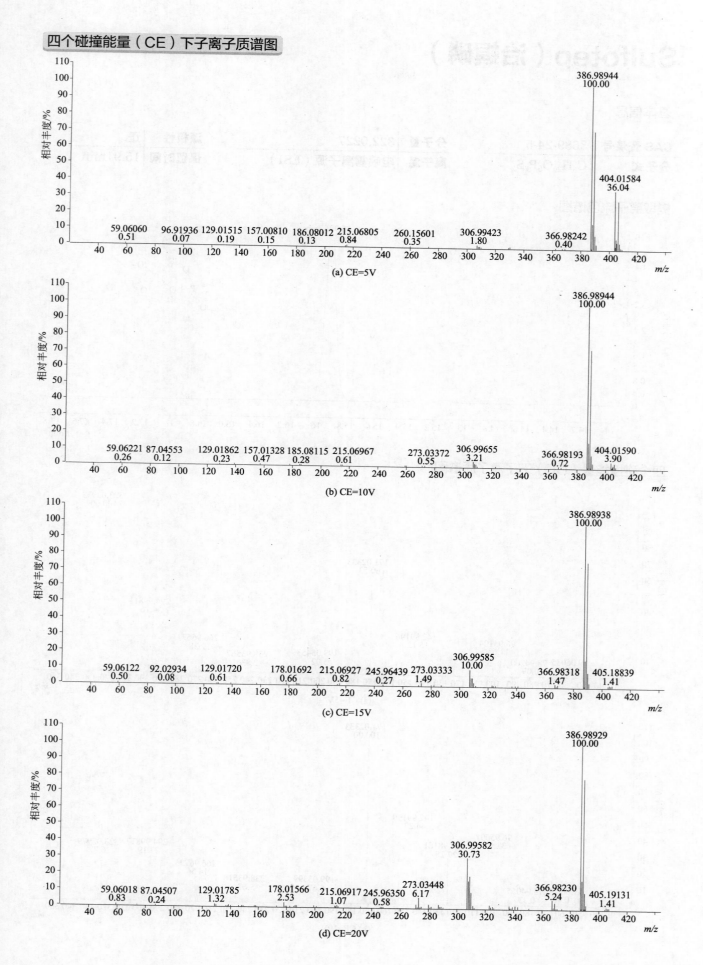

(a) CE=5V

(b) CE=10V

(c) CE=15V

(d) CE=20V

Sulfotep（治螟磷）

基本信息

CAS 登录号	3689-24-5	分子量	322.0227	源极性	正
分子式	$C_8H_{20}O_5P_2S_2$	离子源	电喷雾离子源（ESI）	保留时间	15.91min

提取离子流色谱图

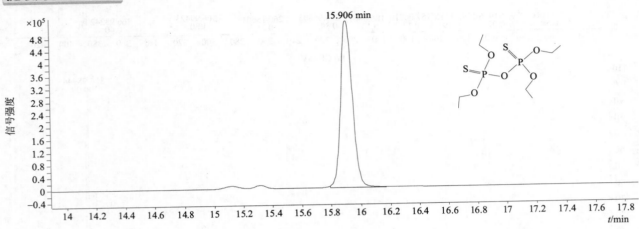

四个碰撞能量（CE）下子离子质谱图

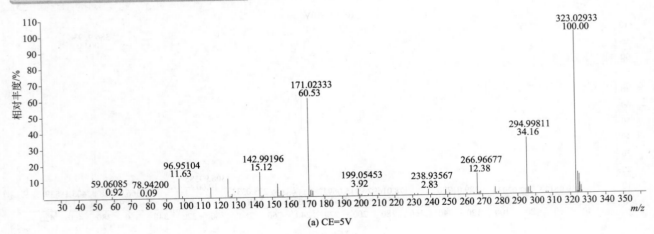

(a) CE=5V

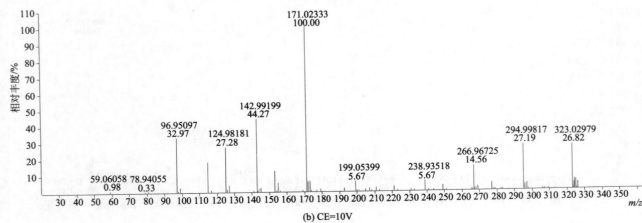

(b) CE=10V

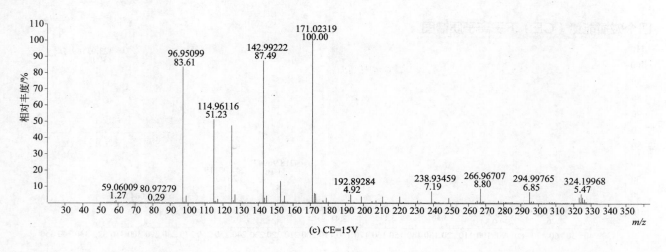

(c) CE=15V

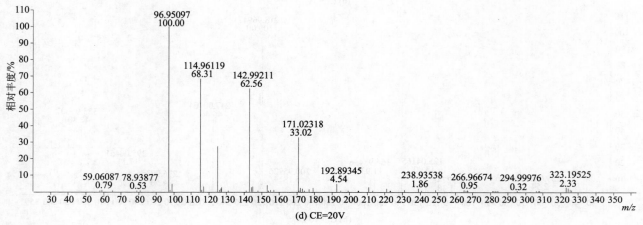

(d) CE=20V

Sulprofos（硫丙磷）

基本信息

CAS 登录号	35400-43-2	**分子量**	322.0285	**源极性**	正
分子式	C₁₂H₁₉O₂PS₃	**离子源**	电喷雾离子源（ESI）	**保留时间**	18.10min

分子式 $C_{12}H_{19}O_2PS_3$

提取离子流色谱图

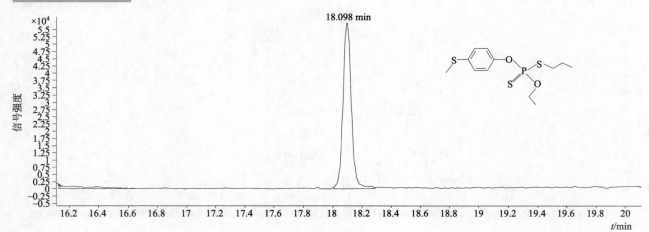

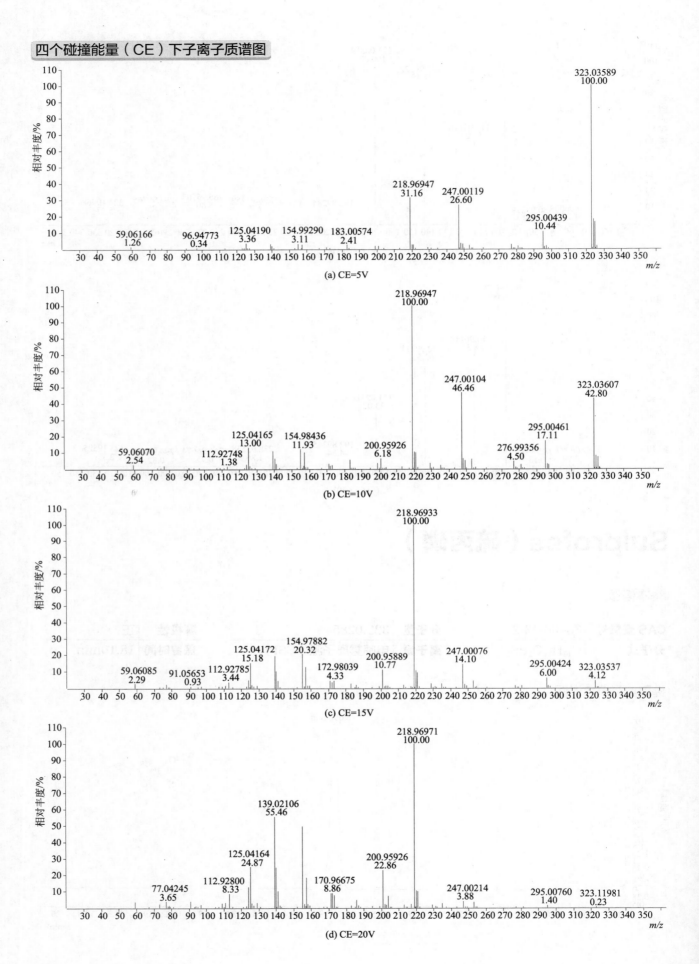

(a) CE=5V

(b) CE=10V

(c) CE=15V

(d) CE=20V

>>>>> **T**

Tebuconazole（戊唑醇）

基本信息

CAS 登录号	107534-96-3	**分子量**	307.1451	**源极性**	正
分子式	C₁₆H₂₂ClN₃O	**离子源**	电喷雾离子源（ESI）	**保留时间**	11.93min

CAS 登录号 107534-96-3　**分子式** $C_{16}H_{22}ClN_3O$

分子量 307.1451　**离子源** 电喷雾离子源（ESI）

源极性 正　**保留时间** 11.93min

提取离子流色谱图

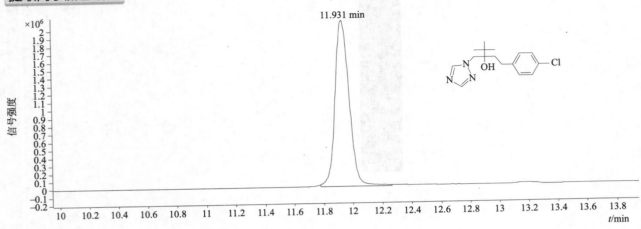

四个碰撞能量（CE）下子离子质谱图

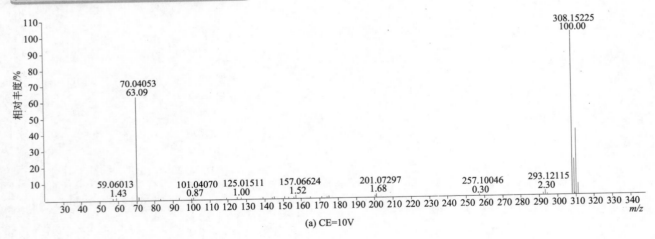

(a) CE=10V

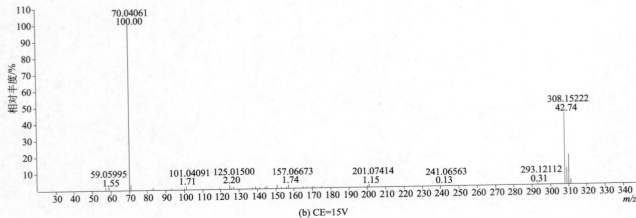

(b) CE=15V

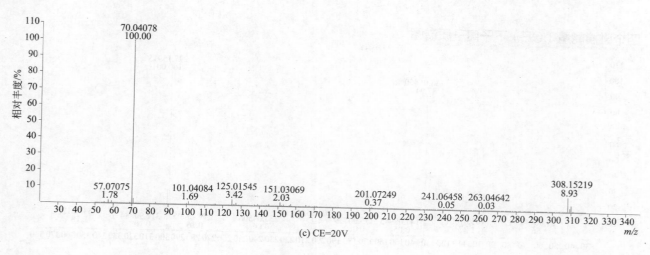

(c) CE=20V

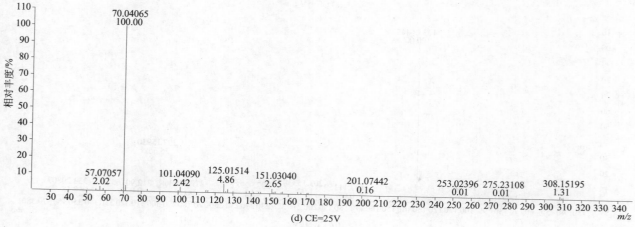

(d) CE=25V

Tebufenozide（虫酰肼）

基本信息

CAS 登录号	112410-23-8	分子量	352.2151	源极性	正
分子式	C$_{22}$H$_{28}$N$_2$O$_2$	离子源	电喷雾离子源（ESI）	保留时间	14.13min

提取离子流色谱图

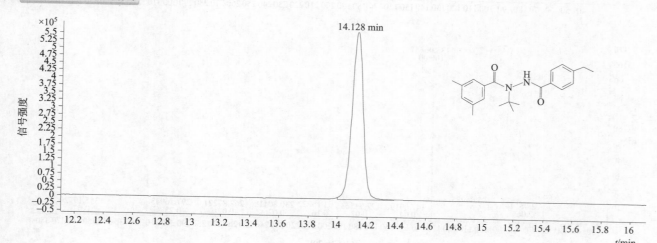

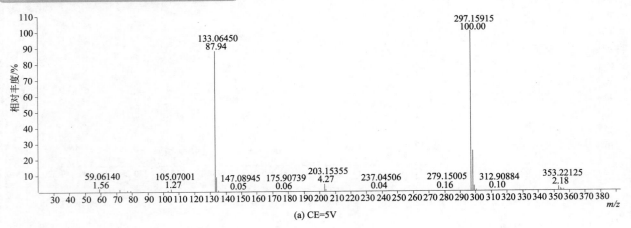

(a) CE=5V

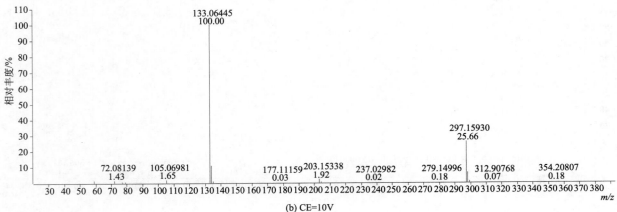

(b) CE=10V

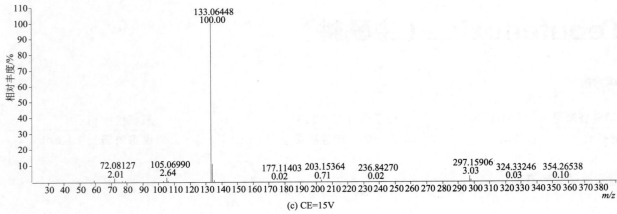

(c) CE=15V

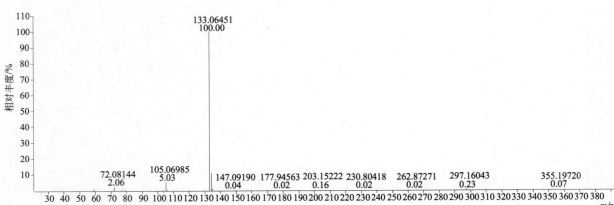

(d) CE=20V

Tebufenpyrad（吡螨胺）

基本信息

CAS 登录号	119168-77-3	分子量	333.1608	源极性	正
分子式	C$_{18}$H$_{24}$ClN$_3$O	离子源	电喷雾离子源（ESI）	保留时间	16.79min

提取离子流色谱图

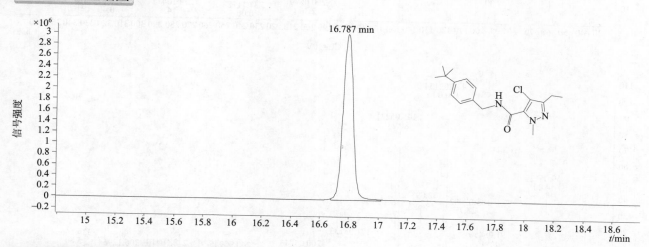

四个碰撞能量（CE）下子离子质谱图

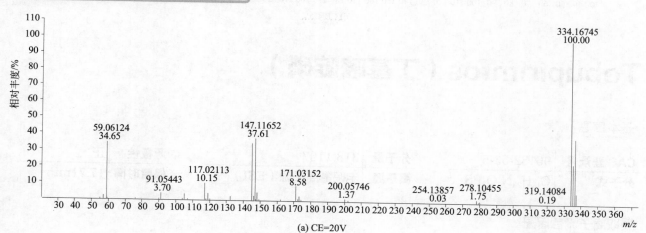

(a) CE=20V

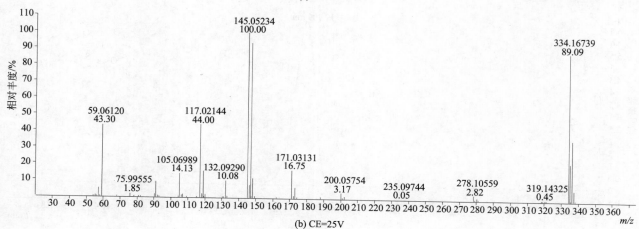

(b) CE=25V

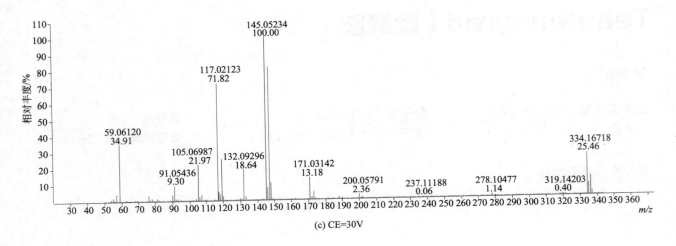

(c) CE=30V

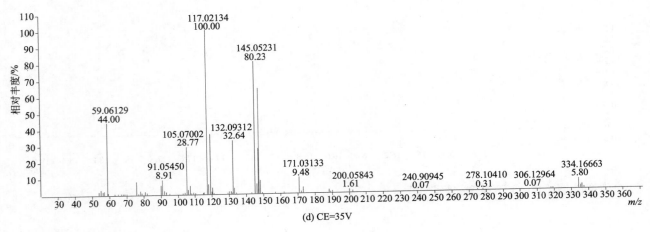

(d) CE=35V

Tebupirimfos（丁基嘧啶磷）

基本信息

CAS 登录号	96182-53-5	分子量	318.1167	源极性	正
分子式	$C_{13}H_{23}N_2O_3PS$	离子源	电喷雾离子源（ESI）	保留时间	17.71min

提取离子流色谱图

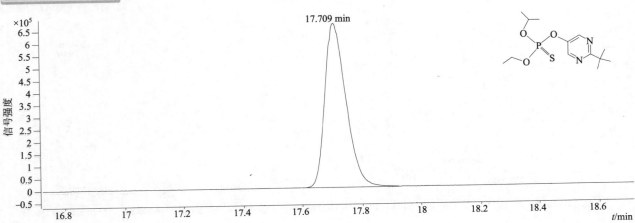

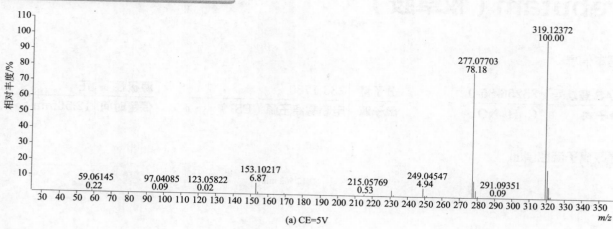

(a) CE=5V

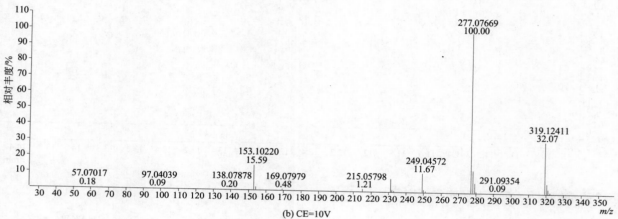

(b) CE=10V

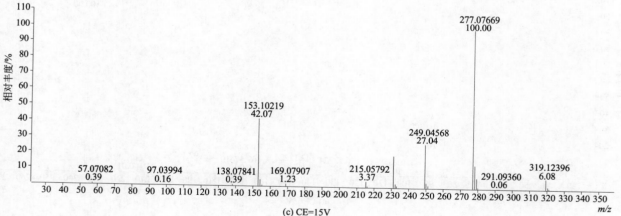

(c) CE=15V

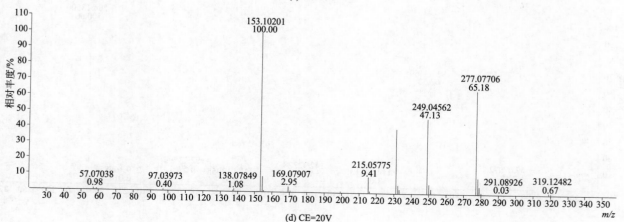

(d) CE=20V

Tebutam（牧草胺）

基本信息

CAS 登录号	35256-85-0	**分子量**	233.1780	**源极性**	正
分子式	$C_{15}H_{23}NO$	**离子源**	电喷雾离子源（ESI）	**保留时间**	12.56min

提取离子流色谱图

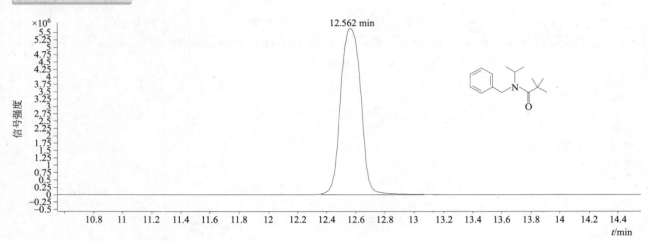

四个碰撞能量（CE）下子离子质谱图

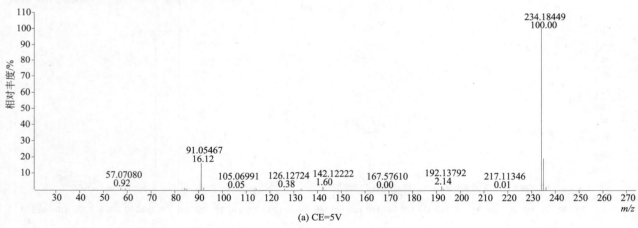

(a) CE=5V

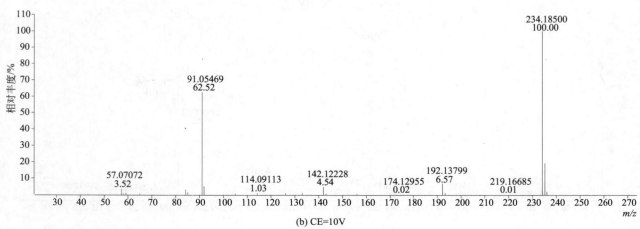

(b) CE=10V

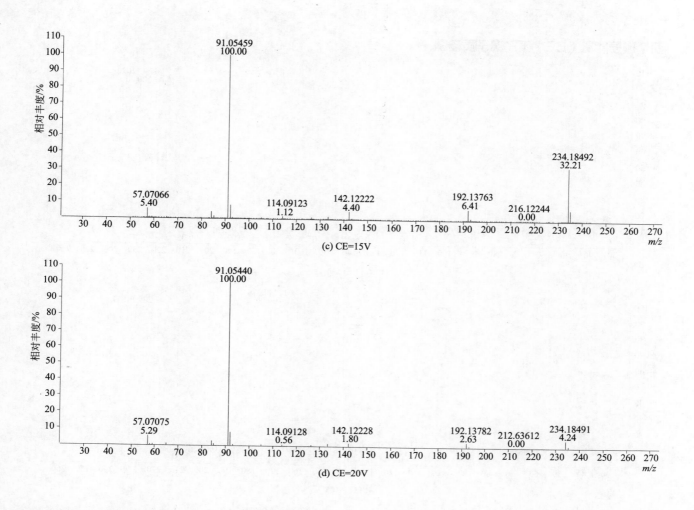

(c) CE=15V

(d) CE=20V

Tebuthiuron（丁唑隆）

CAS 登录号	34014-18-1	分子量	228.1045	源极性	正
分子式	$C_9H_{16}N_4OS$	离子源	电喷雾离子源（ESI）	保留时间	4.68min

提取离子流色谱图

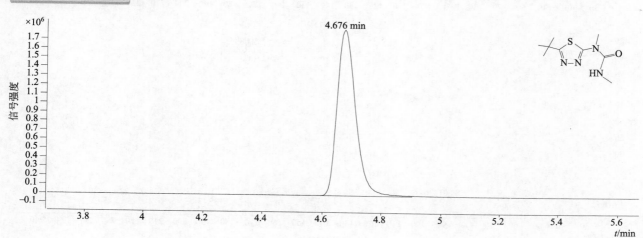

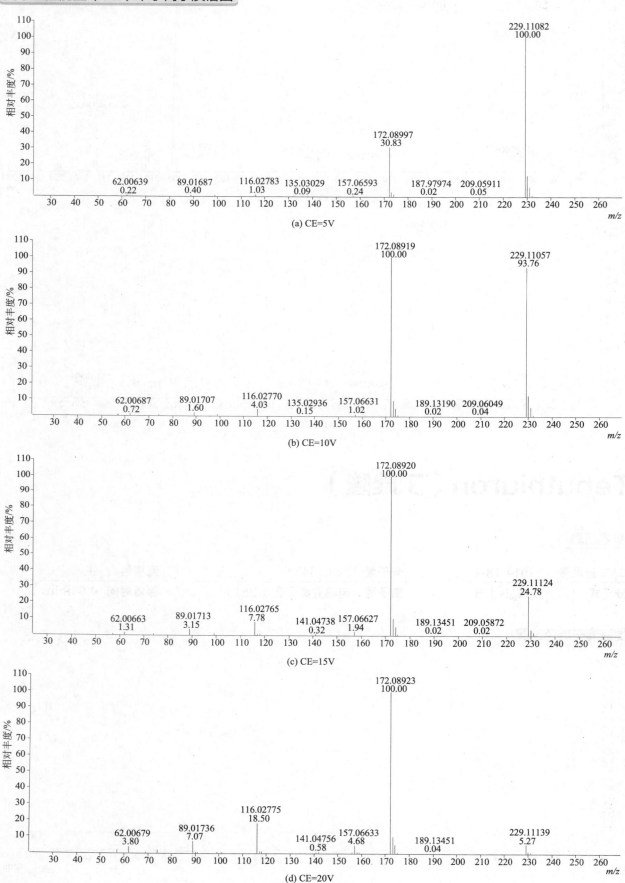

(a) CE=5V

(b) CE=10V

(c) CE=15V

(d) CE=20V

Temephos（双硫磷）

CAS 登录号	3383-96-8	**分子量**	465.9897
分子式	$C_{16}H_{20}O_6P_2S_3$	**离子源**	电喷雾离子源（ESI）

源极性	正
保留时间	17.95min

提取离子流色谱图

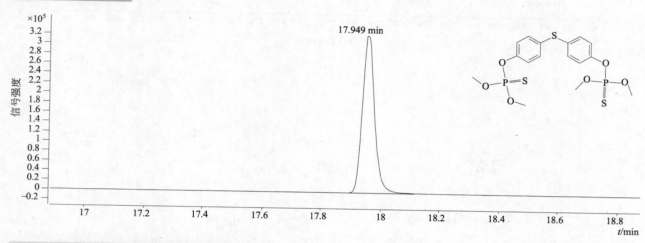

四个碰撞能量（CE）下子离子质谱图

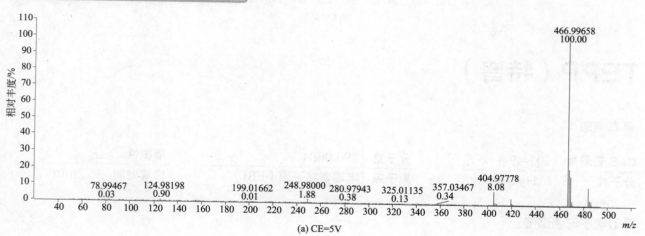

(a) CE=5V

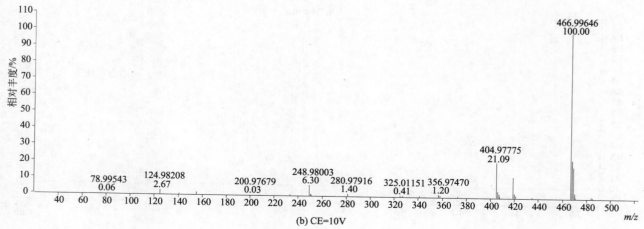

(b) CE=10V

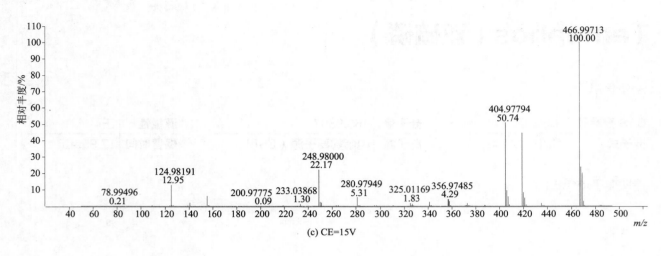

(c) CE=15V

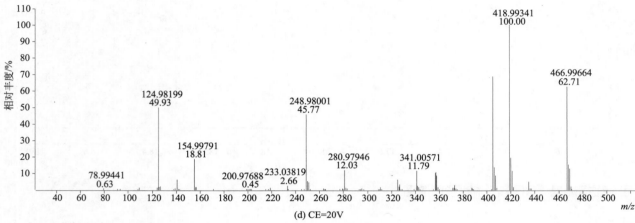

(d) CE=20V

TEPP（特普）

基本信息

CAS 登录号	107-49-3	分子量	290.0684	源极性	正
分子式	$C_8H_{20}O_7P_2$	离子源	电喷雾离子源（ESI）	保留时间	4.72min

提取离子流色谱图

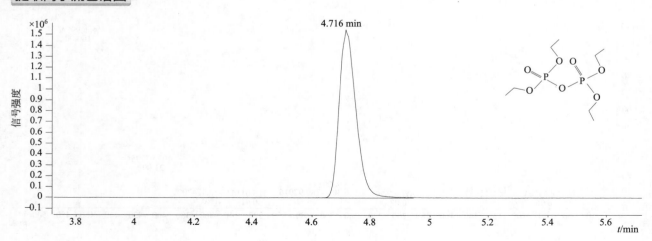

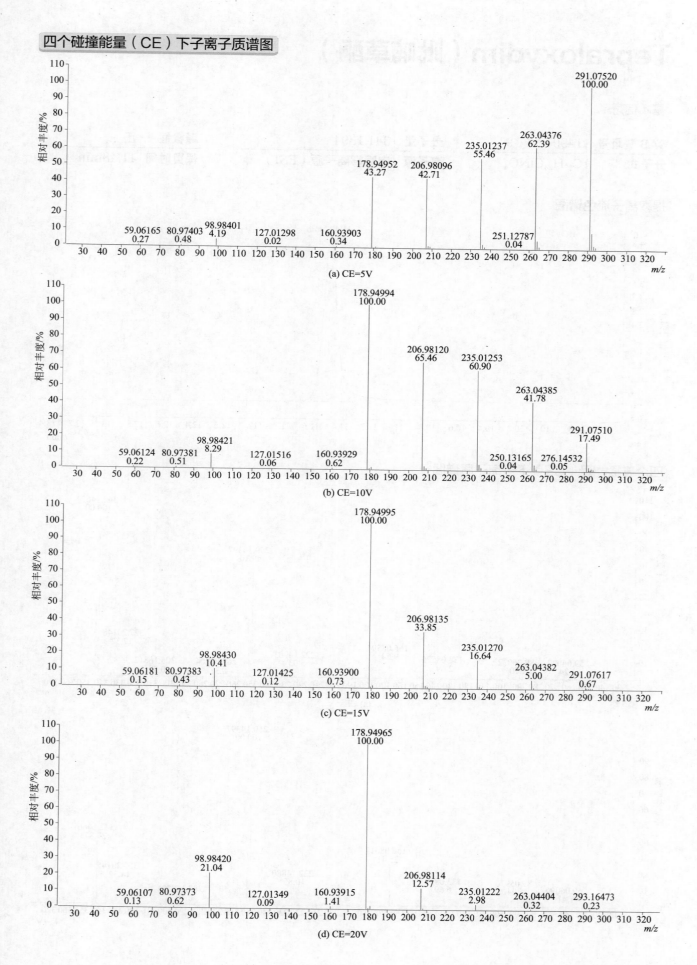

(a) CE=5V

(b) CE=10V

(c) CE=15V

(d) CE=20V

Tepraloxydim（吡喃草酮）

基本信息

| **CAS 登录号** | 149979-41-9 | **分子量** | 341.1394 | **源极性** | 正 |
| **分子式** | $C_{17}H_{24}ClNO_4$ | **离子源** | 电喷雾离子源（ESI） | **保留时间** | 11.48min |

提取离子流色谱图

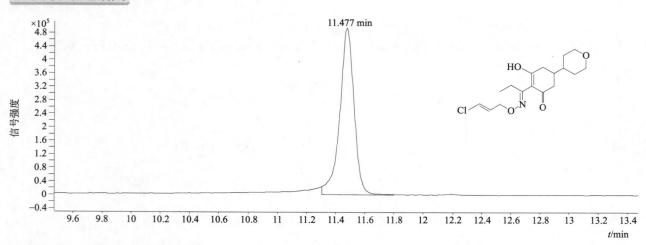

四个碰撞能量（CE）下子离子质谱图

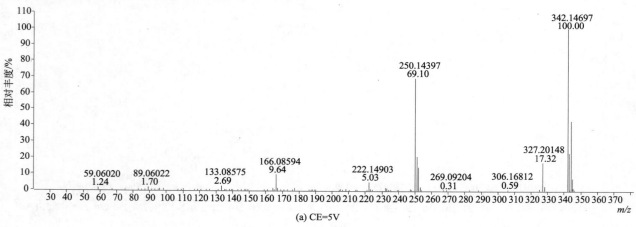

(a) CE=5V

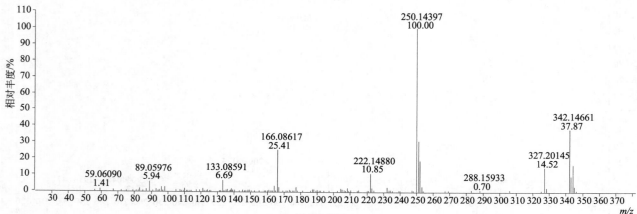

(b) CE=10V

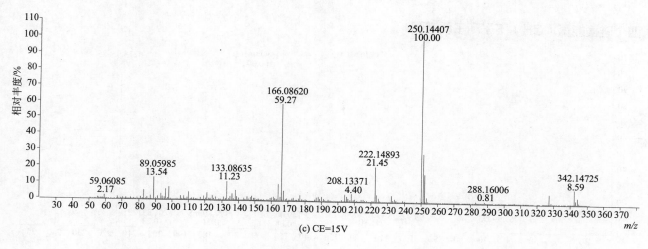

(c) CE=15V

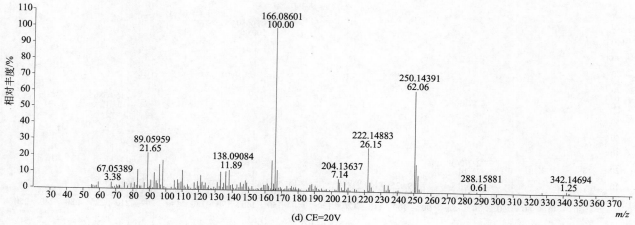

(d) CE=20V

Terbacil（特草定）

基本信息

CAS 登录号	5902-51-2	分子量	216.0666	源极性	正
分子式	$C_9H_{13}ClN_2O_2$	离子源	电喷雾离子源（ESI）	保留时间	5.12min

提取离子流色谱图

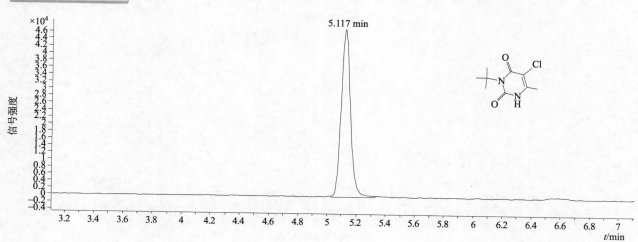

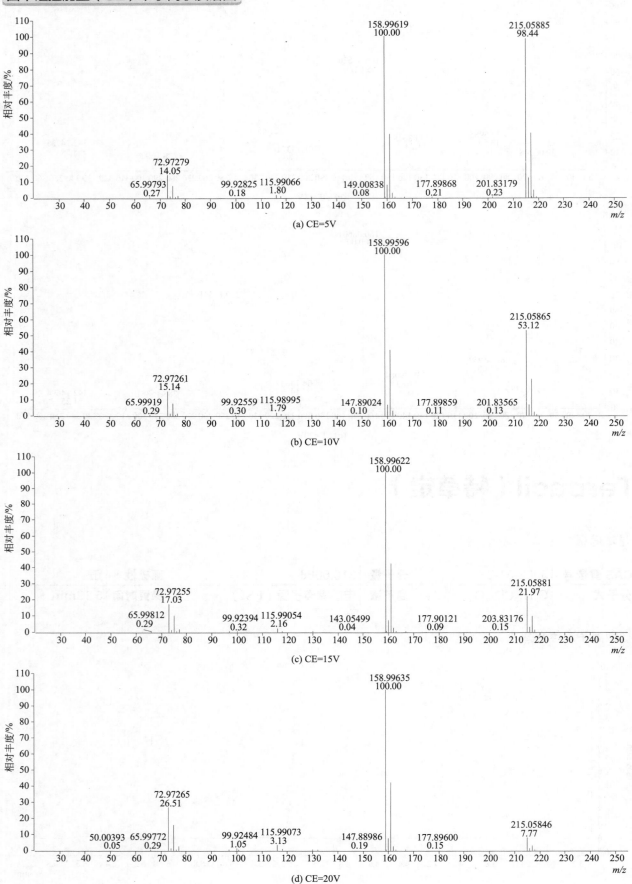

(a) CE=5V

(b) CE=10V

(c) CE=15V

(d) CE=20V

Terbucarb（特草灵）

基本信息

CAS 登录号	1918-11-2	分子量	277.2042	源极性	正
分子式	C₁₇H₂₇NO₂	离子源	电喷雾离子源（ESI）	保留时间	15.94min

分子式 $C_{17}H_{27}NO_2$

提取离子流色谱图

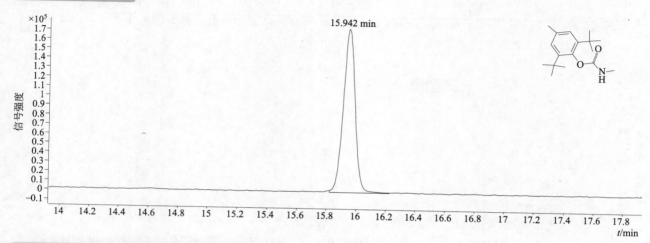

四个碰撞能量（CE）下子离子质谱图

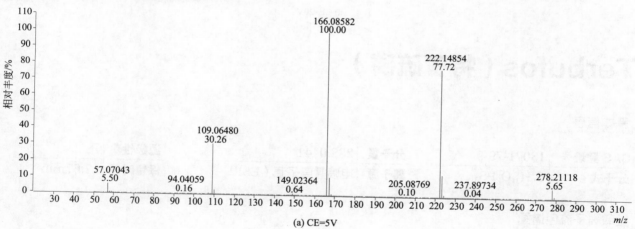

(a) CE=5V

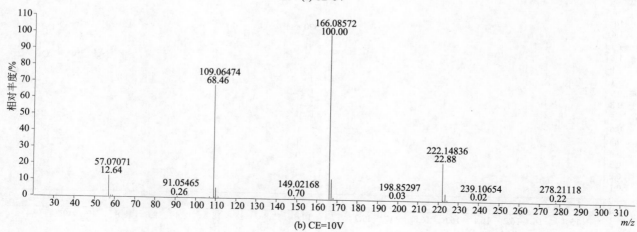

(b) CE=10V

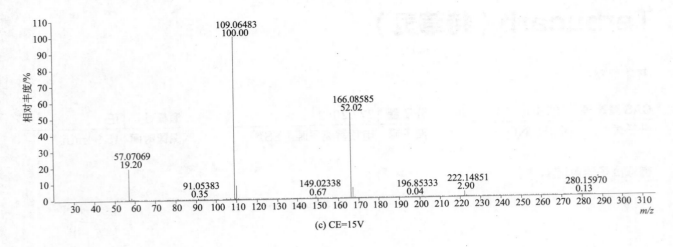

(c) CE=15V

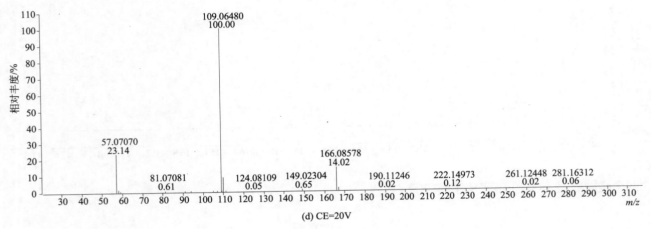

(d) CE=20V

Terbufos（特丁硫磷）

基本信息

CAS 登录号	13071-79-9	分子量	288.0441	源极性	正
分子式	$C_9H_{21}O_2PS_3$	离子源	电喷雾离子源（ESI）	保留时间	17.57min

提取离子流色谱图

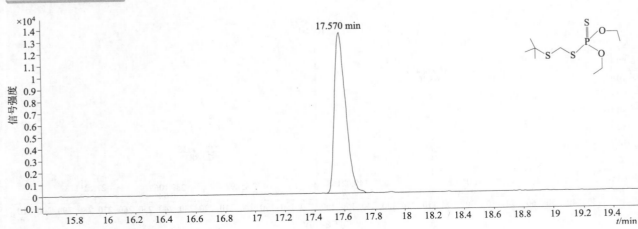

四个碰撞能量（CE）下子离子质谱图

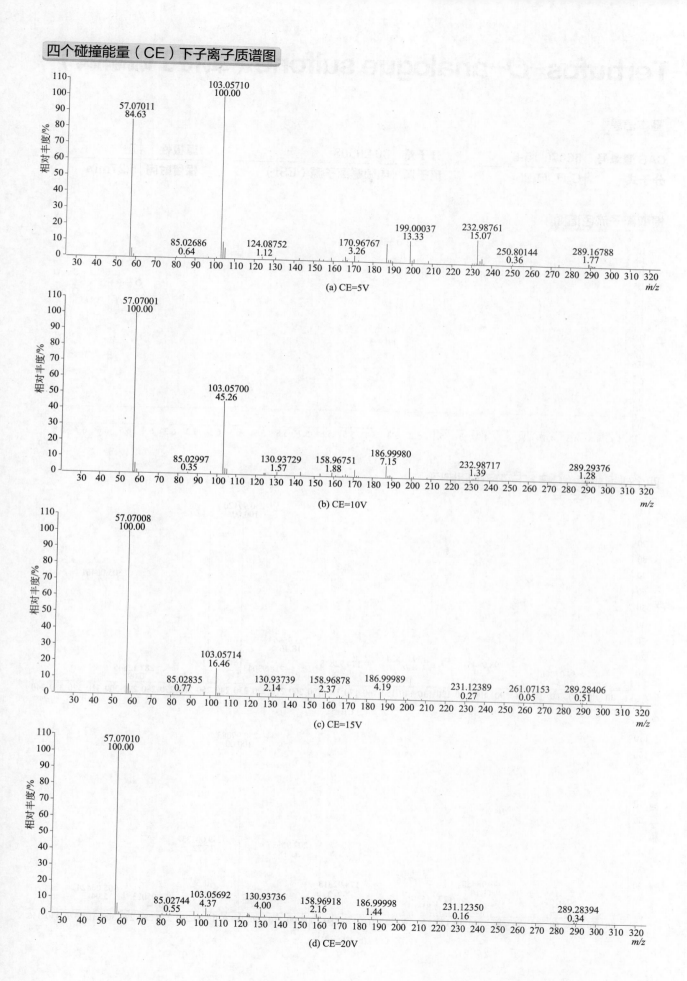

(a) CE=5V

(b) CE=10V

(c) CE=15V

(d) CE=20V

703

Terbufos-*O*-analogue sulfone（氧特丁硫磷砜）

CAS 登录号	56070-15-6	**分子量**	304.0568	**源极性**	正
分子式	$C_9H_{21}O_5PS_2$	**离子源**	电喷雾离子源（ESI）	**保留时间**	5.27min

提取离子流色谱图

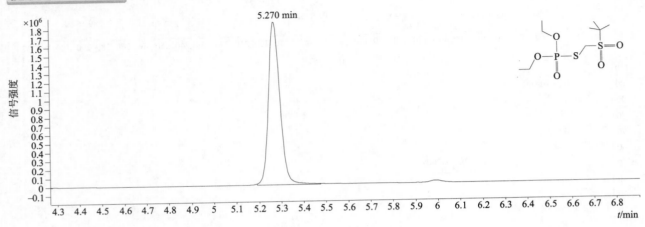

四个碰撞能量（CE）下子离子质谱图

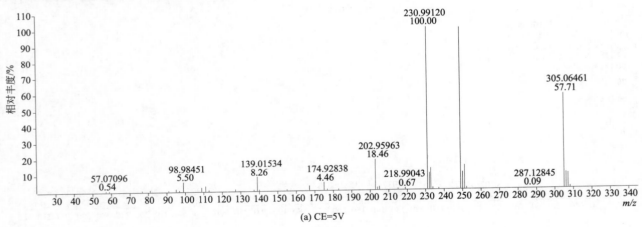

(a) CE=5V

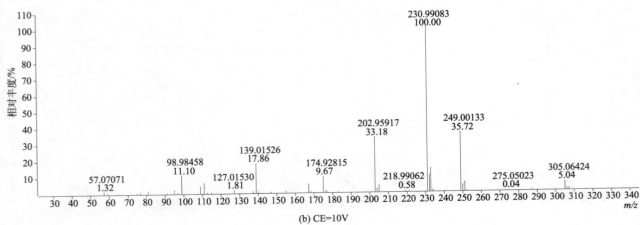

(b) CE=10V

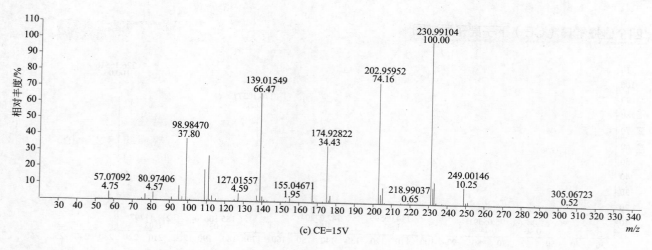

(c) CE=15V

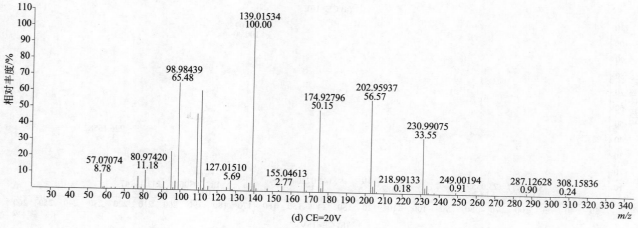

(d) CE=20V

Terbumeton（特丁通）

基本信息

CAS 登录号	33693-04-8	分子量	225.1590	源极性	正
分子式	C₁₀H₁₉N₅O	离子源	电喷雾离子源（ESI）	保留时间	5.93min

分子式 $C_{10}H_{19}N_5O$

提取离子流色谱图

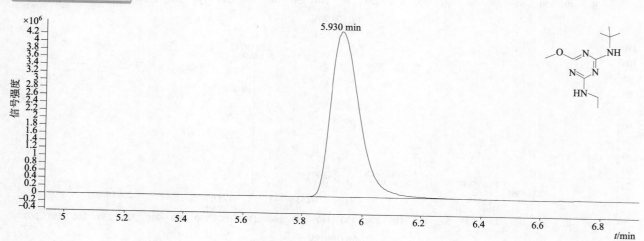

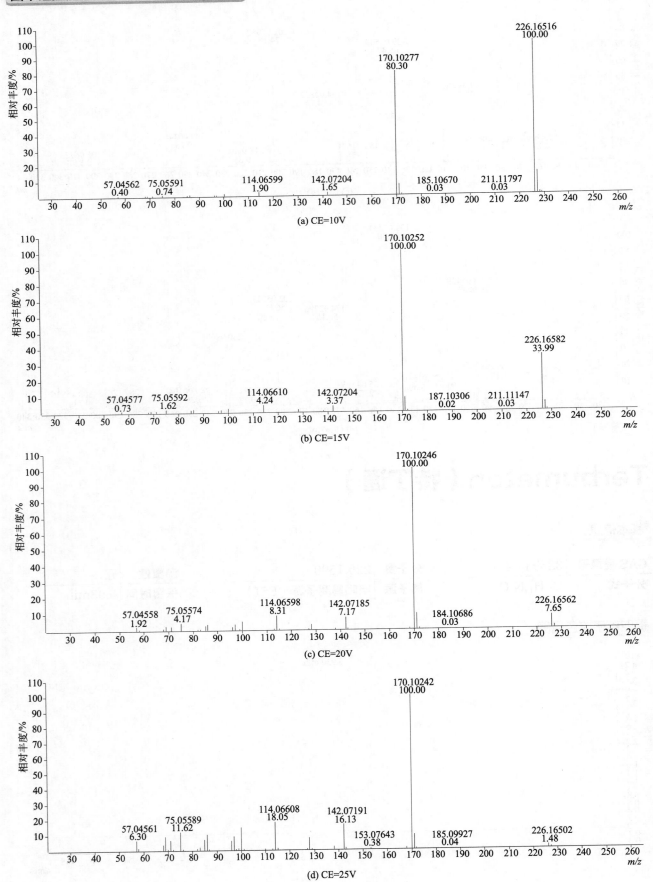

(a) CE=10V

(b) CE=15V

(c) CE=20V

(d) CE=25V

Terbuthylazine（特丁津）

基本信息

CAS 登录号	5915-41-3	分子量	229.1094	源极性	正
分子式	$C_9H_{16}ClN_5$	离子源	电喷雾离子源（ESI）	保留时间	8.99min

提取离子流色谱图

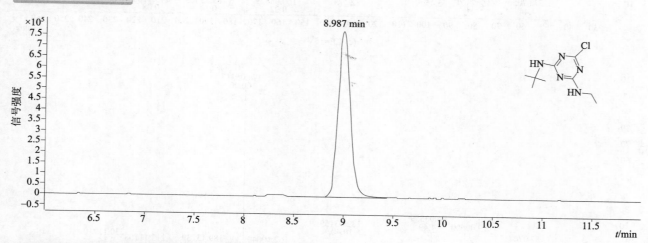

四个碰撞能量（CE）下子离子质谱图

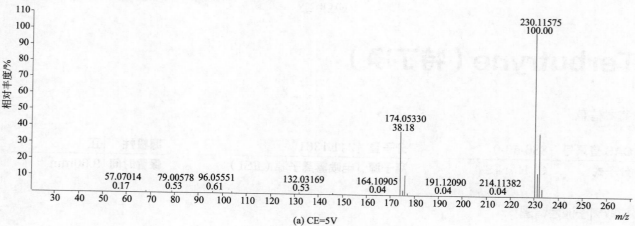

(a) CE=5V

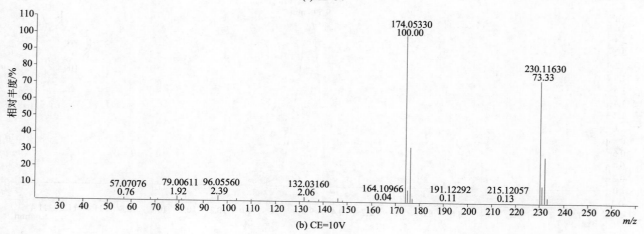

(b) CE=10V

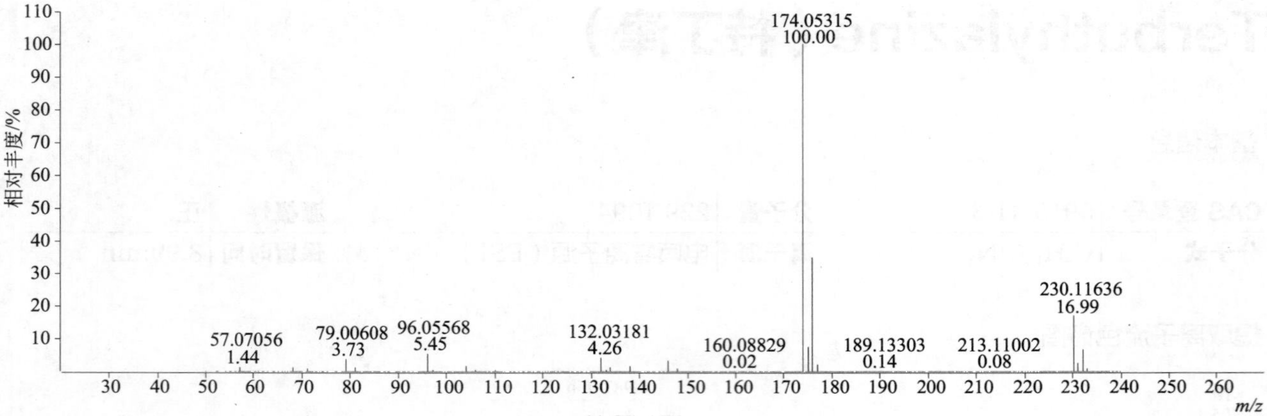

(c) CE=15V

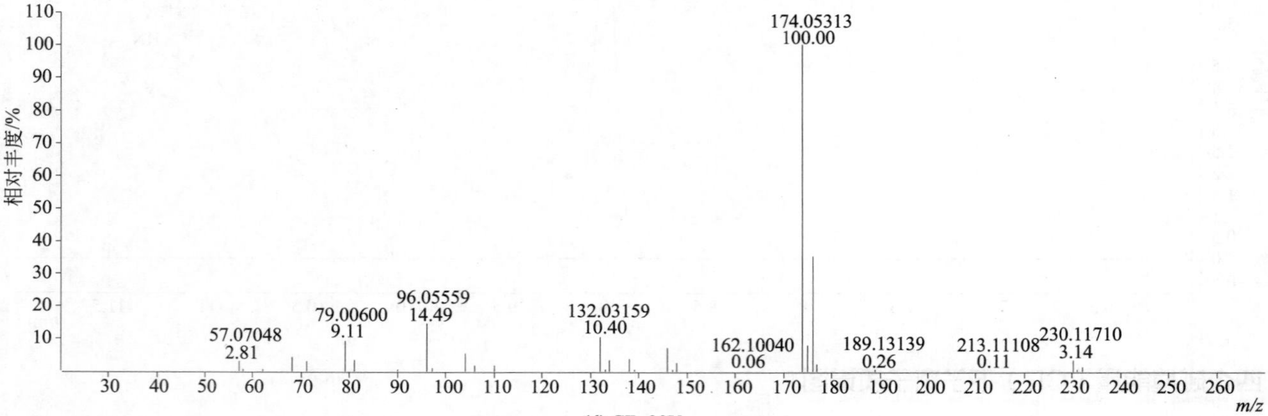

(d) CE=20V

Terbutryne（特丁净）

基本信息

CAS 登录号	886-50-0	**分子量**	241.1361	**源极性**	正
分子式	$C_{10}H_{19}N_5S$	**离子源**	电喷雾离子源（ESI）	**保留时间**	9.60min

提取离子流色谱图

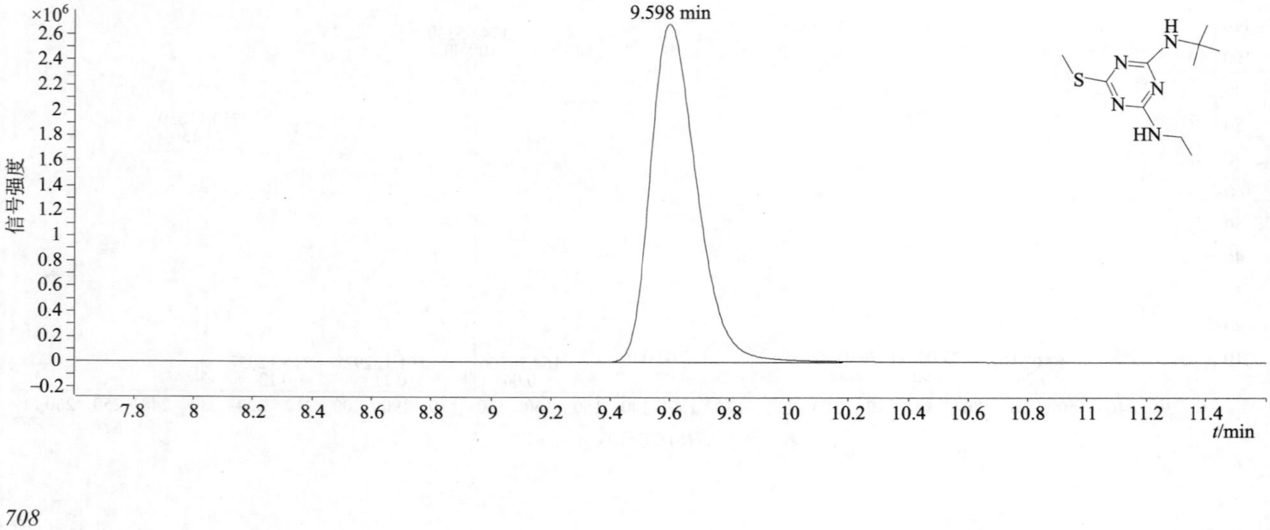

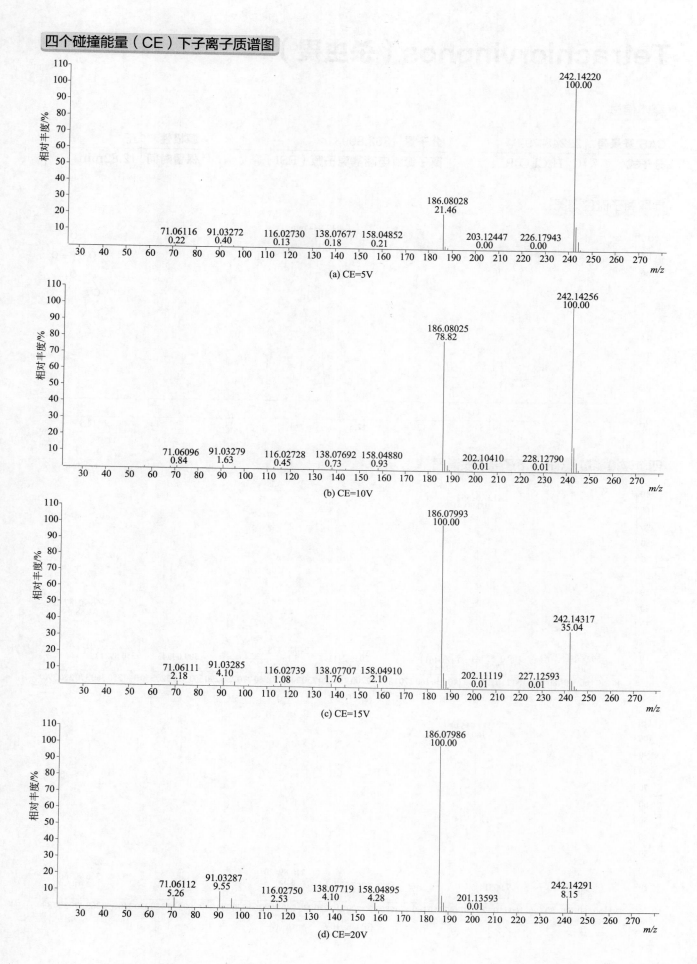

(a) CE=5V

(b) CE=10V

(c) CE=15V

(d) CE=20V

Tetrachlorvinphos（杀虫畏）

基本信息

CAS 登录号	22248-79-9	**分子量**	363.8993	**源极性**	正
分子式	$C_{10}H_9Cl_4O_4P$	**离子源**	电喷雾离子源（ESI）	**保留时间**	12.82min

提取离子流色谱图

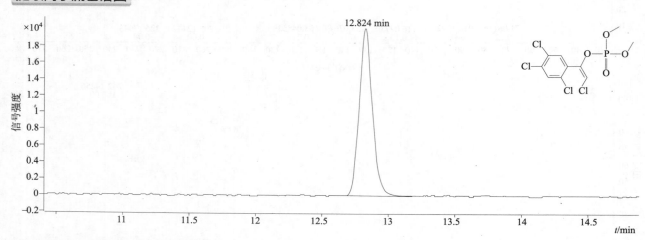

四个碰撞能量（CE）下子离子质谱图

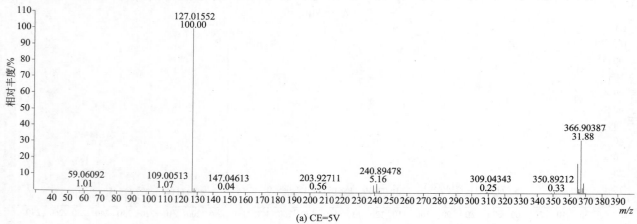

(a) CE=5V

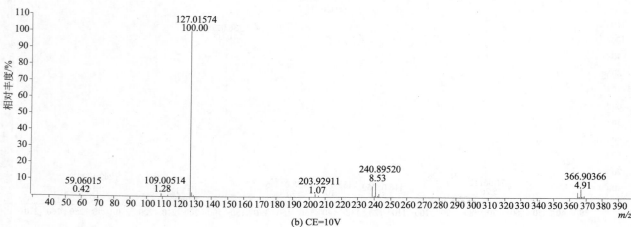

(b) CE=10V

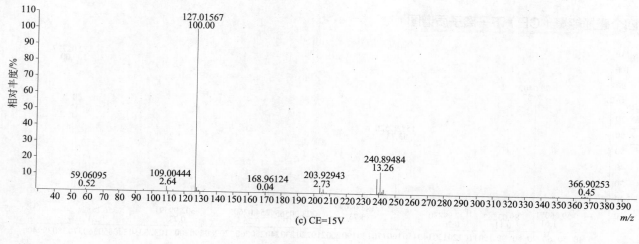

(c) CE=15V

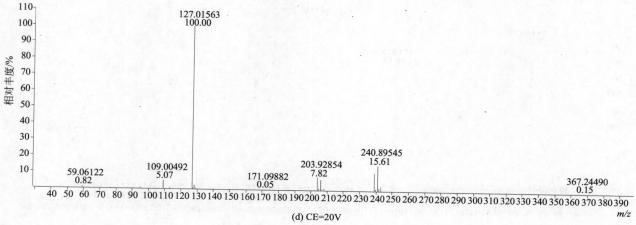

(d) CE=20V

Tetraconazole（四氟醚唑）

基本信息

| CAS 登录号 | 112281-77-3 | 分子量 | 371.0215 | 源极性 | 正 |
| 分子式 | C₁₃H₁₁Cl₂F₄N₃O | 离子源 | 电喷雾离子源（ESI） | 保留时间 | 12.00min |

提取离子流色谱图

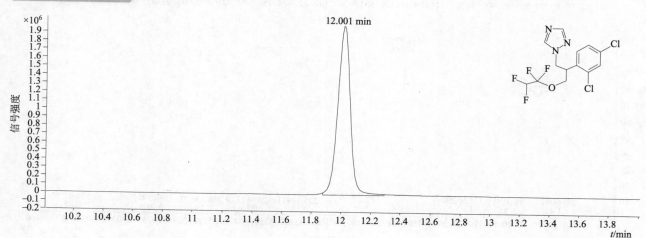

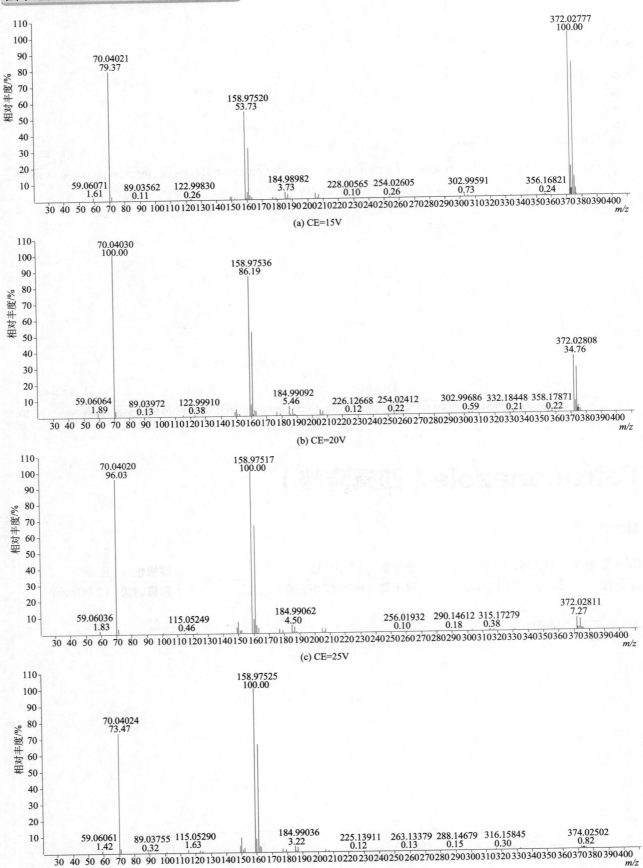

(a) CE=15V

(b) CE=20V

(c) CE=25V

(d) CE=30V

Tetramethrin（胺菊酯）

基本信息

CAS 登录号	7696-12-0	分子量	331.1784	源极性	正
分子式	$C_{19}H_{25}NO_4$	离子源	电喷雾离子源（ESI）	保留时间	17.37min

提取离子流色谱图

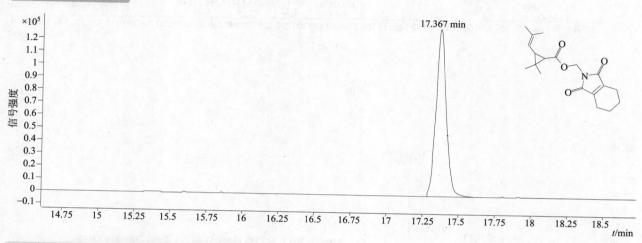

四个碰撞能量（CE）下子离子质谱图

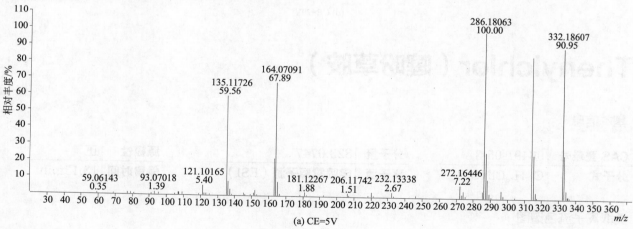

(a) CE=5V

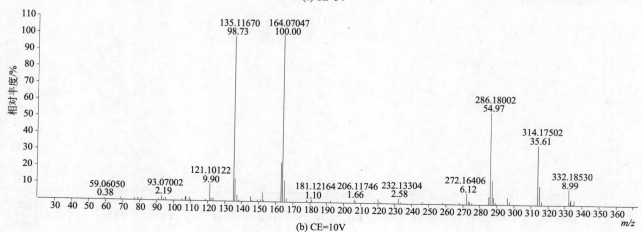

(b) CE=10V

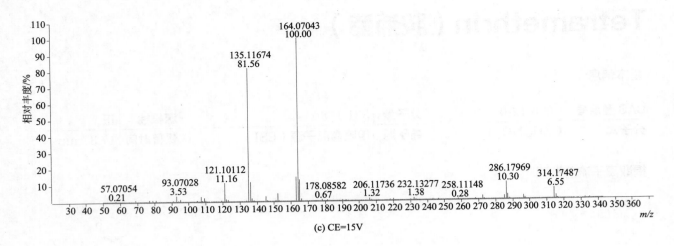

(c) CE=15V

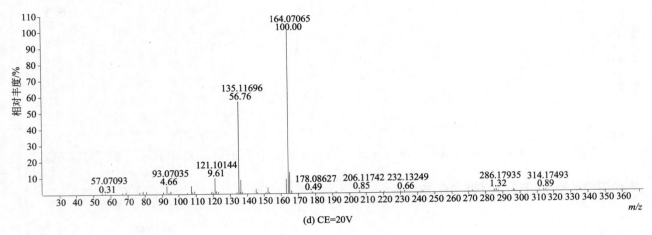

(d) CE=20V

Thenylchlor（噻吩草胺）

基本信息

CAS 登录号	96491-05-3	分子量	323.0747	源极性	正
分子式	$C_{16}H_{18}ClNO_2S$	离子源	电喷雾离子源（ESI）	保留时间	13.13min

提取离子流色谱图

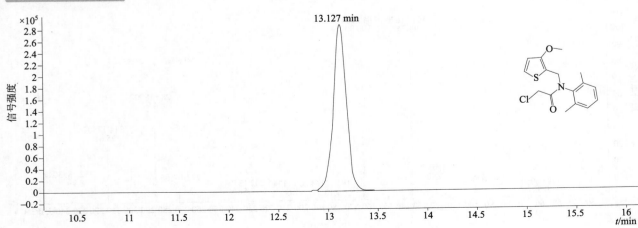

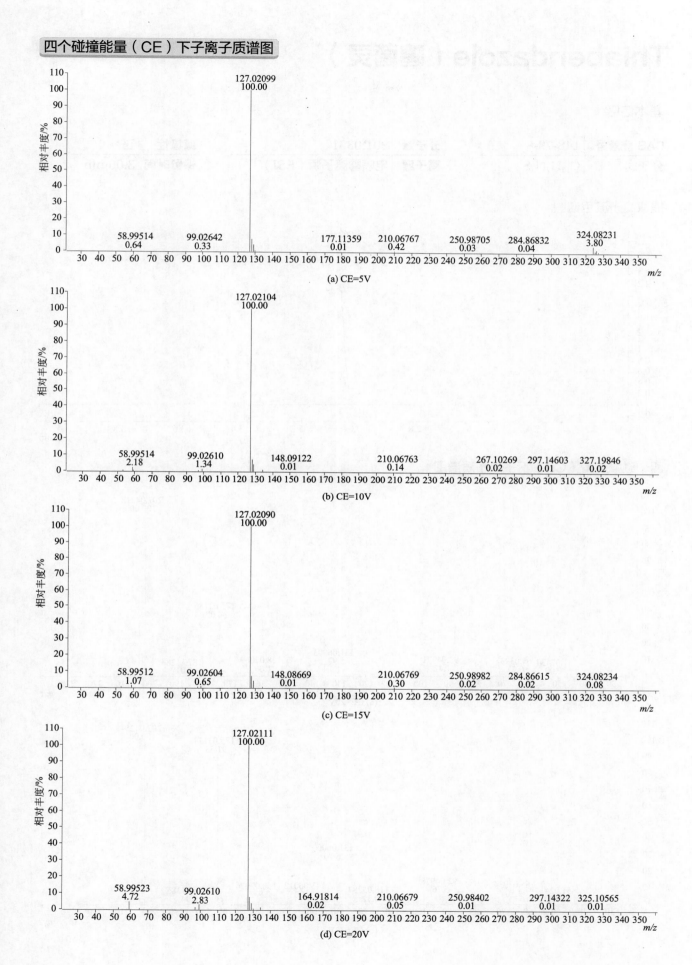

(a) CE=5V

(b) CE=10V

(c) CE=15V

(d) CE=20V

Thiabendazole（噻菌灵）

基本信息

CAS 登录号	148-79-8	**分子量**	201.0361	**源极性**	正
分子式	$C_{10}H_7N_3S$	**离子源**	电喷雾离子源（ESI）	**保留时间**	3.06min

提取离子流色谱图

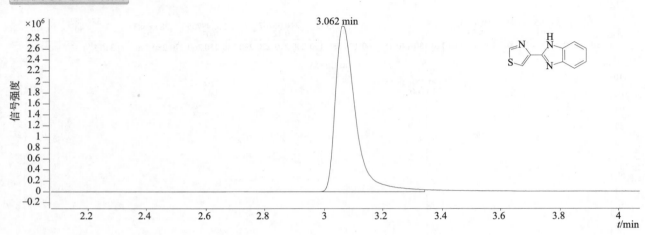

四个碰撞能量（CE）下子离子质谱图

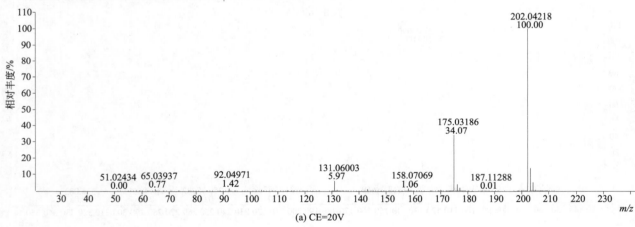

(a) CE=20V

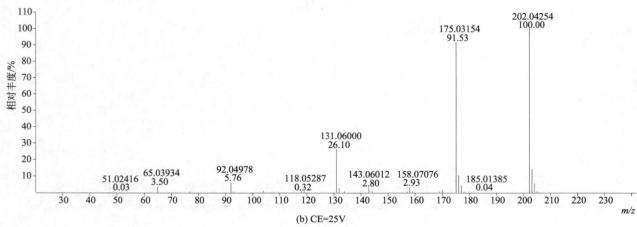

(b) CE=25V

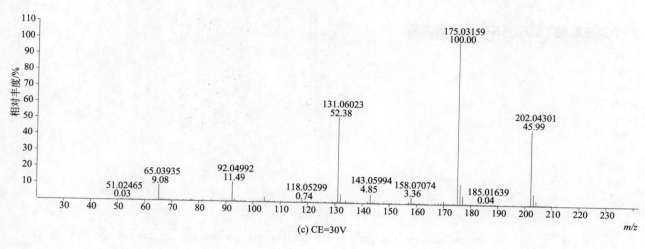

(c) CE=30V

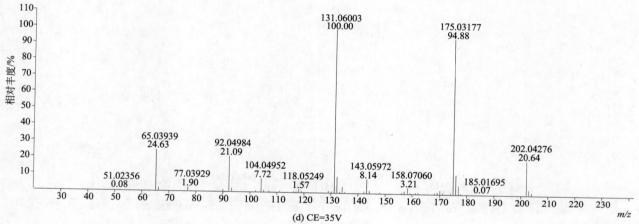

(d) CE=35V

Thiacloprid（噻虫啉）

基本信息

CAS 登录号	111988-49-9	分子量	252.0236	源极性	正
分子式	$C_{10}H_9ClN_4S$	离子源	电喷雾离子源（ESI）	保留时间	4.57min

提取离子流色谱图

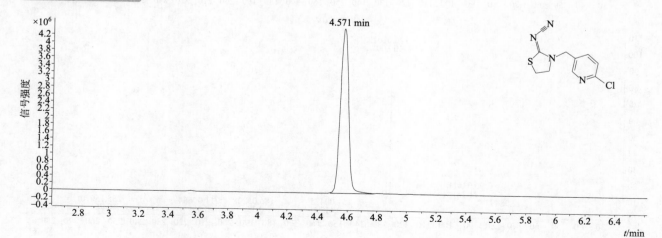

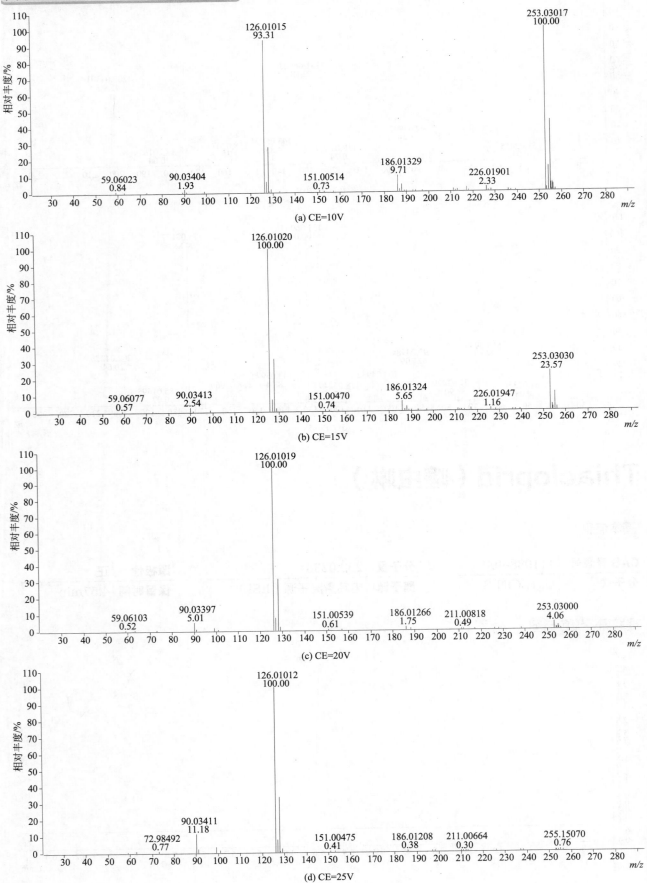

(a) CE=10V

(b) CE=15V

(c) CE=20V

(d) CE=25V

Thiamethoxam（噻虫嗪）

基本信息

CAS 登录号	153719-23-4	**分子量**	291.0193	**源极性**	正
分子式	$C_8H_{10}ClN_5O_3S$	**离子源**	电喷雾离子源（ESI）	**保留时间**	3.24min

提取离子流色谱图

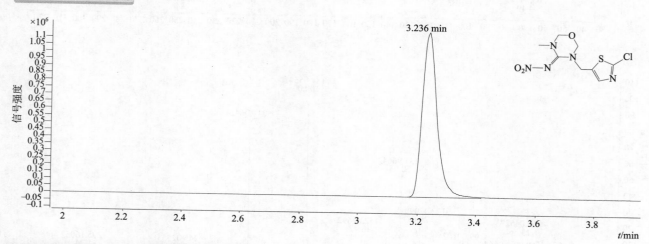

四个碰撞能量（CE）下子离子质谱图

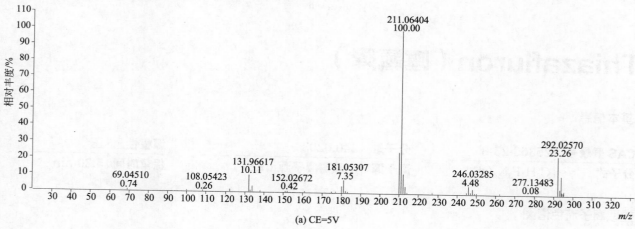

(a) CE=5V

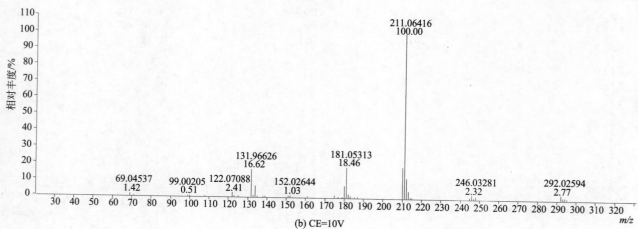

(b) CE=10V

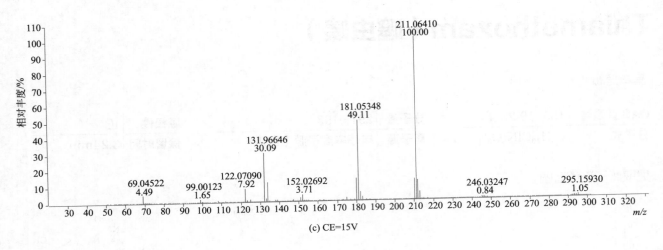

(c) CE=15V

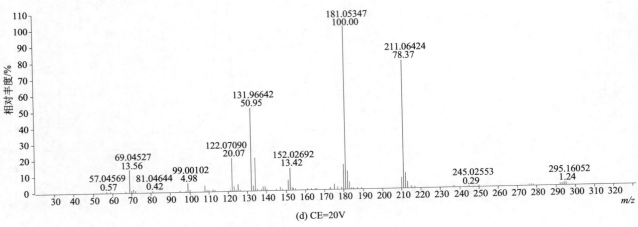

(d) CE=20V

Thiazafluron（噻氟隆）

基本信息

CAS 登录号	25366-23-8	分子量	240.0293	源极性	正
分子式	$C_6H_7F_3N_4OS$	离子源	电喷雾离子源（ESI）	保留时间	5.20min

提取离子流色谱图

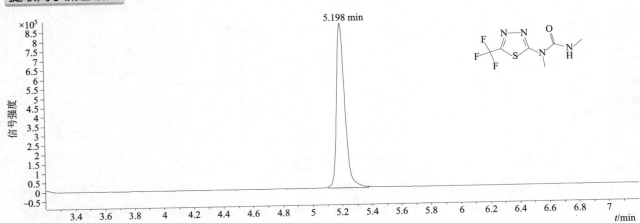

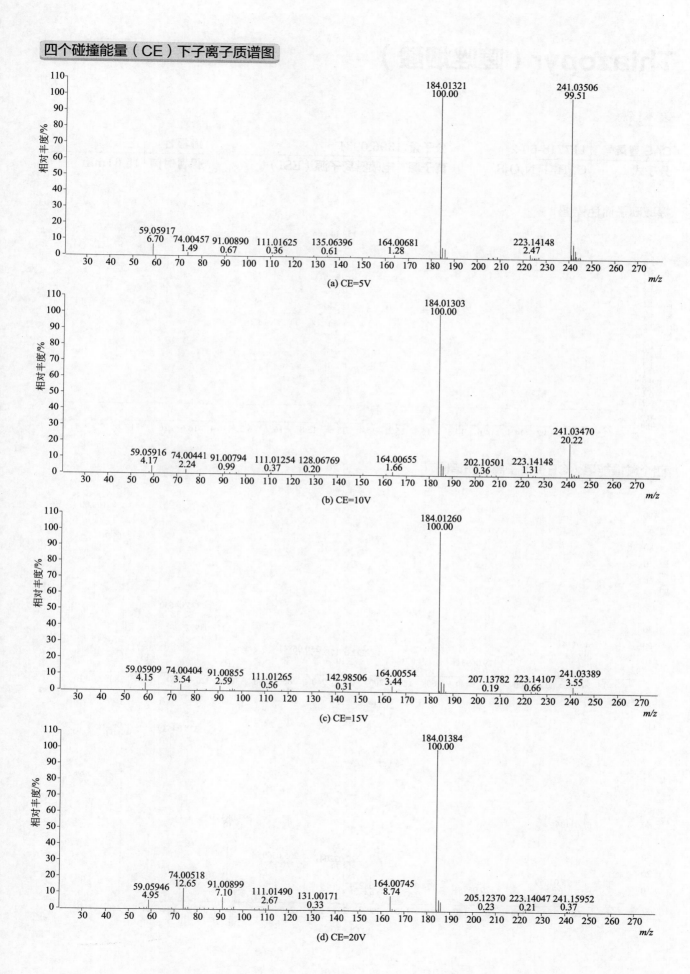

(a) CE=5V

(b) CE=10V

(c) CE=15V

(d) CE=20V

Thiazopyr（噻唑烟酸）

基本信息

CAS 登录号	117718-60-2	**分子量**	396.0931	**源极性**	正
分子式	$C_{16}H_{17}F_5N_2O_2S$	**离子源**	电喷雾离子源（ESI）	**保留时间**	15.61min

提取离子流色谱图

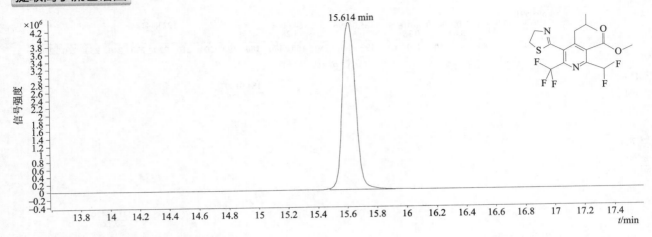

四个碰撞能量（CE）下子离子质谱图

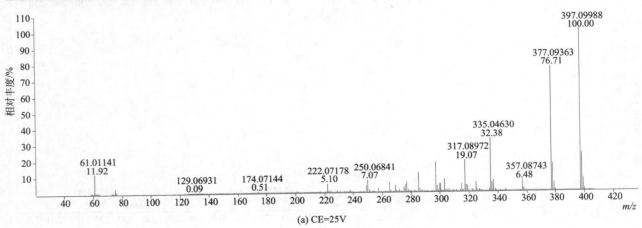

(a) CE=25V

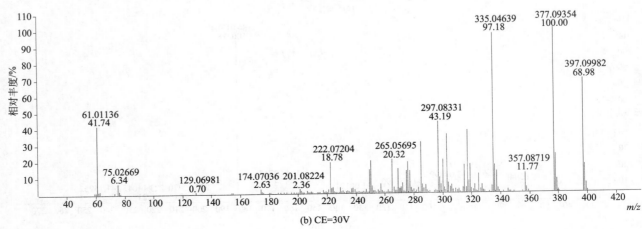

(b) CE=30V

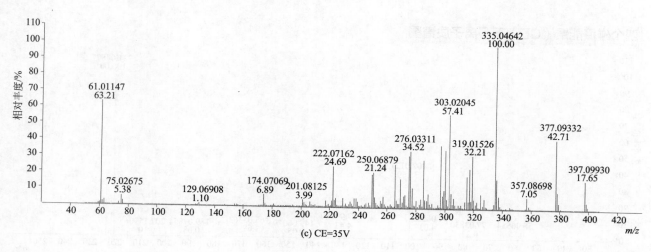

(c) CE=35V

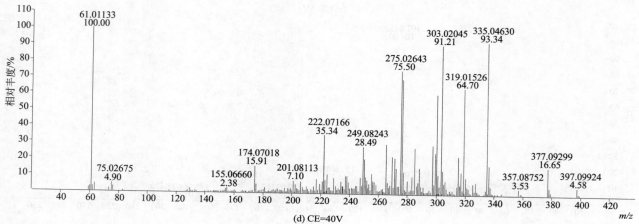

(d) CE=40V

Thidiazuron（赛苯隆）

基本信息

CAS 登录号	51707-55-2	分子量	220.0419	源极性	正
分子式	$C_9H_8N_4OS$	离子源	电喷雾离子源（ESI）	保留时间	4.88min

提取离子流色谱图

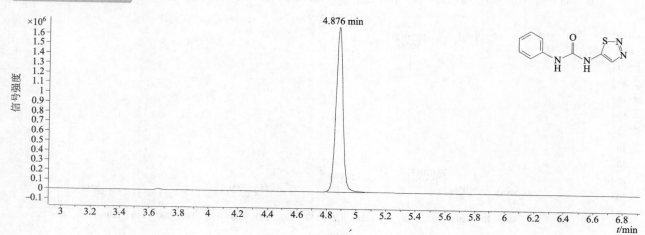

四个碰撞能量（CE）下子离子质谱图

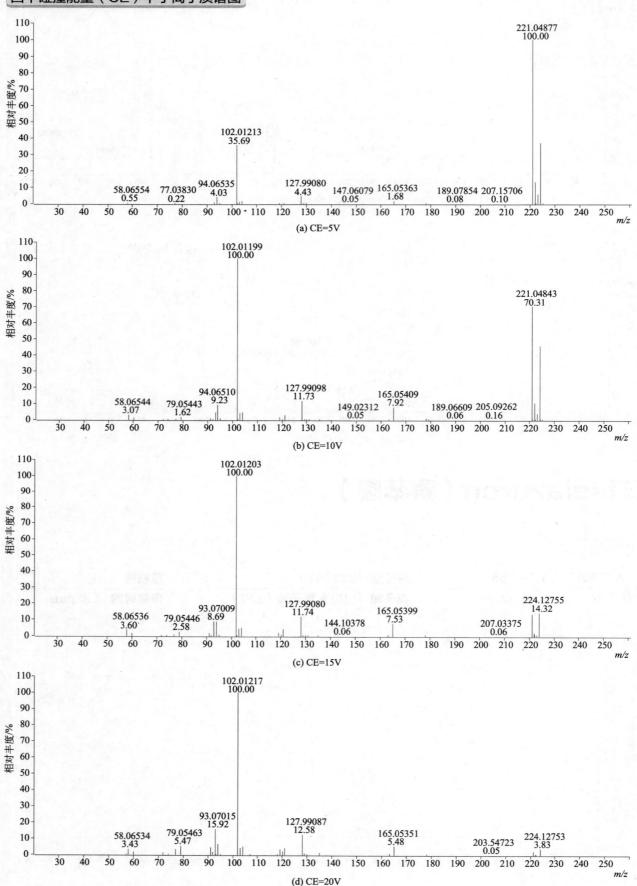

(a) CE=5V

(b) CE=10V

(c) CE=15V

(d) CE=20V

Thifensulfuron-methyl（噻吩磺隆）

提取离子流色谱图

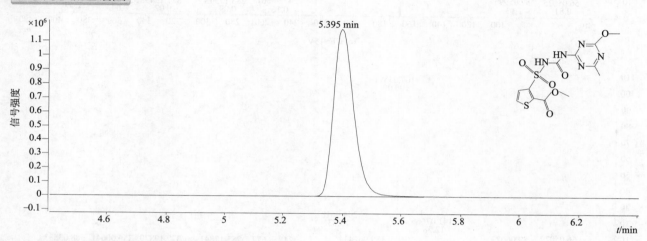

四个碰撞能量（CE）下子离子质谱图

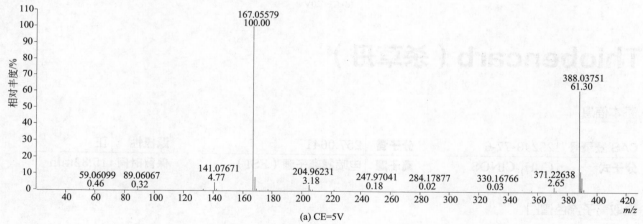

(a) CE=5V

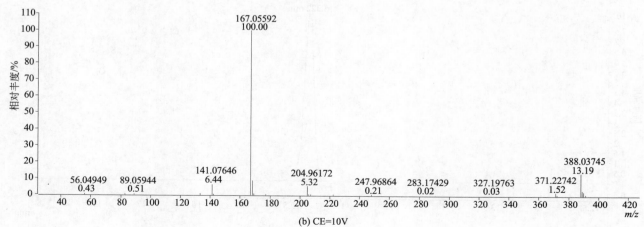

(b) CE=10V

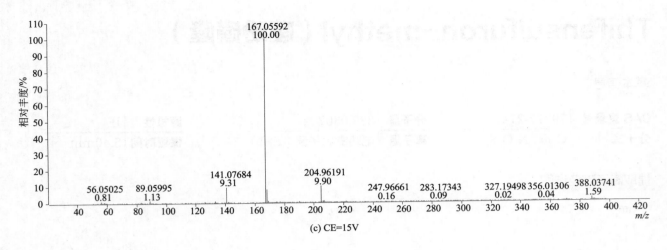

(c) CE=15V

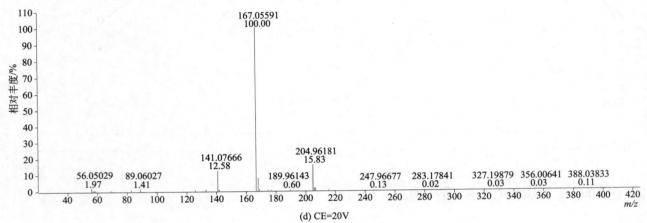

(d) CE=20V

Thiobencarb（杀草丹）

基本信息

CAS 登录号	28249-77-6	分子量	257.0641	源极性	正
分子式	C₁₂H₁₆ClNOS	离子源	电喷雾离子源（ESI）	保留时间	15.32min

提取离子流色谱图

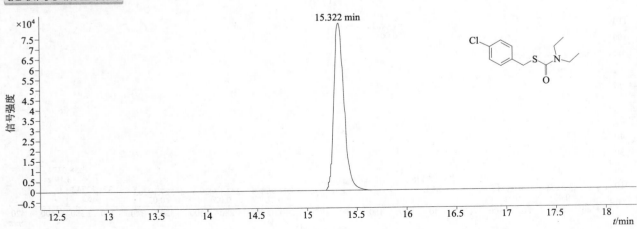

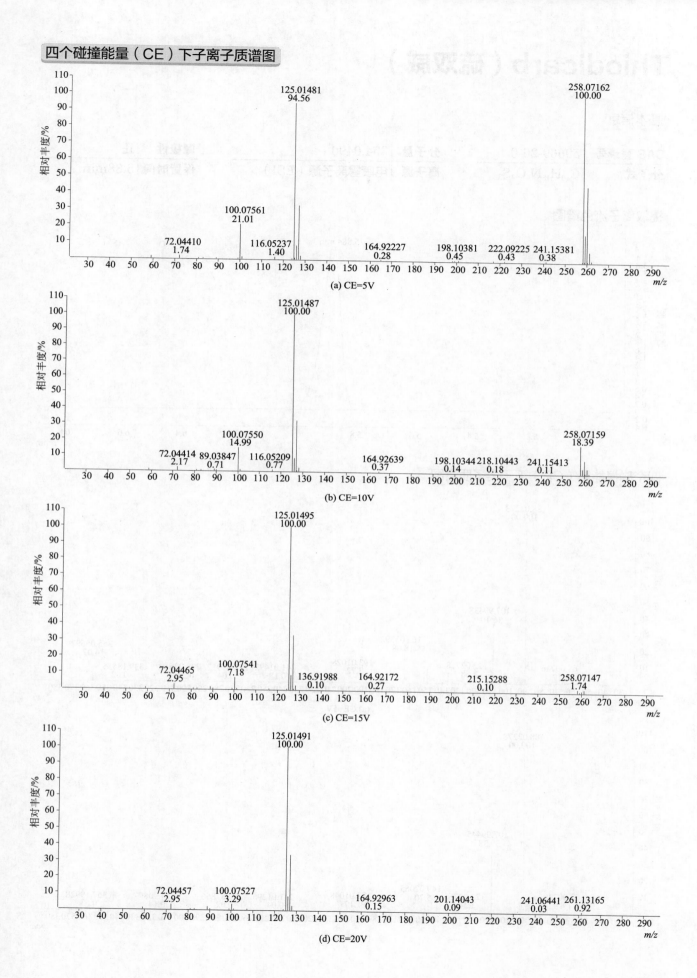

(a) CE=5V

(b) CE=10V

(c) CE=15V

(d) CE=20V

Thiodicarb（硫双威）

CAS 登录号	59669-26-0	**分子量**	354.0490	**源极性**	正
分子式	$C_{10}H_{18}N_4O_4S_3$	**离子源**	电喷雾离子源（ESI）	**保留时间**	5.88min

提取离子流色谱图

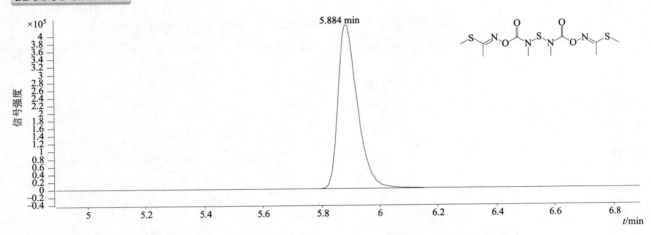

四个碰撞能量（CE）下子离子质谱图

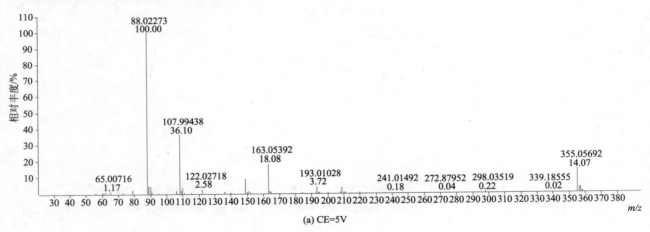

(a) CE=5V

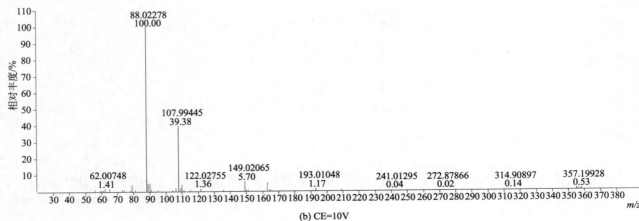

(b) CE=10V

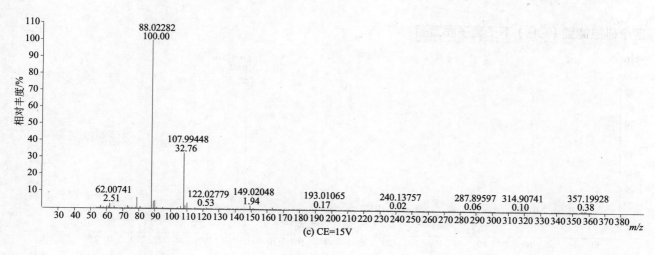

(c) CE=15V

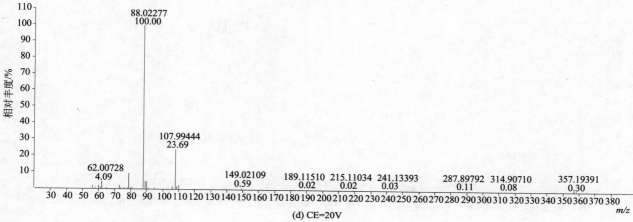

(d) CE=20V

Thiofanox（久效威）

基本信息

CAS 登录号	39196-18-4	分子量	218.1089	源极性	正
分子式	$C_9H_{18}N_2O_2S$	离子源	电喷雾离子源（ESI）	保留时间	6.57min

提取离子流色谱图

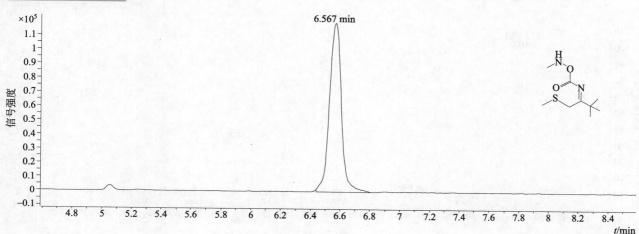

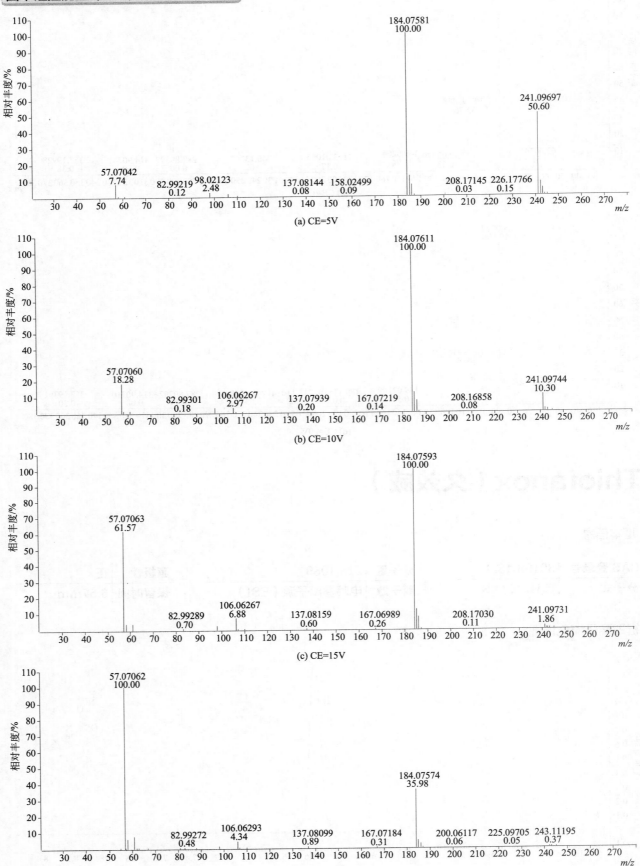

(a) CE=5V

(b) CE=10V

(c) CE=15V

(d) CE=20V

Thiofanox sulfone（久效威砜）

基本信息

CAS 登录号	39184-59-3	**分子量**	250.0987	**源极性**	正
分子式	$C_9H_{18}N_2O_4S$	**离子源**	电喷雾离子源（ESI）	**保留时间**	3.92min

提取离子流色谱图

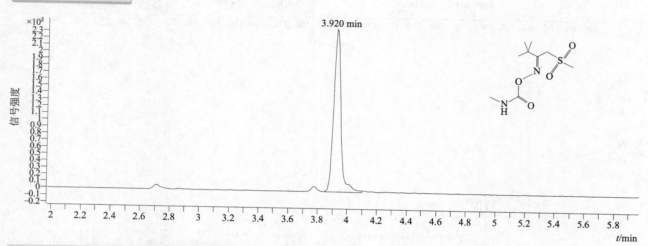

四个碰撞能量（CE）下子离子质谱图

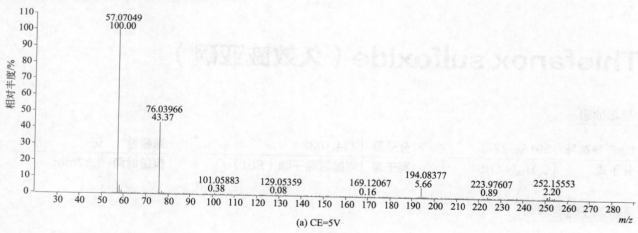

(a) CE=5V

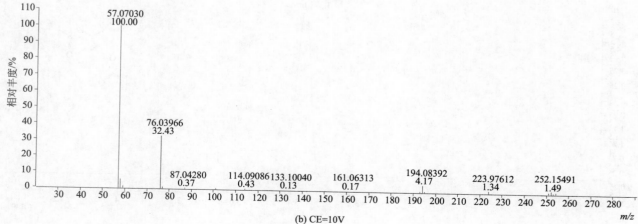

(b) CE=10V

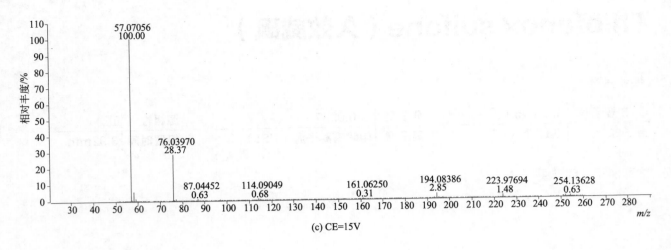

(c) CE=15V

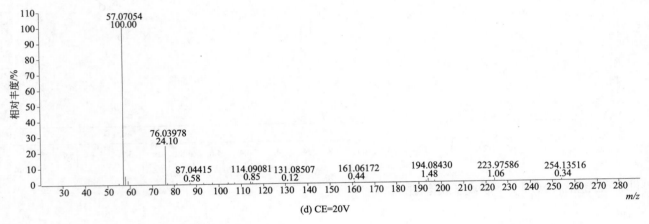

(d) CE=20V

Thiofanox sulfoxide（久效威亚砜）

基本信息

CAS 登录号	39184-27-5	分子量	234.1038	源极性	正
分子式	$C_9H_{18}N_2O_3S$	离子源	电喷雾离子源（ESI）	保留时间	3.37min

提取离子流色谱图

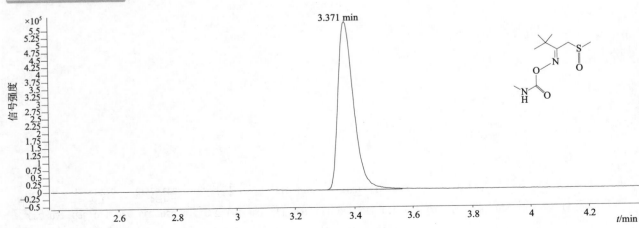

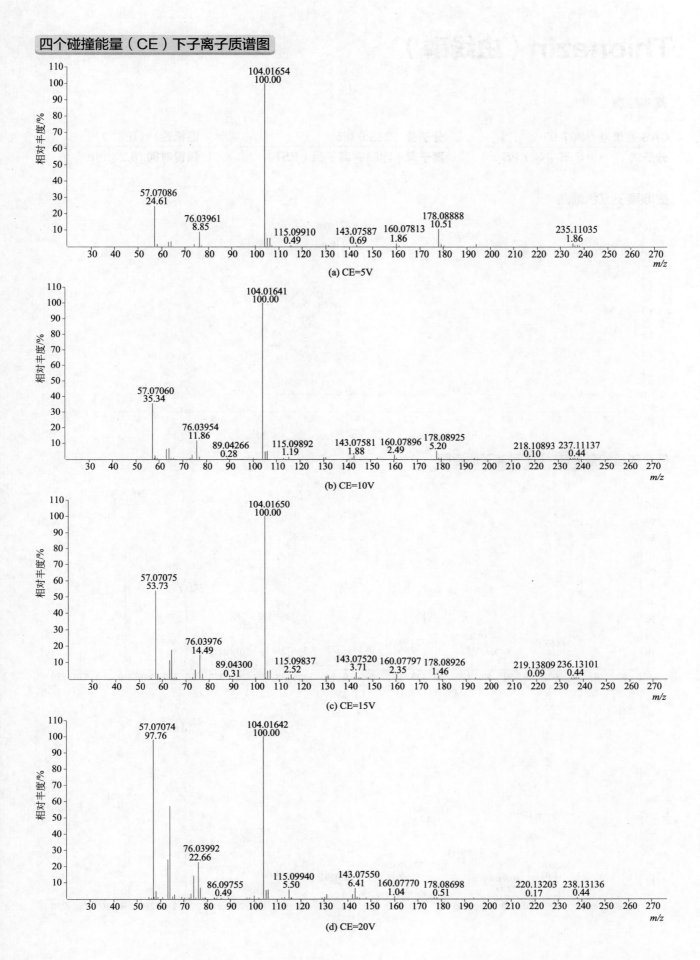

(a) CE=5V

(b) CE=10V

(c) CE=15V

(d) CE=20V

Thionazin（虫线磷）

CAS 登录号	297-97-2	**分子量**	248.0385	**源极性**	正
分子式	$C_8H_{13}N_2O_3PS$	**离子源**	电喷雾离子源（ESI）	**保留时间**	8.23min

提取离子流色谱图

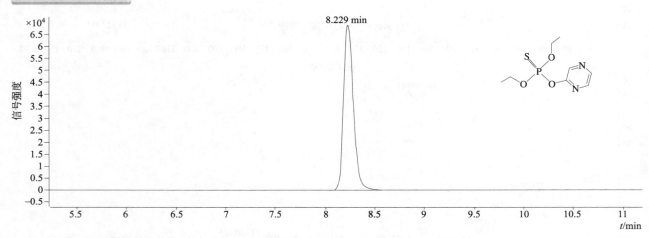

四个碰撞能量（CE）下子离子质谱图

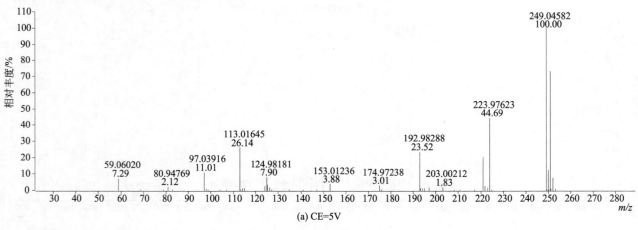

(a) CE=5V

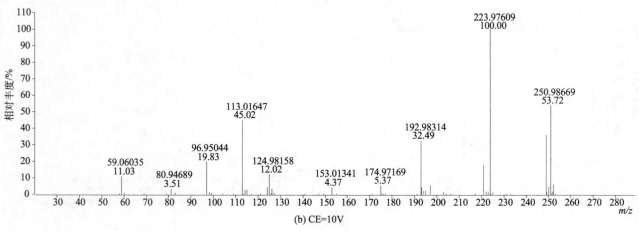

(b) CE=10V

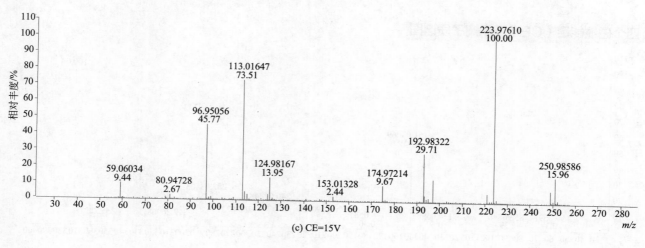

(c) CE=15V

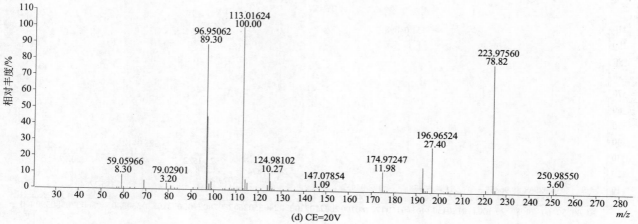

(d) CE=20V

Thiophanate（硫菌灵）

基本信息

CAS 登录号	23564-06-9	分子量	370.0770	源极性	正
分子式	$C_{14}H_{18}N_4O_4S_2$	离子源	电喷雾离子源（ESI）	保留时间	8.13min

提取离子流色谱图

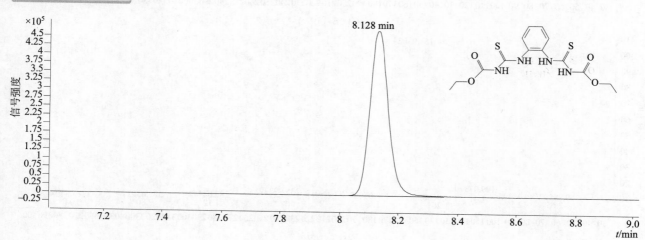

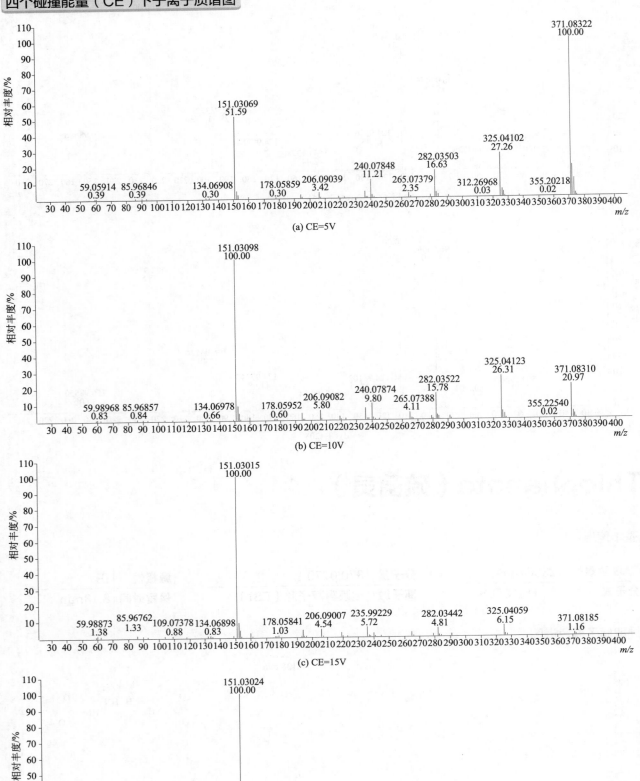

(a) CE=5V

(b) CE=10V

(c) CE=15V

(d) CE=20V

Thiophanate-methyl（甲基硫菌灵）

基本信息

CAS 登录号	23564-05-8	**分子量**	342.0457	**源极性**	正
分子式	$C_{12}H_{14}N_4O_4S_2$	**离子源**	电喷雾离子源（ESI）	**保留时间**	5.57min

提取离子流色谱图

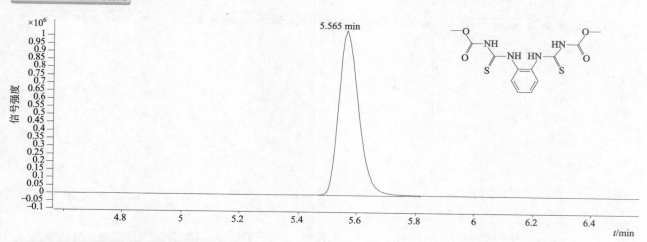

四个碰撞能量（CE）下子离子质谱图

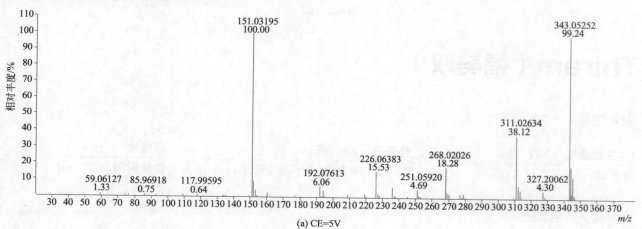

(a) CE=5V

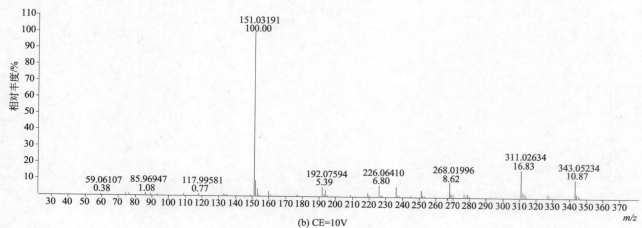

(b) CE=10V

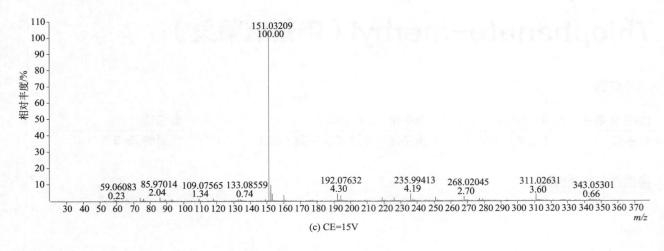

(c) CE=15V

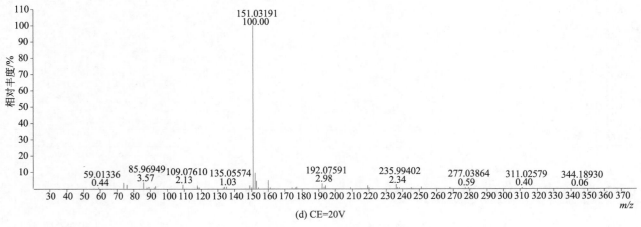

(d) CE=20V

Thiram（福美双）

基本信息

CAS 登录号	137-26-8	分子量	239.9883	源极性	正
分子式	$C_6H_{12}N_2S_4$	离子源	电喷雾离子源（ESI）	保留时间	6.51min

提取离子流色谱图

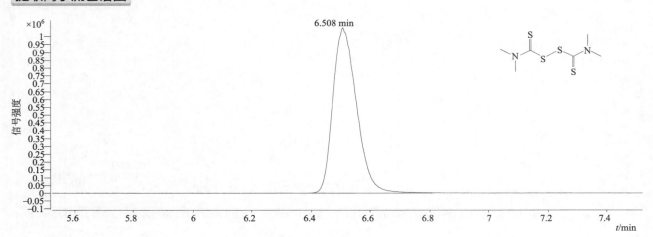

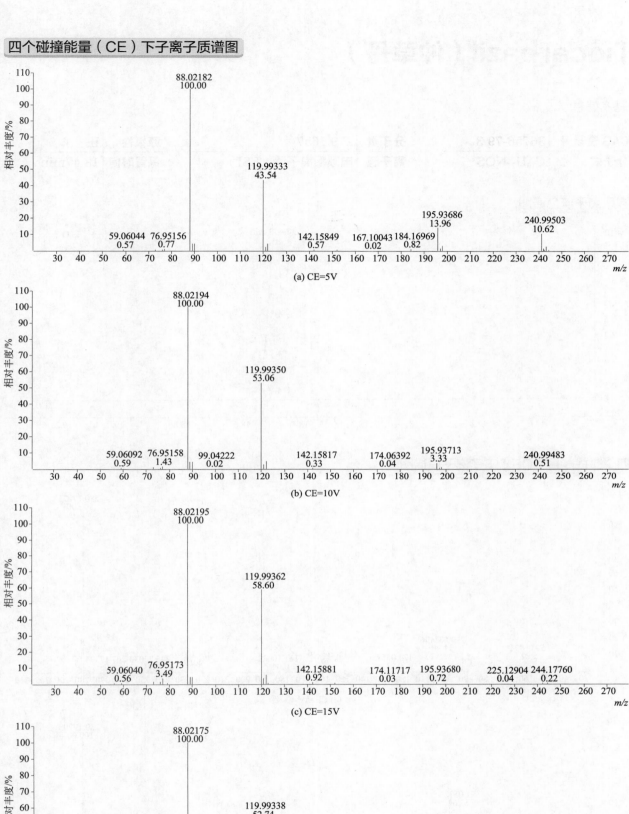

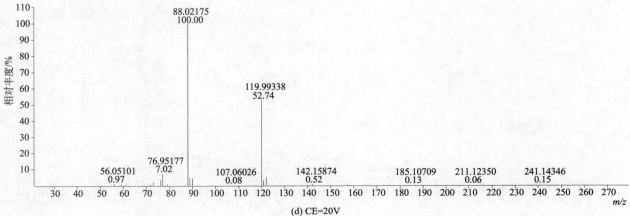

Tiocarbazil（仲草丹）

基本信息

CAS 登录号	36756-79-3	**分子量**	279.1657	**源极性**	正
分子式	$C_{16}H_{25}NOS$	**离子源**	电喷雾离子源（ESI）	**保留时间**	18.47min

提取离子流色谱图

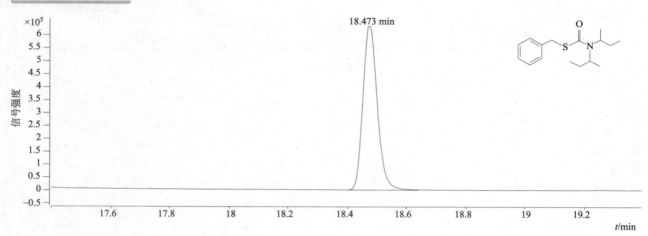

四个碰撞能量（CE）下子离子质谱图

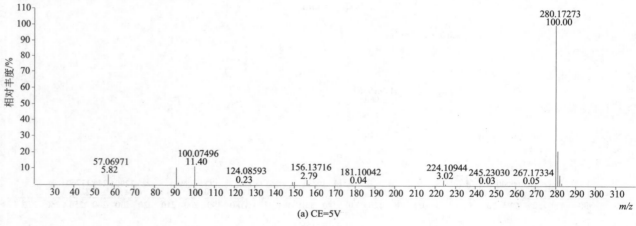

(a) CE=5V

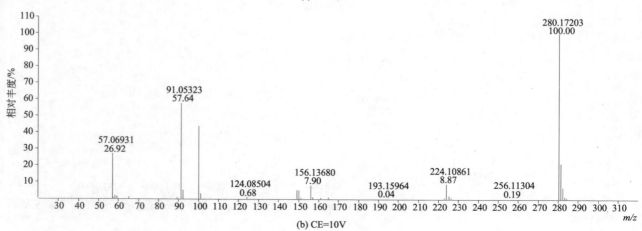

(b) CE=10V

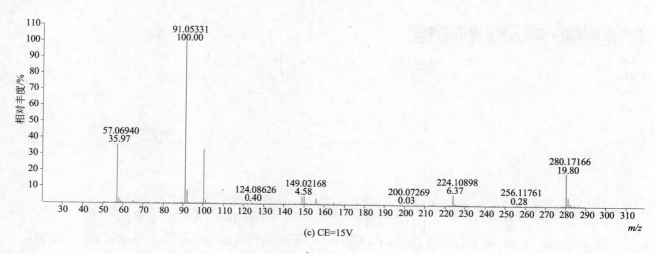

(c) CE=15V

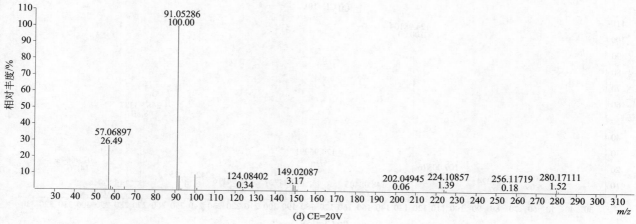

(d) CE=20V

Tolclofos-methyl（甲基立枯磷）

基本信息

CAS 登录号	57018-04-9	分子量	299.9544	源极性	正
分子式	C₉H₁₁Cl₂O₃PS	离子源	电喷雾离子源（ESI）	保留时间	15.82min

提取离子流色谱图

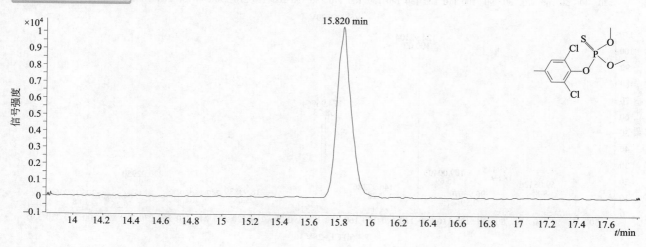

四个碰撞能量（CE）下子离子质谱图

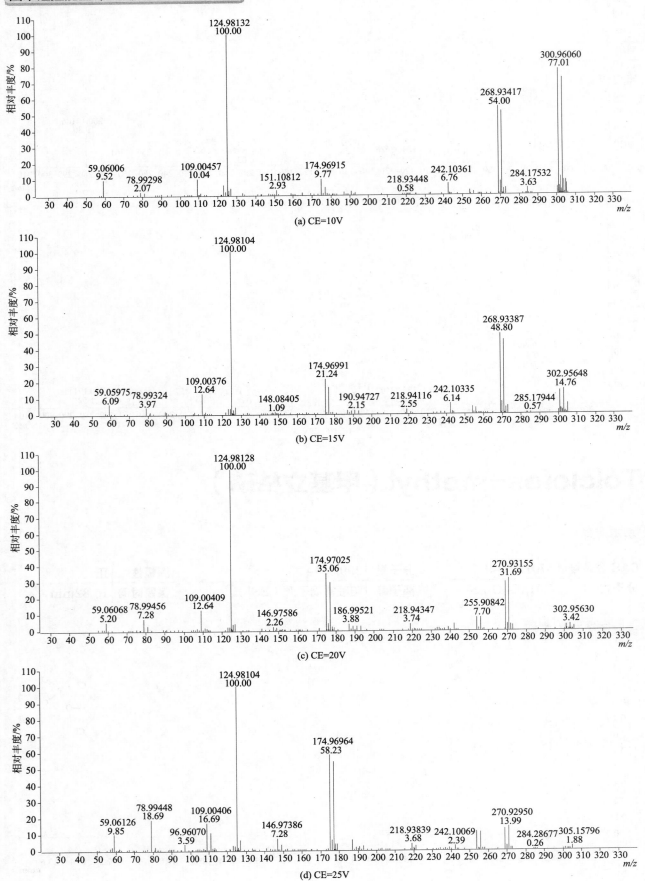

(a) CE=10V

(b) CE=15V

(c) CE=20V

(d) CE=25V

Tolfenpyrad（唑虫酰胺）

基本信息

CAS 登录号	129558-76-5	**分子量**	383.1401	**源极性**	正
分子式	$C_{21}H_{22}ClN_3O_2$	**离子源**	电喷雾离子源（ESI）	**保留时间**	17.05min

提取离子流色谱图

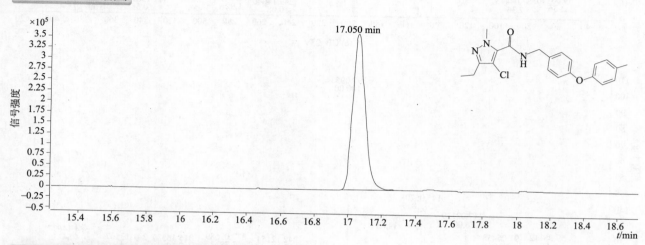

四个碰撞能量（CE）下子离子质谱图

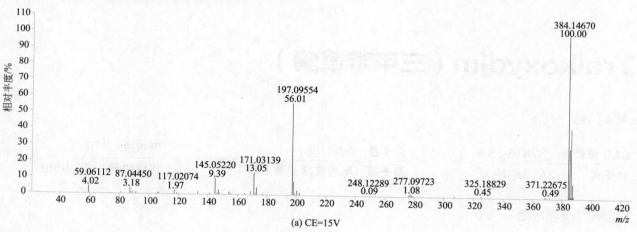

(a) CE=15V

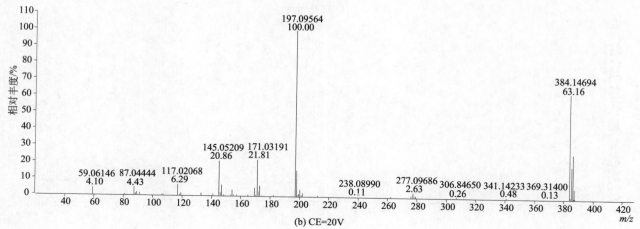

(b) CE=20V

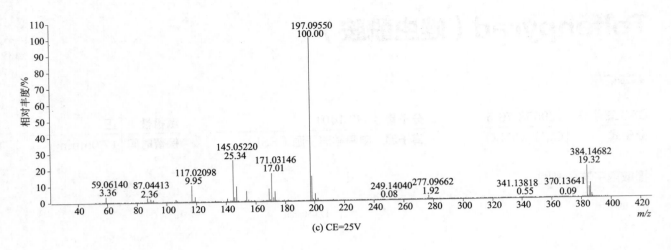

(c) CE=25V

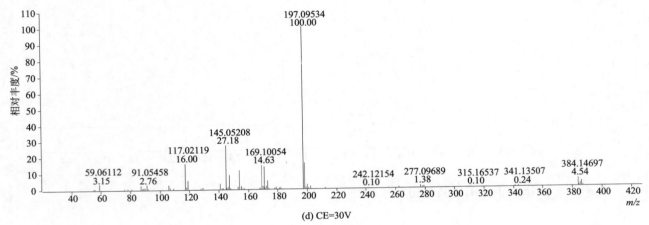

(d) CE=30V

Tralkoxydim（三甲苯草酮）

基本信息

CAS 登录号	87820-88-0	分子量	329.1991	源极性	正
分子式	C$_{20}$H$_{27}$NO$_3$	离子源	电喷雾离子源（ESI）	保留时间	17.74min

提取离子流色谱图

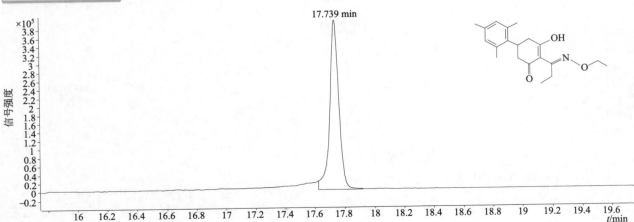

四个碰撞能量（CE）下子离子质谱图

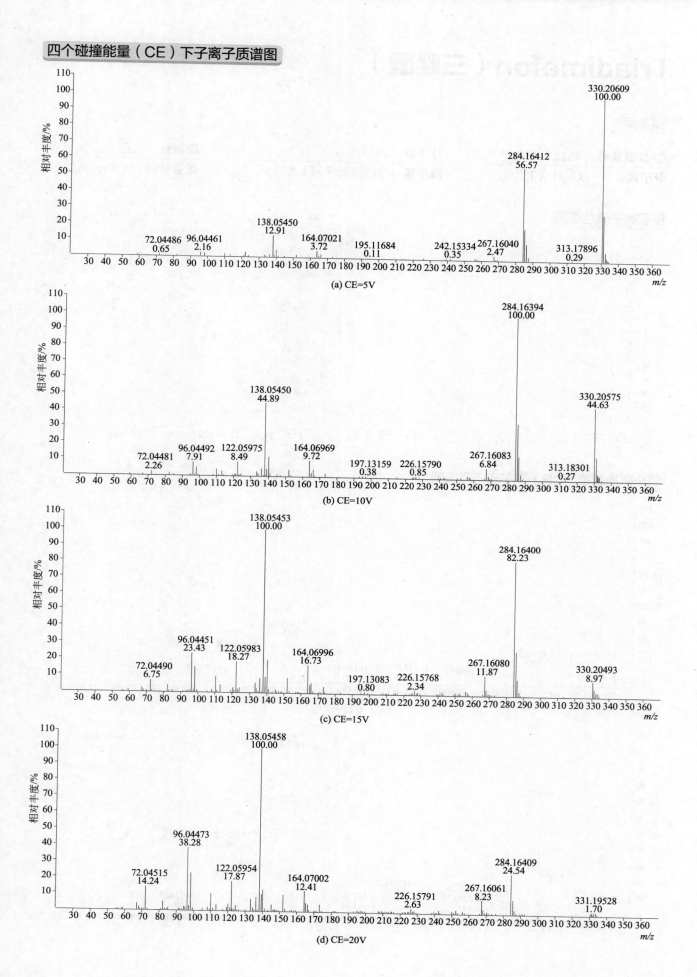

(a) CE=5V

(b) CE=10V

(c) CE=15V

(d) CE=20V

745

Triadimefon（三唑酮）

基本信息

CAS 登录号	43121-43-3	分子量	293.0931	源极性	正
分子式	$C_{14}H_{16}ClN_3O_2$	离子源	电喷雾离子源（ESI）	保留时间	11.35min

提取离子流色谱图

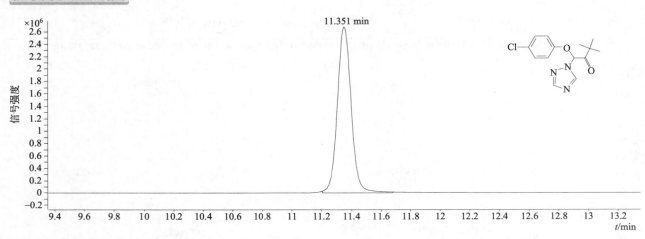

四个碰撞能量（CE）下子离子质谱图

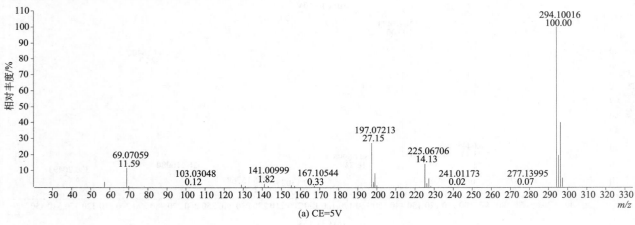

(a) CE=5V

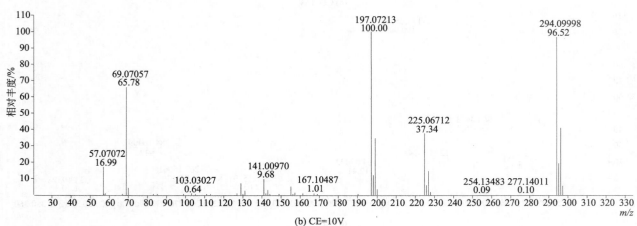

(b) CE=10V

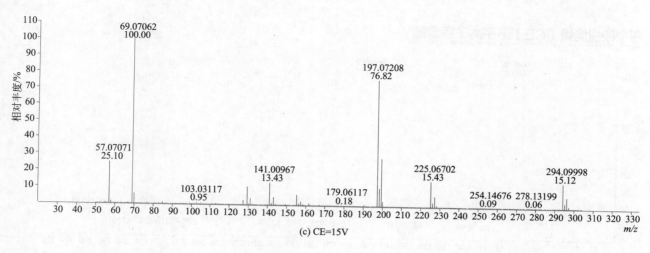

(c) CE=15V

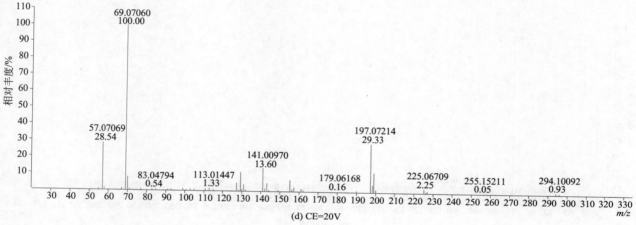

(d) CE=20V

Triadimenol（三唑醇）

基本信息

CAS 登录号	55219-65-3	分子量	295.1088	源极性	正
分子式	$C_{14}H_{18}ClN_3O_2$	离子源	电喷雾离子源（ESI）	保留时间	8.69min

提取离子流色谱图

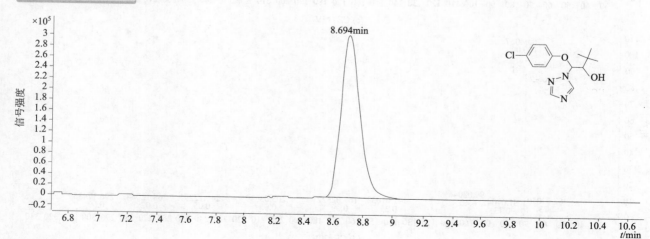

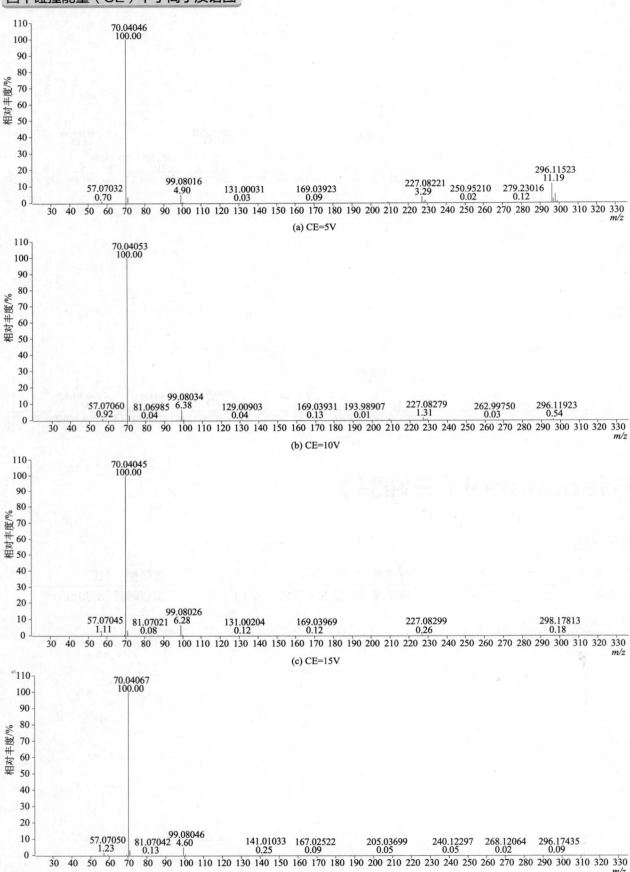

(a) CE=5V

(b) CE=10V

(c) CE=15V

(d) CE=20V

Tri-allate（野麦畏）

基本信息

CAS 登录号	2303-17-5	**分子量**	303.0018	**源极性**	正
分子式	C$_{10}$H$_{16}$Cl$_3$NOS	**离子源**	电喷雾离子源（ESI）	**保留时间**	18.18min

提取离子流色谱图

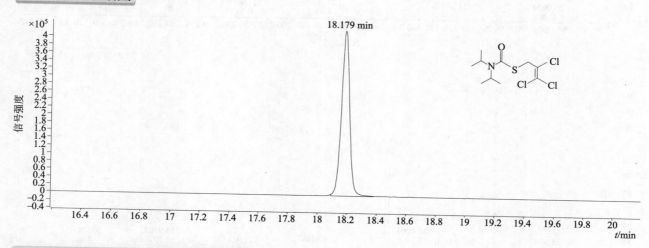

四个碰撞能量（CE）下子离子质谱图

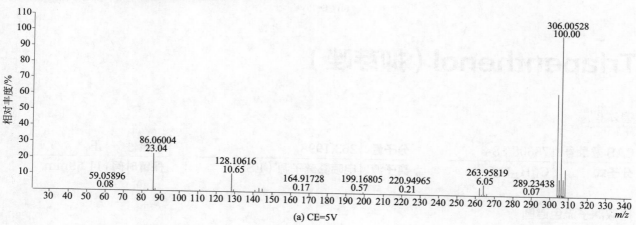

(a) CE=5V

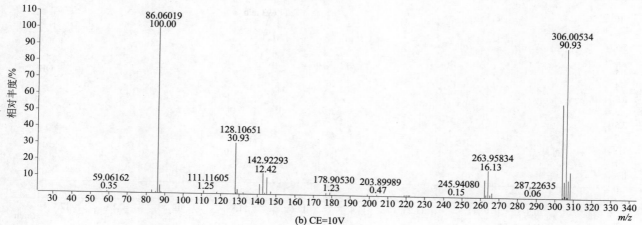

(b) CE=10V

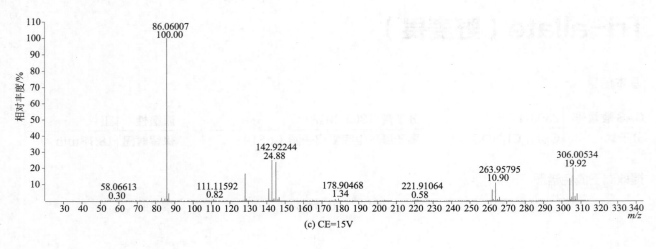

(c) CE=15V

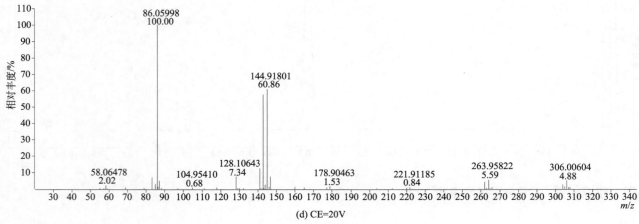

(d) CE=20V

Triapenthenol（抑芽唑）

基本信息

CAS 登录号	76608-88-3	**分子量**	263.1998	**源极性**	正
分子式	$C_{15}H_{25}N_3O$	**离子源**	电喷雾离子源（ESI）	**保留时间**	11.69min

提取离子流色谱图

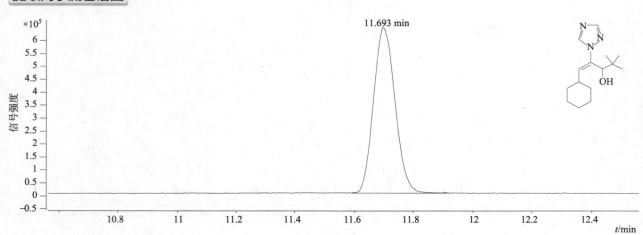

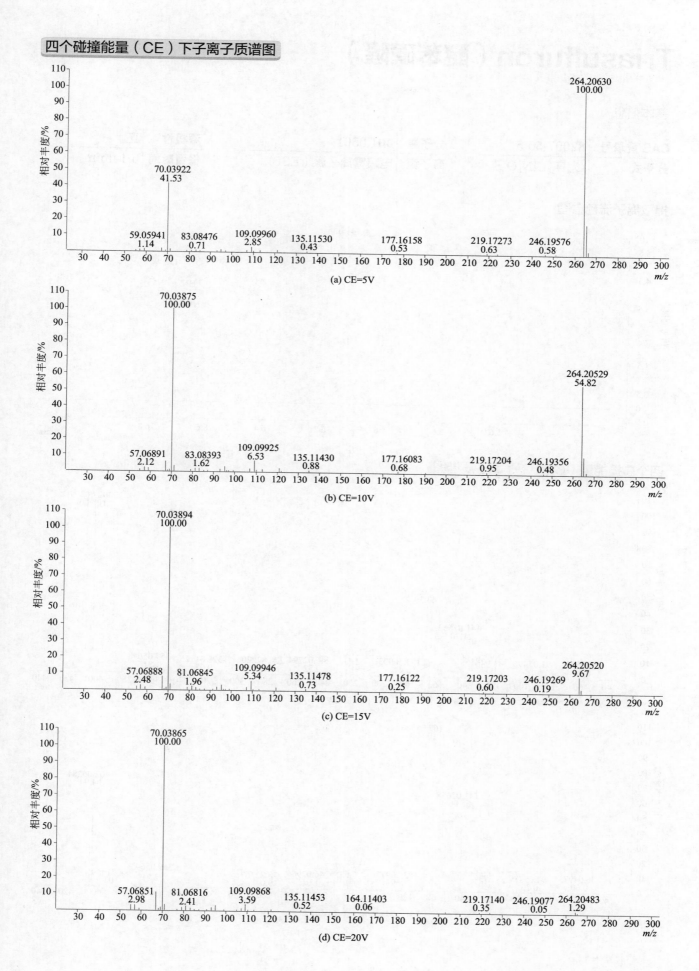

(a) CE=5V

(b) CE=10V

(c) CE=15V

(d) CE=20V

Triasulfuron（醚苯磺隆）

基本信息

CAS 登录号	82097-50-5	分子量	401.0561	源极性	正
分子式	$C_{14}H_{16}ClN_5O_5S$	离子源	电喷雾离子源（ESI）	保留时间	6.14min

提取离子流色谱图

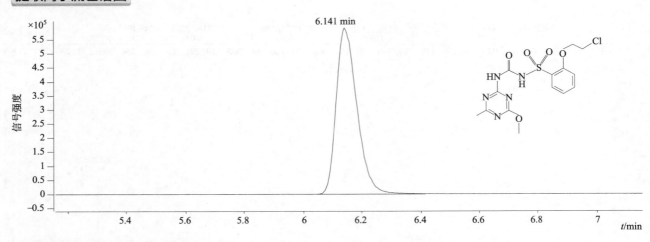

四个碰撞能量（CE）下子离子质谱图

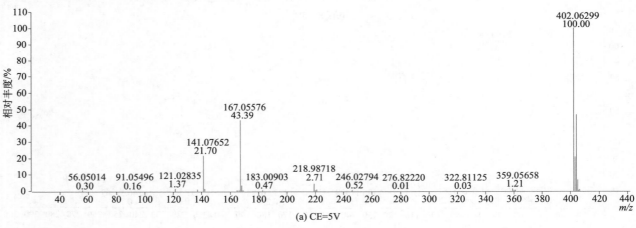

(a) CE=5V

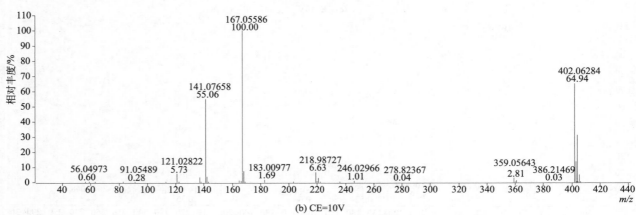

(b) CE=10V

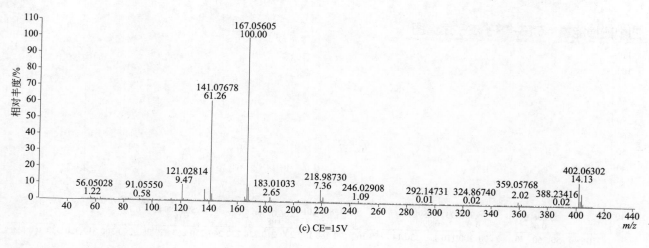

(c) CE=15V

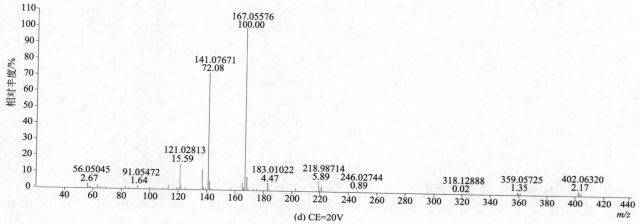

(d) CE=20V

Triazophos（三唑磷）

基本信息

CAS 登录号	24017-47-8	分子量	313.0650	源极性	正
分子式	$C_{12}H_{16}N_3O_3PS$	离子源	电喷雾离子源（ESI）	保留时间	12.90min

提取离子流色谱图

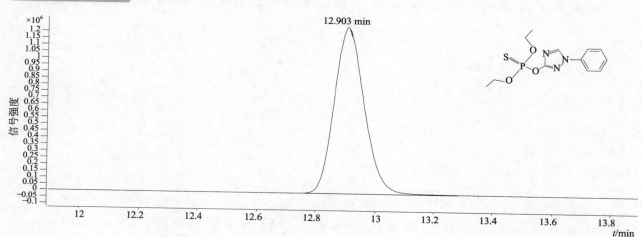

四个碰撞能量（CE）下子离子质谱图

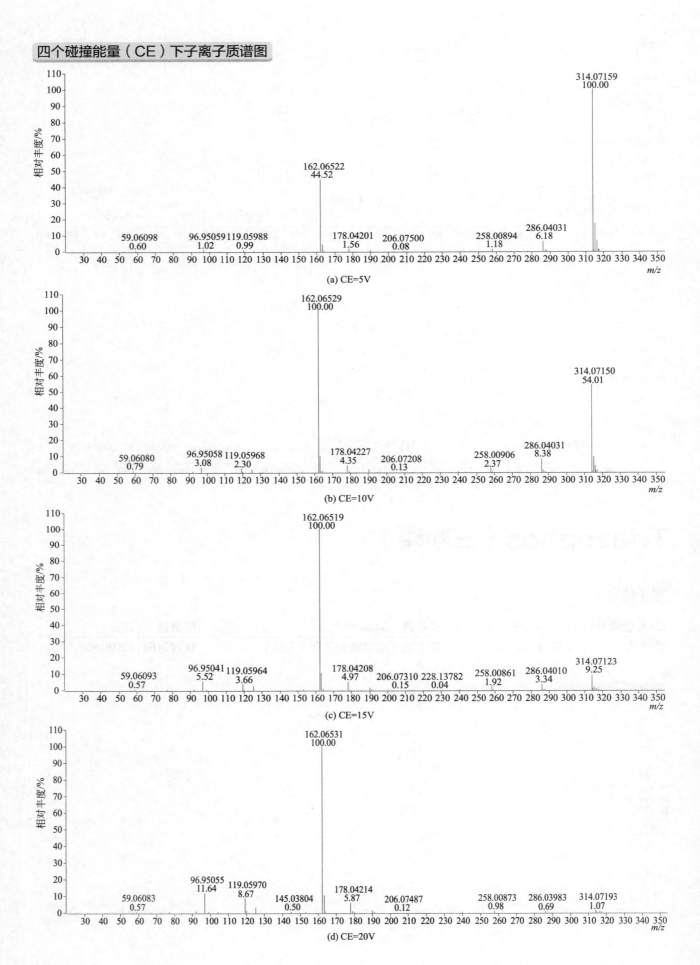

(a) CE=5V

(b) CE=10V

(c) CE=15V

(d) CE=20V

Triazoxide（咪唑嗪）

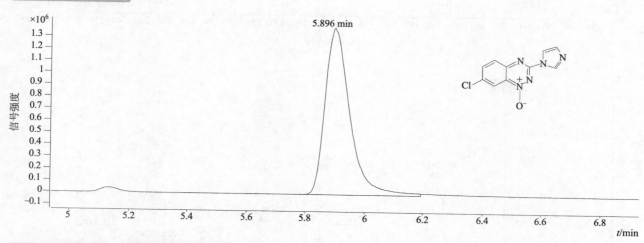

基本信息

CAS 登录号	72459-58-6	**分子量**	247.0261	**源极性**	正
分子式	$C_{10}H_6ClN_5O$	**离子源**	电喷雾离子源（ESI）	**保留时间**	5.90min

提取离子流色谱图

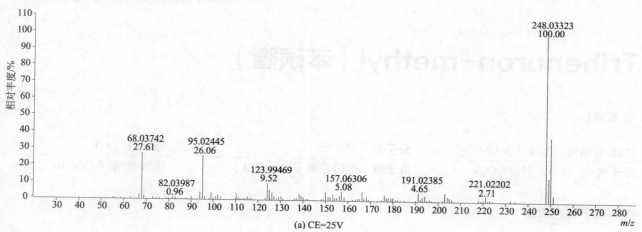

四个碰撞能量（CE）下子离子质谱图

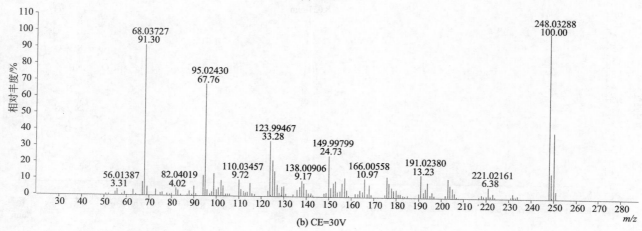

(a) CE=25V

(b) CE=30V

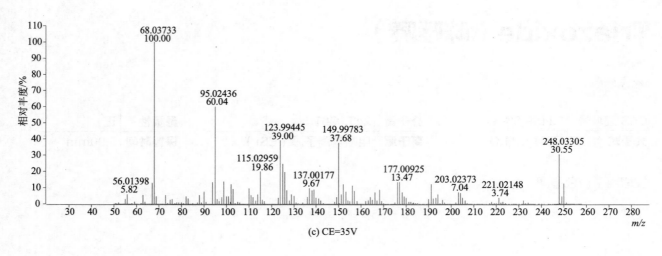

(c) CE=35V

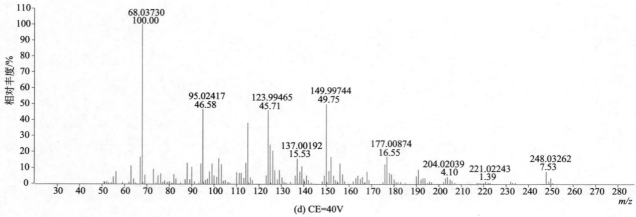

(d) CE=40V

Tribenuron-methyl（苯磺隆）

基本信息

CAS 登录号	101200-48-0	分子量	395.09	源极性	正
分子式	C$_{15}$H$_{17}$N$_5$O$_6$S	离子源	电喷雾离子源（ESI）	保留时间	8.06min

提取离子流色谱图

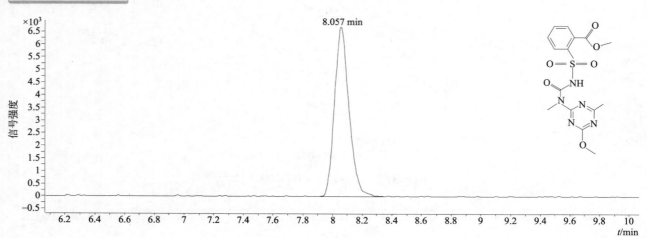

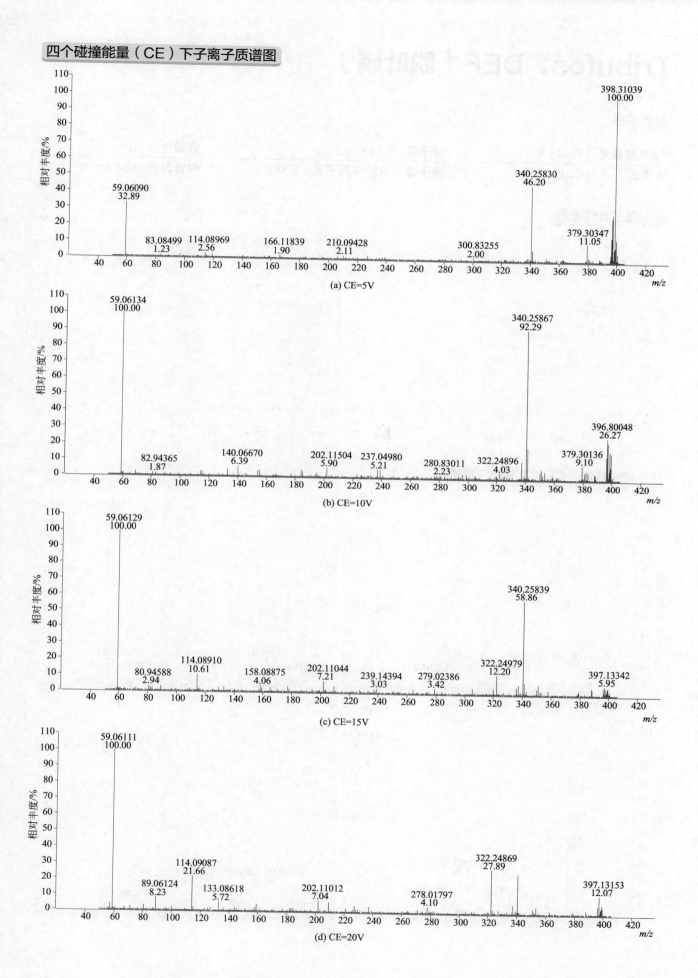

(a) CE=5V

(b) CE=10V

(c) CE=15V

(d) CE=20V

Tribufos；DEF（脱叶磷）

基本信息

CAS 登录号	78-48-8	**分子量**	314.0962	**源极性**	正
分子式	C$_{12}$H$_{27}$OPS$_3$	**离子源**	电喷雾离子源（ESI）	**保留时间**	18.98min

提取离子流色谱图

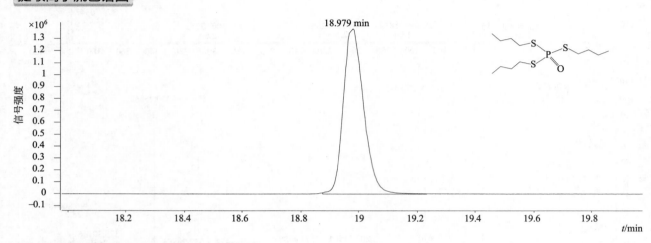

四个碰撞能量（CE）下子离子质谱图

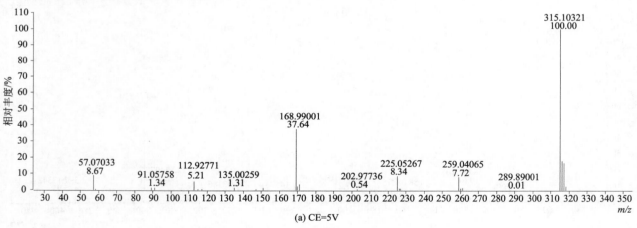

(a) CE=5V

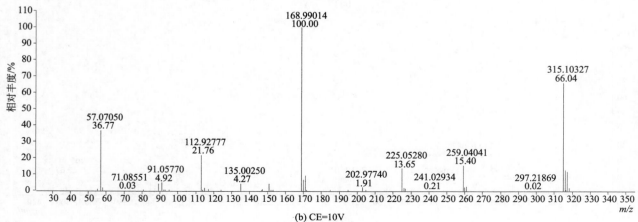

(b) CE=10V

758

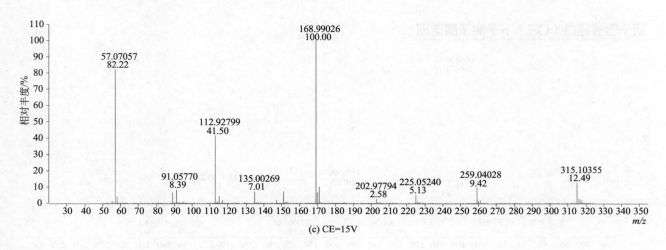

(c) CE=15V

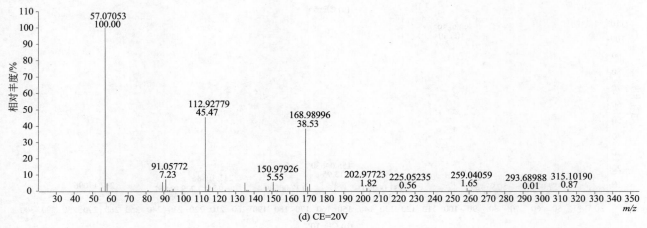

(d) CE=20V

Tri-*n*-butyl phosphate（三正丁基磷酸盐）

CAS 登录号	126-73-8	分子量	266.1647	源极性	正
分子式	$C_{12}H_{27}O_4P$	离子源	电喷雾离子源（ESI）	保留时间	14.95min

提取离子流色谱图

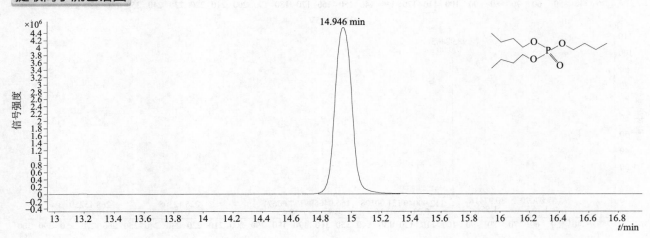

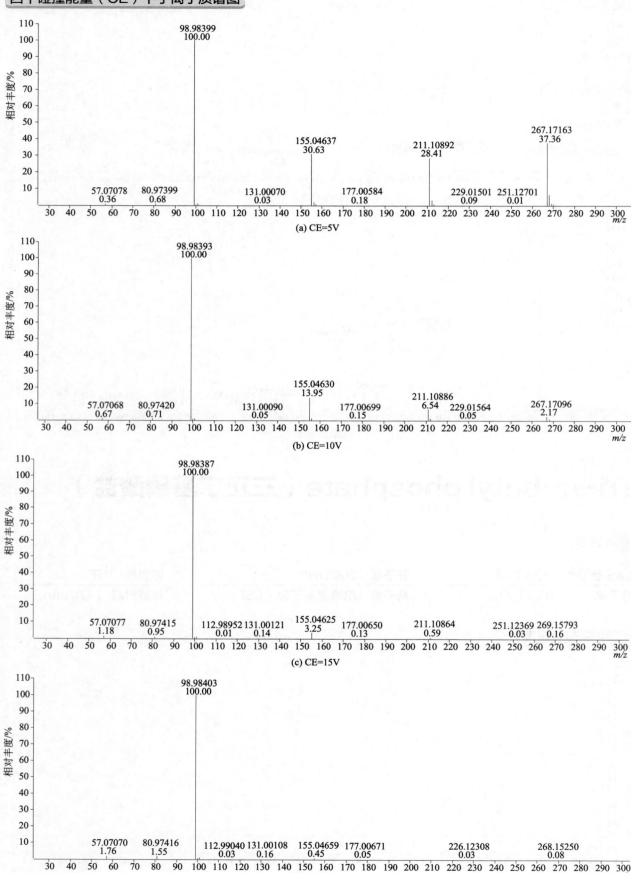

(a) CE=5V

(b) CE=10V

(c) CE=15V

(d) CE=20V

Trichlorfon（敌百虫）

基本信息

CAS 登录号	52-68-6	分子量	255.9226	源极性	正
分子式	$C_4H_8Cl_3O_4P$	离子源	电喷雾离子源（ESI）	保留时间	3.39min

提取离子流色谱图

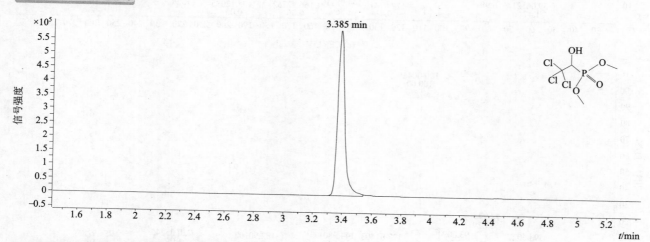

四个碰撞能量（CE）下子离子质谱图

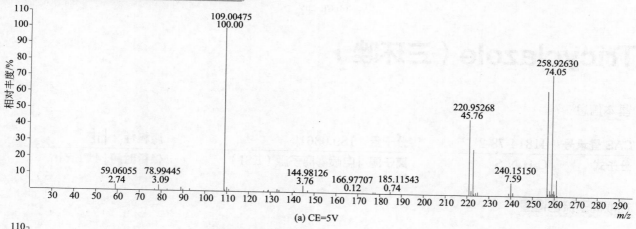

(a) CE=5V

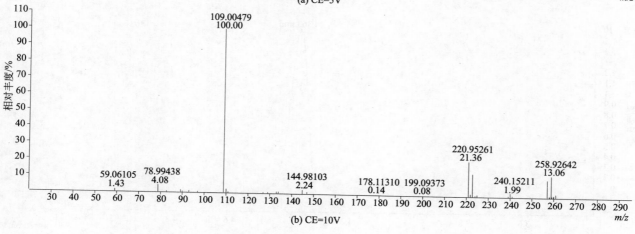

(b) CE=10V

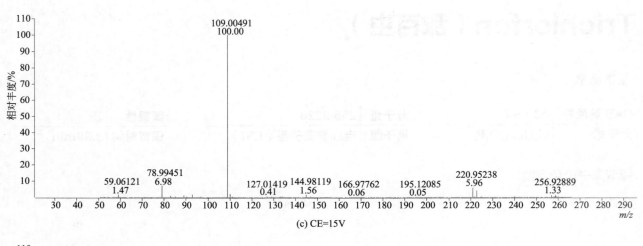

(c) CE=15V

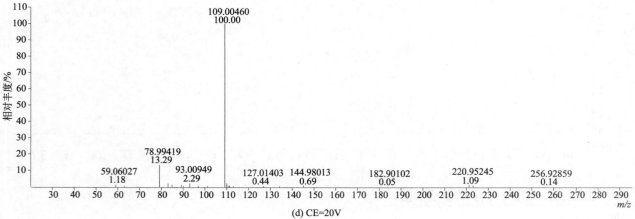

(d) CE=20V

Tricyclazole（三环唑）

基本信息

CAS 登录号	41814-78-2	分子量	189.0361	源极性	正
分子式	C$_9$H$_7$N$_3$S	离子源	电喷雾离子源（ESI）	保留时间	4.36min

提取离子流色谱图

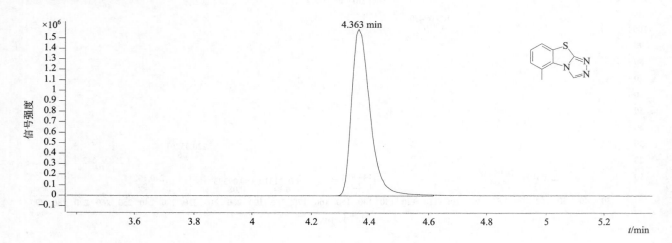

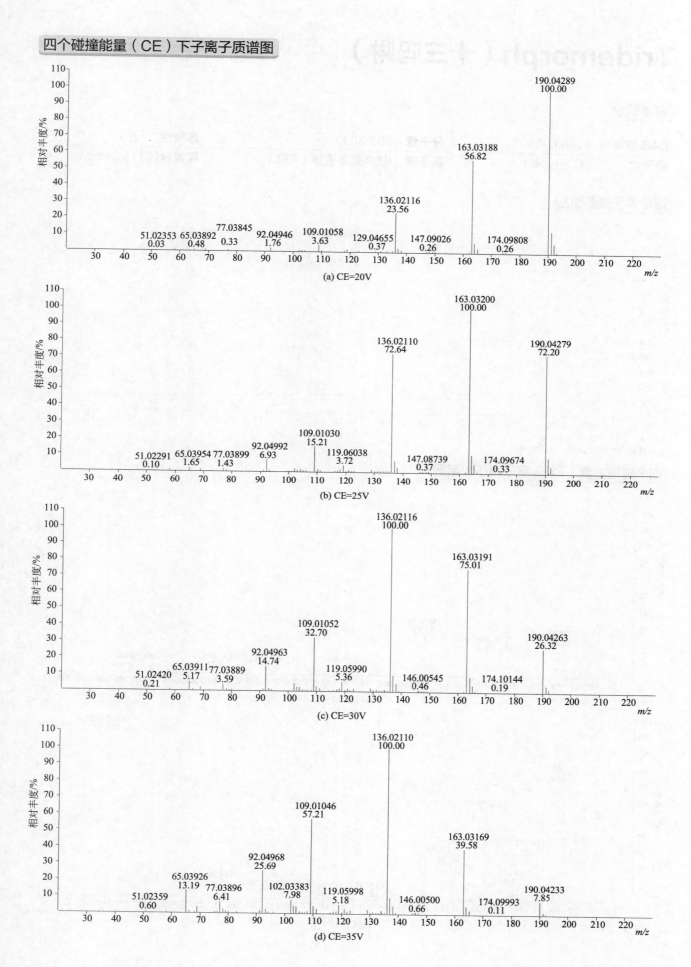

(a) CE=20V

(b) CE=25V

(c) CE=30V

(d) CE=35V

Tridemorph（十三吗啉）

基本信息

CAS 登录号	24602-86-6	**分子量**	297.3032	**源极性**	正
分子式	$C_{19}H_{39}NO$	**离子源**	电喷雾离子源（ESI）	**保留时间**	15.39min

提取离子流色谱图

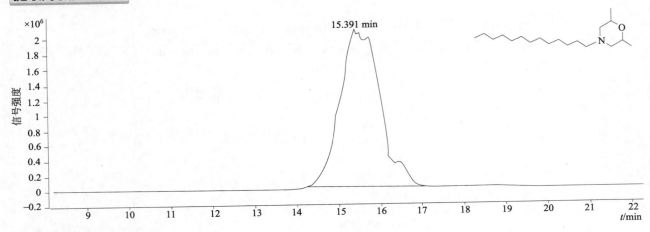

注：样品为同源混合物，故出此峰。

四个碰撞能量（CE）下子离子质谱图

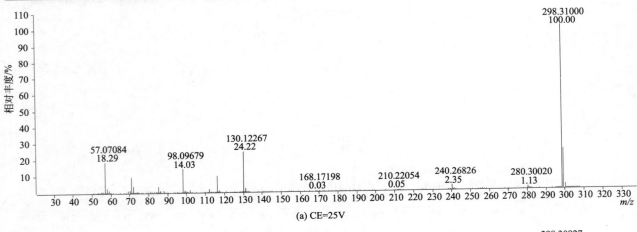

(a) CE=25V

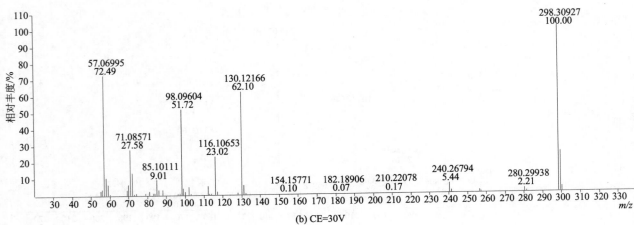

(b) CE=30V

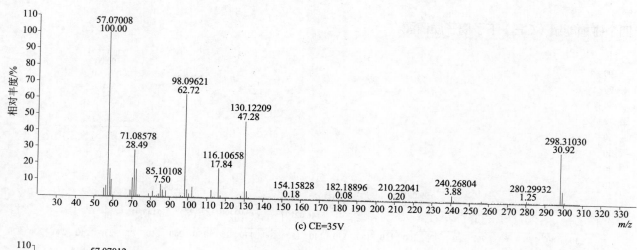

(c) CE=35V

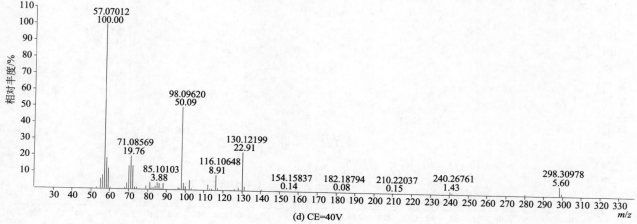

(d) CE=40V

Trietazine（草达津）

基本信息

CAS 登录号	1912-26-1	**分子量**	229.1094	**源极性**	正
分子式	C₉H₁₆ClN₅	**离子源**	电喷雾离子源（ESI）	**保留时间**	11.59min

分子式 $C_9H_{16}ClN_5$

提取离子流色谱图

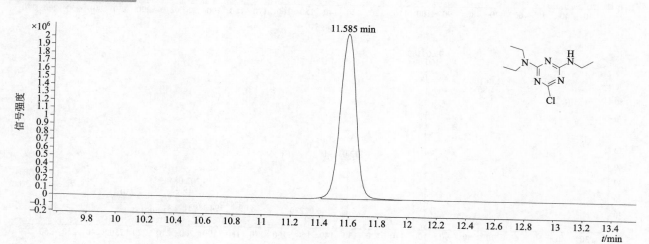

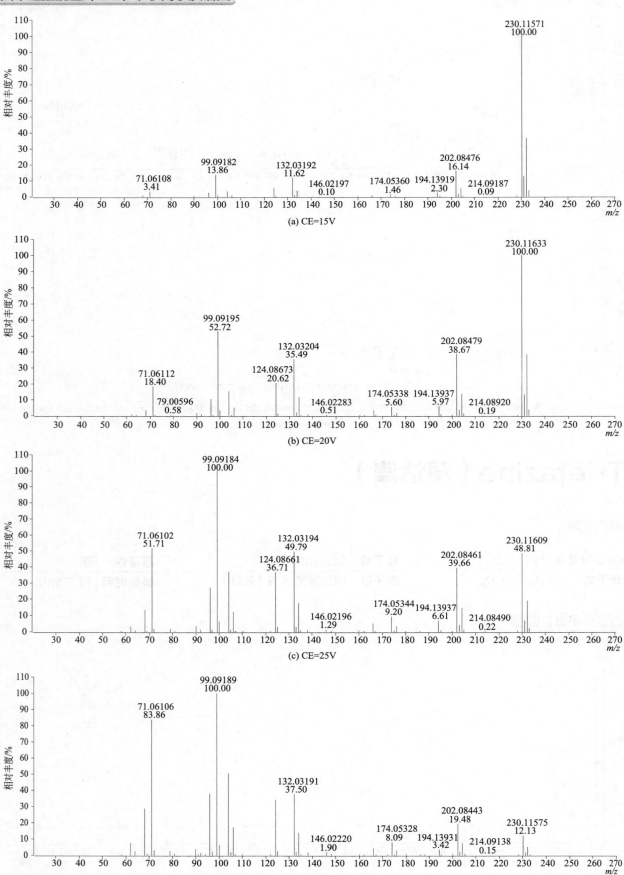

(a) CE=15V

(b) CE=20V

(c) CE=25V

(d) CE=30V

Trifloxystrobin（肟菌酯）

基本信息

CAS 登录号	141517-21-7	分子量	408.1297	源极性	正
分子式	$C_{20}H_{19}F_3N_2O_4$	离子源	电喷雾离子源（ESI）	保留时间	16.82min

提取离子流色谱图

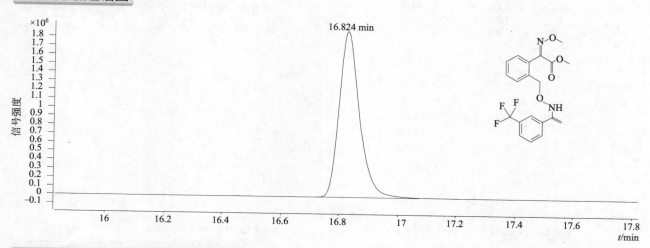

四个碰撞能量（CE）下子离子质谱图

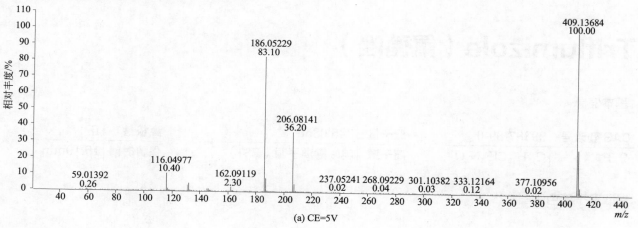

(a) CE=5V

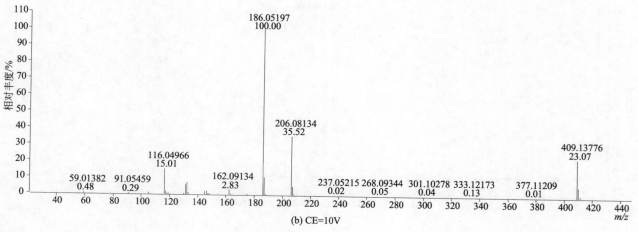

(b) CE=10V

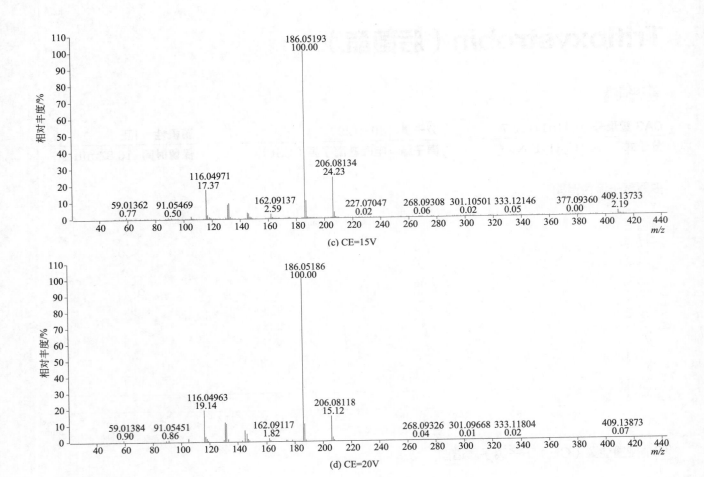

(c) CE=15V

(d) CE=20V

Triflumizole（氟菌唑）

基本信息

CAS 登录号	99387-89-0	分子量	345.0856	源极性	正
分子式	$C_{15}H_{15}ClF_3N_3O$	离子源	电喷雾离子源（ESI）	保留时间	15.19min

提取离子流色谱图

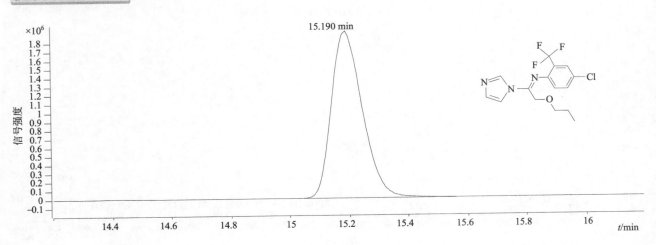

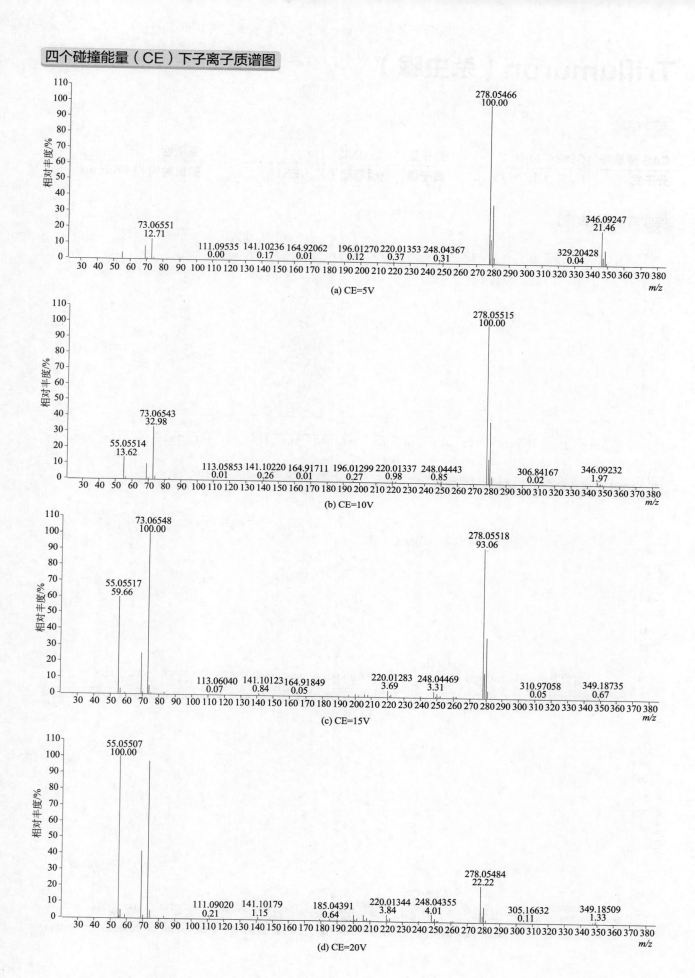

(a) CE=5V

(b) CE=10V

(c) CE=15V

(d) CE=20V

Triflumuron（杀虫脲）

基本信息

CAS 登录号	64628-44-0	分子量	358.0332	源极性	正
分子式	C₁₅H₁₀ClF₃N₂O₃	离子源	电喷雾离子源（ESI）	保留时间	14.65min

分子式 $C_{15}H_{10}ClF_3N_2O_3$

提取离子流色谱图

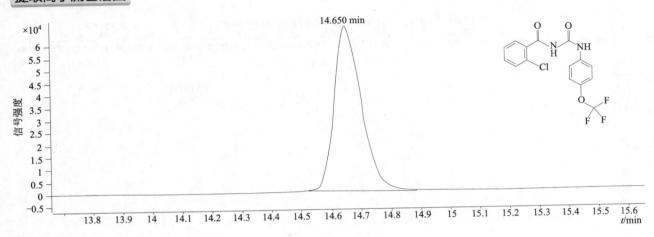

四个碰撞能量（CE）下子离子质谱图

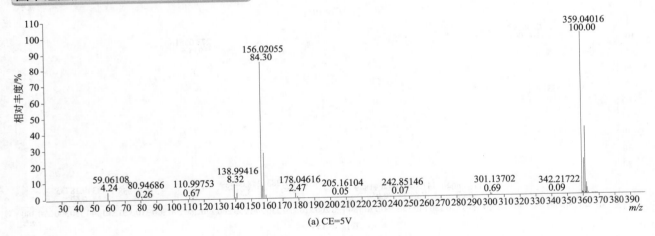

(a) CE=5V

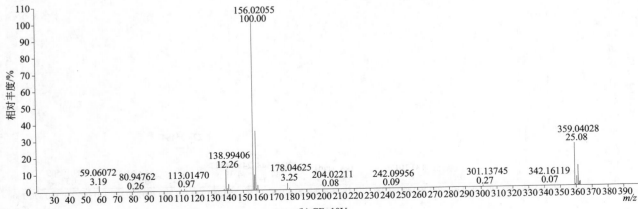

(b) CE=10V

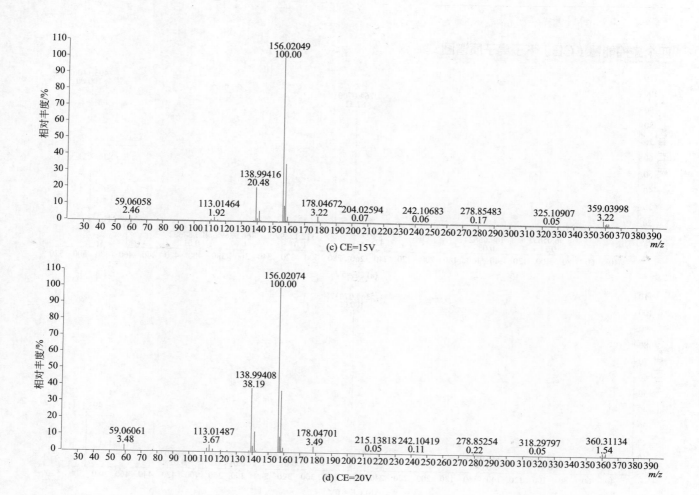

(c) CE=15V

(d) CE=20V

Triflusulfuron-methyl（氟胺磺隆）

CAS 登录号	126535-15-7	分子量	492.1039	源极性	正
分子式	$C_{17}H_{19}F_3N_6O_6S$	离子源	电喷雾离子源（ESI）	保留时间	12.05min

提取离子流色谱图

12.054 min

771

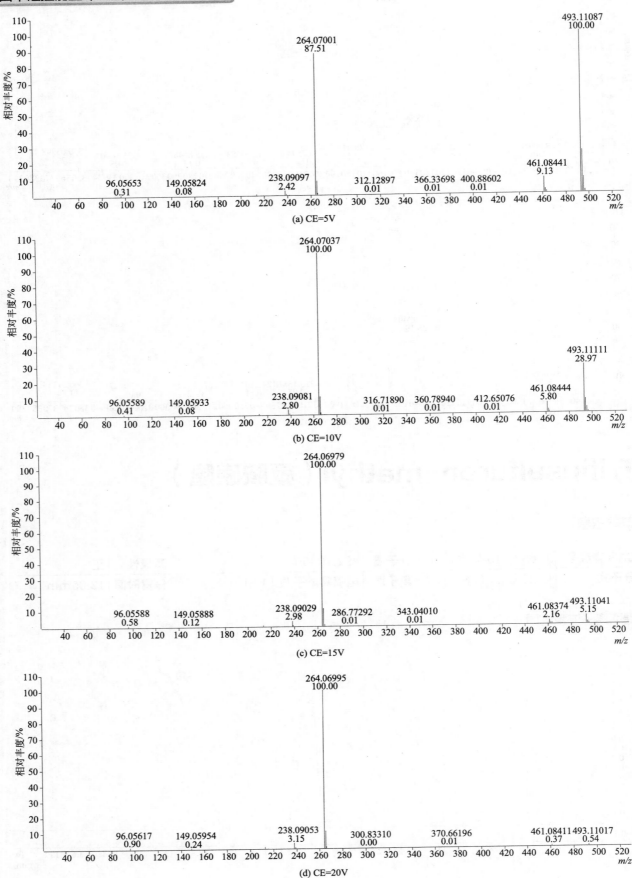

(a) CE=5V

(b) CE=10V

(c) CE=15V

(d) CE=20V

3，4，5-Trimethacarb（混杀威）

基本信息

CAS 登录号	2686-99-9	**分子量**	193.1103	**源极性**	正
分子式	$C_{11}H_{15}O_2$	**离子源**	电喷雾离子源（ESI）	**保留时间**	7.35min

提取离子流色谱图

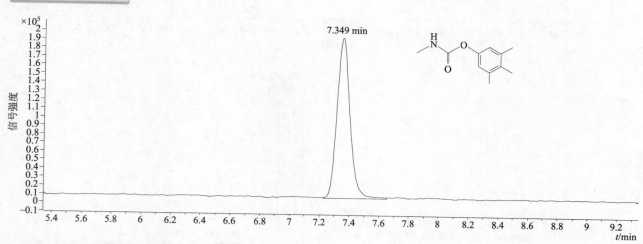

四个碰撞能量（CE）下子离子质谱图

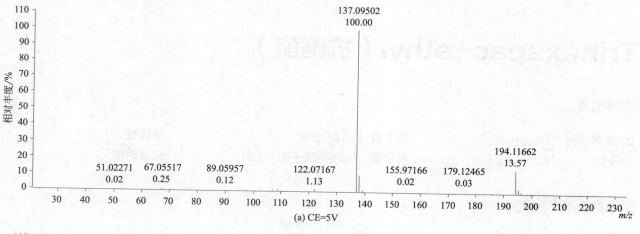

(a) CE=5V

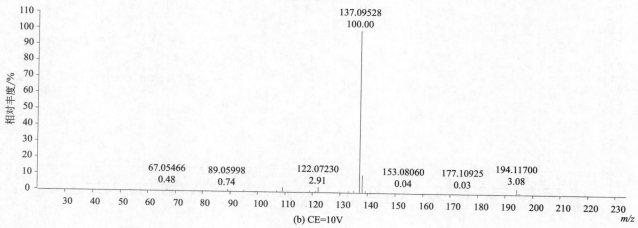

(b) CE=10V

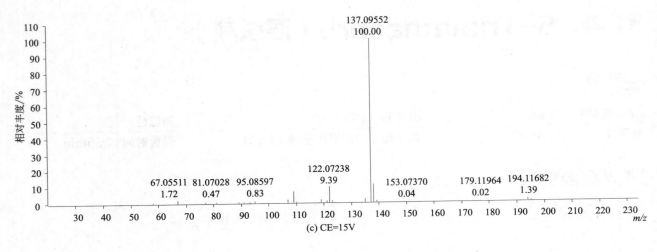

(c) CE=15V

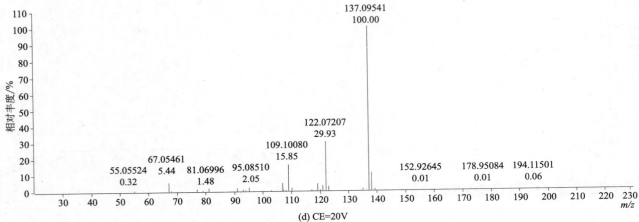

(d) CE=20V

Trinexapac-ethyl（抗倒酯）

基本信息

| CAS 登录号 | 95266-40-3 | 分子量 | 252.0998 | 源极性 | 正 |
| 分子式 | $C_{13}H_{16}O_5$ | 离子源 | 电喷雾离子源（ESI） | 保留时间 | 7.67min |

提取离子流色谱图

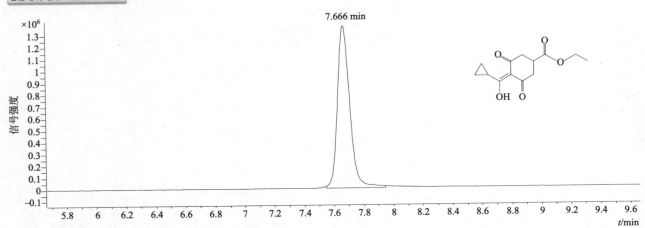

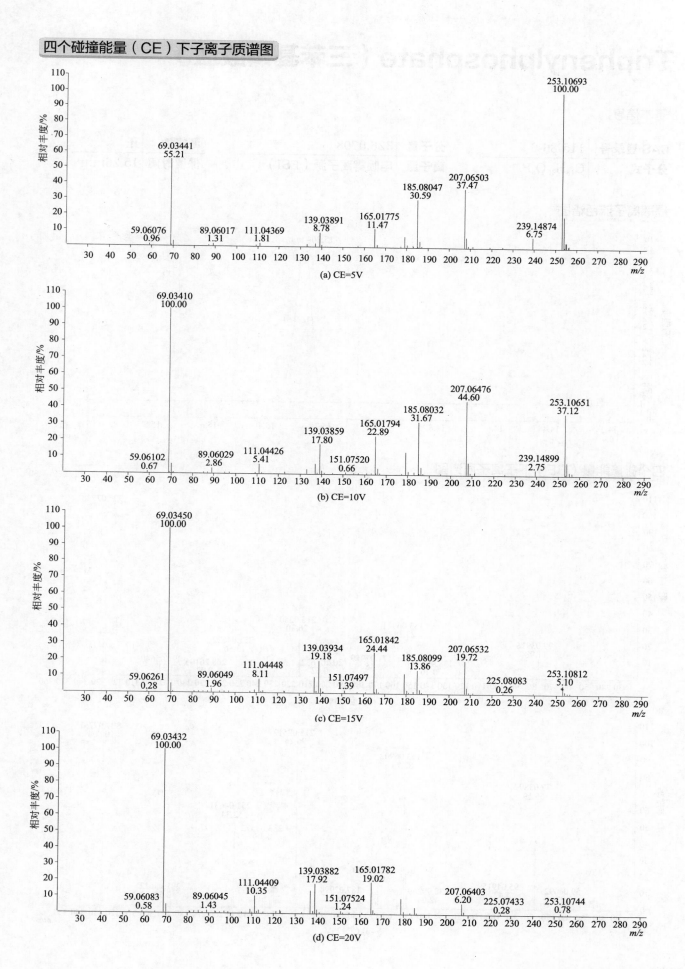

(a) CE=5V

(b) CE=10V

(c) CE=15V

(d) CE=20V

Triphenylphosphate（三苯基磷酸盐）

基本信息

CAS 登录号	115-86-6	分子量	326.0708	源极性	正
分子式	C₁₈H₁₅O₄P	离子源	电喷雾离子源（ESI）	保留时间	15.26min

分子式 $C_{18}H_{15}O_4P$

提取离子流色谱图

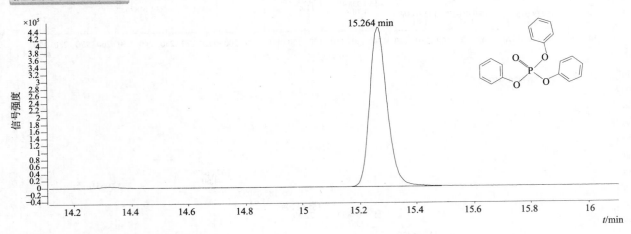

四个碰撞能量（CE）下子离子质谱图

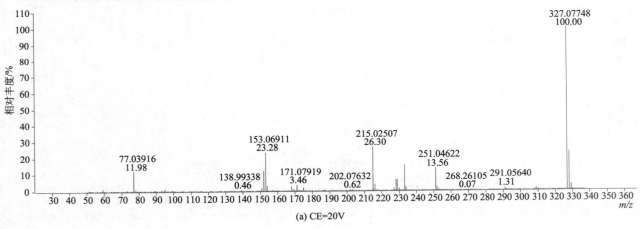

(a) CE=20V

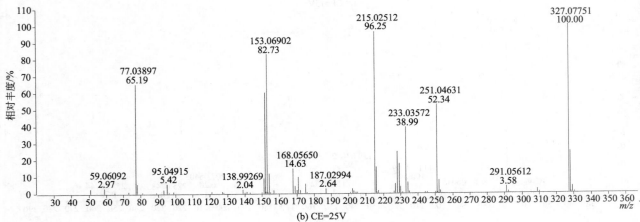

(b) CE=25V

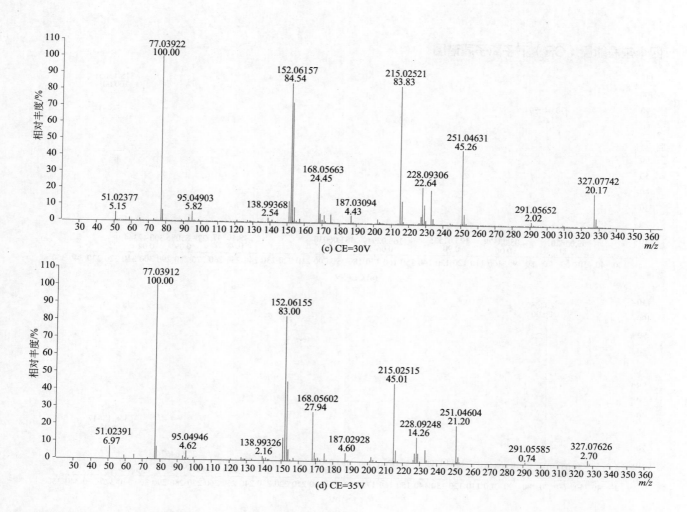

(c) CE=30V

(d) CE=35V

Triticonazole（灭菌唑）

基本信息

CAS 登录号	131983-72-7	分子量	317.1295	源极性	正
分子式	$C_{17}H_{20}ClN_3O$	离子源	电喷雾离子源（ESI）	保留时间	9.56min

提取离子流色谱图

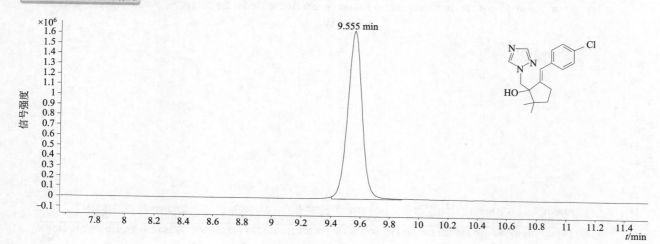

777

四个碰撞能量（CE）下子离子质谱图

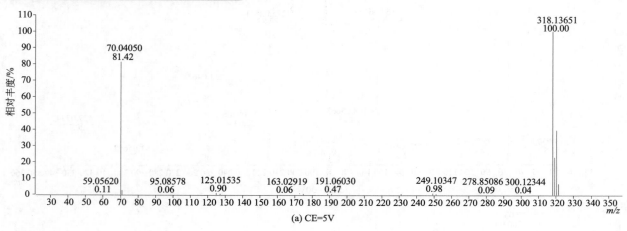

(a) CE=5V

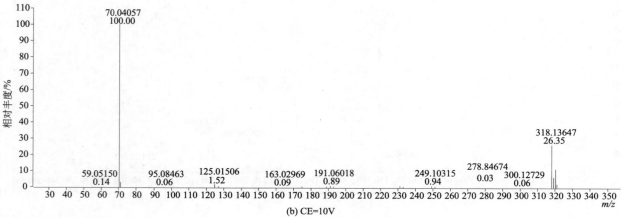

(b) CE=10V

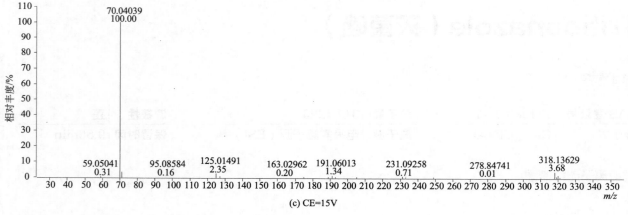

(c) CE=15V

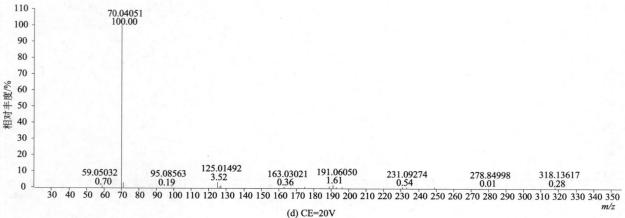

(d) CE=20V

U

Uniconazole（烯效唑）

基本信息

CAS 登录号	83657-22-1	分子量	291.1138	源极性	正
分子式	C$_{15}$H$_{18}$ClN$_3$O	离子源	电喷雾离子源（ESI）	保留时间	10.76min

提取离子流色谱图

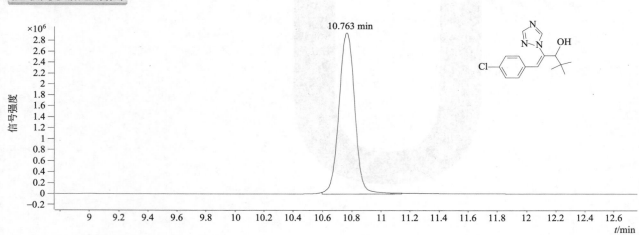

四个碰撞能量（CE）下子离子质谱图

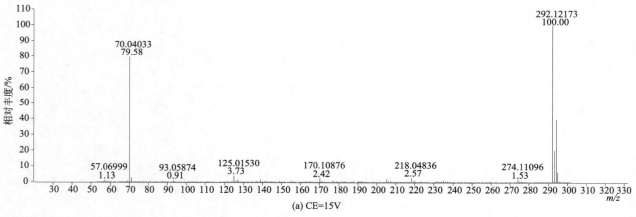

(a) CE=15V

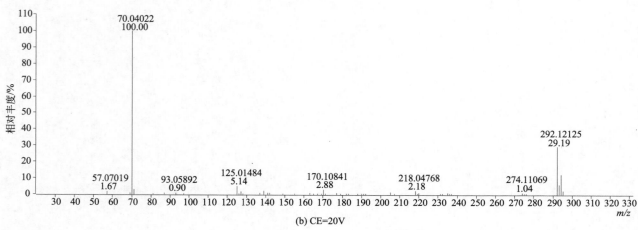

(b) CE=20V

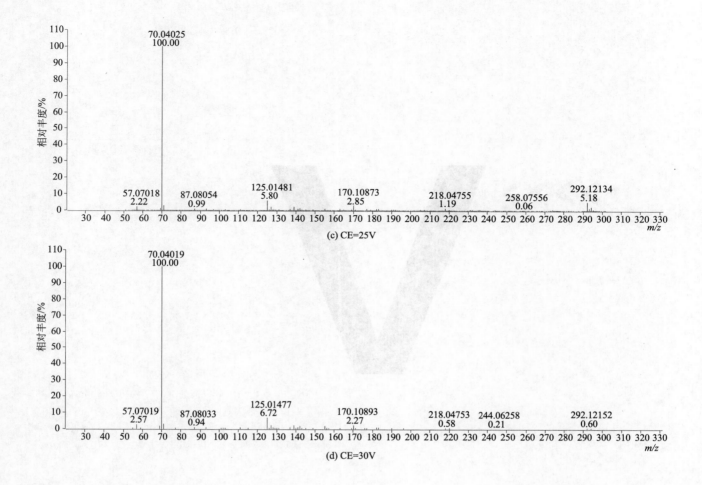

(c) CE=25V

(d) CE=30V

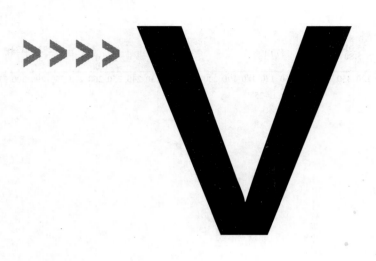

Validamycin（井冈霉素）

基本信息

CAS 登录号	37248-47-8	**分子量**	497.2108	**源极性**	正
分子式	$C_{20}H_{35}NO_{13}$	**离子源**	电喷雾离子源（ESI）	**保留时间**	0.62min

提取离子流色谱图

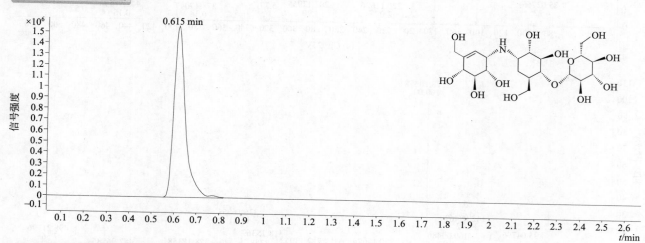

四个碰撞能量（CE）下子离子质谱图

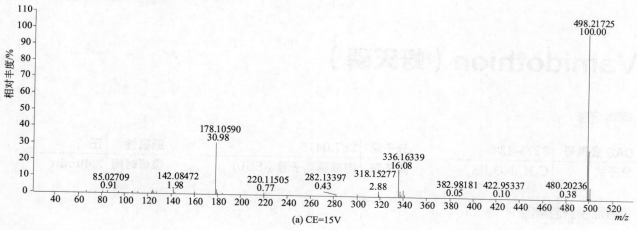

(a) CE=15V

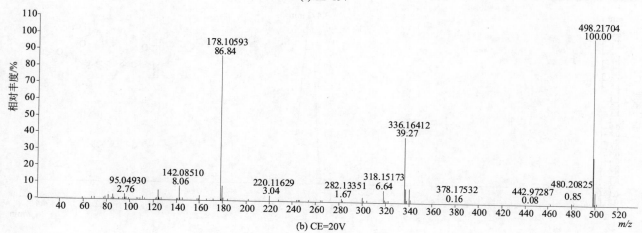

(b) CE=20V

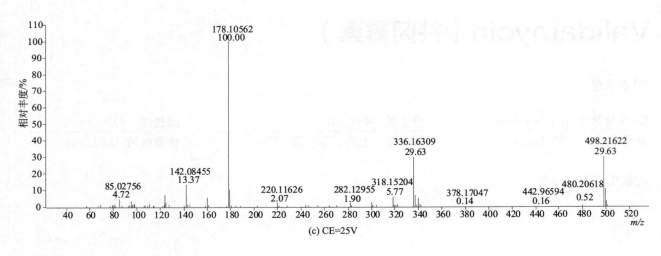

(c) CE=25V

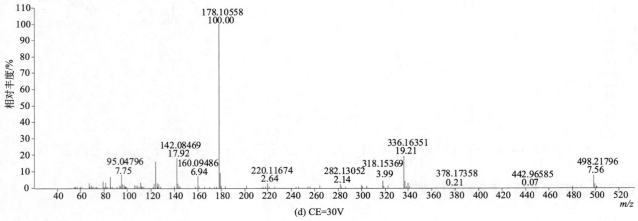

(d) CE=30V

Vamidothion（蚜灭磷）

基本信息

CAS 登录号	2275-23-2	分子量	287.0415	源极性	正
分子式	$C_8H_{18}NO_4PS_2$	离子源	电喷雾离子源（ESI）	保留时间	3.49min

提取离子流色谱图

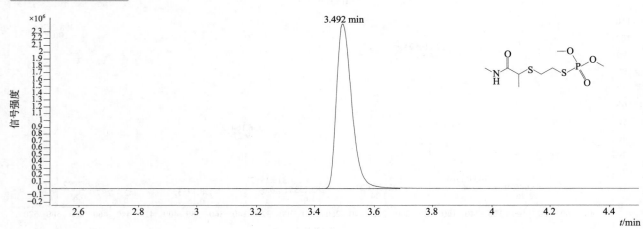

四个碰撞能量（CE）下子离子质谱图

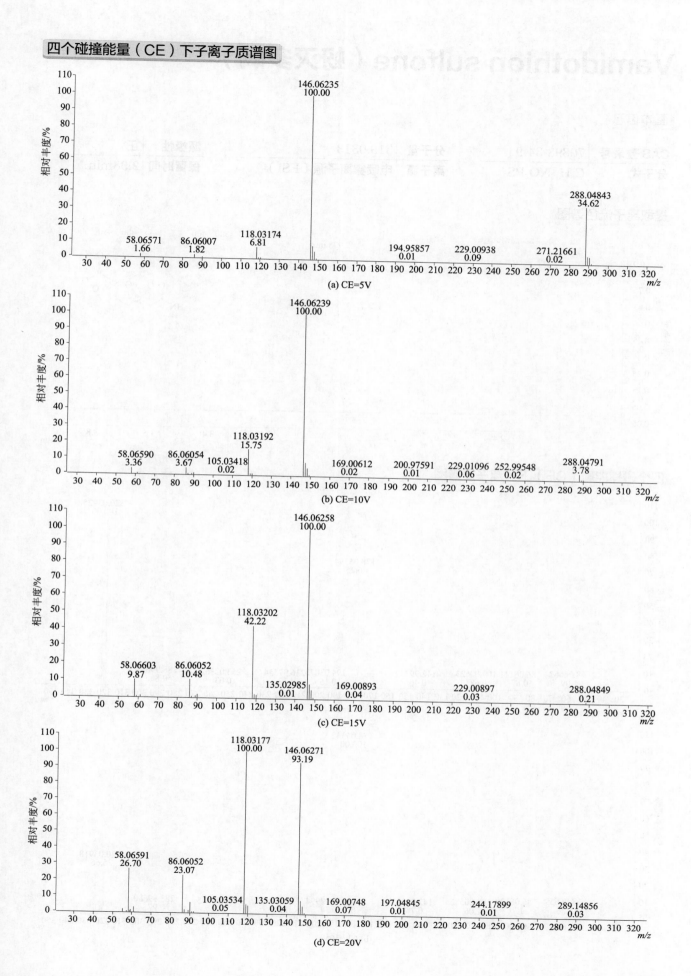

(a) CE=5V

(b) CE=10V

(c) CE=15V

(d) CE=20V

785

Vamidothion sulfone（蚜灭多砜）

基本信息

CAS 登录号	70898-34-9	分子量	319.0313	源极性	正
分子式	$C_8H_{18}NO_6PS_2$	离子源	电喷雾离子源（ESI）	保留时间	2.98min

提取离子流色谱图

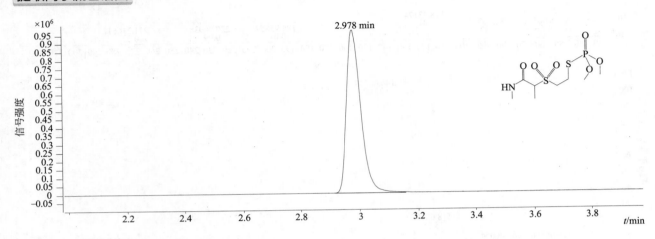

四个碰撞能量（CE）下子离子质谱图

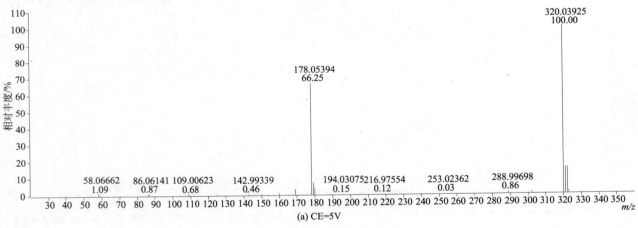

(a) CE=5V

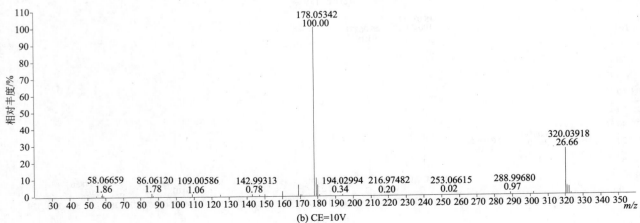

(b) CE=10V

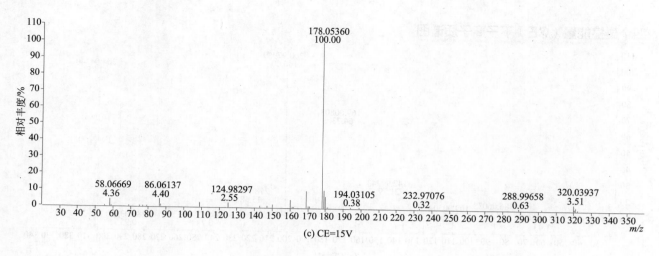

(c) CE=15V

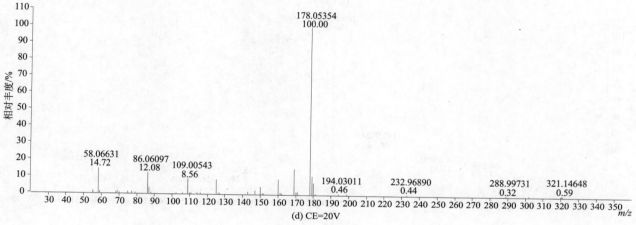

(d) CE=20V

Vamidothion sulfoxide（蚜灭多亚砜）

基本信息

CAS 登录号	2300-00-9	分子量	303.0364	源极性	正
分子式	$C_8H_{18}NO_5PS_2$	离子源	电喷雾离子源（ESI）	保留时间	2.55min

提取离子流色谱图

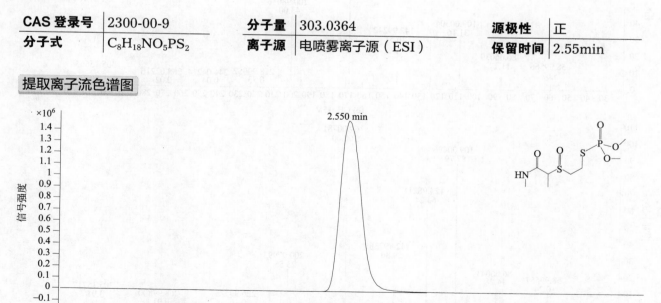

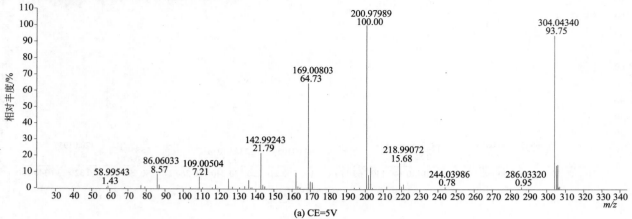

(a) CE=5V

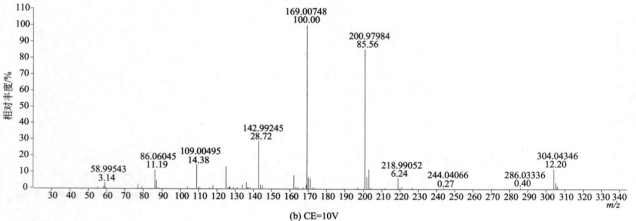

(b) CE=10V

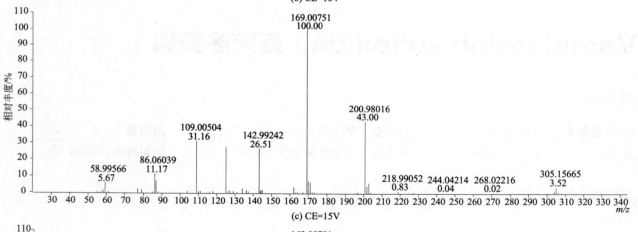

(c) CE=15V

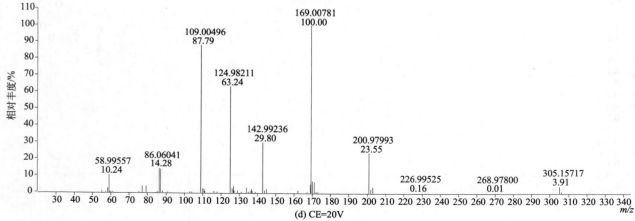

(d) CE=20V

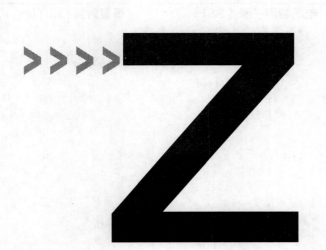

Zoxamide（苯酰草胺）

基本信息

CAS 登录号	156052-68-5	**分子量**	335.0247	**源极性**	正
分子式	$C_{14}H_{16}Cl_3NO_2$	**离子源**	电喷雾离子源（ESI）	**保留时间**	15.11min

提取离子流色谱图

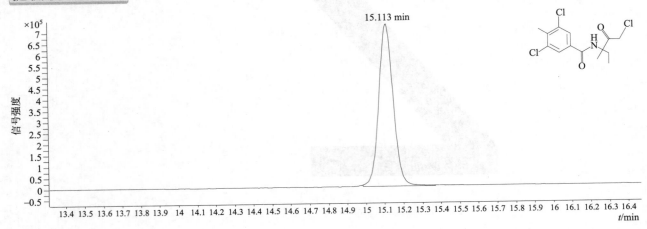

四个碰撞能量（CE）下子离子质谱图

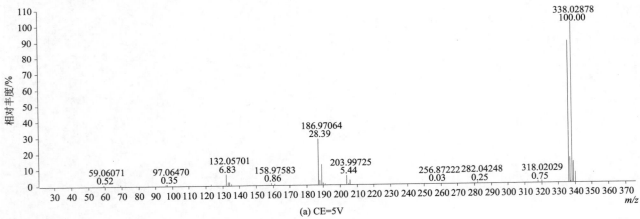

(a) CE=5V

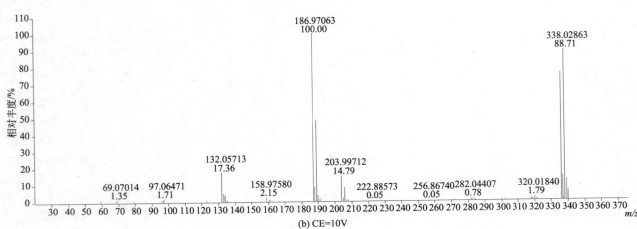

(b) CE=10V

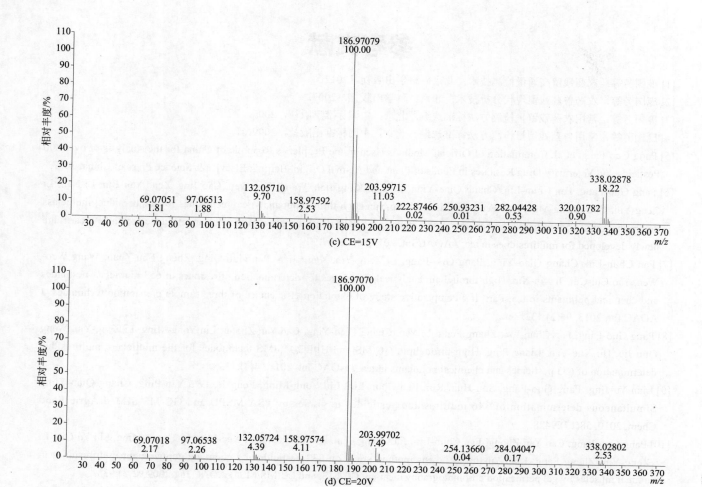

(c) CE=15V

(d) CE=20V

参考文献

[1] 庞国芳等. 农药残留高通量检测技术. 北京: 科学出版社, 2012.

[2] 庞国芳等. 农药兽药残留现代分析技术. 北京: 科学出版社, 2007.

[3] 庞国芳等. 常用农药残留量检测方法标准选编. 北京: 中国标准出版社, 2009.

[4] 庞国芳等. 常用兽药残留量检测方法标准选编. 北京: 中国标准出版社, 2009.

[5] Pang Guo-Fang, et al. Compilation of Official Methods Used in the People's Republic of China for the Analysis of over 800 Pesticide and Veterinary Drug Residues in Foods of Plant and Animal Origin. Beijing: Elsevier & Science Press of China, 2007.

[6] Pang Guo-Fang, Fan Chun-Lin, Chang Qiao-Ying, Li Yan, Kang Jian, Wang Wen-Wen, Cao Jing, Zhao Yan-Bin, Li Nan, Li Zeng-Yin, Chen Zong-Mao, Luo Feng-Jian, Lou Zheng-Yun. High-throughput analytical techniques for multiresidue, multiclass determination of 653 pesticides and chemical pollutants in tea. Part Ⅲ: Evaluation of the cleanup efficiency of an SPE cartridge newly developed for multiresidues in tea. J AOAC Int, 2013,96(4):887.

[7] Fan Chun-Lin, Chang Qiao-Ying, Pang Guo-Fang, Li Zeng-Yin, Kang Jian, Pan Guo-Qing, Zheng Shu-Zhan, Wang Wen-Wen, Yao Cui-Cui, Ji Xin-Xin. High-throughput analytical techniques for determination of residues of 653 multiclass pesticides and chemical pollutants in tea. Part Ⅱ: comparative study of extraction efficiencies of three sample preparation techniques. J AOAC Int, 2013, 96(2):432.

[8] Pang Guo-Fang, Fan Chun-Lin, Zhang Feng, Li Yan, Chang Qiao-Ying, Cao Yan-Zhong, Liu Yong-Ming, Li Zeng-Yin, Wang Qun-Jie, Hu Xue-Yan, Liang Ping. High-throughput GC/MS and HPLC/MS/MS techniques for the multiclass, multiresidue determination of 653 pesticides and chemical pollutants in tea. J AOAC Int, 2011,94(4):1253.

[9] Lian Yu-Jing, Pang Guo-Fang, Shu Huai-Rui, Fan Chun-Lin, Liu Yong-Ming, Feng Jie, Wu Yan-Ping, Chang Qiao-Ying. Simultaneous determination of 346 multiresidue pesticides in grapes by PSA-MSPD and GC-MS-SIM. J Agric Food Chem, 2010, 58(17):9428.

[10] Pang Guo-Fang, Cao Yan-Zhong, Fan Chun-Lin, Jia Guang-Qun, Zhang Jin-Jie, Li Xue-Min, Liu Yong-Ming, Shi Yu-Qiu, Li Zeng-Yin, Zheng Feng, Lian Yu-Jing. Analysis method study on 839 pesticide and chemical contaminant multiresidues in animal muscles by gel permeation chromatography cleanup, GC/MS, and LC/MS/MS. J AOAC Int, 2009,92(3):933.

[11] Pang Guo-Fang, Fan Chun-Lin, Liu Yong-Ming, Cao Yan-Zhong, Zhang Jin-Jie, Li Xue-Min, Li Zeng-Yin, Wu Yan-Ping, Guo Tong-Tong. Determination of residues of 446 pesticides in fruits and vegetables by three-cartridge solid-phase extraction-gas chromatography-mass spectrometry and liquid chromatography-tandem mass spectrometry. J AOAC Int, 2006,89(3):740.

[12] Pang Guo-Fang, Cao Yan-Zhong, Zhang Jin-Jie, Fan Chun-Lin, Liu Yong-Ming, Li Xue-Min, Jia Guang-Qun, Li Zeng-Yin, Shi YQ, Wu Yan-Ping, Guo Tong-Tong. Validation study on 660 pesticide residues in animal tissues by gel permeation chromatography cleanup/gas chromatography-mass spectrometry and liquid chromatography-tandem mass spectrometry. J Chromatogr A, 2006,1125(1):1.

[13] Pang Guo-Fang, Liu Yong-Ming, Fan Chun-Lin, Zhang Jin-Jie, Cao Yan-Zhong, Li Xue-Min, Li Zeng-Yin, Wu Yan-Ping, Guo Tong-Tong. Simultaneous determination of 405 pesticide residues in grain by accelerated solvent extraction then gas chromatography-mass spectrometry or liquid chromatography-tandem mass spectrometry. Anal Bioanal Chem, 2006,384(6):1366.

[14] Pang Guo-Fang, Fan Chun-Lin, Liu Yong-Ming, Cao Yan-Zhong, Zhang Jin-Jie, Fu Bao-Lian, Li Xue-Min, Li Zeng-Yin, Wu Yan-Ping. Multi-residue method for the determination of 450 pesticide residues in honey, fruit juice and wine by double-cartridge solid-phase extraction/gas chromatography-mass spectrometry and liquid chromatography-tandem mass spectrometry. Food Addit Contam, 2006 ,23(8):777.

[15] 李岩, 郑锋, 王明林, 庞国芳. 液相色谱-串联质谱法快速筛查测定浓缩果蔬汁中的 156 种农药残留. 色谱, 2009,02:127.

[16] 郑军红, 庞国芳, 范春林, 王明林. 液相色谱-串联四极杆质谱法测定牛奶中 128 种农药残留. 色谱, 2009,03:254.

[17] 郑锋, 庞国芳, 李岩, 王明林, 范春林. 凝胶渗透色谱净化气相色谱-质谱法检测河豚鱼、鳗鱼和对虾中 191 种农药残留. 色谱, 2009,05:700.

[18] 纪欣欣, 石志红, 曹彦忠, 石利利, 王娜, 庞国芳. 凝胶渗透色谱净化/液相色谱-串联质谱法对动物脂肪中 111 种农药残留量的同时测定. 分析测试学报, 2009,12:1433.

[19] 姚翠翠, 石志红, 曹彦忠, 石利利, 王娜, 庞国芳. 凝胶渗透色谱-气相色谱串联质谱法测定动物脂肪中 164 种农药残留. 分析试验室, 2010,02:84.

[20] 曹静, 庞国芳, 王明林, 范春林. 液相色谱-电喷雾串联质谱法测定生姜中的 215 种农药残留. 色谱, 2010,06:579.

[21] 李南，石志红，庞国芳，范春林. 坚果中 185 种农药残留的气相色谱 - 串联质谱法测定. 分析测试学报，2011,05:513.

[22] 赵雁冰，庞国芳，范春林，石志红. 气相色谱 - 串联质谱法快速测定禽蛋中 203 种农药及化学污染物残留. 分析试验室，2011,05:8.

[23] 金春丽，石志红，范春林，庞国芳. LC-MS/MS 法同时测定 4 种中草药中 155 种农药残留. 分析试验室，2012,05:84.

[24] 庞国芳，范春林，李岩，康健，常巧英，卜明楠，金春丽，陈辉. 茶叶中 653 种农药化学品残留 GC-MS、GC-MS/MS 与 LC-MS/MS 分析方法：国际 AOAC 方法评价预研究. 分析测试学报，2012,09:1017.

[25] 赵志远，石志红，康健，彭兴，曹新悦，范春林，庞国芳，吕美玲. 液相色谱 - 四极杆 / 飞行时间质谱快速筛查与确证苹果、番茄和甘蓝中的 281 种农药残留量. 色谱，2013,04:372.

[26] GB/T 23216—2008.

[27] GB/T 23214—2008.

[28] GB/T 23211—2008.

[29] GB/T 23210—2008.

[30] GB/T 23208—2008.

[31] GB/T 23207—2008.

[32] GB/T 23206—2008.

[33] GB/T 23205—2008.

[34] GB/T 23204—2008.

[35] GB/T 23202—2008.

[36] GB/T 23201—2008.

[37] GB/T 23200—2008.

[38] GB/T 20772—2008.

[39] GB/T 20771—2008.

[40] GB/T 20770—2008.

[41] GB/T 20769—2008.

[42] GB/T 19650—2006.

[43] GB/T 19649—2006.

[44] GB/T 19648—2006.

[45] GB/T 19426—2006.

>>>> 索引

化合物中文名称索引
Index of Compound Chinese Name

分子式索引

Index of Molecular Formula

CAS 登录号索引
Index of CAS Number

22936-75-0	223	36335-67-8	84
23031-36-9	579	36756-79-3	740
23103-98-2	573	36993-94-9	184
23135-22-0	526	37019-18-4	185
23184-66-9	81	37248-47-8	783
23505-41-1	576	38260-54-7	278
23560-59-0	378	39184-27-5	732
23564-05-8	737	39184-59-3	731
23564-06-9	735	39196-18-4	729
23947-60-6	269	40020-01-7	118
23950-58-5	591	40341-04-6	657
24017-47-8	753	41198-08-7	585
24151-93-7	571	41394-05-2	462
24353-61-5	412	41483-43-6	78
24579-73-5	594	41814-78-2	762
24602-86-6	764	42509-80-8	409
24691-80-3	294	42835-25-6	339
25311-71-1	414	42874-03-3	531
25366-23-8	720	43121-43-3	746
26087-47-8	406	50512-35-1	421
26259-45-0	665	50563-36-5	221
26530-20-1	519	51218-45-2	480
27218-04-8	188	51218-49-6	580
27314-13-2	514	51235-04-2	381
28249-77-6	726	51707-55-2	723
28434-01-7	66	52570-16-8	505
29091-05-2	232	52756-22-6	324
29104-30-1	57	52756-25-9	326
29232-93-7	577	52888-80-9	610
29973-13-5	261	53112-28-0	634
30043-49-3	260	53380-22-6	264
30558-43-1	528	53380-23-7	263
30614-22-3	574	54965-21-8	6
30979-48-7	411	55179-31-2	67
31120-85-1	415	55219-65-3	747
31218-83-4	603	55512-33-9	631
31972-43-7	288	55814-41-0	456
31972-44-8	287	55861-78-4	424
33399-00-7	70	56070-15-6	704
33629-47-9	90	57018-04-9	741
33693-04-8	705	57052-04-7	417
33820-53-0	420	57369-32-1	642
34014-18-1	693	57646-30-7	366
34123-59-6	423	57837-19-1	459
34205-21-5	218	58011-68-0	619
34256-82-1	3	58667-63-3	323
34622-58-7	523	58727-55-8	208
34681-10-2	85	58769-20-3	433
34681-23-7	88	58810-48-3	520
34681-24-8	87	59669-26-0	728
35256-85-0	692	59756-60-4	348
35400-43-2	683	60168-88-9	290
35554-44-0	387	60207-31-0	35
35575-96-3	36	60207-90-1	604

60238-56-4	130		80060-09-9	191
60568-05-3	369		81334-34-1	393
61213-25-0	350		81335-37-7	394
61432-55-1	220		81335-77-5	396
62850-32-2	299		81405-85-8	388
63284-71-9	516		81777-89-1	142
64249-01-0	23		82097-50-5	752
64628-44-0	770		82211-24-3	402
64902-72-3	128		82558-50-7	426
65907-30-4	368		82692-44-2	55
66063-05-6	541		83055-99-6	51
66215-27-8	169		83164-33-4	215
66246-88-6	540		83657-22-1	780
66332-96-5	356		83657-24-3	230
66441-23-4	302		84087-01-4	646
67129-08-2	463		84496-56-0	143
67306-00-7	305		85509-19-9	353
67485-29-4	384		85785-20-2	255
67564-91-4	306		86209-51-0	582
67747-09-5	583		86598-92-7	399
68157-60-8	362		86763-47-5	606
69327-76-0	79		87130-20-9	209
69335-91-7	330		87237-48-7	375
69581-33-5	167		87546-18-7	342
69806-34-4	373		87674-68-8	224
69806-40-2	376		87818-31-3	133
69806-50-4	332		87820-88-0	744
70630-17-0	460		88283-41-4	633
70898-34-9	786		88678-67-5	625
71245-23-3	257		88761-89-0	501
71561-11-0	624		90717-03-6	648
71626-11-4	45		90982-32-4	116
72459-58-6	755		93697-74-6	622
72490-01-8	303		94050-52-9	333
73250-68-7	448		94361-06-5	164
74051-80-2	667		94593-91-6	134
74070-46-5	5		95266-40-3	774
74115-24-5	140		95465-99-9	94
74223-64-6	490		95737-68-1	640
74712-19-9	72		96182-53-5	690
75736-33-3	202		96489-71-3	627
76578-12-6	652		96491-05-3	714
76578-14-8	654		96525-23-4	351
76608-88-3	750		97780-06-8	258
76674-21-0	357		97886-45-8	244
76738-62-0	534		98730-04-2	49
77458-01-6	615		98886-44-3	363
77501-63-4	440		98967-40-9	341
77501-90-7	345		99129-21-2	136
77732-09-3	525		99387-89-0	768
78587-05-0	382		99485-76-4	154
79277-27-3	725		99607-70-2	145
79540-50-4	275		100784-20-1	372
79983-71-4	379		101200-48-0	756

101463-69-8	338		133408-50-1	483
104030-54-8	109		133408-51-2	484
104040-78-0	327		134098-61-6	308
104098-48-8	391		134605-64-4	82
105512-06-9	139		135410-20-7	2
105779-78-0	636		135590-91-9	450
106325-08-0	254		136426-54-5	347
107534-96-3	686		136849-15-5	158
110235-47-7	451		137641-05-5	567
110488-70-5	229		138261-41-3	400
111479-05-1	598		139528-85-1	486
111988-49-9	717		140923-17-7	408
112281-77-3	711		141112-29-0	429
112410-23-8	687		141517-21-7	767
114311-32-9	390		142459-58-3	336
114369-43-6	293		143390-89-0	437
114420-56-3	137		143807-66-3	131
115852-48-7	300		144171-61-9	403
116255-48-2	76		144550-36-7	405
117337-19-6	354		145026-81-9	609
117428-22-5	568		145701-21-9	205
117718-60-2	722		145701-23-1	329
118134-30-8	677		147150-35-4	146
119168-77-3	689		147411-70-9	637
119446-68-3	212		148477-71-8	676
119791-41-2	252		149508-90-7	670
120923-37-7	17		149877-41-8	63
120928-09-8	291		149979-41-9	698
121552-61-2	166		150114-71-9	20
122548-33-8	397		150824-47-8	511
122836-35-5	680		153233-91-1	276
122931-48-0	660		153719-23-4	719
123312-89-0	613		156052-68-5	790
124495-18-7	651		158237-07-1	320
125116-23-6	465		161050-58-4	477
125306-83-4	95		161326-34-7	284
126535-15-7	771		163520-33-0	427
126801-58-9	273		165252-70-0	233
126833-17-8	296		168316-95-8	674
128639-02-1	107		173159-57-4	360
129558-76-5	743		175013-18-0	616
129630-17-7	618		179101-81-6	628
131341-86-1	335		180409-60-3	161
131807-57-3	281		181587-01-9	267
131860-33-8	42		208465-21-8	457
131983-72-7	777		210880-92-5	148